高等学校教材

物 理 化 学

（机械及材料类专业用）

（第五版）

王旭珍　王新葵　陈冰冰　编

上 海 科 学 技 术 出 版 社

图书在版编目（CIP）数据

物理化学：机械及材料类专业用 / 王旭珍，王新葵，陈冰冰编. -- 5版. -- 上海：上海科学技术出版社，2023.6
ISBN 978-7-5478-6177-6

Ⅰ. ①物… Ⅱ. ①王… ②王… ③陈… Ⅲ. ①物理化学－高等学校－教材 Ⅳ. ①O64

中国国家版本馆CIP数据核字（2023）第075788号

内 容 提 要

本书第一版是机械工程材料专业物理化学教学的国家统编教材，内容特色鲜明。根据高等教育发展对人才培养的需求，修订出版第五版。全书包括化学热力学第一定律、热力学第二定律、化学平衡、液态混合物和溶液、相平衡、化学动力学基础、电化学、界面现象与分散系统共八章。

本书内容简明精炼，以物理化学核心知识为主线，融合丰富的例题、思考题、习题（含参考答案）、电子课件以及章节导学视频、能力拓展材料等数字化教学资源等，为使用本教材"教"与"学"的师生提供极大的方便。书后附录还提供了适于机械冶金领域的物质的相对焓和吉布斯能函数表。

本书适合作为高等学校机械、材料、化工、能源等大类专业本科生48～64学时物理化学课程的主讲教材，也可作为报考相关专业研究生的入学考试参考书，并可供相关专业科技人员参考。

物理化学（第五版）

王旭珍　王新葵　陈冰冰　编

上海世纪出版（集团）有限公司
上海科学技术出版社　出版、发行
（上海市闵行区号景路 159 弄 A 座 9F－10F）
邮政编码 201101　www.sstp.cn
上海中华印刷有限公司印刷
开本 787×1092　1/16　印张 23.25
字数：500 千字
1988 年 4 月第 1 版
2023 年 6 月第 5 版　2023 年 6 月第 1 次印刷
ISBN 978-7-5478-6177-6/O·115
定价：65.00 元

第 五 版 前 言

　　《物理化学》（机械及材料类专业用，第四版）是在继承本教材 1988 年统编教材第一版及后续两代人与时俱进的不断修订基础上，于 2013 年 8 月编写出版的，迄今已使用长达十年。该教材具有鲜明的适用于机械及材料大类专业的特色，同时又保留了完整的物理化学知识体系，深受相关专业广大高校师生喜爱。但是，随着时代发展，高等教育也在不断变革。当前，以立德树人为我国高等学校人才培养的根本任务，随着教育信息化的迅速发展，迫切要求我们对本教材进行及时修订，重新编写适于新时代人才培养的教材。一方面，需要融入有关课程思政、学科发展的新内容，培养学生的高阶创新思维能力；另一方面，融合教育信息化，采取新形态数字化形式，拓展教学维度，增强学生使用教材的时代感，并且通过快速更新数字化教学资源，实现教材的同步快速更新，从而保持本教材的实用性、前沿性、先进性。为此，本物理化学教学团队组织教学骨干，编写了新形态《物理化学》（机械及材料类专业用，第五版）。

　　本次修订突出以下特点：(1) 采用模块化思想，突出物理化学主干知识，有助于学生建构、形成自己的知识体系；(2) 内容简明精炼，例题、习题及拓展资源具有鲜明的机械及材料大类专业特色；(3) 利用二维码数字化资源，融入教学课件、应用案例、学科前沿、课程思政等内容，保持教学内容与时俱进，以培养学生综合分析问题和创新思维能力，实现课程育人。相应地，修订增补了各章节重点知识的导学视频内容；合并简化、更新了部分章节的内容描述；删减了"统计热力学初步"一章，调整为第二章增加"熵的统计意义"。此外，更正了第四版中的错误或不完善之处。

　　负责本书编写和修订工作的是大连理工大学物理化学国家一流课程教学团队的骨干教师。具体分工：王旭珍，绪言及第一、二、三章；王新葵，第四、五、七章；陈冰冰，第六、八章；全书由王旭珍组织编写、定稿。王新平教授审阅全书，并提出了宝贵建议，特此致谢。同时，对一直以来使用和关心本教材并提出建设性意见的师生表示感谢。在教材编写中，参考了大量国内外物理化学教材和相关著作，获得许多有益的启发，在此对各位物理化学前辈做出的贡献及教学同行的交流支持表示衷心的感谢！

　　本书的编写和出版始终得到上海科学技术出版社的大力支持，谨向各位编辑表示诚挚的谢意。

　　由于水平所限，书中谬误和疏漏在所难免，恳请读者和专家批评指正。

编　者

2023 年 5 月

第四版前言

本书第一版是根据 1984 年机械工程材料和物理化学教材编审小组审订的高等学校物理化学教学大纲,专为机械热加工及金属材料专业的教学需要而编写的,于 1988 年作为高等学校教材出版。1998 年,本书第二版修订出版,它在保持原版特点的基础上,贯彻了国家标准 GB 3100—1993～GB 3102—1993 及国际规范,并更加突出了物理化学在机械热加工及金属材料专业领域的特点。

随着我国高等教育不断深入发展,教学体系、教学内容的改革对物理化学课程提出了更高的要求。因此,根据"教育部高等学校教学指导委员会"的有关文件和要求,我们于 2007 年修订出版了第三版,至今被国内多所高等院校使用,已成为一本经典教材。这 5 年来,我国高等教育进一步迅速发展,教育改革进一步深化,加之在教学实践中,需要对课程结构和教学内容的改革成果和经验进行总结。因此,教材的适时修订具有积极的现实意义。

第四版教材在保持原书逻辑性强、内容精练、简明易懂等特点的基础上,尽可能突出反映物理化学基本原理在高新技术和前沿领域中的应用,赋予经典概念以新的生命和活力。在内容安排方面,基本内容和拓展内容有所区别和侧重,基本内容力求讲深讲透,拓展内容主要反映物理化学学科新的重要成果。努力推陈出新,突出基本理论与实际应用的结合,在保持特色的基础上,力图与国际接轨。因此,编写工作重点从以下几方面展开:

(1) 保持专业特色:第四版教材保留了鲜明的机械及材料类专业特色,对一些经典的教学内容进行了适当精简,新增加的内容以贴近机械、材料大类专业为原则,以突出物理化学基本原理和方法在该领域的应用性。

(2) 整合知识框架:本次修订对全书知识框架作了较大调整,新增"统计热力学基础"一章,以突出状态函数(宏观)与微观状态的关系,使得物理化学知识体系更为完整。将原"化学动力学基础"和"复合反应动力学及反应速率理论"整合为一章"化学反应动力学",将"电解质溶液"和"电池电动势及极化现象"整合为一章"电化学",使得教材内容有所简化,知识脉络和系统性更强。所含章节调整为如下顺序:热力学第一定律、热力学第二定律、化学平衡、混合物和溶液、相平衡、统计热力学初步、化学动力学基础、电化学、界面现象与分散系统,共九章。

(3) 增补与更新教学内容:在热力学部分,补充"热力学第零定律",补充有关"实际气体"的相关内容,如节流过程、实际气体的逸度及化学势;补充"卡诺定理"、"能斯特热定理",调整热力学第二定律、第三定律的叙述,突出学科发展的历程;补充"吉布斯函数的性质及其应用",进一步凸显 G 函数的重要性;增加有关"量热法"和"同时平衡"的介绍,以促进学生理论联系实际;补充"三组分系统的固液平衡相图",拓展基础知识。在"化学电源简介"中引入"锂离子电池"有关内容,在"界面现象与分散系统"一章中,补充胶体分散系统的有关性质等内容,以反映学科的新进展;附录中增加"基本物理常数表"。

　　负责本书编写和修订工作的是大连理工大学"物理化学及实验"国家级精品课程教学团队的教师,具体分工如下:王旭珍(第一、二、三章),任素贞(绪言、第四,五、六、八章),施维(第七、九章)。大连理工大学靳长德教授审阅了全书,提出诸多宝贵建议,特此致谢。本书原主编之一、大连理工大学程兰征教授不幸于 2008 年因病去世,她老人家献身于教育和科学事业的崇高精神,一直鼓励和鞭策我们勤奋工作。在此,谨以《物理化学(机械及材料类专业用)》(第四版)献给尊敬的程教授。本书另一位原主编、上海交通大学的章燕豪教授在本次修订过程中给予了我们极大的理解、支持和鼓励,在此表示最诚挚的感谢。大连理工大学王新平教授也对本书给予了许多关心和支持,在此表示衷心的感谢。同时,也对一直以来关心本书修订以及对本书提出建议和意见的老师及学生表示感谢。本书在编写和修订过程中,参考了国内外出版的一些相关教材和著作,并从中得到许多启发和教益。深深感谢各位物理化学前辈和同行的支持,我们将不断进取,使这本教材永葆活力。

　　限于编者的水平,书中错误、疏漏在所难免,恳请读者和专家不吝指正。

编　者

2013 年 5 月

第 三 版 前 言

物理化学是化工、材料、轻工、制药、纺织等专业学生的基础课,历来受到广大师生的重视。第二版自1998年出版以来,作为材料科学等专业的教材在本科教学中起到了积极的作用。近年来,我国高等教育取得了较大的发展,教学体系、教学内容的改革对物理化学课程提出了更高的要求。因此,根据"教育部高等学校教学指导委员会"的有关文件和要求,参阅近年来广大兄弟院校教师提出的建议和教学研究成果,同时考虑到选用本书的老师和学生的殷切期望,我们进行了本次修订工作。

这次修订仍以材料科学本科有关专业,特别是机械热加工及金属材料专业的学生为主要对象。在保持原书逻辑性强、内容精练、简明易懂等特点的基础上,针对学生初学物理化学可能遇到的难点及容易产生的问题加以深入介绍,力图做到概念、原理清晰准确;强调前后知识的衔接与呼应,以增强教材的条理性和系统性;注意理论联系实际,将科学原理及早渗入应用;并结合专业特点,适当反映物理化学学科发展的新成果、新手段,以利于培养学生的科学思维和创新能力。

第三版重点修订和补充了以下内容:1. 在"热力学第一定律"一章中,调整"功的计算/可逆过程"与"第一定律"章节顺序,简化"热化学"内容;2. 在"热力学第二定律"一章中,将"熵变计算"一节提前,并简化"熵的统计意义",且把"第三定律与规定熵"和"热力学函数关系式"分别列为一节;补充"固体热力学理论简介"内容;3. 在"相平衡"一章中,增加"铁-碳系统的相图";4. 在"电池电动势及极化现象"一章中,引进"化学电源"简介,其中包含"燃料电池";5. 在"界面现象"一章中,介绍"纳米材料的制备和应用"相关内容;6. 在附录中添加"元素的相对原子质量表";7. 进一步贯彻GB 3100~3102—93《量和单位》;8. 文字叙述更严谨,更改了一些例题、习题及其解答等。

本书全部授课时间约需要60~70学时。由于不同学校的教学时数不同,不同专业对物理化学教学内容的要求也不可能完全一致,所以,在教学过程中可选择性地讲解有关章节。标注*号的章节属于加深加宽的内容,可根据情况有所选择。

第三版由大连理工大学程兰征教授和上海交通大学章燕豪教授主编。参加修订的有:王旭珍(第一、二、三章),任素贞(绪言,第四、五、六、七章),施维(第八、九、十章)。本书承蒙哈尔滨工业大学韦永德教授和大连理工大学靳长德教授审阅文稿,并提出了宝贵意见,特此致谢。同时对关心本书修订、提出修订建议和意见的老师和学生们表示谢意。

为了配合本书的使用,与之配套的学习参考书《物理化学学习指导与习题解析》将由上海科学技术出版社同时出版,供广大教师和学生选用。

由于编者水平所限,书中错误和不当之处在所难免,希望并欢迎读者提出宝贵意见。

编　者
2006 年 10 月

第 二 版 前 言

本书第一版出版已经十年了,在这期间得到许多兄弟院校的大力支持与关心,广大读者也给予了热情鼓励,在此我们表示衷心的感谢。

十年来,由于科学技术的迅猛发展和改革开放的不断深化,出现了许多新的变化,本书第一版已不能满足目前形势需要。例如,1993 年颁布了新的国家标准,对某些名词术语及某些量的名称、符号等作了修订,教材有必要及时作出相应修改;随着科学技术的发展,新技术、新材料不断涌现,也需要在教材中有适当反映;此外,十年来广大读者所提建议和我们在教学实践中积累的经验,也应加以总结并体现到教材中。为此,我们对第一版进行了修订。修订版除保持原版特点外,主要贯彻了如下意图:(1)名词、术语及量的单位、名称和符号采用国家标准 GB 3100—93~GB 3102—93 的新规定,如吉布斯能改称吉布斯函数,活度系数等都作了相应修改;(2)注意了物理化学学科新动向,以新的认识与规定阐述基本概念与理论,如按国际规定区分了混合物和溶液,将原版"溶液"一章改为"液态混合物和溶液";(3)更加突出了热加工与冶金专业特点,在阐述基础理论的同时,适当介绍与之密切相关的新技术和应用实例,以利于理论联系实际,扩大知识面。修订版将部分应用实例用小字排版,有 * 号的内容各校可根据具体情况有所选择;(4)将电解质溶液和复合反应动力学分别单独成章,主要是考虑到电解质溶液的知识对电解冶金、金属腐蚀与防护、表面处理等过程很重要;多相系统的复合反应对冶金及热加工领域中许多过程如熔炼、铸造、热处理及表面处理等有着重要和现实的意义。

第二版全书共分十章。负责修订的有主编程兰征、章燕豪,还有大连理工大学林青松、董泉玉。分工如下:程兰征(绪言及一、二章),林青松(三、四、九、十章),章燕豪(五、八章)和董泉玉(六、七章及习题解答)。哈尔滨工业大学韦永德教授主审,大连理工大学傅玉普、靳长德二位教授阅读了部分章节并提出宝贵意见,特此致谢。

尽管我们在修订过程中作了最大努力,但限于水平,加上时间仓促,疏漏、不当之处在所难免,欢迎批评、指正。

编 者

第 一 版 前 言

本书是根据 1984 年机械工程材料和物理化学教材编审小组审订的高等学校物理化学教学大纲，专为机械热加工及金属材料专业的教学需要而编写的。初稿完成后，经编审小组于 1987 年 4 月召开编委扩大会议评审，作为高等学校教材出版。

本书结合编者多年的教学经验，编写中注意保持物理化学的学科系统性，着重阐明基本理论和基本概念，适当涉及物理化学的近代发展；叙述由浅入深、循序渐进，并考虑到专业的特点、学生的实际水平和教学时数的限制，力求深广度适当，并择要举例，以帮助读者对基本内容的理解和掌握。每章附有小结、思考题和习题，便于读者自学及复习。有 * 号的个别章节是加深加宽的内容，以利扩大学生的视野，但不属于基本要求，各校使用本书时可依据各自情况有所选择。各章节的安排顺序和讲法，也不强求一律。

本书采用我国法定计量单位，采用国家标准局颁布的 GB 3100～3102 等文件规定的名称、符号及国际单位制(SI)。

全书共分八章，由大连理工大学程兰征编写绪言、热力学第一定律、热力学第二定律、化学平衡和表面现象；上海交通大学章燕豪编写相平衡、电化学和化学动力学，其中应以南参加了部分编写工作；大连理工大学靳长德编写溶液。董泉玉协助整理 SI 单位及书写符号，并对全书习题作答案。全书由程兰征统稿，由哈尔滨工业大学韦永德主审。

本书编写过程中，得到机械工程材料和物理化学编审小组的指导和支持；主审韦永德教授在百忙中抽暇审阅，提出很多宝贵意见；一些兄弟院校的物理化学老师也给予热情的帮助和鼓励，在此致以深切的谢意。

由于编者水平有限，时间仓促，难免考虑不周，欢迎批评指正。

编 者

本书常用符号说明

A 亥姆赫兹函数;指前参量;面积(界面现象一章用 A_s)

a 活度

b 质量摩尔浓度;等温吸附系数

C 独立组分数;热容

c 物质的量浓度

D 扩散系数

def 定义

E 电池电动势;电极电势;能量

e 单元电荷;指数函数,exp 同 e

F 法拉第常量

f 自由度数;活度因子

G 吉布斯函数;电导

g 气体;简并度

H 焓

h 普朗克常量

I 离子强度;电流强度

J 扩散通量;分压商

j 电流密度

k 速率系数;亨利系数;玻尔兹曼常量

L 阿伏伽德罗常数

l 液体;长度

M 摩尔质量

m 质量;质量摩尔浓度

N 分子数或粒子数

n 物质的量;反应级数

p 压力;分压力

Q 热量;电荷量

q 吸附量;配分函数

R 电阻;摩尔气体常量

r 摩尔比;曲率半径

S 熵;铺展系数

T 热力学温度

t 摄氏温度;时间;离子迁移数

U 热力学能

u 离子电迁移率

V 体积;吸附量(吸附气体体积)

v 离子迁移速率

W 功

w 质量分数

x 摩尔分数

y 摩尔分数;活度因子

Z 泛指状态函数;碰撞数

z 离子电荷数;电极反应涉及电子数

$\Delta_f H_m^\ominus(B, T)$ 物质 B 在 T 时的标准摩尔生成焓

$\Delta_c H_m^\ominus(B, T)$ 物质 B 在 T 时的标准摩尔燃烧焓

$\Delta_r H_m^\ominus(T)$ 标准摩尔反应焓

$\Delta_f G_m^\ominus(B, T)$ 物质 B 在 T 时的标准摩尔生成吉布斯函数

$\Delta_r G_m^\ominus(T)$ 标准摩尔反应吉布斯函数

$S_m^\ominus(B, T)$ 物质 B 的标准摩尔熵

$C_{p, m}(B)$ 物质 B 的等压摩尔热容

下 标

A 物质 A: p_A

a 附着: W_a;阳极的: η_a;活化: E_a;吸附: Q_a

ad 绝热: W_{ad};吸附: H_{ad}

aq 水溶液

B 物质 B: c_B, b_B

b 沸腾: T_b;质量摩尔浓度的: b_B

c 燃烧: $\Delta_c H_m$;临界的: p_c;阴极的: η_c

d 扩散的: E_d

ex 外部的,环境的: p_{ex}

eq 平衡的: p_{eq}

f 形成: $\Delta_f H_m^\ominus$

fus 熔化

g　　气体

i, j, k 自然序数符号

ir　　不可逆

l　　液体

m　　摩尔的：V_m

max　最大的

min　最小的

mix　混合的

pra　实际的

r　　反应；可逆；相对的：M_r；转动

s　　固体

T　　温度一定

t　　总的：p_t；平动

trs　晶型转变

vap　蒸发

sub　升华

x　　连续数；组成一定

∞　　饱和的：$V_∞$

侧　　标

g　　气体

l　　液体

s　　固体

STP　标准温度压力：$V(\text{STP})$

sln　溶液 $\mu_B(\text{sln})$

slv　溶剂 $\mu_B(\text{slv})$

slu　溶质 $\mu_B(\text{slu})$

上　　标

⊖　　标准的：$p^⊖$

*　　纯物质的：p^*

≠　　过渡状态

∞　　无限稀薄：$V^∞$，$\Lambda^∞$

s　　表面的：G^s；固态的

b　　体相的：G^b

希　　文

α　　体胀系数；解离度；相

β　　等温压缩系数；相

γ　　热容比；活度因子：γ_B

Γ　　表面超量

Δ　　差值：ΔS

δ　　扩散层厚度；微量差值

ε　　介电系数；能级

η　　超电势；黏度；热机效率

θ　　接触角；覆盖率

κ　　电导率（比电导）

Λ　　摩尔电导率

μ　　化学势

ν　　化学计量系数：ν_B

ξ　　化学反应进度

Π　　连乘；渗透压

ρ　　密度；质量浓度：ρ_B；电阻率

$\sum$　　求和

σ　　表面张力；比表面

τ　　时间

υ　　反应速率

ϕ　　相数；溶剂渗透因子：ϕ_A；量子效率

φ　　体积分数：φ_B

ω　　热力学概率；微观状态数

目　　录

绪　　言

化学和物理学之间的关系是非常紧密的。一方面,化学过程总是包含或伴随物理过程。例如,化学反应时常伴有物理变化如体积的变化、压力的变化、热效应等,同时,温度、压力、浓度的变化以及光照等物理因素又可能引起化学变化或影响化学反应的进行。另一方面,构成物质的微观粒子的物理运动形态如电子的运动、原子的振动等,则决定了物质的化学反应性质。人们在长期的实践过程中注意到这种相互联系,并且加以总结,逐步形成化学学科的独立分支,叫做物理化学。物理化学是从研究化学现象和物理现象的相互联系入手,应用物理学的实验方法来探索物质的性质和结构的关系,探求化学反应过程中具有普遍性规律的一门科学。物理化学所蕴含的世界观和方法论,是化学学科思维的最重要组成部分。

一、物理化学研究的目的及内容

研究物理化学的目的,在于探讨物质变化的基本规律,并用以解决生产实践和科学实验中的有关问题。归纳起来,物理化学所要研究的主要问题,有下述四个方面:

(1) 化学反应的方向与限度以及能量的衡算。对于一个给定反应,在指定条件下能否自动进行,向哪个方向进行,进行到什么程度,外界条件(温度、压力等)对反应及平衡有什么影响,如何控制外界条件使反应朝预定的方向进行,反应过程中能量的变化关系怎样。这些问题的研究主要是以热力学基本定律为基础,以宏观物体为研究对象,研究宏观系统的平衡物理化学性质及规律性,构成化学热力学。

(2) 化学反应的速率与机理。研究宏观化学反应系统的动态性质,即研究反应的快慢(速率)以及反应究竟是如何进行的(反应机理),外界条件(温度、压力、催化剂等)对反应速率有什么影响,如何控制反应速率,是否可利用该反应来经济合理地生产产品或获取能量等。这方面的研究称为化学动力学。

(3) 量子化学和结构化学。在微观层次上,以量子理论为基础,研究单个分子、原子结构及运动与化学反应的关系,探索和揭示化学变化在微观上的内在原因。

(4) 统计热力学。应用量子力学的结果从构成系统的粒子(原子、分子、电子等)的微观性质出发,通过对大量粒子进行统计平均,来阐明和计算系统的宏观性质。不仅对热力学的基本定律有深层次的分子水平的了解,而且对化学动力学中的诸多问题如活化能等从分子水平给以解释。

热力学、动力学、量子化学和统计热力学四方面的问题并非彼此孤立而是紧密关联的,解决实际问题时也往往要从几方面进行分析,综合考虑。例如对于金属的相变,既需从热力学分析,又需从动力学探讨,其还直接与金属结构密切相关。新材料的合成、冶金过程也是如此。我国科学家通过系统研究碳化硅(SiC)晶体生长的热力学和动力学基本规律,研制成功高质量、大尺寸(8英寸)SiC 导电单晶生长和加工技术,增强了国家在 SiC 单晶衬底及器件制备方面的国际竞争力。

二、物理化学研究的方法

物理化学研究的方法有宏观和微观之分。宏观方法所研究的对象是大量原子、分子的平均行为或其总体表现，而不涉及物质内部结构和过程的机理，根据热力学函数性质的特点，只从系统的始、终态来研究系统的变化情况。这种宏观的研究方法又称热力学方法。当研究微观粒子时引入量子概念来描述其运动和分布，探讨物质的结构与性质的关系，这种微观的研究方法称为量子力学方法。对微观粒子的运动假设一个微观模型，加以统计处理，用来探讨大量粒子所构成的宏观系统的性质，这就是统计力学方法，它将宏观性质和微观性质联系起来研究。上述三种方法各有其特点和适用范围，因而也各有其局限性，但这些方法的相互配合、相互补充、相互发展有力地推动了物理化学各个分支的发展。

三、物理化学与其他专业的关系

物理化学是一门极富生命力的化学基础学科，是新兴交叉学科形成和发展的重要基础。据统计，20世纪至今的诺贝尔化学奖获得者中，约50%是从事物理化学领域研究的科学家。高分子材料科学是在物理化学与高分子有机化学的基础上发展起来的。它的迅速发展彻底改变了20世纪的生活，并成为成熟的学科领域，目前高分子合成化学仍在快速向前发展。许多新材料的设计、合成以及产物性能的提高与可控自由基聚合反应中所用的新型催化剂和引发剂息息相关。金属熔炼过程中熔体的析晶、晶体的熔融、熔盐的结构以及化合物的生成和离解等诸多过程，都涉及相平衡的基础知识。在材料表面改性中，界面效应是非常重要的。电化学在材料领域应用广泛，例如熔盐电解法制取金属铝、多种稀土金属及其合金；金属在使用过程中的腐蚀及防护等，新型的化学传感器、燃料电池、镍氢电池及锂离子电池的研究和生产都需要电化学理论。就纳米材料而言，随着化学科学中分析、合成和物理表征等技术的进步，材料控制的尺度变得越来越小。人们对材料限于纳米颗粒中的电学和光学性质有很大兴趣。如何制备具有规定尺寸和组成的纳米颗粒、测量其性质、了解它们的特殊性质与颗粒尺寸的关系等很大程度上依赖于科学测量手段（如扫描探针显微镜）和化学化工技术，也离不开物理化学基本原理的指导。

材料科学和工程是不可能与化学分开的。材料的重要性可以从它们对人类生活质量的影响上看到。2000年美国国家工程院编选的20世纪最重要的20项工程学成就中包含许多本质上依赖于材料科学和工程学进展的项目，如高性能材料、汽车、飞机、电子学、计算机、电视和纤维光学等。从材料的合成到加工，到日用品的制造以及清洁能源的开发等，化学科学和工程学将成为决定21世纪这些问题的根本所在。因此，要发展材料科学，也必须重视其基础理论之一——物理化学。

物理化学一方面从材料制备的过程、结构的控制以及性能与微观结构的关系，去揭示材料的本质，进而实现对材料宏观性能的调控；另一方面从材料的基本问题出发，发展新的理论方法与手段，通过理论与计算预测材料的性能，使人们对材料的认识从经验上升到理论。

物理化学研究手段以及理论方法的发展使得人们对于传统材料的认识，上升到了一个新的高度，但是对于材料在不同尺度、不同层次的结构与性能的关系认识仍不充足。对于单分子层次、分子材料与光电功能材料以及纳米结构材料认识的深入，将为物理化学的发展提供新的机遇。

物理化学的内容十分广泛丰富,根据专业的需要和教学时数的限制,本课程主要内容为化学热力学和动力学的基本原理及其在有关专业中的重要应用。

四、物理量的表示及运算

物理化学是一门严格定量的科学,经常用定量的公式描述各物理量之间的关系。掌握物理量的正确表示及规范运算是学好物理化学的前提。

1. 物理量的表示

物理量由数值和单位两部分组成。对于物理量 A 的定量表示为:

$$A = \{A\} \cdot [A]$$

式中,A 为某一物理量的符号,$\{A\}$ 为以单位 $[A]$ 表示量 A 的数值,$[A]$ 为物理量 A 的某一单位的符号。

国际统一规定:物理量用斜体的英文或希腊字母表示,有时用下标说明,下标如为物理量也用斜体,其他说明性标记则用正体。例如:压力 p,体积 V,摩尔体积用 V_m 表示,摩尔等压热容则用 $C_{p,m}$ 表示。

单位为正体,一般用小写字母,若来源于人名,则第一个字母大写,如 kg、K、kPa。国际单位制(SI)是我国法定计量单位的基础,规定了 7 个基本物理量的单位,即质量(kg)、长度(m)、时间(s)、温度(K)、电流(A)、物质的量(mol)、光强度(cd)。由这 7 个基本物理量计算得到的其他物理量的单位也是 SI 单位。有些物理量的量纲为 1,则单位可不写出来。如活度 $a=0.01$,说明物理量 a 的量纲为 1,数值为 0.01。

以常压为例,该物理量的正确表示为 $p=101\,325\,Pa$ 或 $p=101.325\,kPa$。可见,对同一物理量,采用的单位不同,对应的数值也不等。

此外,在列表或作图表示实验数据时,在数据表格或绘制的曲线中,只能显示物理量的数值(纯数)。因此,在表头或坐标轴上,必须清楚地显示物理量本身及其用特定单位表示的量的数值,表述为 $\{A\}= A/[A]$。如压力,用 Pa 作单位,则 $\{p\}=100$ 或 $p/kPa=100$,代表 $p=100\,kPa$。

2. 物理量的运算

物理化学通常采用量方程式表示几个物理量之间的关系,如理想气体的状态方程 $pV=nRT$。

在运算过程中,每一物理量均需代入数值和单位,总的结果符合量方程表示式。

【例】　理想气体 $n=1\,mol$, $T=300\,K$, $V=24.78\,dm^3$, $p=100\,kPa$,计算摩尔气体常量 R。

解:由理想气体状态方程 $pV=nRT$,可得

$$R=\frac{pV}{nT}=\frac{100\times10^3\,Pa\times24.78\times10^{-3}\,m^3}{1\,mol\times300\,K}$$
$$=8.314\,J\cdot mol^{-1}\cdot K^{-1}$$

S0-1

理想气体模型
及状态方程

这是标准写法,推荐大家采用。有时候,对于复杂运算,简便起见,也可不列出每一个物理量的单位,而简写为

$$R=\frac{pV}{nT}=\frac{100\times10^3\times24.78\times10^{-3}}{1\times300}\,J\cdot mol^{-1}\cdot K^{-1}$$

$$= 8.314 \, \text{J} \cdot \text{mol}^{-1} \cdot \text{K}^{-1}$$

这样书写的前提是,要将所有物理量的单位化为 SI 制单位,再在方程式中直接代入相应的数值,则所得物理量也一定是 SI 单位,确保计算结果准确。

　　物理化学中对物理量进行对数、指数和三角函数运算时,需要将物理量除以其单位、化为纯数后才能进行,如 $ln(p/[Pa])$,或写作 $ln\{p\}$。为了简便,本教材中任一物理量 A 的对数只记作 $ln\,A$。但实际运算时,需要注意改写为 $ln(A/[A])$。

第一章　热力学第一定律

本章教学基本要求

1. 了解热力学研究的对象、方法和局限性，了解热力学第零定律。

2. 理解热力学的基本概念，如系统和环境、系统的性质、状态和状态函数、热力学平衡态等。

3. 掌握热和功的概念，理解其正负号规定及意义，明确它们是与过程有关的量。

4. 理解可逆过程的概念，掌握体积功的计算，会计算最大功。

5. 理解热力学第一定律的含义，理解热力学能(U)的概念，掌握热力学第一定律的数学表达式。

6. 掌握等容过程热、等压过程热的概念及计算，掌握焓(H)的定义式及焓变计算方法；明确热力学能与焓都是状态函数，理解状态函数的特性。

7. 掌握等容热容、等压热容的定义式，了解二者之间的关系；掌握用等容热容、等压热容计算相应过程中系统的热力学能和焓的变化；了解热容和焓与温度的关系。

8. 熟练掌握热力学第一定律对理想气体的应用：理解理想气体的热力学能和焓只是温度的函数，掌握理想气体简单状态变化（等温、等容、等压）过程和绝热过程中功、热、ΔU、ΔH 的计算。

9. 了解热力学第一定律对实际气体的应用，了解节流过程的热力学特征。

10. 了解热力学第一定律对相变化过程（含平衡相变与非平衡相变）的应用。

11. 理解化学反应进度、物质的标准态、反应的标准摩尔焓等基本概念；了解化学反应的摩尔热力学能和反应的摩尔焓等概念及它们之间的关系；了解盖斯定律的内容和应用；掌握物质的标准摩尔生成焓和标准摩尔燃烧焓的定义，会熟练运用它们计算化学反应的摩尔焓。

12. 了解基尔霍夫定律，会计算反应焓随温度的变化。

　　化学热力学是物理化学的重要内容之一,它研究化学反应的方向与限度以及能量的衡算。这些问题在化工、材料、冶金生产和科学研究中经常遇到,如在寻找新工艺、新材料以及提高效率、减少消耗、防治污染等方面都具有重要的指导意义。

　　本章从热力学研究的对象出发,阐明热力学的某些重要概念;从研究系统能量变化来讨论各种过程中的能量守恒关系。系统经历各种物理变化或化学变化时,总是伴随着与环境之间有能量传递或转化,能量的传递形式有两种:热(Q)和功(W)。热力学第一定律就是研究各种形式的能量之间相互转化规律的科学,它建立了热力学第一个基本函数——热力学能 U,并将系统变化时热、功、热力学能三者转化的定量关系表述为 $\Delta U = Q + W$,进而应用于各种不同过程解决能量转化问题,将其应用于化学反应而发展成为热化学。状态函数焓 H 的引进,尤其在处理化学反应热效应方面有实用价值。

主题 1-1 导学
热力学基础
知识

§1-1 演示文稿
热力学概论

主题一　热力学基础知识

§1-1　热力学概论

一、热力学的基本内容

　　热力学是物理学的一个组成部分,是一门严谨的学科,研究自然界中与热现象有关的各种宏观的状态变化和能量转化规律。它的主要理论基础是热力学第一定律和热力学第二定律,两者都是人类长期生产实践和大量实验结果的归纳和总结,有着牢固的实验基础和严密的逻辑推理方法。20 世纪初又建立了热力学第三定律和热力学第零定律,使热力学体系更加严密、完整。

　　利用热力学中最基本的原理研究化学现象以及与化学现象有关的物理现象的学科,就称为化学热力学。

　　热力学第一定律就是能量守恒与转化定律在涉及热现象的宏观过程中的具体表述,它指出变化过程中各种能量相互转化的准则。

　　热力学第二定律指出在一定条件下自发变化的方向与限度,从而指导人们如何改变条件使过程向指定方向自发进行,用来解决与简单状态变化、相变化、化学变化有关的问题。

　　热力学第三定律总结了物质在低温时性质变化的规律,提出了规定熵的数值,对化学平衡计算有重要意义。

　　热力学第零定律则指出了热平衡的互通性,并为温度建立了严格的科学定义。

二、热力学研究的对象、方法及局限性

　　热力学的研究方法是宏观方法,研究对象是由大量粒子所组成的宏观系统,它所涉及的系统性质(如温度、压力等)都是大量微观粒子集体的平均表现,而不涉及个别粒子的行为;它只考虑系统从一个状态转变到另一个状态,而不涉及过程的机理和所需的时间。所

以热力学是研究物质宏观性质的科学,它依据从宏观现象归纳得到的定律,以物理学的原理和实验方法为基础,再用数学方法推论演绎导出许多有用的规律,其推理严谨、结论可靠。又因它不涉及物质结构和反应机理,所以不受所研究系统特性的限制,因而具有极大的普遍性,这是它的优点。但因此也带来了局限性:① 热力学只研究宏观世界,诸如物质的内部结构、变化的机理等就不能用其来说明了;② 经典热力学只讨论不随时间而变的平衡态,在它所用的参数中没有时间变量,它只能回答在给定条件下,变化是否可能发生以及变化进行到什么程度,至于变化在什么时候发生,又以怎样的速率来进行等问题都不能确定。因此,凡涉及与时间有关的反应速率、扩散速率、结晶速率等问题,都属于动力学范畴。热力学与动力学是研究问题的两个方面,是相辅相成的。通常研究一个反应,首先应进行热力学探讨,以确定反应能否进行,然后再考虑如何改变和控制反应速率。所以,热力学方法是研究物理化学的一种重要方法。

三、热力学第零定律——温度的概念

在日常生活中,温度用来比较不同物体的冷热程度,是最基本的热力学量。温度概念的建立以及温度的测量都是以热平衡现象为基础的,它是在热力学第一定律、第二定律、第三定律确定之后,于 20 世纪 30 年代由 R. H. Fowler 提出的"热平衡定律"所导出并科学定义的,为了表明在逻辑上这个定律应该排在前面,所以称之为"热力学第零定律",足见其意义重大。

为了说明热力学系统的热相互作用,需要明确两种壁:导热壁与绝热壁。两个系统通过一个壁接触,在没有其他机械及电磁等作用时,若两个系统能够相互影响、各自状态自动发生改变,直至达到一个新的共同平衡态,这种界壁就称为导热壁;反之,若两个系统的状态不发生任何变化,各自保留其原来的状态,则称之为绝热壁。所谓热平衡,就是指两个或多个系统通过导热壁相接触后所呈现的一种平衡态。

对于均相系统,通过导热壁接触达热平衡的大量实验可概括出一个原理:"如果两个系统分别与处于确定状态的第三个系统达到热平衡,则这两个系统彼此也一定互呈热平衡。"这就是热力学第零定律。

该定律来源于实践,又高于实践,具有普遍性。定律中所说的热力学系统是指由大量分子、原子组成的物体或物体系。热力学第零定律为建立温度的概念提供了实验基础,它揭示出:处在同一热平衡状态的所有热力学系统都具有一个共同的宏观特征,这一特征是由这些互为热平衡系统的状态所决定的一个数值相等的状态函数,这个状态函数被定义为温度(T)。而温度相等是热平衡的必要条件。

热力学第零定律的实质是指出温度这个状态函数的存在,它不但给出了温度的定义,而且给出了温度的测量方法。即在比较各个物体的温度时,只需将一个作为标准的第三系统分别与各物体相接触达到热平衡,这个标准系统就是温度计。但是,用温度计来定量表示温度的数值高低,需要对温度计进行刻度,这取决于温标的选择。原则上,任一物质的任一物理性质只要随温度的改变而显著地单调变化,都可以用来标定温度。如历史上的摄氏温标就是以水为基准物质,用水银作测温质。国际单位制采用的是热力学温标,它是不依赖于任何物质的具体测温性质的温标。用热力学温标所确定的温度称为热力学温度,其单位为 K(开尔文)。由我国物理化学家黄子卿(1900—1982 年)于 1934 年精确测定的水的三相点温度(0.009 80 ℃±0.000 05 ℃)被选为 1948 年国际实用温标的固定点参照数据之一。1954 年,国际计量大会决定将水的三相点热力学温度 273.16 K 规定为热力学温标的基本固定温度,则摄氏温度可定义为

$$t/℃ = T/K - 273.15$$

§1-2　热力学基本概念

学习热力学基本原理之前,先介绍热力学中一些常见的基本概念和术语。准确掌握这些基本知识是正确、灵活地解决实际问题的基础,初学者必须引起足够重视。有些基本概念要在不断的学习中逐步加深理解。这也是理论性较强的课程应注意的。

一、系统和环境

用热力学方法处理问题时,选取物质世界的一部分作为研究的对象,称之为系统,而把系统以外、与系统密切相关的部分称为环境。至于如何划分系统和环境,完全根据所研究问题的范围来决定。例如,当研究箱式炉中的热处理工件时,则工件为系统,而炉气、炉壁等皆为环境;如果研究工件与炉气(含 CO 和 CO_2 等)之间的作用,则工件与炉气为系统,而炉壁及炉体等为环境。

热力学系统与环境之间的相互联系是指它们之间可以发生物质传递和能量传递。按照不同的传递内容,可把系统分为三类:

(1) 敞开系统。系统和环境之间,既有物质传递又有能量传递。

(2) 封闭系统。系统和环境之间,没有物质传递而只有能量传递。

(3) 隔离系统。系统和环境之间,既没有物质传递也没有能量传递。

例如:一杯未加盖的热水可视为敞开系统,因为它既有水分子逸出水面进入空气,又和环境交换热量。若将杯加盖盖紧后,则杯内水及水分子所在空间为封闭系统,因为这时它和环境只有能量的传递而无物质的传递。如果加盖盖紧,用良好的绝热材料包起来,使得系统与环境完全隔绝,没有能量和物质的传递,则成为隔离系统。当然,真正的隔离系统是不存在的,因为没有一种绝对的绝热材料,也不可能完全消除外场(重力场、电磁场等)的影响。但是如果这些影响微小得可忽略不计,就可将此系统设想为隔离系统。自然界中的事物都是相互联系、错综复杂的,研究一个事物需要抓住主要方面来考虑,而暂时撇开那些次要的因素。隔离系统就是在这种思想指导下建立起来的科学抽象,它虽然不存在,但可无限接近它。实际上也有这种近似的系统。因此隔离系统作为一种有代表性的重要模式,供研究探讨是有现实意义的。

二、系统的性质

系统的宏观可测性质如温度、压力、体积、质量、密度等都属于系统的热力学性质,简称系统的性质。根据其与系统中物质的量的关系,分为两类:

(1) 广度性质。其数值与系统中物质的量成正比,整个系统的某个广度性质的数值是系统中各部分该性质数值的总和,即它们在系统中具有加和性,例如体积、质量等。

(2) 强度性质。其数值取决于自身的特性,与系统中所含物质的量无关,它没有加和性,例如温度、压力等。

广度性质虽与强度性质有上述区别,但是广度性质除以物质的量就成为强度性质,例

---

§1-2演示文稿

热力学基本概念

如热容、体积是广度性质,而摩尔热容、摩尔体积就是强度性质了。

三、状态和状态函数

热力学用系统的性质来描述它的状态。当系统所有的性质确定后,状态就完全确定。换句话说,系统状态确定后,它的所有性质都有确定值,所以热力学系统的状态就是其物理性质与化学性质的综合表现。系统状态的性质称为状态性质。应强调的是,系统的热力学状态性质只决定系统所处的状态,而与系统如何达到这一状态无关。例如 1 kg 水无论是由冰熔化得到的还是由沸水冷却得到的,只要都在同样温度、压力下达到了相同状态,它的体积、黏度、折射率等宏观性质就都是相同的。鉴于状态与性质之间这种单值对应关系,所以系统的这些热力学性质又称为状态函数。

状态不变时,所有状态函数都保持原有的数值,只有当状态改变时,状态函数才可能改变。既然状态函数的值只取决于状态,那么显然状态函数的改变值只和系统的始态与终态有关,而与系统如何由始态变到终态的途径无关。这个结论在讨论完过程与途径后可以清晰地看出来。

状态性质之间都是相互联系相互制约的。其中某一性质发生变化,另一些性质也随之而变。用数学语言来讲,前者称为状态变量,后者称为状态函数。这种函数关系用数学式表达出来,就称为状态方程。

例如,对于理想气体状态方程 $pV=nRT$(式中 R 为摩尔气体常数,$R=8.3145\,\text{J}\cdot\text{mol}^{-1}\cdot\text{K}^{-1}$),若状态变量为 n、T、p,则状态函数

$$V=f(T,\ p,\ n)=\frac{nRT}{p}$$

显然,状态变量与状态函数是相对的,可以互相替换,由处理问题时的需要和方便来决定。

综上所述,状态函数有如下的特点:

(1) 状态一经固定,状态函数有一定的数值。换言之,状态函数是状态的单值函数。

(2) 状态发生变化时,其状态函数的改变只由始态和终态决定,而与途径无关。用数学语言表达则为:如果 Z 是状态函数,$\text{d}Z$ 必为全微分。全微分的积分结果与途径无关,只决定于始态与终态,即

$$\int_{Z_1}^{Z_2}\text{d}Z=Z_2-Z_1=\Delta Z$$

(3) 当系统经一循环过程,恢复到原来状态时,任何状态函数均不变,即全微分的封闭积分为零,$\oint\text{d}Z=0$。

热力学处理问题之所以简单、方便,正是因为状态函数所具有的特征。

另外,需要注意的是,对于多组分均相(单相)系统,系统的状态还与组成有关,即

$$V=f(T,\ p,\ n_1,\ n_2,\ \cdots)$$

式中,n_1,n_2,…是物质 1,2,…的物质的量。如果是多相系统,则每一相都有自己的状态方程。热力学定律虽具有普遍性,但却不能导出具体系统的状态方程,它必须由实验来确定。人们可以根据对系统分子内的相互作用的某些假定,用统计的方法,推导出近似的状态方程,但其正确与否仍要由实验来验证。

四、过程和途径

在一定条件下,系统从一个状态变化到另一个状态的经过称为过程。完成这个过程的具体步骤称为途径。根据变化途径的不同,给过程以不同的名称。下面介绍几种常见的过程:

(1) 等温过程。变化过程中,系统与环境通过透热壁接触,系统的始态和终态温度相等,并等于环境的温度,即 $T_1 = T_2 = T_{ex} =$ 恒值。

(2) 等压过程。变化过程中,系统的始态和终态压力相等,并等于外压,即 $p_1 = p_2 = p_{ex} =$ 恒值。

(3) 等容过程。系统在不变的体积中发生状态变化的过程。在刚性容器中发生的变化一般是等容过程。

(4) 绝热过程。在变化过程中,系统与环境之间没有热交换。

(5) 循环过程。系统从一个状态出发,经历一系列变化又回到原来状态。其特点是系统的任何状态函数在过程前后均不变,例如 $\Delta p = 0$、$\Delta T = 0$ 等。

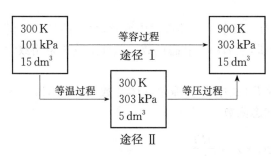

图 1-1　过程可通过不同的途径来完成

系统由一始态变到一终态,可以通过不同的途径来完成。例如,某一定量理想气体由始态(300 K,101 kPa,15 dm³)变到终态(900 K,303 kPa,15 dm³),可以通过图 1-1 所示的两个途径来实现。

显然,尽管途径不同,状态函数的变化是相同的。如上例中,系统的 $\Delta T = 600$ K,$\Delta p = 202$ kPa,$\Delta V = 0$,即状态函数的变化只与始态和终态有关,而与变化的途径无关。状态函数的这一特点,在热力学中有广泛的应用。例如,不管实际过程如何,都可以根据始态和终态选择理想的过程,建立状态函数间的关系;可以选择较简便的途径来计算状态函数的变化等。这种处理方法是热力学中的一种重要方法。

五、热力学平衡态

热力学所研究的状态主要是平衡态。设系统在一定的环境条件下,经过足够长的时间,系统各部分可观测到的宏观性质都不随时间而改变,则系统就达到了热力学平衡状态。

热力学平衡态必须同时实现四个方面的平衡:

(1) 热平衡。系统的各个部分和环境的温度均相等。

(2) 力平衡。系统各部分之间及系统与环境之间,没有不平衡的力存在,宏观上看,不发生相对的移动。即在不考虑重力场影响的情形下,系统的各个部分压力都相等。

(3) 相平衡。当系统中不止一个相时,物质在各相之间的分布达到平衡,各相的组成及数量不随时间而变化。

(4) 化学平衡。当各物质之间有化学反应时,达到平衡后,系统的组成不随时间而改变。

以后的讨论若不特别注明,则所指的系统处于定态,都是指这种热力学平衡的状态。从微观上看,系统达到平衡并非粒子的运动趋于停止,而只是粒子运动的统计平均值不随时间而变化。例如气体达到平衡时,其温度和压力各有定值,是由于分子的运动速率或能量获得稳定的统计分布;化学反应系统达到平衡时,各物质的组成能够保持恒定,是因为正反应速率等于逆反应速率。因此,物理化学中的平衡在微观上是动态平衡。

这里所谓的平衡是个相对概念,绝对的平衡是不存在的。系统能够处于暂时的、相对的平衡这一事实,在自然科学的研究中起着非常重要的作用。物理化学正是在研究有均匀温度、压力和组成(即满足热平衡、力平衡和化学平衡条件)这类相对平衡系统的基础上,揭示出各种物理化学过程的规律。

六、热与功

1. 热

我们知道,温度不同的两个物体相接触时,它们之间会产生能量传递。经过一段时间后,两物体的温度就相等了。由于系统与环境存在温度差而进行的能量传递形式称为热传递。热以符号 Q 表示。系统吸热,Q 为正值;系统放热,Q 为负值。

一个隔离系统,即使系统内部发生了变化,比如发生了化学反应,因而引起了系统自身温度的改变,但由于与环境没有能量传递,也就无所谓吸热或放热。热力学上热的概念是指变化过程中的能量传递形式,与一般习惯上所说的"冷""热"概念不同。后一种概念是指物体温度相对的高低,因此不要把它们混淆起来。

当系统发生变化的始态、终态确定后,Q 的量值还与具体过程有关,因此热 Q 不是状态函数。对微小变化过程的热用符号 δQ 表示。

2. 功

除热以外,系统与环境之间其他形式的能量传递统称为功。功以符号 W 表示。例如施力于静止物体,物体位移并得到动能。按能量守恒原理,施力方面应减少能量。换言之,通过做功的方式,施力方面将能量传递给物体。按照国际纯粹与应用化学联合会(IUPAC)的建议,我们把系统接受的功(亦即环境对系统所做的功)定为正值,而把系统所做的功定为负值。功也是与过程有关的量,它不是状态函数。微小变化过程的功以 δW 表示。

功有多种形式,各种形式的功都是由两个因素,即强度性质与广度性质的变化所组成。即

$$功=强度性质\times广度性质的变化$$

如:机械功为作用力×位移　　$\delta W = F\mathrm{d}x$

体积功为外压力×体积变化　　$\delta W = -p_{ex}\mathrm{d}V$

表面功为表面张力×表面积变化　　$\delta W = \delta\mathrm{d}A_s$

强度性质的大小决定了能量的传递方向,而广度性质的改变量决定了功值的大小。

从微观角度来看,功是大量质点以有序运动而传递的能量,热是大量质点以无序运动方式而传递的能量。

热和功的单位都是能量单位 J(焦耳)。

§1-3　体积功、可逆过程

一、体积功

热力学中体积功是经常遇到的,占有特殊地位。常将它与其他功区分开来,而将功分为体积功与非体积功(以符号 W' 表示,如电功、表面功等)两类。以下讨论体积功。

§1-3演示文稿

体积功、可逆过程

如图 1-2 所示,设有一个带理想活塞(既无重量,又无摩擦力)的圆筒,截面积为 A,筒内装有一定量的气体,圆筒活塞上环境压力为 p_{ex}。分别讨论气体膨胀或压缩的情况。若使活塞移动 dl,则有 $\delta W = F_{ex}dl$,此时系统体积改变 dV,$dV = Adl$。膨胀和压缩两种功的对比如下:

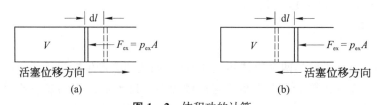

图 1-2　体积功的计算

(a) 系统膨胀(系统做功);(b) 系统被压缩(环境做功)

由图 1-2(a)得:

系统膨胀对抗外压做功,应有 $\delta W < 0$

而气体膨胀 $dV > 0$

故 $\delta W = -p_{ex}dV$

由图 1-2(b)得:

系统压缩得功,应有 $\delta W > 0$

又因 $dV < 0$

故 $\delta W = -p_{ex}dV$

因此,无论膨胀或压缩,体积功的定义式都是

$$\delta W \xlongequal{\text{def}} -p_{ex}dV \tag{1-1}$$

若整个过程外压始终维持恒定,则

$$W = -p_{ex}\Delta V = -p_{ex}(V_2 - V_1) \tag{1-2}$$

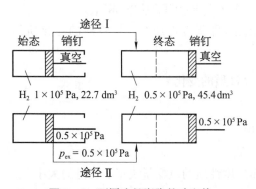

图 1-3　不同途径膨胀的功和热

功是能量传递的一种形式,只伴随过程发生,它与过程密切相关。以下例说明。

设系统由一定的始态变化到终态,由式(1-2)可知 W 随具体途径的 p_{ex} 而变化。如图 1-3 所示,1 mol H_2 于 273 K、1×10^5 Pa 下体积为 22.7 dm^3,等温下经两条不同途径膨胀到终态(0.5×10^5 Pa、45.4 dm^3)。

途径 I 真空膨胀(自由膨胀),$p_{ex} = 0$,$W_1 = 0$。

途径 II 等外压膨胀,$p_{ex} = 0.5 \times 10^5$ Pa,$W_2 \approx -1$ kJ。

由此可见,系统虽然自相同的始态变化至相同的终态,但 W 值却随途径不同而不同。同样,也可以由实验测出,上例中不同途径的热分别为 $Q_1 = 0$、$Q_2 \approx 1$ kJ。热和功的数值都随不同途径而异。所以微小过程中系统和环境之间传递的微量功和微量热不能用全微分符号 dW、dQ 表示。

【例 1-1】　求在 101 325 Pa 下,1.00 mol 铁由 α - Fe $\xrightarrow{1\ 183\ K}$ γ - Fe 时所做的体积功。已知 α - Fe 的密度 $\rho_\alpha = 7\ 575$ kg·m^{-3};γ - Fe 的密度 $\rho_\gamma = 7\ 633$ kg·m^{-3}。铁的摩尔质量

$M=55.85\,\mathrm{g}\cdot\mathrm{mol}^{-1}$。

解:此晶型转变是等温等压过程,故体积功为

$$W=-p_{\mathrm{ex}}\Delta V=-p_{\mathrm{ex}}(V_2-V_1)$$

$$=-101\,325\,\mathrm{Pa}\times\left(\frac{55.85\times10^{-3}\,\mathrm{kg}}{7\,633\,\mathrm{kg}\cdot\mathrm{m}^{-3}}-\frac{55.85\times10^{-3}\,\mathrm{kg}}{7\,575\,\mathrm{kg}\cdot\mathrm{m}^{-3}}\right)$$

$$=5.68\times10^{-3}\,\mathrm{J}$$

计算结果表明,在这个晶型转变中,伴随着体积缩小,环境对系统做功。

二、功与过程

如前所述,功与变化的具体途径有关。现以气体的膨胀、压缩过程为例来说明。设有 1.00 mol 理想气体储于气缸中,把气缸置于等温器中,使气缸在过程中温度始终保持 300 K,气缸上有个既无重量又无摩擦的活塞,活塞上放置四个砝码(相当于 4×10^5 Pa 的压力)用以调节外压。现在经过以下三种不同途径从 4.00×10^5 Pa 等温膨胀至 1.00×10^5 Pa,求不同途径的膨胀功。

途径Ⅰ:将活塞上的砝码同时取走三个,外压 p_1 一次降低到 p_2,并在 p_2 外压下,气体体积由 V_1 膨胀到 V_2,如图 1-4(a)所示。

途径Ⅱ:将活塞上的砝码分两次逐一取走,外压由 p_1 分段经 p' 降到 p_2,气体由 V_1 分段经 V' 膨胀到 V_2,如图 1-4(b)所示。

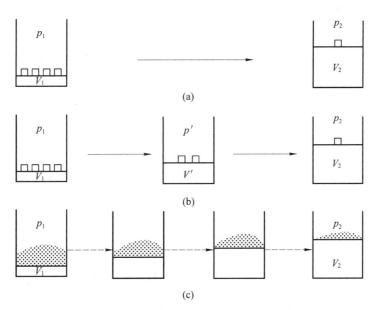

图 1-4　不同途径下气体等温膨胀示意图

途径Ⅲ:膨胀过程中,外压始终比系统内压相差无限小。为了使这个过程更形象,活塞上不放砝码,而是放着一堆极细的砂子(相当于 4.00×10^5 Pa),如图 1-4(c)所示。开始时气体处于平衡态,内外压力都是 p_1。取走一粒砂后,外压降低 dp,气体膨胀 dV,压力降为 $(p_1-\mathrm{d}p)$。这时内外压力又相等,气体达到新的平衡状态。再取走一粒砂,外压又

降低 $\mathrm{d}p$，气体又膨胀 $\mathrm{d}V$，依此类推，直到膨胀到 V_2，内外压力都是 p_2。在过程的任一瞬间，系统的压力 p 与此时的外压 p_{ex} 相差极为微小，可以看作 $p=p_{\mathrm{ex}}$。

由体积功的定义[式(1-1)]，对于途径 I，气体反抗 1.00×10^5 Pa 做功：

$$p_{\mathrm{ex}}=1.00\times10^5\ \mathrm{Pa}=常量$$

$$W_{\mathrm{I}}=-p_{\mathrm{ex}}(V_2-V_1)=-p_{\mathrm{ex}}\left(\frac{nRT}{p_2}-\frac{nRT}{p_1}\right)=-p_{\mathrm{ex}}nRT\left(\frac{1}{p_2}-\frac{1}{p_1}\right)$$

将 $R=8.314\,5\ \mathrm{J}\cdot\mathrm{mol}^{-1}\cdot\mathrm{K}^{-1}$ 代入得

$$W_{\mathrm{I}}=-1.00\times10^5\ \mathrm{Pa}\times1.00\ \mathrm{mol}\times8.314\,5\ \mathrm{J}\cdot\mathrm{mol}^{-1}\cdot\mathrm{K}^{-1}$$

$$\times300\ \mathrm{K}\left(\frac{1}{1.00\times10^5\ \mathrm{Pa}}-\frac{1}{4.00\times10^5\ \mathrm{Pa}}\right)=-1.87\ \mathrm{kJ}$$

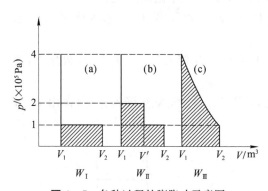

图 1-5　各种过程的膨胀功示意图

W_{I} 的绝对值相当于图 1-5(a)中阴影部分的面积。

对于途径 II，体积功分两步进行，如途径 I 方法计算

$$W_{\mathrm{II}}=-(p'\Delta V_1+p_2\Delta V_2)=-2.49\ \mathrm{kJ}$$

显然，在始、终态相同时，系统对环境分步等外压膨胀所做的功比一步等外压膨胀的功多，如图 1-5(b)所示。

对于途径 III，在气体整个膨胀过程中，始终保持外压与内压相差无限小，即

$$p_{\mathrm{ex}}=p-\mathrm{d}p$$

$$W_{\mathrm{III}}=-\sum p_{\mathrm{ex}}\mathrm{d}V=-\sum(p-\mathrm{d}p)\mathrm{d}V$$

因 $\mathrm{d}p\,\mathrm{d}V$ 为二级无穷小，相对于 $p\,\mathrm{d}V$ 可以略去，即可用系统压力近似代替 p_{ex}。若气体为理想气体且温度恒定，则

$$W_{\mathrm{III}}=-\int_{V_1}^{V_2}p\,\mathrm{d}V=-\int_{V_1}^{V_2}\frac{nRT}{V}\mathrm{d}V=nRT\ln\frac{V_1}{V_2}=nRT\ln\frac{p_2}{p_1}$$

$$=1.00\ \mathrm{mol}\times8.314\,5\ \mathrm{J}\cdot\mathrm{mol}^{-1}\cdot\mathrm{K}^{-1}\times300\ \mathrm{K}\times\ln\frac{1.00\times10^5\ \mathrm{Pa}}{4.00\times10^5\ \mathrm{Pa}}$$

$$=-3.46\ \mathrm{kJ}$$

比较可知，这样的膨胀，系统做功最多，如图 1-5(c)所示。

由此可见，从同样的始态到同样的终态，由于过程不同，环境所得到功的数值不同，故功与变化途径有关，它是一个与过程有关的量。

再考虑压缩过程，把气体从 V_2 压缩到 V_1。

若将外压一次加到 4.00×10^5 Pa，将膨胀后的气体从 p_2、V_2 压缩回到原来状态 p_1、

V_1,则

$$W_I' = -p_{ex}(V_终 - V_始) = -p_{ex}\left(\frac{nRT}{p_1} - \frac{nRT}{p_2}\right)$$

$$= -4.00 \times 10^5 \text{ Pa} \times 1.00 \text{ mol} \times 8.3145 \text{ J} \cdot \text{mol}^{-1} \cdot \text{K}^{-1} \times 300 \text{ K}$$

$$\times \left(\frac{1}{4.00 \times 10^5 \text{ Pa}} - \frac{1}{1.00 \times 10^5 \text{ Pa}}\right) = 7.48 \text{ kJ}$$

途径Ⅱ的逆过程分两步进行,第一步用 p' 的外压把系统从 V_2 压缩到 V',第二步用 p_1 的压力把系统从 V' 压缩到 V_1,则

$$W_{II}' = -(p'\Delta V_1 + p_1\Delta V_2) = 4.99 \text{ kJ}$$

显然,分步压缩比一次恒外压压缩所需环境做功反而减少。

途径Ⅲ的逆过程,即外压始终比内压大 dp,将其压回原来状态,则

$$W_{III}' = -\sum p_{ex}dV = -\sum(p + dp)dV$$

$$= -\int_{V_2}^{V_1} \frac{nRT}{V}dV = nRT\ln\frac{V_2}{V_1} = nRT\ln\frac{p_1}{p_2}$$

$$= 1.00 \text{ mol} \times 8.3145 \text{ J} \cdot \text{mol}^{-1} \cdot \text{K}^{-1} \times 300 \text{ K} \times \ln\frac{4.00 \times 10^5 \text{ Pa}}{1.00 \times 10^5 \text{ Pa}}$$

$$= 3.46 \text{ kJ}$$

可见,在以上几个压缩过程中,$W_I' > W_{II}' > W_{III}'$,且有 $-W_{III} = W_{III}'$(计算结果列于表1-1)。

表1-1 不同途径功的比较

途径	W/kJ		
	$W_正$	$W_逆$	$W_正 W_逆$
Ⅰ及Ⅰ'	-1.87(Ⅰ)	7.48(Ⅰ')	5.61
Ⅱ及Ⅱ'	-2.49(Ⅱ)	4.99(Ⅱ')	2.50
Ⅲ及Ⅲ'	-3.46(Ⅲ)	3.46(Ⅲ')	0

由表可知系统由一个状态变化到另一状态,可以通过不同的途径来实现。当系统状态变化后,再使系统恢复到始态,环境不一定能复原:经过途径Ⅰ、Ⅱ后,系统虽复原,但环境中留下功变热的痕迹;只有途径Ⅲ,当系统复原时环境中没有留下功变热的痕迹,即环境也可恢复原状。

三、可逆过程

在热力学中有一个极为重要的概念,称为可逆过程。当系统由始态 A 经过某一过程变到终态 B 后,如能使系统再回到原态,同时也消除了原过程对环境所产生的一切影响,则此过程称为可逆过程。反之,某过程进行后,如果用任何方法都不可能使系统复原,同时环境也完全复原,则此过程称为不可逆过程。上述途径Ⅲ就是一种可逆过程。

热力学可逆过程具有下列特点：

（1）可逆过程是以无限小的变化进行的，系统与环境的相互作用无限接近于平衡，因此过程的进展无限缓慢；环境的温度、压力分别与系统的温度、压力相差甚微，可以看作相等，即

$$T_{ex} = T;\ p_{ex} = p$$

（2）在整个过程中系统内部无限接近于平衡。

（3）系统和环境能够由终态沿着原来的途径从相反方向步步回复，直到都恢复到原来的状态，而没有留下任何变化痕迹。

（4）在等温可逆过程中，系统对环境做的功最大，环境对系统做的功最小。例如，在等温可逆膨胀过程中，外压 p_{ex} 始终只比系统的压力 p 差一个无限小的数值，亦即系统在膨胀时对抗了最大的外压，所以做了最大功。而在可逆压缩过程中，p_{ex} 始终只比 p 大一个无限小数值，亦即在压缩时环境只使用最小的外压，所以，环境所消耗的功为最小功。

可逆过程是一种理想过程，是一种科学的抽象，客观世界中并不真正存在，实际过程只能无限地趋近于它。但是它和理想气体、理想溶液等概念一样在理论上与实际上都是非常重要的。首先，可逆过程所做功最大，是理想的极限值，这就为研究实际过程提供了基准，从而可以确定实际过程的工作效率，进而提出提高效率的方向。其次，在用热力学解决问题时，往往需要计算状态函数的变化，状态函数的变化只与始、终态有关，而与途径无关。因此可选择适当的途径来计算状态函数的变化以及建立状态函数间关系。热力学中许多重要公式正是通过可逆过程建立的。因此它是热力学中极为重要的过程。

主题1-2导学

热力学第一
定律

§1-4演示文稿

热一律和热
力学能

主题二　热力学第一定律

§1-4　热力学第一定律和热力学能

一、热力学第一定律

热力学第一定律是人类经验的总结。18世纪中期，产业革命开始，由于手工业向机械工业过渡，工业生产开始蓬勃发展，人们急需解决推动机器做功所需的能量问题，或者说能量转化为机械功的问题。有些人曾经设想在不消耗任何能量的情况下使机器做功，结果以失败告终。同时，在生产实践的推动下，人们注意到不同形式的能量之间相互转化的规律。迈尔（Mayer）、焦耳（Joule）、亥姆赫兹（Helmholtz）各自独立地进行了研究并相继提出能量守恒的概念，被公认为第一定律的奠基人。其中，焦耳从1840年起，先后用各种不同的实验方法测定机械能转化为热能的定量关系，证明其转化具有一定的当量关系，即 1 cal＝4.184 J。这为能量守恒原理提供了科学的实验证明。

热力学第一定律实质上是能量守恒定律在热现象领域内所具有的特殊形式。通常表述为"能量有各种不同的形式，可以从一种形式转变为另一种形式，从一个物体传递给另一个物体，而在转化和传递中能量的总量保持不变"。这一定律是根据无数事实及实验总结出来的，而不是根据什么原理推导出来的。迄今为止，没有发现自然界的任何变化违反

这个定律,可见这个定律的正确性。根据这一定律,做功必须消耗相应的一定能量,因此,要想制造一种机器,不消耗能量而可不断对外做功(人们把这种假想的机器称为第一类永动机)是不可能的。基于这一点,热力学第一定律也可表述为:"第一类永动机是不可能造成的。"

二、热力学能

S1-2

焦耳实验
示意图

焦耳曾经多次做过绝热过程的实验,证明在相同始态为 25℃ 的水中,不论是通过均匀转速的叶片做机械功,或者通过稳定电流做电功,使水温升至 30℃,它们对系统所做的功值都是相等的。这些实验事实导出了一个重要结论:对绝热封闭系统,无论以何种方式从某一始态变到某一终态,所需的功是一定的。换句话说,绝热过程中外界对系统所做功的大小只由系统的始、终态所决定,而与途径无关。因此在绝热过程中这个功值必等于系统某个状态函数在终态和始态之差值。此差值的产生是由于在绝热过程中,环境对系统所做的功 W_{ad} 转化为蕴藏在系统内部的能量。因此称此状态函数为热力学能,以符号 U 表示。设系统始态的热力学能为 U_1,终态为 U_2,则热力学能的增量为

$$U_2 - U_1 \xlongequal{\text{def}} W_{ad} \tag{1-3}$$

式(1-3)就是热力学能的定义,说明系统内有一称为热力学能的状态函数存在,它的增量等于绝热过程中环境对系统所做的功。这就为测定热力学能的变化提供了依据,它生动地反映了能量守恒定律。

根据焦耳的实验,绝热功与水量成正比,联系式(1-3)可知 U 是一种广度性质。

三、第一定律的数学表达式

上面已经用文字阐述了第一定律,明确了系统的热力学能,以及系统与环境传递能量的两种形式——热和功。现将热力学能、热和功联系起来,以数学式表达热力学第一定律。

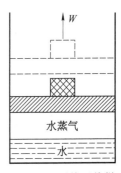

图 1-6　系统吸热做功示意图

在一气缸中以水和水蒸气作为研究的系统,在一定温度下达到平衡,活塞不动,如图 1-6 实线所示。此时系统热力学能为 U_1,当加热气缸时,系统从环境吸收了热量 Q,部分水受热蒸发,使系统的压力增加,推动活塞上升,对环境做功($-W$)。当达到新平衡后,系统热力学能为 U_2,在这过程中,吸热使系统热力学能增加,对外做功使系统热力学能减少,根据能量守恒定律,以数学式表示如下:

$$U_1 + Q - (-W) = U_2$$

$$U_2 - U_1 = Q + W$$

$$\Delta U = Q + W \tag{1-4a}$$

当系统发生了一个无限小变化,系统从环境吸收微量热 δQ,得到微量功 δW,则系统热力学能相应地变化 $\mathrm{d}U$。式(1-4a)表示为

$$\mathrm{d}U = \delta Q + \delta W \tag{1-4b}$$

式(1-4)是热力学第一定律的数学表达式,其物理意义是:系统所吸收的热量加上环境对其所做的功等于系统热力学能的增量。式(1-4)只考虑能量传递,而不涉及物质传

递,因此其适用范围为封闭系统。今后在未特殊指明时,所讨论系统均为封闭系统。

在化学热力学中,通常研究的是宏观静止的系统,不涉及系统整体运动的动能和在外力场中的整体势能,因此系统的能量主要由热力学能 U 所决定。热力学能是系统内部所有能量的总和,包括分子运动的平动能、转动能、振动能,电子的结合能,原子核能,以及分子之间相互作用的势能等。由于人们对物质运动形式的认识永无止境,所以系统热力学能的绝对值目前还无法测知。但这对解决实际问题并无妨碍,只需要知道它在变化中的改变值 ΔU 就行了,ΔU 可通过测功和量热的方法计算出来。这正是热力学解决问题的一种特殊方法。

§1-5　等容热、等压热与焓

热和功一样,是与过程有关的物理量。但在特定的条件下,过程的热却可以变成一个只决定于该系统始态和终态的量。以下从第一定律对各特定过程中状态函数增量与热量的关系分别加以探讨。

一、等容热

功有体积功 W 和非体积功 W' 两种,当系统不做非体积功时,$W'=0$。在等容条件下,$dV=0$,$W=0$,则

$$dU = \delta Q_V \tag{1-5a}$$

或

$$\Delta U = Q_V \tag{1-5b}$$

此式说明在不做非体积功时,等容过程中所吸收的热在数值上等于系统热力学能的增量。因热力学能是状态函数,ΔU 只决定于系统的始、终态而与途径无关,所以等容过程系统吸收的热 Q_V 也必然只决定于系统的始、终态,而与变化的途径无关。

二、等压热

等压过程是更普遍更常见的过程。很多物理过程与化学过程就是在等压下进行的。多数冶金反应、金属热处理过程都不是在密封条件下进行,而是敞开地暴露于空气之中,可认为是在等压条件下进行的。

在等压过程中,体积功 $W=-p_{ex}\Delta V$,当 $W'=0$,根据第一定律

$$\Delta U = Q_p - p_{ex}(V_2 - V_1) \tag{1-6}$$

在等压过程中　　　　　　　　$$p_2 = p_1 = p_{ex}$$

故　　　　　　$$U_2 - U_1 = Q_p - (p_2 V_2 - p_1 V_1)$$

按系统的始态和终态进行整理得

$$(U_2 + p_2 V_2) - (U_1 + p_1 V_1) = Q_p \tag{1-7}$$

由于 U、p、V 都是状态函数,因此 $U+pV$ 也是状态函数,其变化值 $(U_2 + p_2 V_2) - (U_1 + p_1 V_1)$ 必然由系统始、终态决定,而与途径无关。为了方便,在物理化学中把这个复合量 $U+pV$ 用符号 H 表示,称为焓,即

$$H \xmapsto{\text{def}} U + pV \tag{1-8}$$

代入式(1-7)得

$$H_2 - H_1 = Q_p$$

即

$$\Delta H = Q_p \tag{1-9a}$$

或

$$dH = \delta Q_p \tag{1-9b}$$

式(1-9)表明在不做非体积功的情况下,等压过程中系统所吸收的热在数值上等于系统焓的增量。应该强调的是,式(1-9)并不是说只有等压过程才有 ΔH,而非等压过程就没有 ΔH。焓是系统的状态性质,系统的状态发生变化,就有相应的 H 变化值。如果是非等压过程,ΔH 仍有确定的数值,只是 $\Delta H \neq Q$。

三、焓

焓的定义式为

$$H \xmapsto{\text{def}} U + pV$$

需要注意:这里压力与体积的乘积并非体积功。

当系统的状态一定时,系统有确定数值的 U、p、V,因而系统也有确定数值的 H,故 H 是状态函数,其单位为 J。因为一定状态下系统的热力学能绝对值未知,所以该状态下的焓值也不知道。U 是广度性质,pV 乘积为广度性质,故焓为广度性质。

系统的状态发生微小改变时,其焓的微变为

$$dH = dU + pdV + Vdp$$

系统从任一始态(p_1,V_1,U_1,H_1)经任何变化过程到达终态(p_2,V_2,U_2,H_2)时,过程中系统的焓变 $\Delta H = H_2 - H_1$,则根据焓的定义式(1-8)有

$$\Delta H = \Delta U + \Delta(pV) \tag{1-10}$$

该式表明了系统发生任意变化时,过程的焓变与热力学能变 $\Delta U = U_2 - U_1$ 之间的关系,式中 $\Delta(pV) = p_2 V_2 - p_1 V_1$,代表变化过程中终态和始态系统的 pV 乘积的变化值。若 $p_1 = p_2$ 且 V 发生改变,则 $\Delta(pV) = p\Delta V$,但不一定等于体积功(只有等压过程中 $p\Delta V$ 才等于体积功)。

对于只有凝聚态物质的系统,发生简单状态变化(p,V,T 变化)、相变化或化学变化时,通常在变化前后体积和压力改变不大,除非特别要求,一般可认为 $\Delta(pV) \approx 0$。

【例1-2】 在 373 K、101 325 Pa 下,1.00 mol 水的体积为 0.018 8 dm^3,变为蒸汽体积为 30.2 dm^3,373 K 水的摩尔蒸发焓 $\Delta_{vap} H_m$ 为 4.06×10^4 J·mol^{-1},试计算此条件下水蒸发成蒸汽的 ΔH 和 ΔU。

解:水的蒸发为一相变过程

$$H_2O(l) \xequal{373\ K、101\ 325\ Pa} H_2O(g)$$

在等压下进行:

$$\Delta H = Q_p = n \cdot \Delta_{vap} H_m = 4.06 \times 10^4 \text{ J}$$

因

$$\Delta H = \Delta U + p\Delta V$$

故 $\quad \Delta U = 40.6 \text{ kJ} - 101\ 325 \text{ Pa} \times (30.2 - 0.018\ 8) \times 10^{-3} \text{ m}^3 = 37.6 \text{ kJ}$

【例 1-3】 将式(1-10)应用于：(1)理想气体的温度变化，(2)等温、等压下液体或固体气化，(3)等温、等压下有气体参加的反应。若气体看作理想气体，试推出式(1-10)的特殊形式。

解：(1) 设理想气体，$T_1 \rightarrow T_2$

$$\Delta H = \Delta U + \Delta(pV) = \Delta U + (pV)_2 - (pV)_1$$

对于理想气体，$\Delta H = \Delta U + (nRT_2 - nRT_1) = \Delta U + nR\Delta T$ (1-11a)

(2) 液体(或固体 n_B) $\xrightarrow{T,\ p}$ 理想气体(n_B)

$$(pV)_2 - (pV)_1 = p(V_g - V_1) \approx pV_g = nRT \text{(忽略凝聚相体积)}$$

$$\Delta H = \Delta U + nRT$$ (1-11b)

(3) 反应物(n_1，理想气体) $\xrightarrow{T,\ p}$ 生成物(n_2，理想气体)

$$(pV)_2 - (pV)_1 \approx pV_2 - pV_1 = n_2RT - n_1RT = \Delta n(g)RT$$

推广到任意理想气体反应 $\qquad a\text{A} + b\text{B} \longrightarrow y\text{Y} + z\text{Z}$

可写成通式 $\qquad\qquad \Delta_r H_m = \Delta_r U_m + \sum_B \nu_B(g)RT$ (1-11c)

上面三个特殊式在形式上有点相似，容易混淆，应注意各式应用的条件。

§1-6　热容及其应用

一、热容的定义和分类

热容是有关热计算中常用的基本数据。因此了解各种物质热容的变化规律是非常必要的。

对不发生相变化和化学变化，且不做非体积功的均相封闭系统，系统温度每升高单位值所吸收的热称为系统的热容，用符号 C 表示，单位为 $J \cdot K^{-1}$。由于热容随温度的不同而不同，故又分为平均热容与真热容。定义式分别为

平均热容 $\qquad\qquad\qquad \langle C \rangle \xlongequal{\text{def}} \dfrac{Q}{T_2 - T_1}$ (1-12a)

真热容 $\qquad\qquad\qquad\quad C \xlongequal{\text{def}} \delta Q / \mathrm{d}T$ (1-12b)

由于热容为热与温度变化之比，而热与过程有关，因而热容亦与过程有关。常用的热容有等容热容 C_V 与等压热容 C_p，定义式分别为

$$C_V \xlongequal{\text{def}} \delta Q_V / \mathrm{d}T$$ (1-13)

$$C_p \xlongequal{\text{def}} \delta Q_p / \mathrm{d}T$$ (1-14)

在这些特定过程中，将 $\delta Q_V = \mathrm{d}U$，$\delta Q_p = \mathrm{d}H$ 代入，得到

$$C_V = \left(\frac{\partial U}{\partial T}\right)_V \tag{1-15}$$

$$C_p = \left(\frac{\partial H}{\partial T}\right)_p \tag{1-16}$$

这两式分别表明:在没有相变化和化学变化,且 $W'=0$ 的条件下,C_V 是等容下系统的热力学能随温度的变化率,C_p 是等压下系统的焓随温度的变化率。

当系统状态确定时,偏微商 $(\partial U/\partial T)_V$ 及 $(\partial H/\partial T)_p$ 也确定,因此,这些都是状态函数,即 C_V、C_p 都是状态函数,也都是广度性质。

以 $C_{p,\text{m}}$,$C_{V,\text{m}}$ 分别代表摩尔等压热容、摩尔等容热容,则 $C_{p,\text{m}}=C_p/n$,$C_{V,\text{m}}=C_V/n$,两者的单位均为 $\text{J}\cdot\text{mol}^{-1}\cdot\text{K}^{-1}$。系统的热容与物质的质量之比称为比热容或质量热容,单位为 $\text{J}\cdot\text{K}^{-1}\cdot\text{g}^{-1}$。摩尔热容和质量热容均是强度量。

二、热容与温度的关系

热容是温度的函数,这种函数关系因物质、物态、温度的不同而异。根据实验,常将气体的摩尔等压热容写成如下的经验式:

$$C_{p,\text{m}} = a + bT + cT^2 \tag{1-17}$$

或

$$C_{p,\text{m}} = a + bT + c'T^{-2} \tag{1-18}$$

式中,a、b、c、c' 是经验常数,随物质的不同及温度范围的不同而异。这些常数可以从物理化学手册中查到(见本书附表)。对于同一种物质的热容,由于实验条件和处理数据方法的不同,可能出现不同的数值,因此引用时应注意尽可能使数据取自同一文献。式(1-17)与式(1-18)相比较,在高温下使用后者产生的误差较小,因为 T 大时,T^{-2} 小,所以高温技术的文献中常用式(1-18),本书也如此。

三、等压热容与等容热容的关系

对同一系统,等压热容通常要比等容热容大,对于气体尤其显著。因为在等压条件下,使系统升高温度的同时须反抗外压而做体积功,所以吸入的热不仅用于增加温度,还用于做功。而在等容条件下,系统不做功,它自环境吸入的热量完全用于增加温度。现从两者之间的关系推导来说明,由式(1-15)、式(1-16)可导出

$$\begin{aligned}
C_p - C_V &= (\partial H/\partial T)_p - (\partial U/\partial T)_V \\
&= [\partial(U+pV)/\partial T]_p - (\partial U/\partial T)_V \\
&= (\partial U/\partial T)_p + p(\partial V/\partial T)_p - (\partial U/\partial T)_V
\end{aligned} \tag{1-19}$$

由于两个状态变量可以确定系统的状态,则由 $U=U(T,V)$ 得

$$\mathrm{d}U = (\partial U/\partial T)_V \mathrm{d}T + (\partial U/\partial V)_T \mathrm{d}V$$

在压力保持恒定的条件下,得

$$(\partial U/\partial T)_p = (\partial U/\partial T)_V + (\partial U/\partial V)_T (\partial V/\partial T)_p$$

代入式(1-19)得

$$C_p - C_V = [(\partial U/\partial V)_T + p](\partial V/\partial T)_p \qquad (1-20)$$

从式(1-20)中可以看出,$C_p > C_V$的本质是由于系统对环境做功$p(\partial V/\partial T)_p$,以及由于体积的变化而引起分子间的势能$(\partial U/\partial V)_T(\partial V/\partial T)_p$增加。因此系统在等压条件下升温 1 K 比等容条件下升温 1 K 要多吸收这两项热量。一般来说,对固体及液体,前一因素为主;对于气体,后一因素为主。通常情况下,大多数流体(气体和液体)$\left(\dfrac{\partial V}{\partial T}\right)_p > 0$,但也有少数流体在某些温度范围内$\left(\dfrac{\partial V}{\partial T}\right)_p < 0$,如水在 0~4 ℃时,随温度升高其体积减小,故$C_p < C_V$。

四、理想气体的热容

对于理想气体,因分子间无相互作用力,$(\partial U/\partial V)_T = 0$(证明见§1-7节),将$(\partial V/\partial T)_p = nR/p$代入式(1-20)得

$$C_p - C_V = nR \qquad (1-21)$$

$$C_{p,m} - C_{V,m} = R \qquad (1-22)$$

即理想气体的摩尔等压热容与摩尔等容热容之差等于摩尔气体常数R,$R = 8.314\,5\,\mathrm{J \cdot mol^{-1} \cdot K^{-1}}$。

根据气体分子运动论和能量均分原理,常温下,对于单原子分子理想气体(如惰性气体 He、Ne、Ar 等),$C_{V,m} = \dfrac{3R}{2}$,$C_{p,m} = \dfrac{5R}{2}$;对双原子分子理想气体(如 N_2、O_2 等),$C_{V,m} = \dfrac{5R}{2}$,$C_{p,m} = \dfrac{7R}{2}$;多原子分子理想气体$C_{V,m} \geqslant 3R$。对常温常压下实际气体,式(1-22)也基本符合。

对大多数熔融金属

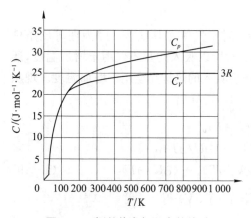

图 1-7　铜的热容与温度的关系

$$C_{p,m} - C_{V,m} = 0.87R[①]$$

对纯固体,$(\partial V/\partial T)_p$很小,在一般粗略计算中,可以认为$C_p \approx C_V$;精确计算时应考虑其差值,特别是温度越高,其差值越大。图 1-7 为铜的$C_{p,m}$与$C_{V,m}$随温度变化的曲线[②]。

五、等容变温过程

根据前面讨论的式(1-13)、(1-15),如果均相系统(气、液或固相)在等容条件下不发生相变化和化学变化且不做非体积功,仅仅是温度从T_1改变到T_2时,则积分可得

---

① 引自 Y. Marcus：Introduction to Liquid State Chemistry, John Wiley & Sons (1977)。

② 摘自 M. W. Zemansky：Heat and Thermodynamics, 5th Ed. (1968) (pp. 306、302)。

$$Q_V = \Delta U = \int_{T_1}^{T_2} C_V(T)\mathrm{d}T = \int_{T_1}^{T_2} nC_{V,\,\mathrm{m}}(T)\mathrm{d}T \tag{1-23}$$

等容过程，$W=0$；由式$(1-10)$，$\Delta H = \Delta U + V\Delta p$。

六、等压变温过程

类似地，由式$(1-14)$和式$(1-16)$，如果均相系统（气、液或固相）在等压条件下不发生相变化和化学变化、且不做非体积功，而仅是温度从 T_1 改变到 T_2 时，积分得

$$Q_p = \Delta H = \int_{T_1}^{T_2} C_p(T)\mathrm{d}T = \int_{T_1}^{T_2} nC_{p,\,\mathrm{m}}(T)\mathrm{d}T \tag{1-24}$$

此过程中，$W=-p\Delta V$；由式$(1-10)$，$\Delta U = \Delta H - p\Delta V$。

需要说明的是，对于凝聚态物质，如果变温过程中承受的压力有所变化，但是只要压力变化不大，均可近似按等压过程考虑。或因过程体积改变不大，$W=-p\Delta V \approx 0$，$Q \approx \Delta U$；又 $\Delta(pV) \approx 0$，得 $\Delta U \approx \Delta H$。

【例 1-4】 100 kg 的空气在 2.00×10^5 Pa 下，于 298 K 升温到 393 K，求所需的热量及焓变。设空气在此温度区间的平均摩尔等压热容 $\langle C_{p,\,\mathrm{m}}\rangle = 33.7\,\mathrm{J\cdot mol^{-1}\cdot K^{-1}}$。空气的摩尔质量可取 $28.8\,\mathrm{g\cdot mol^{-1}}$。

解：系统为 100 kg 空气，状态变化过程特征可表示如下：

$$\boxed{\begin{array}{c}\text{空气 }100\,\mathrm{kg}\\ p_1 = 2.00\times10^5\,\mathrm{Pa}\\ T_1 = 298\,\mathrm{K}\end{array}} \xrightarrow{\text{等压过程}} \boxed{\begin{array}{c}\text{空气 }100\,\mathrm{kg}\\ p_2 = 2.00\times10^5\,\mathrm{Pa}\\ T_2 = 393\,\mathrm{K}\end{array}}$$

由于是不做非体积功的等压过程，所以该过程的热 Q_p 等于焓变 ΔH，过程并没有相变化及化学反应，仅仅是温度发生变化，所以 Q_p 及 ΔH 可用下式进行计算：

$$Q_p = \Delta H = n\int_{T_1}^{T_2} C_{p,\,\mathrm{m}}\mathrm{d}T$$

$$n = \frac{100\,\mathrm{kg}}{28.8\,\mathrm{kg\cdot kmol^{-1}}} = \frac{100}{28.8}\,\mathrm{kmol}$$

$$Q_p = (100/28.8)\,\mathrm{kmol} \times 33.7\,\mathrm{J\cdot mol^{-1}\cdot K^{-1}} \times (393-298)\,\mathrm{K} = 1.11\times10^4\,\mathrm{kJ}$$

七、焓与温度的关系

一定温度下，在压力变化不大的范围内，压力对气体焓的影响不大（下节将讨论到压力对理想气体的焓无影响），对液体和固体焓的影响更小，所以，在此条件下，压力影响可以忽略。若没有相变化和化学变化，在一定压力下，温度对焓的影响，可根据式$(1-24)$求得

$$\Delta H = H(T_2) - H(T_1) = \int_{T_1}^{T_2} C_p(T)\mathrm{d}T \tag{1-25}$$

如果知道 T_1 到 T_2 之间的 C_p 数据，就可求得 T_1 到 T_2 之间的焓变，即将 C_p 对 T 作图，图中 T_1 到 T_2 间隔内曲线下所围的面积即为焓变，如图 1-8 所示。如果知道 T_1 到 T_2 范围内 $C_p = f(T)$ 的多项式，那么把多项式代入后就可直接积分而得焓变。

如果在 T_1 到 T_2 间隔中有相变化,如晶型转变、熔化、蒸发等,应把相变焓计入。如下面通式所示:

$$H(g,\ T)-H(0\,K)=\int_{0\,K}^{T_{trs}}C_p(\,I\,)dT+\Delta_{trs}H+\int_{T_{trs}}^{T_{fus}}C_p(\,II\,)dT+\Delta_{fus}H$$

$$+\int_{T_{fus}}^{T_b}C_p(l)dT+\Delta_{vap}H+\int_{T_b}^{T}C_p(g)dT \qquad (1-26)$$

式中,T_{trs}、T_{fus}、T_b 分别是晶型转变点、熔点和沸点,$\Delta_{trs}H$、$\Delta_{fus}H$、$\Delta_{vap}H$ 分别是晶型转变焓、熔化焓和蒸发焓,I、II 分别代表固体的两种晶型。图 1-8 和图 1-9 分别表示水的 C_p 和 H_T-H_{0K} 与温度的关系。

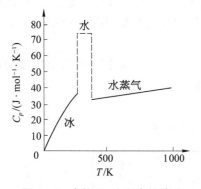

图 1-8 水的 C_p 和温度的关系

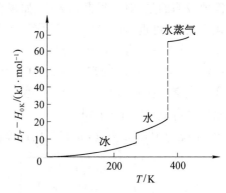

图 1-9 水的 H_T-H_{0K} 和温度的关系

【例 1-5】　求 0℃、101 325 Pa 下,1 mol 液态水加热至 773 K、101 325 Pa 水蒸气的焓变,设水的 $\Delta_{vap}H_m=40.6\,kJ\cdot mol^{-1}$,在 273 K 到 373 K 之间水的平均摩尔热容 $\langle C_{p,m}(l)\rangle=75.44\,J\cdot mol^{-1}\cdot K^{-1}$,水蒸气的 $C_{p,m}$ 在 298 K 到 773 K 之间是

$$C_{p,m}=[30.0+10.71\times10^{-3}T/K+0.33\times10^5\cdot(T/K)^{-2}]J\cdot mol^{-1}\cdot K^{-1}$$

解:根据式(1-26),对 1 mol 水

$$\Delta H=H(g,\ 773\,K)-H(l,\ 273\,K)$$

$$=\int_{273\,K}^{373\,K}C_{p,m}(l)dT+\Delta_{vap}H_m+\int_{373\,K}^{773\,K}C_{p,m}(g)dT$$

$$=\int_{273\,K}^{373\,K}75.44\,J\cdot mol^{-1}\cdot K^{-1}dT+40.6\,kJ\cdot mol^{-1}+\int_{373\,K}^{773\,K}[30.0+10.71\times10^{-3}T/K$$

$$+0.33\times10^5(T/K)^{-2}]J\cdot mol^{-1}\cdot K^{-1}dT$$

$$=75.44\times(373-273)J\cdot mol^{-1}+40.6\,kJ\cdot mol^{-1}+\Big[30.0\times(773-373)+\frac{1}{2}$$

$$\times10.71\times10^{-3}(773^2-373^2)-0.33\times10^5\Big(\frac{1}{773}-\frac{1}{373}\Big)\Big]J\cdot mol^{-1}$$

$$=62.6\,kJ\cdot mol^{-1}$$

主题1-3导学
热力学第一
定律的应用

§1-7演示文稿
热一律对理想
气体的应用

主题三　热力学第一定律的应用

§1-7　热力学第一定律对理想气体的应用

生产上经常遇到气体压缩与膨胀以及有气体参加的反应。这些实际气体在一般热加工的条件(低压、高温)下,都近似地服从理想气体的规律。为此有必要讨论热力学第一定律对理想气体的应用。我们首先从理想气体的自由膨胀来了解气体的某些性质,为将来进一步讨论打下基础。

一、理想气体的热力学能与焓——焦耳实验

焦耳在 1843 年曾做过低压气体的自由膨胀实验。取两个有活塞开关控制的连通铜制容器,置于水浴中,如图 1-10 所示。开始时,左边装低压气体,右边抽真空,并测出水浴温度。打开活塞后,左边气体就向右边扩散,整个过程没有对外做功,$W=0$。待系统达到平衡后,再测水浴温度,水温未改变,说明系统与环境没有热的传递,故 $Q=0$。根据第一定律,$\Delta U=0$。对于定量的纯物质,热力学能由 p、V、T 中任意两个独立变量所确定,所以

$$dU = \left(\frac{\partial U}{\partial T}\right)_V dT + \left(\frac{\partial U}{\partial V}\right)_T dV$$

因　　　　　　　　　$dU=0$

故　　　$\left(\frac{\partial U}{\partial T}\right)_V dT + \left(\frac{\partial U}{\partial V}\right)_T dV = 0$

已知温度不变,$dT=0$,故上式第一项为零,因此有

$$\left(\frac{\partial U}{\partial V}\right)_T dV = 0$$

又因　　　　　　　　$dV \neq 0$

故　　　$\left(\frac{\partial U}{\partial V}\right)_T = 0$　　　　(1-27a)

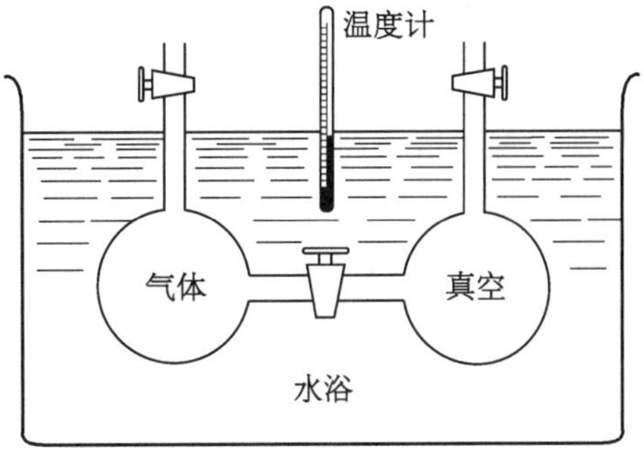

同理可证

$$\left(\frac{\partial U}{\partial p}\right)_T = 0 \qquad (1-27b)$$

图 1-10　气体自由膨胀实验示意图

这两式的意义是:在等温条件下,理想气体的热力学能不随气体体积、压力而变。即理想气体的热力学能只是温度的函数

$$U = f(T) \qquad (1-27c)$$

式(1-27)只有对理想气体才是正确的,因为精确实验证明实际气体向真空膨胀时气体的

温度略有改变,起始压力越低,温度变化越小。由此推断,当气体的起始压力趋于零时,可视为理想气体,式(1-27)仍完全正确。换句话说,理想气体的热力学能只是温度的函数,与体积、压力无关。上述结论可用分子运动论的观点来解释。理想气体的微观实质是分子间没有引力,所以分子间没有相互作用的势能。因此体积改变,分子间距离的改变不影响热力学能的数值。理想气体的热力学能只是指分子的动能,而动能只与温度有关,所以理想气体的热力学能只是温度的函数。

根据焓的定义 $H = U + pV$ 以及理想气体状态方程式 $pV = nRT$,得到

$$\left(\frac{\partial H}{\partial V}\right)_T = \left(\frac{\partial U}{\partial V}\right)_T + \left[\frac{\partial (nRT)}{\partial V}\right]_T = 0 \tag{1-28a}$$

$$\left(\frac{\partial H}{\partial p}\right)_T = \left(\frac{\partial U}{\partial p}\right)_T + \left[\frac{\partial (nRT)}{\partial p}\right]_T = 0 \tag{1-28b}$$

$$H = f(T) \tag{1-28c}$$

即理想气体热力学能及焓都只是温度的函数,不随体积、压力而变。

二、理想气体的简单状态变化过程

在此,只讨论理想气体发生 p-V-T 变化的几种等值过程中功、热、ΔU、ΔH 的求算。过程中不做非体积功,故热力学第一定律表达式为

$$dU = \delta Q - p_{ex} dV$$

1. 等温过程

前已证明对于理想气体 $U = f(T)$,$H = f(T)$,故等温过程 $dT = 0$ 时

$$dU = 0, \quad dH = 0$$

如果过程是可逆的,系统的压力近似等于外压,用 p 表示,则

$$W = -\int_{V_1}^{V_2} p\,dV = -\int_{V_1}^{V_2} \frac{nRT}{V}dV = nRT\ln\frac{V_1}{V_2} \tag{1-29a}$$

当只做体积功时,则

$$Q = -W = nRT\ln\frac{V_2}{V_1} \tag{1-29b}$$

2. 等容过程

因 $dV = 0$,$\delta W = -p_{ex}dV$,故 $W = 0$。

设 $C_{V,m}$ 在 $T_1 \sim T_2$ 范围内为常数时

$$Q_V = \Delta U - W = \Delta U = \int_{T_1}^{T_2} nC_{V,m}dT = nC_{V,m}\Delta T \tag{1-30a}$$

$$\Delta H = \Delta U + \Delta(pV) = \Delta U + p_2V_2 - p_1V_1 = \Delta U + nR(T_2 - T_1)$$

$$= nC_{V,m}(T_2 - T_1) + nR(T_2 - T_1) = nC_{p,m}\Delta T \tag{1-30b}$$

即 $\Delta H = nC_{p,m}\Delta T$ 不仅限于等压过程,对理想气体也可适用于其他过程。

3. 等压过程

当系统的压力恒定时 $dp = 0$,此时系统的压力必定与外压相等,即 $p_1 = p_2 = p_{ex}$。

故
$$W = -\int_{V_1}^{V_2} p_{ex} dV = -p\Delta V = -nR(T_2 - T_1) \tag{1-31a}$$

当 $T_1 \sim T_2$ 范围内 $C_{p,m}$ 为常数时

$$Q_p = \Delta H = n\int_{T_1}^{T_2} C_{p,m} dT = nC_{p,m}\Delta T \tag{1-31b}$$

$$\Delta U = \Delta H + W = nC_{p,m}\Delta T - nR\Delta T = nC_{V,m}\Delta T \tag{1-31c}$$

即 $\Delta U = nC_{V,m}\Delta T$ 不仅限于等容过程,对理想气体其他过程也适用。

三、理想气体的绝热过程

绝热过程中系统和环境虽无热的传递,但并不妨碍功的传递。气体在绝热情况下膨胀,由于不能从环境吸取热量,对外做功所消耗的能量无法从环境补偿,只有依靠降低系统自己的热力学能。根据热力学第一定律,在绝热过程中 $Q = 0$。 所以

$$dU = \delta W \tag{1-32}$$

又因为对于理想气体的任何过程,$dU = nC_{V,m}dT$,如果理想气体在微小的绝热可逆过程中只做膨胀功,则

$$\delta W = -pdV = \frac{-nRT}{V}dV$$

代入式(1-32)得
$$nC_{V,m}dT + \frac{nRT}{V}dV = 0$$

整理后得
$$\frac{dT}{T} + \frac{R}{C_{V,m}}\frac{dV}{V} = 0$$

又知 $C_{p,m} - C_{V,m} = R$,代入上式得

$$\frac{dT}{T} + \left(\frac{C_{p,m}}{C_{V,m}} - 1\right)\frac{dV}{V} = 0$$

令 $\dfrac{C_{p,m}}{C_{V,m}} \xlongequal{def} \gamma$（称为热容商）,则上式为

$$\frac{dT}{T} + (\gamma - 1)\frac{dV}{V} = 0$$

积分得
$$\ln T + (\gamma - 1)\ln V = 常数$$

或
$$TV^{\gamma-1} = 常数 \tag{1-33a}$$

若以 $\dfrac{pV}{nR} = T$ 代入,得

$$pV^{\gamma} = 常数 \tag{1-33b}$$

若以 $\dfrac{nRT}{p}$ 代 V，就成为

$$p^{1-\gamma}T^{\gamma} = 常数 \tag{1-33c}$$

上述三式都是理想气体在绝热可逆过程中 p、V、T 的关系式。

S1-3

理想气体 $p-V-T$ 三维立体图比较等温/绝热可逆过程

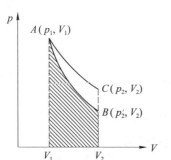

图 1-11 绝热可逆过程 AB 与等温可逆过程 AC 做功示意图

　　绝热可逆过程和等温可逆过程中的功可用示意图 1-11 表示。同样从体积 V_1 变化到 V_2，在绝热可逆膨胀过程中，气体压力的降低要比在等温可逆膨胀过程中更为显著。如图所示，绝热可逆膨胀的 AB 线比等温可逆膨胀的 AC 线要陡。

　　我们可从方程式来证明。对式(1-33b)求偏微商，得绝热曲线的斜率为

$$\left(\frac{\partial p}{\partial V}\right)_s = -\gamma\,\frac{p}{V}$$

式中，下标 s 表示绝热可逆过程。

而等温线的斜率为

$$\left(\frac{\partial p}{\partial V}\right)_T = -\frac{p}{V}$$

　　可见绝热过程曲线的斜率绝对值较大（$\gamma > 1$）。这是由于在绝热膨胀过程中，一方面气体的体积变大，另一方面气体的温度下降，这两个因素都使气体压力降低，而在等温过程中却只有第一个因素，所以斜率的绝对值较小。

　　综上所述，可将热力学第一定律对理想气体在各特定过程的应用公式总结列成表 1-2。

表 1-2　各特定过程 ΔU、ΔH、Q 与 W 的计算公式

因素	等 温 过 程	等 压 过 程	等 容 过 程	绝 热 过 程
ΔU	0	$nC_{V,\,m}\Delta T$	$nC_{V,\,m}\Delta T$	$nC_{V,\,m}\Delta T$
ΔH	0	$nC_{p,\,m}\Delta T$	$nC_{p,\,m}\Delta T$	$nC_{p,\,m}\Delta T$
Q	$Q=-W$	$Q_p=\Delta H$	$Q_V=\Delta U$	0
W	$W=-nRT\ln\dfrac{V_2}{V_1}$（可逆）	$-p\Delta V$	0	$nC_{V,\,m}\Delta T$

　　【例 1-6】　$10.0\,\mathrm{dm^3}$ 氧气由 $273\,\mathrm{K}$、$1.00\,\mathrm{MPa}$ 经过(1) 绝热可逆膨胀；(2) 对抗恒定外压 $p_{ex}=0.10\,\mathrm{MPa}$ 做绝热不可逆膨胀，使气体最后压力均为 $0.10\,\mathrm{MPa}$。求两种情况所做的功。（氧气的 $C_{p,\,m}=29.36\,\mathrm{J\cdot mol^{-1}\cdot K^{-1}}$）

　　解：(1) 绝热可逆膨胀

$$\gamma=\frac{C_{p,\,m}}{C_{V,\,m}}=\frac{29.36\,\mathrm{J\cdot mol^{-1}\cdot K^{-1}}}{(29.36-8.3145)\,\mathrm{J\cdot mol^{-1}\cdot K^{-1}}}=1.395$$

根据式(1-33c)得
$$\frac{T_2}{T_1} = \left(\frac{p_1}{p_2}\right)^{\frac{1-\gamma}{\gamma}}$$

得
$$T_2 = 273\,\text{K} \times 10^{-0.281} = 143\,\text{K}$$

由开始状态得
$$n = \frac{1.00\,\text{MPa} \times 10.0 \times 10^{-3}\,\text{m}^3}{8.314\,5\,\text{J} \cdot \text{mol}^{-1} \cdot \text{K}^{-1} \times 273\,\text{K}} = 4.41\,\text{mol}$$

绝热过程 $Q = 0$

故
$$W = \Delta U = nC_{V,\text{m}}(T_2 - T_1)$$
$$= 4.41\,\text{mol} \times 21.05\,\text{J} \cdot \text{mol}^{-1} \cdot \text{K}^{-1} \times (143 - 273)\text{K}$$
$$= -12.1\,\text{kJ}$$

(2) 对抗恒定外压进行绝热不可逆膨胀

$p_{\text{ex}} = 0.10\,\text{MPa}$，由膨胀功的定义可得
$$W = -p_{\text{ex}}(V_2' - V_1)$$

由同一个始态出发，经绝热可逆过程膨胀到 p_2 时，温度为 T_2，而经绝热不可逆过程膨胀到 p_2 时，$T_2' \neq T_2$。但既然是绝热过程，不论是否可逆，把气体当成理想气体时，$\Delta U = W = nC_{V,\text{m}}\Delta T$ 这一关系总是成立的，

故
$$nC_{V,\text{m}}(T_2' - T_1) = -p_{\text{ex}}(V_2' - V_1)$$
$$nC_{V,\text{m}}(T_2' - T_1) = -p_{\text{ex}}nR\left(\frac{T_2'}{p_2} - \frac{T_1}{p_1}\right)$$

在此方程中只有 T_2' 为未知数，故可解出 T_2'

$$4.41\,\text{mol} \times 21.05\,\text{J} \cdot \text{mol}^{-1} \cdot \text{K}^{-1} \times (T_2' - 273\,\text{K})$$
$$= 0.10\,\text{MPa} \times 4.41\,\text{mol} \times 8.314\,5\,\text{J} \cdot \text{mol}^{-1} \cdot \text{K}^{-1} \times \left(\frac{273\,\text{K}}{1.00\,\text{MPa}} - \frac{T_2'}{0.10\,\text{MPa}}\right)$$

解得
$$T_2' = 204\,\text{K}$$

故
$$W = \Delta U = 4.41\,\text{mol} \times 21.05\,\text{J} \cdot \text{mol}^{-1} \cdot \text{K}^{-1} \times (204 - 273)\text{K}$$
$$= -6.45\,\text{kJ}$$

【讨论】 (1) 计算绝热不可逆过程的终态温度时，不能用绝热可逆过程方程 $\left[\text{即 } T_2 = \left(\frac{p_2}{p_1}\right)^{\frac{1-\gamma}{\gamma}} T_1\right]$。但只要是绝热过程，$\Delta U = W$ 这一关系不论可逆与否都是成立的。因此找到含有 T_2' 的一个方程式，进而求得终态温度。

(2) 由同一始态出发，经绝热可逆过程到达的终态，就不可能同时通过绝热不可逆过程而达到，即 $T_2' \neq T_2$。因此两种变化过程的 W 不同，ΔU 不会相同。

§1-8　热力学第一定律对实际气体的应用

§1-8演示文稿

实际气体的
节流过程

前已述及,焦耳在 1843 年进行了低压气体的自由膨胀实验,得到结论:理想气体的热力学能和焓仅只是温度的函数,即在一定温度下,U 和 H 的值不随气体的体积或压力的变化而改变,可表示为 $U = f(T)$ 及 $H = f(T)$ 的单值对应函数形式。

但是,焦耳实验实际上是不够精确的,因为它是通过间接测定水浴的温度变化来反映气体系统膨胀前后的变化,而水浴的热容很大,同时球形铜质容器也有一定热容,所以气体膨胀过程中可能发生的温度微小变化难以检测出来。不过,对于理想气体模型,由于分子间无相互作用力,上述结论无疑是正确的。

S1-4

实际气体与
理想气体的
偏差

而实际气体分子间有相互作用力,故其热力学能和焓的表达应不同于理想气体。按照分子运动论的观点,气体分子的动能只是温度的函数,因此体积变化时,分子的动能不改变;但体积的膨胀导致分子间的平均距离增加,必须克服分子内的引力而做内功,因此平均位能将有所改变。所以,实际气体的热力学能不只是温度 T 的函数,还是体积 V 的函数;实际气体的焓也不仅是 T 的函数,还是压力 p 的函数,即有 $U = f(T, V)$,$H = f(T, p)$。 焦耳和汤姆逊(Thomson W)于 1852 年设计了新的实验对此成功地进行了证实,比较精确地观察到气体由于膨胀而发生的温度改变。

一、焦耳-汤姆逊实验

图 1-12 是实验装置示意图。在一个绝热圆筒中部,放置一个固定的多孔塞(如软木塞或棉花制成),将圆筒分成两部分,多孔塞的作用是阻滞气体不会很快通过,并维持两边气体有一定的压力差。实验时,徐徐推进左方活塞,把压力和温度恒定在 p_1 和 T_1 的某种气体,连续压过多孔塞进入右侧,在右侧的活塞上施以一定的阻力,维持右侧气体压力恒定在一个较小的压力 $p_2(p_2 < p_1)$ 并向右方徐徐推出阻力活塞。当气体通过一定的时间达到稳态后,可观察到两边气体的温度分别稳定于 T_1 和 T_2。

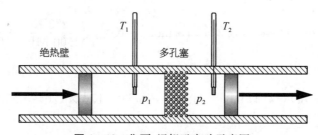

图 1-12　焦耳-汤姆逊实验示意图

这种在绝热条件下,气体始、终态压力分别保持在恒定条件下的膨胀过程,称为节流膨胀过程。生产中稳定流动的气体在流过阻碍后压力突然减小而膨胀的过程,即可认为属于节流膨胀。

实验结果表明,气体流经多孔塞后温度改变了。常温常压下,对大多数气体而言,经节流膨胀后温度下降;而 H_2 和 He 例外,经节流膨胀后温度反而升高。实验还发现,各种气体在压力足够低时,经节流膨胀后温度基本不改变。这种实际气体的温度随压力而改变的现象被称为焦耳-汤姆逊效应。

二、节流膨胀的热力学特征及焦耳-汤姆逊系数

以下推导阐明节流过程的热力学特点：

因过程绝热，$Q=0$。

假定左侧气缸内气体初始体积为 V_1，终态体积为 0（全部压缩通过多孔塞）；右侧气缸内气体其初始体积为 0，终态体积为 V_2。则整个节流过程的体积功为

$$W=W_{左}+W_{右}$$
$$=-p_1(0-V_1)-p_2(V_2-0)$$
$$=p_1V_1-p_2V_2$$

根据热力学第一定律，有 $\Delta U=W$，即

$$U_2-U_1=p_1V_1-p_2V_2$$

移项可得

$$U_2+p_2V_2=U_1+p_1V_1$$

即

$$H_2=H_1 \text{ 或 } \Delta H=0 \tag{1-34}$$

该式表明，节流膨胀实验前后，气体的焓不变，即节流过程是一个等焓过程。

对于实际气体，在其节流过程中焓保持不变而温度 T 和压力 p 同时发生了变化，这说明实际气体的 H 不只是 T 的函数，还是 p 的函数，即 $H=f(T, p)$，这样，T 和 p 的改变对 H 的影响在节流过程中相互抵消，所以 H 不随 T 而改变。

实际气体的温度随压力而改变的性质可用焦耳-汤姆逊系数来表示，其定义为节流过程中气体的温度随压力的变化率

$$\mu_{J\text{-}T}=\left(\frac{\partial T}{\partial p}\right)_H \tag{1-35}$$

也称为节流膨胀系数。对于确定的实际气体，$\mu_{J\text{-}T}$ 是 T、p 的函数，其单位为 $\text{K}\cdot\text{Pa}^{-1}$。

S1-5
制冷原理

由于节流过程 $\mathrm{d}p<0$，因此，若气体的 $\mu_{J\text{-}T}>0$，则 $\mathrm{d}T<0$，表明该气体经节流膨胀后温度下降，产生致冷效应；若气体的 $\mu_{J\text{-}T}<0$，则 $\mathrm{d}T>0$，表明该气体经节流后温度上升，产生致热效应；而当气体的 $\mu_{J\text{-}T}=0$ 时，$\mathrm{d}T=0$，说明该气体节流后温度不变。

在指定压力下，不同种类的气体，因各自性质不同，$\left(\dfrac{\partial T}{\partial p}\right)_H$ 的大小和正负也不同。当压力的改变较大时，甚至其正负都会发生改变。理想气体因焓只是温度的函数，在任何状态下节流膨胀时，均有 $\mu_{J\text{-}T}=0$。

§1-9　热力学第一定律对相变化过程的应用

§1-9演示文稿

热力学第一定律对相变化过程应用

一、相变焓

相变化过程是指物质由一种聚集态转变为另一种聚集态的过程，包括蒸发、冷凝、熔化、凝固、升华、凝华以及晶型转化等过程。在相变化过程中系统吸收或放出的热称为相变热。

纯物质的相变化在等温、等压、不做非体积功（$W'=0$）的条件下进行，其相变热即为等压热（见 §1-5 节），可用系统的焓变 ΔH 表示，称为相变焓。

物理化学中主要使用摩尔相变焓，如 $\Delta_{vap}H_m(B)$，$\Delta_{fus}H_m(B)$，$\Delta_{sub}H_m(B)$，$\Delta_{trs}H_m(B,$ $\alpha \to \beta)$，分别表示物质 B 的摩尔蒸发焓、摩尔熔化焓、摩尔升华焓和摩尔转变焓（$\alpha \to \beta$ 代表晶型转变的方向）。摩尔相变焓是基础热数据，常可从手册查得。

通常文献中给出的摩尔熔化焓和摩尔转变焓是在大气压力下熔点和转变点时的值，物质的熔点和转变点受压力的影响很小，故一般不注明压力。对于蒸发过程，外压对液体的沸点影响很大，一般只给出正常沸点（即在 101.325 kPa 压力下的沸点）下的摩尔蒸发焓。蒸发焓随温度升高而降低，越接近临界温度，变化越显著，当到达临界温度时，由于气液差别消失，蒸发焓降至零。

二、平衡相变

在相平衡温度和平衡压力下，纯物质的相变化过程可认为是可逆过程，因而是可逆相变焓，在量值上等于可逆相变热。例如：0 ℃、101 325 Pa 下，水凝固成冰，或冰熔化为水的过程，视为可逆过程。

对于等温、等压下的凝固（l→s）或熔化（s→l）以及晶型转变（$s_1 \to s_2$）过程，有

$$Q_p = \Delta H,\ W = -p\Delta V \approx 0,\ \Delta U \approx \Delta H$$

对于蒸发（l→g）或升华（s→g）过程，因气体的摩尔体积远大于液体和固体的摩尔体积，故可忽略凝聚相的体积，并将气体看作理想气体处理，有

$$Q_p = \Delta H$$

$$W = -p\Delta V \approx -pV(g) \approx -nRT$$

$$\Delta U = \Delta H - \Delta(pV) \approx \Delta H - pV_g \approx \Delta H - nRT$$

或

$$\Delta U = Q + W \approx \Delta H - nRT$$

式中，n 为气化的物质的量。还需要注意，蒸发或升华过程中，若非等压，则 $Q \neq \Delta H$。

三、非平衡相变

不在平衡相变温度及压力下的相变化为不可逆过程，可以设计几步可逆过程来计算其状态函数变量（如 ΔU、ΔH 等）。例如 101 325 Pa 下、-5 ℃过冷水凝结成冰是不可逆过程，可设计为包含可逆相变化在内的几步可逆过程计算其 ΔU 及 ΔH，如图 1-13 所示。

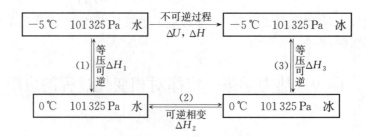

图 1-13　不可逆过程可设计成几个可逆过程分步计算

$$\Delta H = \Delta H_1 + \Delta H_2 + \Delta H_3$$

$$\Delta H_1 = \int_{T_1}^{T_2} nC_{p,m}(H_2O,\ l)dT$$

$$\Delta H_2 = n \cdot (-\Delta_{\text{fus}} H_{\text{m}})$$

$$\Delta H_3 = \int_{T_2}^{T_1} n C_{p,\text{m}}(H_2O, \text{s})dT$$

$$\Delta U = \Delta H - p\Delta V \approx \Delta H \text{(凝聚态相变化)}$$

实际过程在$-5\,℃$、$101\ 325$ Pa 下进行,为等温等压过程,则 $Q_p = \Delta H$;

$$W = -p_{\text{ex}}(V_2 - V_1) = -p_{\text{ex}}(V_s - V_1) \approx 0$$

利用物质在相变过程中独特的物理现象而设计的材料,称为相变材料(phase change material, PCM),即指在保持温度不变的情况下而改变物质状态且能够吸收或释放大量潜热的物质。比如,水就是最典型的相变材料。在常压下,当温度低至 $0\,℃$ 时,水由液态变为固态(结冰);当温度高于 $0\,℃$ 时,水由固态变为液态(熔化)。在结冰过程中放热,相当于储存了大量的冷能量,而在熔化过程中吸收大量的热能量。冰的数量(体积)越大,熔化过程需要的时间越长。相变材料包括无机 PCM、有机 PCM 和复合 PCM 三类,可应用于航天、军事领域等极端环境,实现普通材料难以达到的性能;也可用于建筑、制冷、通讯、电力、民用采暖等方面,以达到节能环保的目的。

S1-7
相变储能材料

§1-10 热力学第一定律对化学变化过程的应用

§1-10演示文稿
热一律对化学
变化的应用

化学反应在等温等压(或等温等容)及 $W' = 0$ 的条件下进行时所吸收(或放出)的热,可分别用 Q_p 及 Q_V 表示,Q_p 及 Q_V 与化学反应的焓变 $\Delta_r H$ 及反应的热力学能变 $\Delta_r U$ 之间符合下列关系:

$$Q_p = \Delta_r H, \quad Q_V = \Delta_r U$$

式中,下角标 r 表示反应。

将热力学第一定律用于研究化学反应的能量关系的科学称为热化学。热化学在理论与实际上都是很重要的。在热力学的发展史上,大量热化学实验数据为热力学第一定律提供了论据。并为生产中的有关化学反应提供必要的指导。例如,近年来在我国得到广泛发展的可控气氛热处理新工艺,其中一种就是用丙烷做原料,与空气按下述反应(燃烧)进行:

$$C_3H_8(g) + 5O_2(g) \Longrightarrow 3CO_2(g) + 4H_2O(g)$$

所产生的热量,可使气体升温。如要使气体升到更高温度,还需要多少热量,都可以从热化学中求得答案。这对于掌握可控气氛或进行其他热处理工艺及设备的设计都是很有意义的。

一、化学反应进度

化学反应进行的程度可用反应进度 ξ 表示。

设有化学反应

$$a\text{A} + b\text{B} \Longrightarrow y\text{Y} + z\text{Z} \quad \text{或} \quad 0 = \sum_B \nu_B B \tag{1-36}$$

令 ν_B 表示计量方程中任一物质 B 的化学计量系数，ν_B 对于反应物取负值，对于产物取正值。dn_B 为反应进行到任一程度时物质 B 的变化量，定义

$$dn_B/\nu_B \xmapsto{\text{def}} d\xi \quad \text{或} \quad \Delta n_B/\nu_B \xmapsto{\text{def}} \Delta\xi \tag{1-37}$$

ξ 称为化学反应进度，单位为摩尔(mol)。若 $\xi=0$，则表示反应还未进行；若 $\xi=1$ mol，则表示 a mol A 与 b mol B 作用生成 y mol Y 与 z mol Z，即反应按所给反应式的计量系数比例进行了一个单位的化学反应，反应进度为 1 mol。显然，当 $\xi=1$ mol，各组分反应的量与计量方程写法有关。

二、化学反应的摩尔热力学能和摩尔焓

通常大多数化学反应都是在等压下进行的，需要等压反应焓，但常用的量热计(如氧弹测定燃烧热)所测定的热效应是等容反应热，即反应的热力学能变(因 $Q_V = \Delta_r U$)。因此，有必要找出两者之间的关系。推导如下：

设有一反应自相同始态反应物出发，分别由途径 Ⅰ 和途径 Ⅱ 进行，

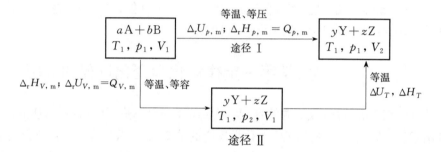

由于状态函数的差值不随途径而改变，故

$$\Delta_r U_{p, m} = \Delta_r U_{V, m} + \Delta U_T$$

因等温、等压和等温、等容两个过程所得的生成物相同，温度相等，只是压力、体积不同，若生成物为理想气体，它的热力学能只决定于温度，如为凝聚相，压力对其影响极微，所以 $\Delta U_T = 0$，则上式为

$$\Delta_r U_{p, m} = \Delta_r U_{V, m} + \Delta U_T \approx \Delta_r U_{V, m}$$

又

$$\Delta_r H_{p, m} = \Delta_r U_{p, m} + p\Delta V$$

比较上两式得

$$\Delta_r H_{p, m} = \Delta_r U_{V, m} + p\Delta V \tag{1-38a}$$

即

$$Q_{p, m} = Q_{V, m} + p\Delta V \tag{1-38b}$$

这就是等压反应焓变与等容反应热力学能变的关系，据此两者可相互换算。

若反应物及生成物视为理想气体，则在等温下

$$p\Delta V = \Delta n(g)RT = \sum_B \nu_B(g)\xi RT$$

前已指出，计算反应焓变是指 ξ 为 1 mol 时的值，则式(1-38b)可写为

$$Q_{p,m} = Q_{V,m} + \sum_B \nu_B(g)RT$$

或

$$\Delta_r H_{p,m} = \Delta_r U_{V,m} + \sum_B \nu_B(g)RT$$

简写为

$$\Delta_r H_m = \Delta_r U_m + \sum_B \nu_B(g)RT \qquad (1-38c)$$

如果反应物及生成物是凝聚相,在一般压力下,体积变化很小,$p(\Delta V) \approx 0$,则 $Q_p = Q_V$。

【例 1-7】 已知 30 ℃、1 g 苯甲酸在弹式量热器中完全燃烧,放出热量为 26.600 kJ。问在等压下燃烧 1 mol 苯甲酸放出多少热量。

S1-8

氧弹量热计
示意图

解:苯甲酸的燃烧反应是

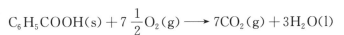

$$C_6H_5COOH(s) + 7\frac{1}{2}O_2(g) \longrightarrow 7CO_2(g) + 3H_2O(l)$$

已知苯甲酸的摩尔质量为 122.05 g·mol^{-1}。

反应是在固定容积的氧弹内进行。

$$Q_{V,m} = -26.600 \text{ kJ·g}^{-1} \times 122.05 \text{ g·mol}^{-1} = -3246.5 \text{ kJ·mol}^{-1}$$

由燃烧反应式可知

$$\sum_B \nu_B(g) = 7 - 7\frac{1}{2} = -0.5$$

将反应中的气体视为理想气体,则

$$Q_{p,m} = Q_{V,m} + RT\sum_B \nu_B(g)$$

$$= -3246.5 \text{ kJ·mol}^{-1} + 8.3145 \text{ J·mol}^{-1}·\text{K}^{-1} \times (273 + 30)\text{K} \times (-0.5)$$

$$= -3247.8 \text{ kJ·mol}^{-1}$$

三、盖斯定律

1840 年,盖斯(1802—1850,俄国化学家)在总结了大量实验结果的基础上,提出一条规律:"化学反应不管是一步完成还是分几步完成,该反应的热效应总是相同",即反应的热效应只与起始状态和终止状态有关,而与变化的途径无关。这一规律称为盖斯定律。对等压过程或等容过程,盖斯定律完全正确。

这是状态函数变化的必然结论。若反应在等压及 $W' = 0$ 条件下进行,或在等容且 $W' = 0$ 条件下进行,则分别有

$$Q_p = \Delta_r H (\text{等压}, W' = 0) \qquad (1-39a)$$

$$Q_V = \Delta_r U (\text{等容}, W' = 0) \qquad (1-39b)$$

只要化学反应的起始状态和终止状态给定了,则 $\Delta_r H$ 或 $\Delta_r U$ 便是定值,而与通过什么具体途径来完成这一反应无关。

盖斯定律的发现奠定了整个热化学的基础,它的重要意义在于能使热化学方程式像普通代数方程式那样进行运算,从而可以根据已经准确测定的热力学数据计算难于测量、

甚至不能测量的反应热。

例如,钢铁渗碳中所用到的 CO 是由下列反应得到

$$C(石墨) + \frac{1}{2}O_2(g) \rightleftharpoons CO(g) \tag{1}$$

由于碳燃烧时总是同时产生 CO 和 CO_2,很难控制只生成 CO 而不继续氧化为 CO_2。因此这个反应的反应焓 $\Delta_r H_{m,1}$ 难以测定,但可以利用下面两个反应的已知数据,运用盖斯定律进行计算得到。

在 25 ℃、100 kPa 下,反应

$$C(石墨) + O_2(g) \rightleftharpoons CO_2(g) \qquad \Delta_r H_{m,2} = -393.50 \, kJ \cdot mol^{-1} \tag{2}$$

$$CO(g) + \frac{1}{2}O_2(g) \rightleftharpoons CO_2(g) \qquad \Delta_r H_{m,3} = -282.96 \, kJ \cdot mol^{-1} \tag{3}$$

我们可以设想反应(2)由如下两个途径完成:

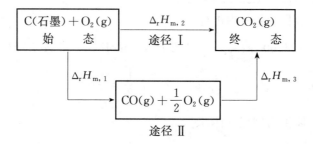

根据盖斯定律,途径Ⅰ的反应焓变与途径Ⅱ的反应焓变相同。

即有 $$\Delta_r H_{m,2} = \Delta_r H_{m,1} + \Delta_r H_{m,3}$$

则 $$\Delta_r H_{m,1} = \Delta_r H_{m,2} - \Delta_r H_{m,3} = -393.50 \, kJ \cdot mol^{-1} - (-282.96) \, kJ \cdot mol^{-1}$$

$$= -110.54 \, kJ \cdot mol^{-1}$$

这样,就把反应式(1)的 $\Delta_r H_{m,1}$ 计算出来了。

由此例看出:反应式(2)减去反应式(3)便得反应式(1),相应地从反应式(2)的反应焓变 $\Delta_r H_{m,2}$ 减去反应式(3)的反应焓变 $\Delta_r H_{m,3}$ 得反应式(1)的反应焓变 $\Delta_r H_{m,1}$。

所以在实际计算时,只需像处理代数方程式那样,将反应式相加减后得出所求的方程式,反应焓变也相应地加减就行了。但要注意两点:(1) 条件(如温度)相同的反应和聚集状态相同的同一物质才能相消和合并;(2) 在将反应式乘(或除)以某数时,$\Delta_r H_m$ 也必须同乘(或除)以该数。

【例 1-8】 在 25 ℃、100 kPa 下,已知:

$$C(石墨) + \frac{1}{2}O_2(g) \rightleftharpoons CO(g) \qquad \Delta_r H_{m,1} = -110.54 \, kJ \cdot mol^{-1} \tag{1}$$

$$3Fe(s) + 2O_2(g) \rightleftharpoons Fe_3O_4(s) \qquad \Delta_r H_{m,2} = -1117.13 \, kJ \cdot mol^{-1} \tag{2}$$

试求 $$Fe_3O_4(s) + 4C(石墨) \rightleftharpoons 3Fe(s) + 4CO(g) \qquad \Delta_r H_{m,3} = ? \tag{3}$$

解:反应式 4×(1)−(2)得(3):

$$Fe_3O_4(s) + 4C(石墨) === 3Fe(s) + 4CO(g)$$

$$\Delta_r H_{m,3} = 4\Delta_r H_{m,1} - \Delta_r H_{m,2} = 4 \times (-110.54)kJ \cdot mol^{-1} - (-1\,117.13)kJ \cdot mol^{-1}$$
$$= 679.97\,kJ \cdot mol^{-1}$$

四、化学反应的标准摩尔焓

对于化学反应 Q_p、Q_V 以及 ΔH、ΔU 等的理解及计算,必须准确掌握热力学中表达化学反应的方程式、反应进度、物质的标准态、反应的标准摩尔焓等基本概念。

1. 物质的标准态

为建立一套通用的基础热数据,热力学规定了物质在温度 T 时的标准态。

纯固体的标准态:压力为 $p^\ominus$ 的固态纯物质;$p^\ominus = 100\,kPa$(下同)。

纯液体的标准态:压力为 $p^\ominus$ 的液态纯物质。

气体的标准态:压力为 $p^\ominus$ 的理想气体纯物质。

对于气体物质,不论是纯气体 B 还是气体混合物中的组分 B,其标准态均指 T、$p^\ominus$ 下表现出理想气体特征的状态。

2. 反应的标准摩尔焓

对于任意化学反应(1−36),反应在温度 T 的标准摩尔焓变 $\Delta_r H_m^\ominus(T)$ 定义为:未混合的、各自处于温度 T 下标准态的 y mol Y 和 z mol Z,与未混合的各自处于温度 T 下标准态的 a mol A 和 b mol B 的焓差,即

$$\Delta_r H_m^\ominus(T) \xlongequal{def} [yH_m^\ominus(Y, T) + zH_m^\ominus(Z, T)] - [aH_m^\ominus(A, T) + bH_m^\ominus(B, T)]$$

或

$$\Delta_r H_m^\ominus(T) \xlongequal{def} \sum_B \nu_B H_m^\ominus(B, T)$$

式中,$H_m^\ominus(B, T)$ 为温度 T 时 B 的标准摩尔焓。$\Delta_r H_m^\ominus(T)$ 称为反应的标准摩尔焓。

但是,由于参与反应各物质 B 的标准摩尔焓 $H_m^\ominus(B)$ 的绝对值未知,上式并不能直接用于化学反应的标准摩尔焓的计算。为了解决这一困难,人们根据盖斯定律,采用相对标准,可以很方便地用来计算反应的 $\Delta_r H_m^\ominus$。

表示化学反应与热效应(通常指 $\Delta_r H_m^\ominus$、$\Delta_r U_m^\ominus$)关系的方程式称为热化学方程式。因为 U、H 的数值与物质的聚集状态、物质的量、温度、压力等条件有关,所以书写热化学方程式应注意以下几点:

(1) 要注明反应的条件(温度和压力)。

(2) 要注明各物质的聚集状态以及晶型。对于物质的聚集状态,以 g、l、s 分别表示气态、液态和固态。常用方括号 [ ] 表示物质溶解于金属熔体中,用圆括号 ( ) 表示物质存在于熔渣中。

例如,在氧气顶吹转炉中,硅的氧化和成渣反应如下:

$$[Si] + O_2(g) + 2CaO(s) \xrightarrow[101\,325\,Pa]{1\,600\,℃} (2CaO \cdot SiO_2)$$

$$\Delta_r H_m^\ominus(1\,873\,K) = -925.72\,kJ \cdot mol^{-1}$$

式中，$\Delta_r H_m^\ominus$ 的上标"$\ominus$"表示参加反应的各物质均处于温度 T 的标准态，1 873 K 表示反应温度，下标"m"表示反应进度为 1 mol。

五、由物质的标准摩尔生成焓和燃烧焓计算标准摩尔反应焓

1. 标准摩尔生成焓

人们规定，物质 B 的标准摩尔生成焓 $\Delta_f H_m^\ominus(B, T)$ 是指在标准压力下和温度 T 时，由参考状态的单质生成单位量物质 B（物质 B 的化学计量数 $\nu_B = +1$）时的标准摩尔焓变。这里所谓的参考状态，一般是指每个单质在所讨论的温度和压力时最稳定的状态。但是，对个别物质有例外。例如，由于红磷在热化学中的不确定性，磷 P 的参考状态是 P(s，白磷)。例如，$\Delta_f H_m^\ominus(CH_3OH, l, 298.15 K)$ 是下列反应的标准摩尔焓变的简写：

$$C(石墨, 298.15 K, p^\ominus) + 2H_2(g, 298.15 K, p^\ominus) + \frac{1}{2}O_2(g, 298.15 K, p^\ominus)$$

$$= CH_3OH(l, 298.15 K, p^\ominus)$$

对于物质 B 的一定的聚集状态，$\Delta_f H_m^\ominus(B, T)$ 是温度的函数。各种热力学数据手册中收录的 $\Delta_f H_m^\ominus(B, T)$ 大部分为 298.15 K 温度下的，本书附录摘录了部分物质的 $\Delta_f H_m^\ominus$(B，298.15 K)，但是 $\Delta_f H_m^\ominus(B, T)$ 中的 T 可以根据研究需要选取不同的值。标准摩尔生成焓这一名称中的"摩尔"，与一般反应的摩尔焓变一样，也是指每反应进度。

由 $\Delta_f H_m^\ominus(B, T)$ 的定义可知，标准参考状态下指定单质（一般是最稳定单质）的标准摩尔生成焓在任何温度 T 时均为零。

根据盖斯定律，联系标准摩尔生成焓概念，就可以很方便地计算标准摩尔反应焓。对于任一化学反应，$T = 298 K$ 时，有

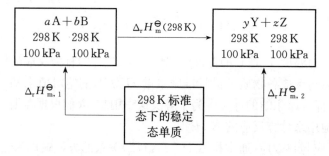

则
$$\Delta_r H_m^\ominus(298 K) = [y\Delta_f H_m^\ominus(Y, 298 K) + z\Delta_f H_m^\ominus(Z, 298 K)]_{产物}$$
$$- [a\Delta_f H_m^\ominus(A, 298 K) + b\Delta_f H_m^\ominus(B, 298 K)]_{反应物}$$
$$= \sum_B \nu_B \Delta_f H_m^\ominus(B, 298 K) \qquad (1-40)$$

式中，ν_B 为反应方程中各物质的化学计量数，对产物，ν_B 取正值，对反应物，ν_B 取负值。式(1-40)表明："化学反应的标准摩尔反应焓等于生成物标准摩尔生成焓之和减去反应物的标准摩尔生成焓之和。"所以只要查到物质的标准摩尔生成焓 $\Delta_f H_m^\ominus$(B，298 K)，就可按上式计算反应的标准摩尔反应焓 $\Delta_r H_m^\ominus(298 K)$。

【例 1-9】　查附录表，计算下述反应在 298 K 时的标准摩尔反应焓。

$$C_6H_6(l) + 7.5O_2(g) \longrightarrow 6CO_2(g) + 3H_2O(l)$$

解：$\Delta_r H_m^{\ominus}(298\,K) = [6\Delta_f H_m^{\ominus}(CO_2,\,g,\,298\,K) + 3\Delta_f H_m^{\ominus}(H_2O,\,l,\,298\,K)]$

$\qquad\qquad\qquad - [\Delta_f H_m^{\ominus}(C_6H_6,\,l,\,298\,K) + 7.5\Delta_f H_m^{\ominus}(O_2,\,g,\,298\,K)]$

$\qquad\qquad = \{[6 \times (-393.51) + 3 \times (-285.83)] - (48.66 \times 1 +$

$\qquad\qquad 0)\}kJ \cdot mol^{-1}$

$\qquad\qquad = -3\,267.21\,kJ \cdot mol^{-1}$

【例1-10】　若将丙烷和空气按体积比 1∶7.14 的比例通入吸热式可控气氛炉中，发生以下反应：

$$C_3H_8(g) + 7.14(0.21O_2 + 0.79N_2) = 3CO + 4H_2 + 5.64N_2$$

试计算每产生 $1\,m^3$(STP)[①]可控气氛，并由室温升温到 $1\,050\,℃$ 时所需的电能是多少（这是设计可控气氛发生炉时必需的基本数据之一）。

解：计算可按下列各步进行，但应注意，上述反应式并非化学反应计量方程式。

(1) 按反应式算出，由 1 mol 丙烷制备得到的可控气氛升温至 $1\,050\,℃$ 所需的热量 Q_p。

查表得（工业上常以 STP 条件下 $1\,m^3$ 气体的平均热容来计量）

$$C_p(CO) = 1.420\,kJ \cdot m^{-3} \cdot K^{-1}$$

$$C_p(H_2) = 1.333\,kJ \cdot m^{-3} \cdot K^{-1}$$

$$C_p(N_2) = 1.404\,kJ \cdot m^{-3} \cdot K^{-1}$$

又，1 mol 的任何气体在标准状况下约占体积 $22.4\,dm^3$，

$$Q_p = (3 \times 1.420 + 4 \times 1.333 + 5.64 \times 1.404)kJ \cdot m^{-3} \cdot K^{-1} \cdot mol \times$$

$$22.4 \times 10^{-3}\,m^3 \cdot mol^{-1} \times (1\,323.2 - 298.2)K$$

$$= 402\,kJ$$

(2) 根据标准摩尔生成焓计算该反应的标准摩尔反应焓。

查表知　　　　　　$\Delta_f H_m^{\ominus}(CO,\,g,\,298\,K) = -110.54\,kJ \cdot mol^{-1}$

$\qquad\qquad\qquad \Delta_f H_m^{\ominus}(C_3H_8,\,g,\,298\,K) = -103.8\,kJ \cdot mol^{-1}$

故　$\Delta_r H_m^{\ominus}(298\,K) = 3\,mol \times (-110.54)kJ \cdot mol^{-1} - 1\,mol \times (-103.85)kJ \cdot mol^{-1}$

$\qquad\qquad\qquad = -227.8\,kJ$

(3) 由 1 mol 丙烷制备成可控气氛时所需由外部供给的热量为

$$402\,kJ - 227.8\,kJ = 174\,kJ$$

(4) 1 mol 丙烷可以产生的可控气氛的体积，由反应式得知约为

$$(3 + 4 + 5.64)mol \times 22.4 \times 10^{-3}\,m^3 \cdot mol^{-1} = 283 \times 10^{-3}\,m^3$$

---

① STP 即标准状况，是指温度为 273.15 K，压力为 101 325 Pa，当运算时，有效数字取 3 位，则可分别取 273 K、101.3 kPa。在此条件下理想气体 1 mol 体积为 $22.4\,dm^3$。这些气体在常压下可视为理想气体。

(5) 所以，产生 1 m³ 可控气氛所需外部供给的能量为

$$\frac{174 \text{ kJ}}{283 \times 10^{-3} \text{ m}^3} = 615 \text{ kJ} \cdot \text{m}^{-3}$$

即

$$\frac{615 \text{ kJ}}{3\ 600 \text{ kJ}/(\text{kW} \cdot \text{h})} = 0.171 \text{ kW} \cdot \text{h}$$

实际上，由于热的实际利用率低于理论值，所以在设计电炉时应取高于以上理论计算的数值。

还需指出，若将丙烷与空气的比改为 1∶14，此时反应的热效应就足以使可控气氛的温度升到 1050 ℃，而无需由外部供热，这就是放热式可控气氛炉制造的理论依据。现将放热式可控气氛炉中的燃烧反应式写出，读者可参照上例计算其标准摩尔反应焓。

$$C_3H_8(g) + 14(0.21O_2 + 0.79N_2)$$

$$=\!=\!= 0.96CO_2 + 2.04CO + 1.92H_2O(g) + 2.08H_2 + 11.06N_2$$

2. 标准摩尔燃烧焓

纯物质 B 在温度 T 时完全氧化成相同温度、指定相态产物的标准摩尔反应焓称为该物质的标准摩尔燃烧焓，以 $\Delta_c H_m^\ominus(B, T)$ 表示。书写相应的化学反应方程式时，要使 B 的化学计量数 $\nu_B = -1$。所谓完全氧化是指物质分子中的元素变成了指定（一般是最稳定的）氧化物或单质。例如，C 变成 $CO_2(g)$，H 变成 $H_2O(l)$，S 变成 $SO_2(g)$，N 变成 N_2(g) 等等，把它们的标准摩尔燃烧焓规定为零。

绝大多数有机化合物不能由单质直接合成，而且反应过程中还有副反应，因而它们的标准摩尔生成焓也就不能直接测定。但是有机化合物的标准摩尔燃烧焓容易准确地测量出来。标准摩尔燃烧焓的重要应用在于既可以计算有机化合物的标准摩尔生成焓，又可以计算有机反应的标准摩尔反应焓，因此标准摩尔燃烧焓也就成了热化学的重要数据。

当用标准摩尔燃烧焓的数据时，根据盖斯定律，可得这样一条规则："任一反应的标准摩尔反应焓等于反应物标准摩尔燃烧焓之和减去生成物标准摩尔燃烧焓之和"，即

$$\Delta_r H_m^\ominus(298 \text{ K, B}) = -\sum_B \nu_B \Delta_c H_m^\ominus(298 \text{ K, B}) \tag{1-41}$$

标准摩尔燃烧焓是一个很大的数值，而一般标准摩尔反应焓数值较小。因此利用标准摩尔燃烧焓来求标准摩尔反应焓或标准摩尔生成焓时，就应注意，即使标准摩尔燃烧焓数据有一个不大的误差，也会使计算出的标准摩尔反应焓有很大的误差。所以用标准摩尔燃烧焓计算标准摩尔反应焓时，必须注意其数据的可靠性。

有机化合物的标准摩尔燃烧焓有重要的意义。例如燃料的热值（即标准摩尔燃烧焓），往往就是燃料质量好坏的一个重要标志。而脂肪、碳水化合物和蛋白质的标准摩尔燃烧焓，在营养学的研究中很重要，因为这些物质是食物中提供能量的主要部分。

【例1-11】 已知 $\Delta_c H_m^\ominus(C_6H_6, l, 298 \text{ K}) = -3267.6 \text{ kJ} \cdot \text{mol}^{-1}$，试求 $\Delta_f H_m^\ominus(C_6H_6, l, 298 \text{ K})$。

解：首先写出苯燃烧反应的方程式如下：

$$C_6H_6(l) + \frac{15}{2}O_2(g) == 3H_2O(l) + 6CO_2(g)$$

可见 C_6H_6 的标准摩尔燃烧焓就是该反应的标准摩尔反应焓。根据式(1−40)，

$$\Delta_r H_m^\ominus(298\,K) = \Delta_c H_m^\ominus(C_6H_6,\,l,\,298\,K) = \sum_B \nu_B \Delta_f H_m^\ominus(B,\,298\,K)$$

由附录查得

$$\Delta_f H_m^\ominus(CO_2,\,g,\,298\,K) = -393.50\,kJ \cdot mol^{-1}$$

$$\Delta_f H_m^\ominus(H_2O,\,l,\,298\,K) = -285.85\,kJ \cdot mol^{-1}$$

$$\Delta_f H_m^\ominus(O_2,\,g,\,298\,K) = 0$$

代入上式得

$$-3\,267.6\,kJ \cdot mol^{-1} = [3 \times (-285.85)kJ \cdot mol^{-1} + 6 \times (-393.50)kJ \cdot mol^{-1}]$$

$$-[\Delta_f H_m^\ominus(C_6H_6,\,l,\,298\,K) + 0]kJ \cdot mol^{-1}$$

所以　　　　　　　　　$$\Delta_f H_m^\ominus(C_6H_6,\,l,\,298\,K) = 49.05\,kJ \cdot mol^{-1}$$

六、从键焓估算反应焓 *

　　一切化学反应的发生实质上是分子内原子或原子团的分解、重新排列组合，反应的全过程就是旧键的破坏和新键的形成过程。破旧键、立新键时都有能量的变化，所以从本质上说这就是出现反应热效应的原因。例如热处理渗氮的氮是由 NH_3 分解得到，其反应为

$$2NH_3 == N_2 + 3H_2 \quad \Delta_r H_m(298\,K) = 92.38\,kJ \cdot mol^{-1}$$

或　　　　　　　　　　　　　$$2 : \underset{\underset{H}{|}}{\overset{\overset{H}{|}}{N}} - H \longrightarrow : N \equiv N : + 3H - H$$

在此反应过程中有 6 个 N—H 键破坏，一个 N≡N 键，3 个 H—H 键形成。破旧键需要能量来克服原子间的引力，形成新键时由于原子间的相互吸引而放出能量。如果我们能够知道分子中各原子之间的化学键焓，则根据反应过程中键的变化情况，就能估算出反应焓。但遗憾的是到目前为止，各种有关键焓数据尚不完善。

　　应该强调的是热化学中所用的键焓（键能）与自光谱所得的键的分解能在意义上有所不同，后者是指拆散气态化合物中某一个具体的键生成气态原子所需要的能量，而前者则是一个平均值。下面以 O—H 键为例来说明二者的区别。

　　自光谱数据可知，打断水蒸气分子中的 O—H 键需要能量：

$$H-O-H(g) \longrightarrow H(g) + O-H(g)$$

$$\Delta_r H_m(298\,K) = 502.1\,kJ \cdot mol^{-1}$$

————————————

　　＊　本部分为选学内容。

而打断氢氧自由基中的 O—H 键需要能量：

$$O—H(g) \longrightarrow H(g) + O(g) \quad \Delta_r H_m(298\,K) = 423.1\,kJ \cdot mol^{-1}$$

即在 H—O—H 中拆散第一个 O—H 键与拆散第二个 O—H 键所需的能量不同。

键焓由下式计算：

$$\varepsilon_{O—H} = \frac{(502.1 + 423.1)kJ \cdot mol^{-1}}{2} = 462.6\,kJ \cdot mol^{-1}$$

由此可见，键焓是分解能的平均值，而不是直接实验的结果。因此可以预料，从键焓估算的摩尔反应焓数值与实验值之间往往会有较大的偏差。表 1-3 所列是在 298 K 时某些键的键焓值。下面举例说明从键焓估算化学反应的摩尔反应焓的方法和步骤。

表 1-3　某些物质化学键的键焓　　　　　　　单位：kJ·mol⁻¹

单		键				双	键	三	键
H—H	436	C—H	415	N—N	159	F—F	158	C=C	615	C≡C	812
H—F	563	C—C	344	N—O	175	Cl—Cl	243	C=O	724	N≡N	946
H—Cl	432	C—Cl	328	N—F	270	Br—Br	193				
H—Br	366	C—Br	276	N—Cl	200	I—I	151				
H—I	299	C—O	350	Se—Se	184	Cl—F	251				
O—H	463	C—N	292	Se—Cl	243	Br—Cl	218				
O—O	143	C—F	443	S—H	368	I—Cl	210				
O—F	212	N—H	391	S—S	266	I—Br	178				

注：本表摘自 G. M. Barrow：Physical Chemistry (1979)，p183。

【例 1-12】 已知乙醇脱水制乙烯反应如下：

$$CH_3CH_2OH(g) \longrightarrow CH_2 = CH_2(g) + H_2O(g)$$

试由键焓估算反应焓。

解：(1) 写出反应物和生成物分子的结构式：

$$H-\overset{\overset{\displaystyle H}{|}}{\underset{\underset{\displaystyle H}{|}}{C}}-\overset{\overset{\displaystyle H}{|}}{\underset{\underset{\displaystyle H}{|}}{C}}-O-H(g) \longrightarrow \overset{\overset{\displaystyle H}{|}}{\underset{\underset{\displaystyle H}{|}}{C}}=\overset{\overset{\displaystyle H}{|}}{\underset{\underset{\displaystyle H}{|}}{C}}(g) + H-O-H(g)$$

(2) 确定各分子中键的类型和数目：

$$5C—H + C—C + C—O + O—H \longrightarrow 4C—H + C=C + 2O—H$$

(3) 确定破坏了哪些旧键，形成了哪些新键，并将没有破坏的键从左右两边消去，

$$C—H + C—C + C—O \longrightarrow C=C + O—H$$

(4) 从表中查出键焓的数值：

$$\begin{array}{cccccc} C—H & + & C—C & + & C—O & \longrightarrow & C=C & + & O—H \\ 415 & & 344 & & 350 & & 615 & & 463 \end{array} \quad (kJ \cdot mol^{-1})$$

(5) 应用下面公式：

反应焓＝(反应物中破旧键键焓总和)－(生成物中立新键键焓总和)，即

$$Q_p = \left(\sum \varepsilon\right)_{破键} - \left(\sum \varepsilon\right)_{立键}$$

$$Q_{p,\,m} = [(415 + 344 + 350) - (615 + 463)]\text{kJ} \cdot \text{mol}^{-1} = 31\,\text{kJ} \cdot \text{mol}^{-1}$$

所得结果为正值，表明从键焓估算乙醇脱水反应时需吸热 31 kJ。

应当指出，由键焓估算摩尔反应焓是有意义的，它不仅可从微观角度来了解摩尔反应焓的本质，而且当试制一种新化合物，它的热力学状态函数的数值尚未测得或直接进行量热测定有困难(如易爆反应)时，往往可用这种方法来估算摩尔反应焓。

七、反应焓与温度的关系——基尔霍夫公式

运用前面所介绍的标准摩尔生成焓或标准摩尔燃烧焓只能求出某温度下反应的标准摩尔反应焓。任一化学反应的标准摩尔反应焓是随压力或温度的不同而改变的。不过一般情况下，当压力的影响不大时，我们主要考虑温度对标准摩尔反应焓的影响。许多在高温下进行的反应，用实验方法直接测定其标准摩尔反应焓远不如常温下容易，误差亦较大。因此往往利用 298 K 的标准摩尔反应焓来计算高温下的标准摩尔反应焓。下面根据盖斯定律来推导标准摩尔反应焓与温度的关系。

对于下列反应：

$$a\text{A} + b\text{B} == y\text{Y} + z\text{Z}$$

已知 298 K 时的标准摩尔反应焓 $\Delta_r H_m^{\ominus}(298\,\text{K})$，可按下述方法求其他温度下反应的 $\Delta_r H_m^{\ominus}(T)$：

$$
\begin{array}{ccc}
a\text{A} + b\text{B} & \xrightarrow{\Delta_r H_m^{\ominus}(T)} & y\text{Y} + z\text{Z} \\
\Big\downarrow \Delta H_1^{\ominus} & & \Big\uparrow \Delta H_2^{\ominus} \\
a\text{A} + b\text{B} & \xrightarrow{\Delta_r H_m^{\ominus}(298\,\text{K})} & y\text{Y} + z\text{Z}
\end{array}
$$

根据盖斯定律，标准摩尔反应焓只决定于系统的始、终态，而与途径无关，因此由示意图得出

$$\Delta_r H_m^{\ominus}(T) = \Delta_r H_m^{\ominus}(298\,\text{K}) + \Delta H_1^{\ominus} + \Delta H_2^{\ominus}$$

而

$$\Delta H_2^{\ominus} = \int_{298\,\text{K}}^{T} [y C_{p,\,m}(\text{Y}) + z C_{p,\,m}(\text{Z})]\,\text{d}T$$

$$\Delta H_1^{\ominus} = -\int_{298\,\text{K}}^{T} [a C_{p,\,m}(\text{A}) + b C_{p,\,m}(\text{B})]\,\text{d}T$$

把上两式代入前式：

$$\Delta_r H_m^{\ominus}(T) = \Delta_r H_m^{\ominus}(298\,\text{K}) + \int_{298\,\text{K}}^{T} \sum_B \nu_B C_{p,\,m}(\text{B})\,\text{d}T$$

式中

$$\sum_B \nu_B C_{p,\,m}(\text{B}) = y C_{p,\,m}(\text{Y}) + z C_{p,\,m}(\text{Z}) - a C_{p,\,m}(\text{A}) - b C_{p,\,m}(\text{B})$$

因此,已知 T_1 时反应的 $\Delta_r H_m^\ominus(T_1)$,可按下列一般公式求 $\Delta_r H_m^\ominus(T_2)$。

$$\Delta_r H_m^\ominus(T_2) = \Delta_r H_m^\ominus(T_1) + \int_{T_1}^{T_2} \sum_B \nu_B C_{p,m}(B) dT \tag{1-42}$$

因为压力对反应焓的影响很小,故可把上标"$\ominus$"符号略去。

将式(1-42)写成微分式:

$$\left[\frac{\partial(\Delta_r H_m)}{\partial T}\right]_p = \sum_B \nu_B C_{p,m}(B) \tag{1-43}$$

式(1-42)和式(1-43)称为基尔霍夫公式。它表明某一化学反应的反应焓随温度而变化是由于生成物和反应物的热容不同所引起的,即反应焓随温度的变化率等于生成物等压热容之和减去反应物等压热容之和。

为了求 $\Delta_r H_m$ 与温度的关系,对式(1-43)做不定积分,得

$$\Delta_r H_m(T) = \Delta H_0 + \int \sum_B \nu_B C_{p,m}(B) dT \tag{1-44}$$

式中,ΔH_0 为积分常数。如做定积分,则

$$\Delta_r H_m(T_2) - \Delta_r H_m(T_1) = \int_{T_1}^{T_2} \sum_B \nu_B C_{p,m}(B) dT \tag{1-45a}$$

式(1-44)和式(1-45a)是基尔霍夫公式的积分形式。

一般说来,$\sum_B \nu_B C_{p,m}(B)$ 与温度有关,但如果温度变化范围较小,可近似地把 $\sum_B \nu_B C_{p,m}(B)$ 当作常数。这样式(1-45a)就变为

$$\Delta_r H_m(T_2) - \Delta_r H_m(T_1) = \sum_B \nu_B C_{p,m}(B)(T_2 - T_1) \tag{1-45b}$$

若已知某一温度时的反应焓 $\Delta_r H_m(T_1)$,就可求出另一温度时的反应焓 $\Delta_r H_m(T_2)$。

当 $\sum_B \nu_B C_{p,m}(B)$ 随温度变化时,只要知道参加反应各物质的 $C_{p,m}$ 和温度 T 的关系式,就可先求出 $\sum_B \nu_B C_{p,m}(B)$ 和 T 的关系,然后由基尔霍夫公式,以已知某一温度时的反应焓 $\Delta_r H_m(T_1)$,求出任何另一温度时的反应焓 $\Delta_r H_m(T_2)$。

若　　　　　　$C_{p,m} = a + bT + cT^2$　　或　　$C_{p,m} = a + bT + c'T^{-2}$

则在基尔霍夫公式中

$$\sum_B \nu_B C_{p,m}(B) = \sum_B \nu_B a_B + \sum_B \nu_B b_B T + \sum_B \nu_B c_B T^2$$

或

$$\sum_B \nu_B C_{p,m}(B) = \sum_B \nu_B a_B + \sum_B \nu_B b_B T + \sum_B \nu_B c_B' T^{-2}$$

式中,$\sum_B \nu_B a_B = \left(\sum_B \nu_B a_B\right)_{生成物} + \left(\sum_B \nu_B a_B\right)_{反应物}$,其他可类推。对产物,$\nu_B$ 取正值;对反应物,ν_B 取负值。

将以上 $\sum\limits_{B} \nu_B C_{p,m}(B)$ 表示式代入基尔霍夫不定积分式(1-44),可求得 $\Delta_r H_m(T) = f(T)$ 的表达式,并进一步获得指定温度下具体数值。

【例 1-13】 试求下列反应在 298 K 和 850 K 时的标准摩尔反应焓各是多少。

$$2Al(s) + 3FeO(s) \rightleftharpoons Al_2O_3(s) + 3Fe(s)$$

已知各物质的标准摩尔生成焓及热容数据为

$$\Delta_f H_m^{\ominus}(Al_2O_3, s, 298 K) = -1\,669.79 \text{ kJ} \cdot \text{mol}^{-1}$$

$$\Delta_f H_m^{\ominus}(FeO, s, 298 K) = -266.52 \text{ kJ} \cdot \text{mol}^{-1}$$

$$C_{p,m}(Al_2O_3, s) = [109.29 + 18.37 \times 10^{-3} T/K - 30.41 \times 10^5 (T/K)^{-2}] \text{J} \cdot \text{mol}^{-1} \cdot \text{K}^{-1}$$

$$C_{p,m}(Fe, s) = [14.10 + 29.71 \times 10^{-3} T/K + 1.80 \times 10^5 (T/K)^{-2}] \text{J} \cdot \text{mol}^{-1} \cdot \text{K}^{-1}$$

$$C_{p,m}(Al, s) = [20.67 + 12.38 \times 10^{-3} T/K] \text{J} \cdot \text{mol}^{-1} \cdot \text{K}^{-1}$$

$$C_{p,m}(FeO, s) = [38.79 + 20.08 \times 10^{-3} T/K] \text{J} \cdot \text{mol}^{-1} \cdot \text{K}^{-1}$$

解: $\Delta_r H_m^{\ominus}(298 K) = \sum\limits_{B} \nu_B \Delta_f H_m^{\ominus}(298 K)$

$$= [-1\,669.79 - 3 \times (-266.52)] \text{kJ} \cdot \text{mol}^{-1}$$

$$= -870.23 \text{ kJ} \cdot \text{mol}^{-1}$$

$$\Delta_r H_m^{\ominus}(850 K) = \Delta_r H_m^{\ominus}(298 K) + \int_{298 K}^{850 K} \sum\limits_{B} \nu_B C_{p,m}(B) dT$$

式中, $\sum\limits_{B} \nu_B C_{p,m}(B) = [-6.12 + 22.15 \times 10^{-3} T/K - 25.01 \times 10^5 (T/K)^{-2}] \text{J} \cdot \text{mol}^{-1} \cdot \text{K}^{-1}$

所以, $\Delta_r H_m^{\ominus}(850 K) = \Delta_r H_m^{\ominus}(298 K) + \int_{298 K}^{850 K} [-6.12 + 22.5 \times 10^{-3} T/K - 25.01 \times 10^5 (T/K)^{-2}] \times 10^{-3} \text{ kJ} \cdot \text{mol}^{-1} \cdot \text{K}^{-1} dT$

$$= -872 \text{ kJ} \cdot \text{mol}^{-1}$$

在这里还需指出,运用基尔霍夫公式的积分式,应注意到当从某一温度变化到另一温度时,是否有物质的聚集状态(或晶型)发生改变,如果聚集状态有改变,则还须考虑到两点:

(1) 当聚集状态发生变化时,需考虑相变焓。

(2) 当聚集状态发生变化时,热容会有突变。

【例 1-14】 试求反应 $H_2(g) + \dfrac{1}{2} O_2(g) \rightleftharpoons H_2O(g)$ 在 673 K 时的标准摩尔反应焓。

解:要利用 298 K 的热力学数据求算 673 K 的反应焓,需注意生成物 H_2O 在此温度区间发生了聚集态的变化,用示意图表示如下:

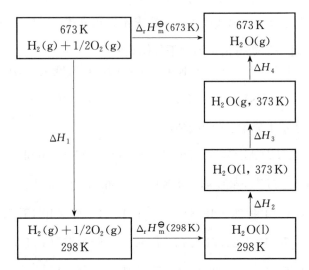

显然　　　　$\Delta_r H_m^{\ominus}(673\,\mathrm{K}) = \Delta H_1 + \Delta_r H_m^{\ominus}(298\,\mathrm{K}) + \Delta H_2 + \Delta H_3 + \Delta H_4$

　　ΔH_1 由 $\mathrm{H_2(g)}$ 和 $\mathrm{O_2(g)}$ 的热容 $C_{p,\,m}=f(T)$ 查表积分求得（等压变温过程）；$\Delta_r H_m^{\ominus}$ (298 K)即水的标准摩尔生成焓；ΔH_2 和 ΔH_4 分别用 $\mathrm{H_2O(l)}$ 和 $\mathrm{H_2O(g)}$ 的热容积分计算；ΔH_3 为水的摩尔蒸发焓。

因此　　$\Delta_r H_m^{\ominus}(673\,\mathrm{K}) = \Delta_r H_m^{\ominus}(298\,\mathrm{K}) + \displaystyle\int_{673\,\mathrm{K}}^{298\,\mathrm{K}}\left[C_{p,\,m}(\mathrm{H_2}) + \frac{1}{2}C_{p,\,m}(\mathrm{O_2})\right]\mathrm{d}T$

$$+ \int_{298\,\mathrm{K}}^{373\,\mathrm{K}}C_{p,\,m}(\mathrm{H_2O,\,l})\mathrm{d}T + \Delta_{vap}H_m^{\ominus} + \int_{373\,\mathrm{K}}^{673\,\mathrm{K}}C_{p,\,m}(\mathrm{H_2O,\,g})\mathrm{d}T$$

查附表得

$$C_{p,\,m}(\mathrm{O_2}) = [34.60 + 1.09\times10^{-3}\,T/\mathrm{K} - 7.85\times10^5\,(T/\mathrm{K})^{-2}]\,\mathrm{J\cdot mol^{-1}\cdot K^{-1}}$$

$$C_{p,\,m}(\mathrm{H_2}) = [27.70 + 3.39\times10^{-3}\,T/\mathrm{K}]\,\mathrm{J\cdot mol^{-1}\cdot K^{-1}}$$

$$C_{p,\,m}(\mathrm{H_2O,\,l}) = [46.86 + 30.00\times10^{-3}\,T/\mathrm{K}]\,\mathrm{J\cdot mol^{-1}\cdot K^{-1}}$$

$$C_{p,\,m}(\mathrm{H_2O,\,g}) = [30 + 10.71\times10^3\,T/\mathrm{K} + 0.33\times10^5\,(T/\mathrm{K})^2]\,\mathrm{J\cdot mol^{-1}\cdot K^{-1}}$$

又　　　　　　　　　　　$\Delta_{vap}H_m^{\ominus} = 40.6\,\mathrm{kJ\cdot mol^{-1}}$

$$\Delta_r H_m^{\ominus}(298\,\mathrm{K}) = \Delta_f H_m^{\ominus}(\mathrm{H_2O,\,l,\,298\,K}) = -285.8\,\mathrm{kJ\cdot mol^{-1}}$$

代入上式计算，得

$$\Delta_r H_m^{\ominus}(673\,\mathrm{K}) = -247.2\,\mathrm{kJ\cdot mol^{-1}}$$

八、绝热反应（最高反应温度的计算）

　　上述反应焓的计算，都是假定反应物与生成物的温度相同，即反应过程中所释放（或吸收）的热量能及时散出（或供给），使反应温度保持不变的情况（等温过程）。

　　但是，如果热量来不及散出（或供给），系统的温度就会发生变化，反应物和生成物的温度就不同。一种极端的情况是，热量一点也不能散出（或供给），反应完全在绝热条件下进行，此时反应系统的终止温度就要改变。如燃烧和爆炸反应几乎是瞬时完成的，可以认为系统与环境之间是绝热的,生成物的温度可以达到最高。我们可以通过热化学的计算求得反应系统所能达到的最高温度,它被称为最高反应温度。而燃烧反应所能达到的最高温度,则称为最高火焰温度。

理论上计算最高反应温度的方法很多,现举例说明如下。

【例1-15】 100 kPa、298 K 时把甲烷与理论量的空气(O_2:N_2=1:4)混合后,在等压下燃烧,求系统能达到的最高火焰温度。

解:等压下,甲烷燃烧的反应式为

$$CH_4(g) + 2O_2(g) \xrightarrow{298 K} CO_2(g) + 2H_2O(g)$$

由此看出:1 mol CH_4 燃烧时,需 2 mol O_2,亦即需 10 mol 的空气(其中包括 8 mol 的 N_2)。按题意假设最高火焰温度为 T,并用图表示燃烧过程如下:

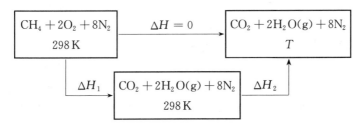

根据盖斯定律

$$\Delta H = \Delta H_1 + \Delta H_2$$

由于是等压绝热过程,即 $\Delta H = Q_p = 0$,因此有 $\Delta H_1 + \Delta H_2 = 0$。

ΔH_1 为 298 K 时 1 mol 的 CH_4 完全燃烧时的焓变,但并不是 CH_4 的标准摩尔燃烧焓,因 $H_2O(g)$ 的状态不是指定燃烧产物[$H_2O(l)$],其值可根据标准摩尔生成焓或燃烧焓计算得到,现给出结果为

$$CH_4(g) + 2O_2(g) \longrightarrow CO_2(g) + 2H_2O(g)$$

$$\Delta H_1 = -802.33 \text{ kJ} \cdot \text{mol}^{-1}$$

ΔH_2 是使系统温度升高的热量,可根据有关物质的热容数据求得,以下给出结果为

$$\Delta H_2 = \int_{298 K}^{T} [1 \text{ mol} \cdot C_{p,m}(CO_2) + 2 \text{ mol} \cdot C_{p,m}(H_2O, g) + 8 \text{ mol} \cdot C_{p,m}(N_2)] dT \text{ mol}^{-1}$$

$$= \int_{298 K}^{T} [440.04 + 0.042\,5T/K + 8.5 \times 10^{-6}(T/K)^2] dT \text{ J} \cdot \text{mol}^{-1} \cdot \text{K}^{-1}$$

$$= [-133\,027 + 440.04T/K + 0.021\,25(T/K)^2 + 2.833\,3 \times 10^{-6}(T/K)^3] \text{ J} \cdot \text{mol}^{-1}$$

因为
$$\Delta H_1 + \Delta H_2 = 0$$

得
$$-802.33 \times 1\,000 - 133\,027 + 440.04T/K + 0.021\,25(T/K)^2$$
$$+ 2.833\,3 \times 10^{-6}(T/K)^3 = 0$$

整理后得 $440.04T/K + 0.021\,25(T/K)^2 + 2.833\,3 \times 10^{-6}(T/K)^3 = 935\,358$

用尝试法解得

$$T \approx 1909\,\text{K}$$

九、差示扫描量热法简介[*]

根据前述讨论,我们知道,当物质系统发生状态变化(包括物理变化和化学变化)时必然会涉及功、热等不同能量形式的相互转化。为了方便,人们将物质系统在物理或化学的等温过程中只做膨胀功时所吸收或放出的热量定义为热效应。因具体进行的过程不同,又分为反应热(如生成热、燃烧热、分解热与中和热)、相变热(如蒸发热、升华热、熔化热)、溶解热、稀释热等。热效应通常可由实验测得,所使用的仪器称为量热计。先使反应物在量热计中绝热变化,根据量热计温度的改变和系统的热容,可计算出热效应。

如果是在程序控制温度下,动态地测量物质的物理性质(或热力学参数)随温度变化的关系,则成为热分析技术。根据测定的物理参数又分为多种方法,最常用的热分析方法有差热分析(DTA)、热重量法(TG)、导数热重量法(DTG)、差示扫描量热法(DSC)等。

差示扫描量热法(differential scanning calorimetry, DSC)是在程序温度控制下,测量输入到试样和参比物的功率差(如热量差)随温度或时间变化的一种热分析方法,它是在差热分析的基础上发展起来的。通过控制温度变化及时间,测定加热或冷却过程中保持试样和参比物的温度差为零时所需供给的热量,记录以试样和参比物的功率差(样品吸热或放热的速率,即热流率 dH/dt)为纵坐标,单位为 J/s,以温度 T 或时间 t 为横坐标所得的扫描曲线,称为 DSC 曲线,能够方便、定量地得到热效应数据。

差示扫描量热分析是按照程序升温,经历样品材料的各种转变,如熔化、玻璃化转变、固态转变或结晶,研究样品的吸热或放热反应。可用于测定多种热力学和动力学参数,例如各种热效应(如反应热、相变热、转变热等)、物质的比热容、熔点、沸点、结晶温度、相图、反应速率、结晶速率、高聚物结晶度、纯度等。与常规的量热计法相比,用 DSC 测定具有使用温度范围宽(-175～725 ℃)、分辨率高、试样用量少、测试速度快和操作简便的优点,在无机材料、高分子材料、生物材料、药物材料等无机物和有机物的性质测定方面应用广泛。根据测量方法不同,差示扫描量热法又可分为功率补偿差示扫描量热法和热流式差示扫描量热法。

科学家小传

迈耶,德国物理学家、医生,是历史上第一个提出能量守恒定律的人。1840—1841 年作为船医远航的过程中,他从船员静脉血颜色的不同,发现体力和体热来源于食物中所含的化学能,由此受到启发,提出如果动物体能的输入同支出是平衡的,所有这些形式的能在量上就必定守恒。并进一步探索热和机械功的关系,撰写了《论力的量和质的测定》一文。迈耶于 1842 年发表《论无机性质的力》,表述了物理、化学过程中各种力(能)的转化和守恒的思想。

---

[*] 此部分为选学内容。

迈耶(J. R. Mayer)　　　　焦耳(J. P. Joule)　　　　亥姆霍兹(H. Helmholtz)
(1814—1878)　　　　　　(1818—1889)　　　　　　(1821—1894)

焦耳,英国杰出的实验物理学家,为能量守恒与转化定律提供了科学的证明。他于1841年通过实验发现了著名的焦耳-楞次定律($Q = I^2Rt$),为揭示电能、化学能、热能的等价性打下了基础。他探讨了各种生热的自然"力"之间存在的定量关系,并做了许多验证实验。1843年8月21日,焦耳在英国科学协会数理组会议上宣读了《论磁电的热效应及热的机械值》一文,强调了自然界的能是等量转换、不会消灭的,哪里消耗了机械能或电磁能,总在某些地方能得到相当的热。此后三十多年,焦耳设计了各种"热功当量实验仪",反复改进测量方法,通过400多次实验来测定机械能与热之间的转换关系。结果表明,对1kg纯水,温度每升高1℃,所需的功数值相等,与不同的实验方式无关。据此得出结论:热功当量是一个普适常量,与做功方式无关,即1cal=4.16J。焦耳的重要著作《论热功当量》(1849年)和《热功当量的新测定》(1878年),为能量守恒与转化定律提供了坚实的实验基础。鉴于焦耳在热学、热力学和电学方面的卓越贡献,英国皇家学会授予他最高荣誉的科普利奖章,国际规定能量单位以焦耳(J)命名。

亥姆霍兹,德国物理学家、生理学家,发展了迈耶、焦耳等的工作,提出了普遍的能量守恒原理。1847年,他在德国物理学会作了关于力的守恒的讲演,在科学界赢得很大声望。亥姆霍兹总结了许多人的工作,讨论了已知的力学、热学、电学、化学的各种科学成果,第一次系统地阐述了能量守恒原理,一举把能量的概念从机械运动推广到热、电、磁,乃至生命过程,揭示其运动形式之间的统一性,并第一次以数学方式严谨地论证了各种运动中的能量守恒定律,指出它们不仅可以相互转化,而且在量上还有一种确定的关系。此外,亥姆霍兹在生理力学/光学、电磁理论、化学热力学等方面均有所建树,发表了《化学过程的热力学》,早于吉布斯从克劳修斯方程(见第五章)导出了后来被称为的吉布斯-亥姆霍兹方程(见第二章)。

思 考 题

1.1　状态函数具有什么特征? 系统的状态一定,状态函数是否一定? 反过来,系统的状态变了,状态函数能否不变? 是否所有的状态函数都必须改变?

1.2　理想气体向真空膨胀。当一部分气体进入真空容器后,余下的气体继续膨胀时所做的功是大于零、小于零,还是等于零?

1.3　系统的压力与环境的压力有何关系?

1.4　列出下列两公式的应用条件:

$$W = -\int_{V_1}^{V_2} p\,\mathrm{d}V, \quad W = -p\Delta V$$

1.5　热 Q 与温度 T 有何联系与区别?

1.6　凡是系统的温度有变化,则系统一定有吸热或放热现象。而温度不变时,系统既不吸热也不放热。这种说法对吗? 请举例说明。绝热的封闭系统就是隔离系统,对否?

1.7　在非等压过程中有没有焓 H 的变化? 如有,怎样计算? 它的物理意义是否可理解为在此过程中系统所吸收(或放出)的热? 并述其理由。

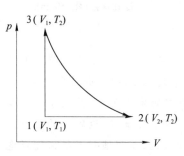

1.8　如左图所示,1 mol 理想气体从状态 $1(V_1, T_1)$ 等压膨胀到状态 $2(V_2, T_2)$,求 Q、W、ΔU 及 ΔH。若将此理想气体从状态 1 先等容加热到状态 $3(V_1, T_2)$,然后再等温膨胀到 $2(V_2, T_2)$,求 Q、W、ΔU、ΔH,并与直接从 1 到 2 的途径相比较。

1.9　写出热力学第一定律的数学表达式。热与功的符号是怎样规定的? 试举几个例子说明功、热不是状态函数,而是在过程中能量的传递形式。

1.10　为什么热和功的转换是不可逆的?

1.11　1 mol 理想气体等温条件下由体积 V_1 膨胀到 $V_2(V_2 > V_1)$,试讨论该过程最多能对外做多大功? 最少对外做多大功? 两过程的终态是否相同?

1.12　下面的说法是否正确? 并述其理由。

(1) 系统的焓等于等压热。

(2) 系统的焓改变值 ΔH 等于等压热。

(3) 系统的焓等于系统的热量。

1.13　今有一封闭系统,当过程的始态和终态确定后,问下列各项是否有一定值?

(1) Q;　　(2) $Q+W$;　　(3) $W(Q=0)$;　　(4) $Q(W=0)$。

1.14　下列公式各应用于什么条件下?

(1) $\Delta H = \Delta U + \Delta(pV)$;　　　　(3) $\Delta H = Q_p$;

(2) $\Delta H = \Delta U + \sum_B \nu_B(g)RT$;　　(4) $\Delta U = Q_V$。

1.15　对于一定量的理想气体,温度一定时,热力学能与焓是否一定? 压力与体积是否一定? 是否对所有气体来说温度一定,热力学能与焓都一定呢?

1.16　在 100 ℃、101 325 Pa 下,水的气化是等温等压相变过程,始、终态的温度、压力相等;如果把水蒸气看成是理想气体,则因理想气体的热力学能只是温度的函数,所以 ΔU 应等于零。上面的说法有什么不对? 应如何解释?

1.17　(1) $\mathrm{d}H = nC_{p,m}\mathrm{d}T$, $\mathrm{d}U = nC_{V,m}\mathrm{d}T$,对于理想气体可用于任何过程。为什么不必限制在等压或等容条件下? (2) 在发生化学变化、相变化或做非体积功的情况下,上述两式还能应用吗?

1.18　1 mol 理想气体从 0 ℃等容加热至 100 ℃和从 0 ℃等压加热至 100 ℃,ΔU 是否相同? Q 是否相同? W 是否相同?

1.19　一个绝热气缸有一理想绝热活塞(无摩擦、无重量),其中含有理想气体,内壁绕有电阻丝,当通电时,气体就慢慢膨胀。因为是一等压过程,$Q_p = \Delta H$,又因为是绝热系统,$Q_p = 0$,所以 $\Delta H = 0$。这结论对吗? 为什么?

1.20　在相同温度和压力下,氢和氧分别由如下两条途径化合成水:(1)燃烧反应,(2)氢氧燃料电池。当两种反应的进度相同时,问两者的等压热效应 $Q_{p,1}$ 和 $Q_{p,2}$ 是否相等? 两者的反应焓变 $\Delta_r H_{m,1}$ 和 $\Delta_r H_{m,2}$ 是否相等?

1.21　室温 15 ℃左右,CO_2 空钢瓶在工厂车间充气时会发现,当充气压力表到达一定数值后就不再升高,而钢瓶的总质量却还在增加,其原因是什么? 若该温度下,用 CO_2 高压钢瓶制取干冰,可采取以下哪种方法?

　　A. 钢瓶正立,打开阀门;　　　　　　　　B. 钢瓶倒立,打开阀门。

1.22　列举两个不同类型的等焓过程。

1.23　什么是热化学? 热化学的研究内容是什么? 热化学与热力学第一定律有何联系?

1.24　盖斯定律的内容如何? 它能解决什么问题? 应如何理解"化学反应焓只决定于反应前后的状态,而与反应的具体途径无关"? 这种说法有无条件限制?

1.25　某反应的反应焓与温度的关系 $\left[\dfrac{\partial(\Delta H)}{\partial T}\right]_p = \sum\limits_B \nu_B C_{p,m}(B)$。试分别讨论 $\sum\limits_B \nu_B C_{p,m}(B) > 0$ 和 $\sum\limits_B \nu_B C_{p,m}(B) < 0$ 时反应焓随温度的变化。

1.26　什么叫标准摩尔生成焓和标准摩尔燃烧焓? 定义这两个量有什么用? 利用标准摩尔生成焓或标准摩尔燃烧焓来计算标准摩尔反应焓时,二者有何不同?

习　　题

1.1　10 mol 氧气在压力为 101 kPa 下等压加热,使体积 V 自 1 000 dm^3 膨胀到 2 000 dm^3,设其为理想气体,求系统对外所做的功。

$$[W = -101 \text{ kJ}]$$

1.2　在一绝热箱中装有水,连接电阻丝,由蓄电池供应电流,试问在下列情况下,Q、W 及 ΔU 的值是大于零、小于零,还是等于零?

系　统	电　池	电阻丝*	水	水＋电阻丝	电池＋电阻丝
环　境	电阻丝＋水	水＋电池	电池＋电阻丝	电　池	水

* 表示通电后,电阻丝及水温皆升高,假定电池在放电时并无热的吸收或放出。

$$[略]$$

1.3　10 mol 某理想气体,压力为 101×10^4 Pa,温度为 27 ℃,分别经历下列过程,求各过程的功:

(1) 反抗恒外压 101×10^3 Pa 等温膨胀到气体的压力也为 101×10^3 Pa;

(2) 等温可逆膨胀到气体的压力为 101×10^3 Pa。

$$[(1)\ -22.4 \text{ kJ}; (2)\ -57.4 \text{ kJ}]$$

1.4　在 101 kPa 下,气体由 10.0 dm^3 膨胀到 16.0 dm^3,吸收了 1 255 J 的热,求 ΔU、ΔH、W。

$$[\Delta H = 1\ 255 \text{ J}, W = -606 \text{ J}, \Delta U = 649 \text{ J}]$$

1.5　2.00 mol 的水蒸气在 100 ℃、101 325 Pa 下变为水,求 Q、W、ΔU 及 ΔH。已知水的汽化热为 2 258 J·g^{-1}。

$$[\Delta H = Q_p = -81.3 \text{ kJ}, W = 6.20 \text{ kJ}, \Delta U = -75.1 \text{ kJ}]$$

1.6　1.00 mol 冰在 0 ℃、101 325 Pa 下熔化,求 Q、W、ΔU 及 ΔH。已知冰的熔化热为 335 J·g^{-1},冰与水的密度分别为 0.917 及 1.00 g·cm^{-3}。

$$[\Delta H = Q_p = 6.03 \text{ kJ}, W = 0.165 \text{ J}, \Delta U \approx 6.03 \text{ kJ}]$$

1.7　某热处理车间室温为 25℃，每小时处理 400 kg 链轨节（碳钢），淬火温度为 850℃，假定炉子热损失量是加热链节热量的 30%，问电炉每小时耗电量多少？已知碳钢的平均热容 $C_p = 0.5523 \text{J} \cdot \text{g}^{-1}$。

[65.8 kW · h]

1.8　将 1000 g 铜从 25℃ 加热到 1200℃，需供给多少热量？已知铜的熔点为 1083℃，熔化热为 13560 J · mol^{-1}，液态铜和固态铜的平均摩尔热容分别为：$C_{p,\text{m}}(\text{l}) = 31.40 \text{J} \cdot \text{mol}^{-1} \cdot \text{K}^{-1}$，$C_{p,\text{m}}(\text{s}) = 24.48 \text{J} \cdot \text{mol}^{-1} \cdot \text{K}^{-1}$。

[674 kJ]

1.9　求 55.85 kg 的 α - Fe 从 298 K 升温到 1000 K 所吸收的热。

(1) 按平均热容计算，$C_{p,\text{m}} = 30.30 \text{J} \cdot \text{mol}^{-1} \cdot \text{K}^{-1}$；

(2) 按 $C_{p,\text{m}} = a + bT$ 计算（查本书附录）。

[(1) 21.27 MJ；(2) 24.29 MJ]

1.10　1.00 mol 单原子分子理想气体，由 10.1 kPa、300 K 按下列两种不同的途径压缩到 25.3 kPa、300 K，试计算并比较两途径的 W、Q、ΔU 及 ΔH：

(1) 等压冷却，然后经过等容加热；

(2) 等容加热，然后经过等压冷却。

[(1) $\Delta U = 0$, $\Delta H = 0$, $Q = -1.50 \text{ kJ}$, $W = 1.50 \text{ kJ}$；

(2) $\Delta U = 0$, $\Delta H = 0$, $Q = -3.75 \text{ kJ}$, $W = 3.75 \text{ kJ}$]

1.11　20.0 mol 氧气在 101 kPa 时，等压加热，使体积由 1000 dm^3 膨胀至 2000 dm^3。设氧气为理想气体，其热容 $C_{p,\text{m}} = 29.3 \text{J} \cdot \text{mol}^{-1} \cdot \text{K}^{-1}$，求 ΔU、ΔH。

[$\Delta U = 255 \text{ kJ}$, $\Delta H = 356 \text{ kJ}$]

1.12　有 100 g 氮气，温度为 0℃，压力为 101 kPa，分别进行下列过程，求各过程的 ΔU、ΔH、Q、W。

(1) 等容加热到 $p = 1.5 \times 101 \text{ kPa}$；

(2) 等压膨胀至体积等于原来的两倍；

(3) 等温可逆膨胀至体积等于原来的两倍；

(4) 绝热反抗恒外压膨胀至压力等于原来的一半。

[(1) $Q_V = \Delta U = 10.1 \text{ kJ}$, $\Delta H = 14.2 \text{ kJ}$, $W = 0$；

(2) $\Delta U = 20.3 \text{ kJ}$, $\Delta H = Q_p = 28.4 \text{ kJ}$, $W = -8.11 \text{ kJ}$；

(3) $\Delta U = 0$, $\Delta H = 0$, $Q = 5.62 \text{ kJ}$, $W = -5.62 \text{ kJ}$；

(4) $\Delta U = -2.90 \text{ kJ}$, $\Delta H = -4.05 \text{ kJ}$, $Q = 0$, $W = -2.90 \text{ kJ}$]

1.13　在 244 K 温度下，1.00 mol 单原子气体 (1) 从 1.01 MPa、244 K 等温可逆膨胀到 505 kPa，(2) 从 1.01 MPa、244 K 绝热可逆膨胀到 505 kPa，求 (1) 和 (2) 过程中的 Q、W、ΔU 和 ΔH，并作 p - V 图表示上述气体所进行的两个过程。

[(1) $\Delta U = 0$, $\Delta H = 0$, $Q = 1.41 \text{ kJ}$, $W = -1.41 \text{ kJ}$；

(2) $Q = 0$, $\Delta H = -1.23 \text{ kJ}$, $\Delta U = W = -0.736 \text{ kJ}$，图略]

1.14　在 0～6×10^6 Pa 压力范围内，$N_2(\text{g})$ 的焦耳-汤姆逊系数可用下式表示：

$$\mu_{J\text{-}T} = 1.42 \times 10^{-7} \text{ K} \cdot \text{Pa}^{-1} - (2.6 \times 10^{-14} \text{ K} \cdot \text{Pa}^{-1})p$$

当 $N_2(\text{g})$ 从 6×10^6 Pa 作节流膨胀至 2.1×10^6 Pa 时，求温度的变化。

[$\Delta T = -0.152 \text{ K}$]

1.15　在 101 325 Pa 下，汞的沸点为 630 K，气化时吸热 291.6 kJ · kg^{-1}。求 1.00 mol 汞在该温度、压力下气化过程 Hg(l) = Hg(g) 的 W、Q、ΔU 及 ΔH。设汞蒸气在此温度下为理想气体，液体汞的体积可忽略，汞的相对原子质量为 200.6 g · mol^{-1}。

[$Q = \Delta H = 58.5 \text{ kJ}$, $W = -5.24 \text{ kJ}$, $\Delta U = 53.3 \text{ kJ}$]

1.16　2.0 mol 单原子分子理想气体，依次经历了下列三个过程：

(1) 从 0.1 MPa、25 ℃ 等压加热至 100 ℃；(2) 等温可逆膨胀，体积增大一倍；(3) 绝热可逆膨胀至 35 ℃。

试求总过程的 ΔU、ΔH、Q、W。

$$[\Delta U = 249 \text{ J}, \Delta H = 416 \text{ J}, Q = 7\,417 \text{ J}, W = -7\,168 \text{ J}]$$

1.17　在 101 325 Pa 下，1.00 mol 水从 50 ℃ 的液态变为 127 ℃ 的水蒸气，求所吸收的热。

$$[45.3 \text{ kJ}]$$

1.18　已知下列反应在 600 ℃ 时的反应焓：

(1) $3Fe_2O_3 + CO \rightleftharpoons 2Fe_3O_4 + CO_2$；$\Delta_r H_{m,1} = -6.3 \text{ kJ} \cdot \text{mol}^{-1}$

(2) $Fe_3O_4 + CO \rightleftharpoons 3FeO + CO_2$；$\Delta_r H_{m,2} = 22.6 \text{ kJ} \cdot \text{mol}^{-1}$

(3) $FeO + CO \rightleftharpoons Fe + CO_2$；$\Delta_r H_{m,3} = -13.9 \text{ kJ} \cdot \text{mol}^{-1}$

求在相同温度下，反应(4) $Fe_2O_3 + 3CO \rightleftharpoons 2Fe + 3CO_2$ 的反应焓 $\Delta_r H_{m,4}$。

$$[\Delta H_{m,4} = -14.8 \text{ kJ} \cdot \text{mol}^{-1}]$$

1.19　若知甲烷的标准摩尔燃烧焓为 $-890 \text{ kJ} \cdot \text{mol}^{-1}$，氢的标准摩尔燃烧焓为 $-286 \text{ kJ} \cdot \text{mol}^{-1}$，碳(石墨)的标准摩尔燃烧焓为 $-393 \text{ kJ} \cdot \text{mol}^{-1}$，试求甲烷的标准摩尔生成焓为多少。

$$[\Delta_f H_m^{\ominus}(CH_4, g, 298 \text{ K}) = -75 \text{ kJ} \cdot \text{mol}^{-1}]$$

1.20　已知 298 K 时热力学数据：$\Delta_c H_m^{\ominus}(C_2H_2, g, 298 \text{ K}) = -1299.6 \text{ kJ} \cdot \text{mol}^{-1}$，$\Delta_f H_m^{\ominus}(H_2O, l, 298 \text{ K}) = -285.85 \text{ kJ} \cdot \text{mol}^{-1}$，$\Delta_f H_m^{\ominus}(CO_2, g, 298 \text{ K}) = -393.5 \text{ kJ} \cdot \text{mol}^{-1}$，试求乙炔的 $\Delta_f H_m^{\ominus}(C_2H_2, g, 298 \text{ K})$。

$$[226.70 \text{ kJ} \cdot \text{mol}^{-1}]$$

1.21　利用键焓数据，试估算下列反应的反应焓 $\Delta_r H_m^{\ominus}(298 \text{ K})$：

$$CH_3COOH(l) + C_2H_5OH(l) \rightleftharpoons CH_3COOC_2H_5(l) + H_2O(l)$$

$$[0]$$

1.22　试求反应：$Fe_2O_3(s) + 3C(s) \rightleftharpoons 2Fe(s) + 3CO(g)$ 在 100 kPa 及 1 000 K 时的反应焓为多少？

(1) 用基尔霍夫法；

(2) 用相对焓法。

$$[(1)\ 411.37 \text{ kJ} \cdot \text{mol}^{-1}；(2)\ 465.64 \text{ kJ} \cdot \text{mol}^{-1}]$$

1.23　对于反应 $CaCO_3(s) \rightleftharpoons CaO(s) + CO_2(g)$，

(1) 计算 298 K 时标准摩尔反应焓 $\Delta_r H_m^{\ominus}(298 \text{ K})$；

(2) 计算 1 200 K 时标准摩尔反应焓 $\Delta_r H_m^{\ominus}(1 200 \text{ K})$；

(3) 若此反应在冲天炉中进行，那么分解 100 kg 的 $CaCO_3$ 相当于要消耗多少千克的焦炭？(设焦炭的发热值为 $2.850 \times 10^4 \text{ kJ} \cdot \text{kg}^{-1}$)

$$[(1)\ 177.82 \text{ kJ} \cdot \text{mol}^{-1}；(2)\ 162.83 \text{ kJ} \cdot \text{mol}^{-1}；(3)\ 5.71 \text{ kg}]$$

1.24　试估算乙炔在空气中燃烧的最高火焰温度。已知乙炔的燃烧反应为

$$C_2H_2(g) + \frac{5}{2}O_2(g) \rightleftharpoons 2CO_2(g) + H_2O(g)$$

$$[2\,800 \text{ K}]$$

第二章 热力学第二定律

本章教学基本要求

1. 了解自然界中一切实际发生的过程都是不可逆的。

2. 会用文字表达热力学第二定律，明确其意义。

3. 了解热机效率和卡诺定理，了解它们与热力学第二定律的联系。

4. 理解克劳修斯不等式的意义，掌握循环过程的热温商的规律，掌握可逆过程、不可逆过程的热温商和熵函数，理解熵增加原理与熵判据。

5. 掌握简单变化过程（p、V、T 变化）和相变化过程熵变的计算；了解热力学第三定律及规定熵的意义，会用物质的标准摩尔熵计算物质在任一状态的熵值和化学反应的标准摩尔熵（变），会设计可逆过程求算熵变及其他热力学函数变化。了解熵的统计意义和热力学第二定律的本质。

6. 理解亥姆赫兹函数的定义及亥姆赫兹函数判据，掌握吉布斯函数的定义及吉布斯函数判据；掌握理想气体等温过程亥姆赫兹函数变（ΔA）、吉布斯函数变（ΔG）的计算，掌握物质相变化过程 ΔA 和 ΔG 的计算，掌握等温化学反应 ΔG 的计算。

7. 掌握热力学函数基本关系式，掌握由热力学函数基本关系式导出重要关系式的方法，会用来分析平衡系统 p、V、T、S 几个热力学函数之间的关系；了解吉布斯函数随温度、压力变化的关系式及其应用。

8. 掌握化学势的定义，了解理想气体、实际气体、液体和固体的化学势表达式，理解化学势判据在相平衡和化学反应平衡方面的应用。

热力学第一定律解决了过程发生后,系统与环境之间做功、热传递和系统热力学能变化之间的关系。但是对指定条件下,过程究竟能否发生,朝哪个方向进行,进行到什么程度等问题,热力学第一定律无从回答。而这些正是热力学第二定律所要探讨的,其核心就是寻找过程进行的方向和限度的判据。

本章首先从几个宏观实例来讨论过程自发进行的方向和限度。进而从一切自发过程的方向及限度中寻找其共同特征,从卡诺定理揭示出状态函数熵,得到热力学第二定律的表达式。为了分析问题的方便,又引入亥姆赫兹函数 A、吉布斯函数 G 两个重要状态函数,并以 ΔA 和 ΔG 分别作为等温等容及等温等压过程的判据,最后引出化学势作为多组分系统的物质传递方向和相平衡以及化学反应平衡的判据。

主题2-1导学

热力学第二
定律

§2-1演示文稿

宏观过程的
方向和限度

主题一　热力学第二定律

§2-1　宏观过程的方向与限度

一、自发过程举例

在无环境影响下,能够自动进行的过程,称为自发过程。这里所谓环境影响是指人为地加入压缩功或电功等其他非体积功。举几个常见的例子如下:

当温度不同的两个铁块接触时,热总是从高温的铁块传给低温的铁块,直到两者的温度相等,至于相反的过程是不会自动发生的。这就指明了热自发传递的方向。当两个不同电位的金属导体互相接触,电流总是自动地从高电位的导体流向低电位的导体,直到两导体的电位相等,而从未见到过相反方向的过程能自动进行。不同压力的气体,分别储于中间带有双通活塞的两个容器中(图2-1)。打开活塞后,气体必然自动地从压力大的容器扩散到压力小的容器,直到两者压力相等时为止。同样,在无环境影响的情况下,相反方向的过程也是不能自动进行的。以上这些现象说明了自然界中一切自动变化的宏观过程都有一定的方向,这是人类长期积累的经验总结。

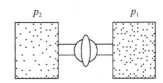

图 2-1　气体膨胀示意图

二、自发过程的共同特征——不可逆性

上述三例说明:① "温度差"是热传导自动进行的推动力,可用以判断传热的方向;

② "电位差"是电荷迁移的推动力,可以判断电流的方向;

③ "压力差"是气体扩散的推动力,可以判断气体流动的方向。

上述不同的过程虽可以由不同的物理量来判断,但重要的是要在大量感性事实的基础上,找出自然界一切自发变化过程的共同特征。分析以上三例,可以看出所有过程发生之后都不能自动复原,这就是它们的共同特征。也就是说,自发过程进行的特征是单方向的,这种性质称之为不可逆性。

应该强调的是热力学上所指的不可逆性,并非过程不可逆转,而是必须借助外力做功才能实现逆转。例如,利用制冷机做功可以把热从低温移向高温;利用发电机可以把流入低电位物体的电子返回到高电位物体;也可利用压缩机将流入低压容器中的气体压回到高压容器中。上述三例都表明,要使自发过程逆向进行,外界必须对系统做功,而且消耗功的量都大于自发过程完成时对外所做的功,这样系统虽可复原到原态,但环境却没有恢复到原来的状态而留下了功变为热的痕迹,这就是它的不可逆性。

任其自然,向某一方向发生的不可逆过程就是自发过程。将自发过程的逆过程称为非自发过程。

三、过程进行的限度——平衡状态

一切自发过程都具有不可逆的特征,而且都有一定的限度。当整个过程进行到某个极限时,如系统中各部分的温度或电位或压力等这些强度性质变成相等时,过程继续进行的各种推动力就消失,系统不会再有任何自发的变化,这时系统便达到平衡状态。平衡就是变化的限度。这里应该强调的是平衡只是宏观上的相对静止。从微观来看,组成系统的每个粒子还是不停地运动,且正逆两方向的微观粒子的运动仍然继续进行,只是两个方向的运动速率相等,从宏观上看过程似乎静止了,实质上是一种动态平衡。

第一章已讲到可逆过程可以看成是由一连串平衡态所组成的,因为可逆过程的特征是推动力无限小,过程进行的每一步都保持系统无限接近于平衡状态,此时,系统不仅与环境达成平衡,而且系统内各处的强度性质(压力、温度等)也均匀一致。因此,可以认为可逆过程的每一步都代表系统一个平衡态,整个可逆过程可看成由一连串平衡态所组成。从这个意义上讲,可逆过程就是平衡过程。

综上所述,系统中自发过程的推动力在于系统内各部分存在着某些物理量的差值,当过程进行到差值(推动力)消失时,即达到平衡,所以可以用这些物理量来判断相应过程的方向和限度。表2-1列出一些常见的自发过程。

表 2-1　几种自发过程进行的方向及限度

过　程	推　动　力	方　　向	限度(平衡状态)
热 传 导	温度差 $T_2 - T_1 < 0$	$T_1 \rightarrow T_2$	$T_2 = T_1$
电 流	电位差 $E_2 - E_1 < 0$	$E_1 \rightarrow E_2$	$E_2 = E_1$
气 体 膨 胀	压力差 $p_2 - p_1 < 0$	$p_1 \rightarrow p_2$	$p_2 = p_1$

由表可见,分别利用温差、电位差和压力差可以判断热传导、电流和气体膨胀过程的方向和限度,但必须指出虽然这些判断过程方向和限度的物理量很直观,但还缺乏普遍性,在生产实践中,有许多变化是在温度、压力不变的情况下自发进行的,那又用什么物理量来判断呢? 我们在掌握个别事物的特殊性之后,必须进一步深入认识事物的普遍性,才能充分地了解事物的本质,后面几节就讨论这个问题。

§2-2　热力学第二定律概述

热力学系统是由大量的原子、分子等微粒构成的。这些微粒进行着不同的运动和相互作用,使得系统处于不同能量形式的宏观状态。因此,系统状态的变化必然伴随着微粒运动和相互作用形式的变化,即能量形式的变化。具体地说,物质的变化过程是与热和功的相互转换密切相关的。

人类大量实践表明,功可以全部转化为热,而热转化为功则有着一定的限制。正是这种热功转换的限制,使得物质状态的变化存在着一定的方向和限度。热力学第二定律就是通过热功转换的限制来研究过程进行的方向与限度,它是在蒸汽机(又称热机)发展的推动下建立起来的。

一、热机效率

在普通物理学课程中曾经讨论过热机的效率问题。蒸汽机是一种将燃料燃烧放出的热转化为机械功的装置,以水为工作介质,其工作特点是必须在两个不同温度的热源之间运转。工作时,系统从高温热源(温度 T_1)吸热 $Q_1 (>0)$,对环境做功 $W (<0)$,向低温热源(温度 T_2)放热 $Q_2 (<0)$,完成一个循环,系统状态复原,有

S2-1

蒸汽机工作原理

$$\Delta U = Q_1 + Q_2 + W = 0$$

热机效率(符号为 η)定义为在一次循环中,热机对环境所做的功($-W$)与其从高温热源吸收的热 Q_1 之比:

$$\eta \xlongequal{\text{def}} \frac{-W}{Q_1} = \frac{Q_1 + Q_2}{Q_1}$$

在 1768 年瓦特(J. Watt)对蒸汽机进行改进之前,热机效率是非常低的;即使在改进(增大汽缸,增加冷凝器)之后,热机效率也不超过 5%。以后人们设法采取各种措施提高效率,且有成效。于是,很自然地考虑一个问题,热机效率能否无限提高? 能否达到100%,即 $\eta = 1$? 但是,长期以来的无数次实践,否定了这类想法。

二、热力学第二定律的经典表述

对 100% 的热机效率的否定,形成了热力学第二定律。热力学第二定律与第一定律一样,是人类长期经验的总结。实践证明它正确反映了宏观过程的客观规律。热力学第二定律的叙述方式很多,下面是两种常见的经典表述法。

(1) 1850 年克劳修斯(R. Clausius)提出"不可能把热由低温物体转移到高温物体,而不留下其他变化"。

(2) 1851 年开尔文(Kelvin)提出"不可能从单一热源取热使之完全变为功,而不留下其他变化",或"第二类永动机是不可能造成的"。所谓第二类永动机[①],是指从单一热源吸热,并使之全部转变为功而不产生其他变化的机器。

克劳修斯说法指出了热传导过程的不可逆性,开尔文说法指出了功转化为热的不可逆性。两种说法是等价的,从一种说法可推出另一种说法;若一种说法不成立,则另一种说法也不成立。可用反证法来证明两种说法的等效性。

如图 2-2 所示,假定与克劳修斯说法相反,即低温热源可将热量 Q_2 传给高温热源而

---

① 这种机器如能造成,就相当于一种永动机,例如海洋的能量是取之不尽的,如果能在轮船上安装这样的机器,让它从海洋(热源)吸收热量并全部转化为功,以推动轮船前进,那航海就不需携带燃料了。但事实告诉我们,这种机器虽然并不违反能量守恒定律,但实际上却永远造不出来。为了区别于第一类永动机,称之为第二类永动机。

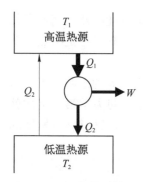

图 2-2 热力学第二定律
两种说法等价性
的说明

不留下其他变化。今设一热机由高温热源吸热 Q_1,部分用于做功(W),并有 Q_2 的热量传给低温热源。经过这一循环,唯一的后果是系统由单一热源吸收的热(Q_1-Q_2)全部转化为功而不留下其他变化,这就违背了开尔文说法。同样,若开尔文说法不成立,则克劳修斯说法也不成立。这表明上述几种不可逆过程存在着内在联系。

不可逆过程不仅不可能步步按原途径回到初始状态而不留下痕迹,而且无论用任何间接的曲折的办法,也不能使系统和环境都回复到初始状态。这就是说,自发过程的不可逆性并不取决于过程进行的方式,而决定于系统的始、终态。由此可见,在不可逆过程中,存在一个具有普遍意义的"共同物理量",它只与系统的始态和终态有关而与过程无关,是一个状态函数。它的存在和变化决定着过程进行的方向和限度。克劳修斯认为热力学不可逆过程的特征是热、功转化的方向。因此,这个状态函数应从热、功转化中去寻找,这样就重新考虑了卡诺的工作。

§2-3演示文稿

卡诺定理

S2-2

卡诺循环
$p-V$ 图

§2-3　卡　诺　定　理

一、卡诺定理

1824 年,卡诺(N. Carnot)研究发现:即使热机在最理想的情况下,也不能把从高温热源吸收的热全部转化为功,即热机效率存在着极限。

卡诺设想了一部理想热机(又称为可逆热机),工质在两个热源之间工作,依次经过"等温可逆膨胀—绝热可逆膨胀—等温可逆压缩—绝热可逆压缩"四步可逆过程构成一个循环,以理想气体工质为例,推导出可逆热机效率(η_r)与高温热源(T_1)及低温热源(T_2)温度间的关系,即

$$\eta_r = \frac{-W}{Q_1} = \frac{T_1 - T_2}{T_1} \tag{2-1a}$$

可见,卡诺热机的效率 η_r 只与热机的两个热源温度有关,与工作物质的本性无关;且温差越大,η_r 越大,热量利用越完全。

由式(2-1a)可知,若 $T_1 = T_2$,即为同一热源,η 必为零。表明:在等温循环过程中,不可能将热转化为功,再次印证"热机必须在不同温度的两个热源之间工作"! 此外还可推知,除非 $T_2 = 0$ K("绝对零度不能到达"原理),否则 η 恒小于 1,即热机效率无法达到 100%。

卡诺循环是可逆循环,因可逆过程系统对环境做最大功,故卡诺热机的效率最大。据此推出卡诺定理:在给定的两个热源 T_1、T_2 间工作的任何可逆热机的效率都相等;任何不可逆热机的效率都小于可逆热机。

用公式表示为

$$\eta \leqslant \eta_r \qquad \begin{matrix} \text{不可逆热机} \\ \text{可逆热机} \end{matrix}$$

即
$$\eta = \frac{-W}{Q_1} = \frac{Q_1 + Q_2}{Q_1} \leqslant \frac{T_1 - T_2}{T_1} \quad \begin{array}{l} \text{不可逆热机} \\ \text{可逆热机} \end{array} \tag{2-1b}$$

式中,Q_1 为工作物质从温度为 T_1 的高温热源吸收的热量,Q_2 为工作物质从温度为 T_2 的低温热源吸收的热量($Q_2 < 0$,即向低温热源放热 $|Q_2|$),$-W$ 为工作物质所做的功。

【例 2-1】 用一热泵为某建筑物供热,室内温度为 25 ℃,室外温度为 8 ℃,热泵在此温度间操作,问每传递 $1 \mathrm{kW \cdot h}$ 的热,理论上要耗费多少功?

解:
$$\eta_r = \frac{-W}{Q_1} = \frac{T_1 - T_2}{T_1}$$
$$-W = Q_1 \frac{T_1 - T_2}{T_1} = \frac{1 \mathrm{~kW \cdot h}(298 - 281)\mathrm{K}}{298 \mathrm{~K}}$$
$$= 0.0571 \mathrm{~kW \cdot h} = 205.6 \mathrm{~kJ}$$

二、循环过程的规律

卡诺定理虽然讨论的是可逆热机与不可逆热机的效率问题,但从另一角度考虑可以得到新的启示:如果将工作物质作为研究的对象(系统),则式(2-1b)可看作是系统与两个不同温度热源相接触、经历一循环过程所遵循的规律。将式(2-1b)改写为

$$1 + \frac{Q_2}{Q_1} \leqslant 1 - \frac{T_2}{T_1}$$

移项得

$$\frac{Q_1}{T_1} + \frac{Q_2}{T_2} \leqslant 0 \quad \begin{array}{l} \text{不可逆循环过程} \\ \text{可逆循环过程} \end{array} \tag{2-2}$$

式中比值 Q/T 称为热温商。下面首先讨论可逆循环过程。式(2-2)表示,系统经历可逆循环过程后,其热温商的代数和等于零。如果卡诺循环中每一步变化都无限小,工作物质吸收或放出的热为无限小量时,由式(2-2)可写出:

$$\frac{\delta Q_1}{T_1} + \frac{\delta Q_2}{T_2} = 0 \tag{2-3}$$

这是从涉及两个热源的可逆循环过程得到的结论。对任意可逆循环过程可能涉及多个热源,各个热源的热温商之和是否有 $\sum \delta Q_i / T_i = 0$ 的关系?以图 2-3(a)中的 AB 曲线代表一任意可逆过程,此过程可用一系列微小的等温过程和绝热过程来代替。同样,对于任意可逆循环 ABA 可划分成如图 2-3(b)的一系列小卡诺循环。因每两个小卡诺循环之间的绝热线[如图 2-3(b)中的虚线],既表示一个小卡诺循环的绝热压缩过程,又表示相邻的另一个小卡诺循环的绝热膨胀过程,两者正好抵消。因此,这些小卡诺循环的总和形成沿曲线圈(ABA)的封闭折线。这种等温过程及绝热过程愈小,此封闭曲折线愈接近于 ABA 线。当无限小时,封闭曲折线就与 ABA 曲线重合。这就是说此可逆循环可看成是无限多微小的卡诺循环之总和,如图 2-3(b)所示。对每一个无限小卡诺循环,式(2-3)都是成立的,因此

$$\frac{\delta Q_1}{T_1} + \frac{\delta Q_2}{T_2} = 0$$

$$\frac{\delta Q_3}{T_3} + \frac{\delta Q_4}{T_4} = 0$$

$$\vdots$$

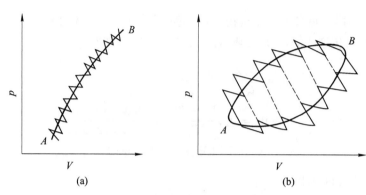

图 2-3　任意可逆过程

(a) 任意可逆过程；(b) 任意可逆循环过程

将上式相加,得

$$\sum \frac{\delta Q_i}{T_i} = \frac{\delta Q_1}{T_1} + \frac{\delta Q_2}{T_2} + \frac{\delta Q_3}{T_3} + \frac{\delta Q_4}{T_4} + \cdots = 0$$

在极限情况下,上式可写为

$$\oint \frac{\delta Q_r}{T} = 0 \qquad\qquad (2-4)$$

式中,$\oint$ 表示沿闭合曲线的积分,r 表示可逆过程,T 表示热源(环境)的温度。对于可逆过程来说,因为工作物质和热源总保持着热平衡,所以热源和工作物质本身的温度是一致的。此式是可逆循环过程的规律。

对任意不可逆循环过程,可用与处理可逆循环类似的方法将其分为许多个小循环,求得

$$\oint \frac{\delta Q_{ir}}{T} < 0 \qquad (ir \text{ 表示不可逆循环过程}) \qquad (2-5)$$

将式(2-4)、式(2-5)合并得

$$\oint \frac{\delta Q}{T} \leqslant 0 \qquad \begin{array}{l} \text{不可逆循环过程} \\ \text{可逆循环过程} \end{array} \qquad (2-6)$$

式(2-6)称为克劳修斯不等式。它表明热温商沿任一可逆循环的封闭积分恒等于零,沿任一不可逆循环过程的封闭积分恒小于零。

§2-4 熵与热力学第二定律的数学表达式

一、熵的定义——可逆过程的热温商

前面提到的是循环过程的规律,但经常遇到的并非循环过程,能否应用循环过程的规律来研究非循环过程的规律呢?下面来讨论这一问题。可以设想,系统由状态 A 变化到状态 B,可以经由许多不同的可逆或不可逆途径来实现,如图 2-4(a)所示。假定途径(1)和(2)是任意两条不同的可逆途径,为了应用已得到的循环过程的规律,我们让系统由状态 A 出发,沿可逆途径(1)变到状态 B,再由状态 B 沿可逆途径(2)回到状态 A,如图 2-4(b)所示,构成一个可逆循环过程。根据式(2-4),

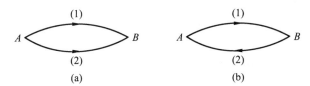

图 2-4 可逆循环示意图

$$\oint \frac{\delta Q_r}{T} = \int_A^B \left(\frac{\delta Q_r}{T}\right)_{(1)} + \int_B^A \left(\frac{\delta Q_r}{T}\right)_{(2)} = 0$$

因为是可逆过程,可以步步回复,按原途径(2)逆向进行时,每步都有 $\delta Q_r(A \to B) = -\delta Q_r(B \to A)$,故

$$\int_B^A \left(\frac{\delta Q_r}{T}\right)_{(2)} = -\int_A^B \left(\frac{\delta Q_r}{T}\right)_{(2)}$$

将此关系代入前式,得

$$\int_A^B \left(\frac{\delta Q_r}{T}\right)_{(1)} = \int_A^B \left(\frac{\delta Q_r}{T}\right)_{(2)} \tag{2-7}$$

式(2-7)表明,沿任一可逆途径热温商的线积分相等,换言之,即积分 $\int_A^B \left(\frac{\delta Q_r}{T}\right)$ 之值只由过程的始态 A 和终态 B 所决定,而与变化的途径无关。所以这个积分值必定反映了某个状态函数的变化,克劳修斯称这个状态函数为 Entropy(即希腊文"ετροπη",意为"变化"),中文名称则为熵,是从 Q/T(热和温度,都与火有关)比值来的。熵用符号 S 表示,于是得

$$dS \stackrel{\text{def}}{=\!=} \frac{\delta Q_r}{T} \tag{2-8a}$$

或

$$\Delta S = S_B - S_A = \int_A^B \frac{\delta Q_r}{T} \tag{2-8b}$$

式(2-8)是熵的定义式。从其定义可了解到以下几点:

（1）熵是系统的状态函数，其变化只与始态和终态有关，而与途径无关。熵的微量变化可用全微分 dS 表示。

（2）δQ_r 是与物量成正比的，因此熵是广度性质。

（3）对于任意过程的熵变，可设想一个始、终态相同的可逆变化过程，用 $\int_A^B \dfrac{\delta Q_r}{T}$ 来计算。

二、克劳修斯不等式——不可逆过程的热温商与熵变的关系

式（2-6）导出了任意循环（可逆的与不可逆的）过程变化规律，式（2-8）导出了可逆过程变化规律。那么，对于任意不可逆过程，热温商与系统熵变之间应遵从什么规律呢？为了利用循环过程的规律研究不可逆过程，下面借助一个可逆过程与所研究的不可逆过程组成一个不可逆循环来探讨。

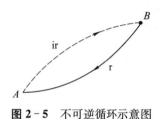

图 2-5　不可逆循环示意图

如图 2-5 所示，设系统由始态 A 经过一不可逆过程变化到终态 B，再由 B 经某一可逆过程变回到状态 A，构成一个不可逆循环过程。由式（2-6）可得

$$\int_A^B \frac{\delta Q_{ir}}{T} + \int_B^A \frac{\delta Q_r}{T} < 0$$

即

$$\int_A^B \frac{\delta Q_{ir}}{T} < -\int_B^A \frac{\delta Q_r}{T} = \int_A^B \frac{\delta Q_r}{T}$$

亦即

$$\Delta S = (S_B - S_A) > \int_A^B \frac{\delta Q_{ir}}{T} \tag{2-9a}$$

或

$$dS > \int_A^B \frac{\delta Q_{ir}}{T} \tag{2-9b}$$

式（2-9）表明不可逆过程的热温商的线积分小于系统的熵变。结合式（2-8）得

$$dS \geqslant \frac{\delta Q}{T} \quad \begin{cases} >\text{不可逆过程} \\ =\text{可逆过程} \end{cases} \tag{2-10}$$

式（2-10）称为克劳修斯不等式，是热力学第二定律的数学表达式。它表明封闭系经历可逆过程，其熵变等于热温商的线积分；经历不可逆过程，其熵变大于实际热温商的线积分。

三、熵增加原理与熵判据

将式（2-10）用于封闭系统绝热过程，则由于 $\delta Q = 0$，

故有[1]

$$dS_{ad} \geqslant 0 \quad \begin{cases} >\text{不可逆过程} \end{cases} \tag{2-11a}$$

或

$$\Delta S_{ad} \geqslant 0 \quad \begin{cases} =\text{可逆过程} \end{cases} \tag{2-11b}$$

式（2-11）表明：当系统经过绝热过程由始态到达终态，它的熵值不会减少；在绝热可逆过程中熵值不变，在绝热不可逆过程中熵值增加，这就是熵增加原理。

对于隔离系统，发生的任何过程都是绝热的，且 $W = 0$。因此，将式（2-10）用于隔离

---

① 下标的含义为：ad——绝热过程；is——隔离系统；sy——封闭系统；su——环境；pra——实际过程。

系统则有

$$dS_{is} \geqslant 0 \qquad \begin{cases} >自发过程 \end{cases} \qquad (2-12a)$$

或 $$\Delta S_{is} \geqslant 0 \qquad \begin{cases} =平衡状态 \end{cases} \qquad (2-12b)$$

式(2-12)表明:隔离系统内实际发生的任何过程都是不可逆的,都是自发的、熵增加的过程。当系统的熵增加至最大时,达到平衡状态。此式称为熵判据。式(2-12)也可表述为隔离系统熵永不减小,在可逆过程中熵不变,在不可逆过程中熵增大。

通常把封闭系统与它的环境作为一个大的隔离系统考虑,因熵为广度量,有加和性,可有

$$dS_{is} = (dS_{sy} + dS_{su}) \geqslant 0 \qquad (2-13a)$$

或 $$\Delta S_{is} = (\Delta S_{sy} + \Delta S_{su}) \geqslant 0 \qquad (2-13b)$$

S2-3
隔离系统
示意图

式(2-13)为熵判据在封闭系统中应用的形式。只要求得系统的熵变与环境的熵变,就能求得隔离系统的熵变 ΔS_{is},然后用以判断所进行的过程是否自发。但需注意,$dS_{is} > 0$ 时隔离系统发生过程的自发性并不代表封闭系统发生了自发变化。

系统的熵变 ΔS_{sy} 可由式(2-8)出发计算,下节详细讨论。对于环境来说,一般认为环境很大,有巨大的热容量,吸收或放出一定量的热都不会破坏其平衡状态,也不会改变环境温度,故温度 T_{ex} 恒定。若实际进行过程中(不论可逆与否),系统吸热为 Q_{pra},则环境放热为 $-Q_{pra}$,环境熵变为

$$dS_{su} = -\frac{\delta Q_{pra}}{T_{ex}} \qquad (2-14a)$$

或 $$\Delta S_{su} = -\frac{Q_{pra}}{T_{ex}} \qquad (2-14b)$$

即环境的熵变等于环境的热效应与环境热力学温度之比。

§2-5 系统熵变的计算

§2-5 演示文稿
系统熵变的
计算

熵是重要的状态函数,熵变可以用来确定隔离系统中过程的自发方向及限度,所以熵变的计算很重要。根据熵变的定义,对可逆过程:

$$\Delta S = \int_A^B \frac{\delta Q_r}{T} \qquad (2-15)$$

如果过程是不可逆的,就要拟定一个可逆过程,使其始、终态与不可逆过程始、终态一样,则所计算出的可逆过程的熵变就等于与其始、终态相同的实际不可逆过程中的熵变。今将简单状态变化与相变化过程的熵变计算分述如下:

一、简单状态变化过程的熵变

简单状态变化是指没有相变化和化学变化,同时也没有非体积功的过程。

1. 等温过程($T_1 = T_2$)

无论过程是否可逆,都按等温可逆途径计算。若为理想气体的等温过程,则因 $\Delta U =$

$0, Q = -W$，所以

$$dS = \frac{\delta Q_r}{T} = -\frac{\delta W_r}{T} = \frac{p\,dV}{T}$$

积分得
$$\Delta S = nR\ln\frac{V_2}{V_1} = nR\ln\frac{p_1}{p_2} \qquad (2-16)$$

【例 2-2】 10.0 mol 理想气体，由 25 ℃、1.00 dm³ 膨胀到 25 ℃、2.00 dm³，试计算 ΔS_{sy}、ΔS_{su} 及 ΔS_{is}，设为 (1) 可逆过程；(2) 向真空膨胀。

解：(1) 等温可逆过程。

$$\Delta S_{sy} = \frac{Q_r}{T} = nR\ln\frac{V_2}{V_1}$$

$$= 10.0\,\text{mol} \times 8.314\,5\,\text{J} \cdot \text{mol}^{-1} \cdot \text{K}^{-1} \times \ln\frac{2.00\,\text{dm}^3}{1.00\,\text{dm}^3}$$

$$= 57.6\,\text{J} \cdot \text{K}^{-1}$$

$$\Delta S_{su} = \frac{-Q_{pra}}{T} = -nR\ln\frac{V_2}{V_1} = -57.6\,\text{J} \cdot \text{K}^{-1}$$

$$\Delta S_{is} = \Delta S_{sy} + \Delta S_{su} = 0$$

(2) 等温向真空膨胀。

因理想气体自由膨胀：$W = 0$，$\Delta U = 0$，$Q_{pra} = 0$，为等温变化过程。而熵为状态函数，其变化值只与始、终态有关而与途径无关，因此系统有与上述可逆过程相同的 ΔS。即

$$\Delta S_{sy} = nR\ln\frac{V_2}{V_1} = 57.6\,\text{J} \cdot \text{K}^{-1}$$

但此时
$$\Delta S_{su} = \frac{-Q_{pra}}{T} = 0$$

$$\Delta S_{is} = \Delta S_{sy} + \Delta S_{su} = 57.6\,\text{J} \cdot \text{K}^{-1} > 0$$

2. 等压或等容变温过程

无论过程是否可逆，都可以按等压或等容可逆途径计算熵变化。

对于等压过程
$$\delta Q_p = nC_{p,m}dT$$

代入式(2-15)，有
$$\Delta S = \int_{T_1}^{T_2}\frac{C_p}{T}dT = n\int_{T_1}^{T_2}\frac{C_{p,m}dT}{T}$$

若在此温度范围 $C_{p,m}$ 可视为常数，则

$$\Delta S = C_p\ln\frac{T_2}{T_1} = nC_{p,m}\ln\frac{T_2}{T_1} \qquad (2-17)$$

同理，对于等容过程

$$\Delta S = \int_{T_1}^{T_2} \frac{C_V \mathrm{d}T}{T} = n \int_{T_1}^{T_2} \frac{C_{V,\mathrm{m}} \mathrm{d}T}{T}$$

若 $C_{V,\mathrm{m}}$ 视为常数,则
$$\Delta S = C_V \ln \frac{T_2}{T_1} = n C_{V,\mathrm{m}} \ln \frac{T_2}{T_1} \tag{2-18}$$

【例2-3】 1.0 mol 金属银在等容下由 273.2 K 加热到 303.2 K,求 ΔS。已知在该温度区间银的等容摩尔热容是 24.48 J·mol^{-1}·K^{-1}。

解:等容升温过程,利用式(2-18)有

$$\Delta S = n C_{V,\mathrm{m}} \ln \frac{T_2}{T_1} = 1.0\,\mathrm{mol} \times 24.48\,\mathrm{J \cdot mol^{-1} \cdot K^{-1}} \times \ln \frac{303.2\,\mathrm{K}}{273.2\,\mathrm{K}}$$

$$= 2.53\,\mathrm{J \cdot K^{-1}}$$

3. p、V、T 都改变的过程

设始态为 p_1、V_1、T_1,终态为 p_2、V_2、T_2。在这种情况下,由于几个变量均发生改变,所以不能用式(2-16)~式(2-18)计算 ΔS。因熵为状态函数,可在相同始终态之间设计一条易于计算的途径来完成上述变化。以理想气体的绝热变化过程为例,可假设一等压可逆过程与一等温可逆过程来完成这个变化:

可得

$$\Delta S = \Delta S_p + \Delta S_T = n C_{p,\mathrm{m}} \ln \frac{T_2}{T_1} + n R \ln \frac{p_1}{p_2} \tag{2-19a}$$

用上述类似的方法,读者可以设计另外途径,如先经等容可逆过程再经等温可逆过程,则

$$\Delta S = \Delta S_V + \Delta S_T = n C_{V,\mathrm{m}} \ln \frac{T_2}{T_1} + n R \ln \frac{V_2}{V_1} \tag{2-19b}$$

或先经等容可逆过程再经等压可逆过程,则

$$\Delta S = \Delta S_V + \Delta S_p = n C_{V,\mathrm{m}} \ln \frac{p_2}{p_1} + n C_{p,\mathrm{m}} \ln \frac{V_2}{V_1} \tag{2-19c}$$

这些式子表明:ΔS 只与始、终态有关,而与途径无关。

【例2-4】 12.0 g 氧气从 20 ℃冷却到 -40 ℃,同时压力从 1.00×10^5 Pa 变化到 6.00×10^6 Pa,如果氧气的摩尔等压热容是 29.36 J·mol^{-1}·K^{-1},求该变化过程的熵变(设在该条件下,氧气为理想气体)。

解:该过程中 p、V、T 均发生了变化。为了计算熵变,可将过程设计为经由以下两个可逆过程完成:

$$\boxed{\begin{array}{c} 12.0\,\text{g O}_2 \\ V_1,\ T_1=293\,\text{K},\ p_1=1.00\times10^5\,\text{Pa} \end{array}} \xrightarrow{\ \Delta S\ } \boxed{\begin{array}{c} 12.0\,\text{g O}_2 \\ V_2,\ T_2=233\,\text{K},\ p_2=6.00\times10^6\,\text{Pa} \end{array}}$$

$$\Big\downarrow \Delta S_p \qquad\qquad \boxed{\begin{array}{c} 12.0\,\text{g O}_2 \\ V,\ T_2=233\,\text{K},\ p_1=1.00\times10^5\,\text{Pa} \end{array}} \qquad \Big\uparrow \Delta S_T$$

$$\Delta S_p = \int_{293\,\text{K}}^{233\,\text{K}} \frac{nC_{p,\mathrm{m}}\mathrm{d}T}{T} = nC_{p,\mathrm{m}}\ln\frac{233\,\text{K}}{293\,\text{K}}$$

$$= \frac{12.0\,\text{g}}{32.0\,\text{g}\cdot\text{mol}^{-1}} \times 29.36\,\text{J}\cdot\text{mol}^{-1}\cdot\text{K}^{-1} \times \ln\frac{233\,\text{K}}{293\,\text{K}}$$

$$= -2.52\,\text{J}\cdot\text{K}^{-1}$$

$$\Delta S_T = nR\ln\frac{p_1}{p_2} = \frac{12.0\,\text{g}}{32.0\,\text{g}\cdot\text{mol}^{-1}} \times 8.3145\,\text{J}\cdot\text{mol}^{-1}\cdot\text{K}^{-1}$$

$$\times \ln\frac{1.00\times10^5\,\text{Pa}}{6.00\times10^6\,\text{Pa}} = -12.8\,\text{J}\cdot\text{K}^{-1}$$

$$\Delta S = \Delta S_p + \Delta S_T = -2.52\,\text{J}\cdot\text{K}^{-1} - 12.8\,\text{J}\cdot\text{K}^{-1} = -15.3\,\text{J}\cdot\text{K}^{-1}$$

【例 2-5】 将 $1.0\,\text{dm}^3$ 氢气与 $0.5\,\text{dm}^3$ 甲烷混合,求熵变。设混合前后温度都是 25 ℃,压力都是 $0.101\,\text{MPa}$。H_2 和 CH_4 都可视为理想气体,气体摩尔体积为 $24.4\,\text{dm}^3$。

解:因为是理想气体,混合后温度、压力均不变,体积为 $1.5\,\text{dm}^3$。

$$\Delta S_{H_2} = nR\ln\frac{V_2}{V_1} = \frac{1.0}{24.4}\,\text{mol} \times 8.3145\,\text{J}\cdot\text{mol}^{-1}\cdot\text{K}^{-1} \times \ln\frac{1.5\,\text{dm}^3}{1.0\,\text{dm}^3}$$

$$= 0.341 \times 0.406\,\text{J}\cdot\text{K}^{-1} = 0.14\,\text{J}\cdot\text{K}^{-1}$$

$$\Delta S_{CH_4} = nR\ln\frac{V_2}{V_1} = \frac{0.5}{24.4}\,\text{mol} \times 8.3145\,\text{J}\cdot\text{mol}^{-1}\cdot\text{K}^{-1} \times \ln\frac{1.5\,\text{dm}^3}{0.5\,\text{dm}^3}$$

$$= 0.17 \times 1.10\,\text{J}\cdot\text{K}^{-1} = 0.19\,\text{J}\cdot\text{K}^{-1}$$

$$\Delta S_{\mathrm{mix}} = \Delta S_{H_2} + \Delta S_{CH_4} = 0.14\,\text{J}\cdot\text{K}^{-1} + 0.19\,\text{J}\cdot\text{K}^{-1} = 0.33\,\text{J}\cdot\text{K}^{-1}$$

讨论:当每种气体单独存在时的压力都相等且又等于混合气体的总压力时,可以把上述混合过程一般化地写为

$$\Delta S_{\mathrm{mix}} = n_A R\ln\frac{V_A+V_B}{V_A} + n_B R\ln\frac{V_A+V_B}{V_B} = -n_A R\ln x_A - n_B R\ln x_B = -R\sum_B n_B\ln x_B$$

式中,x_B 为摩尔分数。由于 $x_B < 1$,所以 $\Delta S_{\mathrm{mix}} > 0$。

二、相变化过程的熵变

1. 等温等压下的可逆相变过程

在平衡温度和压力下进行的气化、熔化、晶型转变等相变过程都是可逆过程,所以系统在发生这些过程时的熵变均可以用下式来计算:

$$\Delta S = \frac{Q}{T} = \frac{\Delta H}{T} \tag{2-20}$$

式中, ΔH 为可逆相变焓。

【例2-6】 求10.0 mol冰在273 K及101 325 Pa状态下熔化过程的熵变, 以及隔离系统的总熵变。已知冰的熔点为273 K, 熔化焓为6 025 J·mol^{-1}。

解: 在熔点温度下的固液两相互变过程是可逆过程, 系统的熵变

$$\Delta S_{sy} = \frac{n\Delta_{fus}H_m}{T_{fus}} = \frac{10.0\ \text{mol} \times 6\ 025\ \text{J·mol}^{-1}}{273\ \text{K}} = 221\ \text{J·K}^{-1}$$

要判断这个过程是否可以进行, 还要把环境与系统组成一个隔离系统来考虑。所以还需计算环境的熵变

$$\Delta S_{su} = \frac{-Q_r}{T} = \frac{-10.0\ \text{mol} \times 6\ 025\ \text{J·mol}^{-1}}{273\ \text{K}} = -221\ \text{J·K}^{-1}$$

$$\Delta S_{is} = \Delta S_{sy} + \Delta S_{su} = 221\ \text{J·K}^{-1} + (-221\ \text{J·K}^{-1}) = 0$$

2. 不可逆相变过程

此类过程的熵变, 仍根据熵是状态函数的特点, 设计一条可逆途径来计算。设计可逆途径时, 关键在于使相变步骤在某一平衡温度、平衡压力下进行。

【例2-7】 求1.00 mol过冷水在101 325 Pa及-10 ℃时凝固过程的 ΔS。已知冰的质量熔化焓为334.7 J·g^{-1}, 水和冰的质量热容分别为 $C_p(\text{H}_2\text{O}, \text{l}) = 4.184$ J·g^{-1}·K^{-1}, $C_p(\text{H}_2\text{O}, \text{s}) = 2.092$ J·g^{-1}·K^{-1}。

解: 常压下, $\qquad$ H$_2$O(l, 263 K) $\rightarrow$ H$_2$O(s, 263 K)

过冷的水是在非两相平衡条件下凝固, 是一个不可逆相变过程。要计算其 ΔS, 可在同样始终态间设计包含水的可逆凝固过程在内的可逆途径来进行。

$$
\begin{array}{ccc}
\text{H}_2\text{O(l, 263 K)} & \xrightarrow[\text{不可逆过程}]{\Delta S} & \text{H}_2\text{O(s, 263 K)} \\
\Delta S_1 \Big\downarrow \begin{smallmatrix}\text{可逆升温}\\(1)\end{smallmatrix} & & \Big\uparrow \Delta S_3 \begin{smallmatrix}\text{可逆降温}\\(3)\end{smallmatrix} \\
\text{H}_2\text{O(l, 273 K)} & \xrightarrow[\Delta S_2]{\text{可逆相变}(2)} & \text{H}_2\text{O(s, 273 K)}
\end{array}
$$

$$\Delta S_1 = \int_{T_1}^{T_2} nC_{p,m}(\text{H}_2\text{O}, \text{l})\frac{\text{d}T}{T} = nC_{p,m}(\text{H}_2\text{O}, \text{l})\ln\frac{T_2}{T_1}$$

$$= 1.00\ \text{mol} \times 18.0\ \text{g·mol}^{-1} \times 4.184\ \text{J·K}^{-1}\text{·g}^{-1} \times \ln\frac{273\ \text{K}}{263\ \text{K}}$$

$$= 2.81\ \text{J·K}^{-1}$$

$$\Delta S_2 = \frac{-n\Delta_{fus}H_m}{T} = -\frac{1.00\ \text{mol} \times 18.0\ \text{g·mol}^{-1} \times 334.7\ \text{J·g}^{-1}}{273\ \text{K}} = -22.1\ \text{J·K}^{-1}$$

$$\Delta S_3 = \int_{273\,K}^{263\,K} nC_{p,\,m}(H_2O,\ s)\frac{dT}{T} = 1.00\ mol \times 18.0\ g \times 2.092\ J \cdot K^{-1} \cdot g^{-1} \times \ln\frac{263\ K}{273\ K}$$

$$= -1.41\ J \cdot K^{-1}$$

则　　　　$\Delta S = \Delta S_1 + \Delta S_2 + \Delta S_3 = (2.81 - 22.1 - 1.41)\ J \cdot K^{-1} = -20.7\ J \cdot K^{-1}$

实际上,过冷的水结冰是自发过程。本题计算的结果,ΔS 小于零,这是因为只考虑了系统的熵变,而未考虑环境的熵变。

如果要判断过程的自发性,还应计算隔离系统的熵变。环境的熵变计算如下:

过程(1)系统吸热

$$\Delta H_1 = \int_{T_1}^{T_2} nC_{p,\,m}(H_2O,\ l)dT = 1.00\ mol \times 18.0\ g \cdot mol^{-1}$$

$$\times 4.184\ J \cdot g^{-1} \cdot K^{-1} \times (273\ K - 263\ K) = 753\ J$$

过程(2)系统放热

$$\Delta H_2 = -n\Delta_{fus}H_m$$

$$= 1.00\ mol \times 18.0\ g \cdot mol^{-1} \times (-334.7\ J \cdot g^{-1}) = -6.03\ kJ$$

过程(3)系统放热

$$\Delta H_3 = \int_{T_1}^{T_2} nC_{p,\,m}(H_2O,\ s)dT = 1.00\ mol \times 18.0\ g \cdot mol^{-1}$$

$$\times 2.092\ J \cdot g^{-1} \cdot K^{-1} \times (263\ K - 273\ K) = -377\ J$$

$$\Delta H_1 + \Delta H_2 + \Delta H_3 = 753\ J - 6.03 \times 10^3\ J - 377\ J = -5.65 \times 10^3\ J$$

上述各过程都是在等压下(101 325 Pa)进行的,所以 $Q_p = \Delta H$,即过冷水结冰过程中放出 5.65 kJ 的热,也就是环境在此过程中吸收了 5.65 kJ 的热。

$$\Delta S_{su} = \frac{5.65 \times 10^3\ J}{263\ K} = 21.5\ J \cdot K^{-1}$$

则有　　　　$\Delta S_{is} = \Delta S_{sy} + \Delta S_{su} = -20.7 + 21.5 = 0.8\ J \cdot K^{-1} > 0$

结论:过冷的水凝固成冰是自发过程,说明 $-10\ ℃$ 时液态水不稳定,而固态冰稳定。

主题2-2导学

热力学第三
定律

主题二　热力学第三定律

§2-6　热力学第三定律与规定熵

§2-6演示文稿

热力学第三定
律与规定熵

与热力学函数 U、H 一样,熵 S 的绝对值也是不知道的。热力学第二定律只告诉我们如何测量熵的改变值 $\left(\Delta S = \int_A^B \frac{\delta Q_r}{T}\right)$,而不能提供熵的绝对值。但对于化学变化过程,要通过可逆化学反应的热温商 $\left(\int_A^B \dfrac{\delta Q_r}{T}\right)$ 测量来计算反应的熵变是无法进行的。因为一定条件下,化学变化通常是不可逆的(可逆电池反应例外)。为了解决化学变化过程的熵变 ΔS 计算问题,人们人为地规定一些参考点作为零点,来计算熵的相对值,这些相对值就称为规定熵。

规定熵的零点在哪里呢? 这就是热力学第三定律所要解决的问题。它是在非常低的温度下研究凝聚系统化学反应的熵变所推出来的结果。

一、能斯特热定理

S2-4

绝对零度不能
达到原理

20 世纪初,人们从低温下化学反应的热力学性质中发现,等温化学反应的熵变随着温度的降低而减小。

1906 年,能斯特(H. W. Nernst)系统地研究了低温下凝聚系统的化学反应,提出一个假定:当温度趋于 0 K 时,在等温过程中凝聚态反应系统的熵不变。用公式表示为

$$\lim_{T \to 0\,K} \Delta_r S(T) = 0 \tag{2-21}$$

二、热力学第三定律

根据能斯特热定理,对于化学变化 $\qquad a\mathrm{A} + b\mathrm{B} \Longrightarrow y\mathrm{Y} + z\mathrm{Z}$

在 0 K 时其纯物质凝聚态反应物的总熵与纯物质凝聚态产物的总熵相等。

即 $\qquad a S_m^*(\mathrm{A},\ 0\ \mathrm{K}) + b S_m^*(\mathrm{B},\ 0\ \mathrm{K}) = y S_m^*(\mathrm{Y},\ 0\ \mathrm{K}) + z S_m^*(\mathrm{Z},\ 0\ \mathrm{K})$

因此,可以设想,若选定 0 K 时各凝聚态纯物质的摩尔熵值为零,可满足能斯特热定理。

1912 年,普朗克(M. Planck)把热定理推进了一步,假定"0 K 时纯凝聚态的熵值等于零",

即 $\qquad \lim_{T \to 0\,K} S_m^* = 0$

此后,又经其他学者补充修正,指出上式的假定仅适用于完美晶体。所谓完美晶体,即晶体中的原子或分子只有一种有序排列形式。如 NO 本来是气体,当不断降温时,NO 则由气体凝成液体,继而又凝成固体。它有两种取向,即 NONONONO… 和 NOONNOON…,如为前一种整齐排列,则为完美晶体,或称理想晶体。

至此,热力学第三定律可以表述为"0 K 时,纯物质完美晶体的熵值等于零"。用数学式表示为

$$\lim_{T \to 0\,K} S_m^*(完美晶体) = 0 \tag{2-22a}$$

或 $\qquad S_m^*(完美晶体,0\ \mathrm{K}) = 0 \tag{2-22b}$

三、规定熵与标准熵

根据熵变的定义式

$$\mathrm{d}S = \frac{\delta Q_r}{T}$$

从 0 K 到 T 积分上式 $\qquad \displaystyle\int_{S_{0\,K}}^{S_T} \mathrm{d}S = \int_{0\,K}^{T} \frac{\delta Q_r}{T}$

有 $\qquad S_T - S_{0\,K} = \displaystyle\int_{0\,K}^{T} \frac{\delta Q_r}{T}$

式中，S_T 及 S_{0K} 分别表示纯物质在温度 T 和绝对零度时的熵值。

根据热力学第三定律，可求出任何纯物质在温度 T 时的熵值：

$$\Delta S = S_T - S_{0K}$$
$$= S_T = \int_{0K}^{T} \frac{\delta Q_r}{T} = \int_{0K}^{T} \frac{C_p}{T} dT \qquad (2-23)$$

此式说明，如果将 $1\,mol$ 某物质的完美晶体从 $0\,K$ 等压升温到 T，其熵变就是该物质在 T 温度下的摩尔熵值。只要知道物质的等压热容 $C_{p,m}$ 与温度的关系及其相变焓，就可求得物质的熵值。这样求出来的熵值，称为该物质的规定熵。

为了便于计算，把 $298\,K$、$100\,kPa$、$1\,mol$ 物质的熵称为该物质在 $298\,K$ 的标准摩尔熵，以符号 $S_m^{\ominus}(298\,K)$ 表示。标准摩尔熵的单位是 $J \cdot mol^{-1} \cdot K^{-1}$。一些物质的标准摩尔熵 $S_m^{\ominus}(298\,K)$ 列于附录中，是计算化学平衡的重要基础数据。

由式（2-23）知

$$S_T = \int_{0K}^{T} \frac{C_p}{T} dT = \int_{0K}^{T} C_p d\ln(T/K)$$

可通过实验测定在不同温度的 $C_{p,m}$ 数据及相变焓求得标准熵。但在极低温度 $15\,K$ 以下，热容测定困难，这时可根据德拜（Debye）近似理论计算出在 $0 \sim 15\,K$ 的 $C_{p,m}$，然后用图解积分法求其熵值。测定各温度时的 C_p，以 C_p 为纵坐标，$\ln(T/K)$ 或 $\lg(T/K)$ 为横坐标，或者以 $\dfrac{C_p}{T}$ 为纵坐标，T 为横坐标，进行图解积分，如图 2-6，对应某温度时曲线下方的面积，就是某物质在该温度时的标准摩尔（规定）熵值。

量热熵值的
测量

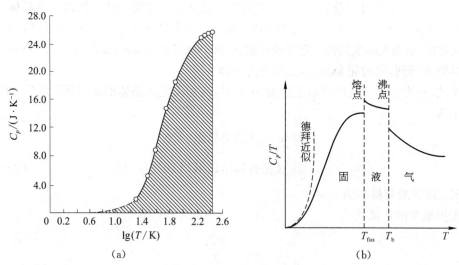

图 2-6　图解积分法求熵

应当注意，如果在指定温度区间内有相变时，则必须计算相变过程的熵变。例如，在 $100\,kPa$ 和 $25\,℃$ 下，某物质是气体，它的标准摩尔熵可通过下列步骤获得。

（1）从绝对零度到固体的熔点 T_{fus}，是升温过程，其熵变常常需要拆成两项来计算

$$\Delta S_1 = \int_{0\,K}^{T'} \alpha T^2 dT + \int_{T'}^{T_{fus}} C_{p,\,m}(s)\, d\ln(T/K)$$

式中,第一项为在低温范围 0 K～某温度 T' 区间的熵值,此时 $C_{p,\,m}$ 数据可用 Debye 公式来计算:$C_{p,\,m} \approx C_{V,\,m} = \alpha T^3$,$\alpha$ 为物质的特性常数。

(2) 在熔点时,固体熔化为液体,这是相变过程。设 $\Delta_{fus}H$ 为熔化焓,则此熔化过程的熵变

$$\Delta S_2 = \frac{\Delta_{fus}H_m}{T_{fus}}$$

(3) 从液体的凝固点(即熔点)到液体的沸点 T_b,是升温过程,其熵变

$$\Delta S_3 = \int_{T_{fus}}^{T_b} C_{p,\,m}(l)\, d\ln(T/K)$$

(4) 在沸点 T_b 下,液体气化为气体,是相变过程。气化焓为 $\Delta_{vap}H_m$,则此气化过程的熵变

$$\Delta S_4 = \frac{\Delta_{vap}H_m}{T_b}$$

(5) 气体从沸点升温至 298 K,其熵变

$$\Delta S_5 = \int_{T_b}^{298\,K} C_{p,\,m}(g)\, d\ln(T/K)$$

气体的标准摩尔熵就是上面五个熵变的加和,即

$$S_m^{\ominus}(g,\,298\,K) = \int_{0\,K}^{T_{fus}} C_{p,\,m}(s)\, d\ln(T/K) + \frac{\Delta_{fus}H_m}{T_{fus}} + \int_{T_{fus}}^{T_b} C_{p,\,m}(l)\, d\ln(T/K)$$

$$+ \frac{\Delta_{vap}H_m}{T_b} + \int_{T_b}^{298\,K} C_{p,\,m}(g)\, d\ln(T/K) \tag{2-24}$$

此外,也可由 $S-T$ 这一类型的图来求某些物质的熵值。图 2-7 是水在不同温度时的标准摩尔熵值,曲线的垂直线段相当于各种相变时相变焓所引起的熵变。

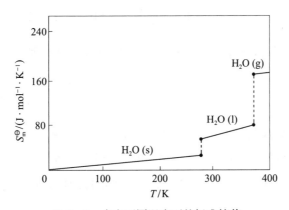

图 2-7　水在不同温度下的标准熵值

一些物质处于标准压力 $p^{\ominus}$ 和 298 K 时的摩尔熵值有表可查,部分列于附录中。$\Delta_{fus}H_m$ 及 T_{fus} 也可由热力学数据查得。表 2-2 列出一些物质的数据。

表 2-2　一些物质的 $S_m^{\ominus}(298\,K)$、$\Delta_{fus}H_m$、T_{fus} 及 $\Delta_{fus}S_m$ 值

物　　质	$S_m^{\ominus}(298\,K)$ $(J \cdot mol^{-1} \cdot K^{-1})$	$\Delta_{fus}H_m$ $(J \cdot mol^{-1})$	$T_{fus}(K)$	$\Delta_{fus}S_m$ $(= \Delta_{fus}H_m/T_{fus})(J \cdot mol^{-1} \cdot K^{-1})$
Al	28.32	10.46	932	11.22
Au	47.36	12.76	1 336	9.55
Cu	33.35	12.97	1 356	9.56
Fe	27.15	13.81	1 808	7.64
Pb	64.85	4.81	600	8.02
C(石墨)	5.694			
C(金刚石)	2.440			
O_2	205.02			

理查德(Richard)指出,金属的摩尔熔化熵

$$\frac{\Delta_{fus}H_m}{T_{fus}} = \Delta_{fus}S_m \approx 8 \sim 17\,J \cdot mol^{-1} \cdot K^{-1}$$

称为理查德规则。

同样,一些金属的蒸发焓 $\Delta_{vap}H_m$ 与沸点 T_b 的关系服从下式:

$$\frac{\Delta_{vap}H_m}{T_b} = \Delta_{vap}S_m \approx 88\,J \cdot mol^{-1} \cdot K^{-1}$$

称为特鲁顿(Trouton)规则。

可见,各种固体金属的熔化熵大致相等,各种液体金属的蒸发熵也相近。已知物质的沸点可利用特鲁顿规则估算其蒸发焓 $\Delta_{vap}H_m$。

四、化学反应的熵变计算

有了物质的标准摩尔熵和 $C_{p,m}$ 值,可根据热力学第三定律计算物质任一状态的熵值,从而可用来计算化学反应的标准摩尔熵变。如对于化学反应 $a\text{A} + b\text{B} = y\text{Y} + z\text{Z}$,若反应是在 298.15 K 和 $p^{\ominus}$ 压力下进行,则

$$\Delta_r S_m^{\ominus}(298.15\,K) = \sum_B \nu_B S_m^{\ominus}(B,\ 298.15\,K) \tag{2-25a}$$

如果在压力为 $p^{\ominus}$ 时,要计算任意温度下化学反应的熵变,则

$$\Delta_r S_m^{\ominus}(T) = \Delta_r S_m^{\ominus}(298.15\,K) + \int_{298.15\,K}^{T} \frac{\sum \nu_B C_{p,m}(B)\mathrm{d}T}{T} \tag{2-25b}$$

【例 2-8】　已知水蒸气的 $S_m^{\ominus}(298\,K) = 188.74\,J \cdot mol^{-1} \cdot K^{-1}$,$C_{p,m} = [30.00 + 10.71 \times 10^{-3}\,T/K + 0.33 \times 10^5\,(T/K)^{-2}]\,J \cdot mol^{-1} \cdot K^{-1}$,求水蒸气 120 ℃的标准摩尔熵。

解:　　$H_2O[g, 1.00\,mol, 100\,kPa, T_1 = 298\,K, S_1 = S_m^{\ominus}(298\,K)]$

$\xrightarrow{\Delta S} H_2O[g, 1.00\,mol, 100\,kPa, T_2 = 393\,K, S_2 = S_m^{\ominus}(393\,K)]$

$$\Delta S = S_2 - S_1 = \int_{T_1}^{T_2} \frac{C_{p,\,m}}{T} dT$$

故

$$S_m^{\ominus}(393\,K) = S_m^{\ominus}(298\,K) + \int_{298\,K}^{393\,K} \frac{C_{p,\,m}}{T} dT$$

$$= \left\{ 188.74 + \int_{298\,K}^{393\,K} [30.00 + 10.71 \times 10^{-3}\,T/K + 0.33 \right.$$

$$\left. \times 10^5 (T/K)^{-2}] \frac{dT}{T} \right\} J \cdot mol^{-1} \cdot K^{-1}$$

$$= 198.13\,J \cdot mol^{-1} \cdot K^{-1}$$

【例 2-9】 求反应 $2C(石墨) + O_2(g) = 2CO(g)$ 在 25 ℃时的 $\Delta_r S_m^{\ominus}(298\,K)$。

解:从附录中查得有关物质的标准摩尔熵值,则

$$\Delta_r S_m^{\ominus}(298\,K) = \sum_B \nu_B S_m^{\ominus}(B,\,298\,K)$$

$$= 2 \times S_m^{\ominus}(CO,\,298\,K) - S_m^{\ominus}(O_2,\,298\,K) - 2 \times S_m^{\ominus}(C,石墨,298\,K)$$

$$= (2 \times 197.90 - 205.02 - 2 \times 5.69)\,J \cdot mol^{-1} \cdot K^{-1}$$

$$= 179.40\,J \cdot mol^{-1} \cdot K^{-1}$$

§2-7 熵的统计意义

§2-7演示文稿
熵的统计意义

一、统计热力学基本原理

统计力学是统计物理学的一个分支,它用统计平均的方法研究大量微观粒子的力学行为,例如气体的温度和压力就是大量气体分子平动运动性质的统计平均值的宏观表现。将统计力学应用于研究热力学系统的宏观性质及其规律的学科,就称为统计热力学。

热力学根据人类实践经验归纳得到的三个定律给出了系统宏观性质的经验性描述,它不管物质的微观结构。热力学结论的正确性不受人们对物质结构认识深度的影响,但是,任何物质的宏观性质都是微观粒子运动的客观反映。从物质的微观结构出发来了解其宏观性质,正是统计热力学的任务。统计热力学的研究对象与热力学一样,都是大量分子的集合体,但是它们的研究方法不同。统计热力学是微观的理论,而热力学是宏观的理论。统计热力学根据微观粒子的运动规律,采用求统计平均值的方法,计算宏观系统的平衡性质,建立系统微观状态与其宏观性质之间的联系。

统计热力学是在麦克斯韦(Maxwell)和玻尔兹曼(Boltzmann)创立的气体分子运动论(1860—1900年)的基础上发展起来的。在实际计算和理论方面的主要发展是吉布斯的工作,他在1902年编著了《统计力学基本原理》一书。1900年普朗克(Planck)引入了能量量子化的概念;爱因斯坦(Einstein)在1902—1904年发表了多篇文章,使统计力学得到进一步的发展。当时,他们假设构成物质的分子运动遵守经典力学规律,只是假设谐振子的能量不连续,因此称为**经典统计**。1924年量子力学建立后,用量子力学规律叙述分子的性质而建立起**量子统计**,如 Bose-Einstein 统计和 Fermi-Dirac 统计,能解释某些经典统计不能解释的实验现象。量子统计法和经典统计法在统计原理上并无差别,但量子统计

计算相当复杂,在处理实际问题时经常引入一些近似条件,均可近似为经典的玻尔兹曼统计。

热力学系统是由大量($N \geqslant 6.02 \times 10^{23}$ 个) 的原子、分子等微观粒子构成的。这些微粒进行着不同的运动(包括分子的平动、转动、振动、电子与核的运动)和相互作用,使得系统处于不同能量形式的宏观状态。系统的宏观性质是大量分子微观性质的集合表现。

对于宏观性质(U、V、N)确定的热力学平衡系统,尽管系统的总能量 U 是恒定的,但其中的每个具体粒子的微观运动状态是瞬息万变的,因而粒子的能量是变化的。由于能量的量子化限制,粒子只能处在一个个跳跃的能级上。在某一瞬时,系统内每个粒子都处于某个确定的能级上,都具有确定的量子态描述时系统呈现的状态称为微观状态。只要有一个粒子的量子态发生改变,就构成一种新的微观状态。我们把实现某种宏观状态所对应的微观状态数的总和叫做系统的微观状态数,用符号 Ω 表示。显然,Ω 是一个很大的数目。

为了求算微观状态数 Ω,统计力学提出两个基本假定:

(1) 对于宏观状态(U、V、N)确定、处于热力学平衡的系统,若总微观状态数为 Ω,则任何可能的微观状态出现的概率(P)都相同,即每一个微观状态出现的可能性均为 $P_1 = P_2 = \cdots = 1/\Omega$ (等概率原理)。

(2) 基于以上假设,对微观状态数为 t 的某种状态分布来说,它出现的概率为 t/Ω。随着系统中微粒数 N 的增加,拥有微观状态数最多(t_{max})的均匀分布出现的可能性最大,又称为最概然分布。玻尔兹曼认为,当 N 足够大时,只有最概然分布的微观状态数才对 Ω 做出最有效的贡献,而其他各项可略去不计,即 $\Omega \approx t_{max}$ (摘取最大项原理)。

于是,热力学系统的平衡状态就是最概然分布和一些极为临近最概然分布的那些分布的微观状态的集合。

二、熵的统计意义

熵是热力学系统的宏观性质之一。为什么在隔离系中,自发变化过程的熵总是单调增加? 经典热力学无法从宏观上给予回答。那么,如何从微观角度来理解呢?

以理想气体向真空自由膨胀为例。该过程是隔离系统的自发过程,$\Delta S > 0$,即熵增加了,有 $S_2 > S_1$。由于变化过程气体的体积增大,所以微观状态数增多,即 $\Omega_2 > \Omega_1$。这说明系统的 Ω 和 S 有相同的变化方向,都趋于增加。同时,Ω 和 S 都是状态函数(即 U、V、N 的函数),两者之间必有一定的联系,可用函数关系式表示为 $S = f(\Omega)$。

为了确定这一函数关系,假设某一种系统由两部分组成,A、B 部分各有一定的能量、体积和组成。这两部分系统的微观状态数分别为 Ω_A 和 Ω_B。我们知道,系统中只要有一个粒子的量子态发生改变,就构成系统的一个新微观状态。所以,Ω_A 中的任一微观状态都可以与 Ω_B 种微观状态组合而构成 Ω_B 种新的微观状态。根据概率论,原系统的总微观状态数 Ω 应等于组成系统的所有部分的微观状态数的乘积(即 $\Omega = \Omega_A \Omega_B$)。而熵是广度性质,系统的熵是所有各部分的熵值加和(即 $S = S_A + S_B$)。能满足上述关系的函数仅有对数函数,即 $S \propto \ln\Omega$,将其写成等式形式为

$$S = k \ln\Omega \qquad\qquad (2-26)$$

该式称为玻尔兹曼公式。式中,k 是玻尔兹曼常数,其值为 1.3806×10^{-23} J·K^{-1}($k =$

R/L)。该式表明,系统的熵值随着系统微观状态数的增加而增大,因此熵可作为系统微观状态数的量度。这就是熵的统计意义。

玻尔兹曼公式成为系统的宏观量(S)与微观量(Ω)联系的一个重要桥梁。通过这个公式,使热力学与统计力学发生了联系,也奠定了统计热力学的基础。

根据玻尔兹曼公式,影响微观状态数的因素就是影响熵的因素。下面从微观状态数的角度,讨论几个过程的熵变。

(1) 熵随温度升高而增加。随着温度升高,许多分子吸收能量和跃迁到较高的能级上,分子所占据的能级数增多,Ω 增多,S 值增大。

(2) 熵随体积增大而增加。体积增大使得平动能级间隔变小,因而分子可占据的能级数增多,Ω 增多,S 值增大。

(3) 在一定温度和压力下,同种物质的聚集状态不同,其熵值不同。固体的熵最小,气体的熵最大:$S_m(g) > S_m(l) > S_m(s)$。

固体中的粒子有固定位置,不做平动运动,主要运动形式有振动、电子运动和核运动,由于运动形式极少,使得 Ω 较小,熵值较小。与固体相比,液体主要增加了转动运动,使得 Ω 增大,S 值增大。液体变为气体,主要增加了平动运动,因而使得 Ω 增多,S 值更大。

S2-6
高熵合金

(4) 分解反应的熵增大。分解反应后粒子数目增加,致使 Ω 增多,S 值增大。

三、气体的标准摩尔熵释义 *

热力学第三定律指出,在绝对零度时,纯物质的完美晶体的熵值为零。由此确定了在宏观层次获得物质的"规定熵"数值的参考点。以气体为例,气体的熵是利用量热学所提供的热容和相变焓实验数据,由热力学温度 0 K 积分至研究所指定的温度而求得的,又称为"量热熵",与分子热运动能相对应。当物质的量为 1 mol、压力为 100 kPa 时,所得熵即为标准摩尔熵。

统计热力学可以从理论上根据物质的微观特性,利用玻尔兹曼公式来计算这些与分子热运动能相对应的标准摩尔熵。由于分子的微观特性常由光谱数据获得,因此计算出来的熵称为"统计熵"(或光谱熵)。

由玻尔兹曼公式,如果所有分子都处于同一个能级中,则只有一种微观状态可以实现这种分布,此时 $\Omega = 1$,因此 $S = k \ln 1 = 0$。当分子在更多可占据能级上分布时,微观状态数增加,熵值随之增大。可见,从微观角度看,在绝对零度时,纯物质的完美晶体应有 $\Omega^* = 1$,故 $S_m^*(完美晶体, 0\,K) = 0$。这就是热力学第三定律的统计释义。

需要说明的是,对大多数气体,量热熵与统计熵的结果一致;但是,也有少数气体(如 H_2O、CO、N_2O 等)的统计熵比量热熵大,比如 298.15 K 时,H_2O 的 $S_m^{\ominus}$(统计)为 188.7 J·K^{-1}·mol^{-1},而 $S_m^{\ominus}$(量热)为 185.3 J·K^{-1}·mol^{-1},差值为 3.4 J·K^{-1}·mol^{-1}。产生此差别的原因是,这些气体从 298.15 K 降温到 0 K 的凝聚态时,因动力学迟滞,使得某些在较高温度下分子热运动具有的微观状态被保留在低温状态,造成当 $T = 0\,K$ 时,系统的微观状态不一致(即晶体并不能完全有序排列为完美晶体),出现 $\Omega > 1$ 的情况,因而 $S_m^{\ominus}(0\,K) > 0$。例如,双原子分子 AB 构成的固体中,出现…AB AB AB…和…BA BA BA…两种排列方式几乎没有能量差异,因此即使 T 为零,微观状态数大于 1。如果 $S_m^{\ominus}$

---

* 此部分为选学内容。

（0 K）＞0，称为该物质具有"残余熵"（或构型熵）。相当于高温时的某些随机排列被"冻结"，使得这部分分子热运动能转变为不随温度变化的构型熵而残留在晶体内。

四、热力学第二定律的本质

热力学第二定律指出，凡是自发过程都是不可逆的，而且一切不可逆过程都可以与热功转换过程的不可逆（开尔文说法）相联系。能否从微观的角度对热功转换的不可逆性进行说明呢？

我们知道，热是分子混乱运动的一种表现，因为分子互撞的结果，混乱的程度只会增加，直至达到在给定条件下所允许的最大值。而功则是与有方向的运动相联系的，是有秩序的运动。所以，功转变为热的过程是规则运动转化为无规则运动的过程，是向混乱度增加的方向进行的。有秩序的运动会自动地转变为无秩序的运动，而其逆过程不会自动进行。

对于热的传递过程，从微观角度看，系统处于低温时，分子相对集中于低能级上（微观状态数较少）。当热从高温物体传递到低温物体时，低温物体中部分分子将从低能级转移到较高的能级上，分子在各能级上的分布变得比较均匀（微观状态数增加），即从相对有序的状态变为相对无序的状态。

对于等温等压下不同种理想气体的混合过程，例如在一盒内用隔板分开的 N_2 和 O_2，将隔板抽去后，两种气体迅速自动混合，最后成为混合均匀的平衡状态。无论再等多久，系统也不会自动分开两种气体恢复原状。这种由比较不混乱的状态向比较混乱的状态变化的过程，即混乱度增加的过程，就是自发变化过程的方向。

综上所述，熵具有统计意义，它是系统微观状态数的量度。熵值小的状态，对应于微观状态数小的状态，也对应于比较有序的状态；熵值大的状态，对应于微观状态数多的状态，也对应于比较无序的状态。当系统处于隔离状态时，系统将自动地趋于最混乱的状态，即系统的熵值趋于最大。因此，在隔离系统中，一切不可逆过程都是系统从微观状态数少的状态（概率低）向微观状态数多（概率大）的方向进行，即由比较有序的状态向比较无序的状态变化；在达到平衡态时，系统的总微观状态数也达到最大值。这就是热力学第二定律的本质。

主题三　聚焦系统的变化方向和平衡条件

§2-8　亥姆赫兹函数和吉布斯函数

熵是热力学的基本函数，应用式(2-12)熵判据可判断过程进行的方向和限度。但在使用上很不方便，因为只有在隔离系统的条件下才能用 ΔS 来判断自发过程进行的方向和限度。对于非隔离系统，还必须计算环境的熵变。而热处理、铸造、冶金、化工等生产过程，不论是化学变化还是相变化，很少是在隔离系统中进行的，常常在等温等压或等温等容条件下进行。为便于探讨在这些条件下过程进行的方向和限度，亥姆赫兹和吉布斯(J. W. Gibbs)在熵函数的基础上引出了另外两个状态函数——亥姆赫兹函数和吉布斯函数。

一、亥姆赫兹函数(A)

由热力学第一定律和第二定律的表达式

主题2-3导学
聚焦系统的
变化方向和
平衡条件

§2-8演示文稿
亥姆赫兹函数
和吉布斯函数

$$dU = \delta Q + \delta W$$

$$dS \geqslant \frac{\delta Q}{T} \quad \begin{array}{l} \text{不可逆过程} \\ \text{可逆过程} \end{array}$$

将两式合并,整理得

$$dU - TdS \leqslant \delta W \quad \begin{array}{l} \text{不可逆过程} \\ \text{可逆过程} \end{array} \tag{2-27}$$

恒温时

$$d(U - TS) \leqslant \delta W \quad \begin{array}{l} \text{不可逆过程} \\ \text{可逆过程} \end{array}$$

U、T、S 均为状态函数,为了方便,可将 $U - TS$ 组合成一个新的函数,以符号 A 表示,称为亥姆赫兹函数,其定义为

$$A \stackrel{\text{def}}{=\!=\!=} U - TS \tag{2-28}$$

则上式可写为

$$dA \leqslant \delta W \quad \begin{array}{l} \text{不可逆过程} \\ \text{可逆过程} \end{array}$$

亦可写成

$$-dA \geqslant -\delta W \quad \begin{array}{l} \text{不可逆过程} \\ \text{可逆过程} \end{array} \tag{2-29a}$$

或

$$-\Delta A \geqslant -W \quad \begin{array}{l} \text{不可逆过程} \\ \text{可逆过程} \end{array} \tag{2-29b}$$

该式表明,在等温可逆过程中,系统所做的功数值上等于亥姆赫兹函数的减少;而对于等温不可逆过程,系统所做的功小于亥姆赫兹函数的减少。由此可见,在等温条件下,对应于同一个状态变化,系统在可逆途径中做的功为最大,最大功的数值等于系统亥姆赫兹函数的减少。从这个意义上来说,亥姆赫兹函数可看作是系统在等温条件下做功能力的量度。所以亥姆赫兹函数又称为功函数。从定义式 $A = U - TS$ 看出,A 是热力学能中能自由做功的那部分能量,所以又称亥姆赫兹自由能或自由能。

若过程不仅等温,而且是等容的,则 $\delta W = \delta W'$,代入式(2-29a)得

$$-(dA)_{T,V} \geqslant -\delta W'$$

若系统也不做非体积功,即 $\delta W' = 0$,代入上式得

$$-(dA)_{T,V,W'=0} \geqslant 0 \quad \begin{array}{l} \text{不可逆过程} \\ \text{可逆过程} \end{array} \tag{2-30a}$$

即

$$(dA)_{T,V,W'=0} \leqslant 0 \quad \begin{array}{l} \text{不可逆过程} \\ \text{可逆过程} \end{array} \tag{2-30b}$$

上式表明,在等温、等容且不做非体积功的条件下,系统一切可能发生的变化都只能

有 $dA = 0$ 或 $dA < 0$。但可逆过程是理想过程,因此在上述条件下,只有 $dA < 0$ 的过程才是实际可能发生的过程。又因过程是等容的,且 $\delta W' = 0$,不依赖环境做功,所以此过程就是自发过程。由此可见,在等温等容条件下,系统的状态总是自发地趋向亥姆赫兹函数减少的方向,直至亥姆赫兹函数减少到某个极小值时,状态不再自发改变,达到了平衡状态。所以,系统处于平衡状态时的亥姆赫兹函数有极小值,即平衡的必要条件是 $dA = 0$。

注意,上述讨论中,并非在等温等容条件下 $dA > 0$ 的变化不能发生,只是说不可能自动发生。当环境对系统做出非体积功(即 W' 为正值),且其值不小于系统亥姆赫兹函数的增值时,$dA > 0$ 的变化才有可能发生,所以这种变化是非自发的。综上所述,可知等温等容、不做非体积功条件下判断变化方向和限度的判据为

$$(dA)_{T, V, W'=0} \leqslant 0 \quad \begin{matrix} 自发 \\ 平衡 \end{matrix} \tag{2-31}$$

式(2-31)称为亥姆赫兹函数判据。

二、吉布斯函数(G)

S2-7

吉布斯对化学
热力学的贡献

若过程是在等温、等压下进行,体积功以 $-p_{ex}dV$ 表示,由于等压过程 $p_{ex} = p$,所以体积功为 $-pdV$,非体积功以 $\delta W'$ 表示,则

$$\delta W = -pdV + \delta W'$$

代入式(2-27)得

$$dU - TdS \leqslant \delta W' - pdV$$

移项得　　　　　　　$$dU - TdS + pdV \leqslant \delta W' \quad \begin{matrix} 不可逆过程 \\ 可逆过程 \end{matrix}$$

等温等压下　　　　　$$dU + d(pV) - d(TS) \leqslant \delta W'$$

即　　　　　　　　　$$d(H - TS) \leqslant \delta W' \quad \begin{matrix} 不可逆过程 \\ 可逆过程 \end{matrix} \tag{2-32}$$

H、T、S 均为状态函数,所以 $H - TS$ 必为状态函数,以符号 G 表示,称为吉布斯函数,其定义为

$$G \overset{\text{def}}{=\!=\!=} H - TS \tag{2-33}$$

则式(2-32)可写为

$$(dG)_{T, p} \leqslant \delta W' \quad \begin{matrix} 不可逆过程 \\ 可逆过程 \end{matrix}$$

上式又可表示为

$$-(dG)_{T, p} \geqslant -\delta W' \tag{2-34a}$$

或　　　　　　　　　$$-\Delta G_{T, p} \geqslant -W' \quad \begin{matrix} 不可逆过程 \\ 可逆过程 \end{matrix} \tag{2-34b}$$

上式表明,系统在等温、等压可逆过程中做的非体积功($-W'$)在数值上等于系统吉布斯函数的减少。系统在等温、等压不可逆过程中的非体积功,恒小于系统吉布斯函数的减少值。因此,在等温等压条件下,对相同的状态变化,系统在可逆过程中所做的非体积功为最大,最大功的数值等于系统吉布斯函数的减少。从 $G=H-TS$(或 $H=G+TS$)看出,G 是焓中能自由做功的那部分能量,所以 G 曾称为吉布斯自由焓或自由焓。

由式(2-34b)得 $\Delta G_{T,p,\mathrm{r}}=W'_\mathrm{r}$,是可逆电池热力学和表面热力学的基础公式。

若不做非体积功,$\delta W'=0$,则由式(2-34)得

$$-(\mathrm{d}G)_{T,p,W'=0}\geqslant 0 \quad 即 \quad (\mathrm{d}G)_{T,p,W'=0}\leqslant 0 \qquad (2-35\mathrm{a})$$

或

$$\Delta G_{T,p,W'=0}\leqslant 0 \qquad (2-35\mathrm{b})$$

上式表明:在等温、等压且不做非体积功的条件下,系统一切可能发生的变化都只能有 $\mathrm{d}G=0$(过程是可逆的)或 $\mathrm{d}G<0$(过程是不可逆的)。由于可逆过程是理想的,只有 $\mathrm{d}G<0$ 的不可逆过程才有可能实际发生。由此可见,在以上所述条件下,封闭系统内一切可能发生的实际过程都会导致系统吉布斯函数的降低,直到系统吉布斯函数减少到极小值时,系统的状态将不再改变,意味着达到了平衡状态。换言之,等温等压不做非体积功条件下,封闭系统吉布斯函数减少的过程($\mathrm{d}G<0$)是自发过程,吉布斯函数减少到某个极小值 $\mathrm{d}G=0$,系统达到平衡状态。反之,$\mathrm{d}G>0$ 的过程是不可能自动发生的,这就是最小吉布斯函数原理。用数学式表示为

$$(\mathrm{d}G)_{T,p,W'=0}\leqslant 0 \quad \begin{matrix}自发\\平衡\end{matrix} \qquad (2-36)$$

此式称为吉布斯函数判据。

熵、亥姆赫兹函数、吉布斯函数在不同条件下作为判据列入表2-3。

表 2-3 判别自发过程的热力学判据

判 据	熵 判 据	亥姆赫兹函数判据	吉布斯函数判据
系 统	隔离系统	封闭系统	封闭系统
适用条件	任何过程	等温等容,$W'=0$	等温等压,$W'=0$
自发方向	$\mathrm{d}S_{\mathrm{is}}>0$	$(\mathrm{d}A)_{T,V}<0$	$(\mathrm{d}G)_{T,p}<0$
平衡状态	$\mathrm{d}S_{\mathrm{is}}=0$	$(\mathrm{d}A)_{T,V}=0$	$(\mathrm{d}G)_{T,p}=0$

§2-9　ΔA 和 ΔG 的计算

§2-9演示文稿

ΔA 和 ΔG 增量的计算

由于 ΔA 及 ΔG 可作为等温等容过程及等温等压过程的判据,并可用来求最大非体积功,因此必须掌握其计算方法。

由 $A=U-TS$ 及 $G=H-TS$ 两个定义式出发,对于等温变化,有

$$\Delta A=\Delta U-T\Delta S$$

$$\Delta G=\Delta H-T\Delta S$$

一、理想气体等温过程的 ΔA 和 ΔG

若系统为理想气体,物质的量为 n_1,由始态(T, p_1, V_1)变化到终态(T, p_2, V_2)。当为可逆过程时,根据式(2-29)及式(2-34)可以计算其 ΔA 和 ΔG。

如在等温下,系统只做体积功,根据式(2-29b)可得

$$\Delta A = W = -\int_{V_1}^{V_2} p\,\mathrm{d}V \qquad (2-37)$$

只要能找出 V 与 p 的关系,就可以把上式积分。

对于理想气体,有

$$p = \frac{nRT}{V}$$

所以

$$\Delta A = -\int_{V_1}^{V_2} \frac{nRT}{V}\mathrm{d}V$$

因是等温过程,积分上式得

$$\Delta A = -nRT\ln\frac{V_2}{V_1} = nRT\ln\frac{V_1}{V_2} = nRT\ln\frac{p_2}{p_1} \qquad (2-38)$$

由式(2-33)

$$G = H - TS = U + pV - TS = A + pV$$

则

$$\mathrm{d}G = \mathrm{d}A + p\,\mathrm{d}V + V\,\mathrm{d}p$$

对于等温可逆且 $\delta W' = 0$ 的过程,$\mathrm{d}A = -p\,\mathrm{d}V$,代入上式得

$$\mathrm{d}G = V\,\mathrm{d}p \qquad (2-39a)$$

积分上式,得

$$\Delta G = \int_{p_1}^{p_2} V\,\mathrm{d}p \qquad (2-39b)$$

若为理想气体,将 $V = \dfrac{nRT}{p}$ 代入上式,可得

$$\Delta G = \int_{p_1}^{p_2} \frac{nRT}{p}\mathrm{d}p = nRT\ln\frac{p_2}{p_1} \qquad (2-40)$$

可见,在理想气体的等温过程中 $\Delta A = \Delta G$。

设 1 mol 理想气体在等温下由标准态 $p^{\ominus}$ 变到压力 p 的状态,吉布斯函数应由 $G_{\mathrm{m}}^{\ominus}(T)$ 变到 $G_{\mathrm{m}}(T)$,对式(2-39a)作积分:

$$\int_{G_{\mathrm{m}}^{\ominus}(T)}^{G_{\mathrm{m}}(T)} \mathrm{d}G_{\mathrm{m}} = \int_{p^{\ominus}}^{p} \frac{RT\mathrm{d}p}{p} = RT\ln(p/p^{\ominus})$$

移项得

$$G_{\mathrm{m}}(T) = G_{\mathrm{m}}^{\ominus}(T) + RT\ln(p/p^{\ominus}) \qquad (2-41)$$

式(2-41)为一重要方程,以后经常用到。式中 $G_{\mathrm{m}}^{\ominus}(T)$ 为标准状态下的吉布斯函数,在一定温度下有定值。

【例 2-10】 1.00 mol 理想气体在 27 ℃时自 1 010 kPa 等温可逆膨胀到 101 kPa。求过程的 W、Q、ΔU、ΔH、ΔS、ΔA 及 ΔG。

解:这是理想气体等温可逆过程,所以 $\Delta U = 0$,$\Delta H = 0$。

$$Q = -W = \int_{V_1}^{V_2} p \, \mathrm{d}V$$

$$= nRT \ln \frac{V_2}{V_1} = nRT \ln \frac{p_1}{p_2}$$

$$= 1.00 \text{ mol} \times 8.314\,5 \text{ J} \cdot \text{mol}^{-1} \cdot \text{K}^{-1} \times 300 \text{ K} \times \ln \frac{1\,010 \text{ kPa}}{101 \text{ kPa}}$$

$$= 5.74 \text{ kJ}$$

$$\Delta S = \frac{Q_r}{T} = \frac{5.74 \times 10^3 \text{ J}}{300 \text{ K}} = 19.1 \text{ J} \cdot \text{K}^{-1}$$

$$\Delta G = \Delta A = nRT \ln \frac{p_2}{p_1} = -5.74 \text{ kJ}(\text{或 } \Delta G = \Delta A = -T \cdot \Delta S = -5.74 \text{ kJ})$$

二、相变化过程的 ΔA 和 ΔG

相变化一般是在等温等压下进行的,当两相处于平衡时,过程是可逆的。根据吉布斯函数判据,则

$$\Delta G = 0$$

若此过程是不可逆的,需设计另一个与不可逆过程始、终态相同且包含可逆相变化在内的可逆过程进行计算,所求得的 ΔG 就是不可逆相变过程的 ΔG。

【例 2-11】 在 101.325 kPa 和 373 K 时,把 1 mol $H_2O(g)$ 全部可逆压缩为同温、同压的液体。已知该条件下 $H_2O(l)$ 的摩尔汽化热为 40.7 kJ·mol^{-1},设气体可视为理想气体。求该过程的 Q、W、ΔU、ΔH、ΔS、ΔA 及 ΔG。

解:这是等温等压可逆相变过程,所以 $\Delta G = 0$。

$$\Delta H = -n\Delta_{\text{vap}}H_m = -1 \text{ mol} \times 40.7 \text{ kJ} \cdot \text{mol}^{-1} = -40.7 \text{ kJ}$$

$$Q_p = \Delta H = -40.7 \text{ kJ}$$

$$W = -p\Delta V = -p[V(l) - V(g)] \approx pV(g) = nRT$$

$$= 1 \text{ mol} \times 8.314\,5 \text{ J} \cdot \text{mol}^{-1} \cdot \text{K}^{-1} \times 373 \text{ K} = 3.1 \text{ kJ}$$

$$\Delta U = Q + W \text{ 或 } \Delta U = \Delta H - \Delta(pV) = \Delta H - p\Delta V = (-40.7 + 3.1)\text{kJ} = -37.6 \text{ kJ}$$

$$\Delta S = \frac{Q_r}{T} = \frac{-40.7 \text{ kJ}}{373 \text{ K}} = -109.1 \text{ J} \cdot \text{K}^{-1}$$

$$\Delta A_T = W = 3.1 \text{ kJ}$$

【例 2-12】 1.00 mol 液体铅由正常沸点 1 620 ℃、101 325 Pa 下蒸发,变成 1 620 ℃、5.07×10^4 Pa 的蒸气,求该过程的 ΔG。

解:这是一个等温非等压的不可逆相变过程,可以设计成由如下两步可逆过程来完成。

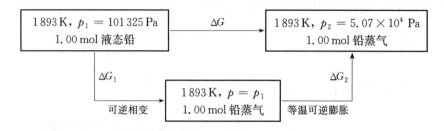

总的吉布斯函数变化

$$\Delta G = \Delta G_1 + \Delta G_2$$

第一步是相变温度和平衡压力下进行的等温等压可逆过程,故

$$\Delta G_1 = 0$$

第二步是气体等温可逆膨胀过程,在此高温下可把铅蒸气视为理想气体,则有

$$\Delta G_2 = nRT \ln \frac{p_2}{p_1}$$

$$= 1.00\,\text{mol} \times 8.314\,5\,\text{J} \cdot \text{mol}^{-1} \cdot \text{K}^{-1} \times 1\,893\,\text{K} \times \ln \frac{5.07 \times 10^4\,\text{Pa}}{101\,325\,\text{Pa}}$$

$$= -1.09 \times 10^4\,\text{J}$$

故　　　　　　　$\Delta G = 0 + (-1.09 \times 10^4)\,\text{J} = -1.09 \times 10^4\,\text{J}$

【例 2-13】　计算 $1.00\,\text{mol}\ H_2O(l, 25\,℃, 100\,\text{kPa})$ 变为 $H_2O(g, 25\,℃, 100\,\text{kPa})$ 过程的 ΔG,并判断此过程是否自发进行。已知 $H_2O(l)$ 在 $25\,℃$ 时的饱和蒸气压为 $3\,168\,\text{Pa}$。

解:这是非平衡相变化,可设计下列可逆过程。

$$H_2O(l, 298\,\text{K}, 100\,\text{kPa}) \xrightarrow{\Delta G} H_2O(g, 298\,\text{K}, 100\,\text{kPa})$$
$$\Big\downarrow \Delta G_1 \qquad\qquad\qquad\qquad \Big\uparrow \Delta G_3$$
$$H_2O(l, 298\,\text{K}, 3\,168\,\text{Pa}) \xrightarrow[可逆相变]{\Delta G_2} H_2O(g, 298\,\text{K}, 3\,168\,\text{Pa})$$

很明显　　　　　　　$\Delta G = \Delta G_1 + \Delta G_2 + \Delta G_3$

因 $\Delta G_1 = \int V(l) \cdot \text{d}p \approx 0$　　（凝聚相等温变压,可忽略不计）

　$\Delta G_2 = 0$　　　　　　　　（可逆相变）

故　　$\Delta G \approx \Delta G_3 = nRT \ln \frac{p_2}{p_1}$

$$= 1.00\,\text{mol} \times 8.314\,5\,\text{J} \cdot \text{mol}^{-1} \cdot \text{K}^{-1} \times 298\,\text{K} \times \ln \frac{1.00 \times 10^5\,\text{Pa}}{3.168 \times 10^3\,\text{Pa}}$$

$$= 8.55\,\text{kJ}$$

因在等温等压下 $\Delta G > 0$,故此过程不能自发进行。

三、化学反应的 ΔG

可根据 $\Delta G = \Delta H - T\Delta S$ 求算,例如 $T = 298\,\mathrm{K}$ 时,

$$\Delta_r G_m^{\ominus}(298\,\mathrm{K}) = \Delta_r H_m^{\ominus}(298\,\mathrm{K}) - 298\,\mathrm{K} \cdot \Delta_r S_m^{\ominus}(298\,\mathrm{K})$$

更详细的计算方法在第三章化学平衡中介绍。

主题2-4导学
热力学第一
定律与第二
定律的结合

主题四 热力学第一/第二定律的结合

§2-10 热力学函数基本关系式

§2-10演示文稿
热力学函数
基本关系式

前面介绍了五个状态函数:U、H、S、A、G,连同可以直接测量的 p、V、T 等,都是重要的热力学性质,它们对于过程中能量的计算,以及判断过程的方向与限度都是不可缺少的。在 U、H、S、A 及 G 五个热力学状态函数中,最基本的是热力学能 U 和熵 S,分别具有明确的物理意义和统计意义。其他三个函数 H、A、G 是状态函数的组合:$H = U + pV$,$A = U - TS$,$G = H - TS = A + pV$,引入这三个状态函数的目的是为了应用方便。这些状态函数中除 S 外,其余 U、H、A、G 均为能量单位,ΔU、ΔH 主要解决能量计算问题,ΔS、ΔA 和 ΔG 主要解决过程方向性的问题。

S2-8
热力学函数关
系式图示释义

利用状态函数具有全微分的特点可以推导出很多重要的关系式。

一、热力学基本方程

当封闭系统进行只做体积功($\delta W' = 0$)的可逆过程时,结合热力学第一定律和第二定律可得

$$dU = TdS - pdV \qquad (2\text{-}42)$$

由焓的定义式 $H = U + pV$,微分得到

$$dH = dU + pdV + Vdp$$

将式(2-42)代入上式,即得

$$dH = TdS + Vdp \qquad (2\text{-}43)$$

由 A 和 G 的定义及式(2-43)得

$$dA = -SdT - pdV \qquad (2\text{-}44)$$

$$dG = -SdT + Vdp \qquad (2\text{-}45)$$

式(2-42)~式(2-45)称为热力学函数基本方程,它们是在 $W' = 0$ 及可逆条件下导出的,但因 U、H、S、A、G、p、V、T 等都是状态函数,所以只要在不可逆过程中没有发生组成变化,即不发生化学反应或相变,就总可以在其始、终态间设计出能够应用这些公式的可逆途径。

从上述热力学关系式出发还可导出许多重要关系。由于 U、H、A、G 全是状态函

数,故 $U=U(S,V)$, $H=H(S,p)$, $A=A(T,V)$, $G=G(T,p)$ 的全微分为

$$dU=\left(\frac{\partial U}{\partial S}\right)_V dS+\left(\frac{\partial U}{\partial V}\right)_S dV \tag{2-46}$$

$$dH=\left(\frac{\partial H}{\partial S}\right)_p dS+\left(\frac{\partial H}{\partial p}\right)_S dp \tag{2-47}$$

$$dA=\left(\frac{\partial A}{\partial T}\right)_V dT+\left(\frac{\partial A}{\partial V}\right)_T dV \tag{2-48}$$

$$dG=\left(\frac{\partial G}{\partial T}\right)_p dT+\left(\frac{\partial G}{\partial p}\right)_T dp \tag{2-49}$$

根据对应系数相等的关系,将此四式与式(2-42)~式(2-45)对比可得出:

$$\left(\frac{\partial U}{\partial S}\right)_V=\left(\frac{\partial H}{\partial S}\right)_p=T \tag{2-50}$$

$$\left(\frac{\partial U}{\partial V}\right)_S=\left(\frac{\partial A}{\partial V}\right)_T=-p \tag{2-51}$$

$$\left(\frac{\partial H}{\partial p}\right)_S=\left(\frac{\partial G}{\partial p}\right)_T=V \tag{2-52}$$

$$\left(\frac{\partial A}{\partial T}\right)_V=\left(\frac{\partial G}{\partial T}\right)_p=-S \tag{2-53}$$

式(2-50)~式(2-53)统称为对应系数关系式,它们在解决实际问题和解题时用处较大。

二、麦克斯韦关系式

根据高等数学,若全微分 $dz=Mdx+Ndy$,则必存在下列关系:

$$\left(\frac{\partial M}{\partial y}\right)_x=\left(\frac{\partial N}{\partial x}\right)_y$$

将其应用于式(2-42)~式(2-45),可得到如下关系:

$$\left(\frac{\partial T}{\partial V}\right)_S=-\left(\frac{\partial p}{\partial S}\right)_V \tag{2-54}$$

$$\left(\frac{\partial T}{\partial p}\right)_S=\left(\frac{\partial V}{\partial S}\right)_p \tag{2-55}$$

$$\left(\frac{\partial S}{\partial V}\right)_T=\left(\frac{\partial p}{\partial T}\right)_V \tag{2-56}$$

$$\left(\frac{\partial S}{\partial p}\right)_T=-\left(\frac{\partial V}{\partial T}\right)_p \tag{2-57}$$

式(2-54)~式(2-57)四个关系式称为麦克斯韦(Maxwell)关系式,它们表明系统在平衡时 p、V、T、S 几个热力学函数之间的关系。根据这些关系,可以得到在 p、V、T 状态

参数变化过程中熵变的规律。因为熵是较难测定的物理量,通过麦克斯韦关系式即可用那些易于实验测定的物理量来代替,再计算求得。

【例2-14】 求等温下气体压力改变时的焓变。

解:由热力学基本方程式(2-43),$dH = TdS + Vdp$,可得

$$\left(\frac{\partial H}{\partial p}\right)_T = T\left(\frac{\partial S}{\partial p}\right)_T + V$$

$\left(\frac{\partial S}{\partial p}\right)_T$ 不易直接测定,但是根据式(2-57),上式可写作

$$\left(\frac{\partial H}{\partial p}\right)_T = -T\left(\frac{\partial V}{\partial T}\right)_p + V$$

即

$$dH = \left[-T\left(\frac{\partial V}{\partial T}\right)_p + V\right]dp$$

积分得

$$\Delta H_T = \int_{p_1}^{p_2}\left[-T\left(\frac{\partial V}{\partial T}\right)_p + V\right]dp$$

对于气体,知道状态方程就可计算等温下气体的焓变。麦克斯韦方程在热力学中类似的推导与应用是很广泛的。

麦克斯韦关系式记忆技巧:等式两边的分母函数与对角的分子函数均为 T-S、p-V 关系;等式两边分母函数均为强度性质或均为广度性质时,则关系式出现负号。

三、吉布斯函数的性质及其应用

化学中研究的过程如混合、相变、化学反应等一般情况下是在等温等压下两态之间的变化,因此应用吉布斯函数判据来判断过程变化方向及限度是最常用的方法,因而了解其性质,掌握计算方法及应用非常重要。

前面主要介绍了利用吉布斯函数的定义式 $G = H - TS$,可计算温度一定时 ΔG 的数值。此处,我们根据热力学基本方程进一步讨论 G 随温度或压力的变化规律。

由式(2-45),对于组成不变的封闭系统,$W' = 0$ 时,

$$dG = -SdT + Vdp$$

可见,G 的数值会随 T、p 变化而改变,即 $G = f(T, p)$。 由此也证实 G 函数是化学研究中特别重要的量,因为温度和压力往往是可由人为控制的。

由上式可得,等温过程,$dT = 0$,则 $dG = Vdp$

即

$$\left(\frac{\partial G}{\partial p}\right)_T = V \tag{2-58}$$

对于等压过程,$dp = 0$,则 $dG = -SdT$

即

$$\left(\frac{\partial G}{\partial T}\right)_p = -S \tag{2-59}$$

这两个式子清楚地表明了 G 函数是如何随着 T 或 p 的变化而发生改变的,如图2-8所示。

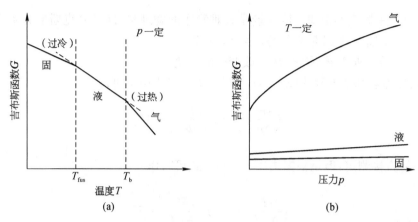

图 2-8　不同相态物质的 G 函数随 T(a)或 p(b)变化的示意图

　　由式(2-59),结合热力学第三定律,因为任何物质的熵值 $S > 0$,故 $\left(\dfrac{\partial G}{\partial T}\right)_p$ 恒小于 0,当组成与压力一定时,G 函数随温度升高而减小,$G\text{-}T$ 曲线为负斜率;又对于同种物质,$S_m(g) > S_m(l) > S_m(s)$,所以气相的 $G\text{-}T$ 曲线更为陡峭,液相次之,固相最小,如图 2-8(a)所示。

　　而物质的体积 $V > 0$,则由式(2-58),当组成与温度一定时,G 函数随压力增加而增大,$G\text{-}T$ 曲线为正斜率;同样,气体的体积远大于液体或固体,因而 G 函数对气体的压力变化尤其敏感,如图 2-8(b)所示。而对于液体或固体,则有 $dG = Vdp \approx 0$

　　在解决化学变化问题时,常常需要考虑反应的标准摩尔吉布斯函数 $\Delta_r G_m^\ominus$ 与温度变化的关系。而通常手册中只列出某一温度,例如 298 K 时物质的标准摩尔生成焓、标准摩尔熵和标准摩尔生成吉布斯函数(见第三章),利用这些数据只能求出这一温度下反应的标准摩尔吉布斯函数 $\Delta_r G_m^\ominus$。为了求其他温度的 $\Delta_r G_m^\ominus$,必须知道 $\Delta_r G_m^\ominus$ 和温度的关系。推导如下。

　　设在温度 T,有一等温等压过程(例如化学反应或相变),则过程前后吉布斯函数变化应为 $\Delta G_m = G_{生成物} - G_{反应物}$。 若压力 p 不变,而在另一温度 $T + dT$ 进行相同过程。

因　　　　　　　　　　　　　　　$$\left(\frac{\partial G}{\partial T}\right)_p = -S$$

故　　　　　　$$\left[\frac{\partial(\Delta G)}{\partial T}\right]_p = \left(\frac{\partial G_{生成物}}{\partial T}\right)_p - \left(\frac{\partial G_{反应物}}{\partial T}\right)_p = -(S_{生成物} - S_{反应物})$$

或　　　　　　　　　　　　　　$$\left[\frac{\partial(\Delta G)}{\partial T}\right]_p = -\Delta S$$

因在温度 T 时 $\Delta G = \Delta H - T\Delta S$,所以上式又可写成

$$\left[\frac{\partial(\Delta G)}{\partial T}\right]_p = \frac{\Delta G - \Delta H}{T} \tag{2-60}$$

此式称为吉布斯-亥姆赫兹(Gibbs-Helmholtz)方程式。为了便于应用,还可写成其他形式。先求等压下 $\dfrac{\Delta G}{T}$ 对 T 的偏微商,即

$$\left[\frac{\partial\left(\frac{\Delta G}{T}\right)}{\partial T}\right]_p = \frac{1}{T}\left(\frac{\partial \Delta G}{\partial T}\right)_p - \frac{\Delta G}{T^2}$$

将式(2-60)代入、化简,得

$$\left[\frac{\partial\left(\frac{\Delta G}{T}\right)}{\partial T}\right]_p = -\frac{\Delta H}{T^2} \tag{2-61a}$$

这就是吉布斯-亥姆赫兹方程式的另一形式。它们是化学热力学的重要关系式之一,在很多公式的推导与证明中常用来相互代换。对化学反应而言,ΔH 可取标准态下的焓变 $\Delta H^{\ominus}$,当参加反应的物质均处于标准态时,式(2-61a)应为

$$\frac{d(\Delta G_m^{\ominus}/T)}{dT} = \frac{-\Delta H_m^{\ominus}}{T^2} \tag{2-61b}$$

式(2-61b)表示系统在等压下发生化学变化时,$\Delta G^{\ominus}/T$ 随温度 T 的变化率。

§2-11 化 学 势

§2-11 演示文稿
化学势

对化工生产、化学研究及新材料制备等,常涉及多组分系统,系统内部会发生相变化或化学变化,使得系统的相和组成发生变化。而前述讨论的简单系统的热力学方法不能直接应用于这些复杂系统。吉布斯将物理学中"势"的概念引入化学变化和相变化中,于1876 年提出了"化学势"这一概念,为物理化学学科的发展做出了划时代的贡献。化学势是一个非常重要的物理量,用它能判断多组分多相系统中物质转移过程的方向和限度。可以说,热力学在化学中最重要的成就和应用就是用热力学来计算化学平衡和相平衡的问题。

一、化学势的定义及表示式

以上章节中,主要讨论的是定量的纯物质单相系统,或者是多种物质组成不变的系统,只需用两个状态变量就可以确定系统的状态,如 $A=A(T, V)$,$G=G(T, p)$…。但对于由多种物质构成的系统,组成若可以变化(如化学反应、物质相间迁移),其热力学性质就不是两个变量所能决定,必须考虑热力学变量同系统组成的依赖关系。也就是说,热力学函数与系统中各组分物质的量 n_B 以及选为独立变量的两个强度性质有关。如系统中含有 k 种物质,其物质的量分别为 n_1,n_2,n_3,…,n_k,则

$$G = f(T, p, n_1, n_2, \cdots, n_k)$$

全微分为

$$dG = \left(\frac{\partial G}{\partial T}\right)_{p, n_1, n_2, \cdots, n_k} dT + \left(\frac{\partial G}{\partial p}\right)_{T, n_1, n_2, \cdots, n_k} dp + \left(\frac{\partial G}{\partial n_1}\right)_{T, p, n_2, n_3, \cdots, n_k} dn_1$$

$$+ \left(\frac{\partial G}{\partial n_2}\right)_{T, p, n_1, n_3, \cdots, n_k} dn_2 + \cdots$$

即

$$dG = \left(\frac{\partial G}{\partial T}\right)_{p,\,n_1,\,n_2,\,\cdots,\,n_k} dT + \left(\frac{\partial G}{\partial p}\right)_{T,\,n_1,\,n_2,\,\cdots,\,n_k} dp + \sum_{B=1}^{k} \left(\frac{\partial G}{\partial n_B}\right)_{T,\,p,\,n_C(C\neq B)} dn_B$$

$$(2-62)$$

式中,下标 n_C 表示除 B 物质的量有改变之外,其他所有物质的量都保持恒定。

当组分组成和系统总量都保持不变时,引用式(2-58)、式(2-59)得

$$\left(\frac{\partial G}{\partial T}\right)_{p,\,n_1,\,n_2,\,\cdots,\,n_k} = -S$$

$$\left(\frac{\partial G}{\partial p}\right)_{T,\,n_1,\,n_2,\,\cdots,\,n_k} = V$$

令

$$\mu_B \xlongequal{\text{def}} \left(\frac{\partial G}{\partial n_B}\right)_{T,\,p,\,n_C(C\neq B)}$$

$$(2-63)$$

S2-9

化学势的物
理意义

μ_B 称为物质 B 的化学势。μ_B 的意义是:在 T、p 及 B 以外各组分的量都保持不变的条件下,系统的 G 随 n_B 的变化率。由于 μ_B 是 G 和 n_B 两种广度性质的改变量的比值,所以它是一种强度性质。由定义式可见,μ_B 与 T、p 及系统组成有关。

若系统为纯物质,$G = nG_m^*$,则纯物质的化学势

$$\mu = G_m^*$$

将式(2-63)代入式(2-62)得

$$dG = -SdT + Vdp + \sum_{B=1}^{k} \mu_B dn_B$$

$$(2-64)$$

等温等压时,$dT = 0$,$dp = 0$,式(2-64)成为

$$dG = \sum_{B=1}^{k} \mu_B dn_B$$

$$(2-65)$$

应用 U、H 及 A 与 G 的关系式,代入式(2-64),分别得

$$dU = TdS - pdV + \sum_{B=1}^{k} \mu_B dn_B$$

$$(2-66)$$

$$dH = TdS + Vdp + \sum_{B=1}^{k} \mu_B dn_B$$

$$(2-67)$$

$$dA = -SdT - pdV + \sum_{B=1}^{k} \mu_B dn_B$$

$$(2-68)$$

与热力学基本方程(2-42)~(2-45)相比较,可见当有组成变化时,各式中多了 $\sum_B \mu_B dn_B$ 项,这就表示 $\sum_B \mu_B dn_B$ 是组成变化对 A、G、U、H 的影响。

根据式(2-66)、式(2-67)、式(2-68),对于 U 选取 S、V、n_1、n_2、$\cdots$、n_k 为独立变量,

对于 H、A 也选取相应的独立变量,在各不同条件下可分别得出 μ_B 的另一些表示式。

$$\mu_B = \left(\frac{\partial U}{\partial n_B}\right)_{S, V, n_C(C\neq B)} = \left(\frac{\partial H}{\partial n_B}\right)_{S, p, n_C(C\neq B)}$$

$$= \left(\frac{\partial A}{\partial n_B}\right)_{T, V, n_C(C\neq B)} = \left(\frac{\partial G}{\partial n_B}\right)_{T, p, n_C(C\neq B)} \qquad (2-69)$$

这四个偏微商都是化学势,都可作为化学势定义。应当特别注意其下角标,每个热力学函数所选择的独立变量是彼此不同的。除此之外,其他的偏微商,如 $\left(\frac{\partial A}{\partial n_B}\right)_{T, p, n_C(C\neq B)}$,不是化学势。

上述化学势的四种形式中,前两种用得较少,最后一种用得最多。因为大多数实际过程往往是在等温等压下进行的,所以常用 ΔG 来判断过程进行的方向。

二、化学势判据——判断过程的方向与限度

在等温等压且无其他功的情况下,可用系统吉布斯函数的变化值 ΔG 来判断相变化或化学变化进行的方向。当 $\Delta G < 0$ 时,过程自发进行;$\Delta G = 0$,系统达到平衡状态。将此原理应用于多组分组成可变化的系统,根据式(2-64),等温等压下

$$dG = \sum_B \mu_B dn_B$$

达到平衡时,$dG = 0$,即

$$\sum_B \mu_B dn_B = 0 \qquad (2-70)$$

又根据 $dG < 0$ 是自发过程的条件,有

$$\sum_B \mu_B dn_B < 0 \qquad (2-71)$$

将以上两式合并,得

$$\sum_B \mu_B dn_B \leqslant 0 \qquad \begin{matrix} 自发 \\ 平衡 \end{matrix} \qquad (2-72)$$

式(2-72)是过程自发与平衡的化学势判据。

1. 化学势在相平衡中的应用

在等温等压下,两相平衡是常见的,如复相黄铜中 α 黄铜和 β 黄铜的平衡。设系统有 α 和 β 两相,两相均为多组分(如图 2-9 所示),在等温等压下,若组分 B 有 dn_B 由 α 相进入 β 相,则 α 相中 B 组分减少 dn_B,而 β 相中 B 组分增加 dn_B。

由式(2-65)及式(2-72),总的吉布斯函数变化为

$$dG = \sum_B \mu_B dn_B = \mu_B^\alpha(-dn_B) + \mu_B^\beta(dn_B)$$

$$= (\mu_B^\beta - \mu_B^\alpha)dn_B \leqslant 0$$

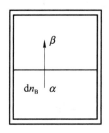

图 2-9 两相变化中的化学势

当系统达到平衡时，$dG = 0$，即

$$(\mu_B^\beta - \mu_B^\alpha)dn_B = 0$$

因为　　　　　　　　　　　　　　$dn_B \neq 0$

所以　　　　　　　　　　　　　　$\mu_B^\alpha = \mu_B^\beta$

这表明等温等压下多组分多相系统的平衡条件是："任一组分 B 在各相中的化学势相等。"即

$$\mu_B^\alpha = \mu_B^\beta = \cdots = \mu_B^\gamma$$

若上述转移过程可以实现，则

$$(\mu_B^\beta - \mu_B^\alpha)dn_B < 0$$

因为 $dn_B > 0$，所以

$$\mu_B^\alpha > \mu_B^\beta$$

由此可见，自发变化的方向是物质由化学势较高的相转移到化学势较低的相，直到该物质在两相中的化学势相等为止。对比水与水位、电流与电势的关系，μ_B 也有某种"势"的涵义，所以称为化学势。

　　2. 化学势在化学反应中的应用

　　对化学反应　　　　　　　　$aA + bB = yY + zZ$

定义反应进度　　　　　　　　$d\xi = \dfrac{dn_B}{\nu_B}$

当反应进度无限小时，反应前后系统的温度、压力、组成以及各组分化学势均可视为无变化。

将 $dn_B = \nu_B d\xi$ 代入式(2-72)得

$$\left(\sum_B \nu_B \mu_B\right)d\xi \leqslant 0 \qquad \begin{matrix}\text{自发}\\ \text{平衡}\end{matrix}$$

若反应正向进行，$d\xi > 0$，则应有

$$\sum_B \nu_B \mu_B \leqslant 0 \qquad \begin{matrix}\text{自发}\\ \text{平衡}\end{matrix} \qquad\qquad (2-73)$$

即 $\sum\limits_B \nu_B \mu_B$ 可作为反应方向性与平衡的判据。

　　例如反应

$$N_2 + 3H_2 == 2NH_3$$

当 $(\mu_{N_2} + 3\mu_{H_2}) > 2\mu_{NH_3}$，即 $\sum\limits_B \nu_B \mu_B = 2\mu_{NH_3} - (\mu_{N_2} + 3\mu_{H_2}) < 0$，$N_2$ 与 H_2 能自发地化合生成 NH_3；当 $\sum\limits_B \nu_B \mu_B = 0$，化学反应达到平衡；当 $\sum\limits_B \nu_B \mu_B > 0$，反应

不可能自发进行。

三、气体、液体及固体的化学势

由式(2-41)知,1 mol 理想气体在等温下吉布斯函数为

$$G_m(T) = G_m^\ominus(T) + RT\ln(p/p^\ominus)$$

式中,$G_m^\ominus(T)$ 为标准态下的摩尔吉布斯函数。对于纯物质,化学势等于摩尔吉布斯函数,故得

$$\mu = \mu^\ominus + RT\ln(p/p^\ominus) \tag{2-74}$$

在混合理想气体中,设组分 B 的分压为 p_B,其化学势等于在同样温度下该理想气体在纯态及压力为 p_B 时的化学势,即

$$\mu_B = \mu_B^\ominus + RT\ln(p_B/p^\ominus) \tag{2-75}$$

式中,$\mu_B^\ominus$ 为纯 B 理想气体在压力为标准压力 $p^\ominus$(100 kPa)时的化学势。

以上的化学势表示式虽只适用于理想气体,但一般压力不太高时,实际气体行为与理想气体相差不大,所以也常用此式近似表示压力不高时的实际气体的化学势。

应用相平衡条件,可以从式(2-74)导出液体或固体的化学势。对纯液体,与其平衡的气相压力即为该纯液体在此温度下的饱和蒸气压。故

$$\mu^*(B, l, T) = \mu^\ominus(B, g, T) + RT\ln(p_B^*/p^\ominus) = \mu^\ominus(B, l, T)$$

p_B^* 为纯 B 液体的饱和蒸气压,在一定的温度下基本上是定值(与压力关系极小,可以忽略),故 $\mu^\ominus + RT\ln(p^*/p^\ominus)$ 可以看作是常数,以后将用 μ^* 来表示,其物理意义就是纯液体的化学势或摩尔吉布斯函数。在通常压力下 p 与 $p^\ominus$ 差别不大时,$\mu^* \approx \mu^\ominus(B, l, T)$,后者为液体 B 的标准态化学势。纯固体的饱和蒸气压很小,在一定的温度下亦是定值,所以其化学势表达式与上式类似。

当溶液与其饱和蒸气呈平衡,溶液中组分 B 的化学势必与溶液上方平衡气相中 B 组分的化学势相等,根据式(2-75):

$$\mu_B(sln, T, p, x_B) = \mu_B^\ominus(T, g) + RT\ln(p_B/p^\ominus)$$

以上讨论只限于气体或平衡气相可适用理想气体公式的范围内。当气体压力或固、液体的蒸气压比较高,以致不符合理想气体公式时,用上述化学势表示式就不够准确。例如对于实际气体,因其状态方程比较复杂,难以通过等温下代入 $d\mu = V_m dp$ 积分而推导出化学势表示式。为此,路易斯(G. N. Lewis)提出了一个简单的办法,将实际气体的压力 p 乘上校正因子 γ,得到校正压力 $f = \gamma p$(f 称为逸度,γ 由实验测定),代入理想气体的化学势表示式(2-74)和式(2-75)中,即得

纯实际气体的化学势 $\qquad \mu = \mu^\ominus + RT\ln(\gamma p/p^\ominus)$

混合实际气体组分 B 的化学势 $\qquad \mu_B = \mu_B^\ominus + RT\ln(\gamma p_B/p^\ominus)$

式中,$\mu^\ominus$ 和 $\mu_B^\ominus$ 仍为温度 T、压力 $p^\ominus$ 时的纯理想气体状态。

§2-12　固体热力学理论简介 *

通过前面的学习,我们知道对定量、组成不变的均相封闭流体系统,系统的任意宏观性质是另外两个独立的宏观性质的函数,因此,只需用两个独立变量就可以描述系统的状态。如一定量的纯理想气体,有 $pV=nRT$,当以 p、T 为独立变量时,只要 p、T 值确定,V 就有确定的值,则该理想气体的状态随之确定,相应地系统的其他任何热力学函数(如 U、H、A、G、S 等)也都有确定的值。而对于内部组成可变的多组分均相系统,物质的量 n_B(或组成 x_B)也成为决定系统状态的变量,因而在热力学函数的表示中必须包含各组分的物质的量(n_B)作为变量,如式(2-64)、式(2-66)~式(2-68)。但对固体物质构成的热力学系统,情形要复杂得多。

固体物质由分子、原子或离子等粒子组成。在这些粒子之间,由于存在着较强的相互作用力,如化学键或分子间力,使得它们按一定的方式排列,只能在一定的平衡位置上振动。因此,固体具有一定的体积、形状和刚性。根据结构和性质的不同,可以把固体分为晶体(内部微粒有规则排列)和非晶体(内部微粒无规则排列)两大类。绝大多数无机物和金属都是晶体。由 X 射线研究发现,晶体中的微粒(原子、分子或离子)在三维空间是周期性重复排列,构成了一个热力学"系统",晶体的各种宏观性质都可以从热力学定律出发,通过适当的数学方法得以表征。同流体系统一样,晶体的宏观物理性质也是由宏观可观测量之间的关系来定义的。如果晶体中某一宏观量的变化可引起另一宏观量变化,则这两个物理量之间一定存在着某种关系,此关系对应于晶体的一种物理性质(或物理效应)。实际上晶体的各种物理性质之间也是互相关联的。本节简要介绍处于平衡态及可逆变化过程中晶体热力学系统的有关概念和公式,以期对分析晶体的各种物理效应有所帮助。

以均匀电解质晶体构成的热力学系统为例来阐述。对于弹性电解质,其状态可用表现系统力学、电学和热学性质的三对共轭参量来描述,即应力 σ 与应变 ε_λ($\lambda=1,2,\cdots,6$)、电场强度 E_i 与电位移矢量 D_i($i=1,2,3$)、温度 T 与熵 S。其中,应力和应变是二阶张量,电场强度和电位移矢量为一阶量(矢量),温度和熵为零阶张量(标量)。考虑到各阶张量的独立分量个数,系统的状态可以由六个状态参量共 20 个热力学坐标来描述。

处于平衡状态的热力学系统具有确定的状态参量。实验表明,这些状态参量不是完全独立的,通常只需少数几个状态参量(称为独立参量)就可以描述平衡系统的状态。对于弹性电解质,从表示系统的力学、电学和热学性质的三对状态参量中各取一个(必须而且只需各取一个)作为描述该系统的独立参量(自变量)即可以描述该系统。

下面介绍仅与外界有机械能、电能及热能交换的单位体积的均匀晶体所构成的热力学系统的状态方程、热力学势函数及其应用。

假设系统针对某一平衡态有一无限小的态的变化,即从外界吸收热量 δQ,同时外界对它做功为 δW,根据热力学第一定律,其热力学能的微小变化 $\mathrm{d}U$ 为

$$\mathrm{d}U = \delta Q + \delta W$$

---

　*　本节为选学内容。

若系统处于无限缓慢变化的过程中,即时刻都处于平衡状态(又称为准静态过程),则外界所做的机械功及静电功之和为

$$\delta W = \sigma_\lambda d\varepsilon_\lambda + E_i dD_i$$

据热力学第二定律知

$$\delta Q \leqslant T dS \quad \begin{matrix} \text{不可逆} \\ \text{可逆} \end{matrix}$$

将上面三个关系式合并,得

$$dU < TdS + \delta_\lambda d\varepsilon_\lambda + E_i dD_i \quad \text{不可逆} \tag{2-76a}$$

$$dU = TdS + \sigma_\lambda d\varepsilon_\lambda + E_i dD_i \quad \text{可逆} \tag{2-76b}$$

式(2-76)中右边各项均具有能量的量纲。按热力学定义,人们常把三对代表系统热学、力学和电学性质的共轭变量(T,S)、$(\sigma_\lambda,\varepsilon_\lambda)$及$(E_i,D_i)$中的$T$、$\sigma_\lambda$、$E_i$三个量称为广义力,把$\varepsilon_\lambda$、$D_i$及$S$(即比熵,是单位体积的熵)三个量称为广义位移。可逆过程中等号成立,式(2-76b)可理解为外界对系统的广义功之和等于系统热力学能的增加。

由函数$U(S,\varepsilon_\lambda,D_i)$的全微分性质并与式(2-74b)比较后可得

$$T = \left(\frac{\partial U}{\partial S}\right)_{\varepsilon,D}$$

$$\sigma_\lambda = \left(\frac{\partial U}{\partial \varepsilon_\lambda}\right)_{S,D}$$

$$E_i = \left(\frac{\partial U}{\partial D_i}\right)_{S,\varepsilon} \tag{2-76c}$$

式(2-76c)称为状态方程。式中,T、σ_λ和E_i是自变量S、ε_λ和D_i的函数,称为状态函数。

可见,选用广义位移三个量$(S,\varepsilon_\lambda,D_i)$作为独立变量可以完全描述系统的性质。此时热力学能$U$及广义力$\sigma_\lambda$、$T$和$E_i$都是$S$、$\varepsilon_\lambda$及$D_i$的状态函数。由于函数$U$具有能量的量纲,故又称为势函数,从势函数出发可得到系统的各种宏观性质。

若从三对互为共轭的状态参量(T,S)、$(\sigma_\lambda,\varepsilon_\lambda)$及$(E_i,D_i)$中每一对中任选一个作为独立的自变量来描述系统,而另一个则是非独立的应变量。这种独立变量的选择共有8种方式,每一种选择都对应有一个势函数,即相应地有8个热力学函数把各自变量和应变量联系起来,它们是

热力学能	$U(S,\varepsilon,D)$	(2-77a)
亥姆赫兹自由能	$A = U - TS$	(2-77b)
焓	$H = U - \sigma_\lambda \varepsilon_\lambda - E_i D_i$	(2-77c)
弹性焓	$H_1 = U - \sigma_\lambda \varepsilon_\lambda$	(2-77d)
电焓	$H_2 = U - E_i D_i$	(2-77e)
吉布斯自由能	$G = U - TS - \sigma_\lambda \varepsilon_\lambda - E_i D_i$	(2-77f)

弹性吉布斯自由能　　　　　　$G_1 = U - TS - \sigma_\lambda \varepsilon_\lambda$　　　　　　　　　(2 - 77g)

电吉布斯自由能　　　　　　　$G_2 = U - TS - E_i D_i$　　　　　　　　　　(2 - 77h)

对式(2 - 77)全部求微分,可得出各势函数的微分形式如下:

$$dU = TdS + \sigma_\lambda d\varepsilon_\lambda + E_i dD_i \qquad (2 - 78a)$$

$$dA = -SdT + \sigma_\lambda d\varepsilon_\lambda + E_i dD_i \qquad (2 - 78b)$$

$$dH = TdS - \varepsilon_\lambda d\sigma_\lambda - D_i dE_i \qquad (2 - 78c)$$

$$dH_1 = TdS - \varepsilon_\lambda d\sigma_\lambda + E_i dD_i \qquad (2 - 78d)$$

$$dH_2 = TdS + \sigma_\lambda d\varepsilon_\lambda - D_i dE_i \qquad (2 - 78e)$$

$$dG = -SdT - \varepsilon_\lambda d\sigma_\lambda - D_i dE_i \qquad (2 - 78f)$$

$$dG_1 = -SdT - \varepsilon_\lambda d\sigma_\lambda + E_i dD_i \qquad (2 - 78g)$$

$$dG_2 = -SdT + \sigma_\lambda d\varepsilon_\lambda - D_i dE_i \qquad (2 - 78h)$$

式(2 - 78)可以简化为通式:

$$d(势函数) = \sum_{热力电} \pm (自变量的共轭量) \cdot d(自变量)$$

式中,自变量为广义位移时取"+",自变量为广义力时则取"−"。

　　由势函数出发,不仅可以讨论系统宏观参量之间的关系,而且可讨论系统在给定条件下的稳定性以及外部条件发生变化时系统的相变过程。亦即系统的各种宏观性质,原则上都可由势函数出发而得以表征。

　　应该注意,上述热力学函数是在封闭系统的可逆过程中推导出的,但对那些不可逆过程也是有用的,可适用于没有相变化和化学变化的物理变化过程。

　　固体热力学函数的另一个重要作用是判断过程的变化方向和限度。在 S、ε 和 D 恒定时的变化过程,由式 $dU \leqslant TdS + E_i dD_i + \sigma_\lambda d\varepsilon_\lambda$ [式(2 - 76)]可得

$$(dU)_{S,D,\varepsilon} \leqslant 0 \qquad (2 - 79)$$

式中,下标表示当热力学能 U 变化时这些量保持不变。由上式可见,在 ε、D 和 S 恒定的自发过程中热力学能不可能增加。此时,由于 ε 和 D 恒定,所以对晶体不做功;又因 S 恒定,所以 $\delta Q \leqslant 0$(因为 $\delta Q \leqslant TdS$)。

　　在处理定温($dT = 0$)过程系统的热力学行为时,通常采用亥姆赫兹自由能 A 和吉布斯自由能 G、G_1 和 G_2,它们的热力学自变量分别为 $(T, \varepsilon_\lambda, D_i)$ (T, σ_λ, E_i) (T, σ_λ, D_i) $(T, \varepsilon_\lambda, E_i)$。由于它们是状态函数,对弹性电解质用三个变量来描述(一个与热有关,两个与功有关),其微小改变量具有全微分的性质。由式(2 - 76)出发,将各热力学函数的定义式代入,可导出不同条件下的热力学函数判据。

　　如将式(2 - 76)移项,可得

$$dU - TdS - E_i dD_i - \sigma_\lambda d\varepsilon_\lambda \leqslant 0$$

再把吉布斯自由能定义式(2 - 77f)代入上式可得

$$(\mathrm{d}G)_{T,\sigma,E} \leqslant 0 \qquad (2-80)$$

此式含义为:在定温、恒应力和恒电场条件下,过程自发进行的方向必须是吉布斯自由能减小;或者说,要使吉布斯自由能增大的变化过程是不可能的。在实际相变中,通常是无外力和外电场条件下发生的,因此用式(2-80)来讨论给定条件下的稳定相是很有意义的。

科学家小传

卡诺(N. L. S. Carnot)　　　　开尔文(Lord Kelvin)　　　克劳修斯(R. J. E. Clausius)
(1796—1823)　　　　　　　　(1824—1907)　　　　　　　(1822—1888)

卡诺,法国物理学家。卡诺致力于从事热机效率问题的研究,独辟蹊径,运用理想模型的研究方法,从理论的高度对热机的工作原理进行研究。1824年,他发表著名论文《论火的动力和能发动这种动力的机器》,以富于创造性的想象力,精心构思了理想化的热机(卡诺热机),提出了作为热力学重要理论基础的卡诺循环和卡诺定理,从理论上解决了提高热机效率的根本途径,揭示了热机工作过程中最本质的东西,即"热机必须工作于两个热源之间,才能将高温热源的热量不断地转化为有用的机械功";明确了"热的动力与用来实现动力的介质无关,动力的量仅由最终影响热素传递的物体之间的温度来确定";指明了循环工作热机的效率有一极限值,而按可逆卡诺循环工作的热机所产生的效率最高。实际上卡诺的理论已经深含了热力学第二定律的基本思想,但由于受到"热质说"的束缚,未能完全探究到问题的底蕴。1834年,法国工程师克拉佩龙(B. P. E. Clapeyron, 1799—1864)研究了卡诺的文章,并以几何图示法将卡诺设计的简单循环表示出来,就是我们熟悉的由两条绝热线和两条等温线组成的 $p-V$ 图。

开尔文,英国著名物理学家、发明家,原名 W. 汤姆逊(W. Thomson),对热力学的发展做出了一系列重大贡献。他研究范围广泛,在热学、电磁学、流体力学、光学、地球物理、数学及其工程应用等方面都做出了贡献,在当时的科学界享有极高的名望。开尔文在法国学习时,根据盖-吕萨克的理论和克拉佩龙介绍的卡诺的理论进行研究,于1848年发表《建立在卡诺热动力理论基础上的绝对温标》一文,创立了"绝对温度"的热力学温标。1851年,他从热功转换的角度提出了热力学第二定律的另一种说法:"不可能从单一热源取热,使之完全变为有用功而不产生其他影响",被公认为热力学第二定律的标准说法。1852年,开尔文与焦耳合作,进一步研究气体的内能,对焦耳气体自由膨胀实验作了改进,进行气体膨胀的多孔塞实验,发现了气体的节流膨胀效应(焦耳-汤姆逊效应),被广泛地应用到低温技术和气体液化方面。为了纪念他在科学上的功绩,国际计量大会把热力学温标(即绝对温标)称为开尔文(开氏)温标,热力学温度以开尔文(K)为单位,是现在国际单位制中七个基本单位之一。

克劳修斯,德国物理学家,提出了热力学第二定律和熵的概念,成为热力学理论的奠基人。他主要从事分子物理、热力学、蒸汽机理论、理论力学、数学等方面的研究,是历史上第一个精确表示热力学定律的科学家。克劳修斯在迈耶和焦耳工作的基础上,重新分析了卡诺的工作,从热是运动的观点对热机的工作过程进行了新的研究。1850年,克劳修斯发表第一篇论文《论热的动力以及由此导出的关于热学本身的诸定律》。论文首先从焦耳确立的热功当量出发,将热力学过程遵守的能量守恒定律归结为热力学第一定律,第一次明确提出了热力学第一定律的数学表达式($dU = \delta Q + \delta W$),U是克劳修斯第一次引入热力学的一个新函数,是体积和温度的函数。后来开尔文把U称为物体的能量,即热力学系统的内能。在论文的第二部分,克劳修斯在卡诺定理的基础上研究了能量的转换和传递方向问题,根据热量传递总是从高温物体传向低温物体这一客观事实,提出了热力学第二定律最著名的表述形式(克劳修斯表述):"热量不可能自发地、不花任何代价地从低温物体传向高温物体"。此后,他在1854年又发表论文《力学的热理论的第二定律的另一种形式》,给出了可逆循环过程中热力学第二定律的数学表示形式$\left(\oint \dfrac{dQ}{T} = 0 \right)$,引入了一个新的态参量;1865年发表论文《力学的热理论的主要方程之便于应用的形式》,把这一新的态参量正式定名为"熵",以符号"S"表示。利用熵这个新函数,克劳修斯证明了:任何孤立系统中,系统的熵的总和永远不会减少,或者说自然界的自发过程是朝着熵增加的方向进行的。这就是"熵增加原理"。

克劳修斯一生成就斐然,也是气体分子运动论的主要奠基人之一。此外,他还创立了电解分离理论,开创了统计物理学这一崭新的学科。鉴于克劳修斯在人类科学史上功绩卓著,1879年英国皇家学会授予他著名的科普利奖章。

玻尔兹曼,奥地利物理学家,热力学和统计力学的奠基人之一。玻尔兹曼的贡献主要在热力学和统计物理方面。1869年,他将麦克斯韦速度分布律推广到保守力场作用下的情况,得到了玻尔兹曼分布律。1872年,他建立了玻尔兹曼方程(又称输运方程),用来描述气体从非平衡态到平衡态过渡的过程。1877年他又提出了著名的玻尔兹曼熵定理:

$$S = k \ln \Omega$$

式中$k = 1.38 \times 10^{-23}$ J·K^{-1},称为玻尔兹曼常数。当时,玻尔兹曼敏锐地认识到,从原子分子层面看,一个宏观状态的权重决定该状态的相对稳定性。所以,权重和熵是一一对应的:一个是微观的,一个是宏观的。但是,权重是乘积关系,

玻尔兹曼(L. Boltzmann)
(1844—1906)

而不像熵那样的加和关系。他将权重的对数与熵用定量关系联系起来,巧妙地解决了这个矛盾而实现了微观与宏观的关联。他在使科学界接受热力学理论,尤其是热力学第二定律方面立下了汗马功劳。事实上,玻尔兹曼之所以能成功导出统计热力学基本框架,用玻尔兹曼分布律算得与实验相符合的宏观性质,是因为他选择了气体为模型系统。若选用溶液作模型发展统计热力学框架,则难度不可同日而语。因此,时至今日,溶液的统计热力学基本上还是"零"。

思 考 题

2.1 哪些是热力学第一定律不能解决而在热力学第二定律得到解决的问题? 这些问题的解决对生产上有何帮助?

2.2 什么是自发过程? 不可逆过程是否都是自发过程?

2.3 什么叫第二类永动机? 与第一类永动机有何不同? 第二类永动机是否违反热力学第一定律?

2.4 理想气体在等温膨胀过程中,$\Delta U = 0$,$Q = -W$,在膨胀过程中所吸热全部变为功,这是否违反热力学第二定律? 为什么?

2.5 在一个密闭绝热的房间里放置一台电冰箱,将冰箱门打开,并接通电源使其制冷机运转。过一段时间之后,室内的平均气温将升高、降低还是不变? 为什么?

2.6 下列过程是否为可逆过程?

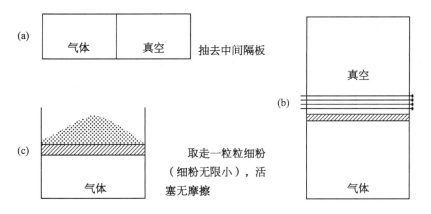

2.7 $\eta = \dfrac{Q_1 + Q_2}{Q_1} < \dfrac{T_1 - T_2}{T_1}$ 是否表达了所有真实热机效率?

2.8 写出克劳修斯的几个不等式,并说明每式的含义。

2.9 下列求算熵变公式的应用,哪些是正确的;哪些是错误的?

(a) 理想气体向真空膨胀:

$$\Delta S = nR \ln \frac{V_2}{V_1}$$

(b) 水在 298 K,1.01×10^5 Pa 下蒸发:

$$\Delta S = \frac{\Delta H - \Delta G}{T}$$

(c) 在恒温恒压条件下,不可逆相变:

$$\Delta S = \left[\frac{\partial(-\Delta G)}{\partial T}\right]_p$$

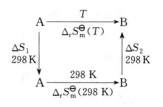

2.10 试从右图证明,对化学反应:

$$\Delta_r S_m^{\ominus}(T) = \Delta_r S_m^{\ominus}(298\,\text{K}) + \int_{298\,\text{K}}^{T} \frac{\sum_B \nu_B C_{p,m}(B)}{T} dT$$

2.11 冰在 273 K 下转变为水,熵值增大,则

$$\Delta S = \frac{Q}{T} > 0。$$

但又知在 273 K 时冰与水处于平衡状态,而 dS = 0 是平衡条件。上面说法看来有些矛盾,如何解释?

2.12 不论隔离系统内部发生什么变化,系统的热力学能和熵总是不变。是否正确?

2.13 dU = TdS − pdV。设系统是理想气体,温度不变,从 p_1 自由膨胀到 p_2,则 dU = 0,pdV = 0,dS = 0,这个结论正确否?

2.14 封闭系统中,相同的始态和终态之间,可逆过程 ΔS = 0,不可逆过程 ΔS > 0。 这种说法对吗? 为什么?

2.15 有一化学反应 $A_2 + B_2 \longrightarrow 2AB$ 在等温、等压下进行,因 $Q_p = \Delta H$,所以 $\Delta S = \frac{Q_p}{T} = \frac{\Delta H}{T}$,是否正确? 为什么?

2.16 热力学第三定律中为什么要求必须是"完美晶体"?

2.17 沟通化学热力学与统计热力学的重要公式是什么?

2.18 从熵的统计意义定性判断下列过程中系统的熵变情况:

(1) 水蒸气冷凝成水;　　　　　　　　(2) $CaCO_3(s) \longrightarrow CaO(s) + CO_2(g)$;

(3) 乙烯聚合成聚乙烯;　　　　　　　(4) 气体在催化剂上吸附。

2.19 从 U 及 S 这两个状态函数可以解决热力学第一及第二定律中的问题,为什么又要引用 H、A、G 这三个函数? 引入这三个函数有什么方便之处?

2.20 水在 1.01325×10^5 Pa、273 K 下转变为 273 K 冰的过程可看成是等温等压的,ΔG 是否等于零? 为什么?

2.21 说明下列各式适用的条件:

(1) ΔG = ΔH − TΔS;　　　　　　　　(2) dG = −SdT + Vdp;

(3) $G_m = G_m^{\ominus} + RT\ln(p/p^{\ominus})$;　　　　(4) ΔG = W'。

2.22 进行下述过程时,系统的 ΔU、ΔH、ΔS 和 ΔG 何者为零?

(1) 非理想气体的卡诺循环;

(2) 隔离系统中的任意过程;

(3) 在 100 ℃,101 325 Pa 下 1 mol 水蒸发成水蒸气;

(4) 绝热可逆过程。

2.23 改正下列错误:

(1) 在一可逆过程中熵值不变;

(2) 在一过程中熵变是 $\int \frac{\delta Q}{T}$;

(3) 亥姆赫兹函数是系统能做非体积功的能量;

(4) 吉布斯函数 G 是系统能做非体积功的能量;

(5) 焓 H 是系统能以热的方式交换的能量。

2.24 ΔG = ΔH − TΔS,对相变过程,式中哪一项是可逆热? 哪一项是不可逆热?

2.25 由吉布斯函数判据(1) $\Delta G_{T,p} < 0$,所以等温等压下经不可逆变化后,封闭系统的吉布斯自由能会降低。又,由热力学基本方程(2) $\mathrm{d}G = -S\mathrm{d}T + V\mathrm{d}p$,可知等温等压过程 $\mathrm{d}G = 0$。 为什么热力学公式之间会产生这样的矛盾?

2.26 (1) 查附录各种物质 298 K 的标准摩尔生成吉布斯函数的数值,说明在 298 K、100 kPa 下,下列哪种物质较稳定:(a) 白锡和灰锡;(b) 石墨和金刚石。(2) 既然石墨更稳定些,为什么金刚石在自然界也能长期存在? (3) 由石墨制造金刚石,必须采用加热、加压来实现。试用热力学原理说明,只采取加热方法得不到金刚石,而非加压不可的理由。

2.27 简要回答下列说法错在何处:

(1) 凡是 $\Delta G < 0$ 的过程一定是自发过程,凡是 $\Delta G > 0$ 的过程一定不能发生;

(2) 为求绝热不可逆由状态 A 到状态 B 过程的 ΔS,可在 A 与 B 之间设计一个绝热可逆过程,因为绝热可逆过程 $\Delta S' = 0$,所以从 A 到 B 的绝热不可逆过程 $\Delta S = 0$;

(3) 因为 $\mathrm{d}G = -S\mathrm{d}T + V\mathrm{d}p$,所以在等温、等压下发生的相变化和化学变化过程的 $\Delta G = 0$。

2.28 (1) 常温常压下,反应 $H_2(g) + \frac{1}{2}O_2(g) \longrightarrow H_2O(l)$,在光的作用下可瞬时完成,称为爆鸣气。但在常温常压下也可以通过电解使上述反应逆向进行。这两种都存在的反应倾向是否说明 $\Delta G_{T,p} < 0$ 的判据不能适用于该例?

(2) 理想气体等温膨胀,从 p_1、V_1、T 的始态膨胀到 p_2、V_2、T 的终态,其吉布斯自由能增量 $\Delta G = nRT\ln\frac{p_2}{p_1} < 0$,能否据此判断该变化过程是自发进行的?

2.29 吉布斯函数和化学势有什么区别? 化学势概念的建立解决了什么问题? 其重要性何在?

2.30 标准态化学势 $\mu_B^{\ominus}(T)$ 是否有绝对值?

习 题

2.1 2.00 mol 某理想气体由 27 ℃、20.0 dm³ 等温膨胀到 50.0 dm³,试计算下述各过程的 Q、W、ΔU、ΔH 及 ΔS:(1) 可逆膨胀;(2) 自由膨胀;(3) 对抗恒外压 101 kPa 膨胀。

$$[(1)\ Q_1 = 4.57\ \mathrm{kJ},\ W_1 = -4.57\ \mathrm{kJ},\ \Delta U_1 = 0,\ \Delta H_1 = 0,\ \Delta S_1 = 15.2\ \mathrm{J \cdot K^{-1}};$$
$$(2)\ Q_2 = 0,\ W_2 = 0,\ \Delta U_2 = 0,\ \Delta H_2 = 0,\ \Delta S_2 = 15.2\ \mathrm{J \cdot K^{-1}};$$
$$(3)\ Q_3 = 3.03\ \mathrm{kJ},\ W_2 = -3.03\ \mathrm{kJ},\ \Delta U_3 = 0,\ \Delta H_3 = 0,\ \Delta S_3 = 15.2\ \mathrm{J \cdot K^{-1}}]$$

2.2 1.00 mol 的 α-Fe 由 25 ℃ 加热到 850 ℃,求该变化过程的 ΔS。已知在实验温度范围内,α-Fe 的平均等压摩尔热容为 $C_{p,m} = 30.30\ \mathrm{J \cdot mol^{-1} \cdot K^{-1}}$。

$$[40.20\ \mathrm{J \cdot K^{-1}}]$$

2.3 2.00 mol 某理想气体由 5.00 MPa、50 ℃ 的始态,加热至 10.00 MPa、100 ℃ 的终态,计算该过程的 ΔS。已知实验温度范围内其平均摩尔热容为 $C_{p,m} = 41.34\ \mathrm{J \cdot mol^{-1} \cdot K^{-1}}$。

$$[0.38\ \mathrm{J \cdot K^{-1}}]$$

2.4 N_2 从 20.0 dm³、2.00 MPa、474 K 的始态,反抗恒外压 1.00 MPa 绝热膨胀到达平衡态,试计算过程的 ΔS。已知 N_2 可看成理想气体,平均摩尔热容为 $C_{p,m} = 29.10\ \mathrm{J \cdot mol^{-1} \cdot K^{-1}}$。

$$[12.8\ \mathrm{J \cdot K^{-1}}]$$

2.5 计算下列各物质在不同状态时熵的差值 $\Delta_\alpha^\beta S$:

(1) 1.00 g 冰(273 K, 101 325 Pa)与 1.00 g 水(273 K, 101 325 Pa)。已知冰的熔化焓为 335 J·g⁻¹。

(2) 1.00 mol 水(373 K, 101 325 Pa)与 1.00 mol 水蒸气(373 K, 101 325 Pa)。已知水的蒸发焓为 2 258 J·g⁻¹。

(3) 1.00 mol 水(l，298 K，0.10 MPa)与 1.00 mol 水(l，373 K，0.10 MPa)。已知水的质量热容为 4.184 J·g^{-1}·K^{-1}。

(4) 1.00 mol 水蒸气(373 K，0.10 MPa)与 1.00 mol 水蒸气(373 K，1.00 MPa)。假定水蒸气看作理想气体。

[(1) $\Delta S_1 = 1.23$ J·K^{-1}；(2) $\Delta S_2 = 109$ J·K^{-1}；(3) $\Delta S_3 = 16.9$ J·K^{-1}；(4) $\Delta S_4 = -19.1$ J·K^{-1}]

2.6　将 1.00 g，273 K 的冰加入到 10.0 g 沸腾的水中，设热量没有其他损失，求最后达平衡的温度及过程的 ΔS。已知冰的质量熔化焓是 335 J·g^{-1}，水的质量热容是 4.184 J·g^{-1}·K^{-1}。

[$T = 357$ K，$\Delta S = 0.520$ J·K^{-1}]

2.7　铁制铸件质量为 75 g，温度为 700 K，浸入 293 K 的 300 g 油中。已知铸件的平均质量热容 $C_p = 0.502$ J·K^{-1}·g^{-1}，油的平均质量热容 $C_p = 2.51$ J·K^{-1}·g^{-1}，设无热量传给环境，求铸件、油及整个隔离系统的熵变。

[ΔS(铸件) $= -30.42$ J·K^{-1}，ΔS(油) $= 47.31$ J·K^{-1}，ΔS(隔离) $= 16.89$ J·K^{-1}]

2.8　利用附录Ⅳ的热力学数据，求下列反应的熵变 $\Delta_r S_m^{\ominus}(298$ K$)$：

(1) $FeO(s) + CO(g) = CO_2(g) + Fe(s)$；

(2) $CH_4(g) + 2O_2(g) = CO_2(g) + 2H_2O(l)$。

[(1) -11.08 J·K^{-1}·mol^{-1}；(2) -242.67 J·K^{-1}·mol^{-1}]

2.9　某车床刀具需进行高温回火，加热到 833 K，求刀具在此温度下的熵值。设刀具以铁制品计算，已知 $S_m^{\ominus}$(Fe，298 K) $= 27.15$ J·mol^{-1}·K^{-1}，在实验温度范围内其平均摩尔热容为 $C_{p,m} = 30.30$ J·mol^{-1}·K^{-1}。

[58.30 J·mol^{-1}·K^{-1}]

2.10　证明：

(1) $\left(\dfrac{\partial U}{\partial V}\right)_T = T\left(\dfrac{\partial p}{\partial T}\right)_V - p$；

(2) $\left(\dfrac{\partial U}{\partial V}\right)_p = C_V\left(\dfrac{\partial T}{\partial V}\right)_p + T\left(\dfrac{\partial p}{\partial T}\right)_V - p$；

(3) 已知等压下，某化学反应的 $\Delta_r H_m$ 与 T 无关，试证明该反应的 $\Delta_r S_m$ 亦与 T 无关。

[略]

2.11　1.00 mol 某理想气体，在 298 K 时经下列两种不同变化过程，求两过程的 ΔS、ΔG、ΔA 分别为多少：

(1) 等温可逆膨胀，体积从 24.4 dm^3 变为 244 dm^3；

(2) 克服恒定的外压 10.1 kPa 从 24.4 dm^3 等温膨胀到 244 dm^3；

(3) 判断上述两过程的方向和限度以什么函数为判据较方便，试加以说明。

[(1) $\Delta S_1 = 19.1$ J·K^{-1}，$\Delta G_1 = -5.70$ kJ，$\Delta A_1 = -5.70$ kJ；

(2) $\Delta S_2 = 19.1$ J·K^{-1}，$\Delta G_2 = \Delta A_2 = -5.70$ kJ；

(3) 两过程均为等温过程，故以"$-\Delta A_T \geqslant -W$"判据来判断过程的方向和限度较为方便]

2.12　1.00 mol 氧气(视为理想气体)，在 30 ℃ 时从 0.10 MPa 等温可逆压缩至 0.50 MPa，求 W、ΔU、ΔH、ΔA、ΔG。

[$W = 4.05$ kJ，$\Delta U = 0$，$\Delta H = 0$，$\Delta A = \Delta G = 4.05$ kJ]

2.13　某系统由始态 101.3 kPa、3 dm^3、400 K 经过等压可逆变化至终态 101.3 kPa、4 dm^3、700 K。已知在此温度范围内的等压容 $C_p = 20$ J·K^{-1}，$S_1(400$K$) = 30$ J·K^{-1}。试计算该变化过程的 Q、W、ΔU、ΔH、ΔS、ΔA、ΔG。

[$Q = \Delta H = 6.0$ kJ，$W = -0.10$ kJ，$\Delta U = 5.9$ kJ，$\Delta S = 11.2$ J·K^{-1}，$\Delta A = -10.9$ kJ，$\Delta G = -10.8$ kJ]

2.14　1.00 mol H$_2$(假定为理想气体)由 100 ℃、404 kPa 膨胀到 25 ℃、101 kPa，求 ΔU、ΔH、ΔA、

ΔG。

$$[\Delta U = -1.56\,\text{kJ},\ \Delta H = -2.18\,\text{kJ},\ \Delta A = 6.37\,\text{kJ},\ \Delta G = 5.74\,\text{kJ}]$$

2.15　1 000 g 铜在其熔点 1 083 ℃、101 325 Pa 下变为液体,温度、压力不变,求 ΔH、Q、ΔS、ΔG。已知铜的熔化焓 $\Delta_{\text{fus}} H_{\text{m}}(\text{Cu}) = 13\,560\,\text{J} \cdot \text{mol}^{-1}$。

$$[Q_p = \Delta H = 211.9\,\text{kJ},\ \Delta S = 156\,\text{J} \cdot \text{K}^{-1}, \Delta G = 0]$$

2.16　1.00 mol 水在 100 ℃、101 325 Pa 下蒸发为水蒸气,求 ΔS、ΔG、ΔA。已知水的质量气化焓为 $2\,258\,\text{J} \cdot \text{g}^{-1}$,水蒸气看作理想气体,液态水的体积可以忽略。

$$[\Delta S = 109\,\text{J} \cdot \text{K}^{-1},\ \Delta G = 0,\ \Delta A = -3.10\,\text{kJ}]$$

2.17　1.00 mol 水在 100 ℃、101 325 Pa 下蒸发为水蒸气并等温可逆膨胀至 $50\,\text{dm}^3$,求 W 和 ΔG。

$$[W = -4.62\,\text{kJ},\ \Delta G = -1.52\,\text{kJ}]$$

2.18　求 1.00 mol 水在 100 ℃、202 kPa 下变为同温同压的水蒸气时,变化过程的 ΔU、ΔH、ΔS、ΔG。已知水在 100 ℃、101 kPa 下的摩尔蒸发焓 $\Delta_{\text{vap}} H_{\text{m}} = 40.64\,\text{kJ} \cdot \text{mol}^{-1}$。

$$[\Delta U = 37.5\,\text{kJ},\ \Delta H = 40.6\,\text{kJ},\ \Delta S = 103\,\text{J} \cdot \text{K}^{-1},\ \Delta G = 2.15\,\text{kJ}]$$

2.19　在 25 ℃、101.325 kPa 下,若使 1 mol 铅与醋酸铜溶液在可逆情况下作用,系统可给出电功 91.75 kJ,同时吸热 213.43 kJ。试计算此化学反应过程的 ΔU、ΔH、ΔS、ΔA 和 ΔG。

$$[\Delta U = 121.68\,\text{kJ},\ \Delta H = 121.68\,\text{kJ},\ \Delta S = 715.8\,\text{J} \cdot \text{K}^{-1},\ \Delta A = \Delta G = -91.75\,\text{kJ}]$$

2.20　利用附录 Ⅳ 中物质的标准摩尔生成焓和标准摩尔熵数据,求下列反应的 $\Delta_r G_{\text{m}}^{\ominus}$(298 K):

(1) $3\text{Fe}_2\text{O}_3(\text{s}) + \text{CO}(\text{g}) \rule[0.5ex]{1.5em}{0.4pt}\!\rule[0.5ex]{1.5em}{0.4pt}\ 2\text{Fe}_3\text{O}_4(\text{s}) + \text{CO}_2(\text{g})$;

(2) $\text{C}_2\text{H}_4(\text{g}) + 3\text{O}_2(\text{g}) \rule[0.5ex]{1.5em}{0.4pt}\!\rule[0.5ex]{1.5em}{0.4pt}\ 2\text{CO}_2(\text{g}) + 2\text{H}_2\text{O}(\text{l})$。

$$[(1)\ -62.07\,\text{kJ} \cdot \text{mol}^{-1}; (2)\ -1\,331\,\text{kJ} \cdot \text{mol}^{-1}]$$

2.21　已知渗碳反应 $3\text{Fe}(\text{g}) + 2\text{CO}(\text{g}) \rule[0.5ex]{1.5em}{0.4pt}\!\rule[0.5ex]{1.5em}{0.4pt}\ \text{Fe}_3\text{C}(\text{s}) + \text{CO}_2(\text{g})$, $\Delta H_{\text{m}}^{\ominus}(1\,000\,\text{K}) = -154.4\,\text{kJ} \cdot \text{mol}^{-1}$; $\Delta S_{\text{m}}^{\ominus}(1\,000\,\text{K}) = -152.6\,\text{J} \cdot \text{mol}^{-1} \cdot \text{K}^{-1}$,试求反应的 $\Delta G_{\text{m}}^{\ominus}(1\,000\,\text{K})$。

$$[-1.8\,\text{kJ} \cdot \text{mol}^{-1}]$$

2.22　已知灰锡与白锡在 19 ℃、101.3 kPa 下能平衡共存,问在 0 ℃、101.3 kPa 下灰锡与白锡哪一个较稳定? 已知:灰锡→白锡,　$\Delta H_{\text{m}}(273\,\text{K}) = 2\,226\,\text{J} \cdot \text{mol}^{-1}$,灰锡和白锡的平均等压摩尔热容分别为 $25.7\,\text{J} \cdot \text{mol}^{-1} \cdot \text{K}^{-1}$ 和 $26.4\,\text{J} \cdot \text{mol}^{-1} \cdot \text{K}^{-1}$。

$$[\Delta G_{\text{m}} = 146\,\text{J} \cdot \text{mol}^{-1} > 0,\text{灰锡稳定}]$$

2.23　混合理想气体组分 B 的化学势可用 $\mu_B = \mu_B^{\ominus} + RT\ln(p_B/p^{\ominus})$ 表示。这里,$\mu_B^{\ominus}$ 是组分 B 的标准态化学势,p_B 是其分压。

(1) 求在恒温、恒压下,将若干组分理想气体混合成为理想混合气体时,热力学能、焓、熵、吉布斯函数及体积变化;

(2) 求理想混合气体的状态方程。

$$[(1)\ \Delta_{\text{mix}} H = 0,\ \Delta_{\text{mix}} U = 0,\ \Delta_{\text{mix}} S = -R \sum n_B \ln x_B,$$
$$\Delta_{\text{mix}} G = RT \sum n_B \ln x_B,\ \Delta_{\text{mix}} V = 0; (2)\ V = \sum n_B RT/p]$$

第三章 化 学 平 衡

本章教学基本要求

1. 理解化学反应的方向判据及平衡条件,掌握标准平衡常数的定义及其在气相反应、复相反应中的不同表达式。

2. 掌握固体与理想气体反应的复相反应中分解压的概念和有关平衡的计算。

3. 掌握范特荷夫化学反应等温方程,会用反应的摩尔吉布斯函数 $\Delta_r G_m$ 判断反应进行的方向。

4. 掌握标准平衡常数的热力学计算,掌握标准平衡常数与温度的关系——范特荷夫等压方程的微分式与积分式运用。

5. 会分析温度、浓度、压力和惰性气体对化学平衡的影响,会计算有关平衡组成。

6. 了解 ΔG - T 图的内容、应用及局限性,了解同时平衡与耦合反应的概念。

化学反应可以同时向正、反两个方向进行。在生产实际中需要知道，如何控制反应条件，使反应向我们所期望的方向进行，在给定条件下反应进行的最高限度是什么，以及在什么条件下可得到更大的产率，等等。这就是化学反应的方向和限度问题，是工业生产的重要问题，有赖于利用热力学的基本知识来解决。解决这些问题的重要性是不言而喻的。例如，在预知反应不可能进行或理论产率极低的情况下，就不必再耗费人力、物力和时间去做探索性实验。又如在给定条件下，现实生产的产率已接近热力学计算的最大限度，也不必花费精力去企图超越它，只有设法改变条件，获得新条件下的新限度。

S3-1
双温区光
热合成氨

根据热力学第二定律，一定条件下，化学反应进行的限度即为化学平衡状态。达平衡后，反应系统中各物质的组成不再随时间而改变，产物和反应物的数量之间具有确定的关系。而外界条件一旦改变，平衡状态必然随之发生变化。因此，判断化学反应可能性的核心问题，就是找出化学平衡时温度、压力和组成间的关系。这些热力学函数间的定量关系，可用热力学方法严格地推导出来。

本章将根据热力学原理来处理化学平衡问题，包括以下几方面内容：从热力学第二定律给出的平衡条件出发，利用化学势与组成的关系定义标准平衡常数 $K^{\ominus}(T)$；从热力学原理出发推导出化学反应等温方程并用以判断化学反应进行的方向；介绍几种计算标准平衡常数的热力学方法；推导范特荷夫化学反应等压方程，并讨论各种因素对化学平衡的影响。学习化学平衡的目的主要在于掌握这些知识并在实际中应用，因此，本章还将介绍怎样利用化学平衡原理计算化学平衡时的组成，结合专业介绍 $\Delta G_m^{\ominus} \sim T$ 图的原理及应用，从而明确吉布斯函数的计算在冶金和材料热力学分析中占有的重要地位。

主题 3-1 导学
化学反应的方
向判据与标准
平衡常数

主题一 化学反应的方向判据与标准平衡常数

§3-1 化学反应的方向判据及平衡条件

§3-1 演示文稿
化学反应的
方向判据及
平衡条件

对任意的多组分、均相封闭系统，当系统组成有微小变化时，有热力学基本方程

$$dG = -SdT + Vdp + \sum_B \mu_B dn_B \qquad (3-1)$$

对于化学反应系统，引入反应进度的概念，即

$$d\xi = \frac{dn_B}{\nu_B} \quad \text{或} \quad dn_B = \nu_B d\xi$$

则
$$dG = -SdT + Vdp + \sum_B \nu_B \mu_B d\xi \qquad (3-2)$$

在等温等压下,有

$$dG = \sum_B \nu_B \mu_B d\xi \tag{3-3}$$

根据吉布斯函数判据,有

$$(dG)_{T,\,p,\,W'=0} = \sum_B \nu_B \mu_B d\xi \leqslant 0 \qquad \begin{matrix} \text{自发过程} \\ \text{平衡或可逆过程} \end{matrix} \tag{3-4a}$$

即

$$\left(\frac{\partial G}{\partial \xi}\right)_{T,\,p} = \sum_B \nu_B \mu_B \xlongequal{\text{def}} \Delta_r G_m \tag{3-4b}$$

式中μ_B是参与反应的各物质的化学势,它是系统的温度、压力和组成的函数,即$\mu_B = f(T,\,p,\,n_B,\,n_C)$。因而,决定了上述偏微商$\left(\dfrac{\partial G}{\partial \xi}\right)_{T,\,p}$的数值会随着一定温度、压力下反应进行时,反应进度$\xi$变化引起的系统组成变化及相应的$\mu_B$值而改变,表示为$\Delta_r G_m$,其数值仅具瞬时的确定性,称为化学反应的摩尔吉布斯函数。由式(3-4b)可以看出,$\Delta_r G_m$的单位是$J \cdot mol^{-1}$。

由式(3-4b),若偏微商$\left(\dfrac{\partial G}{\partial \xi}\right)_{T,\,p} < 0$,

即

$$\Delta_r G_m < 0 \quad 或 \quad \sum_B \nu_B \mu_B < 0 \tag{3-5}$$

表示反应右向进行,且是自发的;

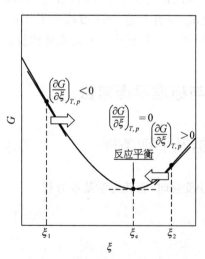

图3-1 系统的吉布斯函数G与
反应进度ξ的关系

反之,若$\left(\dfrac{\partial G}{\partial \xi}\right)_{T,\,p} > 0$,

即

$$\Delta_r G_m > 0 \quad 或 \quad \sum_B \nu_B \mu_B > 0 \tag{3-6}$$

表示右向进行的反应不可能自发进行。

当$\left(\dfrac{\partial G}{\partial \xi}\right)_{T,\,p} = 0$时,

即

$$\Delta_r G_m = 0 \quad 或 \quad \sum_B \nu_B \mu_B = 0 \tag{3-7}$$

表示反应系统达到了平衡状态。

上述几种情况可用图3-1表示。可见,$\Delta_r G_m$的数值$\left[=\left(\dfrac{\partial G}{\partial \xi}\right)_{T,\,p}\right]$与反应进度$\xi$密切相关,用它作为判据来判断反应方向时,绝不能笼统地、无条件地说某反应向什么方向进行,必须指明其瞬时反应进度。

§3-2 化学反应的标准平衡常数

一、理想气体反应的化学平衡

设各组分均为理想气体的极大封闭反应系统[①]中,有 a mol A 物质,b mol B 物质,y mol Y 物质,z mol Z 物质,在等温等压条件下,存在如下平衡:

$$a\mathrm{A} + b\mathrm{B} = y\mathrm{Y} + z\mathrm{Z}$$

设各物质的化学势分别为 μ_A、μ_B、μ_Y、μ_Z,则在等温等压条件下,反应系统的吉布斯函数为

$$\Delta_\mathrm{r} G_\mathrm{m} = \sum_\mathrm{B} \nu_\mathrm{B}\mu_\mathrm{B} = (y\mu_\mathrm{Y} + z\mu_\mathrm{Z}) - (a\mu_\mathrm{A} + b\mu_\mathrm{B}) \tag{3-8}$$

根据式(3-7)反应的平衡条件为

$$\sum_\mathrm{B} \nu_\mathrm{B}\mu_\mathrm{B} = 0$$

设在温度 T 达到平衡状态时各气体的分压分别为 p_A、p_B、p_Y 和 p_Z,将理想气体的化学势与压力的关系式 $\mu_\mathrm{B} = \mu_\mathrm{B}^\ominus(T) + RT\ln(p_\mathrm{B}/p^\ominus)$ 代入式(3-8)得

$$\Delta_\mathrm{r} G_\mathrm{m} = y[\mu_\mathrm{Y}^\ominus(T) + RT\ln(p_\mathrm{Y}/p^\ominus)] + z[\mu_\mathrm{Z}^\ominus(T) + RT\ln(p_\mathrm{Z}/p^\ominus)] -$$
$$a[\mu_\mathrm{A}^\ominus(T) + RT\ln(p_\mathrm{A}/p^\ominus)] - b[\mu_\mathrm{B}^\ominus(T) + RT\ln(p_\mathrm{B}/p^\ominus)]$$

整理后得

$$\Delta_\mathrm{r} G_\mathrm{m} = [y\mu_\mathrm{Y}^\ominus(T) + z\mu_\mathrm{Z}^\ominus(T) - a\mu_\mathrm{A}^\ominus(T) - b\mu_\mathrm{B}^\ominus(T)] + RT\ln\frac{(p_\mathrm{Y}/p^\ominus)^y(p_\mathrm{Z}/p^\ominus)^z}{(p_\mathrm{A}/p^\ominus)^a(p_\mathrm{B}/p^\ominus)^b}$$

令

$$\Delta_\mathrm{r} G_\mathrm{m}^\ominus(T) = y\mu_\mathrm{Y}^\ominus(T) + z\mu_\mathrm{Z}^\ominus(T) - a\mu_\mathrm{A}^\ominus(T) - b\mu_\mathrm{B}^\ominus(T) = \sum_\mathrm{B} \nu_\mathrm{B}\mu_\mathrm{B}^\ominus(T) \tag{3-9}$$

$$\Pi(p_\mathrm{B}/p^\ominus)^{\nu_\mathrm{B}} = \frac{(p_\mathrm{Y}/p^\ominus)^y(p_\mathrm{Z}/p^\ominus)^z}{(p_\mathrm{A}/p^\ominus)^a(p_\mathrm{B}/p^\ominus)^b}$$

代入得

$$\Delta_\mathrm{r} G_\mathrm{m} = \Delta_\mathrm{r} G_\mathrm{m}^\ominus(T) + RT\ln\Pi(p_\mathrm{B}/p^\ominus)^{\nu_\mathrm{B}} \tag{3-10}$$

平衡时 $\Delta_\mathrm{r} G_\mathrm{m} = 0$,则

$$\Delta_\mathrm{r} G_\mathrm{m}^\ominus(T) = -RT\ln\Pi(p_\mathrm{B}/p^\ominus)^{\nu_\mathrm{B}}_\mathrm{eq} \tag{3-11}$$

由于 $\mu_\mathrm{B}^\ominus(T)$ 是理想气体组分 B 在温度 T、标准态 $p^\ominus = 100\,\mathrm{kPa}$ 时的化学势,其值只是温度的函数,与分压 p_B、系统总压无关,即在一定温度下为一定值。对给定反应,化学计量数也已确定,故定温下 $\Delta_\mathrm{r} G_\mathrm{m}^\ominus(T)$ 有定值。所以,式(3-11)对数项中的值一定。

---

① 此处要求极大系统是为了反应过程中及反应后,各物质的浓度(或分压)不致发生可觉察的变化,从而保证化学势的恒定。

令
$$K^{\ominus}(T) = \Pi(p_{B,\,eq}/p^{\ominus})^{\nu_B} \tag{3-12}$$

$K^{\ominus}(T)$ 称为反应系统的热力学标准平衡常数。其定义式为

$$K^{\ominus}(T) \stackrel{def}{=\!=} \exp\left(-\frac{\sum\limits_{B}\nu_{B}\mu_{B}^{\ominus}(T)}{RT}\right) \tag{3-13a}$$

$$K^{\ominus}(T) \stackrel{def}{=\!=} \exp[-\Delta_r G_m^{\ominus}(T)/RT] \tag{3-13b}$$

式(3-13)公式右端量纲为1,且只是温度的函数,故 $K^{\ominus}(T)$ 也是一个只与温度有关的量纲1的量。式(3-11)左端为反应系统在温度 T 时的标准热力学性质,$\Delta_r G_m^{\ominus}(T)$ 称为反应的标准摩尔吉布斯函数;公式右端为反应达到平衡时各组分的分压商,是系统的平衡化学性质。因而式(3-11)将系统的平衡化学性质与其标准热力学性质联系起来,是一个重要的基本关系式,其实用价值在于使化学家可以直接从现有的热力学数据进行化学平衡计算。

除了用 $K^{\ominus}(T)$ 描述化学反应平衡性质之外,习惯上人们还使用 K_p、K_c、K_x 等,这些称为"经验平衡常数",而非热力学平衡常数,它们与 $K^{\ominus}(T)$ 的关系推导如下:

由式(3-12)得
$$K^{\ominus}(T) = \Pi(p_{B,\,eq})^{\nu_B} \cdot (p^{\ominus})^{-\sum\limits_{B}\nu_B} = K_p(p^{\ominus})^{-\sum\limits_{B}\nu_B} \tag{3-14}$$

将 $p_B = c_B RT$ 代入式(3-12),则有
$$K^{\ominus}(T) = \Pi(c_{B,\,eq}RT/p^{\ominus})^{\nu_B} = \Pi(c_{B,\,eq})^{\nu_B} \cdot (RT/p^{\ominus})^{\sum\limits_{B}\nu_B}$$
$$= K_c(RT/p^{\ominus})^{\sum\limits_{B}\nu_B} \tag{3-15}$$

将分压定义 $p_B = x_B p$ 代入式(3-12),得
$$K^{\ominus}(T) = \Pi(x_{B,\,eq}p/p^{\ominus})^{\nu_B} = \Pi(x_{B,\,eq})^{\nu_B} \cdot (p/p^{\ominus})^{\sum\limits_{B}\nu_B}$$
$$= K_x(p/p^{\ominus})^{\sum\limits_{B}\nu_B} \tag{3-16}$$

这些平衡常数表示法只限于理想气体或低压下的气相反应。对于高压下的气相反应,不能视为理想气体的混合物,以上式子都需要加以修正。修正的办法是将式中各组分的分压力用相应的"校正压力"(即逸度)来代替。这种非理想情况不属于本课程的基本要求,如读者需要可参阅其他物理化学著作。

【例3-1】　已知气相反应(1) $2SO_3(g) \rightleftharpoons 2SO_2(g) + O_2(g)$ 在 1000 K 时平衡常数 $K_{p,1} = 29.4\,\text{GPa}$。求

反应(2): $2SO_2(g) + O_2(g) \rightleftharpoons 2SO_3(g)$ 的 $K_{p,2}$ 及 $K_2^{\ominus}$;

反应(3): $SO_3(g) \rightleftharpoons SO_2(g) + \dfrac{1}{2}O_2(g)$ 的 $K_{p,3}$ 及 $K_3^{\ominus}$。

解:反应(1)平衡后,$K_{p,1}$ 与各组分平衡分压关系为

$$K_{p,1} = \frac{[p(SO_2)]^2 \cdot p(O_2)}{[p(SO_3)]^2}$$

对于反应(2)

$$K_{p,2} = \frac{[p(SO_3)]^2}{[p(SO_2)]^2 \cdot p(O_2)}$$

比较 $K_{p,1}$ 与 $K_{p,2}$,有

$$K_{p,2} = \frac{1}{K_{p,1}} = \frac{1}{2.94 \times 10^{10} \text{ Pa}} = 3.40 \times 10^{-11} \text{ Pa}^{-1}$$

由式(3-14)得

$$K_2^\ominus = K_{p,2}(p^\ominus)^{-\sum\limits_B \nu_B} = 3.40 \times 10^{-11} \text{ Pa}^{-1} \cdot (100 \text{ kPa})^{-(2-2-1)}$$

$$= 3.40 \times 10^{-6}$$

对于反应(3)
$$K_{p,3} = \frac{p(SO_2) \cdot [p(O_2)]^{\frac{1}{2}}}{p(SO_3)}$$

比较 $K_{p,1}$ 与 $K_{p,3}$,有

$$K_{p,3} = (K_{p,1})^{\frac{1}{2}} = (2.94 \times 10^{10} \text{ Pa})^{\frac{1}{2}} = 1.72 \times 10^5 \text{ Pa}^{\frac{1}{2}}$$

$$K_3^\ominus = K_{p,3}(p^\ominus)^{-\sum\limits_B \nu_B} = 1.72 \times 10^5 \text{ Pa}^{\frac{1}{2}} \cdot (100 \text{ kPa})^{-(1+\frac{1}{2}-1)} = 5.44 \times 10^2$$

由 $K_1^\ominus(T)$ 与 $K_3^\ominus(T)$ 看出:两者所指的反应均为 SO_3 的分解,但 $K^\ominus$ 值却不同,说明平衡常数与反应方程式的写法有关。因为由式(3-9) $\Delta_r G_m^\ominus(T) = \sum\limits_B \nu_B \mu_B^\ominus(T)$,$\Delta_r G_m^\ominus$ 与反应式写法 ν_B 有关。

二、复相化学平衡

1. 凝聚相纯物质与理想气体反应的平衡常数

凝聚相纯物质(不形成溶液或固熔体的纯液相或固相)和气体之间的反应属于复相反应。例如反应

$$Fe(s) + CO_2(g) \Longrightarrow FeO(s) + CO(g)$$

可写成一般的代表性反应

$$aA(s) + bB(g) \Longrightarrow yY(s) + zZ(g)$$

因为纯液体或纯固体的化学势实际上只和温度有关,压力的影响一般可以略去不计,所以,系统在任意 T、p 下凝聚相纯物质的化学势

$$\mu_A = \mu_A^* = \mu_A^\ominus; \quad \mu_Y = \mu_Y^* = \mu_Y^\ominus$$

而气相物质(视为理想气体)

$$\mu_B = \mu_B^\ominus(T) + RT\ln(p_B/p^\ominus), \quad \mu_Z = \mu_Z^\ominus(T) + RT\ln(p_Z/p^\ominus)$$

由式(3-13)
$$K^\ominus(T) = \exp\left[-\frac{\Delta_r G_m^\ominus(T)}{RT}\right]$$

$$= \exp\left[-\frac{\sum \nu_B \mu_B^\ominus (T)}{RT} \right] = \frac{(p_Z/p^\ominus)_{eq}^z}{(p_B/p^\ominus)_{eq}^b} \tag{3-17}$$

可见，对于凝聚相纯物质与气体间的复相反应，在 $\Delta_r G_m^\ominus (T)$ 中包含了气态和凝聚态的化学势 $\mu_B^\ominus$，但平衡常数 $K^\ominus (T)$ 的表示式中只包含气体的平衡分压。

　　2. 分解压与分解温度

　　在复相平衡中有一类特殊的反应，其特点是平衡只涉及一种气体生成物，其余都是纯态凝聚相。例如，

$$2FeO(s) = 2Fe(s) + O_2(g)$$

$$CaCO_3(s) = CaO(s) + CO_2(g)$$

以后一反应为例，　　　　　　　　$$K^\ominus = \frac{p_{CO_2, eq}}{p^\ominus}$$

　　由于 $K^\ominus$ 只是温度的函数，所以在一定温度时，不论 $CaCO_3$ 和 CaO 的数量有多少，平衡时 CO_2 的分压为一定值，我们把平衡态的 $p(CO_2)$ 称为该温度下 $CaCO_3$ 的分解压。若分解产物不止一种，则产物的总压称为解离压力。例如 $NH_4HS(s)$ 的分解：$NH_4HS(s)$ $= NH_3(g) + H_2S(g)$，总压 $p = p_{NH_3} + p_{H_2S}$。

　　当 $CaCO_3$ 受热升温时，其 $p(CO_2)$ 逐渐加大，至 897 ℃，$p(CO_2)$ 等于外界压力（101 325 Pa）时，所生成的 CO_2 可以在大气中扩散开，反应可按分解方向连续进行，因此把分解压等于外压的温度称为分解温度。它随外压而异，当外压为 22 292 Pa 时，$CaCO_3$ 的分解温度则为 800 ℃。

　　需注意，分解温度和开始分解温度有区别。对氧化物而言（如 FeO），分解温度是反应系统 $2FeO(s) = 2Fe(s) + O_2(g)$ 分解压等于外压时的温度，而开始分解温度则定义为反应系统的分解压等于平衡气相中氧的分压力时的温度。显然，若在纯氧中，开始分解温度等于分解温度；若不在纯氧中，开始分解温度则低于分解温度。不论气相总压多大，若气相中氧的分压愈低，则 FeO(s) 的开始分解温度愈低。例如 FeO(s) 在 $p(O_2) = 10^{-6}$ kPa 而总压为 100 kPa 的气氛中开始分解温度为 1 867 K，而分解温度为 4 150 K；但在 $p(O_2) = $ 21 kPa，总压为 100 kPa 的空气中，开始分解温度升至 3 760 K，而分解温度仍为 4 150 K。对于非氧化物的分解（如 $CaCO_3$），只要分解产物中有一种气体，也可得到与上述类似结论。

　　分解压是个重要的概念，广泛应用于化工、冶金、金属材料热处理过程，常用它来衡量某一物质的相对热稳定性。分解压愈小的化合物，其热稳定性愈好，即该化合物愈难分解。表 3-1 列出某些常见氧化物在 1 000 K 下的分解压。

表 3-1　某些氧化物在 1 000 K 下的分解压

分解压 p/kPa								
CuO	Cu$_2$O	NiO	FeO	MnO	SiO$_2$	Al$_2$O$_3$	MgO	CaO
2.0×10^{-8}	1.1×10^{-12}	1.1×10^{-14}	3.3×10^{-18}	3.0×10^{-31}	1.3×10^{-38}	5×10^{-46}	3.4×10^{-50}	2.7×10^{-54}

热稳定性渐增——→

若将某些氧化物的分解压对温度作图(图3-2)，可看出其规律：①温度愈高，分解压愈大；②同一温度下，分解压愈大的化合物愈不稳定。各种氧化物的热稳定性顺序与表3-1是一致的。

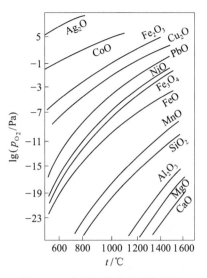

图 3-2　金属氧化物的分解压与温度的关系

根据分解压的大小，可预知在冶炼过程中哪些元素易熔于金属液中，哪些元素易氧化而进入炉渣。因而分解压这一性质常作为生产设计过程的一个重要依据。如在铸造、焊接过程中，为了提高产品的机械性能必须考虑熔池中的脱氧问题。比如热处理盐浴，若长期使用而不除去其中的氧，将使盐浴性能变坏，造成工件质量下降，因而需进行脱氧。再如冶金过程中，欲除去 FeO 中的氧，均需采用适当的脱氧剂。选择脱氧剂的原则是：脱氧剂与氧形成化合物的热稳定性大于氧化亚铁的热稳定性。这样脱氧剂加入后，即会夺取氧化亚铁中的氧。从表3-1看出，Al、Si、Mn 均可以作为炼钢的脱氧剂。因为

$$3(FeO) + 2[Al] = (Al_2O_3) + 2Fe(l)$$

式中，(FeO)、(Al_2O_3) 分别表示渣中的 FeO 和 Al_2O_3，$[Al]$ 表示熔于 $Fe(l)$ 中的 Al。因 Al_2O_3 比 FeO 稳定，所以炼钢末期常加入 Al 以除去 FeO 中的氧，所生成 Al_2O_3 即随渣排出。

由表3-1和图3-2还可以粗略估计，用相同还原剂在相同温度下，各金属氧化物还原的先后次序。

【例3-2】　$CaCO_3$ 的分解反应为 $CaCO_3(s) = CaO(s) + CO_2(g)$，$CO_2$ 的平衡分压与温度的关系为

$t/℃$	600	700	805	890	903	1 000
$p/p^\ominus$	$3.7×10^{-3}$	$3.9×10^{-2}$	0.26	1.00	1.29	4.90

求 $CaCO_3$ 在空气中的分解温度(空气的压力近似取为 100 kPa)及 903℃时 $CaCO_3$ 的分解压。

解：由分解温度定义知，$CaCO_3$ 在空气中的分解温度为 890℃，此时 $p(CO_2) = p^\ominus = 100$ kPa；在 903℃时 $CaCO_3$ 的分解压为 $p_{CO_2} = 1.29p^\ominus = 129$ kPa。

三、液态混合物中的化学平衡[*]

在机械热加工及冶金系统中，大量涉及混合物和溶液的多相或单相化学平衡，因而适当介绍混合物和溶液中的化学平衡，为专业学习打点基础是必要的。

如果反应物和产物能形成液态混合物(见第四章)，各组分可以同等对待，而不必有溶剂和溶质之分，则处理比较简单。

1. 理想液态混合物中的化学平衡

由式(4-16)，理想液态混合物任一组分的化学势为

---

[*]　此节为选学内容。

$$\mu_B = \mu_{B,x}^{\ominus} + RT\ln x_B$$

设反应 $aA + bB \Longrightarrow yY + zZ$ 为理想液态混合物中的反应,则

$$\Delta_r G_m = \sum_B \nu_B \mu_B = \sum_B \nu_B(\mu_{B,x}^{\ominus} + RT\ln x_B)$$

$$= \sum_B \nu_B \mu_{B,x}^{\ominus} + RT\ln \prod (x_B)^{\nu_B}$$

平衡时 $\Delta_r G_m = 0$,因 $\Delta_r G_m^{\ominus}(T) = \sum_B \nu_B \mu_B^{\ominus}$,

令
$$K^{\ominus}(T) = \prod (x_B^{eq})^{\nu_B} \qquad (3-18a)$$

则有
$$\Delta_r G_m^{\ominus}(T) = \sum_B \nu_B \mu_{B,x}^{\ominus} = -RT\ln K^{\ominus}(T) \qquad (3-18b)$$

用化学平衡原理求得反应的标准摩尔吉布斯函数 $\Delta_r G_m^{\ominus}(T)$ 后,可用式(3-18b)计算出 $K^{\ominus}(T)$,然后利用 $K^{\ominus}(T)$ 的表示式即式(3-18a)和计量方程进行化学平衡组成的计算。

2. 真实液态混合物中的化学平衡

真实液态混合物中任一组分的化学势[参见式(4-37)]为

$$\mu_B = \mu_{B,x}^{\ominus} + RT\ln a_{B,x}$$

假若真实液态混合物存在反应 $aA + bB \Longrightarrow yY + zZ$,

则
$$\Delta_r G_m(T) = \sum_B \nu_B \mu_{B,x} = \sum_B \nu_B(\mu_{B,x}^{\ominus} + RT\ln a_{B,x})$$

$$= \sum_B \nu_B \mu_{B,x}^{\ominus} + RT\ln \prod (a_{B,x})^{\nu_B} \qquad (3-19a)$$

令
$$K^{\ominus}(T) = \prod (a_{B,eq,x})^{\nu_B} \qquad (3-19b)$$

平衡时因 $\Delta_r G_m(T) = 0$,所以

$$K^{\ominus}(T) = \exp(-\sum_B \nu_B \mu_{B,x}^{\ominus}/RT) = \exp[-\Delta_r G_m^{\ominus}(T)/RT] \qquad (3-19c)$$

四、液态溶液中的化学平衡[*]

液态溶液是指形成溶液的组分中有一种(或多种)的量很少,可把它当作溶质,而区分出溶剂和溶质,化学势表达式不同。

1. 理想稀溶液中的化学平衡

考虑理想稀溶液中的反应

$$aA(l, slv) + bB \Longrightarrow yY + zZ$$

设 A 为溶剂,其他物质为溶质(以分子形式存在,不解离、不缔合)。溶剂的组成用摩尔分数(x_A)表示,溶质的组成用质量摩尔浓度(b_B)表示,其化学势表达分别参见第四章式(4-17)和式(4-22)。根据化学平衡原理

---

　　[*] 本部分为选学内容。

$$\Delta_r G_m(T) = \nu_A \mu_A + \sum_B \nu_B \mu_B = (\nu_A \mu_A^\ominus + \sum_B \nu_B \mu_{B,b}^\ominus) + RT\ln[(x_A)^{\nu_A} \prod_B (b_B/b^\ominus)^{\nu_B}]$$

令

$$\Delta_r G_m^\ominus(T) = \nu_A \mu_A^\ominus + \sum_B \nu_B \mu_{B,b}^\ominus$$

$$K^\ominus(T) = (x_A)_{eq}^{\nu_A} \prod_B (b_B/b^\ominus)_{eq}^{\nu_B} \tag{3-20a}$$

则

$$\Delta_r G_m(T) = \Delta_r G_m^\ominus(T) + RT\ln[(x_A)^{\nu_A} \prod_B (b_B/b^\ominus)^{\nu_B}]$$

平衡时 $\Delta_r G_m(T) = 0$，所以有

$$\Delta_r G_m^\ominus(T) = -RT\ln[(x_A)_{eq}^{\nu_A} \prod_B (b_B/b^\ominus)_{eq}^{\nu_B}] = -RT\ln K^\ominus(T)$$

或

$$K^\ominus(T) \xlongequal{\text{def}} \exp[-\Delta_r G_m^\ominus(T)/RT] \xlongequal{\text{def}} \exp\left(-\frac{\nu_A \mu_A^\ominus + \sum_B \nu_B \mu_B^\ominus}{RT}\right) \tag{3-20b}$$

式(3-20a)和式(3-20b)分别为理想稀溶液中化学反应标准平衡常数的表达式和定义式。若溶剂不参与反应，则两式分别变为

$$K^\ominus(T) = \prod_B (b_B/b^\ominus)_{eq}^{\nu_B} \tag{3-20c}$$

及

$$K^\ominus(T) = \exp(-\sum_B \nu_B \mu_B^\ominus/RT) \tag{3-20d}$$

2. 真实溶液中的化学平衡

对于真实溶液中的反应：

$$a A(l, slv) + b B \Longrightarrow y Y + z Z$$

设 A 为溶剂，其他物质为溶质，组成用活度 a 表示，其化学势表达分别见第四章式(4-43)、式(4-49)或式(4-52)。根据化学平衡原理有

$$\Delta_r G_m(T) = \nu_A \mu_A + \sum_B \nu_B \mu_B$$

$$= (\nu_A \mu_A^\ominus + \sum_B \nu_B \mu_B^\ominus) + RT\ln[(a_A)^{\nu_A} \prod_B (a_B)^{\nu_B}]$$

$$= \Delta_r G_m^\ominus(T) + RT\ln[(a_A)^{\nu_A} \prod_B (a_B)^{\nu_B}]$$

平衡时 $\Delta_r G_m(T) = 0$，且令

$$K^\ominus(T) = [(a_A)_{eq}^{\nu_A} \prod_B (a_B)_{eq}^{\nu_B}] \tag{3-21a}$$

则

$$\Delta_r G_m^\ominus(T) = -RT\ln[(a_A)_{eq}^{\nu_A} \prod_B (a_B)_{eq}^{\nu_B}] = -RT\ln K^\ominus(T)$$

或

$$K^\ominus(T) \xlongequal{\text{def}} \exp\left(-\frac{\nu_A \mu_A^\ominus + \sum_B \nu_B \mu_B^\ominus}{RT}\right)$$

$$\xlongequal{\text{def}} \exp[-\Delta_r G_m^\ominus(T)/RT] \tag{3-21b}$$

式(3－21a)和式(3－21b)分别为 $K^{\ominus}(T)$ 的表达式和定义式。将式(4－46)代入式(3－21a)得

$$K^{\ominus}(T) = \left[\exp\left(\phi\,\frac{1-x_A}{x_A}\right)_{eq}\right]^{\nu_A} \times \prod_B (a_B)_{eq}^{\nu_B} \qquad (3-21c)$$

若溶剂不参加反应,则式(3－21a)及式(3－21c)变为

$$K^{\ominus}(T) = \prod_B (a_B)_{eq}^{\nu_B} \qquad (3-21d)$$

§3-3演示文稿

化学反应等
温方程

§3－3　化学反应等温方程

　　化学反应的等温方程是表示在一定的温度、压力条件下,化学反应进行时摩尔反应吉布斯函数 $\Delta_r G_m$ 与系统组成的关系。

　　对理想气体反应:

$$a\mathrm{A} + b\mathrm{B} \Longequal y\mathrm{Y} + z\mathrm{Z}$$

为保证反应后系统总压及分压均不改变,化学势为定值,反应系统各组分的量应足够大。各气体分压分别为 p_A'、p_B'、p_Y'、p_Z'。这些分压是任意给定的,所以系统未必达到平衡。此时系统摩尔反应吉布斯函数为

$$\Delta_r G_m = \sum_B \nu_B \mu_B = \sum_B \nu_B \mu_B^{\ominus}(T) + RT\ln\prod (p_B'/p^{\ominus})^{\nu_B}$$

$$= \Delta_r G_m^{\ominus}(T) + RT\ln J^{\ominus} \qquad (3-22)$$

式中

$$J^{\ominus} = \prod (p_B'/p^{\ominus})^{\nu_B} = \frac{p_Y'^y p_Z'^z}{p_A'^a p_B'^b} \cdot (p^{\ominus})^{-\sum \nu_B} \qquad (3-23)$$

$J^{\ominus}$ 表示反应处于任一状态时的压力商,为量纲1的量。将 $\Delta_r G_m^{\ominus}(T) = -RT\ln K^{\ominus}(T)$ 代入式(3－22)得

$$\Delta_r G_m = -RT\ln K^{\ominus}(T) + RT\ln J^{\ominus} \qquad (3-24a)$$

或

$$\Delta_r G_m = RT\ln\frac{J^{\ominus}}{K^{\ominus}(T)} \qquad (3-24b)$$

上式称为范特荷夫(J. H. van't Hoff)等温方程。应用此式,不必计算 $\Delta_r G_m$,只要比较 $J^{\ominus}$ 与 $K^{\ominus}$ 就可判断给定系统中反应的方向。

$$\left.\begin{array}{l} J^{\ominus} < K^{\ominus}时,\Delta_r G_m < 0,反应正向自发进行\\ J^{\ominus} = K^{\ominus}时,\Delta_r G_m = 0,反应呈平衡\\ J^{\ominus} > K^{\ominus}时,\Delta_r G_m > 0,反应逆向自发进行 \end{array}\right\} \qquad (3-25)$$

S3-2

反应转折温
度估算

因此,比值 $J^{\ominus}/K^{\ominus}$ 的大小,表征了给定系统中所发生等温反应的不可逆程度。$J^{\ominus}/K^{\ominus}$ 值偏离1愈远,该系统离开平衡愈远,自发反应的不可逆程度愈大。

$J^{\ominus}$ 值可以由调整反应系统中各组分的分压(各组分的摩尔分数及总压)来控制,$K^{\ominus}$ 值则只随温度而变动。因此,可以通过选择反应条件(温度、组成、压力)来改变 $J^{\ominus}$ 和 $K^{\ominus}$ 的相对大小,使反应朝预期的方向进行。

【例 3-3】 钢铁在热处理炉中被 CO_2 氧化的反应为

$$Fe(s) + CO_2(g) \rightleftharpoons FeO(s) + CO(g)$$

已知在 830 ℃ 时反应的 $K^{\ominus}=2.4$。 问(1)当炉气中 CO 和 CO_2 的体积分数分别为 0.60 和 0.40 时钢铁是否被氧化?(2)若炉气成分变为 CO 和 CO_2 的体积分数为 0.45 和 0.15,其余为 N_2 时,钢铁发生什么变化?(设总压为 p)

解:(1)　　　　　　　　$p(CO_2)=0.40p,\ p(CO)=0.60p$

$$J^{\ominus}=\frac{(0.60p/p^{\ominus})}{(0.40p/p^{\ominus})}=1.5$$

$J^{\ominus} < K^{\ominus}$,$\Delta_r G_m < 0$,反应正向进行,钢铁将被氧化。

(2)　　　　　　　　$$J^{\ominus}=\frac{(0.45p/p^{\ominus})}{(0.15p/p^{\ominus})}=3.0$$

$J^{\ominus} > K^{\ominus}$,$\Delta_r G_m > 0$,反应逆向进行,钢铁不被氧化。

计算表明:(1)化学热力学能够使我们准确预言如何控制热处理气氛以便做到无氧化加热。(2)适当使用惰性气体 $N_2(g)$,可减少有毒、易燃气体的用量,改善工作环境。(3)利用化学热力学原理调控反应气氛,如改变分压或组成,使之符合 $\Delta_r G_m(T) > 0$,使反应逆向进行。

§3-4　标准平衡常数的热力学计算

化学反应的平衡常数可以直接实验测定,但更重要的是利用热力学数据借助热力学方法进行计算,现将热力学计算方法归纳如下。

一、由物质的标准摩尔生成吉布斯函数计算

物质 B 的标准摩尔生成吉布斯函数的定义为:在指定温度 T 下,由各自处于标准状态下的指定单质(一般是所讨论温度、压力下的最稳定相态)变为处于标准状态下纯物质 B 的标准摩尔反应吉布斯函数变化,用符号 $\Delta_f G_m^{\ominus}(B,\ T)$ 表示。书写相应的化学方程式时,要使 B 的化学计量数 $\nu_B = +1$。 如反应 C(石墨)$ + O_2(g) \rightleftharpoons CO_2(g)$,该反应的 $\Delta_r G_m^{\ominus}(298\,K) = -394.38\ kJ \cdot mol^{-1}$,这也是 $CO_2(g)$ 在 298 K 时的 $\Delta_f G_m^{\ominus}(298\,K)$。

按照 $\Delta_f G_m^{\ominus}(B,\ T)$ 的定义,任一温度 T,标准状态下的指定单质,其 $\Delta_f G_m^{\ominus}(B,\ T)$ 为零。

由 $\Delta_f G_m^{\ominus}(B,\ T)$ 计算反应的 $\Delta_r G_m^{\ominus}(T)$ 关系式为

$$\Delta_r G_m^{\ominus}(T) = \sum_B \nu_B \Delta_f G_m^{\ominus}(B,\ T) \tag{3-26}$$

式(3-26)适用于任一等温条件下的化学反应。已知 $\Delta_r G_m^{\ominus}(T)$,利用定义式(3-13)可计算出 $K^{\ominus}(T)$。

§3-4演示文稿

标准平衡常数
的热力学计算

【例 3 - 4】　已知 1 000 K 时，$TiO_2(s)$、$TiCl_4(g)$ 和 CO 的 $\Delta_f G_m^{\ominus}(B, 1\,000\,K)$ 分别为 $-764.4\,kJ \cdot mol^{-1}$、$-637.6\,kJ \cdot mol^{-1}$ 和 $-200.2\,kJ \cdot mol^{-1}$，计算 1 000 K 下反应：

$$TiO_2(s) + 2C(石墨) + 2Cl_2(g) \Longrightarrow TiCl_4(g) + 2CO(g)$$

的 $\Delta_r G_m^{\ominus}(1\,000\,K)$ 和 $K^{\ominus}(1\,000\,K)$。

解：按式(3 - 26)

$$
\begin{aligned}
\Delta_r G_m^{\ominus}(1\,000\,K) &= \sum_B \nu_B \Delta_f G_m^{\ominus}(B,\ 1\,000\,K) \\
&= \Delta_f G_m^{\ominus}(TiCl_4,\ g) + 2\Delta_f G_m^{\ominus}(CO,\ g) - \Delta_f G_m^{\ominus}(TiO_2,\ s) \\
&= (-637.6 - 2 \times 200.2 + 764.4)kJ \cdot mol^{-1} \\
&= -273.6\,kJ \cdot mol^{-1}
\end{aligned}
$$

$$
\begin{aligned}
K^{\ominus}(1\,000\,K) &= \exp[-\Delta_r G_m^{\ominus}(1\,000\,K)/RT] \\
&= \exp[273\,600\,J \cdot mol^{-1}/(8.314\,5 \times 1\,000\,J \cdot mol^{-1})] \\
&= 1.96 \times 10^{14}
\end{aligned}
$$

二、由物质的 $\Delta_f H_m^{\ominus}$(或 $\Delta_c H_m^{\ominus}$)和 $S_m^{\ominus}$ 数据计算

根据公式 $\Delta_r G_m^{\ominus}(T) = \Delta_r H_m^{\ominus}(T) - T\Delta_r S_m^{\ominus}(T)$，先分别计算反应的 $\Delta_r H_m^{\ominus}(T)$ 及 $\Delta_r S_m^{\ominus}(T)$，然后求 $\Delta_r G_m^{\ominus}(T)$，进而由定义式(3 - 13)计算 $K^{\ominus}(T)$。

【例 3 - 5】　已知 $CH_4(g)$ 的 $\Delta_f H_m^{\ominus}(298\,K) = -74.85\,kJ \cdot mol^{-1}$，C(石墨)、$H_2(g)$ 及 $CH_4(g)$ 的 $S_m^{\ominus}(298\,K)$ 分别为 $5.69\,J \cdot mol^{-1} \cdot K^{-1}$、$130.58\,J \cdot mol^{-1} \cdot K^{-1}$ 和 $186.19\,J \cdot mol^{-1} \cdot K^{-1}$，计算反应：

$$C(石墨) + 2H_2(g) \Longrightarrow CH_4(g)$$

的 $K^{\ominus}(698\,K)$。设在 298～698 K，反应的 $\Delta_r H_m^{\ominus}(T)$ 和 $\Delta_r S_m^{\ominus}(T)$ 可视为与温度无关的常数。

解：
$$
\begin{aligned}
\Delta_r H_m^{\ominus}(298\,K) &= \sum_B \nu_B \Delta_f H_m^{\ominus}(B,\ 298\,K) \\
&= (-74.85 - 0 - 0)kJ \cdot mol^{-1} = -74.85\,kJ \cdot mol^{-1}
\end{aligned}
$$

$$
\begin{aligned}
\Delta_r S_m^{\ominus}(298\,K) &= \sum_B \nu_B S_m^{\ominus}(B,\ 298\,K) \\
&= (186.19 - 2 \times 130.58 - 5.69)J \cdot mol^{-1} \cdot K^{-1} \\
&= -80.7\,J \cdot mol^{-1} \cdot K^{-1}
\end{aligned}
$$

则
$$
\begin{aligned}
\Delta_r G_m^{\ominus}(698\,K) &= \Delta_r H_m^{\ominus}(298\,K) - 698\,K \times \Delta_r S_m^{\ominus}(298\,K) \\
&= [-74.85 - 698 \times (-80.7 \times 10^{-3})]kJ \cdot mol^{-1} \\
&= -18.5\,kJ \cdot mol^{-1}
\end{aligned}
$$

所以
$$
K^{\ominus}(698\,K) = \exp\left[\frac{-\Delta_r G_m^{\ominus}(698\,K)}{RT}\right] = \exp(18\,500\,J \cdot mol^{-1}/8.314\,5 \times 698\,J \cdot mol^{-1})
$$
$$
= 24.24
$$

三、利用已知反应的 $\Delta_r G_m^\ominus$ 计算

在给定温度下,可以利用几个已知反应的平衡常数计算有关未知反应的平衡常数。

【例3-6】 已知 $1\,200\,K$ 时反应:

(1) $H_2O(g) \Longrightarrow H_2(g) + \dfrac{1}{2}O_2(g)$, $K_1^\ominus = 1.28 \times 10^{-3}$;

(2) $SO_2(g) \Longrightarrow S(g) + O_2(g)$, $K_2^\ominus = 1.12 \times 10^{-12}$;

(3) $H_2S(g) \Longrightarrow S(g) + H_2(g)$, $K_3^\ominus = 4.35 \times 10^{-2}$;

求同温下反应(4) $3H_2(g) + SO_2(g) \Longrightarrow 2H_2O(g) + H_2S(g)$ 的 $K_4^\ominus(1\,200\,K)$。

解:由盖斯定律,反应(4)=(2)-2×(1)-(3),

所以 $\qquad \Delta_r G_m^\ominus(4) = \Delta_r G_m^\ominus(2) - 2\Delta_r G_m^\ominus(1) - \Delta_r G_m^\ominus(3)$

即 $\qquad K_4^\ominus = K_2^\ominus / [(K_1^\ominus)^2 K_3^\ominus] = 1.12 \times 10^{-12} / [(1.28 \times 10^{-3})^2 \times 4.35 \times 10^{-2}]$

$\qquad\qquad = 1.57 \times 10^{-5}$

四、吉布斯能函数法[①]

由吉布斯能函数法求平衡常数是一种简便、准确可靠的方法。由式(3-11)可得

$$-R\ln K^\ominus(T) = \frac{\Delta_r G_m^\ominus(T)}{T} = \frac{\Delta_r G_m^\ominus(T) - \Delta_r H_m^\ominus(0\,K)}{T} + \frac{\Delta_r H_m^\ominus(0\,K)}{T}$$

$$= \sum_B \nu_B \left[\frac{G_B^\ominus(T) - H_B^\ominus(0\,K)}{T} \right] + \frac{\Delta_r H_m^\ominus(0\,K)}{T} \qquad (3-27)$$

式中,$0\,K$ 表示绝对零度,$\left[\dfrac{G_B^\ominus(T) - H_B^\ominus(0\,K)}{T} \right]$ 称为吉布斯能函数,可以根据光谱数据用统计热力学方法计算出来。由于它随温度变化比 $\Delta_r G_m^\ominus(T)$ 随温度变化较缓慢,所以用它来做内插、外推计算都能够得到较准确、较可靠的结果。

吉布斯能函数也可以由其他热力学数据计算得到。由定义式 $G = H - TS$ 得

$$\frac{G^\ominus(T) - H^\ominus(0\,K)}{T} = \frac{H^\ominus(T) - H^\ominus(0\,K)}{T} - S^\ominus(T) \qquad (3-28)$$

其中,$S^\ominus(T)$ 为物质在温度 T 时的标准熵,$H^\ominus(T) - H^\ominus(0\,K)$ 是相对焓,可以由 $0\,K$ 至 T 的 C_p 值计算而得。各物质的吉布斯能函数值在新的热力学手册中均列表刊载,本书也摘载于附录(Ⅵ、Ⅶ)中。有了这些数据,即可应用式(3-27)求得 $K^\ominus(T)$。

【例3-7】 利用吉布斯能函数法求算水煤气变换反应:

$$CO(g) + H_2O(g) \Longrightarrow CO_2(g) + H_2(g)$$

在 $800\,K$ 时的平衡常数 $K^\ominus$。

解:查附录(Ⅵ、Ⅶ)得下列数据

---

① 注意:吉布斯能函数有其特殊规定,不同于吉布斯函数,此处仍沿袭使用这一名词。

	CO(g)	$H_2O(g)$	$CO_2(g)$	$H_2(g)$
$\dfrac{G_B^{\ominus}(800\ \mathrm{K}) - H_B^{\ominus}(0\ \mathrm{K})}{800\ \mathrm{K}}/(\mathrm{J \cdot mol^{-1} \cdot K^{-1}})$	−197.368	−188.845	−217.158	−130.482
$\Delta_f H_B^{\ominus}(298\ \mathrm{K})/(\mathrm{kJ \cdot mol^{-1}})$	−110.54	−241.84	−393.50	0
$H_B^{\ominus}(298\ \mathrm{K}) - H_B^{\ominus}(0\ \mathrm{K})/(\mathrm{J \cdot mol^{-1}})$	8 673	9 908	9 368	8 447

所以，上述反应

$$\sum_B \nu_B \left[\frac{G_B^{\ominus}(800\ \mathrm{K}) - H_B^{\ominus}(0\ \mathrm{K})}{800\ \mathrm{K}} \right]$$

$$= \left[(-217.158 - 130.482) - (-197.368 - 188.845) \right] \mathrm{J \cdot mol^{-1} \cdot K^{-1}}$$

$$= 38.573\ \mathrm{J \cdot mol^{-1} \cdot K^{-1}}$$

$$\Delta_r H_m^{\ominus}(298\ \mathrm{K}) = \left[(-393.50) - (-110.54 - 241.84) \right] \mathrm{kJ \cdot mol^{-1}}$$

$$= -41.12\ \mathrm{kJ \cdot mol^{-1}}$$

$$\sum_B \nu_B \left[H_B^{\ominus}(298\ \mathrm{K}) - H_B^{\ominus}(0\ \mathrm{K}) \right] = \left[(9\ 368 + 8\ 447) - (8\ 673 + 9\ 908) \right] \mathrm{J \cdot mol^{-1}}$$

$$= -766\ \mathrm{J \cdot mol^{-1}}$$

$$\Delta_r H_m^{\ominus}(0\ \mathrm{K}) = \Delta_r H_m^{\ominus}(298\ \mathrm{K}) - \sum_B \nu_B \left[H_B^{\ominus}(298\ \mathrm{K}) - H_B^{\ominus}(0\ \mathrm{K}) \right]$$

$$= \left[-41.12 \times 10^3 + 766 \right] \mathrm{J \cdot mol^{-1}}$$

$$= -40.35\ \mathrm{kJ \cdot mol^{-1}}$$

$$-R\ln K^{\ominus}(800\ \mathrm{K}) = \sum_B \nu_B \left[\frac{G_B^{\ominus}(800\ \mathrm{K}) - H_B^{\ominus}(0\ \mathrm{K})}{800\ \mathrm{K}} \right] + \frac{\Delta_r H_m^{\ominus}(0\ \mathrm{K})}{800\ \mathrm{K}}$$

$$= 38.573\ \mathrm{J \cdot mol^{-1} \cdot K^{-1}} + \frac{-40.35 \times 10^3\ \mathrm{J \cdot mol^{-1}}}{800\ \mathrm{K}}$$

$$= -11.865\ \mathrm{J \cdot mol^{-1} \cdot K^{-1}}$$

$$K^{\ominus}(800\ \mathrm{K}) = 4.17$$

主题 3-2 导学

反应条件对
平衡的影响

§3-5 演示文稿

温度对平衡常
数的影响——
范特荷夫等
压方程

主题二　反应条件对平衡的影响

§3-5　标准平衡常数与温度的关系
——范特荷夫等压方程

标准平衡常数 $K^{\ominus}$ 只是温度的函数。通常由标准热力学函数 $\Delta_f H_m^{\ominus}$、$S_m^{\ominus}$、$\Delta_f G_m^{\ominus}$ 求得化学反应的 $\Delta_r G_m^{\ominus}$ 及 $K^{\ominus}$ 多是在 298 K 下的值。为了获得其他温度下的 $K^{\ominus}(T)$，就要研究温度对 $K^{\ominus}$ 的影响。

一、范特荷夫等压方程的推导

根据(式2-61)吉布斯-亥姆赫兹方程式,若参加反应的物质均处于标准态,则应有

$$\frac{d(\Delta_r G_m^\ominus / T)}{dT} = -\frac{\Delta_r H_m^\ominus}{T^2} \tag{3-29}$$

把 $\Delta_r G_m^\ominus = -RT\ln K^\ominus$ 代入上式,得

$$\frac{d\ln K^\ominus}{dT} = \frac{\Delta_r H_m^\ominus}{RT^2} \tag{3-30}$$

式中,$\Delta_r H_m^\ominus$ 是各物质处于标准状态、反应进度为 1 mol 时的焓变值。上式称为化学反应等压方程,也叫范特荷夫等压方程,它表明温度与标准平衡常数的关系。由此可见:

(1) 对吸热反应:$\Delta_r H_m^\ominus > 0$,$\dfrac{d\ln K^\ominus}{dT} > 0$,即温度升高,$K^\ominus$ 值增大,说明升高温度对正向反应有利。

(2) 对放热反应:$\Delta_r H_m^\ominus < 0$,$\dfrac{d\ln K^\ominus}{dT} < 0$,即温度升高,$K^\ominus$ 值减小,说明升高温度对正向反应不利。

(3) 不论 $\Delta_r H_m^\ominus > 0$,还是 $\Delta_r H_m^\ominus < 0$,高温下,$K^\ominus(T)$ 随 T 的变化缓慢。

$K^\ominus$ 值随 T 变化的规律如图3-3所示。不论吸热反应还是放热反应,当温度增加,平衡都向吸热方向移动,符合勒·夏特列(Le Chatelier)原理。通过式(3-30)的积分式,可定量地计算出不同温度下的 $K^\ominus(T)$。

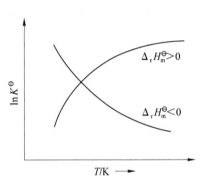

图3-3 温度对平衡常数 $K^\ominus(T)$ 的影响

二、范特荷夫等压方程的积分式与应用

1. $\Delta_r H_m^\ominus$ 近似看作常数

在温度变化范围不大,或反应的热容差 $\sum\limits_{B}\nu_B C_{p,m}(B)$ 较小时,可视 $\Delta_r H_m^\ominus$ 为常数。对式(3-30)作定积分得

$$\ln\frac{K^\ominus(T_2)}{K^\ominus(T_1)} = \frac{\Delta_r H_m^\ominus}{R}\left(\frac{1}{T_1} - \frac{1}{T_2}\right) \tag{3-31}$$

做不定积分得

$$\ln K^\ominus(T) = -\frac{\Delta_r H_m^\ominus}{RT} + C \tag{3-32a}$$

或

$$\lg K^\ominus(T) = -\frac{\Delta_r H_m^\ominus}{2.303RT} + C' \tag{3-32b}$$

式(3-32)表示了 $\ln K^\ominus$(或 $\lg K^\ominus$)与 $1/T$ 的线性关系。若以 $\lg K^\ominus$ 为纵坐标,$1/T$ 为横坐标作图,所得直线的斜率为 $-\Delta_r H_m^\ominus / 2.303R$,便可求得一段温度范围内的平均摩尔反应焓变 $\Delta_r H_m^\ominus$;截距为积分常数。由此可确定 $\lg K^\ominus = f(T)$ 的具体函数关系,从而可用来求算在所限定的温度范围内任意温度下的 $K^\ominus$ 值。

【例3-8】 铁在高温下常按下式反应:

$$Fe(s) + CO_2(g) = FeO(s) + CO(g)$$

测得平衡常数如下：

T/℃	600	800	1 000	1 200
$K^{\ominus}$	1.11	1.80	2.51	3.19

求(1) 在此温度范围内的平均 $\Delta_r H_m^{\ominus}$；(2) 导出 $\lg K^{\ominus} = f(T)$ 关系式；(3) 求 1100 ℃ 的 $K^{\ominus}$。

解：(1) 利用题给数据换算得以下数据。

T/K	873	1 073	1 273	1 473
$(T/K)^{-1} \times 10^3$	1.145	0.932	0.785	0.679
$\lg K^{\ominus}$	0.045	0.255	0.400	0.504

以 $\lg K^{\ominus}$ 为纵坐标，$1/T$ 为横坐标作图（图 3-4），得斜率为

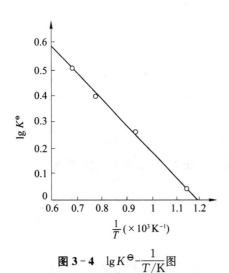

图 3-4 $\lg K^{\ominus}$-$\dfrac{1}{T/K}$图

$$-\frac{0.580\ \text{K}}{(1.19 - 0.60) \times 10^{-3}} = -983\ \text{K}$$

所以
$$\begin{aligned}
\Delta_r H_m^{\ominus} &= (983 \times 2.303 \times 8.314\,5)\text{J} \cdot \text{mol}^{-1} \\
&= 18.8 \times 10^3\ \text{J} \cdot \text{mol}^{-1}
\end{aligned}$$

(2) 取第一组数据及 $\Delta_r H_m^{\ominus}$ 代入式(3-32b)得截距：

$$C' = 0.045 + \frac{18\ 800}{2.303 \times 8.314\,5 \times 873} = 1.171$$

故反应的 $\lg K^{\ominus} = f(T)$ 关系为

$$\lg K^{\ominus} = \frac{-983}{T/\text{K}} + 1.171$$

(3) 根据上式求 1 100 ℃ 的 $K^{\ominus}$：

$$\lg K^{\ominus}(1\ 373\ \text{K}) = \frac{-983}{1\ 373} + 1.171 = 0.455$$

$$K^{\ominus} = 2.85$$

由于在一定温度范围内，$\lg K^{\ominus}$ 与 $1/T$ 呈线性关系，因此式(3-32b)可写成

$$\lg K^{\ominus}(T) = \frac{A}{(T/K)} + B \tag{3-33}$$

有了 A 和 B 就可计算某温度下的 $K^{\ominus}(T)$。但要注意获得 A、B 值的温度区间，不能无限外推使用。

从另一角度也可以获得式(3-33)。对于等温反应有

$$\Delta_r G_m^{\ominus}(T) = \Delta_r H_m^{\ominus}(T) - T\Delta_r S_m^{\ominus}(T)$$

在温度变化范围不大，或对结果要求精度不高时，可将 $\Delta_r H_m^{\ominus}(T)$ 及 $\Delta_r S_m^{\ominus}(T)$ 作为常量处

理,于是获得 $\Delta_r G_m^\ominus(T)$ 与 T 的线性关系。再将 $\Delta_r G_m^\ominus = -RT\ln K^\ominus$ 代入,整理得

$$\lg K^\ominus(T) = -\frac{\Delta_r H_m^\ominus(T)}{2.303RT} + \frac{\Delta_r S_m^\ominus(T)}{2.303R} = A/(T/K) + B \qquad (3-34)$$

或
$$\Delta_r G_m^\ominus(T) = a + bT \qquad (3-35)$$

式(3-34)中的 $\Delta_r H_m^\ominus(T)$ 及 $\Delta_r S_m^\ominus(T)$ 都只有平均意义。A、B,a、b 都是经验常量,使用时要注意温度限制范围及允许误差,不能任意外推。$\Delta_r G_m^\ominus(T)$ 的这种线性关系虽然比较粗略,但方法简便,给出的结果通常能满足工程要求,便于应用(见 3.8 节)。

2. $\Delta_r H_m^\ominus$ 随温度而变化

当反应温度的变化范围较大,而且反应物与生成物的 $\sum\limits_B \nu_B C_{p,m}(B)$ 较大时,必须考虑 $\Delta_r H_m^\ominus$ 与 T 的关系。欲求 $K^\ominus(T)$,需将 $\Delta_r H_m^\ominus = f(T)$ 的函数关系代入式(3-30)后再积分。

若 $C_{p,m}(B) = a + bT + cT^2$,则由基尔霍夫公式,得

$$\Delta_r H_m^\ominus(T) = \Delta H_0 + \sum_B \nu_B a_B T + \frac{1}{2}\sum_B \nu_B b_B T^2 + \frac{1}{3}\sum_B \nu_B c_B T^3$$

其中
$$\Delta H_0 = \Delta_r H_m^\ominus(298\,K) - 298\,K \times \sum_B \nu_B a_B - \frac{1}{2} \times (298\,K)^2 \sum_B \nu_B b_B$$
$$- \frac{1}{3} \times (298\,K)^3 \sum_B \nu_B c_B$$

代入式(3-30)、积分得

$$\ln K^\ominus(T) = -\frac{\Delta H_0}{RT} + \frac{\sum \nu_B a_B}{R}\ln(T/K) + \frac{\sum \nu_B b_B}{2R}T + \frac{\sum \nu_B c_B}{6R}T^2 + I \quad (3-36)$$

若已知 ΔH_0 和 I,则由式(3-36)可以求得在一定温度范围内任何温度时的 $K^\ominus(T)$ 及 $\Delta_r G_m^\ominus(T)$。式中 ΔH_0 可由给定的热化学数据求出,再借助已知温度下的 $K^\ominus$ 值求得积分常数 I,便可获得 $\ln K^\ominus$ 与 T 的关系式。对于 $C_{p,m}(B) = a + bT + c'T^{-2}$ 时的 $\ln K^\ominus = f(T)$ 的关系式,读者可试导之。

【例 3-9】 导出合成氨反应 $N_2(g) + 3H_2(g) \Longrightarrow 2NH_3(g)$ 的 $\ln K^\ominus = f(T)$ 关系式,算出 $K^\ominus(600\,K)$。其逆反应(氨分解)常是钢铁器件渗氮时的一个反应,求其逆反应的 $K^\ominus(600\,K)$ 及 600 K 时 NH_3 的分解百分率。

解:查得有关数据如下:

物 质	$\Delta_f H_B^\ominus(298\,K)$ (kJ·mol^{-1})	$\Delta_f G_B^\ominus(298\,K)$ (kJ·mol^{-1})	$S_B^\ominus(298\,K)$ (J·mol^{-1}·K^{-1})	$C_{p,m}(B) = a + b\{T\} + c\{T\}^2$ [1] (J·mol^{-1}·K^{-1})		
				a	$10^3 \cdot b$	$10^6 \cdot c$
NH_3	−46.19	−16.64	192.50	26.30	33.01	−3.03
H_2	0	0	130.6	28.07	−0.83	2.008
N_2	0	0	191.5	27.86	4.26	—

① 式中 $\{T\}$ 只表示绝对温度 T 的数值。

（1）对已知反应：

$$\Delta_r H_m^{\ominus} = \sum_B \nu_B \Delta_f H_B^{\ominus}(298\,K) = 2 \times (-46.19)\,kJ \cdot mol^{-1}$$

$$= -92.38\,kJ \cdot mol^{-1}$$

反应的热容数据

$$\sum_B \nu_B C_{p,m}(B) = 2C_{p,m}(NH_3) - 3C_{p,m}(H_2) - C_{p,m}(N_2)$$

将表中数据代入，合并同类项

$$\sum_B \nu_B a_B = -59.47\,J \cdot mol^{-1} \cdot K^{-1}$$

$$\sum_B \nu_B b_B = 64.26 \times 10^{-3}\,J \cdot mol^{-1} \cdot K^{-2}$$

$$\sum_B \nu_B c_B = -12.08 \times 10^{-6}\,J \cdot mol^{-1} \cdot K^{-3}$$

代入基尔霍夫公式得

$$-92.38 \times 10^3\,J \cdot mol^{-1} = \Delta H_0 - \left[59.47 \times 298 - \frac{1}{2} \times 64.26 \times 10^{-3} \times 298^2 \right.$$
$$\left. + \frac{1}{3} \times 12.08 \times 10^{-6} \times 298^3 \right] J \cdot mol^{-1}$$

解出　　　　　　　　　　$\Delta H_0 = -77.40\,kJ \cdot mol^{-1}$

先求式（3-36）中的积分常数 I：

$$\Delta_r G_m^{\ominus}(298\,K) = [2(-16.64) - 0]\,kJ \cdot mol^{-1} = -33.28\,kJ \cdot mol^{-1}$$

得　　　　$\ln K^{\ominus}(298\ K) = \dfrac{33.28 \times 10^3\,J \cdot mol^{-1}}{8.314\,5\,J \cdot mol^{-1} \cdot K^{-1} \times 298\,K} = 13.43$

代入式（3-36）得

$$13.43 = \frac{77.40 \times 10^3}{8.314 \times 298} + \frac{-59.47}{8.314}\ln 298 + \frac{64.26 \times 10^{-3}}{2 \times 8.314} \times 298$$
$$+ \frac{(-12.08 \times 10^{-6})}{6 \times 8.314} \times 298^2 + I$$

所以　　　　　　　　　　$I = 21.82$

代入式（3-36）求 $\ln K^{\ominus} = f(T)$ 的具体表达式：

$$\ln K^{\ominus}(T) = \frac{77.40 \times 10^3\,J \cdot mol^{-1}}{RT} + \frac{-59.47\,J \cdot mol^{-1} \cdot K^{-1}}{R}\ln(T/K)$$
$$+ \frac{62.46 \times 10^{-3}\,J \cdot mol^{-1} \cdot K^{-2}}{2R}T$$

$$+\frac{(-12.08\times10^{-6}\ \text{J}\cdot\text{mol}^{-1}\cdot\text{K}^{-3})}{6R}T^2+21.82$$

整理得

$$\ln K^{\ominus}(T)=\frac{9\,310}{(T/\text{K})}-7.16\ln(T/\text{K})+3.87\times10^{-3}\ \text{K}^{-1}\cdot T$$

$$-2.41\times10^{-7}\ \text{K}^{-2}\cdot T^2+21.82$$

（2）$T=600\ \text{K}$，代入上式得 $\ln K^{\ominus}(600\ \text{K})=-6.238$

$$K^{\ominus}(600\ \text{K})=1.96\times10^{-3}$$

$$K^{\ominus\prime}(600\ \text{K})=1/1.96\times10^{-3}=510$$

（3）求其逆反应 $600\ \text{K}$ 时 NH_3 的分解率（设系统总压为 p）：

	$2NH_3(g)$ ══	$3H_2$	$+$	N_2
开始 n/mol	1	0		0
平衡 n/mol	$1-\alpha$	$\dfrac{3}{2}\alpha$		$\dfrac{\alpha}{2}$

$\sum n/\text{mol}=1+\alpha$

$$p_B^{eq}\qquad \frac{1-\alpha}{1+\alpha}p\qquad \frac{\frac{3}{2}\alpha}{1+\alpha}p\qquad \frac{\frac{\alpha}{2}}{1+\alpha}p$$

$$K^{\ominus\prime}(600\ \text{K})=\left[\frac{\alpha}{2(1+\alpha)}p/p^{\ominus}\right]\left[\frac{3\alpha}{2(1+\alpha)}p/p^{\ominus}\right]^3\Big/\left(\frac{1-\alpha}{1+\alpha}p/p^{\ominus}\right)^2$$

$$=\frac{\alpha^4}{(1-\alpha^2)^2}\times\frac{27}{16}=510$$

解出 $\alpha=94.6\%$。说明 $600\ \text{K}$ 及 $p^{\ominus}$ 时 NH_3 的分解率很高。对于钢铁渗氮反应，维持 NH_3 的高分解率是必要的。

§3-6 各种因素对化学平衡的影响

前文指出，平衡是暂时的、相对的，是在一定条件下的动态平衡。当外部条件发生变化时，平衡被破坏，结果使平衡发生移动，从而达到一个新的平衡。

勒·夏特列于 1888 年总结出平衡迁移的定性规律："对处于平衡状态的系统，当外界条件（温度、压力及浓度等）发生变化时，平衡将发生迁移，其迁移方向总是削弱或者反抗外界条件改变的影响。"这一规律与根据热力学原理的分析所得结论完全一致，详述如下。

一、温度的影响

范特荷夫等压方程式（3-30）已就温度对平衡常数的影响作了分析。现就公式：

$$\Delta_rG_m^{\ominus}(T)=\Delta_rH_m^{\ominus}(T)-T\Delta_rS_m^{\ominus}(T)$$

加以讨论。$\Delta_rS_m^{\ominus}(T)$ 为反应的摩尔熵变化，等温条件下 $T\Delta_rS_m^{\ominus}(T)$ 为可逆热（Q_r）；无论

§3-6演示文稿

各种因素对化学平衡的影响

反应可逆与否，$\Delta_r H_m^\ominus(T)$ 均代表等压反应热（实际过程热，Q_p），只有对等温等压的可逆反应，$\Delta_r H_m^\ominus$ 相当于可逆热。将等式两边同除以 $(-T)$，则有：

$$-\Delta_r G_m^\ominus(T)/T = -\Delta_r H_m^\ominus(T)/T + \Delta_r S_m^\ominus(T) \qquad (3-37)$$

对照式 $(2-13)$ 可知，式 $(3-37)$ 右边第二项为 ΔS_{sy}，第一项为 ΔS_{su}，则等式右侧总和为 ΔS_{is}，因而左边的 $-\Delta_r G_m^\ominus(T)/T$ 相当于 ΔS_{is}。反应条件下，凡能使 ΔS_{is} 增大的因素都是反应的推动力，反之为反应的阻力。表 3-2 给出各种情况下温度对平衡的影响。

表 3-2　温度对平衡的影响

反应类型	$\Delta_r H_m$	$-\dfrac{\Delta_r H_m}{T} = \Delta S_{su}$	$\Delta_r S_{sy}$	$-\dfrac{\Delta_r G_m}{T} = \Delta S_{is}$	平衡移动方向[①]，举例
吸 热	>0	<0	<0	<0	$\Leftarrow$
			>0	高温下>0	$\Rightarrow$，$FeO(s) \rightarrow Fe(s) + \frac{1}{2}O_2$
				低温下<0	$\Leftarrow$
放 热	<0	>0	<0	低温下>0	$\Rightarrow$，$2Al(s) + \frac{3}{2}O_2 \rightarrow Al_2O_3(s)$
				高温下<0	$\Leftarrow$
			>0	>0	$\Rightarrow$，$2C + O_2 \rightarrow 2CO$

① $\Rightarrow$ 表示向正方向移动，$\Leftarrow$ 表示向反方向移动。

二、浓度的影响

根据化学反应等温方程 $\Delta_r G_m = -RT\ln K^\ominus + RT\ln J^\ominus$，反应在一定温度下平衡常数 $K^\ominus$ 值一定，$J^\ominus = \Pi\left(\dfrac{p_B'}{p^\ominus}\right)^{\nu_B}$。当平衡时，$K^\ominus = J^\ominus$。若对平衡系统增加反应物浓度，则 $J^\ominus$ 的分母增大（或抽走生成物，则 $J^\ominus$ 的分子减小）使 $J^\ominus$ 变小，从而使 $K^\ominus > J^\ominus$，$\Delta_r G_m < 0$，反应正向进行，以反抗反应物浓度的增大使反应物浓度逐渐消耗，生成物浓度逐渐增加，直至 $J^\ominus = K^\ominus$，建立新的平衡。

三、压力的影响

平衡常数 $K^\ominus$ 不随压力改变而变化。压力的改变对纯凝聚相反应平衡组成影响不大，但对有气体参加的反应则有明显影响，根据

$$K_p = \Pi p_B^{\nu_B} = \Pi_B x_B \cdot p^{\sum_B \nu_B} = K_x p^{\sum_B \nu_B}; \quad K_x = K_p p^{-\sum_B \nu_B},$$

即

$$\ln K_x = \ln\{K_p\} - \sum_B \nu_B \ln\{p\}$$

当温度一定，总压变化，即将上式对 p 微分，得

$$\left[\frac{\partial \ln K_x}{\partial p}\right]_T = \left[\frac{\partial \ln K_p}{\partial p}\right]_T - \sum_B \nu_B \left[\frac{\partial \ln p}{\partial p}\right]_T$$

因

$$\left(\frac{\partial \ln K_p}{\partial p}\right)_T = 0$$

故
$$\left(\frac{\partial \ln K_x}{\partial p}\right)_T = -\frac{\sum\limits_B \nu_B}{p} \tag{3-38}$$

若 $\sum\limits_B \nu_B < 0$，即反应发生后，气体物质的总量减少，则 $[\partial \ln K_x/\partial p] > 0$，$K_x$ 随 p 的增加而增加。p 增大时，系统中生成物浓度将增加，反应物浓度将减少，即平衡向体积减小的方向移动，对正反应有利。如合成氨反应 $N_2 + 3H_2 \Longrightarrow 2NH_3$ 就是这种情况。

当 $\sum\limits_B \nu_B > 0$，$[\partial \ln K_x/\partial p]_T < 0$，$K_x$ 随 p 的增加而减少，p 增大时，反应向逆方向移动，如碳的气化反应 $C(s) + CO_2 \longrightarrow 2CO$ 就是这种情况。

若 $\sum\limits_B \nu_B = 0$，压力对平衡无影响。

四、惰性气体的影响

惰性气体是指在反应系统中不参加化学反应的气体。例如在钢铁氧化处理气氛中，随通入空气而带入的氮气，它通常不参加反应，就称为惰性气体。惰性气体对化学平衡的影响可分两种情况讨论：

（1）等温等压下加入或移走惰性气体，由 $p_i = \dfrac{n_i}{\sum n_i} p$ 知，组分的分压 p_i 必定改变，从而影响化学平衡。

S3-3
乙苯脱氢反应

（2）等温等容下的化学反应，由 $p_i = \dfrac{n_i}{V} RT$ 知，改变惰性气体的量不会改变 p_i，因而不会使平衡移动。

§3-7　平衡组成的计算

§3-7演示文稿
平衡组成的
计算

一、最低（或最高）含量的计算

铬的氧化物、酸及其盐是电镀、冶金、金属表面处理、制革及颜料工业广泛应用的原料。然而，六价铬是公认的致癌物质，不允许随"三废"排放到环境中去，必须进行无害化处理。对于含铬废水，通常的办法是先把六价铬还原为三价，然后用沉淀剂将三价铬沉淀分离。环保部门规定排放水中 Cr^{3+} 含量不得大于 $0.5\,mg \cdot dm^{-3}$。如何操作才能使废水符合排放要求呢？下面是一个具体例子。

【例3-10】[①]　三价铬（Cr^{3+}）在水溶液中存在下列平衡：

$$Cr^{3+} + 3OH^- \Longrightarrow Cr(OH)_3 \qquad K_1^\ominus(298\,K) = 6.7 \times 10^{31}$$

$$Cr(OH)_3 + OH^- \Longrightarrow Cr(OH)_4^- \qquad K_2^\ominus(298\,K) = 0.398$$

问如何控制水溶液的 pH 使排放水中残留的 Cr^{3+} 含量不大于 $0.5\,mg \cdot dm^{-3}$？

解：上面两个平衡只反映铬在弱酸性、中性及弱碱性介质中的情况，故本例不考虑强酸性和强碱性介质中的情况。由已知两个平衡得出，排放水中残存的三价铬为 $[Cr^{3+}]$ 与

---

①　此例题沿用原文献表示组成的方法，未做改动。$[Cr^{3+}]$ 代表物质的量浓度，单位 $mol \cdot dm^{-3}$。

$[Cr(OH)_4^-]$之和（忽略痕量六价铬）。

$$[Cr_总^{3+}]=[Cr^{3+}]+[Cr(OH)_4^-]=\frac{1}{K_1^\ominus[OH^-]^3}+K_2^\ominus[OH^-]$$

$$=\frac{1}{6.7\times10^{31}[OH^-]^3}+0.398[OH^-]$$

又因　　　　　　　　　　　　　$[OH^-]=10^{(pH-14)}$

所以　　　　　　　　$[Cr_总^{3+}]=\frac{6.7\times10^{-31}}{[10^{(pH-14)}]^3}+0.398\times10^{(pH-14)}$

对于每个给定的 pH，就有一个确定的$[Cr_总^{3+}]$值。图 3-5 是根据上式的计算结果绘出的。图中的 MN 线为废水排放标准线，此线对应的 pH 的值为 5.7～9.6，$lg[Cr_总^{3+}]\leqslant-5$；$M'N'$ 线为地面水或饮用水标准线，对应的 pH 值为 5.8～8.6，$lg[Cr_总^{3+}]\leqslant-6$；C 点为处理水最佳排放点，此点对应的 pH = 6.7，$lg[Cr_总^{3+}]=-7.7$。从图 3-5 看出，在 pH = 5～6.25 范围内，随着 pH 的增大，$lg[Cr_总^{3+}]$线性降低。这说明上式中的前一项在起主要作用，铬的沉淀是主要的。在 pH＞7.25 时，随着 pH 增大，$lg[Cr_总^{3+}]$线性增加，这说明上式中的后一项上升为主要方面，铬的碱性溶解是主要的。而在 pH = 6.25～7.25 区间内，$lg[Cr_总^{3+}]$与 pH 的关系为曲线，说明此时铬的沉淀与溶解都不能忽视。在 pH = 6.7 处，出现$lg[Cr_总^{3+}]$的极小值。pH = 6.7 为处理水排放的最佳条件。此时，排放水中铬相当于$[Cr_总^{3+}]=2\times10^{-8}$ mol·dm^{-3} 或 1×10^{-9} mg·dm^{-3}。

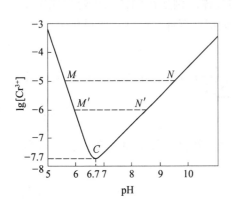

图 3-5　排放废水中 pH 对残余$[Cr^{3+}]$的影响

【例 3-11】　甲烷是钢铁表面进行渗碳处理时最好的渗碳剂之一，高温反应为

$$CH_4(g)\Longleftrightarrow C(石墨)+2H_2(g)$$

已知该反应 $\Delta_rG_m^\ominus(T)=[90\,165-109.56(T/K)]$J·mol^{-1}。

（1）求 500℃时反应的平衡常数 $K^\ominus$。

（2）求 500℃平衡时 CH$_4$ 的分解百分率，设总压力分别为 101.325 kPa 和 50.66 kPa，并且系统中没有惰性气体。

（3）500℃、总压 101.325 kPa，在分解前的甲烷中含 50% 惰性气体，求 CH$_4$ 的分解百分率。

解：（1）在 500℃时

$$\Delta_rG_m^\ominus(773\,K)=(90\,165-109.56\times773)J\cdot mol^{-1}=5\,475\,J\cdot mol^{-1}$$

$$\ln K^\ominus(773\,K)=-\frac{\Delta_rG_m^\ominus(773\,K)}{RT}=-\frac{5\,475\,J\cdot mol^{-1}}{8.314\,5\,J\cdot mol^{-1}\cdot K^{-1}\times773\,K}=-0.852$$

$$K^\ominus(773\,K)=0.427$$

(2)

$$CH_4 \Longrightarrow C(石墨) + 2H_2$$

反应前 n/mol 1   0   0

平衡 n/mol $1-\alpha$ 2α $n_总/\text{mol}=1+\alpha$

平衡时分压 $p\dfrac{1-\alpha}{1+\alpha}$ $p\dfrac{2\alpha}{1+\alpha}$

$$K^\ominus = \frac{p^2\left(\dfrac{2\alpha}{1+\alpha}\right)^2}{p\dfrac{1-\alpha}{1+\alpha}}(p^\ominus)^{-1} = \frac{4\alpha^2}{1-\alpha^2} \times (p/p^\ominus)$$

$$\alpha = \sqrt{\frac{K^\ominus}{(4p/p^\ominus) + K^\ominus}}$$

将 $K^\ominus$(773 K) 和 p 之值代入计算,当 $p=101.325\text{ kPa}$ 时,得 $\alpha=0.309$;当 $p=50.66\text{ kPa}$ 时,得 $\alpha=0.417$,可见总压降低有利于 CH_4 的分解。

(3) 分解前的甲烷中含 50% 惰性气体,这就意味着当 CH_4 的量为 1 mol 时,惰性气体也为 1 mol。由于甲烷分解后惰性气体物质的量不会改变,因此有以下关系:

$$CH_4 \Longrightarrow C + 2H_2 \qquad 惰性气体$$

反应前 n/mol 1   0   0   1

平衡时 n/mol $1-\alpha$ 2α 1 $n_总/\text{mol}=2+\alpha$

平衡时分压 $p\dfrac{1-\alpha}{2+\alpha}$ $p\dfrac{2\alpha}{2+\alpha}$

$p=101.325\text{ kPa}$ 时,

$$K^\ominus = \frac{p^2\dfrac{4\alpha^2}{(2+\alpha)^2}}{p\dfrac{1-\alpha}{2+\alpha}p^\ominus} = \frac{4\alpha^2}{(1-\alpha)(2+\alpha)}(p/p^\ominus)$$

解之得

$$\alpha = \frac{-K^\ominus \pm \sqrt{(K^\ominus)^2 + 8K^\ominus[4(p/p^\ominus) + K^\ominus]}}{2[4(p/p^\ominus) + K^\ominus]}$$

以 $K^\ominus$(773 K)$=0.427$,$p=101.325\text{ kPa}$ 代入,求得 $\alpha=0.392$。

比较 (2)(3) 的计算可知,在同样温度、总压 (101.325 kPa) 条件下,加入惰性气体,CH_4 分解率增加。

二、平衡组成-温度图的应用

平衡组成的计算,还可提供平衡反应正向或逆向进行的条件,特别是在不同条件下,计算得到的平衡组成与温度(压力)构成的图,可一目了然地表示出反应的趋向和平衡的条件,为研究反应,设计、控制生产提供有益的指导性信息。

如钢铁工件的渗碳或脱碳的反应:

$$[C(石墨)] + 2H_2 \underset{渗碳}{\overset{脱碳}{\rightleftharpoons}} CH_4$$

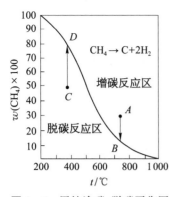

图 3-6　甲烷渗碳、脱碳平衡图
（101. 325 kPa）

按例 3-11 的方法，可以计算在各不同温度（如 200～1000 ℃，每隔 100 ℃）常压（101. 325 kPa）下，气相的平衡组成 $x(H_2)$、$x(CH_4)$［设 $x(H_2)+x(CH_4)=1.0$］，结果绘成图 3-6。图上曲线代表各不同温度下 CH_4 的平衡组成。由图可见：

（1）在这个放热反应中，温度越高 CH_4 越不稳定，越易分解为活化碳而使钢铁渗碳，所以甲烷在高温下是很强的渗碳剂。如 1000 ℃时，CH_4 的分解率将达 98%。

（2）结合例 3-11 知：同一温度下，压力越低，平衡气相中 CH_4 含量越小。

（3）曲线上的点代表反应处于平衡状态。曲线右上方为增碳（或渗碳）反应区，$J^{\ominus}>K^{\ominus}$，甲烷将分解。例如 A 点为 700 ℃，$w(CH_4)=0.30$，而 700 ℃平衡气相组成为 $w(CH_4)=0.11$（B 点），所以 CH_4 将分解（渗碳）至质量分数达 0.11 才平衡。曲线左下方为脱碳反应区，在这区的任何一点，$J^{\ominus}<K^{\ominus}$，碳将与 H_2 反应生成甲烷，如 C 点在 370 ℃含 CH_4 $w_B=0.48$，此温度下甲烷的平衡质量分数达到 0.80（D 点），所以反应将向生成甲烷方向移动，直至甲烷质量分数达到 0.80 为止。

§3-8　$\Delta G_m^{\ominus}(T)$- T 图

为便于分析冶金过程和热处理过程的反应，人们常以 1 mol O_2、S_2、N_2、C 等为基准的标准摩尔反应吉布斯函数与温度的关系式 $\Delta G_m^{\ominus}(T)=a+bT$ 用图形来表示。下面以金属氧化物的 $\Delta G_m^{\ominus}(T)$- T 图为例来说明这类图形的特点及其应用。

一、氧化物的 $\Delta G_m^{\ominus}(T)$- T 图

为了直观地分析和考虑各种元素与氧的亲和能力，了解元素之间氧化和还原关系，比较各种氧化物的稳定顺序，埃林汉姆（Ellingham）将各氧化物的 $\Delta G_m^{\ominus}$ 对温度作图，得到了氧化物的 $\Delta G_m^{\ominus}(T)$- T 图（见图 3-7），称为埃林汉姆图（图中曲线出现折线系固体晶型有所改变）。该图说明如下：

（1）图中 $\Delta G_m^{\ominus}$ 的意义与§3-4 介绍的标准摩尔生成吉布斯函数 $\Delta_f G_m^{\ominus}(T)$ 的定义略有不同。氧化物的 $\Delta_f G_m^{\ominus}(T)$ 是指由指定单质与分压为 100 kPa 的氧气化合成所研究的氧化物，且氧化物的 $\nu_B=+1$ 时的标准摩尔反应吉布斯函数。而图 3-7 中的 $\Delta G_m^{\ominus}(T)$ 是指由指定单质与分压为 100 kPa、1 mol 氧气化合生成氧化物的标准摩尔反应吉布斯函数。前者是以生成 1 mol 氧化物为基准，后者则是以与 1 mol 氧气化合为基准。后者可用下式表示：

$$\frac{2x}{y}M+O_2 \Longrightarrow \frac{2}{y}M_xO_y$$

式中，M_xO_y 为任意氧化物。由于这两者的意义不同，所以它们的 $\Delta G_m^{\ominus}$ 值不等，但它们又是相互有关的。

例如，$CaO(s)$ 的 $\Delta_f G_m^{\ominus}$ 是指下述反应的 $\Delta_r G_m^{\ominus}(298\ K)$：

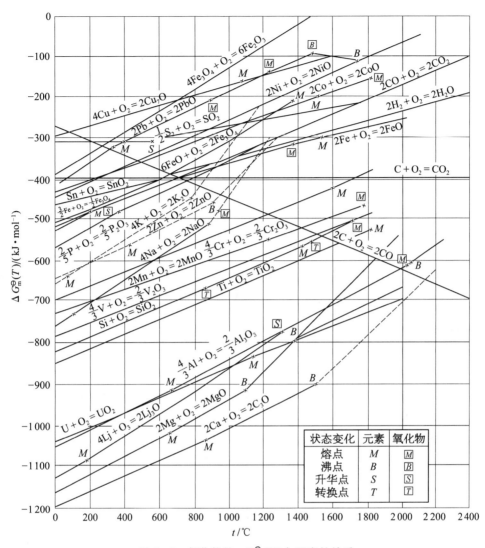

图 3 - 7　氧化物的 $\Delta G_m^{\ominus}(T)$ 与温度的关系

$$Ca(s) + \frac{1}{2}O_2 \rule[0.5ex]{2em}{0.08ex} CaO(s)$$

$$\Delta_f G_m^{\ominus}(CaO,\ s,\ 298\,K) = -604.17\,kJ \cdot mol^{-1}$$

而图 3 - 7 中关于 CaO 的 $\Delta G_m^{\ominus}$ 是指下述反应的 $\Delta_r G_m^{\ominus}(298\,K)$ 值：

$$2Ca(s) + O_2(g) \rule[0.5ex]{2em}{0.08ex} 2CaO(s)$$

$$\Delta G_m^{\ominus}(298\,K) = -1\,208.34\,kJ \cdot mol^{-1}$$

可见后者的 $\Delta G_m^{\ominus}$ 值为前者的两倍。

在图 3 - 7 中 $\Delta G_m^{\ominus}(T)$ 之所以规定以 1 mol 氧气为基准，目的在于氧气量固定才能比较不同金属对氧亲和力的大小。又由于金属氧化反应的 $K^{\ominus}$ 与氧化物的分解压力直接有关，即

$$\Delta G_m^{\ominus}(T) = -RT\ln K^{\ominus}(T) = -RT\ln[p(O_2)/p^{\ominus}]^{-1}$$

$$=RT\ln[p(O_2)/p^{\ominus}]$$

所以 $\Delta G_m^{\ominus}(T)$-T 图也反映了分解压力 $p(O_2)$ 与 T 的关系。

（2）将 $\Delta G_m^{\ominus}(T)=a+bT$ 与 $\Delta G_m^{\ominus}(T)=\Delta H_m^{\ominus}(T)-T\Delta S_m^{\ominus}(T)$ 比较,可知截距 a 与斜率 b 的热力学含义为

$$a\approx\Delta H_m^{\ominus}(T); b\approx-\Delta S_m^{\ominus}(T)$$

若以 $M+O_2 =\!=\!= MO_2$ 代表任意金属氧化物的生成反应,则

$$\Delta S_m^{\ominus}=S^{\ominus}(MO_2)-S^{\ominus}(O_2)-S^{\ominus}(M),$$

故斜率 $\qquad\qquad -\Delta S_m^{\ominus}=S^{\ominus}(O_2)+S^{\ominus}(M)-S^{\ominus}(MO_2)$。

若金属 M 与氧化物 MO_2 都是固体,则 $-\Delta S_m^{\ominus}\approx S^{\ominus}(O_2)$,因此各不同金属氧化物的直线斜率基本相同,即各直线近于平行。

（3）图中直线斜率大多数为正值,向上倾斜。这是因为化学反应的 $\Delta S_m^{\ominus}$ 是反应物与生成物规定熵的差值。由于气态物质的混乱度比凝聚态物质的混乱度大得多,故前者的熵值相应地比后者的熵值要大得多。图中大多数氧化物的生成反应,其产物为凝聚态,反应物中却包含有气态物质氧,因而它们的生成反应的熵变 $\Delta S_m^{\ominus}(T)<0$。结合关系式:

$$\Delta G_m^{\ominus}(T)=\Delta H_m^{\ominus}(T)-T\Delta S_m^{\ominus}(T),$$

可知其氧化物的生成反应的 $\Delta G_m^{\ominus}$ 值随着温度增加而增加,故这些直线的斜率为正。

（4）各氧化物的 $\Delta G_m^{\ominus}(T)$-T 关系基本上是条直线,但在有相态变化处直线发生转折,这是因为相变时熵发生变化,所以直线在相变温度处要发生明显的转折。例如达到 M 的沸点后,$\Delta S_m^{\ominus}(T)$ 减小,斜率增大,由下述计算可知:

$$2M(l)+O_2 =\!=\!= 2MO(s) \quad \Delta S_{m,1}^{\ominus}$$

$$M(l) =\!=\!= M(g) \quad \Delta S_{m,2}^{\ominus}=\Delta_{vap}H_m^{\ominus}/T_b$$

$$2M(g)+O_2 =\!=\!= 2MO(s) \quad \Delta S_{m,3}^{\ominus}=\Delta S_{m,1}^{\ominus}-2\Delta S_{m,2}^{\ominus}$$

因 $\Delta_{vap}H_m$ 为正值,故 $\Delta S_{m,3}^{\ominus}<\Delta S_{m,1}^{\ominus}$,斜率增大。其他情况可类推。

（5）图中有两处例外,一条是 CO_2 线,几乎与温度坐标轴平行,这是因为

$$C(s)+O_2(g) =\!=\!= CO_2(g)$$

反应的 $\qquad\qquad -\Delta S_m^{\ominus}=S^{\ominus}(O_2)-S^{\ominus}(CO_2)\approx 0$

（实测斜率约为 -0.2）;另一条是 CO 线,直线向下斜,这是由于反应

$$2C(s)+O_2(g) =\!=\!= 2CO(g)$$

过程中气体物质的量增大的缘故,实际直线斜率约 $-41.9\, kJ\cdot mol^{-1}\cdot K^{-1}$。

二、$\Delta G_m^{\ominus}(T)$-T 图的应用

（1）从各直线相比较来看,直线位置越低,$\Delta G_m^{\ominus}(T)$ 值越负,表示该元素与氧化合的能力越大,相应的氧化物稳定性越高。反之,直线位置越高,$\Delta G_m^{\ominus}(T)$ 值越正,氧化物越不稳定,越易分解。尽管各元素被氧化的难易程度随温度而略有变动,但从图可以排出一个

大致的顺序:Cu、Pb、Ni、Co、P、Fe、Cr、Mn、Si、Ti、Al、Mg、Ca。元素与氧亲和力按此顺序逐渐增加。

(2) $\Delta G_m^{\ominus}(T)$- T 图中,位置在下的金属或元素可以把较上面的金属从氧化物中还原出来,即上述序列中后面的元素(如 Si、Al、Mg、Ca 等)都是很好的还原剂。这是冶金中金属热还原法(例如硅热还原法或铝热还原法)的根据,也是许多金属热加工工艺过程中(如炼钢、焊接和热处理盐熔炉中)选用脱氧剂的基础。例如,想用金属热还原法从 TiO_2 中还原出 Ti,必须使用与氧化合能力较强的金属如 Al、Mg、Ca 等为还原剂;想脱除 FeO 中的氧,必须使用 Fe 以下的元素如 Mn、Si、Al、Ca 等。

(3) 高炉炼铁过程主要是还原铁的氧化物。凡在铁以上的金属(如 Cu、Ni 等),都能和铁一道从其金属氧化物中被还原出来进入铁液;在铁以下的金属,它们的氧化物(如 Al_2O_3、MgO、CaO 等)则不会被还原而进入炉渣。

(4) 炼钢过程中主要是除去铁水中的一些杂质元素如 C、Si、Mn、P 等。这些元素在 Fe 线以下,对氧亲和力比铁大,所以将比铁优先氧化进入炉渣,而在铁线以上的 Cu、Ni、Co、Mo、W 等元素则在冶炼中不被氧化,保留于铁液中,即使原先有它的氧化物存在于铁液里,此时也将被还原为金属元素。所以在炼合金钢时,对氧亲和力大的合金元素,如 Si、Mn 必须在配料时按可能烧损率加配,并在冶炼还原期或脱氧后加入,以减少烧损,而氧亲和力比 Fe 小的 Cu、Ni、Co、Mo 等原则上可以与炉料一起加入炉内。

(5) 图中两线相交时,在交点处两元素的 $\Delta G_m^{\ominus}(T)$ 相等,即氧化能力相等。例如,C 线与 Mn 线在 1683 K 相交,说明在此温度时生成 CO 与生成 MnO 的趋势相等,即此时两氧化物的稳定性相同。当温度低于 1683 K 时,Mn 先于 C 而被氧化,当温度高于 1683 K 时,C 先于 Mn 而被氧化。不难看出,线的交点正是元素氧化还原顺序的转折点,把该点对应的温度叫做"氧化转化温度"。因此,转化温度即是 Mn 能还原 CO 的最高温度,又是 C 能还原 MnO 的最低温度。

反应 $2C + O_2 \Longrightarrow 2CO$ 线的斜率为负值,只要温度足够高,C 的氧化线几乎能与每种元素的氧化线相交,在交点温度以上,C 对氧的亲和力大于该元素对氧的亲和力,于是 C 可将该元素从其氧化物中还原出来。因此,若不是由于温度太高工艺上难以实现的话,C 就可以作为各种金属氧化物的"万能还原剂"。又因 C 的成本低,在高温下对氧亲和力大,所以在冶金中广泛用作还原剂。

三、$\Delta G_m^{\ominus}(T)$- T 图的局限性

$\Delta G_m^{\ominus}(T)$- T 图用途广,应用方便,但需注意以下几点:

(1) $\Delta G_m^{\ominus}(T)$- T 图仅用于热力学讨论。该图认为不能发生的反应肯定不能发生,但该图认为可以发生的反应,则还需从动力学因素考虑确定可行性。

(2) $\Delta G_m^{\ominus}(T)$- T 图中所有凝聚相都是纯物质,不是溶液或固熔体。$O_2(g)$、$CO(g)$、$CO_2(g)$ 均为纯气体,不是溶解态。换言之,该图原则上只用于无溶体参与的反应。例如

$$2M(s) + O_2 \Longrightarrow 2MO(s) \quad \Delta G_m^{\ominus}(T) = a + bT$$

此处,M(s)和 MO(s)表示纯金属和纯金属氧化物固体,活度为 1,故在 $\Delta G_m^{\ominus}(T) = a + bT = RT\ln[p(O_2)/p^{\ominus}]$ 中,$p(O_2)$ 只是温度的函数,从而 $\Delta G_m^{\ominus}(T)$ 只是温度的函数,与 $\Delta G_m^{\ominus}$- T 图一致。但对反应

$$2[M] + O_2(g) = 2(MO)$$

$$\Delta G_m^{\ominus}(T) = -RT\ln a^2(MO)/(a^2[M] \times p(O_2)/p^{\ominus})$$

即
$$\Delta G_m^{\ominus}(T) = RT\ln(p(O_2)/p^{\ominus}) + RT\ln a^2[M]/a^2(MO)$$

此时由于[M]为溶于铁液中的金属,(MO)为溶于渣中的氧化物,因而活度 a 不一定为1,故 $\Delta G_m^{\ominus}(T)$ 不仅与 T 有关,还与 $a[M]$ 和 $a(MO)$ 有关,$\Delta G_m^{\ominus}(T)$-T 图则不一定为直线。

（3）本教材 $\Delta G_m^{\ominus}(T)$-T 图中,反应 $2C(s) + O_2 = 2CO(g)$ 的 $\Delta G_m^{\ominus}(T)$-T 线是许多同类等压线中 $p(CO) = 100\,kPa$ 的一条,因为该反应 $\Delta G_m^{\ominus}(T) = RT\ln[p(O_2)/p^{\ominus}] - 2RT\ln[p(CO)/p^{\ominus}]$,所以结合 $\Delta G_m^{\ominus}(T) = a + bT$ 有

$$RT\ln[p(O_2)/p^{\ominus}] = a + bT + 2RT\ln[p(CO)/p^{\ominus}]$$

只有当 $p(CO) = p^{\ominus}$ 时,才有 $\Delta G_m^{\ominus}(T) = RT\ln[p(O_2)/p^{\ominus}] = a + bT$。当 $p(CO) \neq p^{\ominus}$ 时,该线的位置和斜率都会发生变化,其规律为

若 $p(CO) > p^{\ominus}$,则该线上移,斜率变小;

若 $p(CO) < p^{\ominus}$,则该线下移,斜率变大。

这一规律在实践中有重要应用。如用 $C(s)$ 还原 $FeO(s)$：

$$FeO(s) + C(s) = Fe(s) + CO(g)$$

由图 3-7 看出,该反应正向进行的最低温度为 730℃左右,这是当 $p(CO) = p^{\ominus}$（实际为 101 325 Pa）时的结论。当 $p(CO) = 200\,kPa$ 或 $50\,kPa$ 时,该反应能正向进行的最低温度分别为 770℃和 690℃。

§3-9　同时平衡与反应的耦合*

§3-9演示文稿

同时平衡与
反应耦合

以上讨论的反应系统都是仅限于一个化学反应的平衡。而在大多数情况下,特别是对于有机化合物的反应,除了主反应外,常常伴有或多或少的副反应,即几个反应同时发生、同时达到化学平衡,例如石油的裂解反应。这些反应同处于一个系统之中,彼此必有相互影响和联系。

考虑系统中发生两个不同反应的同时化学平衡。若一个反应的产物在另一个反应中是反应物之一,通常将这两个反应称为耦合反应。如

$$A + B = Y + Z$$
$$Y + C = D$$

在耦合反应中,某一反应可以影响另一个反应的平衡位置,甚至能够使原先不能单独进行的反应得以通过另外的途径而进行。例如,有如下三个反应:

反应（1）$CH_3OH(l) = HCHO(g) + H_2(g)$

$\Delta_r G_{m,1}^{\ominus}(298\,K) = 56.23\,kJ \cdot mol^{-1} > 0$,计算出 298 K 时平衡常数 $K_1^{\ominus}(298\,K) = 1.39 \times 10^{-10} \ll 1$。若 $HCHO(g)$ 为我们想要的产品,从上述反应所得到的 $HCHO(g)$ 必

＊　本节为选学内容。

然很少(其实宏观上该独立反应正向不能自动进行)。向反应系统中引入少量 $O_2(g)$ 后，使系统中可同时发生反应(2)(3)。

反应(2) $H_2(g) + \dfrac{1}{2}O_2(g) =\!=\!= H_2O(l)$

此反应的 $\Delta_r G_{m,2}^{\ominus}(298\,K) = -237.19\,kJ \cdot mol^{-1} \ll 0$，平衡常数 $K_2^{\ominus}(298\,K) = 3.78 \times 10^{41}$，使得 $\Delta_r G_{m,1}^{\ominus}(298\,K) + \Delta_r G_{m,2}^{\ominus}(298\,K) = -180.96\,kJ \cdot mol^{-1} \ll 0$，则反应(3)[反应(1)+反应(2)]就可以进行了(必须注意，这里讨论的都是 $\Delta_r G_m^{\ominus}$，而不是 $\Delta_r G_m$)。

反应(3) $CH_3OH(g) + \dfrac{1}{2}O_2(g) =\!=\!= HCHO(g) + H_2O(g)$

该反应的平衡常数 $K_3^{\ominus}(298\,K) = 5.25 \times 10^{31}(= K_1^{\ominus} \times K_2^{\ominus})$，相比于反应(1)，甲醇的平衡转化率得到极大提高，好像是由于反应(2)的 $\Delta_r G_m^{\ominus}$ 有很大的负值，把反应(1)带动起来了。

以上例子表明，化学反应的耦合可以使不能实现的反应转变为现实。生物体内反应都是在等温等压下进行的，许多单个的反应都难以正向进行，而又无法采取改变温度或压力的办法使它们实现，所以生物体选择了反应耦合这一途径。工业生产中也常常采用耦合反应提高目的产物的产率。

§3-10　生产中的化学平衡计算举例[*]

前面列举的有关化学平衡计算的例题都比较简单，但生产中涉及的化学平衡计算往往要复杂得多。仅举一例说明。

【例 3-12】　试计算反应 C(石墨)+$CO_2(g) =\!=\!= 2CO(g)$ 在温度 700~1 200 K，总压分别为 10 132.5 Pa，101 325 Pa 和 1 013 250 Pa 时的 $K^{\ominus}$ 及平衡组成 $x(CO)$。已知热力学数据为

物　质	$\Delta_f H_m^{\ominus}(298\,K)$ /(kJ·mol⁻¹)	$\Delta_f G_m^{\ominus}(298\,K)$ /(kJ·mol⁻¹)	$C_{p,m} = a + b(T/K) + c'(T/K)^{-2}$/(J·mol⁻¹·K⁻¹)		
			a	$10^3 \cdot b$	$10^{-5}c'$
C(石墨)	0	0	17.16	4.27	−8.79
CO_2	−393.50	−394.39	44.14	9.04	−8.54
CO	−110.54	−137.12	28.41	4.10	−0.46

解：$\displaystyle\sum_B \nu_B C_{p,m}(B) = [-4.48 - 5.11 \times 10^{-3}(T/K) + 16.41 \times 10^5 (T/K)^{-2}]\,J \cdot mol^{-1} \cdot K^{-1}$

$\Delta_r H_m^{\ominus}(298\,K) = 2\Delta_f H_m^{\ominus}(CO, 298\,K) - \Delta_f H_m^{\ominus}(CO_2, 298\,K)$

$= [2 \times (-110.54) - (-393.50)]\,kJ \cdot mol^{-1}$

$= 172.42\,kJ \cdot mol^{-1}$

由基尔霍夫公式 $\Delta_r H_m^{\ominus}(T) = \Delta H_0 + [-4.48(T/K) - 2.56 \times 10^{-3}(T/K)^2 - 16.41 \times 10^5 (T/K)^{-1}] \times 10^{-3}\,kJ \cdot mol^{-1}$

---

[*]　本节为选学内容。

将 $\Delta_r H_m^\ominus(298\,K) = 172.42\,kJ \cdot mol^{-1}$ 和 $T = 298\,K$ 代入得

$$\Delta H_0 = 179.49\,kJ \cdot mol^{-1}$$

所以　　$\Delta_r H_m^\ominus(T) = 172.42\,kJ \cdot mol^{-1} + [-4.48(T/K) - 2.56 \times 10^{-3}(T/K)^2$
$$- 16.41 \times 10^5 (T/K)^{-1}] \times 10^{-3}\,kJ \cdot mol^{-1}$$

代入式(3-30)积分得

$$\ln K^\ominus(T) = -21.60 \times 10^3 /(T/K) - 0.539\ln(T/K) - 3.073 \times 10^{-4}(T/K)$$
$$+ 1.974 \times 10^5 (T/K)^{-2} + I$$

又　　　　$\Delta_r G_m^\ominus(298\,K) = 2\Delta_f G_m^\ominus(CO, 298\,K) - \Delta_f G_m^\ominus(CO_2, 298\,K)$
$$= 120.15\,kJ \cdot mol^{-1}$$

得　　　　$\ln K^\ominus(298\,K) = -\dfrac{\Delta_r G_m^\ominus(298\,K)}{RT} = -\dfrac{120\,150\,J \cdot mol^{-1}}{8.314\,5\,J \cdot mol^{-1} \cdot K^{-1} \times 298\,K}$
$$= -48.49$$

将 $T = 298\,K$ 和 $\ln K^\ominus(298\,K)$ 代入上式求出积分常数 I：

$$I = -48.49 + 21\,600/298 + 0.539\ln 298 + 3.073 \times 10^{-4} \times 298 - 1.974 \times 10^5/298^2$$
$$= 26.0$$

所以 $\ln K^\ominus(T)$ 与 T 的关系式为

$$\ln K^\ominus(T) = -21\,600(T/K)^{-1} - 0.539\ln(T/K) - 3.074 \times 10^{-4}(T/K)$$
$$+ 9.87 \times 10^4 (T/K)^{-2} + 26.0$$

分别以 T 为 700 K、800 K、900 K、1 000 K、1 100 K 和 1 200 K 代入，求出 $K^\ominus(T)$ 列入表 3-3。

又据　$K^\ominus(T) = [p(CO)/p^\ominus]^2/[p(CO_2)/p^\ominus] = p^2(CO)/[p_总 - p(CO)] \cdot p^\ominus$

将 $p_总 = 101\,325\,Pa$ 代入上式可求得不同温度下 CO 的分压，如 $T = 1\,200\,K$ 时，求出 $p(CO) = 99.34\,kPa$，再用分压定律求出

$$x(CO) = p(CO)/p_总 = 99.34/101\,325 = 0.981$$

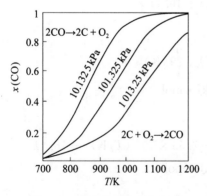

图 3-8　碳气化反应平衡组成

表 3-3　不同 T、p 下 $K^\ominus$ 及 $x(CO)$ 值

T/K	$K^\ominus$	$x(CO)$		
		10.132 5 kPa	101.325 kPa	1 013.25 kPa
700	0.000 23	0.047	0.015	0.004 8
800	0.009 4	0.263	0.092 4	0.030
900	0.167	0.704	0.334	0.121
1 000	1.65	0.946	0.702	0.332
1 100	10.6	0.991	0.920	0.628
1 200	49.8	0.998	0.981	0.854

同样方法求出不同总压、不同温度时的 $x(CO)$，列于表 3-3。然后用表中数据绘出图 3-8。由此可分析温度、压力对上述反应平衡组成的影响。

科学家小传

范特荷夫(J. H. van't Hoff)　　　奥斯特瓦尔德(F. W. Ostwald)
(1852—1911)　　　　　　　　(1853—1932)

　　范特荷夫,荷兰化学家,对物理化学理论的发展做出了重大贡献。他研究过质量作用定律,发展了近代溶液理论,包括渗透压、凝固点、沸点和蒸气压理论,并用相律研究盐的结晶过程。1901 年,范特荷夫因发现溶液渗透压和化学动力学的研究成果(两篇著名论文《气体体系或稀溶液中的化学平衡》和《化学动力学研究》,在理论化学上跨出了一大步),成为第一位诺贝尔化学奖获得者,因此被誉为理论化学的开创者。范特荷夫不仅在化学反应速度、化学平衡和渗透压方面取得了骄人的研究成果,而且开创了以有机化合物为研究对象的立体化学。

　　奥斯特瓦尔德,德国化学家,创立、发展和壮大了物理化学这门新学科,被誉为"物理化学之父"。1887 年,范特荷夫与奥斯特瓦尔德创办了世界上第一份物理化学学术刊物——德文《物理化学杂志》,标志着物理化学学科的诞生。后人把他们和瑞典化学家阿伦尼乌斯(S. A. Arrhenius,见第六章"科学家小传")一起称为物理化学的奠基人。《物理化学杂志》第一期刊登了范特荷夫关于渗透压定律的文章和阿伦尼乌斯关于电解质电离学说的论文。奥斯特瓦尔德在 1888 年提出了稀释定律,回答了电解质的电导率和无限稀释时电导率极限值之间的关系,该定律成为当时对电离学说的重要支持。1895 年,奥斯特瓦尔德对催化剂给出了科学的定义,对催化作用提出了新的解释。1909 年,奥斯特瓦尔德因在催化作用、化学反应平衡和反应速率研究方面的成就荣获诺贝尔化学奖。

思 考 题

　　3.1　$\Delta_r G_m^\ominus$ 与化学反应进度是否有关?

　　3.2　化学反应达到平衡时,从微观和宏观来说明其特征。为何平衡系统的分压商只是温度的函数,与压力和浓度无关?

　　3.3　标准平衡常数与实验平衡常数有何区别和联系?

　　3.4　说明在公式 $\Delta_r G_m^\ominus(T) = -RT\ln K^\ominus(T)$ 中,

(1) $\Delta_r G_m^{\ominus}(T)$ 和 $K^{\ominus}(T)$ 是两个不同含义的物理量。

(2) 对于有纯凝聚物的多相反应，$\Delta_r G_m^{\ominus}(T)$ 中包含纯凝聚相，但 $K^{\ominus}(T)$ 中不考虑纯凝聚相。

3.5　某气体系统在定温定压下反应达到平衡时 $\Delta_r G_m = 0$，又由 $\Delta_r G_m^{\ominus}(T) = -RT\ln K^{\ominus}(T)$ 得 $\Delta_r G_m^{\ominus}(T) = 0$，$K^{\ominus}(T) = 1$，是否由此可认为平衡时 $K^{\ominus}$ 总是等于1?

3.6　同一反应，如果反应式写法不同，例如：

$$3H_2(g) + N_2(g) \Longrightarrow 2NH_3(g)$$

或

$$\frac{3}{2}H_2(g) + \frac{1}{2}N_2(g) \Longrightarrow NH_3(g),$$

平衡常数是否相同，两者之间有何关系? 标准摩尔反应吉布斯函数是否相同?

3.7　范特荷夫等温方程有哪些用处? 用于平衡系统和标准系统各得什么结论?

3.8　试总结几种方法求反应的 $\Delta_r G_m^{\ominus}(T)$ 及 $K^{\ominus}(T)$ 所依据的原理。

3.9　当温度为 T 时，将纯 $NH_4HS(s)$ 置于抽空的容器中，则 NH_4HS 发生分解：

$$NH_4HS(s) \Longrightarrow NH_3(g) + H_2S(g)$$

测得平衡时系统总压力为 p，问标准平衡常数为多少?

3.10　应用范特荷夫等压方程研究温度对平衡常数的影响，什么情况下用近似处理? 什么情况下用精确处理? 计算时各需要哪些数据?

3.11　试证明等压方程也可表示为

$$\frac{d\ln K_c^{\ominus}}{dT} = \frac{\Delta_r U_m^{\ominus}}{RT^2}$$

其中 $K_c^{\ominus}$ 是用物质的量浓度表示的平衡常数，$\Delta_r U_m^{\ominus}$ 是等容反应标准热力学能变。

3.12　应用哪些方程来说明温度、压力和惰性气体对化学平衡系统的影响?

3.13　$PCl_5(g)$ 的分解反应为 $PCl_5(g) \Longrightarrow PCl_3(g) + Cl_2(g)$，在 200 ℃ 达到平衡时，$PCl_5(g)$ 有 48.5% 分解，在 300 ℃ 达到平衡时，有 97% 分解，问该反应是放热反应还是吸热反应。

3.14　反应 $H_2O(g) + C(s) \Longrightarrow CO(g) + H_2(g)$ 在 400 ℃ 达到平衡，已知反应的 $\Delta_r H_m^{\ominus} = 133.5$ kJ·mol^{-1}，问下列条件变化对平衡有何影响：(1) 增加压力；(2) 升高温度；(3) 增加 H_2O(分压)；(4) 定压下加入 $H_2(g)$；(5) 定温定压下加入惰性气体 N_2。

3.15　元素氧化反应的 $\Delta G_m^{\ominus} - T$ 图对冶金过程有何指导意义? 作图时的 $\Delta G_m^{\ominus}$ 为何是对 1 mol 氧而不对 1 mol 氧化物而言?

3.16　在金属氧化物的 $\Delta G_m^{\ominus}(T) - T$ 图中，$\Delta G_m^{\ominus}(T) - T$ 线为什么有的化合物是直线，有的化合物是折线? 并且各折线线段的斜率不同，有正、有负，其规律如何?

习　　题

3.1　氧化钴(CoO)能被 H_2 或 CO 还原为 Co，在 993 K、101325 Pa 时，以 H_2 还原，测得平衡气相中 H_2 的体积分数 $\varphi_{H_2} = 0.025$；以 CO 还原，平衡气相中 CO 的体积分数 $\varphi_{CO} = 0.0192$。求此温度下反应

$$CO(g) + H_2O(g) \Longrightarrow CO_2(g) + H_2(g)$$

的平衡常数 $K^{\ominus}$。

$$[K^{\ominus} = 1.31]$$

3.2　计算加热纯 $Ag_2O(s)$ 开始分解的温度和分解温度，(1) 在 101325 Pa 的纯氧中；(2) 在 101325 Pa 且 $\varphi_{O_2} = 0.21$ 的空气中。已知反应 $2Ag_2O(s) \Longrightarrow 4Ag(s) + O_2(g)$；

$$\Delta_r G_m^{\ominus}(T) = (58\,576 - 122T/K)J \cdot mol^{-1}$$

$$[(1)\ 480\ K;(2)\ 434\ K]$$

3.3　已知 Ag_2O 及 ZnO 在温度 $1\,000\,K$ 时的分解压分别为 $240\,kPa$ 及 $15.7\,kPa$。问在此温度下，(1) 哪一种氧化物易分解？(2) 若把纯 Zn 及纯 Ag 置于大气中，是否都易被氧化？(3) 反应 $ZnO(s) + 2Ag(s) \Longequal Zn(s) + Ag_2O(s)$ 的 $\Delta_r H_m = 242.09\,kJ \cdot mol^{-1}$，问增加温度时，有利于反应朝哪个方向进行。

$$[(1)\ Ag_2O;(2)\ Zn;(3)\ ZnO\ 分解，正向反应]$$

3.4　已知下列反应的 $\Delta_r G_m^{\ominus}$-T 关系为

$$Si(s) + O_2(g) \Longequal SiO_2(s);$$

$$\Delta_r G_m^{\ominus}(T) = (-8.715 \times 10^5 + 181.09T/K)J \cdot mol^{-1}$$

$$2C(s) + O_2(g) \Longequal 2CO(g);$$

$$\Delta_r G_m^{\ominus}(T) = (-2.234 \times 10^5 - 175.41T/K)J \cdot mol^{-1}$$

试通过计算判断在 $1\,300\,K$、$100\,kPa$ 下，硅能否使 CO 还原为 C？硅使 CO 还原的反应为

$$Si(s) + 2CO(g) \Longequal SiO_2(s) + 2C(s)$$

$$[\Delta G_m^{\ominus}(1\,300\ K) = -184.7\ kJ \cdot mol^{-1}，硅能使\ CO\ 还原为\ C]$$

3.5　将含体积分数分别为 0.97 和 0.03 的水蒸气和氢气的混合气体加热到 $1\,000\,K$，此混合气体能否与镍反应使之转化为氧化物？已知

$$① Ni(s) + \frac{1}{2}O_2(g) \Longequal NiO(s); \Delta_r G_m^{\ominus}(1\,000\ K) = -146.11\ kJ \cdot mol^{-1}$$

$$② H_2(g) + \frac{1}{2}O_2(g) \Longequal H_2O(g); \Delta_r G_m^{\ominus}(1\,000\ K) = -191.08\ kJ \cdot mol^{-1}$$

$$[不能]$$

3.6　已知反应 $PbS(s) + \frac{3}{2}O_2(g) \Longequal PbO(s,红) + SO_2(g)$。试计算反应在 $762\,K$ 下的标准平衡常数，并证明此温度下反应可进行得很完全(可做近似计算)。

$$[3.85 \times 10^{69}]$$

3.7　通过计算说明磁铁矿(Fe_3O_4)和赤铁矿(Fe_2O_3)在 $25\,℃$ 的空气中，哪一个更稳定？

$$[Fe_2O_3]$$

3.8　查附录Ⅳ，试用标准摩尔熵法计算 $25\,℃$ 时下列制氢反应的 $\Delta_r G_m^{\ominus}$ 和 $K^{\ominus}$。

$$CO(g) + H_2O(g) \Longequal CO_2(g) + H_2(g)$$

$$[\Delta G_m^{\ominus}(298\ K) = -28.48\ kJ \cdot mol^{-1}, K^{\ominus} = 9.86 \times 10^4]$$

3.9　设上题的 $\Delta_r S_m^{\ominus}$ 和 $\Delta_r H_m^{\ominus}$ 与温度无关，计算 $473\,K$ 时反应的 $\Delta_r G_m^{\ominus}$。与上题结果比较，哪个温度更有利于 CO 的转化？工业上实际的温度在 $473 \sim 673\,K$，这是为什么？

$$[298\ K\ 有利于\ CO\ 的转化，考虑速率问题]$$

3.10　试用标准摩尔生成吉布斯函数，求 $25\,℃$ 时反应 $3Fe(s) + 2CO(g) \Longequal Fe_3C(s) + CO_2(g)$ 的 $\Delta_r G_m^{\ominus}$ 和 $K^{\ominus}$。

$$[\Delta_r G_m^{\ominus} = -105.18\ kJ \cdot mol^{-1}, K^{\ominus} = 2.7 \times 10^{18}]$$

3.11　为除去氮气中的杂质氧气，将氮气在 $101\,325\,Pa$ 下通过 $873\,K$ 的铜粉柱子进行脱氧，反应为

$$2Cu(s) + \frac{1}{2}O_2(g) \Longequal Cu_2O(s)$$

若气流缓慢通过可使反应达到平衡,求经过纯化后在氮气中残余氧的体积分数 φ_{O_2}。已知 298 K 时,

$$\Delta_f H_m^\ominus(Cu_2O) = -166.5 \, kJ \cdot mol^{-1}; \quad S_m^\ominus(Cu_2O) = 93.7 \, J \cdot mol^{-1} \cdot K^{-1};$$

$$S_m^\ominus(Cu) = 33.5 \, J \cdot mol^{-1} \cdot K^{-1}; \quad S_m^\ominus(O_2) = 205 \, J \cdot mol^{-1} \cdot K^{-1};$$

反应的 $\sum \nu_B C_{p,m}(B) = 2.09 \, J \cdot mol^{-1} \cdot K^{-1}$,并假定不随温度变化。

$$[8 \times 10^{-13}]$$

3.12　已知反应 $H_2(g) + \frac{1}{2}O_2(g) =\!=\!= H_2O(g)$ 的 $\Delta_r G_m^\ominus(298 \, K) = -228.6 \, kJ \cdot mol^{-1}$,又知 $\Delta_f G_m^\ominus(H_2O, l, 298 \, K) = -237 \, kJ \cdot mol^{-1}$,求水在 25 ℃时的饱和蒸气压(可将水蒸气视为理想气体)。

$$[3\,400 \, Pa]$$

3.13　已知反应 $Fe_2O_3(s) + 3CO(g) =\!=\!= 2Fe(s) + 3CO_2(g)$ 在不同温度的 $K^\ominus$ 如下:

温度 $t/℃$	100	250	1 000
$K^\ominus$	1 100	100	0.072 1

在 1 120 ℃时反应 $2CO_2(g) =\!=\!= 2CO(g) + O_2(g)$ 的 $K^\ominus = 1.4 \times 10^{-12}$。今将 Fe_2O_3 置于 1 120 ℃的容器内,问容器内氧的分压应该维持多大才可防止 Fe_2O_3 还原成铁。

$$[p(O_2) = 1.84 \times 10^{-8} \, Pa]$$

3.14　设物质 A 按下列反应分解成 B 与 C:

$$3A(g) =\!=\!= B(g) + C(g)$$

A、B、C 均为理想气体。在压力为 101 325 Pa,温度为 300 K 时测得 A 有 40% 解离,在等压下将温度升高 10 K,结果 A 解离 41%,试求其反应焓变。

$$[\Delta_r H_m^\ominus = 7.43 \, kJ \cdot mol^{-1}]$$

3.15　已知 $ZnO(s) + CO(g) =\!=\!= Zn(s) + CO_2(g)$ 为用蒸馏法炼锌的主要反应,并知反应的 $\Delta_r G_m^\ominus(T)$ 为

$$\Delta_r G_m^\ominus(T) = [199.85 \times 10^3 + 7.322T/\ln(T/K) + 5.90 \times 10^{-3}(T/K)^2 -$$

$$27.195 \times 10^{-7}(T/K)^3 - 179.8T/K] J \cdot mol^{-1}$$

求(1) 1 600 K 时反应的标准平衡常数。(2) 如在压力保持 101 325 Pa 的条件下进行上述反应,求平衡时气体的组成。

$$[(1) \, K^\ominus(1\,600 \, K) = 485.4; \, (2) \, x(CO) = 0.002]$$

3.16　HI(g) 分解达下列平衡:

$$2HI(g) =\!=\!= H_2(g) + I_2(g)$$

425 ℃时,HI 的解离度(达到平衡时分解的百分数)是 0.213,(1) 问该温度下 HI 解离反应的标准平衡常数为多少? (2) 在此温度下 2.00 mol 碘和 3.00 mol 氢反应,生成多少 HI?

$$[(1) \, K^\ominus = 0.018\,3; \, (2) \, 1.8 \, mol]$$

3.17　银可能受到 $H_2S(g)$ 的腐蚀而发生下面的反应:

$$H_2S(g) + 2Ag(s) =\!=\!= Ag_2S(s) + H_2(g)$$

在 25 ℃及 101 325 Pa 下,将 Ag 放在等体积的氢气和硫化氢组成的混合气体中,问(1)银能否发生腐蚀而生成硫化银? (2) 在混合气体中 H_2S 的体积分数低于多少,才不致发生腐蚀? 已知 25 ℃时,$Ag_2S(s)$ 和 $H_2S(g)$ 的标准摩尔生成吉布斯函数分别为 $-40.25 \, kJ \cdot mol^{-1}$ 和 $-32.90 \, kJ \cdot mol^{-1}$。

$$[(1) \, 能发生腐蚀; \, (2) \, y(H_2S) < 4.9\%]$$

3.18　已知下列热力学数据：

	金刚石	石墨
$\Delta_c H_m^\ominus(298\,K)(kJ \cdot mol^{-1})$	-395.3	-393.4
$S_m^\ominus(298\,K)(J \cdot mol^{-1} \cdot K^{-1})$	2.43	5.69
密度 $\rho(kg \cdot dm^{-3})$	3.513	2.260

求(1) 在 298 K 时，由石墨转化为金刚石的标准摩尔反应吉布斯函数。(2) 根据热力学计算说明为什么单凭加热得不到金刚石，而加压则可以得到(假定密度和熵不随温度和压力变化)。(3) 298 K 时石墨转化为金刚石的平衡压力。

$$[(1)\ \Delta_r G_m^\ominus(298\,K) = 2.85\ kJ \cdot mol^{-1};\ (2)\ 略;\ (3)\ 1.52 \times 10^9\ Pa]$$

3.19　某铁矿含钛，以氧化物 TiO_2 形式存在，试求碳直接还原 TiO_2 的最低温度。

(1) 高炉内的最高温度约为 1973 K，问该矿石中的钛能否被还原？

(2) 若钛矿为 $FeTiO_3(s)$，并知反应：

① $Ti(s) + \dfrac{3}{2}O_2 + Fe(s) = FeTiO_3(s)$；$\Delta_r G_m^\ominus(T,\,1) = (-12.37 \times 10^5 + 219T/K)J \cdot mol^{-1}$

② $Fe(s) = Fe(l)$；$\Delta_r G_m^\ominus(T,\,2) = (1.55 \times 10^4 - 8.5T/K)J \cdot mol^{-1}$

求用 C(s) 直接还原的最低温度。这种情况下钛能否被还原？

$$[(1)\ T = 2\,072\ K > 1\,973\ K,\,不能;\ (2)\ T = 1\,873\ K < 1\,973\ K,\,能]$$

3.20　用 Si(s) 还原 MgO(s) 的反应是 $Si(s) + 2MgO(s) \rightleftharpoons SiO_2(s) + 2Mg(s)$。已知该反应的 $\Delta_r G_m^\ominus(1)/(J \cdot mol^{-1}) = 523\,000 - 211.71(T/K)$。回答下列问题：

(1) 若使反应在标准态下进行，则反应温度至少是多少？

(2) 在工业上难以实现过高的温度，通常采取措施以降低还原温度。一种措施是加入"附加剂"CaO(s)进行反应的耦合，加入的 CaO(s) 与上述还原反应中生成的 $SiO_2(s)$ 进行如下反应：$2CaO(s) + SiO_2(s) \rightleftharpoons Ca_2SiO_4(s)$，已知该反应的 $\Delta_r G_m^\ominus(2)/(J \cdot mol^{-1}) = -126\,357 - 5.021(T/K)$。试确定耦合反应的转折温度。

$$[(1)\ T > 2\,470.4\ K;\ (2)\ T_{转折} = 1\,830.1\ K]$$

3.21　以下列反应为例，说明什么是"反应的耦合"，它对平衡的移动会产生什么影响。

反应①：$TiO_2(s) + 2Cl_2(g) \xrightarrow{p^\ominus,\ 298\,K} TiCl_4(l) + O_2(g)$；$\Delta_r G_{m,1}^\ominus(298\,K) = 161.94\ kJ$

反应②：$C(s) + O_2(g) \longrightarrow CO_2(g)$；$\Delta_r G_{m,2}^\ominus(298\,K) = -394.38\ kJ$

反应③：$C(s) + TiO_2(s) + 2Cl_2(g) \longrightarrow TiCl_4(l) + CO_2(g)$；$\Delta_r G_{m,3}^\ominus(298\,K) = -232.44\ kJ$

$$[略]$$

第四章　液态混合物和溶液

本章教学基本要求

1. 熟悉混合物和溶液组成表示法及其相互之间的关系。
2. 掌握偏摩尔量的概念，了解在多组分系统中引入偏摩尔量的意义。
3. 掌握拉乌尔定律和亨利定律，了解它们的适用条件和不同之处。
4. 掌握理想液态混合物和理想稀溶液中各组分化学势的表达式及其标准态的含义。
5. 掌握理想液态混合物和理想稀溶液的相平衡的计算。
6. 理解真实液态混合物各组分和真实溶液中溶质的化学势、活度和活度因子。
7. 了解物质在两相间的分配平衡和应用。
8. 了解气体在金属中的溶解平衡-西弗特定律。

前面几章讨论中所涉及的凝聚相一般只含一种纯物质,称为单组分系统。若含有两种或多种组分,称为多组分系统。本章主要讨论多组分系统所遵循的规律。多组分系统可以是单相的也可以是多相的。多组分单相系统是指各组分物质在分子尺度上相互均匀混合的系统。由于热力学处理方法的差别,一般把多组分单相系统区分为混合物和溶液(或溶体)。

若对所研究的多组分单相系统中的各组分按相同的热力学处理方法进行研究,则称该系统为混合物;若把多组分单相系统中的组分区分为溶剂和溶质,并对两者选取不同的热力学处理方法进行研究时,则称该系统为溶液(或溶体)。

按聚集状态不同,混合物又分为气态混合物(混合气体)、液态混合物和固态混合物。溶液则分为液态溶液和固态溶液(固熔体)。本章只讲液态混合物和液态溶液,但处理问题的方法对固态混合物和固态溶液也是适用的。对于溶液,按其导电性能不同又分为电解质溶液和非电解质溶液。本章只讲非电解质溶液,电解质溶液放在第七章电化学中讨论。

主题4-1导学
混合物及溶液的热力学描述

§4-1演示文稿
混合物及溶液的组成表示法

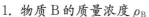
主题一　混合物及溶液的热力学描述

§4-1　混合物及溶液组成表示法

对于多组分单相系统,除温度和压力外,组成也是很重要的基本性质,没有组成变量就不能完整准确地描述混合物和溶液的热力学状态。对于混合物中组分 B 的组成常用如下几种方法表示。

1. 物质 B 的质量浓度 ρ_B

物质 B 的质量 m_B 除以混合物的体积 V_{mix}:

$$\rho_B \xrightarrow{\text{def}} m_B / V_{mix}$$

ρ_B 的单位为 g・dm^{-3} 或 kg・m^{-3}。

2. 物质 B 的质量分数 w_B

物质 B 的质量 m_B 与混合物各组分质量之和的比:

$$w_B \xrightarrow{\text{def}} m_B / \sum_B m_B$$

w_B 的单位为 1。

按国标规定,今后不再使用"B 的质量百分浓度"或"B 的质量百分数"的称呼。但在冶金系统,常使用 $w_B \times 100$ 表示微量组分(或溶质)的组成,称之为百倍质量分数,用符号 $[\%B]$ 表示。

3. 物质 B 的浓度(物质 B 的物质的量浓度)c_B

物质 B 的物质的量 n_B 与混合物的体积 V_{mix} 之比:

$$c_B \xlongequal{\text{def}} n_B/V_{mix}$$

c_B 的单位为 $mol \cdot dm^{-3}$。

4. 物质 B 的摩尔分数 x_B

物质 B 的物质的量与混合物中各组分物质的量的总和之比:

$$x_B \xlongequal{\text{def}} n_B / \sum_B n_B$$

5. 物质 B 的体积分数 ϕ_B

$$\phi_B \xlongequal{\text{def}} x_B V_{m,B}^* / \sum_A x_A V_{m,A}^*$$

式中,$V_{m,B}^*$ 与 $V_{m,A}^*$ 分别为纯物质 B 和 A 在相同温度和压力时的摩尔体积;$\sum\limits_A$ 代表对全部组分物质求和;ϕ_B 的单位为 1。

由于溶液在热力学上处理的方法不同于混合物(前者有溶剂和溶质之分),所以溶液组成表示法略有不同。

6. 溶质 B 的质量摩尔浓度 b_B(或 m_B)

溶液中溶质的物质的量 n_B 与溶剂的质量 m_A 之比:

$$b_B \xlongequal{\text{def}} n_B/m_A$$

式中,b_B 的单位为 $mol \cdot kg^{-1}$。

7. 溶质 B 的摩尔比 r_B

溶液中溶质的物质的量 n_B 与溶液中溶剂的物质的量之比:

$$r_B \xlongequal{\text{def}} n_B/n_A$$

【例 4-1】　已知 $0\,℃$、$101\,325\,Pa$ 条件下,苯(C_6H_6)的质量浓度为 $0.900\,g \cdot cm^{-3}$,乙醇(CH_3CH_2OH)的质量浓度为 $0.785\,g \cdot cm^{-3}$,今将 $25.0\,g\ C_6H_6$(l)和 $30.0\,g$ CH_3CH_2OH(l)于上述 T、p 下混合均匀,试按不同的表示法计算该混合物(或溶液)中苯的组成(假定混合后的总体积等于两纯组分体积之和)。

解:已知 $M_苯 = 78.0\,g \cdot mol^{-1}$,$M_乙 = 46.0\,g \cdot mol^{-1}$

因为　　$n_苯 = 25.0\,g/78.0\,g \cdot mol^{-1} = 0.321\,mol$

$n_乙 = 30.0\,g/46.0\,g \cdot mol^{-1} = 0.652\,mol$

$V_苯^* = m_苯/\rho_苯 = 25.0\,g/0.900\,g \cdot cm^{-3} = 27.778\,cm^3$

$V_乙^* = m_乙/\rho_乙 = 30.0\,g/0.785\,g \cdot cm^{-3} = 38.217\,cm^3$

$V_{mix} = V_苯^* + V_乙^* = (27.778 + 38.217)\,cm^3 = 65.995\,cm^3$

所以 $\quad \rho_{苯} = m_{苯}/V_{mix} = 25.0\,\text{g}/65.995 \times 10^{-3}\,\text{dm}^3 = 379\,\text{g} \cdot \text{dm}^{-3}$

$c_{苯} = n_{苯}/V_{mix} = 0.321\,\text{mol}/65.995 \times 10^{-3}\,\text{dm}^3 = 4.864\,\text{mol} \cdot \text{dm}^{-3}$

$w_{苯} = m_{苯}/(m_{苯} + m_{乙}) = 25.0\,\text{g}/(25.0 + 30.0)\,\text{g} = 0.455$

$x_{苯} = n_{苯}/(n_{苯} + n_{乙}) = 0.321\,\text{mol}/(0.321 + 0.652)\,\text{mol} = 0.329$

$b_{苯} = n_{苯}/m_{乙} = 0.321\,\text{mol}/30.0 \times 10^{-3}\,\text{kg} = 10.700\,\text{mol} \cdot \text{kg}^{-1}$

$r_{苯} = n_{苯}/n_{乙} = 0.321\,\text{mol}/0.652\,\text{mol} = 0.491$

$\phi_{苯} = x_{苯} V_{m,苯}^{*}/(x_{苯} V_{m,苯}^{*} + x_{乙} V_{m,乙}^{*})$

$$= \frac{0.329 \times 78.0\,\text{g} \cdot \text{mol}^{-1}/0.900\,\text{g} \cdot \text{cm}^3}{0.329 \times \dfrac{78.0\,\text{g} \cdot \text{mol}^{-1}}{0.900\,\text{g} \cdot \text{cm}^3} + (1 - 0.329) \times \dfrac{46.0\,\text{g} \cdot \text{mol}^{-1}}{0.785\,\text{g} \cdot \text{cm}^{-3}}}$$

$$= 0.420$$

当溶液很稀时，$n_A + n_B \approx n_A$，$n_B/n_A \approx x_B$，$\rho \approx \rho_A^{*}$，其中 ρ 和 ρ_A^{*} 分别代表溶液的质量浓度和纯溶剂的质量浓度，于是

$$b_B = \frac{n_B}{n_A M_A} \approx \frac{1}{M_A} x_B$$

$$c_B = \frac{n_B}{(n_A M_A + n_B M_B)/\rho} \approx \frac{n_B \rho_A^{*}}{n_A M_A} \approx \frac{\rho_A^{*}}{M_A} x_B$$

$$w_B = \frac{n_B M_B}{n_A M_A + n_B M_B} \approx \frac{n_B M_B}{n_A M_A} \approx \frac{M_B}{M_A} x_B$$

可见，在很稀的溶液中，各种浓度都与 x_B 成正比，即各种浓度之间成正比关系。

§4-2 偏摩尔量

一、偏摩尔量

混合物和溶液的广度性质通常不等于混合前各纯组分该广度性质之和。以体积为例：$20\,℃$、$101\,325\,\text{Pa}$ 条件下的水（A）与乙醇（B）系统，$V_{m,A}^{*} = 18.09\,\text{cm}^3 \cdot \text{mol}^{-1}$，$V_{m,B}^{*} = 58.35\,\text{cm}^3 \cdot \text{mol}^{-1}$，若取 $1\,\text{mol}$ A 与 $1\,\text{mol}$ B 并使之混合均匀，则混合后总体积 $V_{mix} \neq (1 \times 18.09 + 1 \times 58.35)\,\text{cm}^3$，即 $V_{mix} \neq 76.44\,\text{cm}^3$，而是 $74.40\,\text{cm}^3$，$\Delta_{mix}V = -2.04\,\text{cm}^3$，而且混合体积的变化与组成有关。体积是这样，其他广度性质也有类似情况，液态混合物和液态溶液是这样，气态混合物与气态溶体、固态混合物与固态溶体都有类似情况发生。

对于一定量均相纯物质有 $V = V(T, p)$，而对于一定量均相混合物和溶液，则有

$$V = V(T, p, n_1, n_2, \cdots, n_B)$$

对 V 求全微分：

§4-2演示文稿

偏摩尔量

$$dV = \left(\frac{\partial V}{\partial T}\right)_{p,\,n_B} dT + \left(\frac{\partial V}{\partial p}\right)_{T,\,n_B} dp + \left(\frac{\partial V}{\partial n_1}\right)_{T,\,p,\,n_{C\neq1}} dn_1$$

$$+ \left(\frac{\partial V}{\partial n_2}\right)_{T,\,p,\,n_{C\neq2}} dn_2 + \cdots + \left(\frac{\partial V}{\partial n_B}\right)_{T,\,p,\,n_{C\neq B}} dn_B \tag{4-1}$$

定义 $$V_B \stackrel{\text{def}}{=\!=\!=} (\partial V/\partial n_B)_{T,\,p,\,n_{C\neq B}}$$

V_B 称为偏摩尔体积。若将 V 换成任一广度性质 Z,则有

$$Z_B \stackrel{\text{def}}{=\!=\!=} \left(\frac{\partial Z}{\partial n_B}\right)_{T,\,p,\,n_{C\neq B}} \tag{4-2}$$

式中,Z_B 称为偏摩尔量。式(4-2)为偏摩尔量的定义。

　　按定义,偏摩尔量 Z_B 是在 T、p 及除 B 组分之外所有其他组分的物质的量保持不变条件下 Z 随 n_B 的变化率,或在上述条件下向无比巨大的系统中加入 1 mol 物质 B 引起的系统广度性质 Z 的改变。需要明确:

　　(1) 只有系统的广度性质才有偏摩尔量。

　　(2) 偏摩尔量是系统广度性质与物质的量的比值,因而是强度性质。

　　(3) 只有在 T、p 不变以及除 B 之外其他物质的量也保持不变条件下 Z 对 n_B 的偏微商才称为偏摩尔量。

　　(4) 偏摩尔量是 T、p 及组成的函数。

　　等温等压条件下式(4-1)可变为

$$dV = V_1 dn_1 + V_2 dn_2 + \cdots + V_B dn_B = \sum_B V_B dn_B \tag{4-3}$$

若按混合物或溶液原有组成的比例等温等压可逆地同时改变组分 1、2、…、B 的量,则组成保持不变,V_1、V_2、…、V_B 亦保持定值。积分式(4-3)得

$$V = \sum_B n_B V_B \tag{4-4}$$

式(4-4)表示一定 T、p 下,一定组成的混合物或溶液的体积等于各组分的偏摩尔体积与其物质的量的乘积之和。这一规律适用于任一广度性质。如 $U = \sum\limits_B n_B U_B$,$H = \sum\limits_B n_B H_B$,$S = \sum\limits_B n_B S_B$,$G_B = \sum\limits_B n_B G_B$ 等。对于吉布斯函数 G,曾定义 $\mu_B = G_B = \left(\frac{\partial G}{\partial n_B}\right)_{T,\,p,\,n_{C\neq B}}$,可见,$\left(\frac{\partial G}{\partial n_B}\right)_{T,\,p,\,n_{C\neq B}}$ 既是偏摩尔吉布斯函数,也是化学势。

二、吉布斯-杜亥姆方程

　　等温等压下对式(4-4)求全微分:

$$dV = \sum_B n_B dV_B + \sum_B V_B dn_B$$

与式(4-3)比较得

$$\sum_B n_B dV_B = 0 \tag{4-5a}$$

或
$$\sum_B x_B dV_B = 0 \tag{4-5b}$$

式(4-5)适用于系统的任一广度性质,称为吉布斯-杜亥姆方程。对于双组分系统,则有

$$x_A dV_A = -x_B dV_B \tag{4-5c}$$

式(4-5)表明:T、p 一定的条件下当系统的组成发生微量变化时,一种组分的某偏摩尔量的微量变化与另一组分同一偏摩尔量的微量变化是相互关联的。

【例 4-2】 291.2 K 时 $MgSO_4$ 水溶液的体积与 $MgSO_4$ 的质量摩尔浓度 b_2 的关系在 $b_2 < 0.07\ mol \cdot kg^{-1}$ 时可表示为

$$V/cm^3 = 1\,001.2 + 34.69[(b_2/b^\ominus) - 0.07]^2$$

式中,$b^\ominus$ 表示标准质量摩尔浓度,为 $1\ mol \cdot kg^{-1}$。计算 $b_2 = 0.05\ mol \cdot kg^{-1}$ 时 $MgSO_4$(用"2"表示)和 H_2O(用"1"表示)的偏摩尔体积。

解:上述函数是等温等压和相同 n_1 条件下的实验结果,取 1 000 g H_2O 作为基准。式中的 b_2 与 n_2 在数值上相等,所以有

$$V_2/cm^3 \cdot mol^{-1} = \left(\frac{\partial V}{\partial n_2}\right)_{T,p,n_1} = 69.38 \times [(b_2/b^\ominus) - 0.07]$$

$$= 69.38 \times (0.05 - 0.07) = -1.39$$

因为
$$V = n_1 V_1 + n_2 V_2$$

所以
$$V_1/cm^3 \cdot mol^{-1} = \frac{V - n_2 V_2}{n_1}$$

则 $n_2 = b_2 \times 1\ kg = 0.05\ mol$;$n_1 = 1\,000\ g/18.02\ g \cdot mol^{-1} = 55.49\ mol$,

$$V_1/cm^3 \cdot mol^{-1} = \{1\,001.2 + [34.69(b_2/b^\ominus) - 0.07]^2$$
$$- 0.05\ mol \times 69.38[(b_2/b^\ominus) - 0.07]\}/55.49\ mol$$
$$= 18.09$$

三、同一组分不同偏摩尔量之间的关系

将第一、二章中联系各广度性质的函数关系式在 T、p 及 $n_{C \neq B}$ 不变的条件下对 n_B 求导,可获得同一组分不同偏摩尔量之间的关系式。例如,$H = U + pV$,求导为

$$\left(\frac{\partial H}{\partial n_B}\right)_{T,p,n_{C \neq B}} = \left(\frac{\partial U}{\partial n_B}\right)_{T,p,n_{C \neq B}} + p\left(\frac{\partial V}{\partial n_B}\right)_{T,p,n_{C \neq B}}$$

根据偏摩尔量的定义,上式变为 $H_B = U_B + pV_B$。 同理,可以导出 $G_B = H_B - TS_B$,$A_B = U_B - TS_B$ 等。对于化学势 μ_B 有

$$\left(\frac{\partial \mu_B}{\partial T}\right)_{p,n_B} = -S_B \tag{4-6}$$

$$\left[\frac{\partial(\mu_B/T)}{\partial T}\right]_{p,n_B} = -H_B/T^2 \tag{4-7}$$

兹将式(4-6)证明如下:

$$\left(\frac{\partial \mu_B}{\partial T}\right)_{p,\,n_B} = \left[\frac{\partial}{\partial T}\left(\frac{\partial G}{\partial n_B}\right)_{T,\,p,\,n_{C\neq B}}\right]_{p,\,n_B} = \left[\frac{\partial}{\partial n_B}\left(\frac{\partial G}{\partial T}\right)_{p,\,n_B}\right]_{T,\,p,\,n_{C\neq B}}$$

$$= -\left(\frac{\partial S}{\partial n_B}\right)_{T,\,p,\,n_{C\neq B}} = -S_B$$

读者可仿照吉布斯-亥姆赫兹方程的推导(§2-10)试证式(4-7)。

§4-3　拉乌尔定律和亨利定律

§4-3演示文稿

拉乌尔定律
和亨利定律

　　若液体 B(l)与其蒸气建立气液平衡,则液体的蒸气压 p_B^* 就是液体所受的压力,它只是温度的函数;若在与 B(l)平衡的气相中含有不溶于 B 的气体,则此时 B(l)所受的压力是 B 的蒸气压 p_B^* 与该气体分压 $p_{\text{气}}$ 之和,此时 p_B^* 是温度 T 及气相总压 p 的函数(一般外压 p_{ex} 对 p_B^* 的影响很小,可以导出 $dp_B^*/dp_{ex} = V_{m(B,\,l)}^*/V_{m(B,\,g)}^*$,因 $V_{m(B,\,g)}^* \gg V_{m(B,\,l)}^*$,故 p_{ex} 对 p_B^* 影响不大,通常可忽略不计);若在与 B(l)平衡的气相中含有能溶于 B(l)的物质,则此时液相已成为溶液。研究表明,液态混合物和溶液的蒸气压是 T、p 及组成的函数。定量地描述这一关系的经验规律是拉乌尔定律和亨利定律。

一、拉乌尔定律

　　1887 年拉乌尔(F. M. Raoult)根据前人及本人的实验结果总结出一条经验规律,即:溶液中溶剂的蒸气压 p_A 等于同一温度下纯溶剂的蒸气压 p_A^* 与溶液中溶剂的摩尔分数 x_A 的乘积。其关系式表示为

$$p_A = p_A^* x_A \tag{4-8}$$

对于由 A 和 B 组成的双组分系统,$x_A = 1 - x_B$,令 $\Delta p = (p_A^* - p_A)$,则

$$\Delta p/p_A^* = x_B \tag{4-9}$$

式(4-9)表明:溶剂蒸气压的相对下降等于溶液中溶质的平衡组成 x_B。这是双组分稀溶液拉乌尔定律的另一表达式。若溶质不止一种,则式(4-9)变为

$$\Delta p/p_A^* = \sum_B x_B \tag{4-10}$$

式中,x_B 并未指明溶质的性质,只表明其数量多少。

　　溶液究竟稀到什么程度才适用于拉乌尔定律,决定于溶液中溶剂和溶质的性质。由性质相差较大的组分构成的溶液,即使相当稀也与这一定律有较大偏差;由性质相近的组分构成的溶液任一组分在全部浓度范围内都遵守这一定律。表4-1列出甘露糖醇水溶液的蒸气压下降值。可以看出,当 x_B 达 0.01754 时拉乌尔定律仍较好地适用。但就一般而言,拉乌尔定律只能用于稀溶液中的溶剂,溶液愈稀这一规律愈接近实际。对于溶质浓度趋于零的无限稀溶液,拉乌尔定律严格适用。应用拉乌尔定律时应注意:计算 x_A 所依据的液相溶剂分子必须与平衡气相中的溶剂分子有相同分子结构。

表 4-1 293.2 K 时,甘露糖醇水溶液的蒸气压下降值

组 成		蒸气压下降 Δp/Pa		$\left(\dfrac{\Delta p_{计} - \Delta p_{测}}{\Delta p_{测}}\right) \times 100$
b_B/(mol·kg^{-1})	$10^3 x_B$	$\Delta p_{测}$	$\Delta p_{计}$	
0.197 7	3.548	8.186	8.293	+1.31
0.394 5	7.060	16.36	16.48	+0.73
0.594 4	10.58	24.80	24.76	−0.16
0.792 7	14.08	33.04	32.89	−0.45
0.990 8	17.54	41.28	40.97	−0.75

二、亨利定律

1803 年亨利(Henry)根据实验结果总结出稀溶液的另一条规律,即:在一定温度下稀溶液中挥发性溶质在平衡气相中的分压与它在平衡液相的组成成正比。该规律称为亨利定律,其关系式为

$$p_B = k_{x,B} x_B \tag{4-11}$$

式中,$k_{x,B}$ 是溶质组成用摩尔分数表示时的亨利系数,它与温度、压力以及溶剂和溶质的性质有关。若与溶液平衡的蒸气为混合气体,则当混合气体总压不太大时,亨利定律可分别适用于每一种气体。若溶质组成采用不同表示方法时,亨利定律可分别表示为

$$p_B = k_{w,B} w_B \tag{4-12}$$

$$p_B = k_{b,B} b_B \tag{4-13}$$

式(4-11)～式(4-13)中 k 的单位分别为 Pa、Pa 及 Pa·kg·mol^{-1}。读者从有关手册中查用某一溶液系统的亨利系数时要注意 T、p 及 k 的单位。表 4-2 列出了若干气体常压下在水和苯中的亨利系数。

表 4-2 几种气体在水和苯中的亨利系数 $k_{x,B}$(298.15 K)

气体 B		H$_2$	N$_2$	O$_2$	CO	CO$_2$	CH$_4$	C$_2$H$_6$
$k_{x,B}$/(×10^9 Pa)	水	7.12	8.68	4.40	5.79	0.168	4.18	3.07
	苯	0.367	0.239		0.163	0.011 4	0.056 9	

若溶质组成用百倍质量分数[%B]表示,亨利定律可写为 $p_B = k_{[\%]}[\%B]$,此时的 $k_{[\%]}$ 有的文献上亦称为亨利系数,但实际上是亨利系数的 1/100,故在使用时我们暂称为"百分之一亨利系数"。

在应用亨利定律时还应注意,计算平衡液相组成所依据的溶质分子在液相与在气相应当有相同的结构。例如,HCl 分子在气相中为 HCl(g),而溶于水中后电离为 H$^+$ 和 Cl$^-$,因而不遵守亨利定律,但当 HCl(g)溶于 CHCl$_3$(l)中时仍以 HCl 分子存在,故可应用亨利定律。又如 CO$_2$ 在气相中为 CO$_2$(g),溶于水后可以 H$_2$CO$_3$、HCO$_3^-$、CO$_3^{2-}$ 及 CO$_2$ 等形式存在,在用亨利定律计算 CO$_2$ 在水中的溶解度时,所得二氧化碳的浓度仅指溶液中的 CO$_2$,其他形式都不包括在内。冶金过程中的 O$_2$、N$_2$ 等气体溶于钢水中解离为原子,这种系统的气液平衡就不可用亨利定律计算。

三、拉乌尔定律与亨利定律的应用

拉乌尔定律与亨利定律应用比较广泛,下面举例说明。

1. 利用亨利定律求难溶气体的溶解度

【例 4-3】　$0\,℃$,$p(O_2)=101\,325\,Pa$ 时,$1\,000\,g$ 水中至多可溶解氧气 $48.8\,cm^3$。求 (1) $0\,℃$,外压为 $101\,325\,Pa$ 时 $O_2(g)$ 溶于 H_2O 的亨利系数;(2) $0\,℃$ 时每 $1\,000\,g$ 置于 $101\,325\,Pa$ 的空气中的 H_2O 最多可溶解多少克 $O_2(g)$?

解:(1) $x_B \approx n_B/n_A = \dfrac{48.8\times10^{-3}\,dm^3/(22.4\,dm^3\cdot mol^{-1})}{1\,000\,g/(18\,g\cdot mol^{-1})} = 3.92\times10^{-5}$

$k_{x,B} = p_B/x_B = 101\,325\,Pa/(3.92\times10^{-5}) = 2.58\times10^9\,Pa$

(2) $p'_B = py'_B = 101\,325\,Pa\times0.21 = 21\,278\,Pa$

$x'_B = p'_B/k_{x,B} = 21\,278\,Pa/(2.58\times10^9\,Pa) = 8.24\times10^{-6}$

因为　　$x'_B = n'_B/n_A = (m'_B/M_B)/(m_A/M_A)$

所以　　$m'_B = m_A x'_B M_B/M_A = 1\,000\,g\times8.24\times10^{-6}\times32.0\,g\cdot mol^{-1}/(18.0\,g\cdot mol^{-1})$

$= 0.015\,g$

2. 计算挥发性溶质在平衡气相的组成

【例 4-4】　质量分数 $w_B=0.03$ 的乙醇(CH_3CH_2OH)水溶液在外压为 $101\,325\,Pa$ 时的沸点为 $97.11\,℃$,该温度下 $p^*(H_2O)$ 为 $91\,294\,Pa$。求(1) $x'_B=0.015$ 的乙醇水溶液在 $97.11\,℃$ 时的蒸气压;(2) 与上述溶液平衡的蒸气的组成 y_B。

解:取 $100\,g$ 溶液作为计算基准,由已知条件,

$x_B = (3\,g/46\,g\cdot mol^{-1})/[(100-3)\,g/18\,g\cdot mol^{-1} + 3\,g/46\,g\cdot mol^{-1}] = 0.012$

$x_A = 1-0.012 = 0.988$

所以　　$k_{x,B} = (p-p_A^*x_A)/x_B = (101\,325-91\,294\times0.988)\,Pa/0.012$

$= 9.3\times10^5\,Pa$

对 $x'_B=0.015$ 的溶液,$x'_A = 1-0.015 = 0.985$

$p = p_A^*x'_A + k_{x,B}x'_B = 91\,294\,Pa\times0.988 + 9.3\times10^5\,Pa\times0.015$

$= 1.03\times10^5\,Pa$

又因　　$p_B = k_{x,B}\cdot x'_B = py_B$

所以　　$y_B = k_{x,B}x'_B/p = 9.3\times10^5\,Pa\times0.015/(1.03\times10^5\,Pa) = 0.14$

计算结果表明,乙醇作为易挥发组分在平衡气相的组成几乎 10 倍于它在平衡液相的组成。

四、拉乌尔定律与亨利定律的比较

拉乌尔定律和亨利定律都是经验规律,都必须用于平衡系统,计算各组分的组成时要

求该组分在平衡液相的分子结构与在平衡气相中一致。两者的不同点如下：

(1) 拉乌尔定律用于稀溶液的溶剂，亨利定律用于稀溶液的溶质；

(2) 拉乌尔公式中的组成只能用摩尔分数(x_A)表示，而亨利公式中的组成可以用摩尔分数(x_B)、质量摩尔浓度(b_B)、质量分数(w_B)等表示；

(3) 拉乌尔定律中的比例系数 p_A^* 只是纯溶剂的性质，而亨利定律中的比例系数 k 与 T、p、溶剂及溶质的性质有关，其单位与组成表示方法有关。

主题4-2导学
混合物及溶液的性质

§4-4演示文稿
理想液态混合物与理想稀溶液

主题二　混合物及溶液的性质

§4-4　理想液态混合物与理想稀溶液

由于组成混合物或溶液的各组分分子大小不同，分子间作用力不同，将液态混合物分为理想液态混合物和真实液态混合物，将溶液区分为理想稀溶液和真实溶液。本节将讨论理想混合物和溶液组分的化学势及理想液态混合物的混合性质。

一、理想液态混合物

1. 理想液态混合物中任一组分的化学势

若液态混合物的任一组分在全部浓度范围内均严格遵守拉乌尔定律，则该混合物称为理想液态混合物，如 Fe(l)-Mn(l) 双液系统。根据定义有

$$p_B = p_B^* x_B \quad (0 < x_B < 1) \tag{4-14}$$

若在 T、p 下理想液态混合物建立气、液两相平衡，蒸气可作为混合理想气体。设组分 B 在平衡液相及平衡气相的组成分别为 x_B 和 y_B，用 x_C 和 y_C 分别表示液相及气相除 B 之外的其他物质组成，且 $x_B + x_C = 1$，$y_B + y_C = 1$，则可有平衡

$$B(\text{mix}, T, p, x_C) \Longleftrightarrow B(g, T, p, y_C)$$

依据相平衡条件有

$$\mu_B(\text{mix}, T, p, x_C) = \mu_B(g, T, p, y_C)$$

$$= \mu_B^\ominus(g, T) + RT\ln(p_B/p^\ominus) = \mu_B^\ominus(g, T) + RT\ln(p_B^* x_B/p^\ominus)$$

$$= \mu_B^\ominus(g, T) + RT\ln(p_B^*/p^\ominus) + RT\ln x_B$$

式中，前两项之和代表温度为 T、压力为 p_B^* 的理想气体的化学势，记为 $\mu_B(g, T, p_B^*)$。由于 p_B^* 是纯液体 B 的蒸气压，所以

$$\mu_B(g, T, p_B^*) = \mu_B^*(l, T, p)$$

由于纯液体 B 的蒸气压是 T 和 p 的函数，所以 $\mu_B^*(l, T, p)$ 的自变量是 T 和 p。将此式代入前式得

$$\mu_B(\text{mix}, T, p, x_C) = \mu_B^*(l, T, p) + RT\ln x_B \tag{4-15}$$

因为 $\mu_B^*(l, T, p)$ 是纯液体 B 在温度 T 和压力 p 时的化学势,此压力并不是标准压力,所以 $\mu_B^*(l, T, p)$ 并不是纯液体 B 标准态化学势。

由基本关系式知,对纯液体 B,从标准压力 $p^\ominus$ 到压力 p,

$$\Delta\mu_B^* = \mu_B^*(l, T, p) - \mu_B^*(l, T, p^\ominus) = \Delta G_{m,B}^* = \int_{p^\ominus}^{p} V_{m,B}^* dp$$

式中,$V_{m,B}^*$ 是纯液体 B 的摩尔体积。所以

$$\mu_B^*(l, T, p) = \mu_B^*(l, T, p^\ominus) + \int_{p^\ominus}^{p} V_{m,B}^* dp$$

通常 $p^\ominus$ 与 p 的差别不是很大,可以将积分项忽略,于是

$$\mu_B^*(l, T, p) = \mu_B^*(l, T, p^\ominus) = \mu_B^\ominus(l, T)$$

代入式(4-15)

$$\mu_B(\text{mix}, T, p, x_C) = \mu_B^\ominus(l, T) + RT\ln x_B \qquad (4-16a)$$

或简写为

$$\mu_B(l) = \mu_B^\ominus(l) + RT\ln x_B \qquad (4-16b)$$

式中,$\mu_B^\ominus(l) = \mu_B^*(l, T, p^\ominus)$ 为纯液体 B 在 T、$p^\ominus$ 下的化学势,即 B(l) 的标准化学势。该标准态为纯 B(l) 在 T、$p^\ominus$ 下的状态。式(4-16)为理想液态混合物中任一组分 B 的化学势表达式。可以利用式(4-16)定义理想液态混合物,即任一组分在全部组成范围内化学势都符合式(4-16)的液态混合物称为理想液态混合物。

2. 理想液态混合物的混合性质

由纯组分等温等压下混合成理想液态混合物时可导出如下混合性质。

(1) 混合前后无体积效应,即 $\Delta_{\text{mix}}V = 0$。 混合物的体积等于未混合前各纯组分的体积之和,总体积不变。根据化学势与压力的关系及式(4-16b),得

$$V_B = \left(\frac{\partial\mu_B}{\partial p}\right)_{T, n_B, n_C} = \left\{\frac{\partial\mu_B^*(T, p)}{\partial p}\right\}_{T, n_B, n_C} = V_{m,B}^*$$

即理想液态混合物中某组分的偏摩尔体积等于该组分的摩尔体积,所以混合前后体积不变。可用式表示为

$$\Delta_{\text{mix}}V = V_{\text{混合后}} - V_{\text{混合前}} = V_{\text{sln}} - \sum_B V^*(B) = \sum_B n_B V_B - \sum_B n_B V_{m,B}^* = 0$$

(2) 没有混合热效应,即 $\Delta_{\text{mix}}H = 0$。 根据式(4-15),得 $\dfrac{\mu_B(l)}{T} = \dfrac{\mu_B^*(l)}{T} + R\ln x_B$

对 T 微分,得

$$\left[\frac{\partial\left(\dfrac{\mu_B(l)}{T}\right)}{\partial T}\right]_{p, x_B} = \left[\frac{\partial\left(\dfrac{\mu_B^*(l)}{T}\right)}{\partial T}\right]_{p, x_B}$$

根据吉布斯-亥姆赫兹方程,得 $H_B = H_{m,B}^*$。

即混合过程中物质 B 的摩尔焓没有变化。所以混合前后总焓不变,不产生热效应。可用式表示为

$$\Delta_{\mathrm{mix}}H = H_{混合后} - H_{混合前} = H_{\mathrm{sln}} - \sum_{\mathrm{B}} H^*(\mathrm{B}) = \sum_{\mathrm{B}} n_{\mathrm{B}} H_{\mathrm{B}} - \sum_{\mathrm{B}} n_{\mathrm{B}} H_{\mathrm{m,B}}^* = 0$$

（3）混合过程为熵增大的过程，即 $\Delta_{\mathrm{mix}}S > 0$。

根据式（4-16b）对 T 微分后，得 $\left(\dfrac{\partial \mu_{\mathrm{B}}(T,p)}{\partial T}\right)_{p,n_{\mathrm{B}},n_{\mathrm{C}}} = \left\{\dfrac{\partial \mu_{\mathrm{B}}^*(T,p)}{\partial T}\right\}_{p,n_{\mathrm{B}},n_{\mathrm{C}}} +$

$R\ln x_{\mathrm{B}}$

所以 $\qquad\qquad\qquad\qquad -S_{\mathrm{B}} = -S_{\mathrm{m,B}}^* + R\ln x_{\mathrm{B}}$

同理：$S_{\mathrm{A}} - S_{\mathrm{m,A}}^* = -R\ln x_{\mathrm{A}}$，$S_{\mathrm{C}} - S_{\mathrm{m,C}}^* = -R\ln x_{\mathrm{C}}$，…，若溶液中组分 A 的物质的量是 n_{A}，组分 C 的物质的量是 n_{C}，…，则在形成理想液态混合物时的混合熵 $\Delta_{\mathrm{mix}}S$ 为

$$\Delta_{\mathrm{mix}}S = S_{混合后} - S_{混合前} = \sum_{\mathrm{B}} n_{\mathrm{B}} S_{\mathrm{B}} - \sum_{\mathrm{B}} n_{\mathrm{B}} S_{\mathrm{m,B}}^* = -R\sum_{\mathrm{B}} n_{\mathrm{B}}\ln x_{\mathrm{B}}$$

由于 $x_{\mathrm{B}} < 1$，故 $\Delta_{\mathrm{mix}}S > 0$，混合熵恒为正值。

（4）混合过程可自发进行或混合过程是吉布斯函数减少的过程，即 $\Delta_{\mathrm{mix}}G < 0$。等温下，根据 $\Delta G = \Delta H - T\Delta S$，

应有 $\qquad\qquad \Delta_{\mathrm{mix}}G = \Delta_{\mathrm{mix}}H - T\Delta_{\mathrm{mix}}S = 0 - T\Delta_{\mathrm{mix}}S = RT\sum_{\mathrm{B}} n_{\mathrm{B}}\ln x_{\mathrm{B}}$。

二、理想稀溶液

习惯上采用如下关于理想稀溶液的定义：溶剂 A 遵守拉乌尔定律，溶质 B 遵守亨利定律的溶液称为理想稀溶液。

1. 溶剂的化学势

理想稀溶液的溶剂 A 遵守拉乌尔定律，故 A 的化学势 μ_{A} 与 T、p 及 x_{A} 的关系式和理想液态混合物中任一组分 B 的这一关系式（4-16）相似，即

$$\mu_{\mathrm{A}}(\mathrm{l}) = \mu_{\mathrm{A}}^{\ominus}(\mathrm{l}) + RT\ln x_{\mathrm{A}} \qquad (x_{\mathrm{A}} \to 1) \qquad\qquad (4-17)$$

式中，$\mu_{\mathrm{A}}^{\ominus}(\mathrm{l})$ 为标准态化学势，该标准态为纯 $\mathrm{A}(\mathrm{l})$ 在 T、$p^{\ominus}$ 下的状态。式（4-17）与式（4-16）形式相同，区别在于式（4-16）中，$0 < x_{\mathrm{B}} < 1$，而式（4-17）中，$x_{\mathrm{A}} \to 1$。

2. 溶质的化学势

由于理想稀溶液中溶质 B 的组成可用 x_{B}、b_{B}、c_{B}、w_{B}（或[%B]）等方法表示，故 B 的化学势的表达式也有不同形式。下面讨论溶质组成用 x_{B}、b_{B} 及[%B]表示时化学势的表达式。

（1）溶质组成用 x_{B} 表示时溶质 B 的化学势。对于只有一种挥发性溶质 B 的理想稀溶液，在一定 T、p 下达成气、液平衡，则 B 在气、液相的化学势 $\mu_{\mathrm{B}}(\mathrm{g}) = \mu_{\mathrm{B}}(\mathrm{l})$。若把气相看成理想气体，则

$$\mu_{\mathrm{B}}(\mathrm{l}) = \mu_{\mathrm{B}}^{\ominus}(\mathrm{g}) + RT\ln p_{\mathrm{B}}/p^{\ominus} \qquad\qquad (4-18)$$

由式（4-11），$p_{\mathrm{B}} = k_{x,\mathrm{B}} x_{\mathrm{B}}$ 代入式（4-18）得

$$\mu_{\mathrm{B}}(\mathrm{l}) = \mu_{\mathrm{B}}^{\ominus}(\mathrm{g}) + RT\ln(k_{x,\mathrm{B}}/p^{\ominus}) + RT\ln x_{\mathrm{B}} \qquad\qquad (4-19)$$

其中前两项之和代表温度为 T 压力为 $k_{x,\mathrm{B}}$ 的理想气体的化学势，记为 $\mu_{\mathrm{B}}(\mathrm{g},T,k_{x,\mathrm{B}})$。

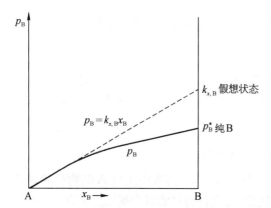

图 4-1 $x_B = 1$ 且服从亨利定律的液体与纯 B 液体的区别

假设 $x_B = 1$(即纯溶质 B)且仍然服从亨利定律(这是一种假想),则该液体的蒸气压等于 $k_{x,B}$。因此该假想液体的化学势等于其蒸气的化学势,记为 $\mu_{B,x}^*(T, p, x_B = 1) = \mu_B(g, T, k_{x,B})$。由于该假想液体的蒸气压 $k_{x,B}$ 是 T 和 p 的函数,所以 $\mu_{B,x}^*(T, p, x_B = 1)$ 应该用 T 和 p 来描述。该假想液体与纯 B 的区别如图 4-1 所示。

则式(4-19)变为

$$\mu_B(l) = \mu_{B,x}^*(T, p, x_B = 1) + RT\ln x_B$$

通常选 $p^\ominus$ 时的这种假想液体为标准状态,即 $p^\ominus$ 下 $x_B = 1$ 且仍然服从亨利定律 $p_B = k_{x,B}x_B$ 的液体。为将标准状态的化学势写入上述公式,先求 $\mu_{B,x}^*$ 与 $\mu_{B,x}^\ominus$ 的差值。

$$\mu_{B,x}^\ominus(T, p^\ominus, x_B = 1 \text{ 且仍然服从亨利定律}) \xrightarrow{\Delta\mu_B} \mu_{B,x}^*(T, p, x_B = 1)$$

两种状态的浓度和温度相同,只是压力不同,此液体虽然 $x_B = 1$ 但却与 $x_B \to 0$ 溶液中 B 的一些性质(例如偏摩尔体积)相同,因此

$$\Delta\mu_B = \mu_{B,x}^*(T, p, x_B = 1) - \mu_B^\ominus(T, p^\ominus, x_B = 1) = \int_{p^\ominus}^{p} V_B^\infty \mathrm{d}p$$

式中,V_B^∞ 是稀溶液中溶质 B 的偏摩尔体积。所以

$$\mu_B(l) = \mu_B^\ominus(T, p^\ominus, x_B = 1) + \int_{p^\ominus}^{p} V_B^\infty \mathrm{d}p + RT\ln x_B$$

当 $p \to p^\ominus$ 时,可以将积分项忽略,则有下式:

$$\mu_B(l) = \mu_{B,x}^\ominus(T, p^\ominus, x_B = 1) + RT\ln x_B \quad (x_B \to 0) \quad (4-20a)$$

或

$$\mu_B = \mu_{B,x}^\ominus + RT\ln x_B \quad (x_B \to 0) \quad (4-20b)$$

式(4-20)即为理想稀溶液中溶质的组成以 x_B 表示时溶质 B 的化学势的表达式。式中 $\mu_{B,x}^\ominus(T, p^\ominus, x_B = 1)$ 或 $\mu_{B,x}^\ominus$ 为标准态化学势。该标准态为在 T、$p^\ominus$ 下,$x_B = 1$ 仍遵守亨利定律时液的状态。显然,这是一种假想的标准状态。

(2) 溶质组成用 b_B 表示时溶质 B 的化学势。对于只有一种挥发性溶质 B 的理想稀溶液,在 T、p 下达气、液平衡时,依照相平衡条件有 $\mu_B(l) = \mu_B(g)$,若蒸气可作为理想气体,并结合式(4-13)则有

$$\mu_B(l) = \mu_B^\ominus(g) + RT\ln(p_B/p^\ominus) = \mu_B^\ominus(g) + RT\ln(k_{b,B}b_B/p^\ominus)$$

$$= \mu_B^\ominus(g) + RT\ln(k_{b,B}b^\ominus/p^\ominus) + RT\ln(b_B/b^\ominus) \quad (4-21)$$

式中,$b^\ominus = 1 \text{ mol} \cdot \text{kg}^{-1}$,叫溶质 B 的标准质量摩尔浓度。式中前两项之和代表温度为 T,压力为 $k_{b,B}$ 的理想气体的化学势,记为 $\mu_B(g, T, k_{b,B})$。此气体与 $b_B = 1 \text{ mol} \cdot \text{kg}^{-1}$ 且服

从亨利定律 $p_B = k_{b,B} b_B/b^\ominus$ 的假想液体平衡共存，即 $\mu^*_{B,b}(T, p, b_B = b^\ominus) = \mu_B(g, T, k_{b,B})$。从图 4-2 可以看出该假想液体不是 $b_B = 1\ \text{mol} \cdot \text{kg}^{-1}$ 的真实溶液，而是一个假想的液体。图中 D 点代表 $b_B = 1\ \text{mol} \cdot \text{kg}^{-1}$ 的真实溶液，E 点是 $b_B = 1\ \text{mol} \cdot \text{kg}^{-1}$ 且服从亨利定律的溶液。与上述处理方法类似，选 $p^\ominus$ 下 $b_B = 1\ \text{mol} \cdot \text{kg}^{-1}$ 且服从亨利定律 $p_B = k_{b,B} b_B/b^\ominus$ 的状态为标准状态，则

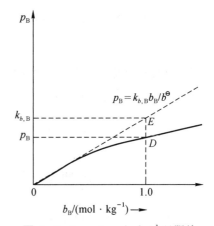

图 4-2 $b_B = 1\ \text{mol} \cdot \text{kg}^{-1}$ 且服从亨利定律的溶液与真实液体的区别

$$\mu_B(l) = \mu^\ominus_{B,b}(T, p^\ominus, b_B = b^\ominus) + \int_{p^\ominus}^{p} V_B^\infty(T, p)\mathrm{d}p + RT\ln(b_B/b^\ominus)$$

当 p 与 $p^\ominus$ 相差不大时积分项可忽略不计，则上式变为

$$\mu_B(l) = \mu^\ominus_{B,b}(T, p^\ominus, b_B = b^\ominus) + RT\ln(b_B/b^\ominus) \quad (b_B \to 0) \qquad (4\text{-}22a)$$

或 $$\mu_B = \mu^\ominus_{B,b} + RT\ln(b_B/b^\ominus) \quad (b_B \to 0) \qquad (4\text{-}22b)$$

式(4-22)即为溶质组成用 b_B 表示时溶质 B 的化学势的表达式。式中 $\mu^\ominus_{B,b}(T, p^\ominus, b_B = b^\ominus)$ 或 $\mu^\ominus_{B,b}$ 为标准态化学势。该标准态为在 T、$p^\ominus$ 下，$b_B = 1\ \text{mol} \cdot \text{kg}^{-1}$ 且仍遵守亨利定律时溶液的状态。这也是一种假想的标准态。

（3）溶质组成用 [%B] 表示时溶质 B 的化学势。在冶金系统，常使用 B 的百倍质量分数 [%B] 表示溶质 B 的组成，此时亨利定律为 $p_B = k_{[\%]}[\%B]$。对于只含一种挥发性溶质的稀溶液，在 T、p 下建立气、液平衡且蒸气可视为理想气体。依据相平衡条件，对溶质 B 有

$$\mu_B(l) = \mu_B(g) = \mu^\ominus_B(g) + RT\ln p_B/p^\ominus$$

$$= \mu^\ominus_B(g) + RT\ln(k_{[\%]}[\%B]/p^\ominus)$$

$$= \mu^\ominus_B(g) + RT\ln(k_{[\%]}/p^\ominus) + RT\ln[\%B]$$

化简为 $$\mu_B(l) = \mu^\ominus_{B,[\%]}(l, T) + RT\ln[\%B] \quad ([\%B] \to 0) \qquad (4\text{-}23a)$$

或 $$\mu_B(l) = \mu^\ominus_{B,[\%]} + RT\ln[\%B] \quad ([\%B] \to 0) \qquad (4\text{-}23b)$$

式(4-23)即为用百倍质量分数表示组成时溶质 B 的化学势的表达式，其中 $\mu^\ominus_{B,[\%]}(l, T)$ 和 $\mu^\ominus_{B,[\%]}$ 为标准态化学势。该标准态为 T、$p^\ominus$ 下，$[\%B] = 1$ 且仍遵守亨利定律时的状态。这一状态对某些系统，可能是假想态，但对某些系统不一定是假想态，因为有的系统当 $[\%B] = 1$ 时溶质 B 能很好地遵守亨利定律。

化学势是处理溶液问题的基础。以上我们介绍了理想稀溶液中溶剂和溶质的化学势，以此为依据，可以对理想稀溶液进行热力学计算。

【例 4-5】　设葡萄糖在人体血液中和尿中的质量摩尔浓度分别为 5.50×10^{-3} 和 $5.50 \times 10^{-5}\ \text{mol} \cdot \text{kg}^{-1}$，若将 1 mol 葡萄糖从尿中转移到血液中，肾脏至少需做功多少？设人的体温为 36.8 ℃。

解：由于 $W' = \Delta G_m(T, p)$，而

$$\Delta G_m(T, p) = \Delta \mu = \mu(葡萄糖，血液中) - \mu(葡萄糖，尿中)$$

因为葡萄糖在血液中和尿中的浓度均很稀薄，所以均可视为理想稀溶液。由于理想稀溶液中溶质化学势表达式为

$$\mu(葡萄糖，血液中) = \mu_{B,b}^{\ominus} + RT\ln\frac{b(葡萄糖，血液中)}{b^{\ominus}}$$

$$\mu(葡萄糖，尿中) = \mu_{B,b}^{\ominus} + RT\ln\frac{b(葡萄糖，尿中)}{b^{\ominus}}$$

于是 $\Delta\mu = \mu(葡萄糖，血液中) - \mu(葡萄糖，尿中) = RT\ln\dfrac{b(葡萄糖，血液中)}{b(葡萄糖，尿中)}$

$$= 8.314\,5\ \text{J} \cdot \text{mol}^{-1} \cdot \text{K}^{-1} \times 309.95\ \text{K} \times \ln\frac{5.50 \times 10^{-3}\ \text{mol} \cdot \text{kg}^{-1}}{5.50 \times 10^{-5}\ \text{mol} \cdot \text{kg}^{-1}} = 11.9\ \text{kJ} \cdot \text{mol}^{-1}$$

§4-5　理想液态混合物和溶液的相平衡

§4-5演示文稿

理想液态混合物和溶液的相平衡

为了叙述及书写方便，以双组分系统为例，讨论液态混合物和溶液的相平衡规律，所得结论可以推广到多组分系统以及固态混合物和固溶体。

一、理想液态混合物的相平衡

理想液态混合物的任一组分在全部组成范围内都严格遵守拉乌尔定律，其化学势表达式如式(4-16)。设由 A(l) 和 B(l) 混合成理想液态混合物，根据式(4-14)则有

$$p_A = p_A^* x_A \quad (0 < x_A < 1)$$

$$p_B = p_B^* x_B \quad (0 < x_B < 1)$$

由此得到 $p = p_A + p_B = p_B^* + (p_A^* - p_B^*)x_A \quad (4-24)$

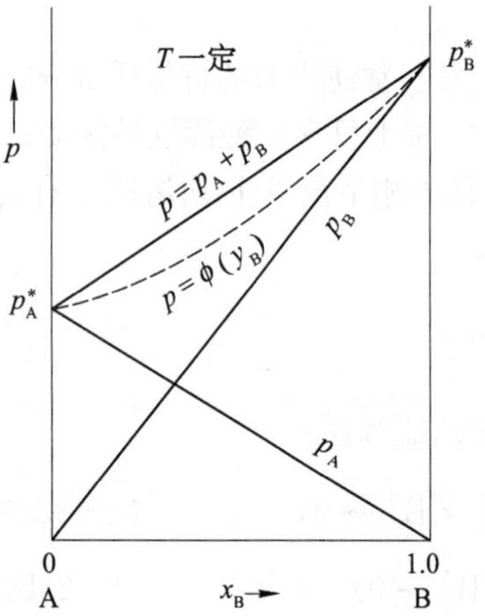

以上三式各表示一条蒸气压-组成关系直线即 p-x 直线，如图4-3。可以看出，双组分理想液态混合物的蒸气总压介于两纯组分的蒸气压之间。由于

图4-3　双组分理想液态混合物的 p-x 图

$$p_A = p_A^* x_A = p y_A$$

所以
$$\frac{y_A}{x_A} = \frac{p_A^*}{p} < 1 \tag{4-25a}$$

同理
$$\frac{y_B}{x_B} = \frac{p_B^*}{p} > 1 \tag{4-25b}$$

因 T 一定时，$p_B^* > p_A^*$，故式(4-25)表明，易挥发组分在平衡气相的组成大于它在平衡液

相的组成。难挥发组分则正好相反。这一规律对合金钢的冶炼具有重要指导意义。

【例4-6】 Fe(l)与Mn(l)的混合物可视为理想液态混合物,今将[%Mn]=1的Fe-Mn混合液置于2173 K的真空电炉中进行冶炼。已知2173 K时,$p_{Fe}^* = 133.3$ Pa,$p_{Mn}^* = 101\,325$ Pa,计算平衡系统中Fe和Mn的蒸气分压及气相组成。

解: 以100 g混合物作为计算基准,则

$$x(Fe) = \frac{m(Fe)/M(Fe)}{\dfrac{m(Fe)}{M(Fe)} + \dfrac{m(Mn)}{M(Mn)}} = \frac{(99.00/55.85)}{\dfrac{99.00}{55.85} + \dfrac{1.00}{54.93}} = 0.989\,8$$

$$x(Mn) = 1 - 0.989\,8 = 0.010\,2$$

$$p(Mn) = p_{Mn}^* x(Mn) = 101\,325\,Pa \times 0.010\,2 = 1\,033\,Pa$$

$$p(Fe) = p_{Fe}^* x(Fe) = 133.3\,Pa \times 0.989\,8 = 132\,Pa$$

$$p = p(Fe) + p(Mn) = 132\,Pa + 1\,033\,Pa = 1\,165\,Pa$$

$$y(Fe) = p(Fe)/p = 132\,Pa/1\,165\,Pa = 0.113$$

$$y(Mn) = 1 - 0.113 = 0.887$$

计算结果表明,易挥发组分(Mn)在平衡气相中的组成比液相中高出86倍。因此,在冶炼合金钢加入合金元素Mn时,要考虑因挥发而损失的量,同时应在冶炼后期才将Mn加入电炉内以尽量减少"烧蚀"。

将$x_B = p y_B/p_B^*$代入式(4-24)得

$$p = p_A^* p_B^* / [p_B^* + (p_A^* - p_B^*) y_B] \tag{4-26}$$

式(4-26)表明溶液的蒸气总压与平衡气相组成的关系为一条曲线,如图4-3中的$p = \phi(y_B)$。

二、理想稀溶液的依数性

前一节曾讨论了理想稀溶液的定义及其溶剂和溶质的化学势表达式,在此基础上本节讨论理想稀溶液的几个相平衡规律。

1. 蒸气压下降

理想稀溶液的蒸气压公式可表示为

$$p = p_A^* x_A + k_{x,B} x_B = p_A^*(1 - x_B) + k_{x,B} x_B$$
$$= p_A^* + (k_{x,B} - p_A^*) x_B \tag{4-27}$$

从式(4-27)看出,若$k_{x,B} > p_A^*$,则$p > p_A^*$,说明溶液的蒸气压高于同一温度下纯溶剂的蒸气压;若$k_{x,B} < p_A^*$,则$p < p_A^*$,说明溶液的蒸气压低于同一温度下纯溶剂的蒸气压。若溶质为非挥发性的,则溶质的蒸气分压p_B为零,式(4-27)变为式(4-9):

$$x_B = (p_A^* - p_A)/p_A^* = \Delta p/p_A^*$$

该式表明理想稀溶液中溶剂的相对蒸气压下降$\Delta p/p_A^*$只与溶质的多少有关,与溶质性质无关。

2. 沸点升高

溶液的沸点是指溶液的蒸气压 p 等于外压 p_{ex} 时的温度。实验表明,若溶质不挥发,理想稀溶液的沸点较纯溶剂的沸点升高,升高的多少与溶质的浓度成正比。推导如下:

当理想稀溶液在 T、p 下建立气、液平衡时,有

$$A(\text{sln},\ T,\ p,\ x_A) \rightleftharpoons A(g,\ T,\ p)$$

溶剂 A 在气相和液相中的化学势相等,有

$$\mu_A^*(g) = \mu_A^*(l) + RT\ln x_A \tag{Ⅰ}$$

该式也可以写成

$$\ln x_A = \frac{\mu_A^*(g) - \mu_A^*(l)}{RT} = \frac{\Delta_{vap}G}{RT} \tag{Ⅱ}$$

其中,$\Delta_{vap}G$ 是纯溶剂气化时的吉布斯函数变。下面我们找出溶液组成改变引起溶液沸点改变的关系。

(Ⅱ)两边对温度取偏导数,并利用吉布斯-亥姆霍兹关系式,得

$$\frac{d\ln x_A}{dT} = \frac{1}{R}\frac{d(\Delta_{vap}G/T)}{dT} = -\frac{\Delta_{vap}H_{m,A}}{RT^2}$$

两边同乘 dT,并 $x_A = 1 \to x_A$ 积分,得

$$\int_0^{\ln x_A} d\ln x_A = -\frac{1}{R}\int_{T_b^*}^{T_b} \frac{\Delta_{vap}H_{m,A}}{T^2}dT$$

假设 $\Delta_{vap}H_{m,A}$ 在温度 $T_b^* \to T_b$ 变化范围内是一个常数,积分上式得

$$\ln x_A = \ln(1-x_B) = \frac{\Delta_{vap}H_{m,A}}{R}\left(\frac{1}{T_b} - \frac{1}{T_b^*}\right)$$

假设溶质的量很少,溶液为理想稀溶液,所以 $x_B \ll 1$,进而 $\ln(1-x_B) \approx -x_B$。得到

$$x_B = \frac{\Delta_{vap}H_{m,A}}{R}\left(\frac{1}{T_b^*} - \frac{1}{T_b}\right)$$

再假设 $T_b \approx T_b^*$,即

$$\frac{1}{T_b^*} - \frac{1}{T_b} = \frac{T_b - T_b^*}{T_b T_b^*} \approx \frac{\Delta T_b}{T_b^{*2}}$$

所以

$$x_B = \frac{\Delta_{vap}H_{m,A}}{R}\cdot\frac{\Delta T_b}{T_b^{*2}} \tag{4-28}$$

式(4-28)表明含非挥发性溶质的理想稀溶液的沸点升高只与溶质的摩尔分数成正比。对于稀溶液:

$$x_B = \frac{n_B}{n_A} = n_B M_A/m_A = b_B M_A$$

代入式(4-28),则

$$b_B = [\Delta_{vap}H_{m,A}/R(T_b^*)^2 M_A]\Delta T_b$$

令

$$K_b = R(T_b^*)^2 M_A/\Delta_{vap}H_{m,A}$$

则
$$\Delta T_{\mathrm{b}} = K_{\mathrm{b}} \cdot b_{\mathrm{B}} \tag{4-29}$$

式(4-29)表明理想稀溶液的沸点升高 ΔT_{b} 与溶质的质量摩尔浓度成正比,比例系数 K_{b} 称为溶剂的沸点升高常数,它只与溶剂的性质有关。部分溶剂的 K_{b} 列于表4-3。对于稀溶液,由于 $b_{\mathrm{B}} = n_{\mathrm{B}}/m_{\mathrm{A}} = (m_{\mathrm{B}}/M_{\mathrm{B}})/m_{\mathrm{A}}$,则式(4-29)变为

$$M_{\mathrm{B}} = m_{\mathrm{B}} K_{\mathrm{b}}/m_{\mathrm{A}} \Delta T_{\mathrm{b}} \tag{4-30}$$

式(4-30)是利用沸点升高法测定非挥发性溶质摩尔质量的理论依据。m_{A} 和 m_{B} 分别为 A 及 B 的质量。

若溶质为挥发性的,则可导出下式:

$$\Delta T_{\mathrm{b}} = R (T_{\mathrm{b}}^{*})^{2} \ln(y_{\mathrm{A}}/x_{\mathrm{A}})/\Delta_{\mathrm{vap}} H_{\mathrm{m,A}} \tag{4-31}$$

表4-3　部分溶剂的沸点升高常数

溶　剂	水	甲　醇	乙　醇	丙　酮	氯　仿	苯	四氯化碳
沸点 $T_{\mathrm{b}}/\mathrm{K}$	373.15	337.66	351.48	329.30	334.35	353.25	349.87
$K_{\mathrm{b}}/(\mathrm{K} \cdot \mathrm{kg} \cdot \mathrm{mol}^{-1})$	0.52	0.83	1.19	1.73	3.85	2.60	5.02

钢铁工件进行氧化热处理,就是利用沸点升高原理。如每升含550~650 g 氢氧化钠和100~150 g 亚硝酸钠的处理液,其沸点可高达410~420 K。

3. 凝固点降低

溶液的凝固点是指在外压 p_{ex} 下,溶液的固、液平衡温度。此时 $\mu(\mathrm{l}) = \mu(\mathrm{s})$。若溶液的温度降至凝固点时析出的是纯溶剂,且溶质在溶液中不解离、不缔合,则一定外压下溶液的凝固点会低于纯溶剂的凝固点。这一现象称为稀溶液的凝固点降低。用推导式(4-29)相似的方法可以导出凝固点降低 $\Delta T_{\mathrm{f}} (= T_{\mathrm{f}}^{*} - T_{\mathrm{f}})$ 与溶质组成 b_{B} 的关系为

$$\Delta T_{\mathrm{f}} = K_{\mathrm{f}} \cdot b_{\mathrm{B}} \tag{4-32a}$$

其中,$K_{\mathrm{f}} = R (T_{\mathrm{f}}^{*})^{2} M_{\mathrm{A}}/\Delta_{\mathrm{fus}} H_{\mathrm{m,A}}$ 称为溶剂的凝固点降低常数,它只与溶剂的性质有关,与溶质无关,$\Delta_{\mathrm{fus}} H_{\mathrm{m,A}}$ 为纯溶剂 A 的摩尔熔化焓,T_{f}^{*} 和 T_{f} 分别为纯溶剂和溶液的凝固点,M_{A} 为 A 的摩尔质量。实验测得的部分溶剂的凝固点降低常数列于表4-4。

表4-4　部分溶剂的凝固点降低常数

溶　剂	水	醋　酸	苯	环己烷	萘	樟　脑
纯溶剂凝固点 $T_{\mathrm{f}}/\mathrm{K}$	273.15	289.75	278.68	279.65	353.40	446.15
$K_{\mathrm{f}}/(\mathrm{K} \cdot \mathrm{kg} \cdot \mathrm{mol}^{-1})$	1.86	3.90	5.10	20	7.0	40

若溶质不止一种,则式(4-32a)变为

$$\Delta T_{\mathrm{f}} = K_{\mathrm{f}} \sum_{\mathrm{B}} b_{\mathrm{B}} \tag{4-32b}$$

若溶液在凝固时析出的不是纯溶剂而是固溶体(如 Au-Ag, Cu-Ni 系统),且用 $x_{\mathrm{A}}(\mathrm{sln})$ 和 $x_{\mathrm{A}}(\mathrm{s})$ 分别表示溶剂 A 在液态溶液及固溶体中的组成,则有

$$\ln \frac{x_{\mathrm{A}}(\mathrm{sln})}{x_{\mathrm{A}}(\mathrm{s})} = -\frac{\Delta_{\mathrm{fus}} H_{\mathrm{m,A}}}{R (T_{\mathrm{f}}^{*})^{2}} \Delta T_{\mathrm{f}} \tag{4-32c}$$

由式(4-32c)看出：

若 $x_A(s) > x_A(sln)$，则 $\Delta T_f > 0$，溶液凝固点降低；

若 $x_A(s) < x_A(sln)$，则 $\Delta T_f < 0$，溶液凝固点升高；

若 $x_A(s) = x_A(sln)$，则 $\Delta T_f = 0$，溶液凝固点等于纯溶剂凝固点。

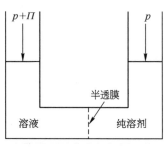

图 4-4　渗透平衡示意图

4. 渗透压

若在 U 形管底部用一种半透膜把某一理想稀溶液和与其相同的纯溶剂隔开，这种膜允许溶剂分子透过但不允许其他分子透过。所以溶剂分子总是由纯溶剂一侧单向地流向溶液一侧，称为渗透现象，如图 4-4 所示。

渗透现象是一种传质过程。若半透膜两侧 T、p 相同，则纯溶剂一侧的化学势高于溶液中 A 的化学势。因此存在上述渗透现象。由 $\left[\dfrac{\partial \mu_A(l)}{\partial p}\right]_{T, n_A, n_B} = V_A > 0$，可知，

若在溶液上方加大压力，其中 A 的化学势将升高。当压力增加到一定程度($p + \Pi$)时，由加压而产生的化学势升高恰好补偿了由于浓度降低（溶液中 A 的浓度低于纯溶剂 A）而造成的化学势降低。此时膜两侧 A 的化学势完全相等，渗透过程达到平衡。当渗透平衡时，溶液一侧较纯溶剂一侧所额外增加的压力，叫溶液的渗透压，用 Π 表示。

根据实验得到，理想稀溶液的渗透压 Π 与溶质 B 的浓度 c_B 成正比，比例系数的量值为 RT，即

$$\Pi = c_B RT \tag{4-33}$$

由上面的讨论知，若在溶液上方施加的压力大于渗透压 Π，则溶液中溶剂分子将会通过半透膜渗透到纯溶剂中，这种现象叫反渗透。

渗透和反渗透作用是膜分离技术的理论基础。在生物体内的细胞膜上的"水通道"广泛存在着水的渗透和反渗透作用；在生物学领域以及纺织工业、制革工业、造纸工业、食品工业、化学工业、水处理中广泛使用膜分离技术。例如，利用人工肾进行血液透析，利用膜分离技术进行海水淡化以及果汁浓缩等。使用的膜材料有高聚物膜（醋酸纤维膜或硝酸纤维膜、聚砜膜、聚酰胺膜等）和无机膜（陶瓷膜、分子筛膜等）。

S4-2

海水淡化反渗
透膜的发展

以上讨论的理想稀溶液中溶剂的蒸气压下降、凝固点降低（析出固态纯溶剂时）、沸点升高（溶质不挥发时）及渗透压等的量值均与理想稀溶液中所含溶质的数量有关，这些性质称为理想稀溶液的依数性。

§4-6　真实液态混合物和真实溶液

§4-6演示文稿

真实液态混合
物和真实溶液

一、真实液态混合物

1. 活度与活度因子

与理想液态混合物不同，真实液态混合物各组分不遵守拉乌尔定律，其化学势不能用式(4-16)表示。一定温度下，各组分的化学势不符合 $\mu_B(l) = \mu_B^\ominus + RT\ln x_B$ 的液态混合物称为真实液态混合物。为了使组分 B 的化学势仍保持与理想液态混合物中组分 B 的化

学势相近的简单形式,路易斯(G. N. Lewis)提出活度概念,对组分 B 的摩尔分数进行修正。真实液态混合物中任一组分 B 的活度 a_B 可定义为

$$a_{B, x} \stackrel{\text{def}}{=\!=\!=} \exp\left[\frac{\mu_B(l) - \mu_{B, x}^{\ominus}(l)}{RT}\right] \tag{4-34}$$

同时定义另一物理量 f_B:

$$f_{B, x} \stackrel{\text{def}}{=\!=\!=} a_{B, x}/x_B \tag{4-35}$$

而且应该满足

$$\lim_{x_B \to 1} f_B = 1 \tag{4-36}$$

式中,f_B 称为组分 B 的活度因子。

2. 真实液态混合物中组分 B 的化学势

由式(4-34)得

$$\mu_B(l) = \mu_{B, x}^{\ominus}(l) + RT\ln a_{B, x} \tag{4-37}$$

将式(4-35)代入式(4-37)得

$$\mu_B(l) = \mu_{B, x}^{\ominus}(l) + RT\ln(x_B f_B) \tag{4-38}$$

式(4-37)和(4-38)即为真实液态混合物中组分 B 的组成用 x_B 表示组分 B 的化学势的表达式,其中 $\mu_{B, x}^{\ominus}(l)$ 为标准态化学势,该标准态为 T、$p^{\ominus}$ 下,$a_{B, x} = 1$,$f_{B, x} = 1$,且 $x_B = 1$ 的纯液态 B。

若与真实液态混合物成相平衡的蒸气为理想气体,则

$$\begin{aligned}
\mu_B(l) = \mu_B(g) &= \mu_B^{\ominus}(g) + RT\ln(p_B/p^{\ominus}) \\
&= \mu_B^{\ominus}(g) + RT\ln(p_B^*/p^{\ominus}) + RT\ln(p_B/p_B^*) \\
&= \mu_{B, x}^*(l, T, p) + RT\ln(p_B/p_B^*)
\end{aligned}$$

即

$$\mu_B(l) = \mu_{B, x}^{\ominus}(l) + RT\ln(p_B/p_B^*) \tag{4-39}$$

比较式(4-37)、式(4-38)及式(4-39)得

$$a_{B, x} = p_B/p_B^* \tag{4-40a}$$

$$f_{B, x} = p_B/(p_B^* x_B) = a_{B, x}/x_B \tag{4-40b}$$

式(4-40)可以用于真实液态混合物组分 B 活度及活度因子的计算。对于定 T、p 及 x_B 下的真实液态混合物中组分 B 的化学势是一定的,但由式(4-34)看出,若标准化学势不同,活度 a_B 将有不同的值。因此在给出活度或使用活度时需明确其标准态。由式(4-40)给出的活度其标准态为 T、$p^{\ominus}$ 下的纯 B 液态。

【例4-7】 323 K 时,组成为 $x_1 = 0.8817$ 的乙醇(1)~水(2)混合物的蒸气压为 28.89 kPa,平衡气相组成为 $y_1 = 0.742$;同温下 $p_1^* = 29.45$ kPa,$p_2^* = 12.334$ kPa,试判断该液态混合物是否为理想液态混合物。若不是理想液态混合物,计算混合物中乙醇的活度及活度因子。

解：因 $\qquad p_1 = py_1 = 28.89\,\text{kPa} \times 0.742 = 21.44\,\text{kPa}$，

由拉乌尔定律知，$p_1^* x_1 = 29.45\,\text{kPa} \times 0.8817 = 25.966\,\text{kPa}$。

因 $py_1 \neq p_1^* x_1$，所以该液态混合物不是理想液态混合物。

相应地，活度 $a_{B,x} = p_B/p_B^* = 21.44\,\text{kPa}/29.45\,\text{kPa} = 0.726$

活度因子 $f_{B,x} = a_{B,x}/x_B = 0.726/0.8817 = 0.823$

二、真实溶液

1. 溶剂的渗透因子及化学势

为更准确地表示真实溶液中溶剂 A 的摩尔分数与其活度之间的偏差，定义溶剂 A 的渗透因子 ϕ：

$$\phi_A \stackrel{\text{def}}{=\!=} (\mu_A^\ominus - \mu_A)/(RTM_A \sum_B b_B) \qquad (4\text{-}41a)$$

并且

$$\lim_{\sum_B b_B \to 0} \phi_A = 1 \qquad (4\text{-}41b)$$

式中，M_A 为溶剂 A 的摩尔质量，$\sum_B b_B$ 是对全部溶质求和。定义溶剂的活度 a_A：

$$a_A \stackrel{\text{def}}{=\!=} \exp\left[\frac{\mu_A - \mu_A^\ominus}{RT}\right] \qquad (4\text{-}42)$$

由式(4-41a)得

$$\mu_A = \mu_A^\ominus - RT\phi_A M_A \sum_B b_B \qquad (4\text{-}43a)$$

由式(4-42)得

$$\mu_A = \mu_A^\ominus + RT\ln a_A \qquad (4\text{-}43b)$$

式(4-43)为真实溶液中溶剂 A 化学势的表达式，其中

$$\mu_A^\ominus = \mu_A^\ominus(\text{l},\ T,\ p^\ominus) + \int_{p^\ominus}^{p} V_A^\infty(T,\ p)\mathrm{d}p$$

当 $p \to p^\ominus$ 或当 p 与 $p^\ominus$ 相差不大时，积分项可忽略。

将式(4-43a)与(4-43b)结合得

$$\ln a_A = -\phi_A M_A \sum_B b_B \qquad (4\text{-}44)$$

因为

$$x_A = 1/(1 + M_A \sum_B b_B)$$

所以

$$M_A \sum_B b_B = (1 - x_A)/x_A \qquad (4\text{-}45)$$

将式(4-45)代入式(4-44)得

$$\ln a_A = -\phi_A(1 - x_A)/x_A \qquad (4\text{-}46)$$

2. 真实溶液中溶质 B 的化学势、活度及活度因子

（1）溶质 B 的组成用摩尔分数 x_B 表示。对于给定的真实溶液系统，当溶质组成用 x_B 表示时，定义溶质 B 的活度 $a_{B,x}$ 为

$$a_{B,x} \xlongequal{\text{def}} \exp[(\mu_B - \mu_{B,x}^{\ominus})/RT] \tag{4-47}$$

同时定义溶质 B 的活度因子 $\gamma_{B,x}$：

$$\gamma_{B,x} \xlongequal{\text{def}} a_{B,x}/x_B \tag{4-48a}$$

而且

$$\lim_{\sum x_B \to 0} \gamma_{B,x} = 1 \tag{4-48b}$$

由式（4-47）得

$$\mu_B = \mu_{B,x}^{\ominus} + RT\ln a_{B,x} \tag{4-49a}$$

将式（4-48a）代入式（4-49a）得

$$\mu_B = \mu_{B,x}^{\ominus} + RT\ln(\gamma_{B,x} x_B) \tag{4-49b}$$

式（4-49）为真实溶液的组成用摩尔分数表示时溶质 B 的化学势的表达式。其中 $\mu_{B,x}^{\ominus}$ 为标准态化学势，该标准态为 T、$p^{\ominus}$ 下，假设 B 的摩尔分数 $x_B = 1$ 且仍遵守亨利定律时假想的状态。利用求真实液态混合物中任一组分 B 的活度及活度因子相似的方法可导出真实溶液中溶质 B 的 $a_{B,x}$ 及 $\gamma_{B,x}$ 的计算公式，即

$$a_{B,x} = p_B/k_{x,B} \tag{4-50}$$

$$\gamma_{B,x} = p_B/k_{x,B} x_B = a_{B,x}/x_B \tag{4-51}$$

（2）溶质 B 的组成用 b_B 表示。与溶质 B 的组成用 x_B 表示时的处理方法类似，定义溶质 B 的活度 $a_{B,b}$ 及活度因子 $\gamma_{B,b}$ 分别为

$$a_{B,b} \xlongequal{\text{def}} \exp[(\mu_B - \mu_{B,b}^{\ominus})/RT]$$

$$\gamma_{B,b} \xlongequal{\text{def}} a_{B,b}/(b_B/b^{\ominus})$$

并且

$$\lim_{\sum b_B \to 0} \gamma_{B,b} = 1$$

所以

$$\mu_B = \mu_{B,b}^{\ominus} + RT\ln a_{B,b} = \mu_{B,b}^{\ominus} + RT\ln(\gamma_{B,b} b_B/b^{\ominus}) \tag{4-52}$$

同理可导出

$$a_{B,b} = p_B/(k_{b,B} b^{\ominus}) \tag{4-53}$$

$$\gamma_{B,b} = p_B/(k_{b,B} b_B) = a_{B,b}/(b_B/b^{\ominus}) \tag{4-54}$$

式（4-52）即为真实溶液中溶质的组成用 b_B 表示时溶质 B 的化学势的表达式，其中 $\mu_{B,b}^{\ominus}$ 为标准态化学势，该标准态为 T、$p^{\ominus}$ 下，假设溶质 B 的 $b_B = 1 \text{ mol} \cdot \text{kg}^{-1}$ 且仍遵守亨利定律时假想的状态。由式（4-53）计算的 $a_{B,b}$ 及由式（4-54）计算的 $\gamma_{B,b}$ 的标准态也与此相同。

（3）溶质 B 的组成用 $[\%B]$ 表示。利用与前面相似的方法可以得到溶质 B 的化学势

的表达式、活度及活度因子,即

$$\mu_B = \mu_{B,[\%]}^{\ominus} + RT\ln a_{B,[\%]} = \mu_{B,[\%]}^{\ominus} + RT\ln(\gamma_{B,[\%]}[\%B]) \tag{4-55}$$

$$a_{B,[\%]} = p_B/k_{[\%],B} \tag{4-56}$$

$$\gamma_{B,[\%]} = p_B/(k_{[\%],B}[\%B]) \tag{4-57}$$

式中,$\mu_{B,[\%]}^{\ominus}$、$a_{B,[\%]}$ 和 $\gamma_{B,[\%]}$ 的标准态为 T、$p^{\ominus}$ 下,假设 B 的百倍质量分数 $[\%B]=1$ 且仍遵守亨利定律时(假想)的状态。

【例 4-8】 已知 1853 K 时 Fe-S 溶液上方硫的蒸气分压与硫的百倍质量分数的关系为

$[\%S]$	0.057	0.46
$p(S)/Pa$	1.00	16.17

假若 $[\%S]=0.057$ 的溶液可视为理想稀溶液,计算 $[\%S]=0.46$ 的溶液中硫(S)的活度 $a_{B,[\%]}$ 及活度因子 $\gamma_{B,[\%]}$。

解:因为 $[\%S]=0.057$ 的溶液可作为理想稀溶液,所以,百分之一亨利系数为

$$k_{[\%],S} = p(S)/[\%S] = 1.00\,Pa/0.057 = 17.5\,Pa$$

对 $[\%S]=0.46$ 的溶液:

$$a_{S,[\%]} = p(S)/k_{[\%],S} = 16.17\,Pa/17.5\,Pa = 0.924$$

$$\gamma_{S,[\%]} = a_{S,[\%]}/[\%S] = 0.924/0.46 = 2.0$$

【例 4-9】 773 K 时,Cd-Pb 合金中 Cd 的百倍质量分数 $[\%Cd]=1$ 时实测 Cd 的蒸气分压 p_{Cd} 为 94.7 Pa,而当 $[\%Cd]=20$ 时实测 p'_{Cd} 为 1095 Pa。已知 773 K 时纯 Cd 的蒸气压 $p_{Cd}^* = 1849\,Pa$,试计算 773 K 时 $[\%Cd]=20$ 的合金系统中 Cd 的活度及活度因子。(1) T、$p^{\ominus}$ 下纯 Cd(l) 为标准态,(2) 以 $[\%Cd]=1$ 仍遵守亨利定律时 T、$p^{\ominus}$ 下的 Cd 为标准态。

解:(1) 当 $[\%Cd]=20$ 时,可求得 $x_{Cd}=0.316$,

所以　　　　　　$$a_{Cd,x} = p_{Cd,实}/p_{Cd}^* = 1095\,Pa/1849\,Pa = 0.592$$

$$\gamma_{Cd,x} = p_{Cd,实}/p_{Cd,计} = 1095\,Pa/(1849\,Pa \times 0.316) = 1.87$$

(2)　　　　　　$$k_{[\%]} = p_{Cd,实}/[\%Cd] = 94.7\,Pa/1 = 94.7\,Pa$$

当 $[\%Cd]=20$ 时　$$p'_{Cd,计} = k_{[\%]}[\%Cd] = 94.7\,Pa \times 20 = 1894\,Pa$$

$$a_{Cd,[\%]} = p'_{Cd,实}/k_{[\%]} = 1095\,Pa/94.7\,Pa = 11.6$$

$$\gamma_{Cd,[\%]} = p'_{Cd,实}/p'_{Cd,计} = 1095\,Pa/1894\,Pa = 0.578$$

计算结果表明:$\gamma_{Cd,x} > 1$,则 $p_{Cd,实}$ 对拉乌尔定律产生正偏差;$\gamma_{Cd,[\%]} < 1$,则 $p'_{Cd,实}$ 对亨利定律产生负偏差。活度因子的大小定量地表示出实际系统对理想系统的偏差。浓度经用活度因子校正后即为活度,故活度又可理解为"修正浓度"或有效浓度。

§4-7演示文稿
物质在两相间
的分配平衡

§4-7 物质在两相间的分配平衡

1891年能斯特提出:在一定温度、压力下,当溶质在基本上不互溶的两溶剂间达分配平衡时,若溶质在两相中的分子结构相同,则在两溶剂相(如 α 相和 β 相)中溶质的浓度(或活度)之比为一常量。即

$$K^{\ominus}(T) = w_B(\beta)/w_B(\alpha) \tag{4-58a}$$

或

$$K^{\ominus}(T) = a_B(\beta)/a_B(\alpha) \tag{4-58b}$$

式(4-58)是分配定律的数学表达式,$K^{\ominus}(T)$ 称为分配系数,可用于理想稀溶液。式(4-58b)也用于 α、β 两相均为真实溶液的情况。假设分配平衡 $B(\alpha) \rightleftharpoons B(\beta)$ 的标准摩尔吉布斯函数为 $\Delta G_m^{\ominus}(T)$,则 $K^{\ominus}(T)$ 可定义为

$$K^{\ominus}(T) \xlongequal{\text{def}} \exp[-\Delta G_m^{\ominus}(T)/RT] \tag{4-58c}$$

分配定律在工业上有重要应用。被称为萃取的工业分离过程就是利用物质在选定溶剂中溶解度的差别分离或浓缩某一组分的方法。如用 $CCl_4(l)$ 从水溶液中萃取 I_2 或 O_sO_4,用三苯基膦从硝酸水溶液中萃取 $UO_2(NO_3)_2$ 等。萃取是分离、富集贵金属及微量元素的有效方法。冶金工业通过萃取从冶金炉渣中回收有用成分,炼钢中的脱硫、脱氧等都涉及物质在两相间的分配平衡,电解冶金实际上是电解萃取过程。未来的(或近代的)冶金工业已抛弃了"开山→采矿→粉碎→浮选→高温冶炼"一系列笨重、费时,破坏自然环境、污染严重的传统方法,而代之以"打矿井→注入溶剂和萃取剂→汲取被富集的有效金属化合物溶液→电解冶炼"的新程序,其他无用的岩石不被开采,其理论基础离不开化学萃取~电解萃取,这一方法已初步达到工业规模。下面举例说明萃取在炼钢过程的应用。

S4-3
撷本草精华,
萃济世青蒿

在炼钢过程中若造成含 FeO 很少的还原性渣,钢水中的氧将向渣扩散,产生扩散脱氧。扩散脱氧涉及 FeO 在钢水及渣两相之间的分配。用(FeO)和[FeO]分别表示炉渣和钢水中的 FeO,则有

$$(FeO) \rightleftharpoons [FeO]$$

今钢液中 FeO 的活度以 T、$p^{\ominus}$ 下 $[\%FeO]=1$ 为标准态,渣中 FeO 的活度以 T、$p^{\ominus}$ 下纯 FeO(l) 为标准态,$p^{\ominus}=10^5$ Pa,则上述平衡的 $\Delta G_m^{\ominus}(T)$ 为

$$\Delta G_m^{\ominus}(T)/J \cdot mol^{-1} = 120\,600 - 64.73T/K \tag{4-59a}$$

钢液中 FeO 含量很低,可作为理想稀溶液处理,分配系数 $K^{\ominus}$ 可表示为

$$K^{\ominus}(T) = [\%FeO]/a(FeO)$$

若将钢水中 FeO 含量换算为[O]含量,则

$$K^{\ominus}(T) = 71.84[\%O]/16.00a(FeO) \tag{4-59b}$$

式中71.84和16.00分别为 FeO 和 O 的相对摩尔质量。由此得,对于还原性渣,钢水中含氧量为

$$[\%O] = 0.223 a(FeO) \cdot K^{\ominus}(T) \tag{4-59c}$$

若已知 $K^{\ominus}(T)$ 及 $a(FeO)$，就可计算钢水中的平衡氧含量。

【例 4-10】 某冶炼厂电炉炼钢在还原期分析炉渣成分中 FeO 含量为 $[\%FeO] = 0.247[x(FeO) = 0.00196]$，又测知此炉渣中 FeO 的活度因子[以 T、$p^{\ominus}$ 下的纯 FeO(l) 为标准态]为 5.0，FeO 在渣和钢水中分配平衡的 $\Delta G_m^{\ominus}(T)$ 可以用式(4-59a)表示。问 1873 K 时，$[\%O] = 0.012$ 的钢水能否进行扩散脱氧？

解： $K^{\ominus}(1873\,\text{K}) = \exp\left[\dfrac{-(120\,600 - 64.73 \times 1873)\,\text{J}\cdot\text{mol}^{-1}}{8.314\,5\,\text{J}\cdot\text{mol}^{-1}\cdot\text{K}^{-1} \times 1873\,\text{K}}\right] = 1.04$

$$a(FeO) = \gamma(FeO)x(FeO) = 5.0 \times 0.001\,96 = 0.009\,8$$

所以 　　　　　$[\%O] = 0.223 \times 1.04 \times 0.009\,8 = 0.002\,3 < 0.012$

即钢水中平衡氧含量远低于实际氧含量，故可进行扩散脱氧。

§4-8　气体在金属中的溶解平衡

§4-8演示文稿

气体在金属中的溶解平衡

金属在冶炼、铸造、热处理、表面处理（如渗 C、渗 N、除锈、阳极化等）等过程中都可能与气体接触，发生气体在液态或固态金属中的溶解。溶解于金属中的气体不仅会影响产品质量，还有可能对金属的使用安全构成威胁。因此，研究气体在金属的溶解平衡是冶金溶液热力学的重要内容之一。若气体溶于金属时在金属中的气体分子结构与在气相中一致，则可用亨利定律研究；若气体溶入金属时发生解离或发生其他化学变化，则不遵守亨利定律。研究表明，像 H_2、N_2、O_2 等双原子分子溶于金属时便发生解离：

$$\frac{1}{2}N_2[g,\ p_{N_2}] \Longrightarrow [N]_{Fe} \tag{4-60}$$

对于这类平衡，由于[N]的浓度非常小，可作为理想稀溶液处理：

$$K^{\ominus}(T) = [\%N]/[p_{N_2}/p^{\ominus}]^{1/2} \tag{4-61a}$$

或 　　　　　　$[\%N] = K^{\ominus}(T)[p_{N_2}/p^{\ominus}]^{1/2} \tag{4-61b}$

式(4-61)称为西弗特定律(Sievert's Law)：双原子气体分子在金属中的平衡组成与其在平衡气相的分压的平方根成正比。式(4-60)中，溶于金属 Fe(l) 中的 N 以 T、$p^{\ominus}$ 下，$[\%N] = 1$ 的状态为标准态，气相中的 $N_2(g)$ 以 T、$p^{\ominus}$ 下的纯理想气体为标准态，则反应的标准摩尔吉布斯函数为[①]

---

① 式(4-61c)对标准压力的规定原文献为 $p_1^{\ominus} = 101\,325\,\text{Pa}$，$\Delta_r G_m^{\ominus}(T)/\text{J}\cdot\text{mol}^{-1} = 1.079 \times 10^4 + 21.0$ (T/K)。由于标准压力由原来 $101\,325\,\text{Pa}$ 变为 $p_2^{\ominus} = 100\,000\,\text{Pa}$，需对 $\Delta_r G_m^{\ominus}(T)$ 值进行校正，校正公式为

$$\Delta_r G_m^{\ominus}(T,\ p_2^{\ominus}) - \Delta_r G_m^{\ominus}(T,\ p_1^{\ominus}) = \int_{p_1^{\ominus}}^{p_2^{\ominus}} V_{[N]}^{\infty}\,\mathrm{d}p + RT\ln p_2^{\ominus}/p_1^{\ominus}$$

等式右侧第一项是对$[N]_{Fe}$的校正，可以忽略；第二项是对 $N_2(g)$ 的校正。所以有 $\Delta_r G_m^{\ominus}(T,\ p_2^{\ominus}) = \Delta_r G_m^{\ominus}(T,\ p_1^{\ominus}) + RT\ln p_2^{\ominus}/p_1^{\ominus} = [1.079 \times 10^4 + 21.0(T/\text{K}) + (-0.11)(T/\text{K})]\text{J}\cdot\text{mol}^{-1} = [1.079 \times 10^4 + 20.89(T/\text{K})]\text{J}\cdot\text{mol}^{-1}$。

$$\Delta_r G_m^{\ominus}(T)/J \cdot mol^{-1} = 1.079 \times 10^4 + 20.89(T/K) \qquad (4-61c)$$

由式(4-61)可求出与气相平衡的钢液中 N 的含量。

【例 4-11】 试计算 1 873 K 时与 101 325 Pa 的空气平衡的钢液中 N 的含量,已知空气中 $N_2(g)$ 的体积分数为 0.79。

解:1 873 K 时,溶解反应

$$\frac{1}{2} N_2[g, \, p(N_2)] \Longrightarrow [N]_{Fe}$$

的 $\Delta_r G_m^{\ominus}(1\,873\,K) = (1.079 \times 10^4 + 20.89 \times 1\,873) J \cdot mol^{-1} = 49\,917\,J \cdot mol^{-1}$

$$K^{\ominus}(1\,873\,K) = \exp\left(-\frac{49\,917\,J \cdot mol^{-1}}{8.314\,5\,J \cdot mol^{-1} \cdot K^{-1} \times 1\,873\,K}\right) = 0.040\,6$$

$$p(N_2) = 101\,325\,Pa \times 0.79 = 80\,047\,Pa$$

所以 $\qquad [\%N] = 0.040\,6 \times (80\,047\,Pa/100\,000\,Pa)^{1/2} = 0.036$

西弗特定律为经验规律,但可通过化学势用热力学的方法推导获得。除双原子气体分子外,其他气体如 $H_2O(g)$、$H_2S(g)$、$CO(g)$、$CO_2(g)$ 等溶于金属虽然也解离或发生化学变化,但都不能用西弗特定律处理。如

(i) $H_2O(g) \Longrightarrow [O] + 2[H]$

(ii) $H_2S(g) \Longrightarrow [S] + 2[H]$

(iii) $CO(g) \Longrightarrow [O] + [C]$

表 4-5 列出几种双原子气体溶于钢液时的 $\Delta_r G_m^{\ominus}(T)$ 的公式。

表 4-5 双原子气体溶于钢液时的 $\Delta_r G_m^{\ominus}(T)$

标准态:气体为 10^5 Pa 时的纯理想气体,溶液为 [%B]=1 的理想稀溶液

溶 解 反 应	$\Delta_r G_m^{\ominus}/(J \cdot mol^{-1}) = a + b[T/K]$	
	$a/(J \cdot mol^{-1})$	$b/(J \cdot mol^{-1} \cdot K^{-1})$
$\frac{1}{2} H_2(g) = [H]$	3.431×10^4	30.79
$\frac{1}{2} N_2(g) = [N]$	1.079×10^4	20.89
$\frac{1}{2} O_2(g) = [O]$	-1.1715×10^5	-3.00
$\frac{1}{2} S_2(g) = [S]$	-1.1790×10^5	14.49
$\frac{1}{2} P_2(g) = [P]$	-1.2238×10^6	-17.06

科学家小传

路易斯(G. N. Lewis)
(1875—1946)

　　路易斯,美国物理化学家。他于 1901 年和 1907 年,先后提出了逸度和活度的概念,对于真实体系用逸度代替压力,用活度代替浓度。这样,原来根据理想条件推导的热力学关系式便可推广用于真实体系。1921 年他又把离子强度的概念引入热力学,发现了稀溶液中盐的活度系数取决于离子强度的经验定律。1923 年他与 M. 兰德尔合著《化学物质的热力学和自由能》一书,对化学平衡进行深入讨论,并提出了自由能和活度概念的新解释。他提出了共价键的电子理论,并在他的《原子和分子》(1916 年)一文和《价键与原子和分子结构》(1923 年)一书中作了充分的阐述,对了解化学键的本质起了重大作用。1923 年,他从电子对的给予和接受角度提出了新的广义酸碱概念,即所谓路易斯酸碱理论。

思　考　题

　　4.1　液态混合物和溶液的组成分别用质量浓度 ρ_B、质量分数 w_B、摩尔分数 x_B、体积分数 ϕ_B、物质的量浓度 c_B 和质量摩尔浓度 b_B(或 m_B)表示时,哪些必须在定温下才有意义? 哪些与温度无关?

　　4.2　应用拉乌尔定律和亨利定律时系统各组分应满足什么条件?

　　4.3　下列说法对吗? 为什么?

　　(1) 系统所有广度性质都有偏摩尔量;

　　(2) 理想液态混合物各组分分子之间没有作用力;

　　(3) 由纯组分混合成理想液态混合物时没有热效应,故混合熵等于零;

　　(4) 任何一个偏摩尔量均是温度、压力和组成的函数;

　　(5) 亨利系数与温度、压力以及溶剂和溶质的性质有关。

　　4.4　什么是活度及活度因子? 对真实系统引入活度及活度因子有什么方便之处? 为什么在给出活度数值时要指明标准态?

　　4.5　试说明溶剂中加入溶质后在什么条件下会引起沸点升高和凝固点降低。

　　4.6　请回答以下问题:

　　(1) 为什么被砂锅里的肉汤烫伤的程度要比开水烫伤厉害得多?

　　(2) 冬季进行建筑施工时,为保证施工质量常在浇筑混凝土时加入少量盐为什么? 在 $NaCl$、$CaCl_2$、NH_4Cl、KCl 几种盐中,最理想的是哪一种?

　　(3) 北方人冬天吃冻梨时,将冻梨放入凉水中浸泡,过一段时间后冻梨内部解冻了,但表面结了一层薄冰。请解释原因。

习　题

　　4.1　25 ℃时,$w_B = 0.0947$ 的硫酸水溶液,质量浓度为 $1.0603\,\mathrm{g\cdot cm^{-3}}$,求硫酸的摩尔分数,质量摩尔浓度和物质的量浓度。

[0.018 8, 1.07 mol·kg^{-1}, 1.02 mol·dm^{-3}]

4.2　25 ℃时水的蒸气压为 3.17 kPa,若一甘油水溶液中甘油的质量分数 $w = 0.010\,0$,问溶液的蒸气压为多少?(甘油即丙三醇,摩尔质量为 93.1 g·mol^{-1},是不挥发性溶质)

[3.16 kPa]

4.3　20 ℃时乙醚的蒸气压为 59.00 kPa。今有 100.0 g 乙醚中溶入某非挥发性有机物质 10.00 g,蒸气压下降到 56.80 kPa,试求该有机物的摩尔质量。

[198.5 g·mol^{-1}]

4.4　0 ℃时 101 325 Pa 的氧气,在水中的溶解度为 344.90 cm^3;同温下 101 325 Pa 的氮气在水中的溶解度为 23.50 cm^3。求 0 ℃ 101 325 Pa 与空气呈平衡的水中所溶解的氧和氮的摩尔比。

[3.9]

4.5　40 ℃时苯及二氯乙烷的蒸气压分别为 24.33 及 20.66 kPa。求 40 ℃,与 x(苯)$= 0.250$ 的苯-二氯乙烷溶液呈平衡的蒸气组成及苯的分压。设系统可视为理想液态混合物。

[y(苯)$= 0.282$, 6.083 kPa]

4.6　在 100 ℃时,己烷的蒸气压是 2.45×10^5 Pa,辛烷的是 4.72×10^4 Pa,这两种液体的某一混合物的正常沸点是 100 ℃,求(1) 己烷在液体里的摩尔分数;(2) 蒸气里己烷的摩尔分数。(假定该系统可作为理想液态混合物)。

[(1) 0.274;(2) 0.662]

4.7　已知纯 Zn、Pb 和 Cd 的蒸气压与温度的关系如下:

$$\lg[p(\text{Zn})/\text{Pa}] = -\frac{6\,163}{T/\text{K}} + 10.232\,9$$

$$\lg[p(\text{Pb})/\text{Pa}] = -\frac{9\,840}{T/\text{K}} + 9.953$$

$$\lg[p(\text{Cd})/\text{Pa}] = -\frac{5\,800}{T/\text{K}} - 1.231\lg(T/\text{K}) + 14.232$$

设粗锌中含有 Pb 和 Cd 的质量分数分别为 0.009 7 和 0.013。求在 950 ℃,粗锌蒸馏时的最初蒸馏产物中 Pb 和 Cd 的质量分数。设系统可视为理想液态混合物。

[$w(\text{Pb}) = 4.94 \times 10^{-6}$, $w(\text{Cd}) = 0.041\,8$]

4.8　计算含 Pb 和 Sn 质量分数各为 0.5 的焊锡在 1 200 ℃时的蒸气压及此合金的正常沸点。已知

$$\ln[p^*(\text{Pb})/\text{Pa}] = -\frac{21\,160}{T/\text{K}} + 22.03$$

$$\ln[p^*(\text{Sn})/\text{Pa}] = -\frac{32\,605}{T/\text{K}} + 22.53$$

[779 Pa, 2 223 K]

4.9　已知 AgCl - PbCl$_2$ 在 800 ℃时可作为理想液态混合物,求 300 g PbCl$_2$ 和 150 g AgCl 相混合成混合物时系统的熵变和吉布斯函数变以及 PbCl$_2$ 和 AgCl 在混合物中的偏摩尔吉布斯函数。

[$\Delta_{\text{mix}}S = 12.3$ J·K^{-1}, $\Delta_{\text{mix}}G = -6.12$ kJ·mol^{-1}, $\Delta\mu(\text{PbCl}_2) = -6.06$ kJ·mol^{-1},

$\Delta\mu(\text{AgCl}) = -6.31$ kJ·mol^{-1}]

4.10　在 1 073 ℃曾测定了氧在 100 g 液态 Ag 中的溶解度数据如下:

$p(\text{O}_2)$/Pa	17.06	65.05	101.31	160.360
$V(\text{O}_2, 273.2\,\text{K}, 101\,325\,\text{Pa})$/cm^3	81.5	156.9	193.6	247.8

(1) 试判断,氧在 Ag 中溶解是否遵守西弗特定律。

(2) 在常压空气中将 $100\,\mathrm{g}$ Ag 加热至 $1073\,℃$，最多能从空气中吸收多少氧？

$$[(2)\ 2.84\,\mathrm{dm^3}\text{（标准状况）}]$$

4.11　利用表 4-5 计算与空气平衡的 $1600\,℃$ 钢液中溶解的氮与氧之比（摩尔比）。

$$[2.96\times10^{-5}]$$

4.12　纯金的结晶温度等于 $1335.5\,\mathrm{K}$。金从含 Pb 的质量分数 0.055 的 Au-Pb 溶液中开始结晶的温度等于 $1272.5\,\mathrm{K}$。求金的熔化焓。

$$[13.02\,\mathrm{kJ\cdot mol^{-1}}]$$

4.13　Pb 的熔点为 $327.3\,℃$，熔化焓 $\Delta_{\mathrm{fus}}H_{\mathrm{m}}=5.12\,\mathrm{kJ\cdot mol^{-1}}$。

(1) 求 Pb 的摩尔凝固点下降常数 K_{f}；

(2) $100\,\mathrm{g}$ Pb 中含 $1.08\,\mathrm{g}$ Ag 的溶液，其凝固点为 $315\,℃$，判断 Ag 在 Pb 中是否以单原子形式存在。

$$[(1)\ 121\,\mathrm{K\cdot kg\cdot mol^{-1}}；(2)\ \text{是}]$$

4.14　在 $50.00\,\mathrm{g}$ CCl_4 中溶入 $0.5126\,\mathrm{g}$ 萘（$M=128.16\,\mathrm{g\cdot mol^{-1}}$），测得沸点升高 $0.402\,\mathrm{K}$，若在等量溶剂中溶入 $0.6216\,\mathrm{g}$ 某未知物，测得沸点升高 $0.647\,\mathrm{K}$，求此未知物的摩尔质量。

$$[96.6\,\mathrm{g\cdot mol^{-1}}]$$

4.15　$20\,℃$ 时某有机酸在水和醚中的分配系数为 0.4。

(1) 若 $100\,\mathrm{cm^3}$ 水中含有有机酸 $5\,\mathrm{g}$，用 $60\,\mathrm{cm^3}$ 的醚一次倒入含酸水中，留在水中的有机酸最少有几克？

(2) 若每次用 $20\,\mathrm{cm^3}$ 醚倒入含酸水中，连续抽取三次，最后水中剩有几克有机酸？

$$[(1)\ 2\,\mathrm{g}；(2)\ 1.48\,\mathrm{g}]$$

4.16　钢液中存在如下反应

$$[\mathrm{C}]+[\mathrm{O}]=\!\!=\!\!=\mathrm{CO(g)}$$

已知　　$CO_2(\mathrm{g})+[\mathrm{C}]=\!\!=\!\!=2\mathrm{CO(g)}$　　$\Delta G_{\mathrm{m}}^{\ominus}(T)=(1.3933\times10^5-127.3T/\mathrm{K})\,\mathrm{J\cdot mol^{-1}}$

$$CO(\mathrm{g})+[\mathrm{O}]=\!\!=\!\!=CO_2(\mathrm{g})\qquad \Delta G_{\mathrm{m}}^{\ominus}(T)=(-1.6192\times10^5+87.3T/\mathrm{K})\,\mathrm{J\cdot mol^{-1}}$$

（浓度 $[\%\mathrm{B}]=1$ 又服从理想稀溶液的假想状态为标准态）。试求：

(1) $1600\,℃$ 的平衡常数；

(2) 当 $1600\,℃$，$p(\mathrm{CO})=101325\,\mathrm{Pa}$ 时 $[\%\mathrm{C}]=0.02$ 的钢液中氧的平衡含量 $[\%\mathrm{O}]$。

$$[(1)\ 512；(2)\ [\%\mathrm{O}]=0.10]$$

4.17　由丙酮(1)和甲醇(2)组成液态混合物，在 $101325\,\mathrm{Pa}$ 下测得下列数据：$x_1=0.400$，$y_1=0.516$，沸点为 $57.20\,℃$，已知在该温度下 $p_1^*=104.8\,\mathrm{kPa}$，$p_2^*=73.5\,\mathrm{kPa}$。以纯液态为标准态，应用拉乌尔定律分别求液态混合物中丙酮及甲醇的活度因子和活度。

$$[a_1=0.499,\ \gamma_1=1.25,\ a_2=0.667,\ \gamma_2=1.11]$$

4.18　液态锌的蒸气压与温度的关系为

$$\lg(p/\mathrm{Pa})=\frac{-6163}{T/\mathrm{K}}+10.233$$

实验测出含 Zn 原子分数为 0.3 的 Cu-Zn 合金熔体 $800\,℃$ 时锌的蒸气压是 $2.93\,\mathrm{kPa}$，求此时 Zn 的活度因子，指出所用的标准态。

$$[0.32,800\,℃\text{纯液态锌}]$$

4.19　下表给出三氯甲烷(A)-丙酮(B)二组分液态溶液在 $t=55.10\,℃$ 时的数据：

x_{B}	0	0.118	0.234	0.360	0.385	0.508	0.645	0.720	0.900	1.00
y_{B}	0	0.091	0.190	0.360	0.400	0.557	0.738	0.812	0.944	1.00
$p/(\mathrm{Pa}\times10^{-4})$	8.437	8.039	7.726	7.494	7.513	7.725	8.210	8.557	8.774	9.890

试按不同标准状态计算 $x_B = 0.385$ 溶液的 γ_B。

$$\left[\gamma_B = 0.789, \gamma_B' = 1.30\right]$$

4.20　Fe‑C 溶液中碳的活度因子与碳的组成有如下关系：$\gamma_C = \dfrac{1}{1-5x_C}$（以 $x_C = 1$ 的假想状态为标准态）。求在 $p = 101\,325\,\text{Pa}$ 和 $T = 1873\,\text{K}$ 时与含 CO 和 CO_2 的体积分数分别为 0.80 和 0.20 的气相平衡的 Fe‑C 溶液中碳的质量分数。反应 $[C] + CO_2 \Longrightarrow 2CO$ 在给定温度下的标准平衡常数 $K^{\ominus} = \dfrac{[p(CO)/p^{\ominus}]^2}{[p(CO_2)/p^{\ominus}]a_C} = 1.19 \times 10^3$。

$$\left[[\%O] = 0.058\right]$$

第五章 相 平 衡

本章教学基本要求

1. 掌握相数、组分数和自由度数等相平衡中的基本概念，了解相律的推导。

2. 会从相平衡条件推导单组分系统的克拉佩龙和克拉佩龙-克劳修斯方程，并能应用这些方程进行有关计算。

3. 掌握单组分系统相图。

4. 掌握双组分系统部分互溶相图，掌握杠杆规则的有关计算。

5. 会用热分析法制作相图，掌握液态完全互溶、固态不互溶中的简单共晶系统相图。

6. 掌握生成稳定化合物（或称为有相合熔点的化合物）的双组分系统相图，了解生成不稳定化合物（或称为有不相合熔点、固液相异组分的化合物）的双组分系统相图。

7. 掌握含固溶体的双组分系统相图。

8. 会分析双组分系统的气液平衡蒸气压-组成图和沸点-组成图。

本章讨论热力学基本原理对于相平衡的应用。关于简单的相平衡问题我们曾在前几章中遇到,例如可逆相变即为无限接近于相平衡条件下的相变化:溶液的蒸气压即是溶液与其蒸气达到相平衡时的压力。然而在生产和科学研究中遇到的相平衡问题往往比以上情况复杂,特别是当系统中含有的物质种类较多且存在的相数较多时更是如此。在本章将专门讨论这些问题。

本章的内容分为两个方面,首先介绍各种相平衡系统所共同遵守的规律——相律,然后介绍数种典型的相图。所谓相图,是表达多相系统的状态如何随着温度、压力、浓度等强度性质而变化的几何图形。本章的目的是研究各种不同相平衡系统的相图,并能利用相图解决一些实际问题。

S5-1
金氏相图测定法

S5-2
相图发展史及其在材料科学中的作用

主题5-1导学
相平衡的共同规律

§5-1演示文稿
相律

主题一　相平衡的共同规律

§5-1　相　　律

相律是所有多相平衡系统都遵循的普遍规律,它描述了平衡系统中相数、组分数以及影响系统状态的独立可变因素(如温度、压力、组成等)的总数(称为自由度数)之间的关系。下面先解释有关术语:

一、基本概念及定义

1. 相数

凡是系统内部物理和化学性质完全相同的均匀部分称为一个相。相律中相数系指系统在达到平衡时共存相的数目,用符号 ϕ 表示。例如气体混合物为单相,$\phi=1$;水与冰共存的系统为两相,$\phi=2$;盐水(盐的水溶液)与冰共存的系统也是两相,$\phi=2$;盐水、冰和盐粒共存的系统则为三相(一个液相,两个固相),$\phi=3$。

2. 物种数和独立组分数

(1) 物种数。系统中所含的化学物质的种类数称为系统的物种数,用符号 S 表示。应注意,处于不同聚集状态的同一种化学物质不能算两个物种。例如在水和水蒸气两相平衡共存的系统中,虽然水与水蒸气的聚集状态不同,但均属同一种化学物质,故其物种数 $S=1$,而不是2。

(2) 独立组分数。足以确定平衡系统中所有各相的组成所需要的最少的物种数,称为独立组分数,或简称组分数,用符号 C 表示。也应注意:独立组分数和物种数是两个不同的概念,但有时两者又是一致的。在多相平衡中,更重要的是独立组分数这一概念。

3. 自由度数

确定平衡系统的状态所需的独立的强度变量数称为系统的自由度,用符号 f 表示。例如对于单相的液态水来说,我们可以在一定的范围内,任意改变液态水的温度,同时任意地改变其压力,而仍能保持水为单相(液相)。因此,我们说该系统有两个独立可变的因素,或者说它的自由度 $f=2$。 当水与水蒸气两相平衡时,则在温度和压力两个变量之中只有一个是可以独立变动的,指定了温度就不能再指定压力,压力(平衡蒸气压)由温度决定而不能任意指定。反之,指定了压力,温度就不能任意指定,而只能由平衡系统自己决定。此时系统只有一个独立可变的因素,因此自由度 $f=1$。

由此可见,系统的自由度是指系统的独立可变因素(如温度、压力、浓度等)的数目,这些因素的数值,在一定的范围内,可以任意地改变而不会引起相的数目的改变。既然这些因素在一定范围内是可以任意变动的,所以,如果不指定它,则系统的状态便不能固定。

二、相律及其推导

由代数学知识可知

$$独立变量数 = 总变量数 - 各变量之间的独立关系式(方程)数$$

所以,寻找多组分多相平衡系统的独立变量数的方法,在于确定总变量数和各变量之间的独立关系式数,两者之差即为独立变量数,也就是自由度数。

如果某一多相平衡系统共有 S 种物质和 ϕ 个相,那么至少需要多少个独立变量方能确定该系统的状态?

首先,分析描述该系统的状态所需要的总变量数。

(1) 浓度变量:每一种物质在它所存在的每一个相中都有一个浓度。因每一相中 S 种物质的量分数之和为 1,即 $x_1 + x_2 + \cdots + x_S = 1$,所以确定每一相的组成只需要 $S-1$ 个浓度变量。ϕ 个相总共需 $\phi(S-1)$ 个浓度变量。

(2) 温度、压力变量:每一相都有一个温度、一个压力,对含有 ϕ 个相的系统而言,共有 ϕ 个温度和 ϕ 个压力。

所以描述该系统的状态所需的总变量数为

$$2\phi + \phi(S-1)$$

其次,分析系统中存在的各变量间的独立关系式数。

因系统是热力学平衡系统,必定满足热平衡、力平衡、相平衡及化学平衡条件,所以各变量间还存在以下关系。

(1) 热平衡条件:各相的温度相等,即

$$T^{(1)} = T^{(2)} = T^{(3)} = \cdots = T^{(\phi)}$$

共有 $\phi-1$ 个独立的关系式。

(2) 力平衡条件:各相的压力相等,即

$$p^{(1)} = p^{(2)} = p^{(3)} = \cdots = p^{(\phi)}$$

共有 $\phi-1$ 个独立的关系式。

(3) 相平衡条件:每种物质在各相中的化学势相等,即

$$\mu_1^{(1)} = \mu_1^{(2)} = \mu_1^{(3)} = \cdots = \mu_1^{(\phi)}$$

$$\mu_2^{(1)} = \mu_2^{(2)} = \mu_2^{(3)} = \cdots = \mu_2^{(\phi)}$$

$$\vdots$$

$$\mu_S^{(1)} = \mu_S^{(2)} = \mu_S^{(3)} = \cdots = \mu_S^{(\phi)}$$

化学势 μ 的下标 $1, 2, 3, \cdots, S$ 表示物质。对任意第 i 种物质，化学势之间的独立关系式共有 $\phi-1$ 个。系统中共有 S 种物质，所以 S 种物质分布于 ϕ 个相中总共有 $S(\phi-1)$ 个关系式。因化学势在一定温度和一定压力下是浓度的单值函数，所以化学势之间的关系也反映了物质在各相中浓度之间的关系，也存在着 $S(\phi-1)$ 个浓度关系式。

（4）化学平衡条件：设 S 种物质之间存在有 R 个独立的化学平衡，则有 R 个平衡常数关系式。

（5）设还有 R' 个独立的浓度限制条件。R' 指在某一个相中的几种物质的浓度之间存在的除 $\sum x_B = 1$ 这一关系式以外的关系式的数目。

因此，平衡系统各变量间关系式的数目总共有

$$[(\phi-1) + (\phi-1) + S(\phi-1) + R + R']$$

最后，系统的自由度数为

$$\begin{aligned}
f &= [2\phi + \phi(S-1)] - [2(\phi-1) + S(\phi-1) + R + R'] \\
&= [2\phi - 2(\phi-1)] + [\phi(S-1) - S(\phi-1) - R - R'] \\
&= 2 - \phi + S - R - R'
\end{aligned}$$

把 $S-R-R'$ 看成独立组分数 C，所以

$$f = C - \phi + 2 \tag{5-1}$$

式（5-1）就是相律的数学表达式。它反映了多相平衡系统中自由度 f，独立组分数 C 及相数 ϕ 之间的相互制约关系。

式（5-1）中的"2"指影响相平衡的外界因素只有温度和压力。如果我们指定了温度或压力，则式（5-1）应改写为

$$f = C - \phi + 1$$

如果影响相平衡的外界因素不仅仅是温度和压力，在不得不考虑其他外界因素如电场、磁场、重力场等对平衡的影响时，相律变成更普遍的形式

$$f = C - \phi + n \tag{5-2}$$

式中 n 为能够影响系统平衡状态的外界因素的总数目。例如，在地面模拟空间环境研究材料时，重力场是一个不可忽略的因素，相律因此为 $f = C - \phi + 3$，而不再是 $f = C - \phi + 2$。

相律的推导过程虽曾假定每一相均含有 S 种物质，但这并非是使用相律的必要条件。因若在某一相内不含某一种物质，则描述平衡系统的总变量数在减 1 的同时，相应的化学势关系式也减 1，结果不变，相律仍然成立。

三、相律的应用

相律为我们提供了一个确定多相平衡系统自由度数的简便方法，它无需了解系统的详细个性，只要从它的独立组分数和共存相数便能推出它的自由度。例如冰、水、水蒸气

共存的系统,因 $C=1$, $\phi=3$,故

$$f = C - \phi + 2 = 1 - 3 + 2 = 0$$

自由度为零。这表明,对冰、水、水蒸气共存的系统,温度和压力都有确定的值,不允许有任何改变。否则,只要一个条件改变,系统内的三相共存局面就要受到破坏。但如果在上述系统内加入食盐,此时独立组分数增为 2,则

$$f = C - \phi + 2 = 2 - 3 + 2 = 1$$

即有一个变量(温度或食盐溶液的浓度)可以自由变动,因而系统的温度可以下降(冰盐浴原理),食盐溶液的浓度随温度而变。系统的温度是不是可以无止境地下降下去呢? 不是的,因为达到某一温度后,系统内的食盐溶液达到了饱和,NaCl 便结晶析出,此时,相数从 3 变为 4,则

$$f = C - \phi + 2 = 2 - 4 + 2 = 0$$

系统为无变量系统,温度、压力、食盐溶液的浓度都固定不变。此温度即为冰盐浴所能达到的最低温度($-21.2\,℃$)。

利用相律还可以推断共存相数。即在指定条件下,系统内最多能有几相平衡共存。

例如,碳酸钠与水可组成下列几种水合物:$Na_2CO_3 \cdot H_2O(s)$,$Na_2CO_3 \cdot 7H_2O(s)$,$Na_2CO_3 \cdot 10H_2O(s)$。那么在 101.325 kPa 下,与碳酸钠水溶液及冰平衡共存的固体含水盐最多可以有几种?

此系统由 Na_2CO_3 与 H_2O 构成,$C=2$。 虽然可有多种固体含水盐存在,但在每形成一种含水盐,物种数增加 1 的同时,则必增加 1 个化学平衡关系式,因此,独立组分数不变,仍为 2。指定压力(101.325 kPa)下,相律为

$$f = C - \phi + 1 = 2 - \phi + 1 = 3 - \phi$$

自由度不可能是负数,它最小是零。因自由度最小时相数最多,所以,该系统最多只能三相(相当于 $f=0$ 时)平衡共存。在系统中已有 Na_2CO_3 水溶液及冰两相存在的情况下,最多只能有一种固体含水盐与之共存。

此外,相律还可用来验证实验绘制的相图的正确性,预言新物质的存在等。

【例 5-1】　试说明下列平衡系统的自由度数是多少。

(1) 在 25 ℃及标准压力下,NaCl(s)与其水溶液平衡共存;

(2) 开始时用任意量的 HCl(g)和 NH_3(g)组成的系统中,反应

$$HCl(g) + NH_3(g) \rightleftharpoons NH_4Cl(s)$$

达平衡。

解:(1) 该系统的 $S=2$(NaCl 与 H_2O),$R'=0$,故 $C=S=2$,系统共有两个相[NaCl(s)与其水溶液],$\phi=2$。

在指定温度、指定压力的情况下,相律为

$$f = C - \phi$$

因此,系统的自由度

$$f=2-2=0$$

该系统为无变量系统,这表明,在指定温度、压力下,饱和食盐水的浓度为定值。

(2) $S=3$, $R=1$, $R'=0$, $C=3-1=2$, $\phi=2$

所以

$$f=2-2+2=2$$

该系统有两个独立变量,为双变量系统。对于该平衡系统,指定温度及总压后,气相组成即随之确定,或者指定温度及气相组成,系统的总压即随之而定。

【例5-2】 求由 ZnO(s)、C(石墨)、CO(g)和 Zn(g)组成的平衡系统的自由度。其中 CO 和 Zn(g)均来自化学反应:ZnO+C(石墨)══CO(g)+Zn(g)。

解:系统的独立的化学反应数 $R=1$,CO 和 Zn(g)均由反应产生而来,两者的物质的量相等或分压相同,即有一个浓度限制条件 $R'=1$。所以,组分数 $C=4-1-1=2$。

又因为相数 $\phi=3$,所以

自由度

$$f=2-3+2=1$$

一个自由度可以是温度或压力。如果选择温度作为独立变量,温度确定时,系统的总压及组分的分压都能确定。由于 C(石墨)、ZnO(s)是纯固相,组成均是常量,各相组成也确定。

主题二　单组分系统的相平衡

主题5-2导学
单组分系统
的相平衡

§5-2　单组分系统

§5-2演示文稿
单组分系统

单组分系统 $C=1$,根据相律,自由度数应为 $f=1-\phi+2=3-\phi$。故单组分系统在平衡时最多有三相共存,此时自由度数为零,说明温度和压力都不能任意变动。在两相平衡时,$f=1-2+2=1$,即温度和压力中有一个可独立改变。换言之,此时温度与压力之间必存在一定函数关系,此关系即为克拉佩龙方程。

一、单组分系统的两相平衡

1. 克拉佩龙(Clapeyron)方程式

若在一定温度 T 及压力 p 下,单组分系统以 α 和 β 两相平衡共存,则该物质在两相中的化学势应该相等,$\mu^\alpha=\mu^\beta$ 亦即 $G_m^\alpha=G_m^\beta$。当温度从 T 改变到 $T+dT$,根据相律,压力 p 必须相应地改变到 $p+dp$ 才能继续保持两相平衡。设此时两相的吉布斯函数分别变为 $G_m^\alpha+dG_m^\alpha$ 和 $G_m^\beta+dG_m^\beta$,在新的平衡情况下摩尔吉布斯函数(或化学势)仍应相等,即 $G_m^\alpha+dG_m^\alpha=G_m^\beta+dG_m^\beta$。由此可得 $dG_m^\alpha=dG_m^\beta$,根据热力学基本公式可得出

$$-S_m^\alpha dT+V_m^\alpha dp=-S_m^\beta dT+V_m^\beta dp \tag{5-3}$$

或

$$\frac{dp}{dT}=\frac{S_m^\beta-S_m^\alpha}{V_m^\beta-V_m^\alpha}=\frac{\Delta_\alpha^\beta S_m}{\Delta_\alpha^\beta V_m} \tag{5-4a}$$

已知可逆相变时 $\Delta S=\Delta H/T$,代入上式即得

$$\frac{\mathrm{d}p}{\mathrm{d}T} = \frac{\Delta_\alpha^\beta H_\mathrm{m}}{T\Delta_\alpha^\beta V_\mathrm{m}} \qquad\qquad (5-4\mathrm{b})$$

式(5-4)称为克拉佩龙方程式,式中 $\Delta_\alpha^\beta S_\mathrm{m}$ 和 $\Delta_\alpha^\beta H_\mathrm{m}$ 为相变过程(α 相→β 相)的摩尔熵和摩尔焓,$\Delta_\alpha^\beta V_\mathrm{m}$ 为相变前后摩尔体积变化。它表示了平衡压力随温度变化的关系。上式在推导过程中,没有引入有关两个共存相性质的任何假定,故可应用于单组分系统的任何两相平衡。若用于熔化过程(固→液),则式(5-4)可改写为

$$\frac{\mathrm{d}T}{\mathrm{d}p} = \frac{T\Delta_\mathrm{fus}V_\mathrm{m}}{\Delta_\mathrm{fus}H_\mathrm{m}} \qquad\qquad (5-5)$$

式(5-5)表示压力对物质熔点的影响,式中的 T 即为熔点,$\Delta_\mathrm{fus}V_\mathrm{m}$ 与 $\Delta_\mathrm{fus}H_\mathrm{m}$ 分别为熔化过程的摩尔体积变化与摩尔熔化焓。由于大多数物质的 $V_\mathrm{m}(\mathrm{l}) > V_\mathrm{m}(\mathrm{s})$,故通常 $\frac{\mathrm{d}T}{\mathrm{d}p} > 0$,说明压力增大,熔点将升高。但有些个别物质如水、铁液等,其 $V_\mathrm{m}(\mathrm{l}) < V_\mathrm{m}(\mathrm{s})$,$\frac{\mathrm{d}T}{\mathrm{d}p} < 0$,说明压力增大,熔点降低。

2. 克劳修斯-克拉佩龙方程式

对于有气相参加的相平衡,如蒸发(或升华)及其逆过程,由于气体的体积 $V_\mathrm{m}(\mathrm{g}) \gg V_\mathrm{m}(\mathrm{l})$ 或 $V_\mathrm{m}(\mathrm{s})$,故后者常可忽略不计,再设蒸气服从理想气体状态方程式,则

$$\Delta_\mathrm{vap}V_\mathrm{m} = V_\mathrm{m}(\mathrm{g}) - V_\mathrm{m}(\mathrm{l}) \approx V_\mathrm{m}(\mathrm{g}) = \frac{RT}{p}$$

将此关系代入式(5-5),整理后得

$$\frac{\mathrm{d}p}{\mathrm{d}T} = \frac{\Delta_\mathrm{vap}H_\mathrm{m}}{RT^2}p$$

或

$$\frac{\mathrm{d}\ln\{p\}}{\mathrm{d}T} = \frac{\Delta_\mathrm{vap}H_\mathrm{m}}{RT^2} \qquad\qquad (5-6)$$

上式称为克劳修斯-克拉佩龙方程式,式中 $\Delta_\mathrm{vap}H_\mathrm{m}$ 为摩尔蒸发焓。它表明温度对饱和蒸气压的影响,也可表示压力对液体沸点的影响。

将式(5-6)积分:

$$\int_{p_1}^{p_2} \mathrm{d}\ln\{p\} = \int_{T_1}^{T_2} \frac{\Delta_\mathrm{vap}H_\mathrm{m}}{RT^2}\mathrm{d}T$$

若将 $T_1 \sim T_2$ 温度范围内 $\Delta_\mathrm{vap}H_\mathrm{m}$ 看作常数,积分后可得

$$\ln\frac{p_2}{p_1} = \frac{\Delta_\mathrm{vap}H_\mathrm{m}}{R}\left(\frac{1}{T_1} - \frac{1}{T_2}\right) \qquad\qquad (5-7)$$

做不定积分,则

$$\ln(p/\mathrm{kPa}) = -\frac{\Delta_\mathrm{vap}H_\mathrm{m}}{R} \cdot \frac{1}{T} + B \qquad\qquad (5-8)$$

式中，B 为积分常数。若以 $\ln\{p\}$ 对 $\dfrac{1}{T/K}$ 作图应得一直线，直线的斜率为 $-\dfrac{\Delta_{vap}H_m}{R}$，从斜率可求得液体的摩尔蒸发焓，由截距可确定常数 B。

【例 5-3】 求在水的沸点 100 ℃ 附近，沸点随压力的改变率。已知在 101.325 kPa，100 ℃ 下水的摩尔蒸发焓为 $40\,690\,\mathrm{J\cdot mol^{-1}}$，液态水的摩尔体积为 $0.019\times10^{-3}\,\mathrm{m^3\cdot mol^{-1}}$，水蒸气的摩尔体积为 $30.199\times10^{-3}\,\mathrm{m^3\cdot mol^{-1}}$。

$$\text{解：}\ \frac{\mathrm{d}p}{\mathrm{d}T}=\frac{\Delta_{vap}H_m}{T(V_g-V_l)}=\frac{40\,690\,\mathrm{J\cdot mol^{-1}}}{373.15\,\mathrm{K}(30.199-0.019)\times10^{-3}\,\mathrm{m^3\cdot mol^{-1}}}$$

$$=3\,613\,\mathrm{Pa\cdot K^{-1}}$$

因此 $\dfrac{\mathrm{d}T}{\mathrm{d}p}=\dfrac{1}{3\,613\times\mathrm{Pa\cdot K^{-1}}}=2.768\times10^{-4}\,\mathrm{K\cdot Pa^{-1}}$。 即压力每改变 1 Pa，水的沸点改变 2.768×10^{-4} K。

二、单组分系统相图

任何系统至少有一个相，所以根据相律，单组分系统的自由度数最多为 $f=1-1+2=2$，因此可以用 $T-p$ 图来描述单组分系统的状态，称为状态图或相图。相图上任何一点都代表系统的一个状态。

图 5-1 是在不太高的压力下水的相图，图中 OA、OB、OC 分别表示冰⇌汽、冰⇌水和水⇌汽的两相平衡曲线。三条线上温度、压力满足克拉佩龙方程式。此与相律一致。若指定温度，压力将随之而定，不能任意变动；反之若指定压力，温度将随之而定。水与水蒸气在沸点时共存，而沸点就是饱和蒸汽压等于外压时的温度。例如在 100 ℃ 时水的饱和蒸汽压为 101.325 kPa，所以在 101.325 kPa 外压下水的沸点为 100 ℃；在 90 ℃ 时水的饱和蒸汽压为 70.12 kPa，故在外

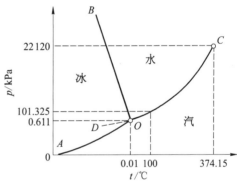

图 5-1 在不太高的压力下水的相图（示意图）

压为 70.12 kPa 下水的沸点为 90 ℃。由此可见，OC 曲线既表示水的饱和蒸汽压随温度变化的曲线，也表示水的沸点随外压而变化的情况。同理，OA 曲线既表示冰的饱和蒸汽压随温度变化的关系，也表示冰的升华点随外压而变化的关系。OB 线为冰与水的两相共存线，表示外压对冰的熔点（即水的凝固点）的影响。从曲线可看出，压力升高，水的凝固点降低。

图中 OA、OB、OC 三条线把整个相图分为三个单相区域。单相区中，$f=C-\phi+2=2$，有两个自由度，所以 T 和 p 在一定范围内都可独立改变而不影响该相的单独存在。

图中 O 点是 OA、OB、OC 的交点，称为水的三相点。因为在 O 点上水、冰和汽三相共存，按照相律 $f=0$，因此三相点的温度和压力都有定值，不能任意改变。实验测定水的三相点温度为 0.009 9 ℃，压力为 0.611 kPa。三相点是纯水在外压等于它自己饱和蒸汽压 0.611 kPa 条件下的凝固点，而一般所说的冰点 0 ℃，则是指在 101.325 kPa 下被空气饱和了的水凝结成冰的温度。三相点比冰点高出 0.009 9 ℃ 的原因有二：

（1）外压从 101.325 kPa 降至 0.611 kPa 时，凝固点将升高 0.00747 ℃，这可以根据式（5-5）算出来。

（2）由于稀溶液的凝固点下降。根据凝固点下降公式，可算出被空气所饱和的水，凝固点将下降 0.00242 ℃，故除去空气后的纯水与之比较，其凝固点必高出 0.00242 ℃。因此纯水的三相点温度为 0.00747 ℃＋0.00242 ℃＝0.00989 ℃。

最后说明一下各两相共存线的终点：OA 线的理论终点为绝对零度（0 K）；OC 线的终点为临界点 C（温度为 374.15 ℃，压力为 22120 kPa），超过此点则液态水不存在。图中 OD 线为过冷液体与水蒸气之间的亚稳平衡线[①]，即温度低于 OB 线，水仍以液态存在时（过冷的水），其与水蒸气之间的亚稳平衡关系按 OD 线变化。至于 OB 线，可延伸到 －22 ℃，207000 kPa 左右，压力再高，则水可形成六种不同晶型的冰。这些冰的密度比普通冰的要大。

图 5-2 和图 5-3 分别为硫与纯铁的单组分系统相图。它们在固态时都有同素异构体，因而单相区超过三个，但按相律，其共存相数仍最多不超过 3 个。相图的分析方法与水的相图是一样的。

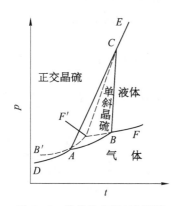

图 5-2　硫的状态图（示意图）

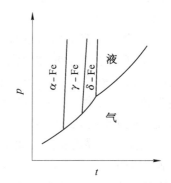

图 5-3　纯铁的状态图（示意图）

主题三　二组分系统的相图

§5-3　双组分系统液液平衡

对于双组分系统 $C=2$。根据相律 $f=C-\phi+2=4-\phi$，所以最多可以有四个相平衡共存，自由度数最多为 3。因此描绘双组分系统的相图要用三个变量（温度、压力和组成），这样很不方便，故常先固定一个变量，例如指定压力不变，则用温度-组成图表示。本节讨论双组分的凝聚系统相图，压力变化的影响可以忽略，故相律的形式为 $f=C-\phi+1$。

一、部分互溶双液系

所谓部分互溶就是说两种液体不能以任意比例混合，它们之间有一定的溶解度。水

---

① 按热力学讲并非平衡态，但却能长时间存在的状态叫亚稳态。参阅第九章§9-3。

和苯胺混合,就是一种部分互溶双液系,如图 5-4 所示。

在 20℃下向水中逐渐加入苯胺,开始时可完全溶解。形成苯胺溶于水的单相溶液,当苯胺加到 3.1(百倍质量分数 $w_B \times 100$,下同)时,水溶液已达饱和,再继续加入苯胺,就形成了两个液层:一个是含苯胺 3.1 的水溶液,一个是含苯胺 95.0 的溶液(亦即含水 5.0 的苯胺溶液)。再继续加入苯胺时,此二液层的组成不再改变。根据相律,两相共存时 $f=2-2+1=1$,故在指定温度(20℃)下,共存相的组成不能再改变。但随着苯胺的加入,系统总组成向苯胺方向移动,苯胺层愈来愈多,水层愈来愈少,直至总组成达 95.0 时水层完全消失,以后均以单相(水在苯胺中的溶液)存在。若在较高温度下重复以上实验,则可以看到液体分层区比

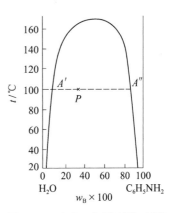

图 5-4 $H_2O - C_6H_5NH_2$ 双液系温度-组成图

低温时小。这是因为温度增加时,液体的相互溶解度增大。温度继续升高,两液层的组成互相趋近,在温度达 165℃时两液层的组成相同(含苯胺 47),在此温度以上水和苯胺即可以任意比例互溶成为一相,这个温度称为临界溶解温度。将不同温度下两平衡液层的组成点连起来,可以得出液-液分层曲线。在曲线以内是两液相共存,按相律 $f=1$,所以在一定温度下两液相组成不能改变。在曲线以外为单相,$f=2$,在一定范围内组成和温度都可独立变动。

二、杠杆规则

从双组分系统相图不但可确定在一定条件下系统以哪些相存在,各相的组成如何,而且还可以定量地指出两共存相的相对量。现用图 5-5 来说明:总组成为 x_B(组分 B 的摩尔分数)的双组分系统处于状态 K,在温度 t 时,以 C,D 两液相共存,其组成分别为 x_B^C 和 x_B^D,此时两液相的相对量有下列关系:

$$\frac{n_C}{n_D} = \frac{\overline{KD}}{\overline{CK}}$$

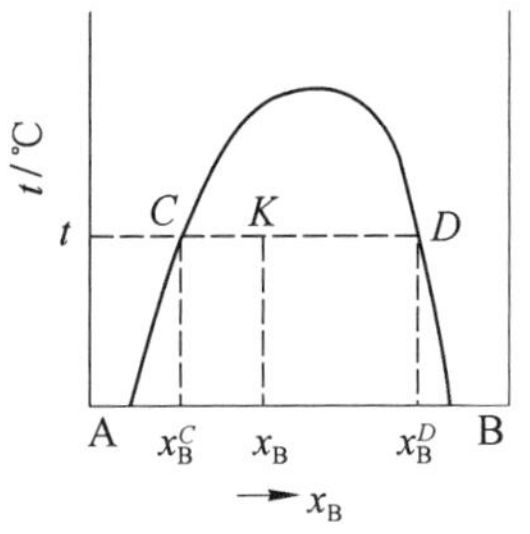

图 5-5 杠杆规则的证明

式中,n_C 和 n_D 分别代表两液相 C 和 D 的物质的量,$\overline{CK}$ 和 $\overline{KD}$ 是图中该线段的长度,上式可改写为

$$n_C \times \overline{CK} = n_D \times \overline{KD}$$

这个式子与物理学的杠杆原理很相似,故称为杠杆规则。其证明如下:设有总组成为 x_B 的 A-B 双组分系统,其中 B 的总含量必等于 $n x_B$ 摩尔,此双组分系统在 t 温度时以 C、D 两液相共存。若液相 C 物质的量为 n_C,则在液相 C 中 B 物质的量应为 $n_C x_B^C$,同理,液相 D 中 B 物质的量应为 $n_D x_B^D$,系统中 B 物质的总量应为两部分之和,故

$$n x_B = n_C x_B^C + n_D x_B^D$$

同时

$$n = n_C + n_D$$

消去系统中物质的总量 n 即得

$$\frac{n_C}{n_D} = \frac{x_B^D - x_B}{x_B - x_B^C} = \frac{\overline{KD}}{\overline{CK}}$$

类似的推导可以证明当相图中组成用质量分数表示时,杠杆规则也成立,但所得出的是两相的质量之比。

杠杆规则可适用于任何两相共存的系统。

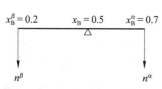

图 5 - 6　杠杆规则的运用简图

【例 5 - 4】　有总组成为 $x_B = 0.5$ 的 A - B 双液系 1 mol,在 t 温度时形成两平衡液层 α 和 β,α 液层的组成为 $x_B^\alpha = 0.7$,β 液层的组成为 $x_B^\beta = 0.2$,如图 5 - 6 所示。求 (1) α 相和 β 相物质的量各为多少;(2) β 相物质的量占系统物质总量的分数;(3) B 组分在两相中物质的量;(4) 各相中 B 组分物质的量占系统中 B 物质总量的分数。

解:(1) $\dfrac{n^\beta}{n^\alpha} = \dfrac{x_B^\alpha - x_B}{x_B - x_B^\beta} = \dfrac{0.7 - 0.5}{0.5 - 0.2} = \dfrac{2}{3} = \dfrac{n^\beta}{1\ \text{mol} - n^\beta}$

$n^\beta = \dfrac{2}{5}\ \text{mol} = 0.4\ \text{mol}$,$n^\alpha = 1\ \text{mol} - n^\beta = 0.6\ \text{mol}$

(2) $\dfrac{n^\beta}{n} = \dfrac{0.4}{1} = 0.4$

(3) α 相中 B 物质的量　　$n_B^\alpha = n^\alpha \cdot x_B^\alpha = 0.6\ \text{mol} \times 0.7 = 0.42\ \text{mol}$

　　β 相中 B 物质的量　　$n_B^\beta = n^\beta \cdot x_B^\beta = 0.4\ \text{mol} \times 0.2 = 0.08\ \text{mol}$

(4) α 相中 B 物质的量占系统中 B 物质总量的分数: $\dfrac{0.42}{0.5} = 0.84$

　　β 相中 B 物质的量占系统中 B 物质总量的分数: $\dfrac{0.08}{0.5} = 0.16$

§5 - 4　双组分系统固液平衡

§5 - 4演示文稿

双组分固液平衡

以下讨论双组分系统的固液平衡,对于凝聚系统,受压力的影响很小,显然相律可取 $f = C - \phi + 1$,相图为温度-组成图。

介绍固液平衡相图的几种基本类型之前,先学习常用的相图制作方法之一——热分析法。

一、热分析法制作相图

热分析法是最常用的相图制作方法。以 Bi - Cd 二组分系统为例:配制一系列组成不同的 Bi - Cd 合金系统[例如纯 Bi、纯 Cd 及含 Cd 5、20、40、55 和 80(百倍质量分数)的 Bi - Cd 系统]分别加热使其熔化为液相,然后缓慢地均匀冷却,连续记录冷却过程中温度随时间的变化关系,并以温度为纵坐标,时间为横坐标,作出冷却曲线。若系统中不发生相变化,冷却曲线斜率基本不变;若有相变化,曲线的斜率将会改变。因此每一条冷却曲线可代表一种系统的冷却情况,如图 5 - 7 所示。步冷曲线上的

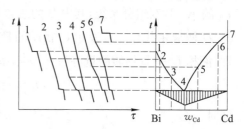

图 5 - 7　热分析法制作相图

转折点或水平线段即代表新相生成或旧相消失的相变点。

图中曲线 1 为纯 Bi 的冷却曲线,纯 Bi 是单组分系统,在 $t > 271\,℃$ 时以液相存在,按相律 $f = 1 - 1 + 1 = 1$ 有一个自由度,故温度可以变动,在均匀冷却时冷却曲线的斜率基本不变。当冷至 Bi 的熔点 $271\,℃$ 时,开始凝固出固相 Bi,此时固液两相共存,按相律 $f = 1 - 2 + 1 = 0$,故温度不能变化,在冷却曲线上出现水平线段,直至系统全部凝固,液相消失只剩下固相时,f 为 1,温度继续下降,其冷却曲线形状如曲线 1 所示。对于纯 Cd,其冷却曲线(图中曲线 7)与纯 Bi 相似,只过水平线段出现在 Cd 的熔点 $321\,℃$。

$w_{Cd} \times 100 = 20$ 的系统冷却曲线如图中曲线 3 所示。系统在 $200\,℃$ 以上为液相。冷却至 $200\,℃$ 时(接触液相线),开始有固相 Bi 析出,由于凝固时要放热,所以温度下降速度变慢,反映在冷却曲线上是斜率变小,出现一个转折点。继续冷却时 Bi 将不断析出,液相的组成不断改变,到 $140\,℃$ 时变为共晶的组成,此时固相 Cd 开始析出,发生共晶过程。在共晶过程完成前,系统以液、Bi(s) 和 Cd(s) 三相共存,$f = 2 - 3 + 1 = 0$,因此温度保持不变,故其冷却曲线上出现水平线段。当液相全部凝固,剩下两个固相时,温度再次下降。对于 $w_{Cd} \times 100 = 5$、55 和 80 的 Bi-Cd 系统,其冷却曲线的形状与此相似,都是有一个转折点和一个水平线段,只是转折点的位置不同(见图 5-7 中曲线 2、5、6)。

$w_{Cd} \times 100 = 40$ 的 Bi-Cd 系统正好是共晶组成,在冷却过程中,温度 $> 140\,℃$ 时为液相,$f = 1$。当冷到 $140\,℃$ 时发生共晶过程,固相 Bi 和 Cd 同时对溶液饱和而析出,$f = 0$,温度不变,冷却曲线出现水平线段,待所有液相全部凝固后,温度才继续下降。故其冷却曲线上没有转折点,只在 $140\,℃$ 的水平线段,如图中曲线 4 所示。

以温度为纵坐标,以组成为横坐标,将各不同组成系统的冷却曲线上所得的转折点温度与水平线段温度的数据点绘在图上,再将各点连起来绘出相图,如图 5-7 右方所示。

由于组成接近共晶的系统在开始凝固时析出的固体很少,相应的相变熵也很小,因此其冷却曲线上的转折点往往很不明显,以致不能正确地确定共晶点的位置。此时可用塔曼(Tamann)三角形法帮助确定共晶点。此法的原理是:若不同组成的合金熔体在同样条件下冷却,则冷却曲线上水平线段的长度(即共晶析出时温度不变的停顿时间)应正比于析出的共晶量。显然,在正好达共晶组成时,析出的共晶量最多。所以若把不同组成合金的冷却曲线上水平线段的长度,按比例画成垂直于组成坐标的直线,并将各端点连接起来,则应得一三角形。其顶点所对应的横坐标就相当于共晶组成(见图 5-7)。

二、有简单共晶的系统

这种类型的二组分系统,在高温下两个组分完全互溶,成为一个液相,在低温下固态时则不互溶,以两个固相共存。再以 Bi-Cd 系统的相图(图 5-8)为例。图中 A 点代表纯 Bi 的熔点,若在液态 Bi 中溶入 Cd,则相当于在纯溶剂中加入溶质,将会导致溶液的凝固点下降,而且溶液凝固时首先析出的通常是纯固态溶剂。因此形成的 Bi-Cd 液态溶液,其凝固温度比纯 Bi 的低,而且凝固时析出纯固态 Bi。如果继续在 Bi 中加入 Cd,所得 Bi-Cd 系统的凝固温度将继续下降。在温度-组成图上,把不同组成 Bi-Cd 系统开始凝固的温度

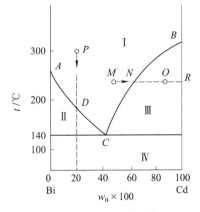

图 5-8　Bi-Cd 相图

连起来,即为图中 AC 曲线,它是 Bi 在液态 Bi－Cd 系统中的溶解度曲线。同样,图中 B 点代表纯 Cd 的熔点。在液态 Cd 中溶入 Bi 后,也使其凝固温度下降,并沿 BC 线变化,而凝固时析出的则是纯固态 Cd。AC 线与 BC 线交于 C 点,在这一点 Bi－Cd 液态溶液凝固时将同时析出固态 Bi 和 Cd,发生的过程是

$$l_C \Longleftrightarrow Bi(s) + Cd(s)$$

由于 C 点是所有不同组成的 Bi－Cd 系统中熔点最低的一个,故称为低共熔点或共晶点。其温度为低共熔温度或共晶温度,相应于这一点组成的是低共熔混合物或共晶。由于两种金属同时结晶,故得到的是微小的 Bi 和 Cd 晶体的机械混合物(从金相显微镜中可以看到)。Bi－Cd 二组分系统的共晶温度为 140℃,共晶组成为 $w_{Cd} \times 100 = 40$。应当指出,共晶在一定压力下有恒定的熔点和组成,这与化合物或纯物质相似,但它并不是化合物,如果压力变化很大时,其温度和组成都会发生变动。

综上所述,整个 Bi－Cd 相图可分为四个相区和一条三相线:在高温部分是液相区(图中 I 区),系统以一个液相存在,自由度数 $f = 2 - 1 + 1 = 2$,即温度与组成均可在一定范围内独立变化而不影响其为液态。在低温部分系统全部凝固,以 Bi 和 Cd 两个互不相溶的固相共存(图中 IV 区),按相律 $f = 2 - 2 + 1 = 1$,有一个自由度,由于两个固相都是纯物质,其组成不会改变,所以温度可在一定范围内独立变化而不影响 Bi、Cd 两相共存。中间部分是液相与纯固相 Bi(图中 II 区),或液相与纯固相 Cd(图中 III 区)两相共存,$f = 2 - 2 + 1 = 1$,故温度与液相组成中有一个可独立变化而不致改变其共存相。在水平线上发生共晶过程,液相同时对 Bi 和 Cd 饱和,析出 Bi 和 Cd 两种固相。在共晶过程完成之前,由于三相共存,按相律 $f = 2 - 3 + 1 = 0$,自由度数为零,即温度和组成都不能变动。

现在讨论图中 P 点所代表的 Bi－Cd 系统冷却时的情况:P 点位于液相区,表明这个组成的系统在此温度下为液态。使其冷却,当温度降到 D 点时接触液相线,开始析出纯固相 Bi,进入液相与纯 Bi 两相共存区。随着 Bi 的析出,液相中 Cd 含量相对增大,所以液相组成右移,其凝固温度进一步下降。这样,从 D 点到 140℃线,系统均以固态 Bi 和组成沿 DC 线变化的液相两相存在,液相与固相 Bi 的相对量可通过杠杆规则确定。当温度下降到 140℃时,液相组成变到 C 点(共晶点),此时液相同时对 Bi 和 Cd 饱和,发生共晶过程,系统为液相 C 与 Bi(s)、Cd(s)三相共存,自由度数为零,温度将保持在 140℃不会改变,直到共晶过程完成,液相 C 消失,只剩下 Bi(s) 和 Cd(s) 两相,温度才会继续下降。在以后的冷却过程中,系统均以 Bi 和 Cd 两个固相共存。

再看图中 M 点所代表的液态 Bi－Cd 系统。在恒温下逐步加入纯 Cd 的情况:开始时加入的 Cd 可溶,成一个液相。继续加 Cd,当系统组成变到 N 点时接触液相线,液相对 Cd 饱和,以后继续加 Cd 不会再溶解,而是以固相 Cd 与由 N 点组成所代表的饱和溶液两相共存,其相对量可由杠杆规则确定。例如系统总组成达到 O 点时,液相 N 与固相纯 Cd 相对量为 $\overline{OR} : \overline{NO}$。

三、形成化合物的系统

这一种类型的相图,两个组分在液态时完全互溶,固相时系统能形成一种或几种化合物。根据化合物的稳定程度又可分为:

1. 生成稳定化合物(或称为有相合熔点的化合物)

这里所说的稳定化合物是指该化合物的熔点与其液态时的凝固温度相同(有相合的熔点),且在熔化时固液两相的组成是相同的。

以 Mg - Ge 系统为例。Mg 与 Ge 可形成稳定化合物 Mg_2Ge。此化合物的熔点是 1 115 ℃,如图 5 - 9 所示。图中有两个共晶点,一个是 Mg 与 Mg_2Ge 的共晶点 E(635 ℃,$x_B \times 100 = 1.15$),另一个是 Mg_2Ge 与 Ge 的共晶点 C(680 ℃,$x_B \times 100 = 61$)。很明显,这类相图是由两个简单共晶的系统组合而成的。因此按照上节的讨论可以确定相区:在高温区间是单相的液态溶液,635 ℃ 及 680 ℃ 两条水平线为三相线,在线上发生共晶过程:

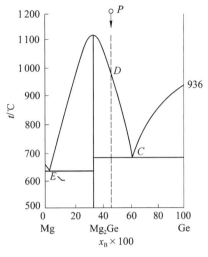

图 5 - 9 Mg - Ge 相图

$$635 \text{ ℃ 时 } l_E \rightleftharpoons Mg(s) + Mg_2Ge(s)$$

$$680 \text{ ℃ 时 } l_C \rightleftharpoons Ge(s) + Mg_2Ge(s)$$

中间区域则是固、液两相共存区,自左至右分别为液相与纯固态 Mg,液相与 Mg_2Ge 及液相与纯固态 Ge。

现在考察组成为 P 的系统自高温冷却的情况:P 点位于液相区,若逐步冷却到 D 点进入液相与化合物 Mg_2Ge 二相共存区,开始析出固态 Mg_2Ge,随着化合物的析出,液相中 Ge 的含量相对地增加,所以液相组成沿 DC 右移,凝固温度进一步下降,故从 D 点直至 680 ℃,系统以液态溶液与固态 Mg_2Ge 两相共存,液相与固态 Mg_2Ge 的相对量可通过杠杆规则来确定。当温度降至 680 ℃ 时液相组成变到 C 点,此时液相同时对固态化合物及纯固态 Ge 饱和,发生共晶过程,温度保持不变,直至液相全部消失,系统以两个固相共存:固态 Mg_2Ge 和固态 Ge。

【例 5 - 5】 用热分析法测得 Sb(A) - Cd(B)系统步冷曲线的转折点温度和水平线段温度如表所示:

w_{Cd}	转折点温度/℃	水平线段温度/℃	w_{Cd}	转折点温度/℃	水平线段温度/℃
0	—	630	0.58	—	439
0.20	550	410	0.70	400	295
0.37	460	410	0.93	—	295
0.47	—	410	1.00	—	321
0.50	419	410			

(1) 根据以上数据,绘制 Sb(A) - Cd(B)系统的熔点-组成图。

(2) 由相图求 Sb 和 Cd 形成固体化合物 C 的化学分子式。摩尔质量 Sb:121.8 g·mol^{-1}; Cd:112.4 g·mol^{-1}。

(3) 试列表说明每个相区的相数、各相的聚集态及成分、相区的条件自由度数。

(4) 当组成为 $w_{Cd}=0.7$ 的某一系统，温度降至 350℃时，析出的固相是什么？如起始溶液的总质量为 10 kg，此时析出的固相质量为多少 kg？

解：(1) 根据所给数据绘制如图 5-10 所示的 Sb(A)-Cd(B) 系统的熔点-组成图。

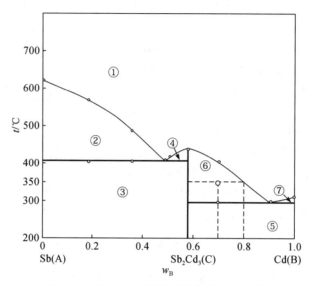

图 5-10　Sb(A)-Cd(B) 系统的熔点-组成图

(2) $\dfrac{n(Cd)}{n(Sb)}=\dfrac{0.58/112.4}{0.42/121.8}\approx\dfrac{3}{2}$

则 Sb 和 Cd 形成固体化合物 C 的化学分子式为 Sb_2Cd_3。

(3) 根据相图，列表如下：

相区	相数	聚集态及成分	相区条件自由度数 f'	相区	相数	聚集态及成分	相区条件自由度数 f'
①	1	l(A+B)	2	⑤	2	s(B)+s(C)	1
②	2	l(A+B)+s(A)	1	⑥	2	l(A+B)+s(C)	1
③	2	s(A)+s(C)	1	⑦	2	l(A+B)+s(B)	1
④	2	l(A+B)+s(C)	1				

(4) 析出的固相为化学物 C。设析出化合物 C 的质量为 M kg，与之平衡的液相的质量为 N kg，利用杠杆规则，得

$$M\times0.58+N\times0.8=10\times0.7 \tag{a}$$

$$M+N=10 \tag{b}$$

将方程(a)、(b)联立，解得

$$M=4.5$$

所以析出化合物 C 的质量为 4.5 kg。

2. 生成不稳定化合物(或称有不相合熔点、固液相异组成的化合物)

以 Na-K 二组分系统为例(图 5-11)：Na 和 K 形成不稳定化合物 Na_2K。这个化合

物只存在于低温(7℃以下)。当加热到7℃时,它就开始分解,产生一个液相并析出纯固态Na。这说明此化合物很不稳定,加热不到熔点时就分解掉了,故称为有不相合熔点的化合物。又因为化合物在7℃时分解出来的液相与固态化合物的组成不同,故又称固液相异组成的化合物。当组成相当于 Na_2K 的液态系统(图中 Q 点)冷却时,至 B 点开始有固体 Na 结晶析出,继续冷却时 Na 不断析出,液相组成沿 BC 线移动,至7℃时固态 Na 与组成相当于 C 点的液相作用,产生了固态化合物 Na_2K。

$$l_C + Na(s) \rightleftharpoons Na_2K(s)$$

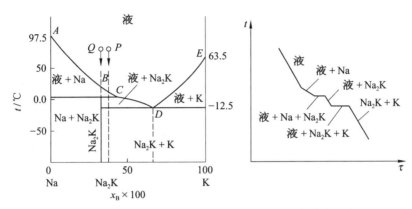

图 5-11 K-Na 相图及 P 点所代表的系统的冷却曲线示意图

由于新产生的 Na_2K 是包在先析出的 Na 晶体表面上的,所以发生的过程被称为包晶过程,亦称转熔过程。

现在讨论 P 点所代表的液相的冷却过程,当冷却到接触液相线 AC 时开始析出 Na 晶体,冷却曲线(图5-11右方)上出现转折点。温度再下降时,系统为 Na 晶体与液相(其组成沿 BC 线变动)两相共存,直至温度降至7℃,发生包晶过程,出现固相 Na_2K,此时三相共存,冷却曲线上出现水平线段。当 Na 晶体全部消耗完,包晶过程完成时,系统中只剩下液、 $Na_2K(s)$ 两相,按相律有一个自由度,温度可以再次下降。在以后的过程中,化合物 Na_2K 不断从液相析出,液相组成沿 CD 线右移,到 -12.5℃时液相组成为 D,发生共晶过程:

$$l_D \rightleftharpoons K(s) + Na_2K(s)$$

由于三相共存,温度不能改变,在冷却曲线上又出现一个水平线段。直至液相 D 全部凝固,系统进入纯固相 K 和固相 Na_2K 两相共存区,温度才能继续下降。

四、有固溶体的系统

由两种或两种以上组分形成的单相均匀固态系统称为固溶体或固态溶液。与液态溶液相似,固溶体也是单相多组分系统,其组成可在一定范围内改变。最常见的固溶体类型是置换型和间隙型。置换型固溶体是由一种组分的原子或离子置换了另一组分在晶格点阵上的原子或离子而形成的。一般说来,只有两种组分的原子或离子大小相近,晶体的晶格结构相同时,才可能形成两个组分能以一切比例相互置换的完全互溶固溶体,或称连续固溶体。当原子或离子半径相差较大,例如超过其比值的15%时,则只能形成部分互溶的固溶体。至于间隙型固溶体则是由较小的溶质原子分布在作为溶剂的晶体的晶格点阵间隙中而形成的,它不可能成为完全互溶固溶体。不论是哪种类型的固溶体,其一种组分的原子或离子在另一种组分晶体中的分布都是完全无序的。

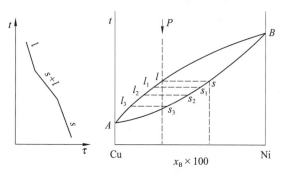

图 5 - 12　Cu - Ni 相图及冷却曲线(示意图)

1. 形成完全互溶固溶体

以 Cu - Ni 二组分系统为例,如图 5 - 12,AlB 为液相线,在液相线以上系统以液相存在。AsB 为固相线,在固相线以下系统以固态存在。可以看出在此线以下 Cu 和 Ni 两个组分能互溶成为均匀的一相,即形成固溶体。在液相线以上和固相线以下都是单相区,$f = 2 - 1 + 1 = 2$,温度和组成可在一定范围内独立改变。在液相线与固相线之间是两相区,系统以液相和固溶体两相平衡共存,按相律 $f = 2 - 2 + 1 = 1$,说明在一定温度下,液、固两相的组成不能任意变动,因此可以作等温线来确定平衡时固、液两相的组成。例如图中虚线 ls,即表示在该温度下平衡共存的液、固两相组成分别是 l 和 s 两点在横坐标上的投影值。

现在讨论图中 P 点所代表的系统冷却时的情况。从图可看出该系统冷却到 l 点温度时,开始进入两相区,析出组成为 s 的 α 固溶体。由于 α 固溶体中 Ni 含量比液相中的多(Ni 的熔点比 Cu 高,较难熔化),所以剩下的液相组成向左移。随着温度的进一步下降,不断析出固溶体,其组成沿 $ss_1s_2s_3$ 线变化,相应的平衡液相组成则沿 $ll_1l_2l_3$ 线改变。在两相共存区内,任何温度下的平衡共存两相的组成均可通过作等温线来确定,而两相的相对量则用杠杆规则确定。当温度降到 s_3 点时,最后的液相 l_3 消失,系统完全凝固形成单相的固溶体。这种系统的冷却曲线上没有水平线段,只有两个转折点,如图 5 - 12 左图所示。这是此类相图的一个特点。

从图 5 - 12 还可以看出,在一定温度下平衡的两相组成是不同的,熔点较高的组分在平衡液相中的含量比在固相中的小,而熔点较低组分在平衡液相中含量比在固相中的大。根据这一点我们可以用分步结晶的方法来提纯金属。方法是在冷却时不断将析出的固溶体分离出来,使液相中低熔点组分的含量不断增大,随着温度下降,液相组成愈来愈接近于纯的低熔点组分。另一方面,分离出来的固溶体经过熔化,再结晶,可使固溶体中高熔点组分的含量增多。重复多次,最后固溶体的组成将接近纯的高熔点组分。实际上分步结晶法并不能得到完全的纯组分,但至少可以富集其中一个组分。

形成完全互溶固溶体的相图还有另外两种类型:相图中出现最低熔点和相图中出现最高熔点。图 5 - 13 是出现最低熔点的相图。图中液相线和固相线在 C 点相切,在此点液相和固溶体的组成相同。从相律来看,在 C 点时 $f = 2 - 2 + 1 = 1$,可以有 1 个自由度。但从图中看,在 C 点温度和组成都不能改变,这是因为此时固、液相组成相同,多了一个限制条件,因而 C 应为 1,$f = 0$。 显然,

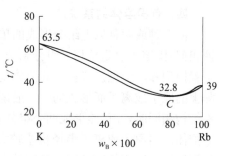

图 5 - 13　K - Rb 二元系相图

像这类双组分系统,用分步结晶法只能提纯一种组分,另外得到组成为 C 的固溶体。在 C 点右边,可以富集 Rb。而在 C 点左边,则只能富集提纯 K。

具有最高熔点的相图比较少见。在复杂的二组分固液相图中在一段浓度范围内有化合物形成时可能出现具有最高熔点的固溶体,另外,某些化合物也可能出现这种类型。

2. 形成部分互溶固溶体

与两种液体的部分互溶现象相似,有些固溶体中的两个组分不能以任何比例互溶,只能达到一定比例,换言之,一种组分在另一种组分晶体中有一定的溶解度,超过此限度,就不能形成单一的固溶体,而会出现新的相。这种形成部分互溶固溶体的系统,其相图可分为两类。

(1) 有共晶点的系统。以 Ag-Cu 双组分系统为例,见图 5-14。图中 A 和 B 点分别为 Ag 和 Cu 的熔点。α 相是 Cu 溶于 Ag 中形成的固溶体,β 相是 Ag 溶于 Cu 中的固溶体,AD 和 BE 分别表示这两种固溶体的熔点线。α 和 β 固溶体与完全互溶的固溶体不同,在这两种固溶体中 Ag 与 Cu 的比例有一定的限度,DF 和 EG 线表示 Ag 与 Cu 在固态时的相互溶解度曲线。由图可见,随着温度的上升,Ag 与 Cu 的互溶度增大。在 779.4 ℃ 的 DCE 线上发生共晶过程,液相

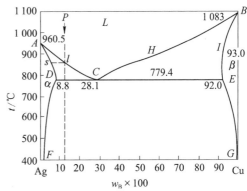

图 5-14 Ag-Cu 相图

C ($w_{Cu} \times 100 = 28.1$) 同时对 α 和 β 两种固溶体饱和,析出组成为 D ($w_{Cu} \times 100 = 8.8$) 的 α 固溶体和组成为 E ($w_{Cu} \times 100 = 92.0$) 的 β 固溶体:

$$l_C \rightleftharpoons \alpha_D + \beta_E$$

若有一组成为 P 点的 Ag-Cu 液态系统,当其冷却到图中 l 点时开始析出组成相当于 s 点的 α 固溶体,系统以固液两相共存。继续冷却时,α 固溶体的量不断增多,其组成沿 sD 线变化,液相组成则沿 lC 线变化,在此两相区内,两相相对量可用杠杆规则来确定。当温度降到了 779.4 ℃ 时,液相组成变为 C,开始共晶过程,组成分别为 D 和 E 的 α 和 β 固溶体同时结晶析出。在共晶过程完成之前,由于三相共存,$f=0$,温度不能变化,平衡各相的组成也都固定不变,此时冷却曲线上出现水平线段,直至共晶过程完成,液相完全凝固为 α 和 β 两相,$f=1$,温度才能再次下降。此后相互平衡的是两个固溶体,其组成分别沿 DF 及 EG 线变动,其相对量也可由杠杆规则确定。

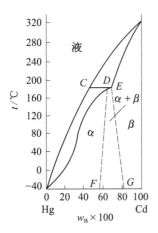

图 5-15 Hg-Cd 相图

(2) 有包晶点的系统。以 Hg-Cd 二组分系统为例,见图 5-15。Hg 和 Cd 也可形成两种固溶体 α 和 β。在 CDE 线上 (188 ℃) 三相共存,发生了包晶过程,液相与 β 固溶体作用产生了 α 固溶体:

$$l_C + \beta_E \rightleftharpoons \alpha_D$$

各相区分析及液态系统冷却情况可根据前面的讨论类推。

3. 区域熔炼提纯

许多情况下要求获得杂质含量很低的高纯材料，一般金属中都含有各种微量杂质元素，这些杂质元素与金属组成的二组分系统相图有很多是形成部分互溶固溶体的类型，可

S5-8

区熔法制备高纯度"硅和锗"

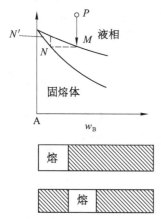

图 5-16　区域熔炼示意图

以用区域熔炼提纯法制备高纯金属。其原理可用图 5-16 说明，图中所示为杂质 B 与金属 A 相图之一角。若将组成为 P 的熔融系统冷却，当温度降至液相线（M 点）时，将析出组成为 N 的固溶体，其中杂质 B 含量比平衡液相中少，将此固溶体熔化后冷却，第二次析出的固相 N'，其中 B 含量更少了。重复多次，可得高纯金属 A。具体做法是将金属锭置于管式炉中，用可移动加热环套在管外，加热左端使其熔化，再使加热环缓慢向右移，在离开左端后，左端即开始凝固，析出固相中 B 的含量减少，其中杂质 B 则扩散进入右侧熔化区域。再将加热环右移，如此逐步把杂质 B 从左端赶向右端。然后将加热环再放左端并向右移，又一次把杂质 B 赶向右端，反复多次，可在左端获得高纯金属 A。制备某些高纯度半导体材料就是应用此原理。

§5-5　双组分系统液气平衡

§5-5演示文稿

双组分系统液气平衡

两个组分在液态时以任意比例混合都能完全互溶时，这样的系统叫液态完全互溶的系统。本节讨论液态完全互溶系统温度一定时蒸气压-组成图和压力一定时沸点-组成图。

一、理想溶液的液气平衡

在前面 §4-5 曾讨论过理想液态混合物的总蒸气压 p 与液相组成 x 呈线性关系，关系式见式(4-24)。总蒸气压 p 和与液相呈平衡的气相组成 y 不呈线性关系，其依赖关系表达式见式(4-26)。现将总蒸气压 p 与液相组成 x、气相组成 y 的关系曲线用图 5-17 表示。

图 5-17 是四氯乙烯（A）-四氯化碳（B）在 70℃ 的气液平衡的蒸气压-组成图。$p_A^* C p_B^*$ 线表示总蒸气压 p 与液相组成 x_B 的关系，叫液相线。$p_A^* D p_B^*$ 线表示总蒸气压 p 与气相组成 y_B 的关系，叫气相线。两条线把图分成三个区。在液相线以上，系统的压力高于相应组成的溶液的饱和蒸气压，气相不可能稳定存在，所以为液相区。在气相线以下，系统的压力低于相应组成的溶液的饱和蒸气压，液相不可能稳定存在，所以为气相

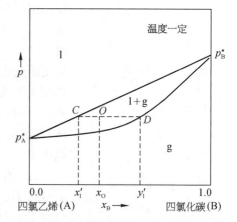

图 5-17　四氯乙烯（A）-四氯化碳（B）两组分系统蒸气压-组成图

区。液相线和气相线之间则为气、液平衡共存区。在液相区和气相区,除温度外,有两个
自由度($f=C-\phi+1=2-1+1=2$),在气、液平衡共存区,体系只有一个自由度(温度
已固定)。若体系的总组成处在两相平衡区,例如体系点 O 的组成为 x_O,则体系分为两
相,两相的组成取决于压力而与体系的总组成无关,换言之,在 COD 线上(压力一定),体
系的总组成不同,但其两相的组成却固定不变,即液相是 x'_1,气相是 y'_1。但是,系统的总
组成将影响平衡共存的两相的相对量,按照杠杆规则:

$$\frac{液相量}{气相量}=\frac{\overline{OD}}{\overline{CO}}=\frac{y'_1-x_O}{x_O-x'_1}$$

由上式看出,总组成 x_O 的变化将导致比例的变化。

压力一定时溶液的沸点与液相组成、气相组成之间的关系用沸点-组成图表示。

以甲苯(A)-苯(B)系统为例。在 $p=101\ 325\ Pa$
下测定一系列溶液的沸点与液相组成 x_B 及气相组成
y_B,绘制系统的沸点-组成图,如图 5-18 所示。

图 5-18 中上面的曲线表示溶液的沸点与气相
组成的关系,叫气相线。下面的曲线表示溶液的沸
点与液相组成的关系,叫液相线。两条线把图分成
三个区。在气相线以上为气相区,液相线以下为液
相区,液相线和气相线之间为气、液平衡共存区。在
气、液平衡共存区,任何体系点的平衡态为液、气两
相平衡共存,其相组成可分别由液相线及气相线上
的两个相应的液相点及气相点所指示的组成读出。

由图 5-18 看出,低沸点的组分(此例为苯)在
气相中的含量(y_B)比在液相中的含量(x_B)多,所以
气相线在液相线的上方,这与蒸气压-组成图不同。

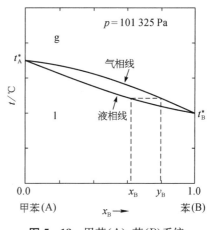

图 5-18　甲苯(A)-苯(B)系统
沸点-组成图

前面在 §4-5 曾讨论过这一现象。总结之,由不同沸点的液体混合成溶液,对于低沸点
(具有高蒸气压)的液体,它在气相中的含量比
在液相中大,这就是精馏分离实验的理论
依据。

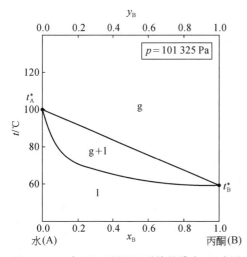

图 5-19　水(A)-丙酮(B)系统的沸点-组成图

二、实际溶液的液气平衡

两组分完全互溶的实际溶液与理想溶液
的偏差大致分为三类:一是正常类型的正偏差
或负偏差,这类溶液的蒸气压实验值与拉乌尔
定律的计算值的偏差不大,以图 5-19 所示的
水(A)-丙酮(B)的沸点-组成图为例。与图 5-
18 比较可看到,它们仍具有一定的共同点,即
溶液的沸点介于两纯组分沸点之间,$t_A^* > t >
t_B^*$,易挥发组分在气相中的组成大于在液相中
的组成,即 $y_B > x_B$。　二是具有最高蒸气压类

型的正偏差,在 p-$x(y)$ 图中有最高点,而在 t-$x(y)$ 图中有最低点,如图 5-20(a)所示;三是具有最低蒸气压类型的负偏差,在 p-$x(y)$ 图中有最低点,而在 t-$x(y)$ 图中有最高点,如图 5-20(b)所示。我们把 t-$x(y)$ 图中的最低点的温度叫最低恒沸点,具有最高点的温度叫最高恒沸点。在最低恒沸点和最高恒沸点处,气相组成和液相组成相等,其数据叫恒沸组成,把这种溶液叫恒沸混合物。例如水(A)-乙醇(B)系统具有最低恒沸点,恒沸点温度 $t=78.15\,℃$,组成 $x_B=y_B=0.897$。恒沸混合物虽然像纯物质一样,有恒定的沸点,但它不是化合物而是混合物,因为它的组成随压力改变。恒沸点混合物与前面讨论的具有最高熔点或最低熔点的固溶体相类似。

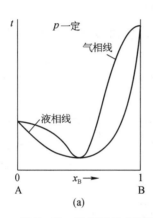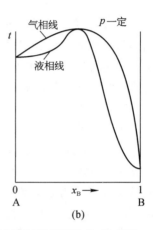

图 5-20　具有最高或最低点的两组分液气平衡的沸点-组成图
(a) 具有最低点;(b) 具有最高点

三、精馏分离原理

将含两个组分以上的溶液分离成纯组分(或接近纯组分)所用的方法之一就是精馏。我们在前面曾指出,系统在一定外压下沸腾时,气相中低沸点组分的含量高于液相中低沸点组分的含量。借此原理,可以采用一定手段,实现系统中两个组分的完全分离。

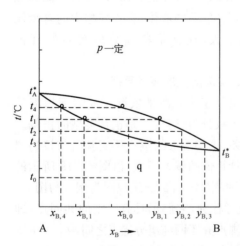

图 5-21　精馏分离原理示意图

以图 5-21 说明精馏分离的原理。先看蒸气的情况,从 A 和 B 两组分的 t-$x(y)$ 图(图 5-21)上看出,把组成为 $x_{B,0}$ 的溶液 q 进行蒸馏,当温度升到 t_1 时,溶液部分气化,这时体系中存在着互相平衡的气液两相,从图上可读得液相组成 $x_{B,1}$,气相组成 $y_{B,1}$。如果把气相组成 $y_{B,1}$ 的蒸气移出并冷凝为液体,然后对此液体进行蒸馏,当温度升至 t_2 时,溶液又部分气化为互相平衡的气液两相,从图中读得气相组成 $y_{B,2}$,$y_{B,2}>y_{B,1}$,即 B 含量增大了,如此不断操作,最后将得到 $y_B\approx1.0$ 的冷凝液,即接近纯的易挥发组分 B。

再看溶液的情况。如将组成为 $x_{B,0}$ 的溶液 q 不断进行蒸馏,由于在气相中 A 的含量比在液相中的少,例如图中所示 $y_{B,1} > x_{B,1}$,则 $y_{A,1} < x_{A,1}$,故在蒸馏瓶溶液中 A 的含量不断从 $x_{B,1}$ 逐渐增加(例如至 $x_{B,4}$)到 $x_B \approx 0.0$,$x_A \approx 1.0$,而溶液的沸点将由 t_1 逐渐增加到纯 A 的沸点(t_A^*),即最后瓶中所留的一滴液体为纯 A。

在化工生产中,上述部分冷凝和部分气化过程是在一个精馏塔中连续进行的,精馏塔的各块塔板上都同时发生着由下一块塔板上来的蒸气的部分冷凝和由上一块塔板下来的液体的部分气化过程。塔顶温度比塔底低,结果在塔顶得到纯度较高的易挥发组分,而在塔底得到纯度较高的难挥发组分。

对于具有最低或最高恒沸点的两组分系统,用精馏的方法不能将两组分完全分离,而只能得到其中某一纯组分及恒沸点混合物。

§5-6 双组分系统复杂相图的分析和应用

§5-6演示文稿

双组分系统
复杂相图的
分析和应用

一、复杂相图的分析

以上介绍了双组分系统相图的几种基本类型。对于复杂的相图,可以把它分解为若干个基本类型的相图。如图 5-22 所示,可以把它分解成三部分,上半部分为液态(一定温度以上)完全互溶系统的沸点-组成图,左下半部分为生成部分互溶固溶体(一定组成范围内)系统的温度-组成图,右下半部分为共晶系统的熔点-组成图。

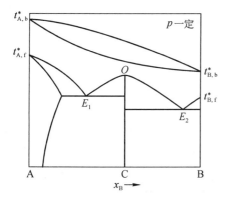

图 5-22 由三个基本类型的相图组合
而成的较复杂的相图

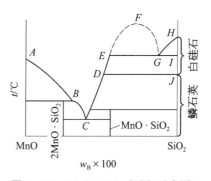

图 5-23 MnO-SiO₂ 相图(示意图)

再如图 5-23 的 $MnO-SiO_2$ 相图,左方是生成不稳定化合物(这里是 $2MnO \cdot SiO_2$)的类型的图形(参见图 5-10)。右上方的 $EFGH$ 曲线可看作是液态部分互溶曲线(参见图 5-4)与有简单共晶类型(见图 5-8)的综合,但在 EGI 三相线上发生的过程与共晶过程不同,是一个液相 G 转变为一个固相 SiO_2 和另一液相 E,称为偏晶过程或单转过程。

$$l_G \rightleftharpoons l_E + SiO_2(s)$$

图中右下方也形成一个不稳定化合物($MnO \cdot SiO_2$),图的中间还有一个共晶点 C。由于固态 SiO_2 在较高温度下以白硅石存在,在较低温度下则为鳞石英(即在固态时有晶型转变),图中也画出了晶型转变温度线(DJ 线)。

在分析复杂相图时,首先应确定各个相区,可利用相区接触规律的帮助。这个规律指出,相邻两个相区的相数必相差 1。故在两个单相区之间必有一个两相区,在两个两相区之间应有一个单相区或三相线。相图中的单相区可以是纯组分、稳定或不稳定化合物(以上在相图中均表现为垂直线)、溶液或固溶体。单相区 $f=2$,温度与组成均可在一定范围内独立改变(指溶液或固溶体)。两相区 $f=1$,在一定温度下两相组成不变。三相线是水平线,有两个端点相(三相线以上或以下都存在)和一个位于中间的相(只存在于三相线之上或之下)。三相线上 $f=0$,所以温度和三个共存相的组成均不会改变。三相线上发生的过程总是两个端点相转变为中间的相或其逆过程,例如,

共晶过程: $L \rightleftharpoons S_1 + S_2$

包晶过程: $L + S_1 \rightleftharpoons S_2$

这些过程中的固相可以是纯固态组分、化合物或固溶体。此外,当固相发生晶型转变时,也会出现三相共存的情况,例如图 5-23 中的 DJ 线以上是液相与白硅石两相共存,冷却到 DJ 线的温度时,由于白硅石转变为鳞石英,在转变完成前,系统以液相、白硅石与鳞石英三相共存,此时 $f=0$,所以在相图上 DJ 也是一条水平线。

在相区及三相线上的过程确定后,即可利用相图来分析系统冷却情况,画出冷却曲线。在冷却过程中若遇到系统发生相变化,例如从单相区进入两相区,冷却曲线上将出现一个转折点;当冷却到三相线时,由于 $f=0$,冷却曲线上表现为一水平线段。若固相发生了晶型转变,冷却曲线上也会出现水平线段。对于相图上两相共存的区域,可以用等温线来确定两相的组成,也可用杠杆规则来计算两个共存相的相对量。

以上讨论的都是双组分系统的相图,实际系统往往含有更多个组分,其相图也就更复杂。对于三组分及更多组分的相图,可参阅有关参考书,这里不作讨论。

二、相图的应用

在科学研究和工业实践中,所处理的系统大都是多种物质组成的复杂系统,相律与相图是研究这些系统的理论基础和有力工具。从以上各节可知,相图能说明所研究系统在不同条件下以哪几相共存;当温度、压力、组成等参数改变时出现了什么相变化。相图还直接描述了各物相存在的范围,在什么情况下组分可以互溶,有没有化合物形成或分解,以及相变发生的条件……。相图的应用在许多科研和工业领域中起着重要的实践指导作用,例如在 §5-4 中已介绍过的分步结晶、区域熔炼就是在相图的指导下实现组分的分离、产品的提纯或富集的例子。许多合金、熔盐、硅酸盐(陶瓷、水泥、耐火材料)及炉渣都是多组分复杂系统,相图是分析合金组织、化学成分、制定生产及热处理工艺的重要依据。例如钢铁的热处理可以 Fe-C 或 Fe-Fe₃C 相图为依据,制定具体的工艺过程以获得所要求性能的材料。在陶瓷和水泥生产中配制成分与掌握合适的制造工艺也需要相图的帮助,例如 SiO_2 的不同形态显示不同的工艺性能,从 SiO_2 的单组分相图可知在室温范围内 SiO_2 的各种形态中,以鳞石英的热膨胀系数为最低,因此使用氧化硅材料以设法获得鳞石英为宜,以免加热或冷却时体积变化过大,导致材料破裂。此外,许多功能材料,如半导体材料、磁性材料、激光材料、压电材料、超导材料等都是两种或多种物质组成的复杂系统,它们的性能与化学成分、制备及热加工工艺有密切联系。相图不仅可在探索新材料方面,也在其制备方法、合理的热加工工艺等方面都能起指导性的作用。

利用相图还可估算一些热力学数据,如熔化热,先从相图上查出在一定成分的合金系

S5-10
二氧化硅相图

S5-11
科学预言二氧化硅混合配位高压相

统中,作为溶剂的金属熔点降低了多少度,然后利用稀溶液的凝固点降低公式(4-32)即可估算出溶剂金属的摩尔熔化焓 $\Delta_{fus}H_m$。

利用相图也可求出活度数据。例如在两相共存区,某组分在这两个共存相中的化学势应相等,以图 5-8 为例,图中 D 点所代表的 Bi-Cd 系统熔体与纯固态 Bi 平衡共存,所以在该温度下,系统熔体 D 中 Bi 的化学势应等于纯固态 Bi 化学势:$\mu_{Bi}(sln)=\mu_{Bi}^{*}(s)$。而 $\mu_{Bi}=\mu_{Bi}^{\ominus}+RT\ln a_{Bi}$,从第四章已知:对溶液中的溶剂或液态混合物中的组分,活度常采用纯溶剂或纯组分(聚集态与溶液或混合物聚集态相同)为标准态,因此这里的 $\mu^{\ominus}$ 应为纯液态 Bi 在该温度及 $p^{\ominus}$ 时的化学势 $\mu_{Bi}^{*}(l)$。若能求出在此温度时纯固态 Bi 熔化过程的摩尔吉布斯函数变化,则因 $\Delta_{fus}G_m=\mu_{Bi}^{*}(l)-\mu_{Bi}^{*}(s)$,从以上各式就可获得 Bi 在液相 D 中的活度 a_{Bi}。至于纯 Bi 在该温度 T(不是纯 Bi 在正常熔点 T_0)的 $\Delta_{fus}G_m$,常可假定 $\Delta_{fus}H_m$ 和 $\Delta_{fus}S_m$ 不受温度变化的影响,利用 T_0 时的熔化焓和熔化熵,用 $\Delta_{fus}G_m(T$ 温度下$)=\Delta_{fus}H_m-T\Delta_{fus}S_m$ 算出。

最后需指出,相图表示的是平衡状态,而实际系统中常会因各种原因存在非平衡相,使用相图时应加注意。

§5-7 铁-碳系统的相图[*]

S5-12
不寻常的超高强韧"中国钢"

这是一个具有实际意义的系统。铁-碳系统在固态中,有多种转变,有四种构型(α、β、γ、δ)。在 768 ℃时,是 α 铁和 β 铁的转变点。当温度低于 768 ℃时是铁磁性的 α 铁,高于 768 ℃时是顺磁性的 β 铁,通常不对这两种铁加以区别,笼统地称为 α 铁。在温度为 910 ℃时,α 铁(体心立方晶格)转变为 γ 铁(面心立方晶格)。γ 铁在 1390 ℃时转变为 δ 铁(体心立方晶格)。1390 ℃以上一直到铁的熔点(1540 ℃),δ 铁都是稳定的。

图 5-24 是铁-碳的相图。假定熔体中碳和铁结合成化合物 Fe_3C,但这种碳化物在高温下不稳定,分裂为石墨和铁(石墨和铁的平衡图这里没有绘出)。

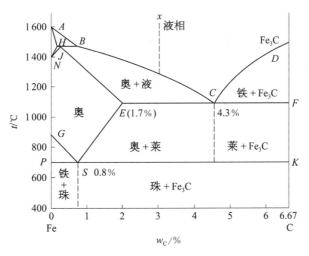

图 5-24 铁-碳的相图

---

[*] 本节为选学内容。

在图 5-24 中，N 点代表 δ 铁与 γ 铁的转换点（1 400 ℃），H 点含碳约为 0.1%，AHN 区域代表 δ 铁与碳所成的固溶体，AHB 区域代表该固溶体与液相两相平衡区。HJB 水平线段的温度为 1 494 ℃，在线上三相平衡。γ 铁与碳所成的固溶体又称奥氏体，在图中用"奥"表示。

图 5-24 中 C 点是低共熔点，是由组成为 E 的奥氏体与 Fe_3C 所形成的低共熔混合物，又称为莱氏体，在图中用"莱"表示。S 点也是低共熔点，是由 Fe_3C 与 α 铁所形成的低共熔混合物，又称为珠光体，在图中用"珠"表示。

若有含碳量为 3.0%（图中 x 点）的系统冷却，到达与 BC 线相交时析出奥氏体。此后液相的成分沿 BC 变化，奥氏体的成分沿 JE 变化（均假定有足够的时间使系统达平衡）。当系统到达 C 点时则成为三相点（奥氏体-Fe_3C-液相），此处温度为 1 145 ℃。继续冷却，则液相消失。到达约 700 ℃时，奥氏体的成分变到约含碳 0.089%，则奥氏体转变为珠光体。最后系统成为珠光体与 Fe_3C 的混合物。

主题四　三组分系统的相图

§5-8　简单共晶的三组分液固相图

§5-8演示文稿

简单共晶的三组分液固相图

一、三组分相图的组成表示法

三组分系统的独立组分数是 3，自由度 $f = 3 - \phi + 2$，当 $\phi = 1$ 时，系统最大的自由度为 4。当压力不变时，系统的自由度为 3，即至少需要 3 个变量描述系统状态的变化，也即必须用三维空间表示三组分相图。

三维相图通常用图 5-25 所示的三棱柱体表示。柱高表示温度，底面正三角形表示组成，正三角形中的 3 个顶点分别代表 3 个纯组分 A、B、C，3 条边则代表 A-B、B-C、C-A 3 个两组分系统，各组分的组成分别用符号 x_A、x_B、x_C 表示，在图中沿逆时针方向标出，三角形内的任意一点代表一个三组分系统。

图 5-26 示意正三角形组成表示方法。图 5-26 中，M 点代表任意一个三组分系统，M 点系统各组分的组成按下列方式确定：过 M 点作 BC 边的平行线，交于 AC 边 D 点，线

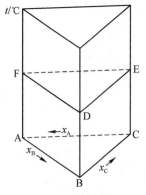

图 5-25　三组分系统相图立体图

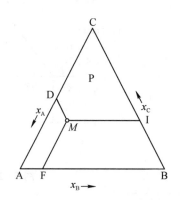

图 5-26　正三角形组成表示图

段 CD 则代表系统中组分 A 的摩尔分数。同样的方法，M 点中组分 B 和组分 C 的摩尔分数分别相当于线段 AF 和 BI。

三组分系统中各组分的组成之间存在着下列关系：

（1）位于平行于某一边的直线上的所有的系统点含该边对角组分的组成相同，如图 5-27 中 MN 线上的 3 个系统点 x_1、x_2、x_3 的含 A 量均相同。

（2）在顶点与对边之间任意一连线上的所有系统点，另外两组分的组成比例相同，如图 5-27 中 AP 线上的 3 个系统点 y_1、y_2、y_3 含 B 和 C 的比例相同即 x_B/x_C 相同。

（3）由 2 个系统点混合形成的第 3 个系统点，其组成在这 2 个系统点的连线上，并且位置取决于 2 个系统点的相对质量，如图 5-27 中 y_1、y_3 组成的系统点在直线 AP 上，且位于 2 个系统点 y_1、y_3 之间。

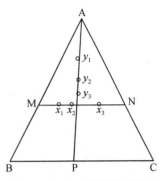

图 5-27　正三角形组成规则

二、简单共晶的三组分液固相图

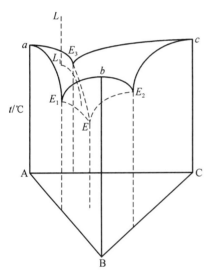

图 5-28　Bi(A)-Si(B)-Pb(C)
三组分液固相图

三个组分之间液相是完全互溶的，固相是完全不互溶的，且没有化合物生成时，其相图就是简单共晶型的相图，是三组分液固相图中最简单的一种。Bi-Sn-Pb 系统液固相图就是简单共晶型相图，如图 5-28 所示。

三棱柱的 3 个侧面分别是 3 个二组分相图，共晶点分别用 E_1、E_2、E_3 表示。三组分的共晶点是 E，是 3 条共晶线 E_1E、E_2E、E_3E 的交点。由 $EE_3aE_1E-EE_3cE_2E-EE_2bE_1E$ 所包围的曲面是液相面。该液相面被 E_1E、E_2E、E_3E 分为 3 个部分。当系统从高温冷却到曲面上时，系统开始结晶，析出相对饱和的单一纯固相。例如系统点 L 冷却至液相面上 L_1 温度时，将析出固相 Bi，系统是固相 Bi 与被 Bi 饱和的液相两相平衡。

当系统中析出固相 Bi 后，液相中 Bi 的含量下降，而 Pb 和 Sn 的含量不变，系统点将离代表纯组分 Bi 的顶点 a 越来越远，即在液相面上 aL_1 连线上沿着远离 a 点的方向变化。当系统点到达 E_1E 线时，溶液又被第 2 个固相 Sn 饱和，析出固相 Sn；继续冷却，系统点将沿 E_1E 冷却到 E 点，E 点处系统将发生 3 个固相同时结晶的四相反应：

$$l_E \Longrightarrow Bi(s) + Sn(s) + Pb(s)$$

三组分系统中四相平衡时，条件自由度 $f'=3-4+1=0$。在 E 点以下，液相不存在，在液相面以上，固相不存在。

科学家小传

吉布斯，美国物理化学家、数学物理学家。他是化学热力学、统计热力学、结晶学、表面科学、相平衡热力学等学科的主要奠基者和重要贡献者。在对热现象的认识上，他的观点是："理解熵和温度是理解整个与热现象相关学科的关键。"

吉布斯在 1873—1878 年发表的三篇论文中，以严密的数学形式和严谨的逻辑推理，导出了数百个公式，特别是引进化学势处理热力学问题，在此基础上建立了关于物相变化的相律，为化学热力学的发展做出了卓越的贡献。吉布斯相律简单、明了、定量。一般认为，相律的主要价值在于理解多组分（例如二组分或三组分）相图。它能够在定量水平上帮助我们理解独立变量、强度性质与广度性质、强度性质与平衡等。吉布斯还发表了许多有关矢量分析的论文和著作，奠定了这个数学分支的基础。此外，他在天文学、光的电磁理论、傅里叶级数等方面也有一些著述。

吉布斯(J. W. Gibbs)
(1839—1903)

思　考　题

5.1　求下列平衡系统的自由度数 f。

(1) 25 ℃及 101.325 kPa 下，固体 NaCl 与其水溶液成平衡（不考虑 NaCl 的电离）；

(2) $I_2(s)$ 与 I_2 蒸气平衡；

(3) 任意量的 HCl(g) 和 $NH_3(g)$，在反应 $HCl(g) + NH_3(g) \rule[0.5ex]{1em}{0.4pt} NH_4Cl(s)$ 达到平衡时；

(4) $NH_4Cl(s)$ 部分分解为 $NH_3(g)$ 及 HCl(g)，达成平衡；

(5) $NaHCO_3(s)$ 部分分解为 $Na_2CO_3(s)$、$H_2O(g)$ 及 $CO_2(g)$，达成平衡；

(6) 在 101.325 kPa 下，$CHCl_3$ 溶于水与水溶于 $CHCl_3$，两个溶液平衡。

5.2　某金属有多种晶型，有人声称他在一定 T、p 下制得了这一纯金属的蒸气、液态、γ 晶型及 δ 晶型的平衡共存系统，这是否可能？后来发现此人所用金属不纯，则上述现象是否可能？

5.3　用相律解释下列事实：

(1) 纯物质在一定压力下，熔点为定值；

(2) $CaCO_3(s)$ 在高温下分解为 CaO(s) 及 $CO_2(g)$，若在一定压力的 CO_2 气中加热 $CaCO_3$ 固体，则 $CaCO_3$ 可以在一定温度范围内不分解；

(3) 保持 CO_2 气体压力恒定，则实验指出只在一个温度下能使 $CaCO_3(s)$ 与 CaO(s) 的混合物不发生变化。

5.4　液体的饱和蒸气压与温度有何关系？与蒸气所占体积有何关系？如果蒸气中还存在其他气体，饱和蒸气压会不会变化？

5.5　推导出相变时热力学能变化的公式：$\Delta U = \Delta H (1 - \mathrm{d}\ln T / \mathrm{d}\ln p)$

5.6　从 Bi - Cd 相图（图 5-7）绘制中，冷却曲线的斜率决定于什么？过冷是什么原因引起的？步冷曲线水平线段的长短取决于什么？我们能制成任意组成的均相合金吗？

5.7　在实验中，常用冰与盐的混合物作为制冷剂。当将食盐放入 0℃ 的冰水平衡体系中时，为什么会自动降温? 降温的程度是否有限制? 这种制冷体系最多有几相?

5.8　在 30 ℃, 将 0.06 kg 水与 0.04 kg 酚混合, 得到的系统分为两层, 测得酚在酚层中的含量为 70, 在水层中为 8(均为百倍质量分数)。若在同一温度下, 将 0.041 kg 酚与 0.059 kg 水混合, 体系仍分为两层, 问此时酚层中(1) 酚的浓度;(2) 水的质量及(3) 整个酚层的质量怎样变化。

5.9　从下列事实粗略绘出乙酸(CH₃COOH)的相图, 并指出各相区的相态:

(1) 乙酸的正常沸点为 118 ℃(101.325 kPa 下);

(2) 固态乙酸有Ⅰ及Ⅱ两种晶型, 在低压下Ⅰ比Ⅱ更稳定, Ⅰ及Ⅱ的密度都比液态乙酸大;

(3) 乙酸在其熔点为 16.6 ℃时, 饱和蒸气压为 1.213 kPa;

(4) 固Ⅰ和固Ⅱ的转变温度随压力降低而下降;

(5) 在 202.65 MPa 及 55.2 ℃时, 固Ⅰ、固Ⅱ与液态平衡共存。

5.10　有 A - B 二组分, 纯 A 熔点为 850 ℃, B 熔点 800 ℃。$x_A = 0.2$ 的 A - B 二组分系统在 500 ℃ 发生共晶(低共熔)转变, 析出纯固态 B 及固态化合物 A_3B。该固态化合物在 600 ℃时分解成为纯固态 A 及 $x_A = 0.6$ 的 A - B 液态溶液。在 600 ℃以上, $x_B < 0.4$ 的二组分系统或是以纯 A 与 A - B 溶液两相共存, 或是 A - B 的单一溶液。试画出此二组分系统的粗略相图。

5.11　已知 A 与 B 能在一定组成范围内形成固溶体, 也能形成化合物或共晶。现在考察组成为 w_B 的一个 A - B 二组分系统, 从实验发现在 101.325 kPa 下, 其冷却曲线上没有转折点, 只是在 T 温度时出现水平线段。若将压力提高到一较大值 p', 或降低到较低的 p'', 则发现其冷却曲线上出现转折点, 并且分别在 T' 及 T'' 温度时出现水平线段。如果只知道这些实验事实, 能否判断出该二组分系统在固态时究竟是一个固溶体, 是二元化合物还是共晶?

5.12　用相律判断下列相图是否正确, 说出理由。图中, A 及 B 是纯物质, l 指液态, α、β 及 γ 均是固溶体。

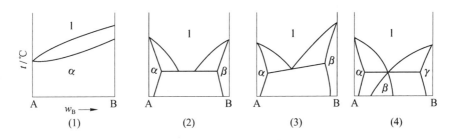

5.13　在二组分系统相图两相平衡区, 怎样区分系统点和对应的相点, 系统的组成和对应的相组成?

习　　题

5.1　指出下面二组分平衡系统中的相数、独立组分数和自由度数:

(1) 部分互溶的两个溶液呈平衡;

(2) 部分互溶的两个溶液与其蒸气呈平衡;

(3) 气态 H_2 和 O_2 在 25 ℃与其水溶液成平衡;

(4) 气态 H_2、O_2 和 H_2O 在高温有催化剂存在。

〔(1) $C = 2$, $\phi = 2$, $f = 2$; (2) $C = 2$, $\phi = 3$, $f = 1$;

(3) $C = 2$, $\phi = 2$, $f = 1$; (4) $C = 2$, $\phi = 1$, $f = 3$(催化剂不算组元)〕

5.2　固态的 NH_4HS 和任意量的 H_2S 及 NH_3 气体混合成为三组分系统, 并按下列反应达到平衡:

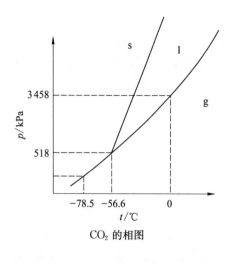

CO₂ 的相图

$$NH_4HS(s) \Longrightarrow NH_3(g) + H_2S(g)$$

求：(1) 独立组分数和自由度数；

(2) 若将 $NH_4HS(s)$ 放在一抽真空的容器内，达到化学平衡后，则独立组分数和自由度数各为若干？

$[(1)\ C = 2,\ \phi = 2,\ f = 2;\ (2)\ C = 1,\ \phi = 2,\ f = 1]$

5.3　右图为 CO_2 的平衡相图示意图，试根据该图回答下列问题：

(1) 使 CO_2 在 0 ℃时液化需要加多大压力？

(2) 把钢瓶中的液体 CO_2 向空气中喷出，大部分成为气体，一部分成为固体(干冰)。温度下降到多少度，固体 CO_2 才能形成？

(3) 在空气中(101 325 Pa 下)温度为多少度可使固体 CO_2 不经液化而直接升华？

$[(1)\ 3\ 458\ kPa；(2) -56.6\ ℃；(3) -78.5\ ℃]$

5.4　固体 CO_2 的饱和蒸气压在 −103 ℃时等于 10.226 kPa，在 −78.5 ℃时是 101.325 kPa，求：

(1) CO_2 的升华熵；

(2) 在 −90 ℃时 CO_2 的饱和蒸气压。

$[(1)\ \Delta H_m = 25.7\ kJ \cdot mol^{-1}；(2)\ 37.28\ kPa]$

5.5　能否在容量 1.4 dm³ 的坩埚里熔化 10 kg 锡？已知锡的熔点 232 ℃，$\Delta_{fus}H = 59.84\ J \cdot g^{-1}$，固体锡的质量浓度是 7.18 g·cm⁻³，$dT/dp = 3.26 \times 10^{-5}\ K \cdot kPa^{-1}$。

$[V_l = 1.43\ dm^3\ 大于\ 1.4\ dm^3\ 故不能]$

5.6　液体砷、固体砷的蒸气压和温度的关系如下：

$$\lg[p(l)/kPa] = -\frac{2\ 460}{T/K} + 5.81$$

$$\lg[p(s)/kPa] = -\frac{6\ 947}{T/K} + 9.92$$

求三相点的温度和压力。

$[T = 1\ 092\ K,\ p = 3\ 608\ kPa]$

5.7　已知 UF_6 的固态和液态的饱和蒸气压(以 kPa 计)与温度的关系式如下：

$$\lg[p(s)/kPa] = 9.773 - \frac{2\ 559.5}{T/K}$$

$$\lg[p(l)/kPa] = 6.665 - \frac{1\ 511.3}{T/K}$$

试计算：

(1) 三相点的温度和压力；

(2) 在 101.325 kPa 下固态 UF_6 的升华温度；

(3) 在(2)所求出的温度下，液态 UF_6 饱和蒸气压为多少？并说明在此温度及 101.325 kPa 下 UF_6 是否以固态存在。

$[(1)\ p = 153.7\ kPa,\ T = 337\ K；(2)\ T = 329.5\ K；(3)\ p = 119.8\ kPa]$

5.8　已知液态银的蒸气压与温度的关系式如下：

$$\lg(p/kPa) = -14.323 \times 10^3 (T/K)^{-1} - 0.539\lg(T/K) - 0.09 \times 10^{-3} T/K + 9.928$$

计算液态银在正常沸腾温度 2 147 K 下的摩尔蒸发焓，以及液态银与气态银的热容差(ΔC_p)。

$$[\Delta_{vap}H_m = 244.16\ kJ \cdot mol^{-1}, \Delta C_p = -17.70\ J \cdot K^{-1} \cdot mol^{-1}]$$

5.9　设你体重为 50 kg，穿一双冰鞋立于冰上，冰鞋面积为 2 cm^2，问温度需低于摄氏零下几度，才使冰不融化，已知冰的质量熔化焓 $\Delta_{fus}H = 333.4\ kJ \cdot kg^{-1}$，水的质量浓度为 1000 kg · m^{-3}，冰的质量浓度为 900 kg · m^{-3}。

$$[\Delta T = -0.223\ ℃]$$

5.10　已知 100 ℃ 时水的饱和蒸气压为 101.325 kPa，市售民用高压锅内的压力可达 233 kPa，此时水的沸点为几度？已知水的摩尔蒸发焓 $\Delta_{vap}H_m = 40.7\ kJ \cdot mol^{-1}$。

$$[T = 398\ K]$$

5.11　乙酰乙酸乙酯（$CH_3COCH_2COOC_2H_5$）是有机合成的重要试剂，已知其饱和蒸气压公式可表达为

$$\lg(p/kPa) = -\frac{2588}{T/K} + B$$

此试剂在正常沸点 181 ℃ 时部分分解，但在 70 ℃ 是稳定的，用减压蒸馏法提纯时，压力应减少到多少 kPa？并求该试剂在正常沸点下的摩尔蒸发焓和摩尔蒸发熵。

$$[p = 1.46\ kPa, \Delta_{vap}H_m = 49.55\ kJ \cdot mol^{-1}, \Delta_{vap}S_m = 109\ J \cdot mol^{-1} \cdot K^{-1}]$$

5.12　汞在 101.325 kPa 下的凝固点为 243.3 K，摩尔熔化焓 $\Delta_{fus}H_m = 2292\ J \cdot mol^{-1}$，摩尔体积变化 $\Delta_{fus}V_m = 0.517\ cm^3 \cdot mol^{-1}$。已知汞的质量浓度 $\rho = 13.6 \times 10^3\ kg \cdot m^{-3}$，求在 10 m 高的汞柱底部汞的凝固温度（注意：$1\ J = 1\ m^2 \cdot kg \cdot s^{-2}$）。

$$[T'_f = 243.4\ K]$$

5.13　液态镓的蒸气压数据如下：

T/K	1302	1427	1623
p/Pa	1.333	13.33	133.3

求在 100 kPa 及 1427 K 下，1.00 mol 镓气化时的 $\Delta H_m^{\ominus}$、$\Delta G_m^{\ominus}$ 及 $\Delta S_m^{\ominus}$。

$$[\Delta H_m^{\ominus} = 252\ kJ \cdot mol^{-1}, \Delta S_m^{\ominus} = 102\ J \cdot mol^{-1} \cdot K^{-1}, \Delta G_m^{\ominus} = 106\ kJ \cdot mol^{-1}]$$

5.14　已知铅的熔点是 327 ℃，锑的熔点是 631 ℃，现制出下列六种铅锑系统，并作出冷却曲线，其转折点或水平线段温度为

系统成分 $w_B \times 100$	转折点温度/℃
5Sb - 95Pb	296 和 246
10Sb - 90Pb	260 和 246
13Sb - 87Pb	246
20Sb - 80Pb	280 和 246
40Sb - 60Pb	393 和 246
80Sb - 20Pb	570 和 246

试绘制铅锑相图，并标明相图中各区域所存在的相和自由度数。

5.15　根据 Au - Pt 相图回答（下左图）：

(1) $w_{Pt} = 0.4$ 的合金冷却到 1300 ℃ 时，固体合金之组成约为多少？

(2) $w_{Pt} = 0.6$ 的合金冷却到 1500 ℃ 时，固相组成为多少？

$$[(1)\ 含 Pt60\%；(2)\ 含 Pt82\%]$$

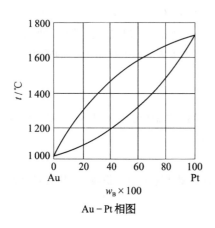

Au - Pt 相图

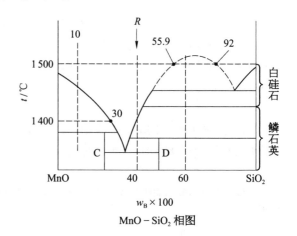

MnO - SiO₂ 相图

5.16　MnO - SiO₂ 相图示意如上右图:

(1) 指出各区域所存在的是什么相。图中 C 代表 2MnO · SiO₂, D 代表化合物 MnO · SiO₂。

(2) $w(SiO_2) = 0.40$ 的系统(图中 R 点)从 1 700 ℃冷却到 1 000 ℃时的冷却曲线示意图。注明每一阶段系统有哪些相? 发生了哪些变化; 指出自由度数为多少。

(3) $w(SiO_2) = 0.10$ 的系统 9 kg,冷却到 1 400 ℃时,液相中含 MnO 多少 kg?

(4) $w(SiO_2) = 0.60$ 的系统 1 500 ℃各以哪些相存在? 计算其相对量。

$$[(3) \ m_l(MnO) = 2\ 100 \ g; \ (4) \ m_{l,1}/m_{l,2} = 32/5]$$

5.17　根据图 5 - 14 的 Ag - Cu 相图回答:

(1) 冷却 100 g 组成为 $w_{Cu} = 0.70$ 的合金到 900 ℃时有多少固溶体析出?

(2) 上述合金在 900 ℃平衡时,Cu 在液相及固溶体之间如何分配?

(3) 当上述合金温度下降到 779.4 ℃,还没有发生共晶过程前,系统由哪几个相组成? 各相质量为多少? 当共晶过程结束,温度尚未下降时,又由哪两相组成? 各相质量为多少?

$$[(1) \ m_\beta = 30.3 \ g; \ (2) \ m_{Cu}(\beta) = 28.18 \ g, \ m_{Cu}(l) = 41.82 \ g; \ (3) \ 未发生共晶过程时,l + \beta,$$
$$m_l = 34.43 \ g, \ m_\beta = 65.57 \ g; \quad 发生共晶后,\alpha + \beta, \ m_\alpha = 26.44 \ g, \ m_\beta = 73.56 \ g]$$

5.18　从 Pb - Zn 相图回答:

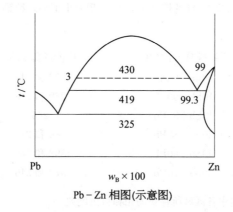

Pb - Zn 相图(示意图)

(1) 含 Pb $w_{Pb} = 0.02$ 的粗锌如何可除去其中杂质? 在什么温度进行较适宜?

(2) 将熔体缓慢冷却,使其中杂质析出称为熔析精炼。$w_{Pb} = 0.02$ 的粗锌 1 000 kg 在 430 ℃经熔析精炼后能有多少 kg 的精炼 Zn? 其中还有多少 Pb? 析出的 Pb 中有多少 kg Zn?

$$[(2) \ 精炼 \ Zn \ 990 \ kg,其中含 \ Pb9.9 \ kg,析出 \ Pb \ 中有 \ Zn \ 0.3 \ kg]$$

5.19　已知下列数据,试画出 FeO - SiO$_2$ 二组分固液平衡相图(不生成固溶体):

熔点:FeO = 1154 ℃;SiO$_2$ = 1713 ℃;2FeO · SiO$_2$(化合物) = 1065 ℃;FeO · SiO$_2$(化合物) = 1500 ℃。

共晶坐标:(1) $t = 980$ ℃, $x(SiO_2) = 0.3$;(2) $t = 900$ ℃, $x(SiO_2) = 0.4$;(3) $t = 1145$ ℃, $x(SiO_2) = 0.55$。

5.20　氯化钾和氟钽酸钾组成化合物 KCl · K$_2$TaF$_7$,其熔点为 758 ℃,并且在 KCl 的物质的量分数为 0.2 和 0.8 时,在 700 ℃ 与 K$_2$TaF$_7$ 形成两个低共熔体(KCl 熔点 770 ℃,K$_2$TaF$_7$ 熔点 726 ℃)。

(1) 绘出氯化钾、氟钽酸钾体系的相图(假定液相线和固相线都是直线);

(2) 在相图的各个区域标明物质存在的状态;

(3) 应用相律说明该体系在低共熔点时的自由度;

(4) 如果将含 90% KCl 的 100 mol 体系,从高温冷却到 720 ℃,将析出多少 KCl?

(5) 根据相图,用熔融盐电解法制取钽,应选怎样的电解液?

[(5) 含 20% KCl]

5.21　在 $p = 101\,325$ Pa 下 CH$_3$COOH(A) - C$_3$H$_6$O(B)系统的液、气平衡数据如下:

x_B	y_B	$t/℃$	x_B	y_B	$t/℃$	x_B	y_B	$t/℃$
0	0	118.1	0.300	0.725	85.8	0.700	0.969	66.1
0.050	0.162	110.0	0.400	0.840	79.7	0.800	0.984	62.6
0.100	0.306	103.8	0.500	0.912	74.6	0.900	0.993	59.2
0.200	0.557	93.19	0.600	0.947	70.2	1.000	1.000	56.1

(1) 根据上述数据描绘该系统的 t - $x(y)$ 图,并标示各相区。

(2) 将 $x_B = 0.600$ 的混合物,在一带活塞的密闭容器中加热到什么温度开始沸腾? 产生的第一个气泡的组成如何? 若只加热到 80 ℃,系统是几相平衡? 各相组成如何? 液相中 A 的活度因子是多少(以纯态 A 为标准态)? 已知 A 的摩尔汽化焓为 24 390 J · mol^{-1}。

[$a_A = 0.449$, $f_A = 0.724$]

第六章 化学动力学基础

本章教学基本要求

1. 掌握化学动力学中的基本概念和内容:化学反应速率的表示法、基元反应和非基元反应、质量作用定律、反应速率系数、反应级数与反应分子数。

2. 掌握具有简单级数反应的动力学特征和有关计算;了解反应级数的测定方法。

3. 掌握反应速率系数与温度关系的阿伦尼乌斯方程的多种表达形式和有关计算。

4. 理解活化能 E_a 的定义;掌握基元反应活化能的物理意义。

5. 掌握三种典型的复合反应(平行反应、对行反应和连串反应)的特征。

6. 了解复合反应近似处理方法——平衡态近似法和稳态近似法。

7. 掌握链反应的特点。

8. 了解反应速率理论——简单碰撞理论和活化络合物理论的基本内容。

9. 了解催化作用的特点。

10. 了解光化学反应基础知识。

　　化学热力学可以判断并预言在一定条件下某化学反应进行的方向与限度,但由于它不包括时间变量因而无法预测反应进行的快慢,又因它不涉及系统的微观结构因而也不能解答反应机理问题,而这些正是化学动力学要探讨的。所以,热力学和动力学是相辅相成的,前者解决反应的方向和限度,后者解决反应的速率与机理。

　　许多化学反应,从热力学角度分析发生的可能性很大,而现实中却难以觉察它们在进行,这是由于这些反应的速率极其缓慢。例如,热力学指出碳在室温下空气中可以完全燃烧,而实际上一堆煤在常温下放置若干年也看不到因燃烧而减少;又如,常温常压下氢在氧中可否燃烧? 由热力学推断:此反应的 $\Delta_r G_m^{\ominus}(298\,\mathrm{K}) \ll 0$,说明反应趋势极大,而实际上觉察不出变化,然而若用火花点燃化学计量的氢氧混合气,反应瞬间即可完成。

　　以上表明,在一定条件下反应进行的趋势(可能性)与反应进行的速率(现实性)是两回事。在解决实际问题时必须从热力学和动力学两方面考虑。热力学认为在某条件下不可能发生的反应,就不必考虑其速率问题;而如果热力学判断某反应可以发生,则还必须了解其实现的可行性,即进行动力学速率的研究。研究反应速率不能不把时间作为一个突出变量进行考察,化学反应速率是化学动力学研究的最基本内容之一。

　　一般而言,化学动力学的研究远比热力学复杂,这不仅涉及反应机理问题,反应条件如温度、压力、催化剂等对反应速率的影响也是复杂的。通过研究各种因素对反应速率的影响、揭示客观规律,以便有目的地调控反应条件,使所研究的反应朝着所希望的方向按设定的速率进行,多快好省地为我们提供所需产品,这是动力学的目的之一。

主题一　化学反应速率方程

主题 6-1 导学
化学反应速率
方程

§6-1　化学反应速率

一、反应速率的表示法

　　按照国际纯粹与应用化学联合会(IUPAC)的规定,反应的转化速率 $\dot{\xi}$ 应定义为反应进度 ξ 随时间 t 的增长率,即 $\mathrm{d}\xi/\mathrm{d}t$。对反应 $0 = \sum_B \nu_B B$, $\mathrm{d}\xi = \nu_B^{-1}\mathrm{d}n_B$,式中 n_B 是物质的量,ν_B 是化学计量数,故

$$\dot{\xi} = \frac{\mathrm{d}\xi}{\mathrm{d}t} = \frac{1}{\nu_B}\frac{\mathrm{d}n_B}{\mathrm{d}t} \tag{6-1}$$

　　按式(6-1)的定义,转化速率 $\dot{\xi}$ 与物质 B 的选定无关,但也可看出:由于它不含体积变量,因而在未指明体积的情况下,式(6-1)表明的速率缺乏相对比较的意义,即大的 $\mathrm{d}\xi/\mathrm{d}t$ 不一定表示反应进行得快(可能因为 V 很大),而小的 $\mathrm{d}\xi/\mathrm{d}t$ 不一定表示反应进行得慢(可能因为 V 很小)。根据 IUPAC 的规定,反应速率表示为

§6-1 演示文稿
化学反应速率

$$v = \frac{1}{V}\frac{d\xi}{dt} = \frac{1}{\nu_B}\frac{d(n_B/V)}{dt} \tag{6-2a}$$

对于等容反应则有

$$v = \frac{1}{\nu_B}\frac{dc_B}{dt} \tag{6-2b}$$

式中，c_B 是 B 的(物质的量)浓度。dc_B/dt 为单位时间内参加反应的物质(反应物或产物)的浓度变化率，过去常用以表示反应速率。对于反应物质，在反应时浓度降低，故加负号，对产物则取正号。同一反应用不同物质的浓度变化率表示反应速率时，其值不同。例如若有反应

$$2A + B \Longrightarrow 3Y$$

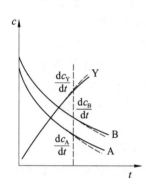

图 6-1　瞬时浓度变化率

若以时间为横坐标，浓度为纵坐标作图(图 6-1)，则曲线在 t 时刻的斜率即为其瞬时浓度变化率 dc/dt。

还可以用反应物的消耗速率或产物的增长速率表示变化的快慢，如 $v_A = -dc_A/dt$，$v_B = -dc_B/dt$ 分别表示 A 和 B 的消耗速率，$v_Y = dc_Y/dt$ 表示 Y 的增长速率。

当反应系统的体积有变化时，则有

$$dn_B = Vdc_B + c_BdV \tag{6-3a}$$

代入式(6-2a)得

$$v = \frac{1}{\nu_B}\frac{dc_B}{dt} + \frac{c_B}{V\nu_B}\frac{dV}{dt} \tag{6-3b}$$

式中后一项表示在不发生反应的情况下仅仅因为体积增加引起的对浓度变化的校正。对于气相反应，常用反应物或产物的分压随时间的变化率，即 dp_B/dt 代替 dc_B/dt 表示反应速率。反应物 A 的转化率 x_A 定义为

$$x_A = \frac{n_{A,0} - n_A}{n_{A,0}} \tag{6-4}$$

设 $n_{A,0}$ 及 n_A 分别为反应初始时及反应到时间 t 时 A 的物质的量。由式(6-4)有

$$n_A = n_{A,0}(1 - x_A) \tag{6-5}$$

当反应系统为等容时，则有

$$c_A = c_{A,0}(1 - x_A) \tag{6-6}$$

式中，$c_{A,0}$、c_A 分别为 $t=0$ 及 $t=t$ 时反应物 A 的物质的量浓度。x_A 通常称为 A 的动力学转化率，$x_A \leqslant x_A^{eq}$，x_A^{eq} 为热力学平衡转化率。

二、反应速率的测定方法

要测定反应在某一瞬间的速率，可在反应进行后隔一定时间分析反应物或产物的浓度，方法有化学法和物理法两大类。

（1）化学法：定期取样分析，在取出的样品中应使反应立即停止，则分析的结果才可以代表取样瞬间物质的浓度。使反应停止的方法可以用骤冷、冲稀、加入阻化剂（抑制反应的物质）等。

（2）物理法：测定反应系统的物理性质随时间的变化，由物理性质与反应物或产物浓度变化（即系统组成的变化）的关系，可以间接计算反应速率。例如，反应系统的电导、折光率、压力、介电常数等都将随着系统组成的改变而变化，对不同反应可选用不同的物理量。此法迅速而方便，并可实现自动化，有的还可连续测定。

S6-1
反应速率测定的实验——物理法

有了浓度随时间的变化关系，可用图 6-1 微分法或利用相应的速率方程求出反应速率。

三、化学反应的速率方程

根据实验结果，在一定温度下，反应速率与反应物质的浓度之间存在一定的函数关系。能够表示反应速率与反应物或产物（有时有催化剂）浓度之间关系的式称为化学反应的速率方程，其形式为 $v = f(c_A, c_B, c_Z, \cdots)$。为了更好地理解反应速率方程，下面介绍几个基本概念。

1. 基元反应和复合反应

通常所写的化学反应式绝大多数并不真正代表反应进行的历程，例如合成氨的反应通常写成：

$$N_2 + 3H_2 = 2NH_3$$

它只表示反应物和生成物之间的计量关系，并不代表反应进行的实际途径。因为 1 个 N_2 分子和 3 个 H_2 分子在碰撞中直接转化成两个 NH_3 分子几乎是不可能的。N_2 和 H_2 分子要经过若干个中间步骤才最后转化成 NH_3 分子。

反应的实际过程中每一个中间步骤称为一个基元反应。绝大多数化学反应都是要经过若干个基元反应才能完成。这些基元反应的组合代表了反应所经过的途径，在动力学中称为反应历程或反应机理。由两个或两个以上的基元反应组合而成的反应称为复合反应或总包反应。

2. 反应速率系数

基元反应的速率（浓度变化率）与反应物浓度的乘积成正比，其中浓度项的指数就是基元反应式中各相应物质的化学计量数，这个规律称为质量作用定律。

设有基元反应 $2A + B \longrightarrow 3Y$，其反应速率为 $-\dfrac{dc_A}{dt} = kc_A^2 c_B$，此式即该基元反应的速率方程式。式中 k 为反应速率系数，或称反应比速。k 值的大小取决于反应物的本性、温度、溶剂的性质以及催化剂的存在等因素，与浓度及时间无关。

3. 反应级数与反应分子数

经验表明，许多化学反应的速率与反应中的各物质的浓度 c_A，c_B，c_C，… 间的关系可表示为下列幂函数形式：

$$v = kc_A^\alpha c_B^\beta c_C^\gamma \cdots \tag{6-7}$$

式中，A，B，C，… 一般为反应物，也可以是产物或其他物质。式中指数 α，β，γ，… 分别称为组分 A，B，C，… 的级数，反应级数 n 为各组分级数的代数和 $n = \alpha + \beta + \gamma + \cdots$。反

应级数必须通过实验测定,例如 $N_2O_5(g)$ 分解反应 $2N_2O_5 \Longrightarrow 2N_2O_4 + O_2$,实验测定的速率方程式为 $\upsilon = kc(N_2O_5)$;NO 与 H_2 的反应 $2NO + 2H_2 \Longrightarrow N_2 + 2H_2O$,实验测定其速率方程为 $\upsilon = k[c(NO)]^2 \cdot c(H_2)$。 以上两个反应,其级数分别为一级和三级。事实上,最常见的反应大多是一级和二级反应,三级反应比较少见,三级以上的反应则更少见。另外,还有许多复合反应会出现分数、小数、负数或为零的级数。如果改变反应所处的条件,则反应级数也会随之而变,在冶金上、化工上,这种情况是很多的。例如,在高炉中重要的反应之一:

$$CO_2 + C(石墨) \longrightarrow 2CO$$

在 $800 \sim 1\,300\,℃$ 的实验室条件下,通入 $101\,325\,Pa\ CO_2$ 与直径为 $5\,mm$ 的炭粉反应,反应为一级反应。但如在 $2\,000 \sim 2\,600\,℃$ 将炭粉置于真空中,通入 CO_2(压力远小于 $101\,325\,Pa$),则反应为零级(即 $n = 0$,反应速率与 CO_2 浓度或压力无关),如果将温度再升高,反应又变为一级反应。

基元反应的反应分子数系指基元反应中参与变化所需的反应物分子的数目。所以对于基元反应,反应分子数与反应级数是一致的,即单分子反应为一级反应,双分子反应为二级反应,三分子反应为三级反应。但应注意,反过来讲就不一定正确。

对于给定的某一化学反应,化学计量数和反应级数含义不同因而在数值上可能不等。前者可用来计算反应前后物量间的关系,后者反映浓度对反应速率的影响并提供反应机理的信息。非简单的级数(负数、分数等)表明反应机理复杂;若反应级数正好与化学计量数一致,则可能由于反应机理确实简单,是个基元反应,但也有可能是形式上的巧合,而反应机理仍然复杂。

反应级数与反应分子数是两个不同的概念。反应级数出现在速率方程中,是一个由实验结果经动力学处理得到的经验值,是一个宏观量,而反应分子数是与反应机理密切联系的,是一个微观量。

§6-2演示文稿

浓度对反应
速率的影响

§6-2　浓度对反应速率的影响

速率方程是联系浓度-时间函数关系的方程。由反应机理导出的是速率方程微分形式,它便于进行理论分析,也能明显地表示出浓度对速率的影响。但在进行定量计算时微分形式不方便,须对其进行积分。下面讨论简单级数的速率方程的积分形式,并说明其动力学特征。

一、一级反应

一级反应的第一个特征是反应速率与浓度的一次方成正比,即

$$-dc_A/dt = k_A c_A \tag{6-8}$$

分离变量,积分式(6-8)得

$$\ln(c_A/c_{A,0}) = -k_A t \tag{6-9}$$

或表示为

$$c_A = c_{A,0} e^{-k_A t} \tag{6-10}$$

式中，$c_{A,0}$ 和 c_A 分别为反应物 A 的初始浓度和反应至时刻 t 的浓度；k 为反应速率系数。可以看出 k_A 的单位为时间单位的倒数，这是一级反应的第二个特征。以 $\{c\}$ 表示浓度 c 的数值，即 $\{c\} = c/\text{mol} \cdot \text{dm}^{-3}$，则有 $\ln\{c\} - t$ 为一条直线，直线的斜率为 $-k_A$，这是一级反应的第三个特征。若以 x_A 表示时刻 t 时 A 的转化率，有 $x_A = (c_{A,0} - c_A)/c_{A,0}$，代入式(6-9)得

$$\ln[1/(1-x_A)] = k_A t \qquad (6-11)$$

由式(6-11)看出：对于一级反应，反应物 A 达到一定的转化率所需时间与 A 的初始浓度无关。当 $x_A = 0.5$，即 A 消耗一半时所需时间用 $t_{\frac{1}{2}}$ 表示，并称之为半衰期，则有

$$t_{\frac{1}{2}} = \ln 2/k_A \qquad (6-12)$$

即一级反应的半衰期与初始浓度无关，这是一级反应的第四个特征。以上四个特征中的任何一个都可用来判别某反应是否为一级反应。

一级反应的例子是很多的。例如，冲天炉中碳的燃烧：$C(s) + O_2(g) \rightleftharpoons CO_2(g)$，$-\mathrm{d}p(O_2)/\mathrm{d}t = kp(O_2)$；铸铁中渗碳体的分解：$Fe_3C(s) \rightleftharpoons 3Fe(\alpha) + C(\text{石墨})$，$-\mathrm{d}c(Fe_3C)/\mathrm{d}t = kc(Fe_3C)$；放射性元素的蜕变：$^{220}_{88}Ra \rightleftharpoons ^{222}_{86}Rn + \alpha$ 粒子，$-\mathrm{d}c(Ra)/\mathrm{d}t = kc(Ra)$ 等。有些反应如蔗糖水解：

$$C_{12}H_{22}O_{11} + H_2O \rightleftharpoons C_6H_{12}O_6 + C_6H_{12}O_6$$
$$(\text{蔗糖}) \qquad\qquad (\text{葡萄糖}) \quad (\text{果糖})$$

$v = k'c(H_2O)c(C_{12}H_{22}O_{11})$，但由于 $c(H_2O)$ 基本为常量，用 k 代替 $k'c(H_2O)$，则 $v = kc(C_{12}H_{22}O_{11})$，表现为一级反应特征，这种情况称为假一级或准一级反应。

【例6-1】 设氧气炼钢在吹炼后期，碳的氧化速率系数 $k = 0.48\,\text{min}^{-1}$。问：(1) 将 $[\%C] = 0.80$ 的钢液吹氧使含碳量下降到 0.10，需多少时间？(2) 钢水含碳量 $[\%C] = 0.80$ 时，脱碳速率是多少？若含碳量 $[\%C] = 0.10$ 时，脱碳速率是多少？相差几倍？已知含碳量较低时，碳的氧化反应为一级反应。

解： $$[O] + [C] = CO(g)$$

(1) 根据式(6-9)，$[\%C]_0 = 0.80$，$[\%C] = 0.10$，

$$k = 0.48\,\text{min}^{-1}$$

$$t = -\frac{1}{k}\ln\frac{c}{c_0} = -\frac{1}{0.48\,\text{min}^{-1}}\ln\frac{0.10}{0.80} = \frac{\ln 8}{0.48}\,\text{min} = 4.3\,\text{min}$$

(2) 在含碳量为 $[\%C] = 0.80$ 时，

$$-\frac{\mathrm{d}[C]}{\mathrm{d}t} = k[\%C] = 0.48\,\text{min}^{-1} \times 0.80 = 0.38\,\text{min}^{-1}$$

在含碳量为 $[\%C] = 0.10$ 时，

$$-\frac{\mathrm{d}[C]}{\mathrm{d}t} = k[\%C] = 0.48\,\text{min}^{-1} \times 0.10 = 0.048\,\text{min}^{-1}$$

$$\frac{0.38\ \mathrm{min^{-1}}}{0.048\ \mathrm{min^{-1}}} = 8\ \text{倍}$$

【例 6-2】　$\alpha-{}^{210}\mathrm{Po}$ 衰变为 $\beta-{}^{210}\mathrm{Po}$ 是一级反应。若经 14 天后,此同位素的活性降低 6.85%,求蜕变过程的速率系数和半衰期,并计算分解掉 90% 需经多少时间。

解:${}^{210}\mathrm{Po}$ 活性降低 6.85%,即此同位素浓度由原来的 100% 降低到 $(100-6.85)\% = 93.15\%$,

$$k = -\frac{1}{14\mathrm{d}}\ln\frac{93.15}{100} = 0.005\,07\mathrm{d^{-1}}$$

$$t_{\frac{1}{2}} = \frac{\ln 2}{k} = 136.76\mathrm{d} \approx 137\mathrm{d}$$

分解掉 90% 所需时间(此时瞬时浓度应为原来的 10%)应为

$$t = \frac{1}{k}\ln\frac{1}{1-x} = \frac{1}{0.005\,07\mathrm{d^{-1}}}\ln\frac{1}{1-0.90} \approx 454\mathrm{d}$$

二、二级反应

二级反应的速率与反应物浓度的平方成正比,可能有两种情况:

1. 一种反应物的情况

$$2\mathrm{A} \rightarrow \mathrm{P}$$

速率方程为
$$-\frac{\mathrm{d}c_\mathrm{A}}{\mathrm{d}t} = k_\mathrm{A}c_\mathrm{A}^2 \qquad\qquad (6-13)$$

分离变量,积分
$$\int_{c_\mathrm{A,0}}^{c_\mathrm{A}} -\frac{\mathrm{d}c_\mathrm{A}}{c_\mathrm{A}^2} = \int_0^t k_\mathrm{A}\mathrm{d}t$$

得积分式
$$\frac{1}{c_\mathrm{A}} - \frac{1}{c_\mathrm{A,0}} = k_\mathrm{A}t \qquad\qquad (6-14)$$

半衰期为
$$t_{\frac{1}{2}} = \frac{1}{k_\mathrm{A}}\left(\frac{1}{\frac{1}{2}c_\mathrm{A,0}} - \frac{1}{c_\mathrm{A,0}}\right) = \frac{1}{k_\mathrm{A}c_\mathrm{A,0}} \qquad\qquad (6-15)$$

一种反应物的二级反应的特征:

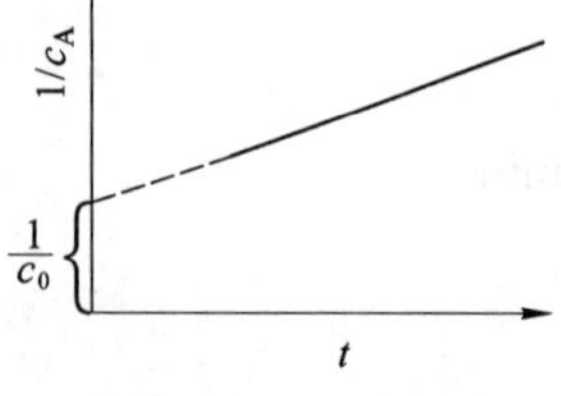

图 6-2 二级反应的 $\frac{1}{c_\mathrm{A}}-t$ 图

(1) 二级反应的速率系数的单位为(浓度)$^{-1}$·(时间)$^{-1}$。

(2) 二级反应的 $\frac{1}{c_\mathrm{A}}$ 与时间 t 为直线关系(图 6-2),直线斜率为 k。

(3) 二级反应的半衰期与反应物初始浓度成反比。

2. 两种反应物的情况

$$\mathrm{A} + \mathrm{B} \rightarrow \mathrm{P}$$

速率方程为
$$-\frac{\mathrm{d}c_\mathrm{A}}{\mathrm{d}t} = k_\mathrm{A}c_\mathrm{A}c_\mathrm{B}$$

如果反应物 A 和 B 的初始浓度相同时,可按情况 1 处理。

如果反应物 A 和 B 的初始浓度不同,设各为 a 和 b,t 时刻后反应物质消耗掉 x,则 A 及 B 的瞬间浓度为 $c_A = a - x$,$c_B = b - x$,则

$$-\frac{\mathrm{d}c_A}{\mathrm{d}t} = -\frac{\mathrm{d}(a-x)}{\mathrm{d}t} = k_A(a-x)(b-x)$$

化简为

$$\frac{\mathrm{d}x}{\mathrm{d}t} = k_A(a-x)(b-x)$$

积分后得到

$$\frac{1}{a-b}\ln\frac{b(a-x)}{a(b-x)} = k_A t \tag{6-16}$$

可见在这种情况下,$\ln\dfrac{a-x}{b-x}$ 与时间 t 成直线关系。半衰期不能对整个反应而言,只能对反应物 A 或 B 分别求出其半衰期。

二级反应最为常见,如氢和碘蒸气的化合及碘化氢气体的分解都是二级反应。又据实验测定,钢液中 Fe_2N 的分解,也是二级反应。

三、n 级反应

下面讨论符合通式 $-\dfrac{\mathrm{d}c}{\mathrm{d}t} = kc^n$ 的 n 级反应及其特点。

$$\int_{c_0}^{c} -\frac{\mathrm{d}c}{c^n} = \int_0^t k\,\mathrm{d}t$$

当 $n \neq 1$ 时,积分结果为

$$kt = \frac{1}{n-1}\left(\frac{1}{c^{n-1}} - \frac{1}{c_0^{n-1}}\right) \tag{6-17}$$

当 $c = \dfrac{1}{2}c_0$ 时,$t = t_{\frac{1}{2}}$,则

$$kt_{\frac{1}{2}} = \frac{1}{n-1}\left(\frac{2^{n-1}}{c_0^{n-1}} - \frac{1}{c_0^{n-1}}\right)$$

$$t_{\frac{1}{2}} = \frac{2^{n-1}-1}{(n-1)kc_0^{n-1}} \tag{6-18}$$

式(6-17)和式(6-18)是 $n \neq 1$ 的任何级数(包括非整数级数)速率方程积分式和半衰期公式的通式。n 级反应的特点是:

(1) $1/c^{n-1}$ 与 t 呈线性关系。

(2) 反应的半衰期 $t_{\frac{1}{2}}$ 与 c_0^{n-1} 成反比。

(3) k 的单位为(浓度)$^{1-n}$ · (时间)$^{-1}$。

零级反应是反应速率与物质的浓度无关的化学反应。一些光化学反应和发生在固体催化剂表面的复相反应可表现为零级反应。例如,气体 NH_3 在钨丝或铂丝上的热分解反应:

$$2NH_3 \longrightarrow N_2 + 3H_2$$

这些反应的速率之所以与物质的浓度无关,主要是因为它们都是在金属催化剂的表面上发生的,若金属表面已被气体分子所饱和,则再增加气相浓度也不能改变表面上反应物的浓度,故反应速率不再依赖于气相浓度。另外,一些光化学反应的速率只与光的强度有关,而与反应物的浓度无关,表现为零级反应。

由表 6-1 可知,当 $c=0$ 时,$t=\dfrac{c_0}{k}$,这说明只有零级反应,反应进行完全所需的时间是有限的,这是零级反应的特征之一。

三级反应比较少见,到目前为止,人们发现的气相反应只有五个,都与 NO 有关,是 NO 与 Cl_2、Br_2、O_2、H_2 和 D_2 的反应。溶液中的三级反应比气相中多,如乙酸或硝基苯溶液中含有不饱和 C═C 键的化合物的加成作用常是三级反应。

用 n 级反应的通式,可以方便地推出零级与三级反应的速率方程式及半衰期表示式。现将一些简单级数反应的速率方程及其特点列于表 6-1,以便查用。

表 6-1　符合通式 $-\dfrac{dc}{dt}=kc^n$ 的各级反应的速率方程及其特点

级数	速率方程		特点		
	微分式	积分式	$t_{\frac{1}{2}}$	直线关系	k 的单位
0	$-\dfrac{dc}{dt}=k$	$kt=-(c-c_0)$	$\dfrac{c_0}{2k}$	$c-t$	(浓度)·(时间)$^{-1}$
1	$-\dfrac{dc}{dt}=kc$	$kt=\ln(c_0/c)$	$\dfrac{\ln 2}{k}$	$\ln\{c\}-t$	(时间)$^{-1}$
2	$-\dfrac{dc}{dt}=kc^2$	$kt=\dfrac{1}{c}-\dfrac{1}{c_0}$	$\dfrac{1}{kc_0}$	$\dfrac{1}{c}-t$	(浓度)$^{-1}$·(时间)$^{-1}$
3	$-\dfrac{dc}{dt}=kc^3$	$kt=\dfrac{1}{2}\left(\dfrac{1}{c^2}-\dfrac{1}{c_0^2}\right)$	$\dfrac{3}{2kc_0^2}$	$\dfrac{1}{c^2}-t$	(浓度)$^{-2}$·(时间)$^{-1}$
n	$-\dfrac{dc}{dt}=kc^n$	$kt=\dfrac{1}{(n-1)}\left(\dfrac{1}{c^{n-1}}-\dfrac{1}{c_0^{n-1}}\right)$ $(n\neq 1)$	$\dfrac{2^{n-1}-1}{(n-1)kc_0^{n-1}}$	$\dfrac{1}{c^{n-1}}-t$	(浓度)$^{1-n}$·(时间)$^{-1}$

四、反应级数的测定

(1) 尝试法。将不同时间所测得反应物质的浓度 c 数据代入各不同级数的速率方程式,计算 k,哪级公式算出的 k 是常数即为此级反应。

(2) 作图法。使反应物初始浓度相等,作 $\ln\{c\}-t$,$\dfrac{1}{c}-t$ 及 $\dfrac{1}{c^2}-t$ 图,根据一级、二级及三级反应公式可知,如果哪一个图出现线性关系,就表示为相应级数的反应。

(3) 半衰期法。测定反应物为不同起始浓度 c_0 及 c_0' 时的半衰期 $t_{\frac{1}{2}}$ 及 $t_{\frac{1}{2}}'$,从下式计算级数:

$$n=\frac{\lg(t_{\frac{1}{2}}'/t_{\frac{1}{2}})}{\lg(c_0/c_0')}+1 \tag{6-19}$$

(4) 微分法。使反应物初始浓度相等,则 $-\dfrac{dc}{dt}=kc^n$,

$$\lg\left(-\frac{\mathrm{d}c}{\mathrm{d}t}\right)=\lg\{k\}+n\lg\{c\} \tag{6-20}$$

故可先测定不同时刻 t 时反应物的瞬间浓度 c，作 c-t 曲线，求出曲线上每一点的切线斜率，即为 $-\dfrac{\mathrm{d}c}{\mathrm{d}t}$，然后作出 $\lg\left(-\dfrac{\mathrm{d}c}{\mathrm{d}t}\right)$-$\lg\{c\}$ 图，应得一直线，从直线斜率可求出级数 n。

S6-2
微分法测定
反应级数

(5) 孤立法。以上四种确定反应级数的方法，通常是直接应用于仅有一种反应物的简单情况。对有两种或两种以上反应物，如

$$\mathrm{A}+\mathrm{B}\longrightarrow \mathrm{Y}+\mathrm{Z}$$

若其微分速率方程为

$$-\frac{\mathrm{d}c_{\mathrm{A}}}{\mathrm{d}t}=k_{\mathrm{A}}c_{\mathrm{A}}^{\alpha}c_{\mathrm{B}}^{\beta}$$

则可采用孤立措施，再应用上述四种方法之一分别确定 α 及 β。

孤立法的原理是可首先确定 α，采取的孤立措施是实验时使 $c_{\mathrm{B},0}\gg c_{\mathrm{A},0}$，于是反应过程中 c_{B} 保持为常数，反应的微分速率方程变为

$$-\frac{\mathrm{d}c_{\mathrm{A}}}{\mathrm{d}t}=k_{\mathrm{A}}' c_{\mathrm{A}}^{\alpha}$$

式中，$k_{\mathrm{A}}'=k_{\mathrm{A}}c_{\mathrm{B}}^{\beta}$，于是采用前述四种方法之一确定级数 α。同理，实验时再使 $c_{\mathrm{A},0}\gg c_{\mathrm{B},0}$，则反应过程中 c_{A} 保持为常数，反应的微分速率方程变为

$$-\frac{\mathrm{d}c_{\mathrm{B}}}{\mathrm{d}t}=k_{\mathrm{B}}'' c_{\mathrm{B}}^{\beta}$$

式中，$k_{\mathrm{B}}''=k_{\mathrm{B}}c_{\mathrm{A}}^{\alpha}$，于是采用前述四种方法之一确定级数 β。

主题二　温度对反应速率的影响

§6-3　温度对反应速率的影响

主题6-2导学
温度对反应
速率的影响

在早期实验中就有人发现，温度对化学反应速率的影响十分显著，几乎所有反应速率都随温度的升高而增大。例如，铁在空气或其他腐蚀介质中的氧化在低温时进行较慢，而升高温度后速率迅速增大。因此，升高或降低温度是控制反应速率最方便有效的方法之一。

§6-3演示文稿
温度对反应
速率的影响

一、范特荷夫规则

从速率方程式 $-\dfrac{\mathrm{d}c}{\mathrm{d}t}=kc_{\mathrm{A}}^{a}c_{\mathrm{B}}^{b}\cdots$ 来看，对同一反应，温度升高使反应速率加快，显然是增加了反应速率系数 k。所以温度对反应速率的影响，主要是影响了 k。由于 k 主要取决于化学反应的本性，所以温度对不同反应速率的影响差异很大。1884 年，范特荷夫 (Van't Hoff) 根据实验归纳出一个经验规则：反应温度每升高 10 K，反应速率约增加 2～4

倍。若以 k_T 表示温度 T 时的速率系数，$k_{(T+10\,K)}$ 表示 $(T+10\,K)$ 时的速率系数，则

$$\frac{k_{(T+10\,K)}}{k_T}=\gamma$$

γ 值约为 2~4，在温度变化范围不大时，可看作常数。若以 $k_{(T+n\cdot10\,K)}$ 表示 $(T+n\cdot10\,K)$ 时的速率系数，则

$$\frac{k_{(T+n\cdot10\,K)}}{k_T}=\gamma^n$$

范特荷夫的经验规则只能粗略地估计一下温度对反应速率的影响。例如对光化学反应、自由基反应、高温冶金反应以及酶催化反应等，范特荷夫规则都不能较好地反应实际情况。

二、阿伦尼乌斯公式

1889 年阿伦尼乌斯（Arrhenius）根据实验提出一个经验公式，揭示了反应速率系数与温度之间的关系：

$$k=Ae^{-E_a/RT} \tag{6-21}$$

或

$$\frac{d\ln\{k\}}{dT}=\frac{E_a}{RT^2} \tag{6-22}$$

此式为阿伦尼乌斯公式的微分式，其不定积分式为

$$\ln\{k\}=\frac{-E_a}{RT}+B \tag{6-23}$$

以上三式中的 E_a 称为活化能，A 称为指前参量，B 为积分常数。

阿伦尼乌斯公式能较好地反映反应速率与温度的关系。由式（6-23）可以看出，若以 $\ln\{k\}$ 对 $\frac{1}{T}$ 作图可得一直线，直线的斜率为 $-\frac{E_a}{R}$，由此可求出活化能 E_a。

若以 k_1 及 k_2 分别代表在温度 T_1 及 T_2 时的速率系数，同时认为 E_a 是常量，则根据式（6-22）做定积分可得

$$\ln\frac{k_2}{k_1}=\frac{E_a}{R}\left(\frac{1}{T_1}-\frac{1}{T_2}\right) \tag{6-24}$$

利用上式，若已知两个温度下的速率系数 k，可求出反应的活化能 E_a。也可从已知活化能和某一温度时的 k 值求出另一温度下的 k。

阿伦尼乌斯公式的应用范围很广，由于它本身就是经验公式，故只要反应速率是随温度升高而增加，不论是基元反应或复杂反应都可应用。

以上讨论的是温度对反应速率影响的一般情况，但也有一些更为复杂的特殊情况，这种影响归纳起来大致有如图 6-3 所示的五种类型。

第 Ⅰ 类曲线符合阿伦尼乌斯方程，故称为阿伦尼乌斯类型，它占反应的大多数。

第 Ⅱ~Ⅳ 类不符合阿伦尼乌斯方程。

第 Ⅱ 类是有爆炸极限的化学反应。此类反应在开始时温度影响较小，当升高到一定温度时，反应速率急剧增大，发生爆炸。

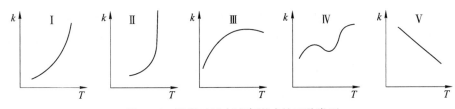

图6-3 温度对反应速率影响的五种类型

第Ⅲ类多为受吸附速率控制的多相催化反应（例如催化加氢反应），在温度不高的情况下，反应速率随温度升高而增大，但温度达到一定数值时，温度升高，反应速率反而下降，这可能是由于高温对催化剂有不利影响所致。酶催化反应也多属于这一类型。

第Ⅳ类是在碳氧化反应中发现的。当温度升高时，可能有副反应发生而复杂化。

第Ⅴ类是反常的，因反应的表现活化能为负值，所以反应速率随温度的升高而呈指数关系下降，如 NO 氧化为 NO_2 的反应即属于此。

S6-3
表现反应活化能计算实例

【例6-3】 已知反应：

$$CH_3CH(OH)CH = CH_2 \rightleftharpoons CH_2 = CH-CH = CH_2 + H_2O$$

在不同温度下测得的速率系数 k 如下：

T/K	773.5	786	797.5	810	824	834
$k/(\times 10^{-3}\ s^{-1})$	1.63	2.95	4.19	8.13	14.9	22.2

试用作图法求该反应的活化能 E_a 及指前参量 A。

解：先将所给数据换算为 $\ln(k/s^{-1})$ 和 $\frac{1}{T}$，再作 $\ln(k/s^{-1})-\frac{1}{T}$ 图，由直线斜率求出 E_a，然后将 E_a 及某温度下的 k 代入式（6-21）可求得 A。

$\frac{1}{T}/(\times 10^{-3}\ K^{-1})$	1.29	1.27	1.25	1.23	1.21	1.20
$\ln/(k/s^{-1})$	-6.42	-5.83	-5.48	-4.81	-4.21	-3.81

作 $\ln(k/s^{-1})-\frac{1}{T}$ 图如图6-4。

由图6-4求得斜率 $m = -28\,677\ K$，所以

$$E_a = -mR = (28\,677 \times 8.314\,5)J \cdot mol^{-1}$$

$$= 238\ kJ \cdot mol^{-1}$$

将 $E_a = 238\ kJ \cdot mol^{-1}$，$T = 810\ K$ 及 $k = 8.13 \times 10^{-3}\ s^{-1}$ 代入式（6-21）得 $A = 1.81 \times 10^{13}\ s^{-1}$。

【例6-4】 已知甲、乙两反应的活化能分别为 $40\ kJ \cdot mol^{-1}$ 和 $200\ kJ \cdot mol^{-1}$，求：

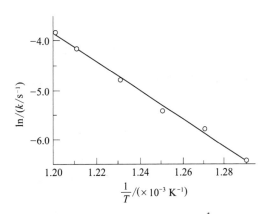

图6-4 例6-3的 $\ln(k/s^{-1})-\frac{1}{T}$ 图

(1) 在 $500\,\mathrm{K}$ 时,温度同样升高 $10\,\mathrm{K}$,反应甲和乙的 $k(T+10\,\mathrm{K})/k(T)$ 各为多少?

(2) 在 $500\,\mathrm{K}$ 时,两反应的速率系数之比为多少(设两反应的指前参量 A 近似相等)?

解:(1) $k(T+10\,\mathrm{K})/k(T)=A\mathrm{e}^{-E_a/R\times(T+10\,\mathrm{K})}/(A\mathrm{e}^{-E_a/RT})$

$$=\exp[E_a\times10\,\mathrm{K}/RT\times(T+10\,\mathrm{K})]$$

所以,若 $E_a=40\,\mathrm{kJ\cdot mol^{-1}}$,则

$$k(T+10\,\mathrm{K})/k(T)=\exp[40\,000\,\mathrm{J\cdot mol^{-1}}\times10\,\mathrm{K}/8.314\,5\,\mathrm{J\cdot mol^{-1}}\times500\times510\,\mathrm{K}]$$

$$=1.21$$

若 $E_a=200\,\mathrm{kJ\cdot mol^{-1}}$,同理可求出

$$k(T+10\,\mathrm{K})/k(T)=2.57$$

(2) $k_乙/k_甲=A_乙\mathrm{e}^{-E_{a,乙}/RT}/(A_甲\mathrm{e}^{-E_{a,甲}/RT})$

$$=\exp[(E_{a,甲}-E_{a,乙})/RT]$$

$$=\exp[(40\,000-200\,000)\,\mathrm{J\cdot mol^{-1}}/(8.314\,5\times500)\,\mathrm{J\cdot mol^{-1}}]$$

$$=1.93\times10^{-17}$$

或 $$k_甲/k_乙=5.18\times10^{16}$$

【例 6-5】 假设反应的活化能 $E_a=100\,\mathrm{kJ\cdot mol^{-1}}$,反应系统温度波动范围分别为 $\pm1\,\mathrm{K}$ 和 $\pm0.2\,\mathrm{K}$,试计算反应温度分别为 $300\,\mathrm{K}$ 和 $1\,800\,\mathrm{K}$ 时温度的相对误差及速率系数的相对误差各为多少?

解:温度的相对误差为 $\dfrac{\Delta T}{T}\times100\%$,则当 $T=300\,\mathrm{K}$ 时

$$(\pm1\,\mathrm{K}/300\,\mathrm{K})\times100\%=\pm0.33\%$$

$$(\pm0.2\,\mathrm{K}/300\,\mathrm{K})\times100\%=\pm0.07\%$$

而当 $T=1\,800\,\mathrm{K}$ 时:

$$(\pm1\,\mathrm{K}/1\,800\,\mathrm{K})\times100\%=\pm0.06\%$$

$$(\pm0.2\,\mathrm{K}/800\,\mathrm{K})\times100\%=\pm0.01\%$$

速率系数的测量误差可表示为 $\Delta k/k$,且有

$$\Delta k/k=(E_a/RT)\times(\Delta T/T)$$

当 $T=300\,\mathrm{K}$,ΔT 分别为 $\pm1\,\mathrm{K}$ 及 $\pm0.2\,\mathrm{K}$ 时

$$(\Delta k/k)_{\pm1\,\mathrm{K}}=\frac{100\,000\,\mathrm{J\cdot mol^{-1}}}{(8.314\,5\times300)\,\mathrm{J\cdot mol^{-1}}}\times(\pm0.33\%)=\pm13.4\%$$

同理 $$(\Delta k/k)_{\pm0.2\,\mathrm{K}}=\pm2.81\%$$

当 $T=1\,800\,\mathrm{K}$,ΔT 分别为 $\pm1\,\mathrm{K}$ 及 $\pm0.2\,\mathrm{K}$ 时

$$(\Delta k/k)_{\pm 1\,K} = \frac{100\,000\,J \cdot mol^{-1}}{(8.314\,5 \times 1\,800)J \cdot mol^{-1}} \times (\pm 0.06\%) = \pm 0.40\%$$

同理 $$(\Delta k/k)_{\pm 0.2\,K} = \pm 0.07\%$$

　　计算结果表明:在动力学研究中温度的控制十分重要。在 $T=300\,K$ 时,$\pm 0.33\%$ 的温度误差可引起 k 的 $\pm 13.4\%$ 的误差! 而在 $1\,800\,K$ 下,$\pm 0.06\%$ 的温度误差可使 k 的测量误差为 $\pm 0.4\%$;计算结果也表明:在研究低温反应动力学时对温度控制精度的要求比高温反应时要严格得多。

§6-4　活 化 能

§6-4演示文稿

活化能

一、活化能 E_a 及指前参量 A 的定义

　　上节式(6-21)中的 E_a 称为活化能或经验活化能,A 称为指前参量。活化能和指前参量定义为

$$E_a \stackrel{\mathrm{def}}{=\!=\!=} RT^2(\mathrm{d}\ln k/\mathrm{d}T) \tag{6-25}$$

$$A \stackrel{\mathrm{def}}{=\!=\!=} k\,e^{E_a/RT} \tag{6-26}$$

按照定义,E_a 由 k 和 T 的实验数据计算,再由求出的 E_a 计算 A。阿伦尼乌斯把 E_a 和 A 看作与温度无关。

二、基元反应活化能的概念

　　上节例 6-4 计算结果表明:E_a 对反应速率系数影响很大。E_a 越大,k 越小(T 相同时),E_a 是化学反应的阻力。阿伦尼乌斯设想在一个化学反应系统中,分子相互作用的首要条件是彼此必须相互接触并发生碰撞。由于分子彼此碰撞频率非常大,若每次碰撞都能发生反应,则一切反应都将在瞬间完成。然而实际并非如此。所以,阿伦尼乌斯认为在化学反应中,并不是所有的分子都能发生反应,只有少数的比一般分子平均能量更高的分子发生碰撞,才能产生反应。这种分子称为活化分子。活化分子应具有的平均能量与一般分子的平均能量之差称为活化能。这就是说,一般分子只有获得一定的能量(即活化能)后,才能成为活化分子而具有进行化学反应的能力,活化分子的能量愈高,分子愈活泼。图 6-5 表示反应物 A 变成产物 C 的反应,A分子的平均能量为 Ⅰ,产物 C 分子的平均能量为 Ⅱ,设 Ⅰ大于 Ⅱ,则反应物变为产物时将同时放出能量(表现为放热)。看来这反应是容易进行的,但是具有平均能量 Ⅰ 的A 分子并不能直接变为产物 C,必须是能量达到或超过Ⅲ的活化 A 分子才有发生化学反应变为 C 的能力。能量Ⅲ与Ⅰ之差就是反应 A→C 的活化能 $(E_a)_1$。同理发生逆反应 C→A 时,能量Ⅲ与Ⅱ之差就是逆反应的活化能 $(E_a)_{-1}$。

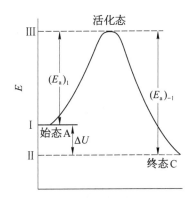

图 6-5　活化能示意图

三、对基元反应活化能的统计解释 *

托尔曼(Tolman)从统计力学的观点出发对基元反应的活化能作出如下解释:活化能 E_a 是一个统计量。经典动力学研究的系统中总含有数目巨大的分子,处于不同能级的分子的反应性能是不一样的,可以用 $k(E)$ 表示能量为 E 的分子的反应速率系数,称为微观速率系数,用宏观实验方法测得的速率系数 $k(T)$ 是各种 $k(E)$ 的统计平均。按照平均值的定义:

$$k(T) = \langle k(E) \rangle = \int_0^\infty f(E)k(E)\mathrm{d}E$$

式中,$f(E)\mathrm{d}E$ 为能量在 E 到 $(E+\mathrm{d}E)$ 之间的分子的概率。托尔曼利用统计热力学方法及 E_a 的定义式,即式 6-25,推出下面的结果:

$$E_a = \langle E^{\neq} \rangle - \langle E \rangle \tag{6-27}$$

式中,$\langle E \rangle$ 是反应物分子的平均能量,即图 6-5 中的 $E(\mathrm{I})$,而 $\langle E^{\neq} \rangle$ 就是活化分子的平均能量,即图 6-5 中的能量 $E(\mathrm{III})$。式(6-27)用文字表述为:基元反应的活化能 E_a 为活化分子的平均能量 $\langle E^{\neq} \rangle$ 与一般分子的平均能量 $\langle E \rangle$ 之差。这就是托尔曼对基元反应活化能的统计解释。由于 $\langle E^{\neq} \rangle$ 和 $\langle E \rangle$ 都是温度的函数,故 E_a 也是温度的函数。若温度变化不大,则 $\langle E^{\neq} \rangle$ 和 $\langle E \rangle$ 的变化彼此有所抵消,表现为 E_a 接近常量。符号 $\langle\ \rangle$ 为平均值的意思。

一般分子吸收能量可变为活化分子。从这个意义上讲活化能 E_a 是一般分子变为活化分子必须"爬上的能峰"。"能峰"越高(即 E_a 越大)分子"爬上去"越困难,一般分子越不易活化。非基元反应(复合反应)的活化能称为表观活化能,托尔曼对基元反应活化能的统计解释不适合于复合反应。但对复合反应,活化能仍具有"能峰"的意义。

【例 6-6】 反应 $2\mathrm{HI} \Longleftrightarrow \mathrm{H}_2 + \mathrm{I}_2$ 在 575 K 及 781 K 进行时,正反应速率系数分别为 1.22×10^{-6} 及 3.95×10^{-2} $\mathrm{dm}^3 \cdot \mathrm{mol}^{-1} \cdot \mathrm{s}^{-1}$;逆反应速率系数分别为 2.45×10^{-4} 及 $0.950\,\mathrm{dm}^3 \cdot \mathrm{mol}^{-1} \cdot \mathrm{s}^{-1}$。计算:(1) HI 分解反应活化能;(2) HI 分解反应的阿伦乌斯公式中指前参量 A;(3) $\mathrm{H}_2 + \mathrm{I}_2 \longrightarrow 2\mathrm{HI}$ 反应活化能。

解:(1) $\ln \dfrac{k_2}{k_1} = \dfrac{E_a}{R}\left(\dfrac{1}{T_1} - \dfrac{1}{T_2}\right)$

所以 HI 分解反应的活化能 $E_{a,1}$ 为

$$E_{a,1} = \frac{8.3145\,\mathrm{J} \cdot \mathrm{mol}^{-1} \cdot \mathrm{K}^{-1} \times 575\,\mathrm{K} \times 781\,\mathrm{K}}{206\,\mathrm{K}} \ln \frac{3.95 \times 10^{-2}\,\mathrm{dm}^3 \cdot \mathrm{mol}^{-1} \cdot \mathrm{s}^{-1}}{1.22 \times 10^{-6}\,\mathrm{dm}^3 \cdot \mathrm{mol}^{-1} \cdot \mathrm{s}^{-1}}$$

$$= 188\,\mathrm{kJ} \cdot \mathrm{mol}^{-1}$$

(2) $\ln(k/\mathrm{dm}^3 \cdot \mathrm{mol}^{-1} \cdot \mathrm{s}^{-1}) = \ln(A/\mathrm{dm}^3 \cdot \mathrm{mol}^{-1} \cdot \mathrm{s}^{-1}) - E_a/RT$

所以 HI 分解反应的指前参量 A 为

$$\ln(A/\mathrm{dm}^3 \cdot \mathrm{mol}^{-1} \cdot \mathrm{s}^{-1}) = \ln(3.95 \times 10^{-2}) + \frac{188\,000\,\mathrm{J} \cdot \mathrm{mol}^{-1}}{8.3145\,\mathrm{J} \cdot \mathrm{mol}^{-1} \cdot \mathrm{K}^{-1} \times 781\,\mathrm{K}}$$

---

* 此部分为选学内容。

所以 $\qquad A = 1.47 \times 10^{11}\ \mathrm{dm^3 \cdot mol^{-1} \cdot s^{-1}}$

(3) $H_2 + I_2 \longrightarrow 2HI$ 反应的活化能 $E_{a,-1}$ 为

$$E_{a,-1} = \frac{8.314\,5\ \mathrm{J \cdot mol^{-1} \cdot K^{-1}} \times 575\ \mathrm{K} \times 781\ \mathrm{K}}{206\ \mathrm{K}} \ln \frac{0.95\ \mathrm{dm^3 \cdot mol^{-1} \cdot s^{-1}}}{2.45 \times 10^{-4}\ \mathrm{dm^3 \cdot mol^{-1} \cdot s^{-1}}}$$

$$= 150\ \mathrm{kJ \cdot mol^{-1}}$$

主题 6-3 导学
反应机理

§6-5 演示文稿
反应速率理论

S6-4
交叉分子束
技术

主题三 反应机理

§6-5 反应速率理论

最早的反应速率理论是简单碰撞理论,建立于 20 世纪 20 年代,用来计算双分子反应的速率系数,并用碰撞频率概念解释和计算指前参量 A。活化络合物理论(或过渡状态理论)产生于 1930—1935 年,它借助于量子化学和统计热力学方法提供了从理论上计算指前参量 A 和 E_a 的可能性。分子反应动力学理论是 20 世纪 60 年代后期发展起来的,它着重从分子水平上给出动力学信息。各种反应速率理论都致力于从理论上研究反应速率并计算 k,都以基元反应为研究对象。下面分别做简介。

一、简单碰撞理论

气体分子热运动线速率达每秒数百米,而迁移距离很短。如 298 K、100 kPa 下的 O_2 分子,线速率为 443 m·s^{-1},而移动距离只有 0.006 m·s^{-1}。两者差距如此之大是因为分子在频繁碰撞中不断改变运动方向之故。单位时间内物质 A 的一个分子与其他分子的碰撞次数称为碰撞频率,以 Z_A 表示。单位时间单位体积内所有同种分子 A 与 A 或所有异种分子 A 与 B 的总碰撞次数称为碰撞数,以 Z_{A-A} 或 Z_{A-B} 表示。

简单碰撞理论的基本假设为:

(1) 分子可视为无内部结构的刚球,无相互作用(碰撞除外)。

(2) 分子必须通过碰撞才可能发生反应。

(3) 相撞分子对的能量只有达到或超过某一最低值 ε_0(称为阈能)才能发生反应,能发生反应的碰撞称为活化碰撞。

(4) 在反应过程中反应分子的速率分布始终遵守麦克斯韦-玻尔兹曼分布。按照基本假设,对于气相双分子反应 $A + B \longrightarrow Y$(产物),反应速率可表示为

$$\upsilon = 总碰撞数 \times 活化碰撞百分率 = Z_{A-B} \times f \qquad (6-28)$$

式中,Z_{A-B} 可用分子运动论计算。$Z_{A-B} = BT^{1/2}c_A c_B$。系数 B 是与分子直径、分子质量有关的常量。

$$f = \frac{活化分子数\ N^*}{总分子数\ N} = \mathrm{e}^{-E_0/RT} \qquad (6-29)$$

E_0 是活化 1 mol 反应物分子所需能量,称为摩尔阈能 $(E_0 = L\varepsilon_0)$。则式(6-28)变为

$$\upsilon = BT^{1/2}\mathrm{e}^{-E_0/RT}c_\mathrm{A}c_\mathrm{B} \tag{6-30}$$

与二级基元反应的速率公式 $\upsilon = k(T)c_\mathrm{A}c_\mathrm{B}$ 比较,则

$$k(T) = BT^{1/2}\mathrm{e}^{-E_0/RT} = Z_0\mathrm{e}^{-E_0/RT} \tag{6-31}$$

式(6-31)是简单碰撞理论的数学表达式。Z_0 是一个与碰撞频率有关的物理量。将式(6-31)与阿伦尼乌斯方程即式(6-21)比较可以看出,阿伦尼乌斯方程中的指前参量 A 相当于 Z_0,故又称为频率因子;指数项 $\mathrm{e}^{-E_a/RT}$ 与 $\mathrm{e}^{-E_0/RT}$ 相当,故称为活化碰撞百分率。

　　对于一些组成和结构比较简单的分子所发生的反应,由碰撞理论计算的 k 值与实验值比较一致,但对于具有复杂结构的分子参加的反应,理论计算值往往比实验值大,有的甚至差几千万倍。因此,为了使式(6-31)更符合实际,再乘以一个校正因子 P:

$$k = PZ_0\mathrm{e}^{-E_0/RT} \tag{6-32}$$

P 值在 $1\sim10^{-9}$ 之间,称为方位因子、概率因子或空间因子。有人解释这是因为反应分子在碰撞时必须取一定的方位才有效,否则即使能量足够大($\geqslant E_0$)也不能发生反应。所以,P 称为方位因子;又因分子的空间排列对碰撞有一定影响,故又称空间因子。实际上 P 只是一个校正偏差的因子,它包括一切没有考虑到的因素。可以把它看作是活化分子能有效发生反应的概率,故又称概率因子。

　　简单碰撞理论的优点是分子模型简单直观,清楚地表达了影响反应速率系数的三个因素:碰撞因素、能量因素和概率因素,定性地解释阿伦尼乌斯方程中的指前参量 A 及 $\mathrm{e}^{-E_a/RT}$ 是成功的。其缺点是把分子视为无内部结构的刚性硬球,未能反映分子结构因素,因而对复杂分子参加的反应计算值与实验值偏差较大,从定量上看是不成功的。

S6-5

飞秒化学

二、活化络合物理论或过渡状态理论*

　　这个理论在 1932 年提出,又称为绝对反应速率理论。其基本观点如下:

　　化学反应中从反应物变为产物,并不是反应分子通过简单碰撞在瞬间就完成的,而是随着反应分子的相互趋近,需要经过原有键的逐渐削弱以致断裂,新键的逐步产生直至形成的过程。亦即化学键重新排列、能量重新分配的过程。在此过程中反应系统必将经过一个介乎反应物与产物之间的过渡状态,称为活化络合物。以基元反应 A+BC⟶AB+C 为例:设 A 原子沿 B—C 分子的轴线方向趋近于 B,则随着 A—B 间距离的逐渐缩小,B—C 间键逐渐松弛而削弱,而 A—B 间新键逐步形成并加强。到一定程度时,出现一个过渡状态的活化络合物 $[\mathrm{A}\cdots\mathrm{B}\cdots\mathrm{C}]^{\neq}$。此时旧的 B—C 键将断而未断,新的 A—B 键则还没有完全建立,活化络合物中的 B 原子既属于 BC 分子也属于 AB 分子,但 B 离开 A 及 C 的距离都比相应的稳定分子键长更大,因而更弱。同时活化络合物的形成需要供给能量以克服斥力并调整价键,故活化络合物处于高能状态,所以它很不稳定。如果 A—B 间距能进一步缩短,B—C 距离进一步拉长,则活化络合物就会分解,使 B—C 键完全断裂并形成稳定的产物 AB 分子,整个变化过程就完成了。以上过程大致可表示如下:

　　＊　此部分为选学内容。

$$\underset{\text{(反应物)}}{A + BC} \xrightarrow[\substack{\text{旧键逐渐削弱}\\\text{新键逐渐产生}}]{\text{A 沿轴线方向趋近 B}} \underset{\substack{\text{(活化络合物)}\\\text{能量高，不稳定}}}{[A\cdots B\cdots C]^{\neq}} \xrightarrow{\text{分解}} \underset{\text{(产物)}}{AB + C}$$

按照上面的模型，反应速率应取决于活化络合物分解形成产物的速率，艾林(Eyring)等假定活化络合物与反应物之间存在着平衡[①]，即

$$A + BC \rightleftharpoons [A\cdots B\cdots C]^{\neq}$$

用统计力学方法可以导出反应速率系数为

$$k = \frac{RT}{Lh}K^{\neq} \tag{6-33}$$

式中，$K^{\neq} = c^{\neq}/c_A \cdot c_{BC}$（$c^{\neq}$指活化络合物浓度）可看作是活化过程的实验平衡常数[②]，h是普朗克(Planck)常数（$h = 6.623 \times 10^{-34}$ J·s）。这就是过渡状态理论的基本公式。

根据 $\Delta G_m^{\ominus} = -RT\ln K^{\ominus}$ 和 $\Delta G_m^{\ominus} = \Delta H_m^{\ominus} - T\Delta S_m^{\ominus}$，应用于活化络合物的形成过程，可得

$$\ln K^{\ominus,\neq} = -\Delta G_m^{\ominus,\neq}/RT = \Delta S_m^{\ominus,\neq}/R - \Delta H_m^{\ominus,\neq}/RT$$

由于通常取 $c^{\ominus} = 1\,\text{mol}\cdot\text{dm}^{-3}$，所以 $K^{\neq} = K^{\ominus,\neq}$，$K^{\ominus} = K(c^{\ominus})^{-\sum\nu_B}$。代入式(6-33)即得反应速率系数为

$$k = \frac{RT}{Lh}e^{\Delta S_m^{\ominus,\neq}/R}e^{-\Delta H_m^{\ominus,\neq}/RT} \tag{6-34}$$

式中，$\Delta S_m^{\ominus,\neq}$ 和 $\Delta H_m^{\ominus,\neq}$ 分别为活化过程的标准摩尔熵变和标准摩尔焓变，称为标准摩尔活化熵和标准摩尔活化焓。将式(6-34)与阿仑尼乌斯公式(6-21)和碰撞理论公式(6-32)相比较，可发现 $\frac{RT}{Lh}e^{\Delta S_m^{\ominus,\neq}/R}$ 相当于式(6-21)中的指前参量 A 或式(6-32)中的 PZ_0，通常 $\frac{RT}{Lh}$ 的数量级为 10^{12} 左右，与 Z_0 大致相当，因此 $e^{\Delta S_m^{\ominus,\neq}/R}$ 与 P 相对应。已知熵是与热力学概率有关的，所以 P 因子是与概率有关的因子。在反应物形成活化络合物时，通常混乱程度减少了，所以 $\Delta S_m^{\ominus,\neq}$ 一般是负值，即 $e^{\Delta S_m^{\ominus,\neq}/R} < 1$，这就解释了 P 值为何小于 1 的缘故。

§6-6 典型的复合反应

由两个或两个以上的基元反应组合而成的反应称为复合反应。复合反应有三种基本类型：平行反应、对行反应和连串反应。本节以由基元反应组合成的复合反应为例，讨论其动力学特征，其动力学处理方法同样适用于由级数已知的复合反应进一步组合而成的更为复杂的反应。

---

① 这个假定不尽合理，但所得结果与较严密的推导是一致的。

② 严格地说，$K^{\neq}$并非真实的平衡常数，而是失去一个振动自由度后的活化络合物与反应物之间的平衡浓度比。

一、平行反应

有一种或几种相同反应物参加的、同时存在的反应称为平行反应。例如

$$\bigcirc\!\!\!\!\!\!-CH_3 + HNO_3 \longrightarrow \begin{cases} \bigcirc\!\!\!\!\!\!-CH_3, NO_2 \\ NO_2-\bigcirc\!\!\!\!\!\!-CH_3 \end{cases} + H_2O$$

平行反应在有机化学反应中较普遍,在其他系统的反应中也常遇到。最简单的是两个平行的一级反应。如

$$A \underset{k_2, E_{a,2}}{\overset{k_1, E_{a,1}}{\diagdown}} \begin{matrix} B & (1) \\ C & (2) \end{matrix}$$

其动力学特征为:

(1) A 的消耗速率等于同时进行的两个反应所消耗 A 的速率之和,即

$$-\frac{\mathrm{d}c_A}{\mathrm{d}t} = k_1 c_A + k_2 c_A = (k_1 + k_2)c_A \tag{6-35}$$

(2) 总反应级数仍为一级,总反应的速率系数 k 为两个平行进行的反应速率系数之和。将式(6-35)积分得

$$\ln \frac{c_{A,0}}{c_A} = (k_1 + k_2)t = kt \tag{6-36}$$

其中
$$k = k_1 + k_2 \tag{6-37}$$

或
$$c_A = c_{A,0} \mathrm{e}^{-(k_1 + k_2)t} \tag{6-38}$$

(3) 若反应开始时仅有反应物 A,任一时刻 t,两产物浓度比值为常数,即

$$c_{B,t}/c_{C,t} = k_1/k_2 \tag{6-39}$$

(4) 温度对两个反应的速率系数的影响往往不同。若 $E_{a,1} > E_{a,2}$,则 k_1/k_2 随温度升高而增大,升温有利于加快反应(1);若 $E_{a,1} < E_{a,2}$,则 k_1/k_2 随温度升高而减小。

二、对行反应

正向和逆向同时进行的反应称为对行反应(或对峙反应、可逆反应)。原则上,一切反应都是对行的。但有些反应平衡常数很大或逆反应很慢而可认为是单向的。最简单的是正反应和逆反应都是一级的对行反应。如

$$CH_3-CH=CH_2 \rightleftharpoons \begin{matrix} CH_2 \\ CH_2-CH_2 \end{matrix}$$

下面以此类对行反应为例介绍其动力学特征:

$$A \underset{k_{-1}}{\overset{k_1}{\rightleftharpoons}} B$$

（1）c_A 的净递减速率为正反应中 c_A 的递减速率与逆反应中 c_A 的递增速率之差，即

$$- \mathrm{d}c_A / \mathrm{d}t = k_1 c_A - k_{-1} c_B \tag{6-40}$$

（2）反应达平衡后，　　$- \mathrm{d}c_A / \mathrm{d}t = 0$，$k_1 c_{A,e} = k_{-1} c_{B,e}$

所以
$$k_1 / k_{-1} = c_{B,e} / c_{A,e} = K_c \tag{6-41}$$

式中，K_c 为反应的"平衡常数"。

（3）若反应开始 A 的浓度为 $c_{A,0}$，且 $c_{B,0} = 0$，则等容下积分式（6-40）得

$$\ln \frac{c_{A,0} - c_{A,e}}{c_{A,t} - c_{A,e}} = (k_1 + k_{-1}) t \tag{6-42}$$

可以看出总反应仍为一级，总反应速率系数为正、逆反应速率系数之和，即 $k = k_1 + k_{-1}$。

（4）对行反应正、逆反应活化能与反应的摩尔热力学能变的关系：

由
$$\frac{k_1}{k_{-1}} = K_c$$

则
$$\ln\{k_1\} - \ln\{k_{-1}\} = \ln\{K_c\}$$

$$\frac{\mathrm{d} \ln\{k_1\}}{\mathrm{d}T} - \frac{\mathrm{d} \ln\{k_{-1}\}}{\mathrm{d}T} = \frac{\mathrm{d} \ln\{K_c\}}{\mathrm{d}T}$$

由阿伦尼乌斯公式和范特荷夫方程[①]，得

$$\frac{E_1}{RT^2} - \frac{E_{-1}}{RT^2} = \frac{\Delta_r U_m}{RT^2}$$

于是
$$E_1 - E_{-1} = \Delta_r U_m \tag{6-43}$$

式中，E_1、E_{-1} 分别为正、逆反应的活化能，$\Delta_r U_m$ 为等容反应摩尔热力学能变。

三、连串反应

当一个反应的部分或全部生成物是下一步反应的部分或全部反应物时，这种反应的组合称为连串反应。例如

$$(CH_3)_2 CO \longrightarrow CH_2 = C = O + CH_4$$

$$CH_2 = C = O \longrightarrow \frac{1}{2} C_2 H_4 + CO$$

---

① 对理想气体混合物反应，其组成亦可用物质的量浓度 c_B 表示。如对理想气体反应 $a A + b B = y Y + z Z$，平衡时亦可有

$$K_c^{\ominus}(T) = \frac{(c_Y^{eq} / c^{\ominus})^y (c_Z^{eq} / c^{\ominus})^z}{(c_A^{eq} / c^{\ominus})^a (c_B^{eq} / c^{\ominus})^b}$$

式中，$c^{\ominus} = 1 \, \mathrm{mol} \cdot \mathrm{dm}^{-3}$，称为 B 的标准量浓度，$K_c^{\ominus}(T)$ 为平衡常数。

相应可有

$$\frac{\mathrm{d} \ln K_c^{\ominus}(T)}{\mathrm{d}T} = \frac{\Delta_r U_m^{\ominus}(T)}{RT^2}$$

此公式也叫范特荷夫方程。不过由于物质的量浓度 c_B 随温度而变，因而在热力学研究中很少用到，由 c_B 表示的热力学公式由于缺少相关热力学数据，因此也就无计算意义。

最简单的是由两个一级反应组成的连串反应：

$$A \xrightarrow{k_1} B \xrightarrow{k_2} C$$

微分动力学方程为

$$-\frac{\mathrm{d}c_A}{\mathrm{d}t} = k_1 c_A \tag{6-44}$$

$$\mathrm{d}c_B/\mathrm{d}t = k_1 c_A - k_2 c_B \tag{6-45}$$

$$\mathrm{d}c_C/\mathrm{d}t = k_2 c_B \tag{6-46}$$

设反应开始只有 A，浓度为 $c_{A,0}$，积分上式得

$$c_A = c_{A,0} e^{-k_1 t} \tag{6-47}$$

$$c_B = [k_1 c_{A,0}/(k_2 - k_1)](e^{-k_1 t} - e^{-k_2 t}) \tag{6-48}$$

$$c_C = c_{A,0}[1 - (k_2 e^{-k_1 t} - k_1 e^{-k_2 t})/(k_2 - k_1)] \tag{6-49}$$

以 c_A、c_B、c_C 对时间 t 作图，如图 6-6 所示。

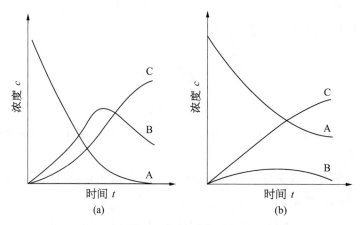

图 6-6　连串反应 $A \xrightarrow{k_1} B \xrightarrow{k_2} C$ 的浓度-时间曲线

由图 6-6 得，若 $k_1 \gg k_2$[图 6-6(a)]，说明 A 变为 B 比 B 变为 C 快，B 可积累至较高浓度，式(6-49)简化为

$$c_C = c_{A,0}(1 - e^{-k_2 t}) \tag{6-50}$$

若目的产物是 B，则反应时间不宜过长。若 $k_1 \ll k_2$[图 6-6(b)]，说明 A 变为 B 较慢，而 B 生成后会立即变为 C。B 的浓度积累不高，而且在一段时间内 B 的浓度能稳定在一个较低水平，式(6-49)简化为

$$c_C = c_{A,0}(1 - e^{-k_1 t}) \tag{6-51}$$

在连串反应中，若其中有一步的速率系数对总反应速率系数起着决定性影响，则该步

骤称之为速率控制步骤。速率控制步骤是化学动力学的重要概念之一,无论在理论研究或是生产实践中都有重要意义。

§6-7　复合反应近似处理方法

§6-7演示文稿

复合反应近似处理方法

反应机理就是反应的中间历程。上面已指出大多数反应是由基元反应按上述三种基本类型组合而成的,研究反应机理就是要确定这种组合关系,从而控制反应,使反应以我们期望的方式进行。

确定反应机理要有充分的事实根据,要依靠各种资料和现象的研究与分析,不能凭空想象。一个可能的机理必须能解释从实验测得的反应速率方程式。但应指出同一反应往往可用几种不同的机理来解释,所以即使一个机理能够满意地说明一些事实,也不能排除存在其他机理的可能性。事实上所提出的机理只是客观实际的一个简化模型。

前面已指出,如果反应的级数与按反应式从质量作用定律写出的相符,则可能是基元反应;但也可能是复合反应,而只是反应总结果的级数与质量作用定律所示巧合。如果反应级数与按反应式所示不符,则肯定是个复合反应。

一、平衡态近似法

如图 6-6(a)所示,在一段时间内,B 的生成速率大于其消耗速率,则 B 可积累达到较高浓度。此种情况可用平衡态近似法处理。设复合反应 A+B══C 的机理可表示为

$$① \ A+B \underset{k_{-1}}{\overset{k_1}{\rightleftharpoons}} D \quad (快)$$

$$② \ D \xrightarrow{k_2} C \quad (慢)$$

按平衡态近似法处理,由于反应①很快,②很慢,故反应①能近似维持平衡。速率方程为

$$-dc_A/dt = k_1 c_A c_B - k_{-1} c_D$$
$$dc_C/dt = k_2 c_D \tag{6-52}$$

平衡时有 $-dc_A/dt = 0$,故 $c_D/c_A c_B = k_1/k_{-1} = K_c$,所以有

$$c_D = (k_1/k_{-1})c_A c_B = K_c c_A c_B \tag{6-53}$$

代入(6-52)得

$$dc_C/dt = (k_2 k_1/k_{-1})c_A c_B = k c_A c_B \tag{6-54}$$

其中
$$k = k_2 k_1/k_{-1} \tag{6-55}$$

二、稳态近似法

仍以反应 A+B══C 为例,设机理为

$$① \qquad\qquad A+B \xrightarrow{k_1} D \qquad\qquad (慢)$$

$$② \qquad\qquad D \xrightarrow{k_{-1}} A+B \qquad (较快)$$

$$③ \qquad\qquad D \xrightarrow{k_2} C \qquad\qquad (快)$$

该机理的特点是,中间物 D 不易积累,在反应过程的一段时间内 D 保持一定的低浓度[图

6-6(b)的 c_B]且变化很小。动力学中把反应中间物种的浓度很低且又近似不随时间改变的阶段称为稳态(或稳定态)。稳态建立后有 $dc_D/dt = 0$,即

$$k_1 c_A c_B - k_{-1} c_D - k_2 c_D = 0$$

$$c_D = k_1 c_A c_B / (k_2 + k_{-1})$$

代入式(6-52)得　　　　　$dc_C/dt = [k_1 k_2 / (k_2 + k_{-1})] c_A c_B \qquad (6-56)$

令　　　　　　　　　　　$k = k_1 k_2 / (k_2 + k_{-1}) \qquad (6-57)$

则　　　　　　　　　　　　　$dc_C/dt = k c_A c_B \qquad (6-58)$

　　两种近似法对反应机理的假设不同,所得速率方程也有差别。选用何种近似法进行处理要看哪种近似法所得速率方程更接近实验结果而定。若按照假定的机理采用某种近似处理所得速率方程与实验方程相同,则假定的反应机理是可行的,但不一定是唯一的,因为对应某一速率方程可能有不同的机理。

　　【例6-7】　实验测定反应 $2NO + O_2 \rightleftharpoons 2NO_2$ 的速率方程为 $dc(NO_2)/dt = k[c(NO)]^2 c(O_2)$,有人提出一种可能的反应机理为

$$NO + NO \underset{k_{-1}}{\overset{k_1}{\rightleftharpoons}} N_2 O_2$$

$$N_2 O_2 + O_2 \overset{k_2}{\longrightarrow} 2NO_2$$

试按近似方法导出速率方程并与实验方程比较。

　　解:按平衡态近似法处理,设 $k_{-1} \gg k_1 \gg k_2$,则有

$$dc(NO_2)/dt = (2k_1 k_2 / k_{-1})[c(NO)]^2 c(O_2)$$

若按稳态法处理,设 $k_2 \gg k_{-1}$,$k_{-1} > k_1$,则得速率方程

$$dc(NO_2)/dt = 2k_1 k_2 [c(NO)]^2 c(O_2) / [k_{-1} + k_2 c(O_2)]$$

可以看出,平衡态近似法所得结果与实验一致。

三、复合反应的表观活化能

　　第五节中对基元反应的活化能作了简单介绍,现在定量考察复合反应的表观活化能与基元反应活化能的关系。以式(6-55)即 $k = k_1 k_2 / k_{-1}$ 为例:

将 $k = \dfrac{k_1 k_2}{k_{-1}}$ 取对数,得

$$\ln\{k\} = \ln\{k_1\} + \ln\{k_2\} - \ln\{k_{-1}\}$$

再对温度 T 微分,有

$$\frac{d\ln\{k\}}{dT} = \frac{d\ln\{k_1\}}{dT} + \frac{d\ln\{k_2\}}{dT} - \frac{d\ln\{k_{-1}\}}{dT}$$

由 $\dfrac{d\ln\{k\}}{dT} = \dfrac{E_a}{RT^2}$,则有

$$\frac{E_a}{RT^2} = \frac{E_1}{RT^2} + \frac{E_2}{RT^2} - \frac{E_{-1}}{RT^2}$$

则
$$E_a = E_1 + E_2 - E_{-1} \tag{6-59}$$

可见,对于这种情况,复合反应的表观活化能 E_a 等于各基元反应活化能的代数和。但并非都是如此,由式(6-57)就得不到这一结论。应该明确,大部分复合反应的表观活化能是靠实验测定获得的。

§6-8 链 反 应

§6-8演示文稿
链反应

一、链反应的特点

链反应是动力学中的一类特殊的反应。这种反应一经开始,就可自动连续进行下去。在链反应中起主要作用的是一些极不稳定的、高度活泼的自由原子、自由基或活化分子,称为链锁传递物。由于它们很活泼又具有高能量,非常容易与其他分子(或原子)作用。它们在反应中形成产物,同时产生出新的链锁传递物。这些新的传递物又很快地参加反应,生成产物并再生出新的传递物。如此继续就使反应以链锁的形式不断进行,在短时间内大多数分子发生了反应,表现出很大的反应速率。但链锁传递物可能在各种反应中销毁,即失去多余的能量变为稳定的分子,使反应速率减小甚至停止。由此可见链反应的机理包括下面三个基本步骤:

(1) 链的开始(引发)。通过一定方法产生或引入链锁传递物。通常可以用加热、光照、放射线冲击、加入引发剂等办法引发。

(2) 链的传递(发展)。链锁传递物参加反应,生成产物并在反应中再生出新的传递物,把反应自动传递下去。若一个传递物参加反应再生出一个新传递物的反应称为直链反应。若一个传递物参加反应再生出两个或两个以上新传递物的反应称为支链反应。

(3) 链的终止(销毁)。链锁传递物被销毁,链即中断了。当传递物与器壁或空间中尘粒等惰性分子碰撞,把多余的能量传给它们,而自己变成稳定分子,则链终止。因此,链的销毁可分为器壁销毁和空间销毁两种。

二、直链反应

下面以 $H_2 + Br_2 \Longrightarrow 2HBr$ 为例,说明怎样从反应机理建立动力学方程式。波登斯坦(Bodenstein)等经实验测定其速率方程式(以 HBr 的浓度增长率计)为

$$\frac{dc(HBr)}{dt} = \frac{kc(H_2)[c(Br_2)]^{\frac{1}{2}}}{1 + k'[c(HBr)/c(Br_2)]}$$

1919 年,克利斯汀森(Christiansen)等提出此反应的机理为

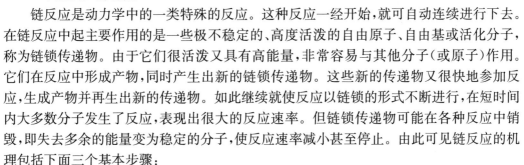

① $Br_2 \xrightarrow{k_1} 2Br$ 链的开始

② $Br + H_2 \xrightarrow{k_2} HBr + H$ 慢 ⎫

③ $H + Br_2 \xrightarrow{k_3} HBr + Br$ 快 ⎬ 链的传递

④ $H + HBr \xrightarrow{k_4} H_2 + Br$ 快 ⎭

⑤ $Br + Br \xrightarrow{k_5} Br_2$ 　　　　　　链的终止

根据上述机理，HBr 的形成速率应为

$$\frac{dc(HBr)}{dt} = k_2 c(Br) c(H_2) + k_3 c(H) c(Br_2) - k_4 c(HBr) c(H) \tag{6-60}$$

式中出现的 $c(H)$ 和 $c(Br)$ 中两个自由原子，是总反应式中所没有的，必须消去。由于自由原子很活泼，一旦生成立刻又参加反应消耗掉，故应用稳态近似处理，可以写出

$$\frac{dc(Br)}{dt} = k_1 c(Br_2) - k_2 c(Br) c(H_2) + k_3 c(H) c(Br_2) + k_4 c(H) c(HBr) - k_5 c(Br)^2 = 0 \tag{6-61}$$

$$\frac{dc(H)}{dt} = k_2 c(Br) c(H_2) - k_3 c(H) c(Br_2) - k_4 c(H) c(HBr) = 0 \tag{6-62}$$

解得　　　　　　　　　　　$$c(Br) = \sqrt{\frac{k_1}{k_5}} \cdot \left[c(Br_2) \right]^{\frac{1}{2}}$$

$$c(H) = \frac{k_2 \sqrt{k_1/k_5}\, c(H_2) \left[c(Br_2) \right]^{\frac{1}{2}}}{k_3 c(Br_2) + k_4 c(HBr)}$$

将 $c(H)$ 和 $c(Br)$ 代入式 (6-60) 得

$$\frac{dc(HBr)}{dt} = \frac{2 k_2 \sqrt{k_1/k_5}\, c(H_2) \left[c(Br_2) \right]^{\frac{1}{2}}}{1 + k_4 c(HBr)/k_3 c(Br_2)}$$

与实验结果相符。其中实验常数 $k = 2 k_2 (k_1/k_5)^{\frac{1}{2}}$，$k' = k_4 / k_3$。

三、支链反应和爆炸半岛

在支链反应中，作用掉一个链锁传递物，可再生出两个或两个以上的新的传递物。由于链锁传递物以几何级数增加，反应速率非常快，甚至发生爆炸。爆炸反应发生的原因有两种：一种是热爆炸，即由于反应放热多而散热慢，使反应系统温度越来越高，反应速率越来越快，结果引起爆炸。另一种就是支链反应，是由于产生的链锁传递物比销毁的多，链锁传递支化，反应速率剧增，导致爆炸。

许多燃烧反应都是支链反应，例如氢的燃烧反应，其反应机理可能包括下列步骤：

① $H_2 + O_2 \longrightarrow HO_2 + H$ 　　　　链的引发

② $H_2 + HO_2 \longrightarrow OH + H_2O$ ⎫
　　　　　　　　　　　　　　　　　⎬ 链的传递
③ $OH + H_2 \longrightarrow H_2O + H$ ⎭

④ $O_2 + H \longrightarrow OH + O$ ⎫
　　　　　　　　　　　　　　⎬ 链的传递及支化
⑤ $H_2 + O \longrightarrow OH + H$ ⎭

⑥ $HO_2 \longrightarrow$ 器壁销毁 ⎫
　　　　　　　　　　　　⎪
⑦ $H \longrightarrow$ 器壁销毁 ⎬ 链的销毁
　　　　　　　　　　　　⎪
⑧ $OH \longrightarrow$ 器壁销毁 ⎭

当然，也会发生链锁传递物与惰性质点碰撞而导致空间销毁。

研究发现气体燃烧反应有一定的爆炸界限。在爆炸区内以爆炸速率进行。超过这个限度，反应速率又慢下来。以氢的燃烧反应为例，若在 560 ℃，将总压为 26.7 kPa 的氢和氧气体混合物放在一定大小的圆底烧瓶中进行实验，反应速率并不快。降低总压，则速率渐慢。但降到 13.3 kPa 左右，反应速率突然增加，并自动加速，在短时间内就发生爆炸。如果再继续降压，则降到 0.667 kPa 左右，反应速率又突然变慢，如图 6-7 所示。这就是说在 560 ℃下氢与氧的反应在 0.667～13.33 kPa 会发生爆炸，所以爆炸区域有一定的界限，称为爆炸上限与下限。后来的研究表明当总压增加到 133.3 kPa 左右，也会发生爆炸，称为第三限。这可能是由于在高压下发生的放热反应，释放出的热量超过散热，因而引起热爆炸。在其他温度进行同一实验，也有类似现象，但温度越低，爆炸区越小，在约 400 ℃ 以下就不会爆炸，而在约 600 ℃ 以上各种压力均会发生爆炸。因此在 400～600 ℃ 有一个被称为爆炸半岛（或燃烧半岛）的爆炸区域，如图 6-8 所示。可以看出图中爆炸上限与温度有关，随温度升高而变大，下限几乎与温度无关，但与容器形状大小有关。容器直径越大，下限越低。

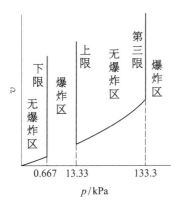

图 6-7 在 560 ℃，氢氧混合系统爆炸
界限与总压的关系（示意图）

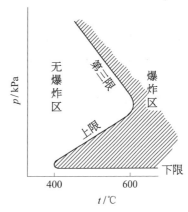

图 6-8 氢氧混合系统（2∶1）爆炸
半岛示意图

除了氢的燃烧反应以外，其他燃烧反应尚未发现第三限。此外可燃气体的爆炸除与温度、压力有关以外，还与气体的组成有关。可燃气体与空气或氧的混合物在一定组成范围内可以发生爆炸，在此范围以外就不会爆炸。表 6-2 列出一些物质在空气中的爆炸范围。

表 6-2　一些物质在空气中的爆炸范围

物　　　质		与空气混合物的爆炸范围 ($\varphi_B \times 100$)	物　　　质		与空气混合物的爆炸范围 ($\varphi_B \times 100$)
氢　气	H_2	4.1～74	戊　烷	C_5H_{12}	1.6～7.8
氨	NH_3	16～27	乙　烯	C_2H_4	3.0～29
一氧化碳	CO	12.7～74	丙　烯	C_3H_6	2～11
甲　烷	CH_4	5.3～14	乙　炔	C_2H_2	2.5～80
乙　烷	C_2H_6	3.2～12.5	苯	C_6H_6	1.2～9.5
丙　烷	C_3H_8	2.4～9.5	甲　醇	CH_3OH	7.3～36
丁　烷	C_4H_{10}	1.9～8.4	乙　醇	C_2H_5OH	4.3～19

掌握可燃性气体的爆炸范围,再结合温度、压力、催化剂等实际条件,对于保证安全生产有重大意义。

主题6-4导学

其他因素对
反应的影响

§6-9演示文稿

多相反应动
力学

主题四　其他因素对反应的影响

§6-9　多相反应动力学

前面利用均相反应讨论并介绍了化学反应动力学的有关基础知识,这对深入研究动力学是必需的。实际过程常常涉及多相反应。多相反应的特点是反应可以在相界面上进行。反应物也可以穿过界面进入另一相进行反应。如 $C(s)$ 的燃烧为气/固相反应;钢液脱氧 $(FeO) + [Mg] = Fe(l) + (MgO)$ 为液/固相反应;氧气溶入铁水 $\frac{1}{2}O_2 = [O]$ 为气/液相反应;铝的阳极氧化、镀锌层的钝化等反应物必须穿过界面进入另一相才能反应;电解冶金、电镀及电极修饰都是在溶液/电极界面上进行的。此外,反应也可以在两个相中进行,如浓 H_2SO_4 催化下苯的硝化反应;钢液脱碳则涉及三个以上的相:$(FeO) + [C] = Fe(l) + CO(g)$;金属表面处理中的渗碳、渗氮、碳氮共渗、钛氮共渗等也都涉及两个以上的相。所以在金属表面处理及冶金系统,多相反应是相当普遍的。

一、多相反应的特征

多相反应既然在相界面或穿过界面进入另一相进行,则必然涉及反应物向界面的迁移及在界面的吸附,反应产物也必须通过扩散离开界面或形成新相。因此,扩散是多相反应最基本的特征。界面大小、结构及物化性能会明显影响多相反应的速率。一般而言,多相反应可由如下几步连串步骤组成:

(1) 反应物分子由体相向界面扩散。

(2) 反应物分子在界面吸附或穿过界面。

(3) 反应物分子在界面(或进入另一相)发生化学反应。

(4) 产物分子从界面解吸或形成新相。

(5) 产物分子扩散离开界面。

对于某些特殊反应可能还会涉及其他步骤,如铁在含氧的中性介质中首先被氧化成 $Fe(OH)_3$,继而 $Fe(OH)_3$ 脱水形成 Fe_2O_3 等。

显然,以上各步都影响多相反应的速率。若各步的速率差别较大,则多相反应的总速率取决于连串步骤中的速率控制步骤,上述各步都有可能成为速率控制步骤。至于哪一步能成为速率控制步骤,要视具体条件而定。对于不同的速率控制步骤,动力学处理方法不同。

二、菲克扩散定律

在多组分系统中,由于浓度不均匀所引起的物质由高浓度区向低浓度区迁移的现象称为扩散。物质在介质中的扩散速率可以用菲克(Fick)扩散定律表示。

通常扩散速率可用扩散通量来表示。扩散通量 J 是指单位时间内以垂直方向扩散通过单位面积的物质量(例如 $mol \cdot dm^{-2} \cdot s^{-1}$),即

$$J = \frac{1}{A}\frac{\mathrm{d}n}{\mathrm{d}t} \tag{6-63}$$

同时扩散通量与扩散方向的浓度梯度$\dfrac{\mathrm{d}c}{\mathrm{d}x}$成正比,可表示为

$$J = -D\frac{\mathrm{d}c}{\mathrm{d}x} \tag{6-64}$$

式中 D 为扩散系数,其物理意义为单位浓度梯度时,物质扩散通过单位面积的速率,其量纲为(长度)^2(时间)$^{-1}$。D 值与扩散物质及介质本性、黏度、温度等因素有关。因为扩散的方向是浓度降低的方向,而扩散通量总是正的,所以式中要加上负号(图6-9)。

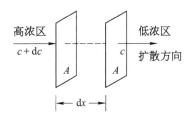

图6-9 扩散通量与浓度梯度

从式(6-63)和式(6-64)可得

$$\frac{\mathrm{d}n}{\mathrm{d}t} = -DA\frac{\mathrm{d}c}{\mathrm{d}x} \tag{6-65}$$

这就是菲克扩散第一定律,式中$\dfrac{\mathrm{d}n}{\mathrm{d}t}$是扩散速率,即单位时间内由垂直方向扩散通过截面积 A 的物质的量。

将式(6-65)除以体积V,则因浓度 $c=n/V$,故扩散速率又可表示为

$$\frac{\mathrm{d}c}{\mathrm{d}t} = \frac{1}{V}\frac{\mathrm{d}n}{\mathrm{d}t} = \frac{-DA}{V}\frac{\mathrm{d}c}{\mathrm{d}x} \tag{6-66}$$

菲克扩散第一定律只适用于稳态扩散,即在扩散方向的浓度梯度为定值,不随时间而变。但实际上扩散过程大多是非稳态的,在扩散方向各点的浓度梯度随时间而变。在这种情况下要用菲克扩散第二定律:

$$\frac{\mathrm{d}c}{\mathrm{d}t} = \frac{\partial}{\partial x}\left(D\frac{\partial c}{\partial x}\right) = D\frac{\mathrm{d}^2 c}{\mathrm{d}x^2} \tag{6-67}$$

上式的求解需规定起始条件及边界条件,由于扩散物质的浓度是位置(离表面的距离 x)及时间 t 的函数$c=f(x,t)$。设扩散前原始浓度完全均匀,即 $t=0$ 时,全部$0<x<\infty$范围内的浓度相同,则起始条件可表示为$f(x,0)=c_0$;若扩散过程中固相界面上浓度始终为定值c_S,而在离界面无穷远处的浓度仍保持c_0不变,则边界条件为

$$f(0,t)=c_S(表面浓度)$$
$$f(\infty,t)=c_0(起始浓度)$$

解得

$$\frac{c-c_S}{c_0-c_S} = \frac{2}{\sqrt{\pi}}\int_0^\lambda \mathrm{e}^{-\lambda^2}\,\mathrm{d}\lambda \tag{6-68}$$

式中,$\lambda = \dfrac{x}{2\sqrt{Dt}}$。从此式可计算在此边界条件时扩散层厚度与时间及浓度的关系。

三、由扩散过程控制的多相反应

焦炭燃烧是金属冶炼中的基本步骤之一,可发生如下反应:

(a) $C(s) + O_2 \longrightarrow CO_2(g)$　　　　　　　(b) $C(s) + \dfrac{1}{2}O_2 \longrightarrow CO(g)$

(c) $C(s) + CO_2 \longrightarrow 2CO(g)$　　　　　　　(d) $CO + \dfrac{1}{2}O_2 \longrightarrow CO_2(g)$

焦炭燃烧为气/固相反应。在 $C(s)$ 表面有一层由 CO、CO_2 等组成的被称为边界层的气体薄膜。碳的燃烧被认为由以下几步构成:

(1) 气相中的 $O_2(g)$ 穿过边界层向 $C(s)$ 表面扩散,到达 $C(s)$ 表面;

(2) $O_2(g)$ 在 $C(s)$ 表面吸附或溶于 C 的晶格中;

(3) 吸附态氧 $O_{2,ad}$ 或 $O_2(g)$ 与 C 反应生成 CO 和 CO_2;

(4) 燃烧产物 CO 和 CO_2 从 $C(s)$ 表面解吸;

(5) 燃烧产物 CO 和 CO_2 穿过边界层向气相扩散;

(6) 在边界层中向外扩散的 CO 与向 $C(s)$ 表面扩散的 $O_2(g)$ 相遇并按式(d)发生反应。

可以看出这一连串步骤基本是由扩散、吸附和表面反应构成。研究表明:低温时速率控制步骤为表面化学反应;高温时(如 1100 K 以上)扩散则成为速率控制步骤。当扩散成为速率控制步骤时,$C(s)$ 的燃烧动力学方程可以由边界层扩散速率方程表示:

$$v = DA(c_b - c_s)/\delta \tag{6-69}$$

式中,D、A、δ 分别为 $O_2(g)$ 的扩散系数、$C(s)$ 的表面积和有效边界层厚度;c_b 和 c_s 分别为 O_2 在气相和 $C(s)$ 表面的浓度。分析式(6-69)可看出:

(1) 提高温度可以使 D 增大 $[D = f(T)]$ 因而有利于加快燃烧速率,但由于扩散活化能 E_d 较小,故此时靠升温提高速率并不十分有效。

(2) 加大气相中 $O_2(g)$ 的浓度可增大 $O_2(g)$ 通过边界层传递的推动力,从而增大速率,故生产上往往采用富氧空气。

(3) 增大 $C(s)$ 表面积 A 也可提高速率,生产上一般采用较小粒度的焦炭(但不能太小,以免气流不畅)。

(4) 增大气流速率,利用气流的"冲刷"使有效边界层变薄也可使燃烧速率增大。

在温度 T、碳粒度及气流速率一定情况下,D、A 和 δ 都为恒量,令 $k = DA/\delta$,则有 $v = k(c_b - c_s)$。 在扩散控制条件下,表面反应速率远大于扩散速率,故 $c_s \approx 0$,$v = kc_b$,焦炭的燃烧表现为一级反应特征。除 $C(s)$ 的燃烧外,盐类的溶解、金属在电解质中的腐蚀及铸造合金熔炼过程,扩散都有可能成为速率控制步骤。在合金冶炼中,为了改善扩散控制情况,现代冶金采用喷射冶炼技术。它是将合金元素研磨成很细的粉料,用惰性气体 $[$如 $He(g)]$ 作载气吹入冶炼池内,这样既可以加大反应界面,又可借助气流的"冲刷"作用减小边界层厚度,更快地更新多相反应界面,改善扩散传质状况。

四、由表面吸附控制的多相反应

在有些多相反应中,表面吸附是其速率控制步骤,这类反应大多是气体在固体表面的多相催化过程。其反应动力学可分下列几种情况来讨论。

1. 单分子气体分解反应

反应速率决定于表面吸附的速率,故将正比于气体在固体表面的覆盖度 θ,应用朗缪

尔(Langmuir)公式可得

$$\upsilon = k\theta = \frac{kbp}{1+bp} \tag{6-70}$$

式中,b 为吸附系数,p 为气体平衡分压。若该气体吸附微弱,即 θ 很小,因而 $bp \ll 1$,则 $\upsilon = kbp$,表现为一级反应。若气体吸附强烈,即 θ 很大,$bp \gg 1$,则 $\upsilon = k$,表现为零级反应,相当于表面已被吸附分子所完全覆盖,反应速率依赖于被吸附分子的分解,故与气相压力无关。

以上只考虑了反应物分子的吸附,如果分解的产物也能吸附在固体表面,则按混合吸附的形式。若以 A 代表反应物,B 代表分解产物,可得反应速率为

$$\upsilon = k\theta_A = \frac{kb_A p_A}{1+b_A p_A + b_B p_B} \tag{6-71}$$

当 A 吸附微弱、B 吸附强烈时,$b_B p_B \gg 1 + b_A p_A$,上式可简化为

$$\upsilon = \frac{kb_A}{b_B} \cdot \frac{p_A}{p_B} \tag{6-72}$$

由此可见,产物 B 的强烈吸附将使反应速率减小,称为阻化作用。

2. 双分子表面反应

设有 A 与 B 两种反应分子在固体表面上发生反应,则可能有两种机理:

(1) 朗缪尔-欣谢伍德(Langmuir-Hinshelwood)机理。吸附在固体表面上的 A 和 B 分子发生反应,速率可表示为

$$\upsilon = k\theta_A \theta_B = \frac{kb_A p_A b_B p_B}{(1+b_A p_A + b_B p_B)^2} \tag{6-73}$$

用以上同样的简化方法可得:若 A 及 B 吸附都很弱,则反应速率 $\upsilon = k' p_A p_B$,表现为二级反应;若 A 弱 B 强,则反应速率将受 B 的阻化作用。

(2) 里迪尔-艾里(Rideal-Eley)机理。吸附在固体表面上的 A 分子与气相中的 B 分子发生反应,速率可表示为

$$\upsilon = k\theta_A p_B \tag{6-74}$$

§6-10 催 化 作 用

S6-7

催化科学奠基人——张大煜

§6-10演示文稿

催化作用

一、催化剂与催化作用

在一个化学反应系统中加入少量某种物质(可以是一种或几种),若能显著增加反应速率,而其本身的化学性质和数量在反应前后都不发生变化,则该物质为这一反应的催化剂。催化剂的这种作用称为催化作用。减慢反应速率的物质称为阻化剂。

固体催化剂一般由主催化剂、助催化剂和载体组成。

主催化剂又称为活性组分,它是多组元催化剂中的主体,是必须具备的组分,没有它就缺乏所需的催化作用。有些主催化剂是由几种物质组成,但其功能有所不同,缺少其中之一就不能完成所要进行的催化反应。

助催化剂是加到催化剂中的少量物质,这种物质本身没有活性或者活性很小,甚至可以忽略,但却能显著地改善催化剂效能,包括催化剂活性、选择性及稳定性等。根据助催化剂的功能可分为结构型助催化剂、电子型助催化剂、扩散型助催化剂和毒化型助催化剂。

载体是催化剂中主催化剂和助催化剂的分散剂、黏合剂和支撑体。它的作用是分散、稳定化、支撑、传热和稀释、助催化等。

某些物质少量加入到催化反应系统中之后,可使催化剂的活性、选择性等大大减小甚至消失,这种现象称为催化剂中毒。这些物质称为毒物。例如合成氨反应所用铁催化剂,硫、磷化合物及 CO 均为毒物。这证明了催化剂表面的微观不均匀性,其中存在着极少数吸附能力特别强的部位,称之为"活性中心"。这些活性中心具有较高的催化活性,因而只要极少量的毒物,便能够完全覆盖其活性中心而导致催化剂中毒失效。催化剂中毒有暂时中毒和永久中毒两种。暂时中毒是指催化剂中毒后,可以用物理的方法将毒物除去,催化剂的活性能够重新被复原。暂时中毒是由于毒物强烈地化学吸附(其中包括共价键和离子键)在催化剂的活性中心上,对催化剂活性中心大量覆盖,造成活性中心减少而引起的;永久中毒往往是因毒物与催化剂表面发生了化学反应生成新的表面化合物而使催化剂活性完全丧失。在这种情况下,非经化学处理催化剂的活性是不能复原的。

二、催化剂与催化反应的分类

催化剂与反应物同处于一相的反应称为均相催化反应,该催化剂称为均相反应催化剂。例如以 KI 水溶液催化 H_2O_2 的分解。催化剂与反应物分处不同相的反应称为多相催化反应或非均相催化反应,该催化剂称为非均相催化剂。如铁催化剂催化 CO 的变换反应 $CO + H_2O \xrightarrow{\text{Fe}} CO_2 + H_2$;Pt - Rh 催化剂催化 NH_3 的氧化反应:$2NH_3 + \dfrac{5}{2}O_2$ $\xrightarrow{\text{Pt - Rh, 1000 K}} 2NO + 3H_2O$。若两种反应物分属两相中,通常一种在有机相,一种为水相中的阴离子,借助于催化剂的阳离子与该阴离子结合成电中性的离子对将水相中的反应物萃取入有机相参与反应。无此催化剂时反应几乎不能进行,这类反应称为相转移催化反应,该类催化剂称为相转移催化剂。以上是依反应系统的存在状态分类。也可按催化剂的化学特征分类。如酸、碱催化剂、络合催化剂、金属催化剂、半导体催化剂等;此外光、电、酶也可以催化某些反应分别称为光催化剂、电催化剂及酶催化剂。若按催化剂催化反应的化学特征分类则可有加氢、脱氢催化剂;水合、脱水催化剂;聚合催化剂、烷基化催化剂等。

三、催化作用的特征

1. 催化剂不能改变反应的平衡规律(方向与限度)

(1) 对 $\Delta_r G_m(T, p) > 0$ 的反应,加入催化剂也不能促使其发生。

(2) 由 $\Delta_r G_m^{\ominus}(T) = -RT\ln K^{\ominus}(T)$ 可知,由于催化剂不能改变 $\Delta_r G_m^{\ominus}(T)$,所以也就不能改变反应的标准平衡常数。

(3) 由于催化剂不能改变反应的平衡,而 $K_c = k_1/k_{-1}$,所以催化剂加快正逆反应的速率系数 k_1 及 k_{-1} 的倍数必然相同。

2. 催化剂参与化学反应

催化剂参与了化学反应,为反应开辟了一条新途径,与原途径同时进行。

(1) 催化剂参与了化学反应,如反应

$$A + B \xrightarrow{\text{K}} AB \quad (\text{K 为催化剂})$$

$$A + K \longrightarrow AK$$

$$AK + B \longrightarrow AB + K$$

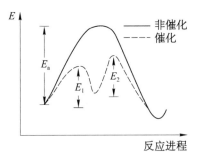

图6-10 反应进程中能量的变化

(2) 开辟了新途径,与原途径同时进行。如图 6-10所示。实线表示无催化剂参与反应的原途径,虚线表示加入催化剂后为反应开辟的新途径,与原途径同时发生。

(3) 新途径降低了活化能。如图6-10,新途径中两步反应的活化能 E_1、E_2 与无催化剂参与的原途径活化能 E_a 比,$E_1 < E_a$,$E_2 < E_a$。个别能量高的活化分子仍可按原途径进行反应。

表6-3列出了一些反应在有催化剂与无催化剂存在两种情况下的反应活化能。

表6-3 催化反应和非催化反应的活化能

反 应	$E_a/(\text{kJ} \cdot \text{mol}^{-1})$		催 化 剂
	非 催 化 反 应	催 化 反 应	
$2HI \longrightarrow H_2 + I_2$	184.1	104.6	Au
$2H_2O \longrightarrow 2H_2 + O_2$	244.8	136.0	Pt
蔗糖在盐酸中的分解	107.1	39.3	转化酶
$2SO_2 + O_2 \longrightarrow 2SO_3$	251.0	62.6	Pt
$3H_2 + N_2 \longrightarrow 2NH_3$	334.7	167.4	$Fe - Al_2O_3 - K_2O$

3. 催化剂的选择性

实践证明,催化剂对反应的加速作用有选择性。例如523 K 温度下乙烯与氧能发生如下三个平行反应:

$$(1) \ CH_2{=}CH_2 + \frac{1}{2}O_2 \longrightarrow CH_2CH_2O \quad K^{\ominus}_{(1)} = 1.6 \times 10^6$$

$$(2) \ CH_2{=}CH_2 + \frac{1}{2}O_2 \longrightarrow CH_3CHO \quad K^{\ominus}_{(2)} = 6.3 \times 10^{18}$$

$$(3) \ CH_2{=}CH_2 + 3O_2 \longrightarrow 2CO_2 + 2H_2O \quad K^{\ominus}_{(3)} = 4.0 \times 10^{130}$$

从热力学原理分析,三个反应的推动力(3)>(2)>(1),若在掺入少量 Au 的 Ag 催化剂作用下,主要反应是(1)而得到环氧乙烷,(2)和(3)被有效地抑制。若用 Pd 为催化剂,则选择性地催化(2)而获得乙醛 CH_3CHO。乙醇蒸气的热分解可以脱水,也可以脱氢:

$$CH_3CH_2OH \overbrace{}^{\displaystyle \longrightarrow C_2H_4 + H_2O}_{\displaystyle \longrightarrow CH_3CHO + H_2}$$

以 Al_2O_3 或 ThO_2 为催化剂时主反应是脱水而获得 C_2H_4,若以 CdO、MgO 或 Cu 为催化剂则主反应是脱氢而获得 CH_3CHO。

4. 催化剂性质变化

催化剂在反应前后,其化学性质没有改变,但在反应过程中由于参与了反应(可与反应物生成某种不稳定的中间化合物),所以在反应前后,催化剂本身的化学性质虽不变,但常有物理形状的改变。例如,催化 $KClO_3$ 分解的 MnO_2 催化剂,在作用进行后,从块状变为粉末。催化 NH_3 氧化的铂网,经过几个星期,表面就变得比较粗糙。

§6–11　光 化 学 反 应

§6-11演示文稿

光化学反应

一、光化学反应概述

在光线照射下,可以发生各种化学变化(如染料褪色、胶片感光、植物的光合作用等),这种由于吸收光子而引起的化学反应称光化学反应。

一般化学反应中,活化能靠分子热运动的相互碰撞来积累,称为热化学反应,或称为黑暗反应。在光化学反应中,分子的活化靠吸收光子的能量。首先它使分子从基态跃迁到激发态,然后再导致各种化学和物理过程的发生。通常把第一步吸收光子的过程称作初级过程,相继发生的其他过程称作次级过程。对光化学反应有效的光是可见光和紫外光,红外光由于能量较低,不足以引发化学反应(红外激光例外)。

光化学反应和热化学反应相比,有许多不同之处:

(1) 在等温、等压、不做非体积功的条件下,热反应总是向着吉布斯函数减小的方向进行。但光反应却能够发生吉布斯函数增大的反应,如在光的作用下氧转变为臭氧,氨的分解,植物的光合作用等。

(2) 热化学反应的活化能主要来自分子的热运动,其反应速率受温度影响很大。而光化学反应中,分子的活化能来自光的吸收,其反应速率主要取决于光的强度,受温度影响很小,一般温度升高 10 K,光化学反应速率仅增加 0.1~1 倍。

(3) 光化学反应具有较高的选择性。有些光化学反应用不同波长的光照射,可以得到不同的产物。

二、光化学反应定律

1. 光化学第一定律

光化学第一定律是格罗塞斯-德雷珀(Grotthus-Draper)1818 年提出的,表述为:"只有被系统吸收的光,对于发生光化学反应才是有效的。"不被吸收的光,如透射光和反射光,不会发生光化学反应。但吸收的光引起的亦可能是光的物理过程,如出现荧光、磷光现象等。另外,被反应系统吸收的光不应包括反应物之外的物质吸收的光,如反应容器壁和溶剂等吸收的光,对光化学反应是无效的。

2. 光化学第二定律

光化学第二定律是由爱因斯坦(Einstein)和斯塔克(Stark)提出的。它说:"在光化学反应的初级过程中,系统每吸收一个光子则活化一个分子(或原子)。"

一个光子的能量是 $h\nu$,1 摩尔光子的能量为

$$E = Lh\nu = Lhc/\lambda$$

$$= \frac{6.022 \times 10^{23} \text{ mol}^{-1} \times 6.626 \times 10^{-34} \text{ J} \cdot \text{s} \times 3 \times 10^{8} \text{ m} \cdot \text{s}^{-1}}{\lambda}$$

$$= \frac{0.1196}{\{\lambda\}} \text{ J} \cdot \text{mol}^{-1} \qquad (6-75)$$

式中，$\{\lambda\}$ 代表波长的数值；h 为普朗克常数；c 为光速；ν 为频率。光子的能量与光的波长有关。光化学中常见的波长范围，一般在 $2 \times 10^{-7} \sim 1 \times 10^{-6}$ m。

光化学第二定律只适用于光化反应的初级过程，一个光子活化一个分子，但一个分子活化后不一定能引起一个分子反应。它一方面可能在随后的次级过程中引起多个分子反应（如光引发的链反应），另一方面也可能在没有反应之前就因相互碰撞将能量传出等原因而失活。光化学第二定律亦只适用于光强度不太大的光化学反应。如激光照射下引起的光化学反应，有的分子可吸收 2 个或更多的光子而被活化，该定律就不适用。

三、量子效率

为了衡量一个光量子引发的指定物理或化学过程的效率，在光化学中定义了量子效率 ϕ：

$$\phi \xrightarrow{\text{def}} \frac{\text{发生反应的分子数}}{\text{吸收的光子数}} \qquad (6-76)$$

多数光化学反应的量子效率不等于 1。$\phi > 1$ 是由于在初级过程中虽然只活化了一个反应物分子，但活化后的分子还可以进行次级过程。若次级反应为链反应，则 ϕ 可能很大。

$\phi < 1$ 的光化学反应是，当分子在初级过程吸收光量子之后，处于激发态的高能分子有一部分还未来得及反应便发生分子内的物理过程或分子间的传能过程而失去活性。

某些气相光化学反应的量子效率见表 6-4。

表 6-4　某些气相光化学反应的量子效率

反　　应	λ/nm	量子效率	备　　　注
$2NH_3 \rightleftharpoons N_2 + 3H_2$	210	0.25	随压力而变
$SO_2 + Cl_2 \rightleftharpoons SO_2Cl_2$	420	1	
$2HI \rightleftharpoons H_2 + I_2$	$207 \sim 282$	2	在较大的温度压力范围内保持常数
$2HBr \rightleftharpoons H_2 + Br_2$	$207 \sim 253$	2	
$H_2 + Br_2 \rightleftharpoons 2HBr$	<600	2	在近 200 ℃（25 ℃时极小）
$3O_2 \rightleftharpoons 2O_3$	$170 \sim 253$	$1 \sim 3$	近于室温
$CO + Cl_2 \rightleftharpoons COCl_2$	$400 \sim 436$	$\approx 10^3$	随温度而降，也与反应物压力有关
$H_2 + Cl_2 \rightleftharpoons 2HCl$	$400 \sim 436$	$\approx 10^6$	随 p_{H_2} 及杂质而变

四、光敏反应

有些反应物分子对入射光不能吸收，单独存在时不能发生光化学反应，但如引入能吸收光子并将其能量传递给反应物分子的物质，则光化学反应仍能发生。这样的反应称为光敏反应或感光反应。能起这种吸光并传递能量的物质称为光敏剂或感光剂。

例如，用波长为 253.7 nm 的紫外光照射氢气时，氢气并不解离。该紫外光 1 mol 光子的能量为 472 kJ·mol^{-1}，而 1 mol H$_2$(g) 分子的解离能为 436 kJ·mol^{-1}，反应应该可以发生，但实际上 H$_2$(g) 并不解离。只有在 H$_2$(g) 中混入少量汞蒸气后，Hg(g) 受光活化成

为 $Hg^*(g)$[①]，它能使氢分子立刻分解，则汞蒸气就是该反应的感光剂。可定性地表示为

$$Hg(g) + h\nu \longrightarrow Hg^*(g)$$

$$Hg^*(g) + H_2(g) \longrightarrow Hg(g) + H_2^*(g)$$

$$H_2^*(g) \longrightarrow 2H$$

　　另一个常见的例子是植物的光合作用。$CO_2(g)$ 及 H_2O 都不能直接吸收阳光（$\lambda = 400 \sim 700\,nm$），而叶绿素却能吸收阳光并使 $CO_2(g)$ 和 H_2O 合成糖类

$$6CO_2(g) + 6H_2O \xrightarrow[h\nu]{叶绿素} C_6H_{12}O_6 + 6O_2(g)$$

因此叶绿素就是植物光合作用的感光剂。在叶绿素作用下，由光驱动将水分子裂解为氧气、氢离子和电子的反应，是光合作用的关键步骤。绿色植物的原初光能转换过程量子效率几乎是 100%。科学家希望模拟光合作用储存太阳能，首先需要解决的问题就是常规反应条件下人工电解水的效率。目前在开发太阳能高效利用的光-电催化剂领域大有可为。

科学家小传

阿伦尼乌斯，瑞典物理化学家。1883 年，他在博士论文《电解质的导电性研究》中，提出了电解质在水溶液中自动离解成游离的带电粒子的概念。阿伦尼乌斯的新观点在当时的化学界引起了很大的争论，只有奥斯特瓦尔德和范特荷夫支持他的观点，尤其是奥斯特瓦尔德亲自到瑞典去会见他，与他共商研究计划，帮助他继续进行电离理论的研究，使他于 1887 年发表了完整的有关电离理论的论文。

　　阿伦尼乌斯因创立电离学说而获得 1903 年诺贝尔化学奖。电离学说是物理化学上的重大贡献，也是化学发展史上的重要里程碑，它解释了溶液的许多性质和溶液的渗透压偏差、依数性等，建筑起了物理和化学间的重要桥梁。阿伦尼乌斯研究领域广泛，他研究过温度对化学反应速率的影响，于 1889 年提出活化分子和活化能概念，解释了反应速率与温度的关系，导出了著名的阿伦尼乌斯方程，使化学动力学向前迈

阿伦尼乌斯(S. A. Arrhenius)
(1859—1927)

进了一大步。他提出了等氢离子现象理论、分子活化理论和盐的水解理论，发现二氧化碳有较强吸收红外辐射的能力，较早提出二氧化碳对地球温室效应影响的见解。他还对太阳系的成因、彗星的本性、北极光天体的温度、冰川的成因进行研究，奠定了宇宙化学的基础。并最先对血清疗法的机理作出化学上的解释，开创了免疫化学。

---

　① 表示激发态。

思　考　题

6.1　从反应方程式 $A+B \rightleftharpoons C$, 能认为这是二级反应吗?

6.2　具有简单级数的反应是否一定是基元反应?

6.3　反应 $B \longrightarrow Z$, 当 B 反应掉 3/4 所需时间恰是它反应掉 1/2 所需时间的 2 倍, 该反应为几级?

6.4　反应 $A \longrightarrow Y$, 当 A 反应掉 3/4 所需时间恰是它反应掉 1/2 所需时间的 3 倍, 该反应为几级?

6.5　反应活化能越大是表示分子越易活化, 还是越不易活化? 活化能越大的反应受温度的影响越大还是越小?

6.6　对于基元反应, 反应级数和反应分子数是否一致? 对于复合反应, 是否有反应分子数?

6.7　托尔曼对活化能的统计解释适合于什么类型的反应? 对于复合反应, 活化能还有"能峰"的含义吗?

6.8　某反应, 反应物分子的能量比产物分子的能量高, 该反应是否就不需要活化能了?

6.9　下列反应是不是基元反应?

(a) $2H+2O \longrightarrow H_2O_2$　　(b) $2N_2O_5 \longrightarrow 4NO_2+O_2$

6.10　为什么会出现负反应级数?

6.11　试述平行反应和对行反应的动力学特征。

6.12　已知平行反应 $A \begin{smallmatrix} (1) \nearrow B \\ (2) \searrow C \end{smallmatrix}$, 活化能 $E_{a,1} > E_{a,2}$, 问: 升高温度对哪个反应有利? 为什么?

6.13　若连串反应中某步反应速率比其他各步反应速率慢很多, 则连串反应的速率由最慢的那步决定, 因此速率控制步骤的级数, 就是总反应的级数, 对吗?

6.14　对链反应建立动力学方程时, 可做哪些近似处理?

6.15　简单碰撞理论是否对所有反应都适用?

6.16　合成氨反应在一定温度和压力下, 平衡转化率为 25%。现在加入一种高效催化剂后, 反应速率增加了 20 倍, 问平衡转化率提高了多少?

6.17　为什么有的反应温度升高, 速率反而下降?

6.18　已知 HI 在光的作用下分解为 H_2 和 I_2 的机理, 试说出该反应的量子效率。

反应机理: $HI + h\gamma \longrightarrow H + I$

　　　　　　$H + HI \longrightarrow H_2 + I$

　　　　　　$I + I \longrightarrow I_2$

6.19　光催化技术是近年来迅速发展起来的可以利用太阳能进行环境催化和能源催化的新技术。光催化的核心是光催化剂, 利用所学知识简要阐述光催化应具有什么特点。试列举几个光催化应用的实例。

习　　题

6.1　放射性元素 Na 的半衰期是 $54\,000\,s$, 注射到一动物体中, 问: 放射能力降至原来的 1/10, 需多长时间?

$$[1.80 \times 10^5\,s]$$

6.2　有一级反应, 速率系数等于 $2.06 \times 10^{-3}\,min^{-1}$, $25\,min$ 后有多少原始物质分解? 分解 95% 需多少时间?

$$[(1)\ 5\%；(2)\ 1.45\times10^3\ \text{min}]$$

6.3　在 760℃ 某物质发生气相分解反应，当起始压力 $p_0 = 38.663\ \text{kPa}$ 时，半衰期 $t_{1/2} = 255\ \text{s}$；$p_0 = 46.663\ \text{kPa}$ 时，$t_{1/2} = 212\ \text{s}$，求反应级数及 $p_0 = 101.325\ \text{kPa}$ 时的 $t_{1/2}$。

$$[\text{二级反应},97.7\ \text{s}]$$

6.4　环氧乙烷的热分解是一级反应 $CH_2\!\!-\!\!CH_2 \longrightarrow CH_4 + CO$，377℃时，其半衰期为 363 min。问：

（1）377℃时，C_2H_4O 分解掉 99% 需要多少时间？

（2）若原来 C_2H_4O 为 1 mol，377℃ 经 10 h，生成 CH_4 多少摩尔？

（3）若此反应在 417℃，半衰期为 26.3 min，反应活化能是多少？

$$[(1)\ 2.41\times10^3\ \text{min}；(2)\ 0.682\ \text{mol}；(3)\ 2.45\times10^5\ \text{J}\cdot\text{mol}^{-1}]$$

6.5　1 mol A 和 1 mol B 混合。若 $A + B \longrightarrow$ 产物，反应是二级，速率方程为 $-\dfrac{dc_A}{dt} = kc_Ac_B$，并在 1 000 s 内有一半 A 作用掉，在 2 000 s 时尚有多少 A 剩余？

$$[1/3\ \text{mol}]$$

6.6　钢液含碳量低时，$[C] + [O] \longrightarrow CO$ 为一级反应，$-\dfrac{dc_{[C]}}{dt} = kc_{[C]}$，$k = 0.015\ \text{min}^{-1}$。

（1）计算钢水中 [C] 的百倍质量分数 [%C] 分别为 1.0、0.50、0.15 时的反应速率。

（2）根据上述计算，如欲脱掉 1% 的 [C]，需要多少时间？

$$[(1)\ 0.015\%\cdot\text{min}^{-1}，0.0075\%\cdot\text{min}^{-1}，0.00225\%\cdot\text{min}^{-1}；(2)\ 0.67\ \text{min}，1.35\ \text{min}，4.6\ \text{min}]$$

6.7　反应 $CH_3CH_3NO_2 + OH^- \longrightarrow H_2O + CH_3CH\!\!=\!\!NO_2^-$ 是二级反应，速率方程为 $-\dfrac{dc_{[CH_3CH_3NO_2]}}{dt} = kc_{[CH_3CH_3NO_2]}c_{[OH^-]}$，在 0℃ 的速率系数 $k = 39.1\ \text{dm}^3\cdot\text{mol}^{-1}\cdot\text{min}^{-1}$。若有 $0.005\ \text{mol}\cdot\text{dm}^{-3}$ 硝基乙烷与 $0.003\ \text{mol}\cdot\text{dm}^{-3}$ NaOH 的水溶液，99% 的 OH^- 被中和需要多少时间？

$$[47.4\ \text{min}]$$

6.8　现在天然铀矿中 $^{238}U:^{235}U = 139:1$，已知 ^{238}U 核衰变反应速率系数 $k = 1.52\times10^{-10}\ \text{a}^{-1}$，$^{235}U$ 的 $k = 9.72\times10^{-10}\ \text{a}^{-1}$。在 20 亿（$2\times10^9$）年以前 ^{238}U 与 ^{235}U 的比率为多少？（a 代表年）

$$[27:1]$$

6.9　在 65℃，一级反应 N_2O_3 气相分解的速率系数为 $0.292\ \text{min}^{-1}$，活化能为 103.34 kJ，求 80℃ 时此反应的 k 和 $t_{1/2}$。

$$[1.39\ \text{min}^{-1}，0.498\ \text{min}]$$

6.10　蒸气状态的异丙基丙基醚异构化为烯丙基丙酮是一级反应：已知速度系数 $k/\text{s}^{-1} = 5.4\times10^{11}\exp(-122\,590\ \text{J}\cdot\text{mol}^{-1}/RT)$。150℃ 时，若开始时异丙基丙基醚的压力为 101.325 kPa，当变到烯丙基丙酮分压为 40 kPa 时，需多长时间？

$$[1.28\times10^3\ \text{s}]$$

6.11　反应 $Ni(s) + \dfrac{1}{2}O_2 =\!\!= NiO(s)$ 的速率方程为 $dY/dt = kY^{-1}$

式中 Y 为反应到时刻 t 时氧化膜厚度，k 为氧化速率系数。773 K 时测得如下数据：

t/h	2	5
$Y/10^{-4}\ \text{m}$	5.60	8.61

（1）由速率方程讨论 Ni 的氧化速率与 NiO 膜厚度的关系。

（2）该反应 773 K 时的 k 为多少？

（3）Ni 在 773 K 时氧化 3.5 小时的膜厚度为多少？

〔(1) 氧化速率与膜厚度成反比；(2) 7.63×10^{-8} m² · h⁻¹；(3) 7.31×10^{-4} m〕

6.12 某一级反应活化能 E_a 为 85.0 kJ · mol⁻¹，在大连海边沸水中进行时，$t_{1/2}$ 为 8.61 min；已知昆明市海拔 $2\,860$ m，大气压力为 $72\,530$ Pa，水的汽化热为 $2\,278$ J · g⁻¹。计算该反应在昆明市沸水中进行的 $t_{1/2}$ 为多少？已知大连的大气压力为 $101\,325$ Pa。

〔17.20 min〕

6.13 邻硝基氯苯的氨化是二级反应，已知：

$$\lg(k/\text{dm}^3 \cdot \text{mol}^{-1} \cdot \text{min}^{-1}) = -\frac{4\,482}{T} + 7.20$$

求活化能及指前参量 A。

〔85.82 kJ · mol⁻¹，1.58×10^7 dm³ · mol⁻¹ · min⁻¹〕

6.14 已知对行反应 $2\text{NO} + \text{O}_2 \underset{k_{-1}}{\overset{k_1}{\rightleftharpoons}} 2\text{NO}_2$ 在密闭容器中进行时，其正向反应速率系数在 600 K 及 645 K 时分别为 6.63×10^5 mol⁻² · dm⁶ · min⁻¹ 及 6.52×10^5 mol⁻² · dm⁶ · min⁻¹。其逆向反应速率系数在 600 K 及 645 K 时分别为 8.39 mol⁻¹ · dm³ · min⁻¹ 及 40.7 mol⁻¹ · dm³ · min⁻¹。计算：(1)两温度下反应的平衡常数 k_c；(2)反应的 $\Delta_r U_m$ 和 $\Delta_r H_m$；(3)正、逆向反应的活化能。

〔(1) 7.90×10^4 mol⁻¹ · dm³，1.60×10^4 mol⁻¹ · dm³；(2) -114 kJ · mol⁻¹；
-119 kJ · mol⁻¹；(3) $E_{a(\text{正})} = -1.20$ kJ · mol⁻¹，$E_{a(\text{逆})} = 113$ kJ · mol⁻¹〕

6.15 $\text{CH}_3\text{CHO}(g) \longrightarrow \text{CH}_4(g) + \text{CO}(g)$ 为二级反应。设反应物的起始浓度 $c_0 = 0.005$ mol · dm⁻³。在 500 ℃下反应进行 300 s 后，有 27.6% 的反应物分解。在 510 ℃时经 300 s 后有 35.8% 分解，求：(1)反应活化能；(2)490 ℃时的速率系数；(3)此反应若用碘蒸气作催化剂，可使反应活化能降低到 $E_a = 135.980$ kJ · mol⁻¹。问：同在 500 ℃，用碘蒸气催化与不用催化剂，反应速率增加几倍？

〔(1) 192 kJ · mol⁻¹；(2) 0.172 dm³ · mol⁻¹ · s⁻¹；(3) 6101 倍〕

6.16 H_2O_2 在 22 ℃下分解。在无催化剂时，阿伦尼乌斯公式的 $E_a = 75.3$ kJ · mol⁻¹，$A \approx 10^6$ s⁻¹。在用 Fe^{2+} 作催化剂时，其活化能与指前参量分别为 $E_a = 42.26$ kJ · mol⁻¹，$A \approx 1.8 \times 10^9$ s⁻¹，用催化剂比不用时速率增大几倍？是 A 增大还是 E_a 的降低起了主要作用？

〔1.3×10^9 倍，E_a 的降低起主要作用〕

6.17 有气体反应 $\text{A}(g) \Longrightarrow \text{B}(g) + \text{C}(g)$，由于逆反应速率系数 k_{-1} 远小于正反应速率系数 k_1，故可看作是单向反应，并服从阿伦尼乌斯公式，已知其 $\Delta_r G_m^\ominus = (-34\,400 + 16.92T/\text{K})$ J · mol⁻¹，问：

(1) 增加温度对增大此反应的产量是否有利？对增大此反应速率是否有利？简单解释判断的理由。

(2) 设原始反应系统中只有气体 A，其压力为 101.325 kPa，欲使上述反应在平衡时 A 的转化率(即转变为产物的百分率)达 96% 以上，并希望反应能在半小时内达到平衡，试根据化学热力学和化学动力学原理确定适宜的反应温度范围。

已知：正反应是一级反应，在 700 K 其速率系数 $k_1 = 1 \times 10^{-4}$ s⁻¹(以 A 的浓度减低速率计)；正反应活化能 $E_a = 240$ kJ · mol⁻¹。

〔(1) 升温对增加产量不利，对增大反应速率有利；(2) 753 K ～ 800 K〕

6.18 分别用稳态近似法及平衡态近似法导出臭氧的消耗速率方程。设机理为：

$$\text{O}_3 \underset{k_{-1}}{\overset{k_1}{\rightleftharpoons}} \text{O}_2 + \text{O}$$

$$\text{O} + \text{O}_3 \overset{k_2}{\longrightarrow} 2\text{O}_2$$

$$\left[-\frac{dc_{(\text{O}_3)}}{dt} = \frac{2k_1 k_2 c_{(\text{O}_3)}^2}{k_{-1}c_{(\text{O}_2)} + k_2 c_{(\text{O}_3)}}, \quad -\frac{dc_{(\text{O}_3)}}{dt} = \frac{k_1 k_2 c_{(\text{O}_3)}^2}{k_{-1}c_{(\text{O}_2)}} \right]$$

6.19　平行反应

$$A+B \begin{array}{c} \xrightarrow{\quad k_1 \quad} D \\ \xrightarrow{\quad k_2 \quad} Y \end{array}$$

两反应对 A 和 B 均为一级,若反应开始时 A 和 B 的浓度均为 $0.5\,mol \cdot dm^{-3}$,则 30 min 后有 15% 的 A 转化为 D,25% 的 A 转化为 Y,求 k_1 和 k_2。

$$[0.016\,6\,dm^3 \cdot mol^{-1} \cdot min^{-1},\ 0.027\,8\,dm^3 \cdot mol^{-1} \cdot min^{-1}]$$

6.20　平行反应　$A \begin{array}{c} \xrightarrow{\quad (1) \quad} B \\ \xrightarrow{\quad (2) \quad} C \end{array}$,设反应开始时只有 A,已知

$$k_1 = 10^{15}\ s^{-1} \exp(-12.55 \times 10^4\ J \cdot mol^{-1}/RT)$$

$$k_2 = 10^{13}\ s^{-1} \exp(-8.37 \times 10^4\ J \cdot mol^{-1}/RT)$$

(1) 求 $c_B/c_C = 0.1$、1.0、10.0 时的温度;

(2) 升高温度能否获得 $\varphi_B = 0.995$(体积分数)的产物?

(3) 从 E_a 的大小比较两平行反应温度对 k 的影响。

$$[(1)\ 727.8\,K,\ 1\,091.7\,K,\ 2\,183.3\,K;\ (2)\ 不能;\ (3)\ dk_1/dT > dk_2/dT]$$

6.21　反应 $A(g) \underset{k_{-1}}{\overset{k_1}{\rightleftharpoons}} B(g) + C(g)$ 在 298 K 时,k_1 和 k_{-1} 分别为 $0.20\,s^{-1}$ 和 $4.94 \times 10^{-9}\ Pa^{-1} \cdot s^{-1}$,且温度升高 10℃,$k_1$ 和 k_{-1} 都加倍,试计算:

(1) 25℃时的"平衡常数";

(2) 正、逆反应的活化能;

(3) 反应热;

(4) 若反应开始时只有 A,$p_{A,0} = 10^5\ Pa$,求总压达 $1.5 \times 10^5\ Pa$ 所需时间(可忽略逆反应)。

$$[(1)\ 4.05 \times 10^7\ Pa;\ (2)\ E_{a,1} = E_{a,-1} = 52.9\,kJ \cdot mol^{-1};\ (3)\ 0;(4)\ 3.47\,s]$$

第七章 电 化 学

本章教学基本要求

1. 掌握电化学的基本概念,如阴极和阳极、电解质溶液导电机理等。

2. 掌握电导率、摩尔电导率的意义及它们与溶液浓度的关系。

3. 熟悉离子独立运动定律。掌握迁移数与摩尔电导率、离子电迁移率之间的关系。

4. 理解电解质溶液的活度、平均活度和平均活度因子的概念,掌握电解质活度与浓度之间的关系。会计算电解质溶液的离子强度和了解德拜-休克尔极限公式。

5. 掌握形成可逆电池的必要条件,可逆电极的类型和电池的书面表示方法,能熟练、正确地写出电极反应和电池反应。并熟练地用能斯特方程式计算电池电动势。

6. 了解电池电动势产生的机理。牢记化学能与电能之间的联系,会利用电化学测定的数据计算热力学函数[变]。掌握电池电动势测定的主要应用,会从可逆电池测定数据计算平均活度因子、溶液的 pH 值和判断反应趋势等。

7. 了解溶液浓差电池、电极浓差电池、固体电解质浓差电池。

8. 掌握极化现象与超电势;了解原电池与电解池的极化现象;了解超电势的种类和影响因素。在电解过程中,能用计算的方法判断在两个电极上首先发生反应的物质。了解电解的一般过程及应用。

9. 了解金属的电化学腐蚀原理;了解金属的电化学保护法。

　　电化学是研究化学现象和电现象之间的相互关系以及化学能(物质)和电能相互转化规律的学科,是物理化学的一个重要分支。电化学涉及领域十分广泛,从日常生活、生产实际直至基础理论研究。例如熔盐电解制取金属 Al、Mg、K、Na 等;电解精炼重金属 Cu、Pb、Zn 等;电解水制取 H_2 和 O_2;燃料电池;锂电池的研究和应用等。近年来,随着世界各国对能源危机和环境保护与防治的日益关注,电化学科学与能源、材料、环境科学的联系更加紧密,不断涌现出一些与电化学交叉的新学科,发展出新的研究和应用领域。如电化学储能技术、新型功能材料的电化学制备、二氧化碳电催化转化、电催化氮还原合成氨等,将积极推动我国实现"碳达峰、碳中和"目标,造福人类。

　　化学现象和电现象的联系,化学能和电能的转化,都必须通过电化学装置实现。化学能转化为电能的装置称为原电池;电能转化为化学能的装置称为电解池。电化学装置包含电解质溶液和电极系统两部分。

　　本章分三部分:电解质溶液;可逆电池电动势;不可逆电极过程。

主题 7-1 导学

电解质溶液

§7-1 演示文稿

电解质溶液
的导电机理

主题一　电解质溶液

§7-1　电解质溶液的导电机理

　　能导电的物质称为导电体,简称导体。导体大致上分为两类,第一类导体是电子导体,例如金属、石墨及某些金属的化合物,它是靠自由电子的定向运动而导电,在导电过程中自身不发生化学变化。当温度升高时由于导电物质内部质点的热运动加剧,阻碍自由电子的定向运动,因而电阻增大,导电能力降低。第二类导体是离子导体,它依靠离子的定向运动而导电,例如电解质溶液或熔融的电解质等。当温度升高时,由于溶液的黏度降低,离子运动速度加快,在水溶液中离子水化作用减弱等原因,导电能力增强。这类导体的导电机理比电子导体复杂。

　　今将一个外加电源的正、负极用导线分别与两个电极 A、B 相连,插入电解质溶液(如 HCl 溶液)中,然后接通电源,便有电流通过溶液,构成了一个简单的电解池,如图 7-1 所示。

　　在通电过程中离子的电迁移和电极反应这两种过程是同时发生的。具体情况是:由外加电源提供的电子在 B 电极上被 H^+ 消耗,而迁移到 A 电极处的 Cl^- 将自己本身的电子释放给电极 A。可见两种过程的总结果相当于外加电源负极上的电子由 B 进入溶液,然后通过溶液到达 A,最后回到外加电源的正极。因此,离子的电迁移和电极反应的总结果便构成电解

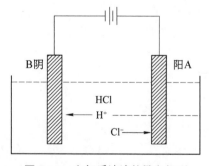

图 7-1　电解质溶液的导电机理

质溶液的导电过程,即电解质溶液的导电机理。

法拉第(M. Faraday)在研究电解作用时,归纳了大量实验结果,得出电解产物的量与通入电量之间定量关系的规律,用公式表示为:$Q = nzF$,称为法拉第电解定律。式中 Q 为电解时通过的电荷量,n 为电极上参加反应的物质的量,z 为电极反应中电子的化学计量系数,F 为法拉第常数($F = 96\,485\,\text{C·mol}^{-1}$),代表 1 mol 元电荷所具有的电荷量。该定律在任何温度、任何压力下均可以使用。

应该指出,在电化学中讨论电极时,最关心的是电极上发生的化学反应是什么,为此我们按照电极反应的不同来命名和区分电极:将发生氧化反应的电极称为阳极,将发生还原反应的电极称为阴极。于是上例中的电极 A 是阳极,电极 B 是阴极。

一般在习惯上对原电池常用正极和负极命名,对电解池常用阴极和阳极命名。但有些场合下,不论对原电池还是电解池,都需要既用正、负,又用阴、阳极,此时需明确正、负极和阴、阳极的对应关系,见表 7-1。

表 7-1 电极命名的对应关系

原 电 池	电 解 池
正极是阴极(还原极)	正极是阳极(氧化极)
负极是阳极(氧化极)	负极是阴极(还原极)

S7-1
溶液水合动力学研究进展

§7-2演示文稿
离子的水化作用

§7-2 离子的水化作用

一、离子的水化

离子与溶剂分子的相互作用叫溶剂化作用,若溶剂为水,其溶剂化即为水化。水是最常用的溶剂,在电解质的稀溶液中,大部分物质为水分子,离子的数量相对很少,可以忽略离子的水化作用;在浓溶液中,虽然水分子数仍很大,但必须考虑离子的水化作用。离子的水化作用产生两种影响:一是离子水化增加了离子的体积,因而改变了溶液中电解质的导电性能,这是溶剂对溶质的影响;二是离子水化减少了溶液中"自由"水分子的数量,破坏了离子附近水原来具有的正四面体结构,降低了这些水分子层的相对介电常数,这是溶质对溶剂的影响。

二、水化数

从理论上讲,离子电场的作用只有在无限远处才为零。但实际上与离子相距 $10^{-7} \sim 10^{-8}$ cm 的地方,离子的电场作用已经消失,水保持着原有的结构。在近距离,离子周围存在着一个对水分子有明显作用的空间。在这个空间内,离子与水分子间的相互作用能大于水分子间的氢键能,水的结构遭到破坏,在离子周围形成水化膜。紧靠离子的第一层水分子定向地与离子牢固结合,与离子一起移动,不受温度变化影响,这样的水化作用称原水化或化学水化,其所包含的水分子数称原水化数。除此以外的水分子也受到离子的作用,但作用力已较弱,这样的水化作用称为二级水化或物理水化,温度对它的影响较大。图 7-2 是水化离子的示意图,溶液中的氢离子是水化氢离子 H_3O^+。在概念上,

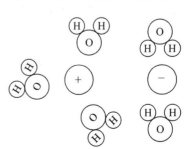

图 7-2 离子在溶液中的水化作用

为使问题形象化,常把离子水化的总结果用水化膜表示。

S7-2

高性能固态电
解质的关键

§7-3演示文稿

电解质溶液的
导电性质

§7-3　电解质溶液的导电性质

一、电导及电导率

在电学中电阻 R 定义为导体两端的电势差与电流强度之比,表达式为

$$R = \frac{\Delta E}{I} \tag{7-1}$$

现在取 R 的倒数定义为另一物理量——电导,以 G 表示,则有

$$G = \frac{1}{R} = \frac{I}{\Delta E} \tag{7-2}$$

显然,导体的电阻愈小,电导就愈大。导体两端电势差一定,G 值大的导体通过的电流也大。电流、电量、电势差和电阻的 SI 单位分别为:安培(A)、库仑(C)、伏特(V)和欧姆(Ω)。电导的 SI 单位是西门子(Siemens),符号为 S(1 S = 1 A·V^{-1})。

电导的大小可用来反映一均匀导体的导电能力,它正比于导体的截面积 A,而与导体的长度 l 成反比,即

$$G = \kappa \frac{A}{l} \tag{7-3}$$

比例系数 κ 称作电导率,物理意义是相对距离为单位长度,单位横截面积的两个电极之间电解质溶液的电导,又称比电导,单位为 S·m^{-1}。由式(7-3)可得

$$\kappa = G \cdot \frac{l}{A} \tag{7-4}$$

电阻常用来表示金属的导电能力,而对电解质溶液则常用电导或电导率表示。这是因为一定体积的金属中自由电子数是一定的,温度一定,那么电阻值也是一定的。但一定体积的电解质溶液其离子数并不能确定,因而其电导值也不能确定。所以,电导与离子的浓度、性质有关。

二、摩尔电导率

前面已经提到,电导率定义为相对距离为单位长度,单位横截面积的两个电极间电解质溶液的电导,但并没指明这一单位体积中电解质的浓度。电解质的浓度不同,电导率是不一样的。为比较不同浓度或不同类型的电解质的导电能力又提出了摩尔电导率的概念。其物理意义是:相距单位长度的两电极间的溶液中含 1 mol 电解质时电解质溶液的电导,以 Λ_m 表示。设电解质的物质的量浓度为 c,则含有 1 mol 电解质溶液的体积 $V = \frac{1}{c}$,又因 κ 为单位体积电解质溶液的电导,于是得到 $\Lambda_\mathrm{m} = \kappa V$, 即

$$\Lambda_\mathrm{m} \stackrel{\mathrm{def}}{=\!=} \frac{\kappa}{c} \tag{7-5}$$

式中,κ 及 c 的单位分别为 S·m^{-1} 及 mol·m^{-3} 时,Λ_m 的单位为 S·m^2·mol^{-1}。

需要注意的是,在表示电解质的摩尔电导率时,应标明物质的基本单元。例如,在某一

定条件下, $\Lambda_m(K_2SO_4)=0.02485\,\mathrm{S\cdot m^2\cdot mol^{-1}}$, $\Lambda_m\left(\dfrac{1}{2}K_2SO_4\right)=0.01243\,\mathrm{S\cdot m^2\cdot mol^{-1}}$,

显然有 $\Lambda_m(K_2SO_4)=2\Lambda_m\left(\dfrac{1}{2}K_2SO_4\right)$。

三、电导的测定及电导率的计算

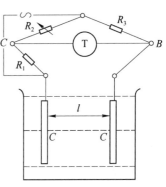

图7-3 测定溶液电导的电桥装置原理示意图

由式(7-4)知,只要测得 G 和 $\dfrac{l}{A}$,即可求得 κ。实际测定 G 时,直接测定的是 R,再由 $1/R=G$ 求得 G。测定原理及装置如图7-3所示。

将一对镀铂黑的铂片电极插入待测溶液中,两极面积均为 A,间距为 l。利用物理学中的电桥原理,四个臂中的三个,R_1、R_2、R_3 为已知,其中 R_2 为可调电阻,另一个臂以电极间溶液的电阻 R(待测)代替。∽为交流电源,频率一般在 $1\,000\sim3\,000\,\mathrm{Hz}$。调节可变电阻,直至指示器 T 指示为零;此时 C-B 段无电流通过,则有关系式 $\dfrac{R_1}{R_2}=\dfrac{R}{R_3}$,

于是可求得 R。$\dfrac{l}{A}$ 取决于电导池的几何特征,称作电导池常数(也称电极常数)。要想直接准确地测定 A 和 l 是困难的,但可用间接的方法求得 l 和 A 的比值。具体方法是通过测定已知电导率溶液(通常用 KCl 溶液)的电导来求电导池常数。表7-2是几种不同浓度 KCl 溶液的 κ 值。有了电导池常数,再由实验测定待测溶液的电阻 R,即可计算出 κ。实用电导率仪可直接测定溶液的电导率,数据由表头直接读出。

表7-2 KCl 水溶液的电导率 κ

$c/(\mathrm{mol\cdot dm^{-3}})$	$\kappa/(\mathrm{S\cdot m^{-1}})$		
	0℃	18℃	25℃
1	6.543	9.820	11.173
0.1	0.7154	1.1192	1.2886
0.01	0.07751	0.12227	0.14114

【例7-1】 25℃时,在某一电导池中放入 $1.0\,\mathrm{mol\cdot dm^{-3}}$ KCl 溶液时,测得电阻为 $56.81\,\Omega$,在同一电导池中,换入 $0.1\,\mathrm{mol\cdot dm^{-3}}$ 某未知溶液,测得电阻为 $25.82\,\Omega$,求未知溶液的电导率和摩尔电导率。

解:由表(7-2)知,25℃,$1.0\,\mathrm{mol\cdot dm^{-3}}$ KCl 水溶液的 κ 值为 $11.173\,\mathrm{S\cdot m^{-1}}$,故电导池常数 $K\left(=\dfrac{l}{A}\right)$ 为

$$K=\kappa R=11.173\,\mathrm{S\cdot m^{-1}}\times56.81\,\Omega=634.74\,\mathrm{m^{-1}}$$

再求得未知溶液的电导率为

$$\kappa=\frac{K}{R}=\frac{634.74\,\mathrm{m^{-1}}}{25.82\,\Omega}=24.58\,\mathrm{S\cdot m^{-1}}$$

摩尔电导率为

$$\Lambda_m = \frac{\kappa}{c} = \frac{24.58\,\text{S}\cdot\text{m}^{-1}}{0.1\times10^3\,\text{mol}\cdot\text{m}^{-3}}$$
$$= 24.58\times10^{-2}\,\text{S}\cdot\text{m}^2\cdot\text{mol}^{-1}$$

四、电导率及摩尔电导率与电解质的物质的量浓度的关系

1. 电导率与电解质的物质的量浓度的关系

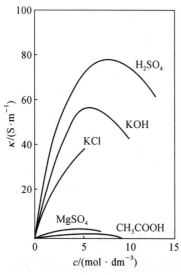

图 7-4 一些电解质水溶液的电导率与电解质的物质的量浓度的关系(291.15 K)

如图 7-4 所示是一些电解质水溶液的电导率与电解质的物质的量浓度的关系曲线。由图可见，强酸、强碱的电导率较大，其次是盐类，它们是强电解质；而弱电解质 CH_3COOH 等的电导率很低。它们的共同点是：电导率随电解质的物质的量浓度的增大而增大，经过极大值后则随物质的量浓度的增大而减小。

电导率与电解质的物质的量浓度的关系出现极大值的原因是：电导率的大小与溶液中离子数目和离子自由运动能力有关，而这两个因素又是互相制约的。电解质的物质的量浓度越大，体积离子数越多，电导率也就越大，然而，随着体积离子数增多，其静电相互作用也就越强，因而离子自由运动能力越差，电导率下降。溶液较稀时，第一个因素起主导作用，达到某一浓度后，转变为第二个因素起主导作用。结果导致电解质溶液的电导率随电解质的物质的量浓度的变化经历一个极大值。

2. 摩尔电导率与电解质的物质的量浓度的关系

电解质水溶液有强弱之分，强电解质溶质几乎全部以离子状态存在，而弱电解质，如 CH_3COOH 的水溶液，CH_3COOH 仅部分地电离，浓度越大，电离程度越小。强、弱电解质的摩尔电导率与物质的量浓度的关系如图 7-5 所示。可以看到，强、弱电解质的摩尔电导率都随浓度的减小而增大，但增大的情况不同。强电解质的 Λ_m 随浓度的减小而增大的幅度较小。当 $c \to 0$ 时，Λ_m 趋近于某极限值 Λ_m^∞，称作无限稀释摩尔电导率。科尔劳施以 Λ_m 对 $\sqrt{c/c^\ominus}$ 作图，在稀溶液范围内成直线关系，所以可将 Λ_m 外推至 $c = 0$ 求得强电解质的 Λ_m^∞。但对于弱电解质如 CH_3COOH 等直到溶液稀释到 $0.005\,\text{mol}\cdot\text{dm}^{-3}$ 时，摩尔电导率 Λ_m 与 $\sqrt{c/c^\ominus}$ 是很陡的直线关系，并且在极稀的溶液范围时，浓度稍微改变，Λ_m 的

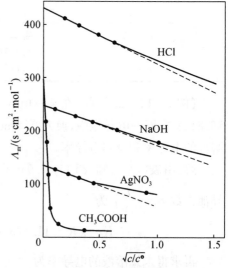

图 7-5 某些电解质水溶液的摩尔电导率与浓度平方根的关系
(298 K, $c^\ominus = 1\,\text{mol}\cdot\text{dm}^{-3}$)

值可能变动很大,即实验上的微小误差对外推求得的 Λ_m^∞ 值影响很大。所以从实验值直接求弱电解质的 Λ_m^∞ 遇到了困难。离子独立运动定律解决了这一问题。

五、离子的电迁移

1. 离子的电迁移率

离子在外电场的作用下,在溶液中发生定向运动。在一定温度和浓度下,离子在电场中的电迁移速率 v 与两极间电势梯度成正比,与距离成反比,可用下式表示:

$$v_+ = U_+ \frac{\Delta E}{l}, \quad v_- = U_- \frac{\Delta E}{l} \tag{7-6}$$

式中,U_+ 和 U_- 是电势梯度为 $1\ V \cdot m^{-1}$ 时离子的电迁移速率($m \cdot s^{-1}$),称作离子的电迁移率,单位为 $m^2 \cdot s^{-1} \cdot V^{-1}$。一般离子的电迁移率都很小,只有 $3 \times 10^{-8} \sim 8 \times 10^{-8}\ m^2 \cdot s^{-1} \cdot V^{-1}$,如表 7-3 所示。

表 7-3　25℃无限稀释水溶液中某些离子的电迁移率

单位:$m^2 \cdot s^{-1} \cdot V^{-1}$

正 离 子	$U \times 10^8$			负 离 子	$U \times 10^8$		
H^+	36.30	Ag^+	6.41	OH^-	20.50	NO_3^-	7.40
Li^+	4.01	NH_4^+	7.60	F^-	5.70	CO_3^{2-}	7.46
Na^+	5.19	Ca^{2+}	6.16	Cl^-	7.91	SO_4^{2-}	8.25
K^+	7.62	Cu^{2+}	6.16	Br^-	8.13	CH_3COO^-	4.23
Rb^+	7.92	La^{3+}	7.21	I^-	7.95		

从表 7-3 可以看到 H^+ 和 OH^- 离子的电迁移率比其他离子的大得多,这表明 H^+ 和 OH^- 离子的电迁移速率很大,因而其导电能力很强。

2. 离子独立运动定律

两电极间距离为单位长度的电解质溶液中含有 1 mol 离子时溶液的电导称作离子的摩尔电导率,以 Λ_+ 和 Λ_- 分别表示正、负离子的摩尔电导率。离子浓度无限稀时,离子间的相互作用可以忽略,此时离子的运动可以认为是彼此独立的。此时,离子的电迁移率和电导率不受其他离子的影响,它只与离子的种类和溶剂性质有关。无限稀释时离子的摩尔电导率称作离子的无限稀释摩尔电导率,以 Λ^∞ 表示。表 7-4 列出了 25℃某些离子在水溶液中的无限稀释摩尔电导率。

表 7-4　25℃某些离子在水溶液中无限稀释摩尔电导率

单位:$S \cdot m^2 \cdot mol^{-1}$

正 离 子	$\Lambda^\infty \times 10^4$			负 离 子	$\Lambda^\infty \times 10^4$		
H^+	349.82	Ag^+	61.92	OH^-	198.00	NO_3^-	71.44
Li^+	38.69	NH_4^+	73.40	Cl^-	76.34	$\frac{1}{2}SO_4^{2-}$	80.00
Na^+	50.11	$\frac{1}{2}Ca^{2+}$	59.50	I^-	76.80	F^-	54.40
K^+	73.52	$\frac{1}{3}La^{3+}$	69.60	Br^-	78.40	CH_3COO^-	40.90

从表 7-4 可以看到,H^+ 和 OH^- 离子的无限稀释摩尔电导率比其他离子的都大。

由于无限稀释时正、负离子的运动彼此独立,因而电解质的 Λ_m^∞ 是两种离子无限稀释摩尔电导率之和,即

$$\Lambda_m^\infty = \nu_+ \Lambda_+^\infty + \nu_- \Lambda_-^\infty \qquad (7-7)$$

式(7-7)称作离子独立运动定律。ν_+、ν_- 分别为电离的正、负离子的化学计量数。根据这一定律,在无限稀释的 HCl 水溶液中 H^+ 离子的摩尔电导率与无限稀释的 CH_3COOH 水溶液中 H^+ 离子的摩尔电导率相等。推而广之,在一定温度下,不同电解质溶于水中电离出同一种离子时,只要是溶液无限稀释,这种离子的摩尔电导率总是相等的。利用式(7-7)可以计算弱电解质的无限稀释摩尔电导率。

【例 7-2】 求 25 ℃时 CH_3COOH 在无限稀释时的摩尔电导率。已知该温度下的 $\Lambda_m^\infty(CH_3COONa) = 0.009\,1\ S \cdot m^2 \cdot mol^{-1}$,$\Lambda_m^\infty(HCl) = 0.042\,62\ S \cdot m^2 \cdot mol^{-1}$,$\Lambda_m^\infty(NaCl) = 0.012\,65\ S \cdot m^2 \cdot mol^{-1}$。

解:由式(7-7)得 $\Lambda_m^\infty(CH_3COONa) = \Lambda_{Na^+}^\infty + \Lambda_{CH_3COO^-}^\infty$, $\Lambda_m^\infty(CH_3COOH) = \Lambda_{H^+}^\infty + \Lambda_{CH_3COO^-}^\infty$, $\Lambda_m^\infty(NaCl) = \Lambda_{Na^+}^\infty + \Lambda_{Cl^-}^\infty$, $\Lambda_m^\infty(HCl) = \Lambda_{H^+}^\infty + \Lambda_{Cl^-}^\infty$

所以　　$\Lambda_m^\infty(CH_3COOH) = \Lambda_m^\infty(CH_3COONa) + \Lambda_m^\infty(HCl) - \Lambda_m^\infty(NaCl)$

$$= (0.009\,1 + 0.042\,62 - 0.012\,65)\ S \cdot m^2 \cdot mol^{-1}$$

$$= 0.039\,07\ S \cdot m^2 \cdot mol^{-1}$$

若直接应用表 7-4 数据和式(7-7)计算:

$$\Lambda_m^\infty(CH_3COOH) = (349.82 + 40.90) \times 10^{-4}\ S \cdot m^2 \cdot mol^{-1}$$

$$= 0.039\,07\ S \cdot m^2 \cdot mol^{-1}$$

两种计算方法所得结果相同。

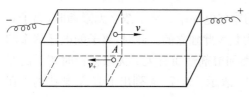

图 7-6　离子通过截面 A 的迁移

3. 电解质的电导率与离子电迁移率的关系

设正、负离子在电场作用下的电迁移速率分别为 v_+ 和 v_-,两种离子的浓度分别为 c_+ 和 c_-,电解质溶液的截面积为 A。选一个垂直于电场方向的参考截面,如图 7-6 所示。通过参考截面的电流是单位时间内正、负两种离子导通电流的总和,即

$$I = I_+ + I_- \qquad (7-8)$$

每秒钟通过截面积 A 的正、负离子的量为 $v_+ c_+ A$ 和 $v_- c_- A$,则正、负离子导通的电流分别为 $I_+ = z_+ F v_+ c_+ A$ 和 $I_- = z_- F v_- c_- A$,代入式(7-8)得

$$I = z_+ F v_+ c_+ A + z_- F v_- c_- A \qquad (7-9)$$

如果　　　　　　　$z_+ = |z_-| = z$, 　　　$c_+ = c_- = c$

则　　　　　　　　　$I = zFcA(v_+ + v_-) \qquad (7-10)$

由式(7-6)知
$$v_+ = U_+ \frac{\Delta E}{l}, \ v_- = U_- \frac{\Delta E}{l}$$

所以
$$I = zFcA \frac{\Delta E}{l}(U_+ + U_-) \tag{7-11}$$

又知
$$I = \frac{\Delta E}{R} = \kappa \frac{A}{l} \Delta E$$

故得
$$\kappa = zFc(U_+ + U_-) \tag{7-12}$$

此式即为等价离子电解质的电导率与离子电迁移率间的关系。其摩尔电导率和电迁移率关系为

$$\Lambda_m = \frac{\kappa}{c} = zF(U_+ + U_-) \tag{7-13}$$

4. 离子的迁移数

电解质溶液导通的电量是由正、负离子迁移共同完成的。由于正、负离子的运动速率不同,离子携带的电量不同,故其各自导通的电量也不同。每种离子导通的电量只占总电量的一部分,称离子迁移数,分别以 t_+ 和 t_- 表示。$t_+ = \frac{Q_+}{Q} = \frac{I_+}{I}, \ t_- = \frac{I_-}{I}$,并有 $t_+ + t_- = 1$。由前述 I_+ 和 I_- 的表示式及式(7-6)可证明

$$t_+ = \frac{U_+}{U_+ + U_-}, \ t_- = \frac{U_-}{U_+ + U_-} \tag{7-14}$$

$$t_+ = \frac{v_+}{v_+ + v_-}, \ t_- = \frac{v_-}{v_+ + v_-} \tag{7-15}$$

根据离子独立运动定律可得

$$t_+ = \frac{\nu_+ \Lambda_+}{\nu_+ \Lambda_+ + \nu_- \Lambda_-}, \ t_- = \frac{\nu_- \Lambda_-}{\nu_+ \Lambda_+ + \nu_- \Lambda_-} \tag{7-16}$$

因此
$$\Lambda_+ = \frac{\Lambda_m t_+}{\nu_+}, \ \Lambda_- = \frac{\Lambda_m t_-}{\nu_-} \tag{7-17}$$

迁移数可由实验测定,然后由式(7-17)求离子摩尔电导率。

离子迁移数在电化学工业中有重要应用。例如,由迁移数的大小可以分析某种离子导电量的多少及电极附近组成变化的情况,进而控制电解条件。测定离子迁移数的实验方法有希托夫(Hitorf)法、界面移动法和电动势法等。

§7-4　电解质溶液的活度

在溶液中,电解质电离成正、负离子,由于正、负离子间存在静电引力,这种引力属长程力,再加上离子水化等复杂因素,即使溶液很稀,也使电解质溶液的行为与理想稀溶液有偏差。因此,在研究其热力学性质时引入活度的概念。

§7-4演示文稿
电解质溶液的
活度

一、电解质和离子的化学势

对于电解质溶液仍用下标 A 表示溶剂，B 表示溶质。溶质（即电解质）的化学势可表示如下：

$$\mu_B = \left(\frac{\partial G}{\partial n_B}\right)_{T, p, n_A} \tag{7-18}$$

依照 μ_B 的定义式，电解质溶液中，正、负离子的化学势（在形式上）定义为

$$\mu_+ = \left(\frac{\partial G}{\partial n_+}\right)_{T, p, n_i(i \neq +)} \tag{7-19}$$

$$\mu_- = \left(\frac{\partial G}{\partial n_-}\right)_{T, p, n_j(j \neq -)} \tag{7-20}$$

电解质溶液是电中性的，单独向电解质溶液中添加正或负离子是做不到的。因此，实验测量时不可能单独获得 μ_+ 或 μ_-，而只能是包括了正、负离子综合影响的 μ_B 与标准态化学势 $\mu_B^\ominus$ 的差值。但 μ_B 与 μ_+、μ_- 有一定的关系，现分析如下。设溶质 B 在溶液中完全电离为 ν_+ 个正离子 X^{Z^+} 和 ν_- 个负离子 Y^{Z^-}，即 B→$\nu_+ X^{Z^+} + \nu_- Y^{Z^-}$。当 T、p 及 n_B 不变时，则有

$$dG = (\nu_+ \mu_+ + \nu_- \mu_-)dn_B \tag{7-21}$$

由式(7-18)结合式(7-21)得

$$\mu_B = \nu_+ \mu_+ + \nu_- \mu_- \tag{7-22}$$

二、电解质和离子的活度及活度因子

参照非电解质溶液中活度的定义式，电解质和正、负离子的活度可分别表示为 a_B 和 a_+、a_-。于是电解质和离子的化学势有如下形式：

$$\left.\begin{aligned} \mu_B &= \mu_B^\ominus + RT\ln a_B \\ \mu_+ &= \mu_+^\ominus + RT\ln a_+ \\ \mu_- &= \mu_-^\ominus + RT\ln a_- \end{aligned}\right\} \tag{7-23}$$

代入式(7-22)得

$$\mu_B^\ominus + RT\ln a_B = \nu_+ \cdot \mu_+^\ominus + \nu_- \cdot \mu_-^\ominus + RT\ln(a_+^{\nu_+} \cdot a_-^{\nu_-})$$

定义

$$\mu_B^\ominus = \nu_+ \mu_+^\ominus + \nu_- \mu_-^\ominus \tag{7-24}$$

则

$$a_B = a_+^{\nu_+} \cdot a_-^{\nu_-} \tag{7-25}$$

所以

$$\mu_B = \mu_B^\ominus + RT\ln(a_+^{\nu_+} \cdot a_-^{\nu_-}) \tag{7-26}$$

在 T、p 及组成一定的条件下，μ 值是确定的，但 a 还与选择的标准态 $\mu^\ominus$ 有关。若正、负离子的组成用质量摩尔浓度表示，写为 m_+ 和 m_-，则离子活度与质量摩尔浓度的关系式为

$$a_+ = \gamma_+ m_+ / m^\ominus, \qquad a_- = \gamma_- m_- / m^\ominus \tag{7-27}$$

式中，γ_+ 和 γ_- 分别为正、负离子的活度因子。将式(7-27)代入式(7-26)得

$$\mu_B = \mu_B^{\ominus} + RT\ln[\gamma_+^{\nu_+} \cdot \gamma_-^{\nu_-} \cdot m_+^{\nu_+} \cdot m_-^{\nu_-} /(m^{\ominus})^{\nu_+ + \nu_-}] \tag{7-28}$$

三、离子的平均活度和平均活度因子

由于电解质溶液中正、负离子同时存在，不能单独测定个别离子的活度和活度因子，常用平均离子活度和平均活度因子的概念。

令
$$\left.\begin{array}{l} a_\pm = (a_+^{\nu_+} a_-^{\nu_-})^{1/\nu} \\ \gamma_\pm = (\gamma_+^{\nu_+} \gamma_-^{\nu_-})^{1/\nu} \\ m_\pm = (m_+^{\nu_+} m_-^{\nu_-})^{1/\nu} \end{array}\right\} \tag{7-29}$$

式中，$\nu = \nu_+ + \nu_-$。代入式(7-28)得

$$\left.\begin{array}{l} a_\pm = \gamma_\pm m_\pm /m^{\ominus} \\ \mu_B = \mu_B^{\ominus} + \nu RT\ln a_\pm \\ \mu_B = \mu_B^{\ominus} + \nu RT\ln(\gamma_\pm m_\pm /m^{\ominus}) \end{array}\right\} \tag{7-30}$$

前已叙及，我们无法从实验中测得 μ_+ 及 μ_-，也就无法单独测得 γ_+ 和 γ_-。但是，正、负离子的平均活度因子 $\gamma_\pm$ 可由实验测量求得。有了离子的平均活度因子 $\gamma_\pm$，就可求得溶液中电解质的 $a_\pm$、a_B 和 m_B 间的关系。即

$$\left.\begin{array}{l} a_\pm = \gamma_\pm m_\pm /m^{\ominus} = \gamma_\pm [(\nu_+ m_B)^{\nu_+} (\nu_- m_B)^{\nu_-}]^{1/\nu}/m^{\ominus} \\ a_B = a_+^{\nu_+} a_-^{\nu_-} = a_\pm^{\nu} = \gamma_\pm^{\nu} [(\nu_+ m_B)^{\nu_+} (\nu_- m_B)^{\nu_-}]/(m^{\ominus})^{\nu} \end{array}\right\} \tag{7-31}$$

四、离子强度

电解质的离子平均活度因子与电解质溶液的组成、温度、溶液中其他组分的存在都有关系。实验还发现在同一浓度和温度下，含有高价离子的电解质对 $\gamma_\pm$ 的影响比含有低价离子的电解质的影响大，而且在稀溶液范围内，$\gamma_\pm$ 只与组成及离子价数有关，与离子的本性无关，离子价数的影响比浓度的影响还大些。因此路易斯(Lewis)及仑道尔(Randall)引进离子强度 I 的概念，其定义为

$$I = \frac{1}{2}\sum_B m_B z_B^2 \tag{7-32}$$

式中，m_B 为溶液中第 B 种离子的质量摩尔浓度，z_B 为其价数。离子强度 I 的单位为 $\text{mol} \cdot \text{kg}^{-1}$。可以认为离子强度是离子所产生的电场强度的量度。按式(7-32)可知：1-1 型电解质(如 NaCl)的离子强度 I 等于其质量摩尔浓度 m，1-2 型电解质(如 $CaCl_2$)的 $I = 3m$，2-2 型电解质(如 $ZnSO_4$)的 $I = 4m$，……，若溶液中同时存在几种电解质也可用此式进行计算。

根据德拜-尤格尔(Debye-Hückel)强电解质理论，认为电解质溶液与理想稀溶液发生偏差的主要原因在于电解质溶液中的离子带有电荷，由于静电引力的作用，离子的独立自由运动受到异种离子的影响。大量实验表明离子平均活度因子 $\gamma_\pm$ 与离子强度 I 的关系为

$$\lg\gamma_\pm = -A|z_+ z_-|\sqrt{I/m^{\ominus}} \tag{7-33}$$

S7-3

电解质电离
理论的发展

在指定温度和溶剂时,A 为常数,与溶剂密度、介电常数、溶液的组成等有关。例如,在 25 ℃ 水溶液中 $A = 0.5093$,上式称为德拜-休克尔极限定律。此式是稀溶液中的实验规律。

【例 7 - 3】 应用德拜-尤格尔极限定律计算下列溶液中 $BaCl_2$ 的离子平均活度因子。(1) $0.010\ mol \cdot kg^{-1}$ 的 $BaCl_2$ 溶液;(2) $0.01\ mol \cdot kg^{-1}$ $BaCl_2$ 和 $0.10\ mol \cdot kg^{-1}$ $NaCl$ 的混合溶液。

解:(1) 溶液中 $m_{Ba^{2+}} = 0.010\ mol \cdot kg^{-1}$,$m_{Cl^-} = 2 \times 0.010\ mol \cdot kg^{-1}$

$$I = \frac{1}{2}\left[(m_{Ba^{2+}} \times 2^2) + (m_{Cl^-} \times 1^2)\right]$$
$$= \frac{1}{2}\left[(0.010 \times 4) + (0.020 \times 1)\right] mol \cdot kg^{-1}$$
$$= 0.030\ mol \cdot kg^{-1}$$

$$\lg(\gamma_\pm)_{(1)} = -A\ |z_+ z_-|\ \sqrt{I/m^\ominus} = -0.5093 \times 2 \times 1 \times \sqrt{0.030} = -0.18$$
$$(\gamma_\pm)_{(1)} = 0.66$$

(2) 溶液中 $m_{Ba^{2+}} = 0.01\ mol \cdot kg^{-1}$

$$m_{Cl^-} = 2 \times 0.01\ mol \cdot kg^{-1} + 1 \times 0.10\ mol \cdot kg^{-1}$$
$$= 0.12\ mol \cdot kg^{-1}$$

$$m_{Na^+} = 0.10\ mol \cdot kg^{-1}$$

$$I = \frac{1}{2}\left[(m_{Ba^{2+}} \times 2^2) + (m_{Cl^-} \times 1^2) + (m_{Na^+} \times 1^2)\right]$$
$$= \frac{1}{2}\left[(0.01 \times 4) + (0.12 \times 1) + (0.10 \times 1)\right] mol \cdot kg^{-1}$$
$$= 0.13\ mol \cdot kg^{-1}$$

$$\lg(\gamma_\pm)_{(2)} = -0.5093 \times 2 \times 1 \times \sqrt{0.13} = -0.37$$
$$(\gamma_\pm)_{(2)} = 0.43$$

由本题可见,(1) 质量摩尔浓度相同的 $BaCl_2$ 溶液,在有外加盐 $NaCl$ 的情况下,离子强度 I 增大,而离子平均活度因子减小,说明外加盐的存在使溶液更加偏离理想稀溶液。(2) 由于 $\gamma_\pm$ 只与浓度及离子价数有关,而与离子本性无关,故在本例中加入同样价型(如 HCl 或 KNO_3)、同样浓度的外加盐,所得结果也一样。

主题 7-2 导学
可逆电池

§7-5 演示文稿
电池电动势

主题二　可逆电池

§7-5　电池电动势

一、电极电势和电池电动势

1. 电极和电池的国际惯例表示法

关于电极和电池的表示方法,根据国际惯例,电池的写法是把负极写在左边,正极写在右边。符号"|"表示电极与连接溶液的接界,符号"┊"表示可混液相之间的接界,而

"∥"表示液体接界(或扩散)电势已用盐桥等方法消除。如果一种电极或一种溶液中含有两种或几种不同物质(注明物态),则这些物质用逗号分开。按照这种规定测得的电池电动势为正值,反应的吉布斯函数 $\Delta_r G$ 为负值,电池反应能自发地自左向右进行。当电池用盐桥消除了液体接界电势后,电池可表示为

$$(-)\ Zn\mid ZnSO_4(a_1)\parallel CuSO_4(a_2)\mid Cu\ (+)$$

a_1、a_2 分别表示两种电解质的活度。在不发生误解的情况下,如 Zn 和 Cu,可不注明物态,一般也可不必将导线金属写出。

2. 电极电势和电池电动势概述

电池的电动势是在通过电池的电流趋于零(即开路)的情况下两极间的电势差,它等于构成电池的各相界面上所产生的电势差的代数和。根据相界面相互接触的类型,相界面之间的电势分为如下几种。

(1)电极电势。一般来说,某一金属和某一电解质溶液组成的电极系统,由于两相接触的电化学作用,带电粒子会由一相转移到另一相。例如,金属 Zn 浸入含有 Zn^{2+} 离子的水溶液中,由于离子的水化作用能克服金属晶格中 Zn^{2+} 离子和电子之间的引力,Zn^{2+} 离子会自发地由金属相转移到溶液相,已进入溶液相的某些 Zn^{2+} 离子仍可再沉积到金属 Zn 的表面上。当溶解与沉积速率相等时,达到动态平衡,其结果是形成金属表面带负电荷,而与金属表面相接触的溶液一侧带正电荷的双电层,如图 7-7(a)所示,从而建立起电势差 ΔE,称为电极电势。锌、镉、镁、铁等在酸、碱及盐溶液中都形成这种类型的双电层。若金属 Cu 浸在含 Cu^{2+} 离子的溶液中,由于水化作用不能克服金属晶格中 Cu^{2+} 离子和电子之间的引力,溶液中的一部分水化 Cu^{2+} 离子将向金属 Cu 表面转移,转移到金属 Cu 表面上的 Cu^{2+} 离子也会重新被水化,达到动态平衡后形成金属表面带正电荷、溶液一侧带负电荷的双电层,如图 7-7(b)所示。铜、金、铂等金属在其盐溶液中形成这种类型的双电层。早期认为,上述双电层就像平行板电容器那样,电荷排列在两侧。近代研究证明,双电层并非排列得像平行板电容器那样整齐严密,实际上它由两部分组成。一部分是离子紧靠金属表面排列构成紧密层,另一部分是由于溶液中离子的热运动而扩散开去的扩散层,如图 7-7(c)所示。

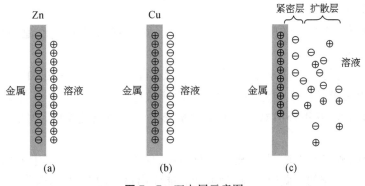

S7-4

双电层理论
的发展

图 7-7 双电层示意图

从金属到溶液建立起的相间电势是电极的绝对电势。到目前为止,电极电势的绝对值还无法测定。在实际中,人们采用一个相对电极电势来解决这一问题,其结果并不影响

理论和实际应用的需要。

(2) 接触电势。当两种金属(也可以是其他电子导体)接触时,由于不同材料的电子逸出功不同,电子会从逸出功较小的固体转移到逸出功较大的固体上去。这样,造成界面两侧的电子分布不均匀,达到动态平衡时,缺少电子的一侧带正电荷,过剩电子的一侧带负电荷,由此建立起的电势差一般称作接触电势。此值可达零点几到几伏。

(3) 液体接界(扩散)电势、盐桥的作用。若有两种电解质溶液接触,离子会通过界面由浓度高的一侧向浓度稀的一侧进行扩散。由于同侧的电解质溶液原来为电中性,又由于离子的扩散速率各不相同,达到动态平衡时,界面两侧即产生带相反电荷的双电层。这

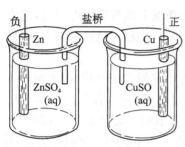

图 7 - 8 盐桥在电池中的作用

种由液体接界而产生的电势差称作液体接界电势。主要是因为这种电势非可逆,实际应用中总是希望尽量避免或减小到可忽略的程度。常用的方法是在液体接界处用一个"盐桥"将两个半电池连接起来,如图 7 - 8 所示。盐桥内装有 KCl 饱和溶液(约 4.2 mol · dm^{-3}),将 KCl 溶液溶于热琼脂中,再装入 U 形玻璃管中,冷却即成"盐桥"。高浓度 KCl 的 K$^+$ 和 Cl$^-$ 离子向溶液两侧迁移,由于 K$^+$ 和 Cl$^-$ 离子迁移速率相近,因此,"盐桥"能把液体接界电势减小到可忽略的程度。

有时,电池中并不存在液体接界电势,因此,无需用盐桥,在电池表示式中也不标出。如电池 $Zn | ZnCl_2(0.5 \, mol \cdot dm^{-3}) | AgCl | Ag$。

(4) 电池的电动势。对于电池 $Zn | ZnSO_4(1 \, mol \cdot kg^{-1}) ⫶ CuSO_4(1 \, mol \cdot kg^{-1}) | Cu$,电池电动势为各相界面上所产生的电势差 $\Delta E_{Cu, Cu^{2+}}$、$\Delta E_{Cu^{2+}, Zn^{2+}}$ 及 $\Delta E_{Zn^{2+}, Zn}$ 的代数和。若用盐桥消除液体接界电势,则电池表示式为

$$Zn | ZnSO_4(1 \, mol \cdot kg^{-1}) ‖ CuSO_4(1 \, mol \cdot kg^{-1}) | Cu$$

电池电动势则为正、负两电极电势之差,即 $E = E_+ - E_-$。对上述电池电动势亦可表示为 $E = E_{Cu^{2+}/Cu} - E_{Zn^{2+}/Zn}$。

二、可逆电池热力学

1. 可逆电池

可逆电池是一个热力学概念。热力学意义上的可逆,要求可逆电池必须满足下面两个条件,缺一不可。

(1) 电极上的化学反应可向正、反两个方向进行。将电池与一外加电动势 $E_外$ 并联,当电池的 E 稍大于 $E_外$ 时,电池将通过化学反应放电。当 $E_外$ 稍大于电池的 E 时,电池成为电解池,电池将获得外加电池的能量而被充电。这时电池中的化学反应可以完全逆向进行。

(2) 可逆电池在工作时,无论充电还是放电,所通过的电流必须十分微小,电池是在接近平衡状态下工作的。此时,若作为电池它能作出最大的有用功,若作为电解池它消耗的电能最小。换言之,如果设想能把电池放电时所放出的能量全部储存起来,则用这些能量充电,就恰好可以使系统和环境都回复到原来的状态。

满足(1)、(2)两个条件的电池称为可逆电池。总的说来可逆电池一方面要求电池在

作为原电池或电解池时总反应必须是可逆的,另一方面要求电极上的反应都是在平衡情况下进行的,即电流无限小。

例如,以 $Zn(s)$ 及 $Ag(s)|AgCl(s)$ 为电极,插到 $ZnCl_2$ 溶液中,用导线连接两电极,则将有电子自 Zn 极经导线流向 $Ag(s)|AgCl(s)$ 电极。今若将两电极的导线分别接至另一电池 $E_{外}$,使电池的负极与外加电池的负极相连,正极与正极相接,并设 $E>E_{外}$。 此时虽然电流强度很小,但电子流仍可自 Zn 极经过 $E_{外}$ 流到 $Ag(s)|AgCl(s)$ 电极。若有 1 mol 电子的电荷量通过,则电极上的反应为

负极(Zn 极):$\frac{1}{2}Zn(s) \longrightarrow \frac{1}{2}Zn^{2+}+e$

正极$[Ag(s)|AgCl(s)电极]$:$AgCl(s)+e \longrightarrow Ag(s)+Cl^-$

电池反应:$\frac{1}{2}Zn(s)+AgCl(s) \longrightarrow \frac{1}{2}Zn^{2+}+Ag(s)+Cl^-$

若外加电池的 $E_{外}$ 比电池的 E 稍大,则电池内的反应恰好逆向进行。有电子自外加电池流入 Zn 极,在 Zn 极上起还原作用,Zn 极称为阴极。而 $Ag(s)|AgCl(s)$ 电极上起氧化作用,故 $Ag(s)|AgCl(s)$ 电极为阳极。

阴极(Zn 极):$\frac{1}{2}Zn^{2+}+e \longrightarrow \frac{1}{2}Zn(s)$

阳极$[Ag(s)|AgCl(s)电极]$:$Ag(s)+Cl^- \longrightarrow AgCl(s)+e$

电池反应:$\frac{1}{2}Zn^{2+}+Ag(s)+Cl^- \longrightarrow \frac{1}{2}Zn(s)+AgCl(s)$

由于上面两个电池反应相反,而且在充放电时电流都很小,所以上述电池是一个可逆电池。

实际发生的电池反应并不符合热力学可逆条件。这是因为:

(1) 实际应用中的电池不可能是处于微量变化中使用。

(2) 对某些电池当使其正方向发生微量变化接着再逆向发生微量变化后,电极和电池反应不能逆转。如对电池 $Zn|H_2SO_4(a)|Cu$,放电时电极反应为:负极 $Zn \Longrightarrow Zn^{2+}+2e$,正极 $2H^++2e \Longrightarrow H_2$;充电时电极反应为:阴极 $2H^++2e \Longrightarrow H_2$,阳极 $Cu-2e \Longrightarrow Cu^{2+}$。 对可逆电池的讨论有重要意义,因为可逆电池可以用热力学理论来研究。例如,通过可逆电池电动势的测量,可进行许多有关热力学函数的计算。

2. 电动势与电池反应热力学函数的关系

由热力学知,在恒温、恒压的可逆过程中,系统吉布斯函数的减少等于过程中系统所做的最大非体积功。在可逆电池中,非体积功即为电功。则有

$$-\Delta G_{T,p}=-W'_{max}$$

从物理学中已知,电功等于电势差和电量的乘积。在可逆条件下,电池两极间的电势差即是电池的电动势,当电池反应的反应进度为 1 mol 时,电池反应的电量等于电池反应涉及的电荷数 z 与法拉第常量 F 的乘积。

故有 $$-\Delta_r G_m = zFE \qquad (7-34)$$

式中，E 的单位是 V，F 的单位是 C·mol^{-1}，$\Delta_r G_m$ 的单位是 J·mol^{-1}。式(7-34)是一个很重要的关系式，通过它可以把热力学量和电化学量联系起来。实际上，只要测得不同温度下电池的电动势 E，就可用热力学方法求得电池反应的有关热力学数据。例如

$$\Delta_r S_m = -\left[\frac{\partial(\Delta_r G_m)}{\partial T}\right]_p = zF\left(\frac{\partial E}{\partial T}\right)_p \tag{7-35}$$

$$\Delta_r H_m = \Delta_r G_m + T\Delta_r S_m = -zFE + TzF\left(\frac{\partial E}{\partial T}\right)_p = zF\left[-E + T\left(\frac{\partial E}{\partial T}\right)_p\right] \tag{7-36}$$

式中，$\left(\frac{\partial E}{\partial T}\right)_p$ 称作电池电动势的温度系数，绝大多数电池电动势的温度系数是负值。通过可逆电池的电动势和温度系数的测定，可以求得电池反应的 $\Delta_r G_m$、$\Delta_r H_m$ 及 $\Delta_r S_m$。应该注意，式(7-36)中，电池反应的摩尔焓变 $\Delta_r H_m$ 由两部分组成：一部分是 $\Delta_r G_m$，即电池作出的可逆电功，另一部分是 $T\Delta_r S_m$，即电池在工作时的可逆反应热。由于温度系数一般很小(约 10^{-4} V·K^{-1})，因此，在常温和低温时 $\Delta_r H_m$ 与 $\Delta_r G_m$ 相差无几。也就是说电池可将绝大部分的化学能转变成电功。所以，从获取电功的角度来说，利用电池反应获取功的效率是很高的。由于能够精确地测量电池的电动势，故用电化学方法求得的热力学数据常比用热化学方法求得的更为准确。

【例 7-4】　下述电池在 20 ℃时的电动势为 0.2699 V，而在 30 ℃时为 0.2669 V，求 25 ℃时电池反应的 $\Delta_r G_m$、$\Delta_r H_m$ 和 $\Delta_r S_m$（设 $\Delta_r G_m$ 与温度的关系是线性的），并写出电极反应和电池反应。Pt，$H_2(p = p^\ominus)$ | HCl$(a = 1)$，$Hg_2Cl_2(s)$ | Hg(l)。

解：负极反应　$\frac{1}{2}H_2(p^\ominus) = H^+(aq) + e$

正极反应　$\frac{1}{2}Hg_2Cl_2(s) + e = Hg(l) + Cl^-(aq)$

电池反应　$\frac{1}{2}H_2(p^\ominus) + \frac{1}{2}Hg_2Cl_2(s) = Hg(l) + Cl^-(aq) + H^+(aq)$

因为 $\Delta_r G_m(293\,K) = -zEF = -1 \times 0.2699\,V \times 96500\,C·mol^{-1} = -26.00\,kJ·mol^{-1}$

$\Delta_r G_m(303\,K) = -1 \times 0.2669\,V \times 96500\,C·mol^{-1} = -25.80\,kJ·mol^{-1}$

所以　$\Delta_r G_m(298\,K) = \frac{1}{2}[\Delta_r G_m(293\,K) + \Delta_r G_m(303\,K)] = -25.90\,kJ·mol^{-1}$

$$\left(\frac{\partial E}{\partial T}\right)_p \approx \left(\frac{\Delta E}{\Delta T}\right)_p = \frac{(0.2699 - 0.2669)\,V}{(293 - 303)\,K} = -3.00 \times 10^{-4}\,V·K^{-1}$$

$$\Delta_r S_m = zF\left(\frac{\partial E}{\partial T}\right)_p = 1 \times 96500\,C·mol^{-1} \times (-3.00 \times 10^{-4})\,V·K^{-1}$$

$$= -29.0\,J·mol^{-1}·K^{-1}$$

$$\Delta_r H_m = \Delta_r G_m + T\Delta_r S_m = -25900\,J·mol^{-1} + 298\,K \times (-29.0)\,J·mol^{-1}$$

$$= -34.5\,kJ·mol^{-1}$$

上面的例题中 $\left(\frac{\partial E}{\partial T}\right)_p$ 为负值，由式(7-34)和(7-36)可得

$$T\Delta_r S_m = \Delta_r H_m - \Delta_r G_m = zFT\left(\frac{\partial E}{\partial T}\right)_p < 0$$

而 $\Delta_r G_m = W'$，故 $-\Delta_r H_m > -W'$。这就说明，电池反应中系统焓的降低，一部分用于电池做电功（$-W'$），还有一部分能量 $\left[-zFT\left(\frac{\partial E}{\partial T}\right)_p\right]$ 则转化成热的形式。所以，这种电池在工作时，电池本身会变热。绝大多数电池属此种类型。同理，可知在恒温下电池可逆放电时，

若 $\left(\frac{\partial E}{\partial T}\right)_p > 0$、$Q_r = T\Delta_r S_m > 0$，电池从环境吸热；

若 $\left(\frac{\partial E}{\partial T}\right)_p = 0$、$Q_r = 0$，电池既不吸热也不放热。

注意，电池反应可逆热是有非体积功时的过程热，它不同于通常所说的恒压反应热。

三、能斯特方程式（电动势与活度的关系）

1. 电池电动势的能斯特方程式

设电池反应为 $aA + bB \Longrightarrow yY + dD$，由化学平衡可知：

$$\Delta_r G_m(T, p) = \Delta_r G_m^\ominus(T) + RT\ln\frac{a_Y^y a_D^d}{a_A^a a_B^b} \tag{7-37}$$

又因为 $\Delta_r G_m(T, p) = -zFE$，$\Delta_r G_m^\ominus(T) = -zFE^\ominus$，代入式(7-37)：

整理得 $$E = E^\ominus - \frac{RT}{zF}\ln\frac{a_Y^y a_D^d}{a_A^a a_B^b} \tag{7-38}$$

式(7-38)即为电池电动势的能斯特方程式。式中，$E^\ominus$ 是温度为 T 且处于标准状态下（电池中各反应物和产物均处于其标准态）时的电池电动势，又称 $E^\ominus$ 为电池的标准电动势。因为 $\Delta_r G_m^\ominus(T) = -RT\ln K^\ominus$，故又得到 $E^\ominus$ 与标准平衡常数的关系式为

$$zFE^\ominus = RT\ln K^\ominus \quad 或 \quad K^\ominus = \exp[zFE^\ominus/(RT)] \tag{7-39}$$

令 $J^\ominus = \frac{a_Y^y a_D^d}{a_A^a a_B^b}$ 代入式(7-38)得到

$$E = E^\ominus - \frac{RT}{zF}\ln J^\ominus \tag{7-40}$$

若 $T = 298\,K$，则有 $E = E^\ominus - \frac{0.059\,16V}{z}\lg J^\ominus$。 \tag{7-41}

2. 电极电势的能斯特方程式

参照电池电动势的能斯特方程式，可直接写出电极电势的能斯特方程式。如温度为 T 时对下列电极反应：

$$M^{3+} + 2e \Longequal M^+ \quad E = E^\ominus - \frac{RT}{zF}\ln\frac{a_{M^+}}{a_{M^{3+}}} \tag{7-42}$$

$$M \Longequal M^{2+} + 2e \quad E = E^\ominus - \frac{RT}{zF}\ln\frac{a_M}{a_{M^{2+}}} \tag{7-43}$$

式中，$E^{\ominus}$ 表示温度为 T，离子活度均为 1 时的标准电极电势。在式(7-42)和(7-43)中，不论实际发生的电极反应是氧化反应还是还原反应，其电极电势对数项中的分子部分均为还原态，分母部分均为氧化态。此即电极电势的还原式表示法。在电化学有关电极电势的书写和讨论中一般都以还原式给出。

四、可逆电极的种类

可逆电极是指电极上没有电流通过，电极上正、逆方向的反应速率相等，不发生任何净的电化学反应，处于平衡状态的电极系统。消除液体接界电势后两个可逆电极可构成一个可逆电池。由一个可逆电极作负极和另外任何一种待测电极构成电池可测得这种电极的相对电极电势以满足实际生产和科学研究的需要。根据结构和反应的类型，一般将其分为如下三类。

1. 第一类电极

这类电极一般是由某种金属插入含有该种金属盐的溶液中构成，常用 $M|M^{z+}$ 表示。金属本身参与电极反应，并与该金属离子达成平衡。

$$M^{z+} + ze \Longleftrightarrow M$$

例如，电池中的 $Zn|Zn^{2+}$ 和 $Cu|Cu^{2+}$。有些金属（如 K、Na）很活泼，遇水即发生激烈反应，则需做成汞齐，才能成为稳定的电极。此外有时为了特殊的研究目的，也可将金属做成其他合金来构成电极。例如 $Sn(Sn-Bi 合金)|Sn^{2+}$，其电极反应式为

$$Sn^{2+} + 2e \Longleftrightarrow Sn(Sn-Bi 合金)$$

在这一类电极中包括氢、氧或卤素与相应的氢离子、氢氧根离子或卤素离子溶液构成的电极。由于气体是非导体，故需借助于某种惰性金属（如铂）起导电作用，并使氢、氧或卤素气体与其离子在电极上达到平衡。如氢电极，$Pt，H_2|H^+$，其电极反应式为

$$H^+ + e \Longleftrightarrow \frac{1}{2}H_2$$

标准氢电极的具体结构是将镀有铂黑的铂片浸入含有氢离子（$a_{H^+}=1$）的溶液中，并不断用纯净的氢气冲打到铂片上，气相氢气的压力为 $p^{\ominus}$，如图 7-9 所示。为了方便，将任何温度下标准氢电极的电势均规定为零。由标准氢电极作为参比电极测得的其他电极的标准电极电势 $E^{\ominus}$ 列于表 7-5 中。

氢电极作为参比电极使用时的条件要求十分严格，它不能用在含有氧化剂和含有汞或砷的溶液中。因此，在实际应用中往往选用其他电极作为参比电极。例如，甘汞电极，银-氯化银电极（见第二类电极），它们的电极电势都已精确测定并且已商品化。在金属腐蚀与防护领域中常用铜-饱和硫酸铜电极作为参比电极，这种电极结构简单，可自己制作。

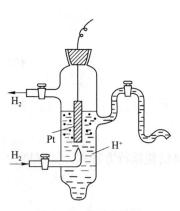

图 7-9　标准氢电极

表 7-5　25℃时在水溶液中的标准电极电势(还原电势)

电 极	电 极 反 应	$E^{\ominus}/V$	电 极	电 极 反 应	$E^{\ominus}/V$
Li^+/Li	$Li^+ + e \Longrightarrow Li$	-3.045	Br^-/Br_2	$Br_2(l) + 2e \Longrightarrow 2Br^-$	$+1.065$
K^+/K	$K^+ + e \Longrightarrow K$	-2.924	$H^+, H_2O/O_2$	$O_2 + 4H^+ + 4e \Longrightarrow 2H_2O$	$+1.229$
Ba^{2+}/Ba	$Ba^{2+} + 2e \Longrightarrow Ba$	-2.90	Cl^-/Cl_2	$Cl_2(g) + 2e \Longrightarrow 2Cl^-$	$+1.3583$
Ca^{2+}/Ca	$Ca^{2+} + 2e \Longrightarrow Ca$	-2.76	Au^+/Au	$Au^+ + e \Longrightarrow Au$	$+1.68$
Na^+/Na	$Na^+ + e \Longrightarrow Na$	-2.7109	F^-/F_2	$F_2(g) + 2e \Longrightarrow 2F^-$	$+2.87$
Mg^{2+}/Mg	$Mg^{2+} + 2e \Longrightarrow Mg$	-2.375	$SO_4^{2-}/PbSO_4(s),$ Pb	$PbSO_4(s) + 2e \Longrightarrow Pb + SO_4^{2-}$	-0.356
$OH^-, H_2O/H_2$	$2H_2O + 2e \Longrightarrow H_2 + 2OH^-$	-0.8277	$I^-/AgI(s), Ag$	$AgI(s) + e \Longrightarrow Ag + I^-$	-0.1519
Zn^{2+}/Zn	$Zn^{2+} + 2e \Longrightarrow Zn$	-0.7628	$OH^-/HgO, Hg$	$HgO + H_2O + 2e \Longrightarrow Hg + 2OH^-$	0.0977
Cr^{3+}/Cr	$Cr^{3+} + 3e \Longrightarrow Cr$	-0.74			
Cd^{2+}/Cd	$Cd^{2+} + 2e \Longrightarrow Cd$	-0.4026	$Br^-/AgBr(s),$ Ag	$AgBr(s) + e \Longrightarrow Ag + Br^-$	$+0.0713$
Co^{2+}/Co	$Co^{2+} + 2e \Longrightarrow Co$	-0.28	$Cl^-/AgCl(s),$ Ag	$AgCl(s) + e \Longrightarrow Ag + Cl^-$	$+0.2223$
Ni^{2+}/Ni	$Ni^{2+} + 2e \Longrightarrow Ni$	-0.23	$Cr^{3+}, Cr^{2+}/Pt$	$Cr^{3+} + e \Longrightarrow Cr^{2+}$	-0.41
Sn^{2+}/Sn	$Sn^{2+} + 2e \Longrightarrow Sn$	-0.1364	$Sn^{4+}, Sn^{2+}/Pt$	$Sn^{4+} + 2e \Longrightarrow Sn^{2+}$	$+0.15$
Pb^{2+}/Pb	$Pb^{2+} + 2e \Longrightarrow Pb$	-0.1263	$Cu^{2+}, Cu^+/Pt$	$Cu^{2+} + e \Longrightarrow Cu^+$	$+0.158$
Fe^{3+}/Fe	$Fe^{3+} + 3e \Longrightarrow Fe$	-0.036	$H^+,$醌,氢醌$/Pt$	$C_6H_4O_2 + 2H^+ + 2e \Longrightarrow C_6H_4(OH)_2$	$+0.6995$
H^+/H_2	$2H^+ + 2e \Longrightarrow H_2$	0.0000			
Cu^{2+}/Cu	$Cu^{2+} + 2e \Longrightarrow Cu$	$+0.3402$	$Fe^{3+}, Fe^{2+}/Pt$	$Fe^{3+} + e \Longrightarrow Fe^{2+}$	$+0.770$
$OH^-, H_2O/O_2$	$O_2 + 2H_2O + 4e \Longrightarrow 4OH^-$	$+0.401$	$Tl^{3+}, Tl^+/Pt$	$Tl^{3+} + 2e \Longrightarrow Tl^+$	$+1.247$
Cu^+/Cu	$Cu^+ + e \Longrightarrow Cu$	$+0.522$	$Ce^{4+}, Ce^{3+}/Pt$	$Ce^{4+} + e \Longrightarrow Ce^{3+}$	$+1.61$
I^-/I_2	$I_2(s) + 2e \Longrightarrow 2I^-$	$+0.535$	$Co^{3+}, Co^{2+}/Pt$	$Co^{3+} + e \Longrightarrow Co^{2+}$	$+1.808$
Hg_2^{2+}/Hg	$Hg_2^{2+} + 2e \Longrightarrow 2Hg$	$+0.7961$			
Ag^+/Ag	$Ag^+ + e \Longrightarrow Ag$	$+0.7996$			
Hg^{2+}/Hg	$Hg^{2+} + 2e \Longrightarrow Hg$	$+0.851$			

2. 第二类电极

第二类电极包括金属-难溶盐电极和金属-难溶氧化物电极两种。

(1) 金属-难溶盐电极。这种电极是在金属上覆盖一层该金属的难溶盐,再浸入含有与该盐相同负离子的溶液中而构成的。常用的有甘汞电极和银-氯化银电极。甘汞电极 Hg|$Hg_2Cl_2(s)$|$Cl^-(aq)$ 的结构如图 7-10 所示,是由 Hg,Hg_2Cl_2(甘汞)和 KCl 溶液组成的,其电极反应式为

$$Hg_2Cl_2(s) + 2e \Longrightarrow 2Hg + 2Cl^-$$

由于所用 KCl 溶液的浓度不同,其电极电势也不同,常用的KCl 溶液浓度有三种,它们相对于标准氢电极的电极电势如表7-6 所示。

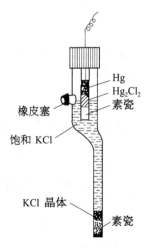

图 7-10　甘汞电极

表 7-6　不同浓度下甘汞电极的电极电势

KCl 溶液浓度	E_t/V	$E_{25℃}/V$
$0.1\,mol \cdot dm^{-3}$	$0.333\,5 - 7 \times 10^{-5}(t/℃ - 25)$	$0.333\,5$
$1\,mol \cdot dm^{-3}$	$0.279\,9 - 2.4 \times 10^{-4}(t/℃ - 25)$	$0.279\,9$
饱　和	$0.241\,0 - 7.6 \times 10^{-4}(t/℃ - 25)$	$0.241\,0$

对于精密的测量系统来说，一般选用 $0.1\,mol \cdot dm^{-3}$ 的溶液电极，因为这种电极的温度系数小。但由于饱和 KCl 溶液的甘汞电极容易制备，又因为饱和的 KCl 溶液自然地起到盐桥的作用，所以常用这种电极。

（2）金属-难溶氧化物电极。这种电极是金属表面上覆盖着一层金属氧化物。例如，将覆盖有一层三氧化二锑的锑棒浸入含有 OH^- 离子的溶液中就构成了锑-氧化锑电极，$Sb \mid Sb_2O_3 \mid H_2O, OH^-(aq)$，其电极反应式为

$$Sb_2O_3(s) + 3H_2O + 6e \Longrightarrow 2Sb + 6OH^-$$

3. 氧化还原电极

所有的电极上均发生氧化-还原反应。这里所说的氧化还原电极专指如下一类电极：惰性金属电极（如铂）在电极反应过程中只作为导体，参加电极反应的物质都在溶液中。如电极 $Pt \mid Fe^{3+}(aq), Fe^{2+}(aq)$，其电极反应式为

$$Fe^{3+} + e \Longrightarrow Fe^{2+}$$

【例 7-5】　写出电池 $Pb, Pb(OH)_2(s) \mid NaOH(aq) \mid HgO(s), Hg$ 的电极反应和电池反应。

解：此电池的负极为 $Pb, Pb(OH)_2(s) \mid NaOH(aq)$。应发生氧化反应，Pb 失去电子成为铅离子，但铅离子是以不溶性的 $Pb(OH)_2$ 形式存在，故负极反应式为

$$Pb + 2OH^-(aq) = Pb(OH)_2(s) + 2e$$

电池的正极为 $Hg, HgO(s) \mid NaOH(aq)$，正极应发生还原反应，是氧化汞中二价汞还原成金属汞，由于氧化汞是不溶性的。故应该写成分子式，又因为电池中的电解质溶液为碱性水溶液，故正极反应式为

$$HgO(s) + H_2O + 2e = Hg(l) + 2OH^-(aq)$$

电池反应为正极和负极反应的总和，消去得失的电子数得到

$$Pb + HgO(s) + H_2O = Pb(OH)_2(s) + Hg$$

【例 7-6】　已知 25 ℃时，如下两个电极的标准电极电势分别为 $E^{\ominus}(Cu^{2+} \mid Cu) = 0.337\,V$，$E^{\ominus}(Cu^+ \mid Cu) = 0.521\,V$，求电极 Cu^{2+}, Cu^+ 的标准电极电势。

解：先表示出两个已知电极的电极反应。

$$Cu^{2+} + 2e^- \longrightarrow Cu \tag{1}$$
$$Cu^+ + e^- \longrightarrow Cu \tag{2}$$

再表示出待求电极的电极反应：

$$Cu^{2+} + e^- \longrightarrow Cu^+ \tag{3}$$

显然反应式(3)＝式(1)－式(2)，于是 $\Delta_r G_{m,3}^{\ominus} = \Delta_r G_{m,1}^{\ominus} - \Delta_r G_{m,2}^{\ominus}$。 即

$$-FE_3^{\ominus} = -2FE_1^{\ominus} - (-FE_2^{\ominus})$$

$$E_3^{\ominus} = 2E_1^{\ominus} - E_2^{\ominus} = (2 \times 0.337 - 0.521)V = 0.153 \text{ V}$$

§7-6 电池电动势测定的应用

一、测定电池反应的热力学函数

电动势法测量电池反应的 $\Delta_r G_m$、$\Delta_r H_m$、$\Delta_r S_m$ 等热力学数据已见【例7-4】，下面再举一例。

【例7-7】 已知 25 ℃时下列电池的标准电动势 $E^{\ominus} = 0.2223$ V，

$$Pt, H_2(p^{\ominus}) \mid HCl(a = 0.1) \mid AgCl(s), Ag(s)$$

求反应 $\quad \frac{1}{2}H_2(p^{\ominus}) + AgCl(s) =\!=\!= HCl(a = 0.1) + Ag(s)$

在 25 ℃时的 $K^{\ominus}$，$\Delta_r G_m$ 及 E 各为多少。

解：负极 $\quad \frac{1}{2}H_2(p^{\ominus}) \longrightarrow H^+(aq) + e$

正极 $\quad AgCl(s) + e \longrightarrow Ag(s) + Cl^-(aq)$

电池反应 $\quad \frac{1}{2}H_2(p^{\ominus}) + AgCl(s) \longrightarrow Ag(s) + HCl(a = 0.1)$

根据式(7-39)求标准平衡常数：

$$zE^{\ominus}F = RT \ln K^{\ominus}$$

$$\ln K^{\ominus} = \frac{zE^{\ominus}F}{RT} = \frac{0.2223 \text{ V} \times 96\,500 \text{ C} \cdot \text{mol}^{-1}}{8.3145 \text{ J} \cdot \text{mol}^{-1} \cdot \text{K}^{-1} \times 298 \text{ K}} = 8.685$$

$$K^{\ominus} = 5.91 \times 10^3$$

根据式(7-40)求电池电动势：

$$E = E^{\ominus} - \frac{RT}{zF} \ln J^{\ominus} = 0.2223 \text{ V} - \frac{8.3145 \text{ J} \cdot \text{mol}^{-1} \cdot \text{K}^{-1} \times 298 \text{ K}}{96\,500 \text{ C} \cdot \text{mol}^{-1}} \ln \frac{a'(HCl)}{[p'(H_2)/p^{\ominus}]^{\frac{1}{2}}}$$

$$= 0.2223 \text{ V} + 0.059 \text{ V} = 0.2812 \text{ V}$$

根据式(7-34)求反应的摩尔吉布斯函数变化：

$$\Delta_r G_m = -zEF = -0.2812 \text{ V} \times 96\,500 \text{ C} \cdot \text{mol}^{-1} = -27.2 \text{ kJ} \cdot \text{mol}^{-1}$$

二、求金属氧化物的分解压

【例7-8】 试计算 25 ℃时 HgO 的分解压。

解：HgO 分解反应 $HgO(s) \longrightarrow Hg(l) + \frac{1}{2}O_2$ 所对应的电池为

$$Pt, O_2 \mid OH^- (aq) \mid HgO, Hg$$

该电池放出 2 mol 电子的电量时的电池反应即为上述分解反应。查表知，25 ℃ 时，$E^{\ominus}(OH^- \mid HgO, Hg) = 0.0984\ V$，$E^{\ominus}(OH^- \mid O_2) = 0.4010\ V$，所以电池的电动势：

$$E^{\ominus} = (0.0984 - 0.4010)V = -0.3026\ V$$

代入式(7-39)，求得反应的标准平衡常数：

$$K^{\ominus} = \exp\frac{2FE^{\ominus}}{RT} = \exp\frac{2 \times 96500 \times (-0.3026)}{8.324 \times 298.15} = 5.883 \times 10^{-11}$$

因为上述标准平衡常数与 HgO 的分解压 $p(O_2)$ 之间有如下关系：

$$K^{\ominus} = \left[\frac{p(O_2)}{p^{\ominus}}\right]^{1/2}$$

所以

$$p(O_2) = (K^{\ominus})^2 p^{\ominus} = (5.8883 \times 10^{-11})^2 \times 101325\ Pa = 3.507 \times 10^{-16}\ Pa$$

三、测定电解质溶液的离子平均活度因子

【例 7-9】　电池 $Zn - Hg \mid ZnSO_4(aq) \mid PbSO_4(s)$，$Pb - Hg$ 的 $E^{\ominus}(298\ K) = 0.4085\ V$。电池中 $ZnSO_4$ 溶液浓度为 $5.0 \times 10^{-4}\ mol \cdot kg^{-1}$ 时，电池的电动势 $E(298\ K) = 0.6114\ V$。求 $ZnSO_4$ 浓度为 $5.0 \times 10^{-4}\ mol \cdot kg^{-1}$ 溶液的 $\gamma_{\pm}$（饱和锌汞齐，铅汞齐：$a(Zn) = a(Pb) = 1$）。

解：负极　　$Zn \longrightarrow Zn^{2+} + 2e$

正极　　$PbSO_4 + 2e \longrightarrow Pb + SO_4^{2-}$

电池反应　　$Zn + PbSO_4 \Longrightarrow Pb + Zn^{2+} + SO_4^{2-}$

$$E = E^{\ominus} - \frac{0.059\ V}{2}\lg a(Zn^{2+}) \cdot a(SO_4^{2-})$$

$$0.6114\ V = 0.4085\ V - \frac{0.059\ V}{2}\lg a_+ a_-$$

解出 $a_+ a_- = 1.32 \times 10^{-7}$，则

$$a_{\pm} = \sqrt{1.32 \times 10^{-7}} = 3.64 \times 10^{-4}$$

已知 $a_{\pm} = \gamma_{\pm} m_{\pm}/m^{\ominus}$，而 $ZnSO_4$ 的 $m_{\pm}/m^{\ominus} = \left[\left(\frac{m_+}{m^{\ominus}}\right) \cdot \left(\frac{m_-}{m^{\ominus}}\right)\right]^{\frac{1}{2}} = 5.0 \times 10^{-4}$

$$\gamma_{\pm} = \frac{a_{\pm}}{m_{\pm}/m^{\ominus}} = \frac{3.64 \times 10^{-4}}{5.0 \times 10^{-4}} = 0.73$$

上题中标准电动势 $E^{\ominus}$ 为已知，若 $E^{\ominus}$ 未知，则可用下法求得：将该电池的能斯特方程

式改写为

$$E = E^\ominus - \frac{0.059\,V}{2} \cdot \lg a_\pm^2 = E^\ominus - 0.059\,V \cdot \lg a_\pm$$

$$= E^\ominus - 0.059\,V \cdot \lg(\gamma_\pm m_\pm / m^\ominus)$$

对 $ZnSO_4$ 溶液 $m_\pm/m^\ominus$ 与溶液的质量摩尔浓度 m 数值上相等。已知当 $m \rightarrow 0$ 时，$\gamma_\pm \rightarrow 1$，故作 $(E + 0.059\lg\{m\}) - m$ 曲线外推到 $m = 0$ 时的截距，即为 $E^\ominus$。然后测定浓度 m 时的电动势即可算出 $\gamma_\pm$。

四、测定溶液的 pH 值

要测定某一溶液的 pH 值，原则上可以用氢电极和甘汞电极构成如下的电池：

$$Pt \mid H_2(p^\ominus) \left| \begin{array}{c} 待测溶液 \\ (pH = x) \end{array} \right| 甘汞电极$$

在一定温度下，测定该电池的电动势 E，就能求出溶液的 pH 值。氢电极对 pH 值在 $0 \sim 14$ 内的溶液都可适用，但实际应用起来却有许多不便之处。例如，氢气要很纯且需维持一定的压力，溶液中不能有氧化剂、还原剂或不饱和的有机物质，有些物质如蛋白质、胶体物质等易于吸附在铂电极上会使电极不灵敏、不稳定，因而导致产生误差。

玻璃电极是测定 pH 值最常用的一种指示电极。它是一种氢离子选择性电极，在一支玻璃管下端焊接一个特殊原料制成的玻璃球形薄膜，膜内盛一定 pH 值的缓冲溶液，或用 $0.1\,mol \cdot kg^{-1}$ 的 HCl 溶液，溶液中浸入一只 $Ag \mid AgCl$ 电极（称为内参比电极）。玻璃电极膜的组成一般是 $72\%\ SiO_2$，$22\%\ Na_2O$ 和 $6\%\ CaO$（这种玻璃电极可用于 pH $1 \sim 9$ 的范围，如改变组成，其使用范围可达 pH $1 \sim 14$）。玻璃电极具有可逆电极的性质，其电极电势符合于

$$E_玻 = E_玻^\ominus - \frac{RT}{F} \ln \frac{1}{(a_{H^+})_x} = E_玻^\ominus - \frac{RT}{F} \times 2.303\,pH$$

$$= E_玻^\ominus - 0.059\,16\,pH$$

当玻璃电极与另一甘汞电极组成电池时，见图 7-11，就能从测得的 E 值求出溶液的 pH 值。

在 298 K 时，

$$E = E_甘汞 - E_玻 = 0.280\,1\,V - (E_玻^\ominus - 0.059\,16\,pH)$$

经整理后得

$$pH = \frac{E - 0.280\,1\,V + E_玻^\ominus}{0.059\,16}$$

式中，$E_玻^\ominus$ 对某给定的玻璃电极为一常数，但对于不同的玻璃电极，由于玻璃膜的组成不同，制备工艺不同，以及不同使用程度后表面状态的改变，致使它们的 $E_玻^\ominus$ 也未尽相同。原则上若用

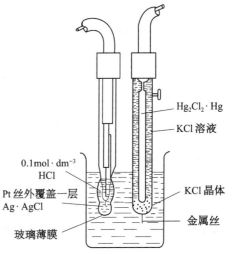

图 7-11 玻璃电极和甘汞电极组成的电池

$Hg_2Cl_2 \cdot Hg$

KCl 溶液

$0.1mol \cdot dm^{-3}$ HCl

Pt 丝外覆盖一层 $Ag \cdot AgCl$

玻璃薄膜

KCl 晶体

金属丝

已知 pH 值的缓冲溶液,测得其 E 值,就能求出该电极的 $E_{玻}^{\ominus}$。但实际上每次使用时,需先用已知其 pH 值的溶液,在 pH 计上进行调整,使 E 和 pH 值的关系能满足上式,然后再来测定未知液的 pH 值,并可直接在 pH 计上读出 pH 值,而不必计算 $E_{玻}^{\ominus}$ 的值。

五、电势滴定法

分析化学中的容量分析法,常需选择一种合适的指示剂来显示滴定终点。若能将反应系统与参比电极组成电池,就可利用滴定过程中的电势突变来代替指示剂。这种方法称为电势滴定法。适用于氧化还原反应系统。现以 $Ce(SO_4)_2$ 溶液滴定 $FeSO_4$ 溶液为例加以说明。组成如下电池:

$$甘汞电极 \quad \| \quad \begin{array}{l} Fe^{2+}, Fe^{3+} \\ Ce^{3+}, Ce^{4+} \end{array} \Big| Pt$$

根据反应系统的状态,这个电池中待测溶液与 Pt 构成的电极可看作是 $Fe^{2+}, Fe^{3+} |$ Pt,也可看作 $Ce^{3+}, Ce^{4+}|Pt$,在 25 ℃时它们的电势分别为

$$E_1 = E(Fe^{2+}/Fe^{3+}) = 0.77\,V - 0.059 lg[c(Fe^{2+})/c(Fe^{3+})]\,V$$

$$E_2 = E(Ce^{3+}/Ce^{4+}) = 1.61\,V - 0.059 lg[c(Ce^{3+})/c(Ce^{4+})]\,V$$

由于四种离子同时存在于同一半电池中,而测出的电势又是一个平衡值,故必 $E_1 = E_2$。如果在含有 Fe^{2+} 的溶液中,滴入 Ce^{4+} 溶液,立刻有以下反应发生并继续到平衡为止。

$$Fe^{2+} + Ce^{4+} \longrightarrow Fe^{3+} + Ce^{3+}$$

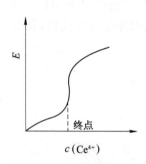

图 7-12　电势滴定曲线

随着 Ce^{4+} 的不断加入,$[c(Fe^{2+})/c(Fe^{3+})]$ 不断减小,E_1 逐渐增大,但不明显。临近滴定终点时,电势的变化很显著。此时,加入 1 滴 Ce^{4+} 就足以引起很大的突变,如图 7-12。故若以加入 Ce^{4+} 量对 E_1 作图得到滴定曲线,滴定曲线上的斜率最大处即溶液 pH 值变化最剧烈处,为滴定终点。

不仅如此,我们还可通过 E_1 及 E_2 来计算终点时的平衡电势。设 c_0 为 Fe^{2+} 的起始浓度,c_e 为等当点时 Fe^{3+} 或 Ce^{3+} 的平衡浓度,则 Fe^{2+} 和 Ce^{4+} 的平衡浓度都应等于 $c_0 - c_e$,所以达到终点时,加入反应系统的 Ce^{4+} 总量(用浓度表示)也等于 c_0。

$$(E_1)_e = E_1^{\ominus} - 0.059\,V \cdot lg \frac{c_0 - c_e}{c_e}$$

$$(E_2)_e = E_2^{\ominus} - 0.059\,V \cdot lg \frac{c_e}{c_0 - c_e}$$

两式相加,得　　　　　$(E_1)_e + (E_2)_e = E_1^{\ominus} + E_2^{\ominus}$

但平衡时　　　　　　　$(E_1)_e = (E_2)_e = E_e$

故　　　　　　　　　　$E_e = \dfrac{E_1^{\ominus} + E_2^{\ominus}}{2}$

电势滴定不但可以帮助判断滴定终点,还可用以估计终点时残留于溶液中的

Fe^{2+} 量。

六、电势-pH 图

由于水溶液中的 H^+ 也可参与反应,所以许多氧化还原反应除与溶液中的溶质离子浓度有关外,还与 H^+ 浓度,亦即溶液的酸度(pH 值)有关(如高锰酸钾在酸性溶液中还原为 2 价锰离子,而在碱性溶液中还原为二氧化锰)。电极反应是氧化还原反应,所以电极电势也与浓度和 pH 值有关。若浓度固定,电极电势与 pH 值就成函数关系。在指定浓度下将电势与 pH 值的关系作成图即电势-pH 图。这种图是电化学系统的相图,它在金属腐蚀、湿法冶金等方面有广泛的应用。下面以 $Fe-H_2O$ 系统为例介绍电势-pH 图的应用,见图 7-13。图中有 Fe^{3+}、Fe^{2+} 和 $HFeO_2^{-1}$ 三个腐蚀区,Fe_2O_3 和 Fe_3O_4 两个钝化区,以及一个 Fe 稳定区。各条线则是相应组分平衡时的电势与 pH 的关系。由于所研究的是水溶液,故也常画上氢(图中虚线ⓐ)及氧(图中虚线ⓑ)的电势与 pH 值的关系。

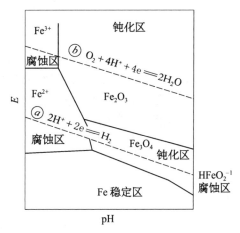

图 7-13 $Fe-H_2O$ 的电势-pH 图(示意图)

因为图中上方电势较高,故上面的物质较易获得电子,能将下面的物质氧化。例如图中金属铁的稳定区在ⓐ线以下,即表示 H^+ 能与 Fe 作用使其氧化为 Fe^{2+},从而发生腐蚀。故从图上可直接看出在一定条件下金属腐蚀是否会发生。

七、判断反应趋势

电极电势的高低反映了反应物质得到或失去电子能力的大小。电势越低,越易失去电子;电势越高,越易得到电子。因此,可依据有关电极电势数据判断反应进行的趋势。例如,电极电势较低的金属能从溶液中置换出电极电势较高的金属。

应注意,一定温度下电极电势 E 是由 $E^{\ominus}$ 和相应离子活度两个因素决定的。两个电极进行比较时,在 $E^{\ominus}$ 值相差较大,或活度相近的情况下,可以用 $E^{\ominus}$ 数据直接判断反应趋势,否则,均必须比较 E 值方可判断。

【例 7-10】 298 K 时,有溶液:(1) $a(Sn^{2+})=1.0$,$a(Pb^{2+})=1.0$;(2) $a(Sn^{2+})=1.0$,$a(Pb^{2+})=0.1$。当将金属 Pb 放入溶液时,能否从溶液中置换出金属 Sn?

解:查表得 $E^{\ominus}(Sn^{2+}/Sn)=-0.136$ V,$E^{\ominus}(Pb^{2+}/Pb)=-0.126$ V

(1) 由于 $a(Sn^{2+})=1.0$,$a(Pb^{2+})=1.0$,而 $E^{\ominus}(Pb^{2+}/Pb)>E^{\ominus}(Sn^{2+}/Sn)$,所以 Pb 不能置换出溶液中的 Sn。

(2) 当 $a(Sn^{2+})=1.0$,$a(Pb^{2+})=0.1$ 时,则有

$$E(Pb^{2+}/Pb)=E^{\ominus}(Pb^{2+}/Pb)+\frac{RT}{2F}\ln a(Pb^{2+})$$

$$=\left(-0.126+\frac{8.3145\times298}{2\times96485}\ln 0.1\right)V$$

$$= -0.156\text{ V}$$

$$E(\text{Sn}^{2+}/\text{Sn}) = E^{\ominus}(\text{Sn}^{2+}/\text{Sn}) = -0.136\text{ V}$$

$E(\text{Pb}^{2+}/\text{Pb}) < E(\text{Sn}^{2+}/\text{Sn})$，因此 Pb 能置换出溶液中的 Sn。

§7-7 浓差电池

浓差电池

上面所讨论的电池,其电池反应都是化学反应,称为化学电池;还有另一类电池,其电池反应是物质从一种浓度的溶液(或合金熔体)转移到另一种浓度的溶液(或合金熔体),是一种浓差迁移过程,这类电池称为浓差电池,大致分为三类。

一、溶液浓差电池

两电极的材料相同,分别插入不同浓度的同一电解质溶液中,例如

$$\text{Ag} \mid \text{AgNO}_3(a_1) \parallel \text{AgNO}_3(a_2) \mid \text{Ag}$$

电池反应如下:

负极	$\text{Ag} \longrightarrow \text{Ag}^+(a_1) + \text{e}$
正极	$\text{Ag}^+(a_2) + \text{e} \longrightarrow \text{Ag}$

电池反应 $\text{Ag}^+(a_2) \longrightarrow \text{Ag}^+(a_1)$

所以电池反应是 Ag^+ 离子的浓差迁移过程。按能斯特公式,两极的还原电势分别为

$$E_- = E^{\ominus}(\text{Ag}^+/\text{Ag}) - \frac{RT}{F}\ln\frac{1}{a_1}$$

$$E_+ = E^{\ominus}(\text{Ag}^+/\text{Ag}) - \frac{RT}{F}\ln\frac{1}{a_2}$$

电动势应为 $$E = E_+ - E_- = -\frac{RT}{F}\ln\frac{a_1}{a_2} = \frac{RT}{F}\ln\frac{a_2}{a_1}$$

与式(7-40)比较可见,这种浓差电池,其 $E^{\ominus}$ 总是等于零。还可看出,因电动势为正值,所以 a_2 必大于 a_1。这就是说 Ag^+ 离子必从高浓度(活度)向低浓度(活度)迁移,并且稀溶液中的电极是负极,浓溶液中的电极是正极。

属于这一类浓差电池的例子很多,如

$$\text{Pt, H}_2(p^{\ominus}) \mid \text{HCl}(a_1) \parallel \text{HCl}(a_2) \mid \text{H}_2(p^{\ominus}), \text{Pt}$$

及 $$\text{Hg, Hg}_2\text{Cl}_2(\text{s}) \mid \text{KCl}(a_1) \parallel \text{KCl}(a_2) \mid \text{Hg}_2\text{Cl}_2(\text{s}), \text{Hg}$$

等。

二、电极浓差电池

两电极材料相同,但浓度不同,插入同一种溶液中。例如,汞齐电极浓差电池

$$\text{Cd} - \text{Hg}(a_1) \mid \text{CdSO}_4(\text{aq}) \mid \text{Cd} - \text{Hg}(a_2)$$

此电池的反应如下:

负极　　$Cd(a_1) \longrightarrow Cd^{2+} + 2e$

正极　　$Cd^{2+} + 2e \longrightarrow Cd(a_2)$

反应　　$Cd(a_1) \longrightarrow Cd(a_2)$

其电动势应为

$$E = -\frac{RT}{2F}\ln\frac{a_2}{a_1} = \frac{RT}{2F}\ln\frac{a_1}{a_2}$$

可见,这类浓差电池 $E^{\ominus}$ 也为零,电极活度 a_1 必须大于 a_2。换言之,此电池反应相当于 Cd 从高浓度(活度)汞齐中迁入低浓度(活度)汞齐。而且汞齐中 Cd 活度较大的电极作为负极。这类浓差电池的电动势只由两个电极材料的浓度(活度)所决定,与它们所插入的溶液浓度(活度)无关。属于这类浓差电池的还有气体电极浓差电池,如

$$Pt,\ H_2(p_1)\ |\ HCl(a)\ |\ H_2(p_2),\ Pt$$

三、固体电解质浓差电池

还有一种有用的浓差电池是固体电解质浓差电池。固体电解质是固态的离子导电介质,一般是固溶体。其导电机理可以常见的 $ZrO_2(+CaO)$ 固体电解质为例来说明。ZrO_2 是面心立方结构,在 ZrO_2 中加入 CaO,则 ZrO_2 面心位置上的一个 Zr^{4+} 由一个 Ca^{2+} 取代,形成 $ZrO_2(CaO)$ 置换型固溶体,如图 7-14 所示。因为 ZrO_2 有两个 O^{2-},而 CaO 只带入一个 O^{2-},故产生出 O^{2-} 离子空位。

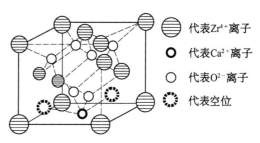

代表Zr⁴⁺离子
代表Ca²⁺离子
代表O²⁻离子
代表空位

图 7-14　ZrO_2 晶格中在面心位置上的一个 Zr^{4+} 被 Ca^{2+} 置换的结构

纯 ZrO_2 无空位:

—O—Zr—O—O—Zr—O—O—Zr—

$ZrO_2(+CaO)$ 有空位:

—O—Zr—O—□—Ca—O—O—Zr—O—□—Ca—O—

□表示氧离子空位的存在,它可使 $ZrO_2(+CaO)$ 材料在一定条件下成为良好的氧离子导体。若在 $ZrO_2(+CaO)$ 材料两端的氧分压不同时,固体电解质就像导线一样把 O^{2-} 从高氧分压处传向低氧分压处。

用固体电解质构成下面类型的电池,可用来直接测定钢水中含氧量,称为浓差定氧。

$$Pt,\ [O]\ |\ ZrO_2(+CaO)\ |\ O_2(空气),Pt$$

负极　　　$O^{2-} \longrightarrow [O] + 2e$

正极　　　$\frac{1}{2}O_2(空气) + 2e \longrightarrow O^{2-}$

总反应　　$\frac{1}{2}O_2(空气) \longrightarrow [O]$

这种浓差电池,电池过程是氧从气相迁移到钢水中。由于按惯例气相与钢水选择的标准态不同,所以此固态电解质电池的标准电动势 $E^{\ominus} \neq 0$。因为此电池总反应的标准摩尔吉布斯函数就是 $100\,kPa$ 压力下 $O_2(g)$ 溶于钢水中形成质量分数为 0.01 的溶液过程的 $\Delta_r G_m^{\ominus}$:

对反应
$$\frac{1}{2}O_2(p^{\ominus}) \longrightarrow [O](w_{[O]} = 0.01) \tag{1}$$

可求得其 $\Delta_r G_{m,1} = \Delta_r G_{m,1}^{\ominus} = -117\,150 - 3.00\,T/K$。又因空气中氧占 0.21,即 p_{O_2} 为 $0.21 \times 101\,325\,Pa$,故对下列过程:

$$\frac{1}{2}O_2(空气) \longrightarrow \frac{1}{2}O_2(p^{\ominus}) \tag{2}$$

$$\Delta_r G_{m,2} = RT\ln\left(\frac{100}{0.21 \times 101.325}\right)^{\frac{1}{2}}$$

又对反应
$$[O](w_{[O]} = 0.01) \rightarrow [O] \tag{3}$$

若氧原子在钢水中活度因子取为 1,即 $\gamma_{[O]} \approx 1$,则可写出过程(3)之摩尔吉布斯函数为 $\Delta_r G_{m,3} = RT\ln[\%O]$。

以上(1)~(3)三式相加,即得电池反应式 $\frac{1}{2}O_2(空气) \rightarrow [O]$,故电池反应的 $\Delta_r G_m = \Delta_r G_{m,1} + \Delta_r G_{m,2} + \Delta_r G_{m,3}$,又因 $\Delta_r G_m = -zEF$,代入有关数据并用毫伏数表示 E,可得出钢水中 $[\%O]$ 为

$$\lg[\%O] = \frac{6\,118 - 10.08\,E/mV}{T/K} - 0.179\,3$$

根据此式,只要测出温度 T 时电池的电动势 E,就可求出钢水中含氧量(以质量分数表示)。

以上固体电解质电池,需不断补充新鲜空气来维持空气中的氧压,使用不便,因此也常用固体金属及其氧化物作参比电极,如

$$Pt, Cr(s), Cr_2O_3(s) \mid ZrO_2(+CaO) \mid [O], Fe$$

此电池的反应为 $\frac{2}{3}Cr + [O] = \frac{1}{3}Cr_2O_3$,用同样方法可导出 $\lg[O]$ 与 E 的关系式。

主题7-3导学
实际电极上
的过程

§7-8演示文稿
不可逆电极
过程

主题三　实际电极上的过程

§7-8　不可逆电极过程

一、电化学反应的不可逆性——极化现象

1. 不可逆条件下的电极电势

前面讨论的电极电势是可逆地发生电极反应时电极的电势,称为可逆电极电势。可逆电极电势对于许多电化学和热力学问题的解决十分有用。但是,在许多实际的电化学

过程中,例如进行电解或使用化学电池做电功等,并不是在可逆情况下实现的。当电流通过时,发生的是不可逆电极反应,此时的电极电势 E_I 与可逆电极电势 E_R 不同。电极在有电流通过时所表现的电极电势 E_I 与可逆电极电势 E_R 产生偏差的现象称为电极极化,电势的偏差称为超电势或过电势,记为 η,即

$$\eta = |E_I - E_R| \qquad (7-44)$$

依据热力学原理,原电池在可逆放电时,两电极的端电压最大,为其电动势 E,其值可用可逆电极电势 E_R 表示为:

$$E = E_R(\text{阴极}) - E_R(\text{阳极})$$

当原电池在不可逆条件下放电时,两电极的端电压 E_I 一定小于其电动势 E,即 $E_I = E - \Delta E$。偏差的大小 ΔE 为两电极超电势之和(忽略电池内阻所引起的电势降),即

$$\Delta E = \eta(\text{阴极}) + \eta(\text{阳极})$$

因此
$$
\begin{aligned}
E_I &= E - \Delta E = E_R(\text{阴极}) - E_R(\text{阳极}) - [\eta(\text{阴极}) + \eta(\text{阳极})] \\
&= (E_R - \eta)(\text{阴极}) - (E_R + \eta)(\text{阳极}) \\
&= E_I(\text{阴极}) - E_I(\text{阳极})
\end{aligned}
$$

对于电解池,在可逆情况下发生电解反应时所需的外加电压最小,称为理论分解电压,其值与电动势 E 相等,可用可逆电极电势 E_R 表示:

$$E = E_R(\text{阳极}) - E_R(\text{阴极})$$

在不可逆条件下发生电解反应时,外加电压 E_I 一定大于其电动势 E,即 $E_I = E + \Delta E$。若通过的电流不是很大,电势降 IR 可以忽略时,偏差 ΔE 的大小亦可以表示为两电极超电势之和,即

$$\Delta E = \eta(\text{阴极}) + \eta(\text{阳极})$$

因此
$$
\begin{aligned}
E_I &= E + \Delta E = E_R(\text{阳极}) - E_R(\text{阴极}) + [\eta(\text{阴极}) + \eta(\text{阳极})] \\
&= (E_R + \eta)(\text{阳极}) - (E_R - \eta)(\text{阴极}) \\
&= E_I(\text{阳极}) - E_I(\text{阴极})
\end{aligned}
$$

综上所述,无论是原电池还是电解池,相对于可逆电极电势 E_R,当有电流通过电极时,由于电极的极化,阳极电势升高,阴极电势降低,即

$$E_I(\text{阳极}) = E_R + \eta_\text{阳}$$
$$E_I(\text{阴极}) = E_R - \eta_\text{阴} \qquad (7-45)$$

2. 原电池与电解池的极化现象

原电池是将化学能转变成电能的装置,电解池是将电能转变成化学能的装置。当电流通过这两种装置时,它们的极化现象就单个电极来说都是相同的,即阴极极化使电势变得更负,阳极极化使电势变得更正,超电势 η_a 或 η_c 绝对值都随电流密度的增大而增大,描述这种变化规律的曲线称作极化曲线,如图 7-15 所示。由于原电池的负极即阳极发生氧化反应,原电池的正极即阴极发生还原反应,接通外电路后,电子由阳极流入阴极,两

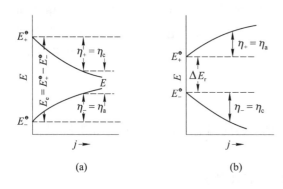

图 7 - 15　原电池(a)和电解池(b)中电流密度与
　　　　　　电极电势的关系

电极均发生极化,致使原电池的端电压
(势)小于它的电动势,如图 7 - 15(a)所
示。对于电解池,通电后的端电压(势)将
变大,如图 7 - 15(b)所示。

由图 7 - 15(a)、(b)可知,从能量消耗
的角度看,无论原电池还是电解池,极化
作用的存在都是不利的。为了使电极的
极化减小,必须供给电极以适当的反应物
质,由于这种物质比较容易在电极上反
应,可以使电极上的极化减小或限制在一
定程度内,这种作用称为去极化作用,这
种外加的物质叫作去极化剂。

三电极体系

二、超电势的种类及影响因素

1. 超电势的种类

一个电极反应过程是由带电离子的迁移及其在电极表面上放电等一连串的步骤组成
的。每一步骤都因存在阻力而可能成为电极反应速率的控制步骤,从而使电极电势偏离
平衡态电势或稳态电势产生极化超电势。超电势一般有如下几种。

(1)浓差超电势。电极反应进行时,电极表面的反应物浓度降低,若反应物自溶液本
体向电极表面的补充或产物自电极表面向溶液本体的扩散相对比较缓慢,其结果将在电
极表面和溶液本体之间形成一浓度差,致使电极电势偏离平衡态电势,由此而产生的超电
势称作浓差超电势,以 η_d 表示。这种超电势可用搅拌的方法使其减小。

(2)电化学超电势或活化超电势。这种超电势产生的原因是由电极过程中的电化学
步骤即电荷在电极表面上的放电步骤缓慢引起的。其相应的电势改变就发生在紧密双电
层部分。电化学超电势以 η_e 表示。

(3)化学反应超电势。一电极过程中包含有一般的化学反应步骤,如析氢过程中吸
附态氢原子 H_{ad} 的复合脱附步骤, $H_{ad} + H_{ad} = H_2$,当这种步骤缓慢进行时即能引起电极
的极化,由此产生的超电势称作化学反应超电势,以 η_{ch} 表示。

(4)相超电势。由于新相的形成或相的转移步骤缓慢产生的超电势称作相超电势,
以 η_{ph} 表示。

(5)欧姆超电势。在构成化学电池的溶液中,有时在金属电极上有一定的电阻(特别
是有吸附膜和氧化膜时),当有电流通过时会产生电势变化,这部分变化称作欧姆超电势,
以 η_R 表示。

以上五种超电势中,以前三种影响较大,也最重要,研究和应用也较多。一般金属与
其离子构成的电极,或金属与其难溶盐构成的电极电化学超电势很小,其超电势主要来自
浓差超电势,而气体电极的超电势主要来自电化学超电势。

氢超电势是各种电极过程中研究得最早也是最多的。早在 1905 年,塔菲尔(Tafel)
提出了一个经验式,表示氢超电势与电流密度的定量关系,称为塔菲尔公式,即

$$\eta = a + b\lg(j/[j]) \tag{7-46}$$

式中，a、b 称作塔菲尔常量，其值与电极材料、表面状态等因素有关。由式(7-46)可知，当 $\eta = 0$ 时，$\lg(j/[j]) = -\dfrac{a}{b}$。此式表明当超电势等于零时，存在一个电流，对于一可逆电极来说，此时的电流密度称作交换电流密度，以 j^0 表示。它的物理意义是电极正、逆反应速率相等时的电流密度，即 $j_a = j_c = j^0$。这种电流不能用仪表直接测得，也即净电流等于零。值得注意的是，对于不可逆电化学系统，$\eta = 0$ 时，也存在有一电流，但不能称作交换电流密度，一般称作稳态电流，在腐蚀与防护系统又常称作自腐蚀电流(i_{cor})，对应的电势称作自腐蚀电势(E_{cor})。

2. 影响超电势的因素

前已谈到超电势的产生原因是电极过程的不可逆性，显然能影响电极过程的因素也会影响超电势的数值，主要有：

(1) 电流密度。由塔菲尔公式可以看出，η 与 j 成正比。

(2) 电极材料及表面状态。氢和氧的析出超电势，在不同金属及不同表面状态下，相差很大。

(3) 温度。温度增加通常使超电势减小，一般每增高 $1\,℃$，超电势便降低 $2\,mV$。

在生产实践中降低或提高超电势具有重要意义。例如，电解工业中为了避免氢的析出，就采用氢超电势高的金属作阴极。在铅蓄电池中为了防止 H^+ 放电引起电池自动放电，也要采用氢超电势高的材料作阴极，而在电解水制氢气时，则要用氢超电势低的金属作阴极。

三、电解过程的电解反应

当电解池上的外加电压由小到大逐渐变化时，其阳极电势随之逐渐升高，同时阴极电势逐渐降低。从整个电解池来说，只要外加电压加大到分解电压 $E_分$ 的数值，电解反应即开始进行；从各个电极来说，只要电极电势达到对应离子的"析出电势"，则电解的电极反应即开始进行。各种离子的析出电势可按式(7-45)计算。下面分别讨论电解时的阴极反应和阳极反应。

1. 阴极反应

阴极上发生的是还原反应，即金属离子还原成金属或 H^+ 还原成 H_2。

各种金属析出的超电势一般都很小，可近似用 E_R 代替析出电势。因此，若电解液中含 $1\,mol \cdot kg^{-1}$ 的 Cu^{2+}，则当电极电势达到 $0.337\,V$ 时，开始析出 Cu。随着 Cu 的析出，Cu^{2+} 浓度下降，阴极电势也逐渐变低。由 $E(Cu^{2+}|Cu) = E^\ominus(Cu^{2+}|Cu) + \dfrac{RT}{2F}\ln a(Cu^{2+})$ 关系可以计算[活度 $a(Cu^{2+})$ 用质量摩尔浓度近似处理]出，当 Cu^{2+} 的浓度下降为 $0.1\,mol \cdot kg^{-1}$ 时，阴极电势降至 $0.307\,V$。若电解液中含 $1\,mol \cdot kg^{-1}$ 的 Tl^+，则当阴极电势达到 $-0.336\,V$ 时，开始析出 Tl。随着 Tl 的析出，Tl^+ 浓度下降，阴极电势也逐渐变低。当 Tl^+ 的浓度下降为 $0.01\,mol \cdot kg^{-1}$ 时，由 $E(Tl^+|Tl) = E^\ominus(Tl^+|Tl) + \dfrac{RT}{F}\ln a(Tl^+)$ 关系可以计算[活度 $a(Tl^+)$ 用质量摩尔浓度近似处理]出，阴极电势降至 $-0.455\,V$。

如果电解液中含有多种金属离子，则析出电势越高的离子，越易获得电子而优先还原成金属。所以，在阴极电势逐渐变低的过程中，各种离子是按其对应的电极电势由高到低的次序先后析出的。例如，若电解液中含有浓度均为 $1\,mol \cdot kg^{-1}$ 的 Ag^+、Cu^{2+} 和

Cd^{2+},因为 $E^{\ominus}(Ag^+|Ag) > E^{\ominus}(Cu^{2+}|Cu) > E^{\ominus}(Cd^{2+}|Cd)$,所以首先析出 Ag,其次析出 Cu,最后析出 Cd。依据这一道理控制阴极电势,能够将几种金属依次分离。但是,若要分离完全,相邻两种离子的析出电势必须相差足够的数值,一般相差 0.2 V 以上。在上述溶液中,当阴极电势达到 +0.799 V 时,Ag 首先开始析出。随着 Ag 的析出,阴极电势逐渐下降。当降至第二种金属 Cu 开始析出的 0.337 V 时,由能斯特方程可以算出,此时 Ag^+ 离子的浓度已降至 1.5×10^{-8} mol·kg^{-1}。而当降至第三种金属 Cd 开始析出的 -0.403 V 时,Cu^{2+} 离子的浓度已降至 1×10^{-25} mol·kg^{-1},可认为分离完全了。

由此不难推断,当两种金属析出电势相同时,它们会在阴极上同时析出。电解法制备合金就是依据这一原理。例如,当 Sn^{2+} 和 Pb^{2+} 浓度相同时,析出电势十分接近,因此,只要对浓度稍加调整很容易在阴极上析出铅锡合金。但是当 Cu^{2+} 和 Zn^{2+} 浓度相同时,析出电势相差较多,达 1 V 以上,所以直接用 Cu^{2+} 和 Zn^{2+} 的放电不能形成铜锌合金。如果在电解液中加入 CN^-,使形成 $Cu(CN)_3^-$ 和 $Zn(CN)_4^{2-}$ 配位离子时,两者的析出电势可相当接近,若进一步控制温度、电流密度和 CN^- 的浓度,就可用电解法制备不同成分的铜锌合金——黄铜。

应注意到,所有的水溶液中都含有 H^+,必须考虑到 H^+ 放电而逸出 H_2 的可能性。假若溶液为中性,$a(H^+) = 10^{-7}$,此时 H_2 的 $E_R = \dfrac{RT}{F}\ln a(H^+)$。如果 H_2 析出时没有超电势,则当电解池的阴极电势下降到 -0.41 V 时开始析出 H_2,从而使一切析出电势低于 -0.41 V 的离子均不可能从水溶液中析出。然而 H_2 的析出在多数电极上均有较大的超电势,例如 H_2 在 Zn 极上的超电势为 $0.6 \sim 0.8$ V,因此,中性水溶液中 H_2 在 Zn 电极上的析出电势不是 -0.41 V,按式(7-45)计算应为 $E_I(H^+|H_2) = E_R(H^+|H_2) - \eta = (-0.41 - 0.7) = -1.1$ V,比 1 mol·kg^{-1} 的 Zn^{2+} 析出电势(-0.76 V)要低,使得 Zn^{2+} 在 Zn 电极析出,这是电解法制 Zn 的基础。

2. 阳极反应

在阳极发生的是氧化反应。析出电势越低的离子,越容易在阳极上放出电子而被氧化。因此电解时,在阳极电势逐渐由低变高的过程中,各种不同离子依其析出电势由低到高的顺序先后放电进行氧化反应。

如果阳极材料是惰性金属如 Pt 等,则电解时阳极反应只能是负离子放电,即 Cl^-、Br^-、I^- 或 OH^- 等氧化成 Cl_2、Br_2、I_2 和 O_2。一般含氧酸根的离子,如 SO_4^{2-}、PO_4^{2-}、NO_3^- 等因析出电势很高,在水溶液中是不可能在阳极上放电的。

如果阳极材料是 Zn、Cu 等较活泼的金属,则电解时阳极反应既可能是电极溶解为金属离子,又可能是 OH^- 等放电,哪一个反应的放电电势低,就优先发生哪一个反应。例如,将 Cu 电极插入 1 mol·kg^{-1} 的 $CuSO_4$ 中性水溶液中,电解时 Cu 溶解为 Cu^{2+} 的阳极电势是 0.337 V,而 OH^- 放电析出 O_2 的阳极电势(忽略超电势)值是

$$E(O_2|OH^-) = E^{\ominus}(O_2|OH^-) - \frac{RT}{F}\ln a(OH^-)$$

$$= \left(0.401 - \frac{8.3145 \times 298.15}{96\,500}\ln 10^{-7}\right) V$$

$$= 0.815 V$$

因此,首先发生的是 Cu 的溶解而不是 O_2 的析出。

电解过程可以用来实现金属离子的分离,在工业上还常用于电解制备。前面提到的生产合金如黄铜就是一例。常见的还有电解食盐水制备氢气、氯气和氢氧化钠的氯碱工业,电解水制备氢气等。有机物的电解制备近年来也研究很多,如丙烯腈在电解池阴极上加氢还原制已二腈(生产尼龙-66 的原料)已投入工业生产:

$$2CH_2 \!=\! CHCN + 2H^+ + 2e \longrightarrow CN(CH_2)_4CN$$

为改变某些金属制品的性能,可以采用电解氧化或还原处理,如铝及其合金的电化学氧化。该过程即把铝或其合金置于相应的电解液(硫酸、铬酸、草酸等)中作为阳极,在特定的工作条件和外加电流的作用下,在阳极表面形成一层厚度为 $5 \sim 20 \, \mu m$ 的氧化膜,而硬质阳极氧化膜厚度可达 $6 \sim 200 \, \mu m$,可使得铝或其合金的硬度和耐磨性大有提高。厚的氧化膜具有大量的微孔,可吸附各种润滑剂,因此这种铝及其合金可以用来制造发动机气缸及其他耐磨零件。经阳极氧化处理后的铝及其合金有良好的耐热性(硬质阳极氧化膜熔点高达 $2\,320 \, K$),绝缘性(击穿电压高达 $2\,000 \, V$),抗蚀性(在 3‰ NaCl 盐雾中经几小时而不腐蚀)和绝热性,使得它在航天、航空、电气、电子工业上有广泛的用途。表面氧化膜有许多微孔,吸附能力强,可以吸附染料染成各种鲜艳夺目的色彩,这使得它在轻工业、建筑装潢等方面的用途越来越广泛。

S7-6
金属防腐新策略

§7-9演示文稿
金属的电化学腐蚀原理与防护

§7-9 金属的电化学腐蚀原理与防护

金属与某种介质(环境)接触发生作用而遭破坏的现象称作金属的腐蚀。金属的腐蚀按其所经历的过程可分为电化学腐蚀、化学腐蚀和物理腐蚀。其中,电化学腐蚀最为常见,故作重点介绍。

一、腐蚀的电池作用

若将 Zn 和 Cu 两种金属相接触,长期暴露在湿空气中,则在其表面会形成一薄层水膜。由于空气中 CO_2 的溶解,使这层水膜带有酸性,这样就构成了一个腐蚀电池,相当于 Zn 片和 Cu 片插入酸性溶液所组成的原电池一样,电极电势较低的 Zn 作阳极,而电极电势较高的 Cu 作阴极。由于 Zn 与 Cu 紧密接触,形成通路,使 Zn 不断溶解成 Zn^{2+},放出的电子则转移到 Cu 阴极上,使水膜中的 H^+ 可在 Cu 上放电析出,故在 Cu 阴极上不断有 H_2 发生,如图 7-16(a)所示。其总的结果是,作为阳极的 Zn 遭到腐蚀。工业锌中常含有少量杂质(如 Fe)其电势通常比 Zn 高,在导电的水溶液中也会形成以杂质(其电势高)为阴极的许多微小腐蚀电池(微电池),使 Zn 遭到腐蚀,如图 7-16(b)所示。

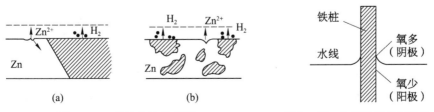

图 7-16 腐蚀电池示意图　　　　**图 7-17 水线引起的氧浓差电池**

还有一种腐蚀电池是由同一金属各部位所接触的电解质溶液浓度不同而形成的。最常见的是氧浓差电池。例如,铁桩插在水中,或竖立在土壤中,它的下端容易腐蚀。这是因为上端接触的环境含氧量高,下端含氧量低,造成一个氧浓差电池,见图 7-17。从反应 $O_2 + 2H_2O + 4e \Longrightarrow 4OH^-$ 可知,电极电势 $E = E^\ominus - \dfrac{RT}{zF}\ln\dfrac{[a(OH^-)]^4}{p(O_2)/p^\ominus}$,故含氧多的地方电极电势高,而在下端含氧量相对少的地方,电极电势低。这样铁桩上端就是阴极,铁桩下端就是阳极,故下端容易腐蚀。又如铁生锈以后,铁锈上有缝隙,在缝隙里面含氧量比外面的少,也会形成氧浓差电池,使缝隙内成为阳极而继续腐蚀。

此外,当金属的表面生成一层氧化膜或有镀层时,若氧化膜不完整,有孔隙;或镀层有破损处,则在电解质溶液存在的情况下,也形成腐蚀电池。若镀层金属(如 Cu)的电极电势较高,则基体金属(如 Fe)作为阳极遭受腐蚀。若镀层金属(如 Zn)的电极电势更低,则即使有破坏,基体金属 Fe 仍能得到保护。

二、腐蚀的电解作用

电解时阳极发生溶解,从腐蚀的角度看即阳极发生了腐蚀。电解生产中因漏电造成设备腐蚀的情况即属于电解作用产生的腐蚀。例如,电解食盐水制取氯气和氢氧化钠时,或湿法冶金中电解提取金属时,都有因漏出直流电而使邻近设备发生腐蚀。这时,直流杂散电流从土壤流入设备的地方成为阴极区,而电流从设备某处流出的区域成为阳极区。处在阳极区的设备发生腐蚀。

三、金属的电化学保护

电化学保护是防止或减小金属腐蚀的一种有效措施,包括阴极保护法和阳极保护法。其中,阴极保护法又分为牺牲阳极和外加电流法。

(1)阴极保护法。由于电化学腐蚀的原因构成了腐蚀电池,作为阳极的金属遭到腐蚀。所以,如果使原来作为阳极的金属成为阴极,则可保护该金属不被腐蚀,这就是阴极保护法。

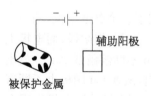

图 7-18　外加电流法阴极
保护示意图
(图中被保护金属上的黑斑点
代表电势较高的杂质)

(2)牺牲阳极法。将被保护的金属(如 Fe)与一块或若干块电势比 Fe 更负的金属(如 Zn、Mg、Al 或其合金)构成电接触形成腐蚀电池时,则后者将作为阳极被溶解消耗,产生电流,使 Fe 的电势负移而得到保护。例如,在船体下部,为了防止海水的腐蚀,常把 Zn 或 Al 合金牺牲阳极连接在船壳上。

(3)外加电流法。用不溶性阳极(例如石墨)作辅助阳极,利用外加电源,使电子不断转移到被保护金属上,使其成为阴极,见图 7-18。当阴极电势足够负时,被保护金属的腐蚀就停止了。

阴极保护法在我国的石油、化工、煤气、自来水、发电等行业中已得到广泛的应用,取得了可观的经济效益。

(4)金属的钝化和阳极保护法。金属由易腐蚀的活性状态变为耐腐蚀的钝性状态称为钝化。金属的钝化可由电化学和化学两种方法产生。如将碳钢放入硫酸中,用外加电流使阳极极化,在保持不同的恒定电势的条件下测量其对应的电流密度,可以得到钝化过程的阳极极化曲线,如图 7-19 所示。从曲线上可以看出:开始时(AB 段),碳钢处于活化区,随着阳极电势的增加,碳钢不断腐蚀,电流密度也很快增大,到一定程度后(B 点),再升高电势,电流密度突然降低,表明铁的溶解速率急剧下降,出现钝化现象。(从 C 点)继续升高阳极电势,(CD 段)电流密度变化不明显,此时金属表面已全部钝化。到 D 点以后,发生新的阳极过程(例如放电析出氧气),电流密度又很快增大,此时金属已形成了高价可溶的氧化物。金属的钝化行为与所处的介质有关,而且各种金属钝化的难易程度也不相同。如铁、钴、镍、铬的钝化难度依次递

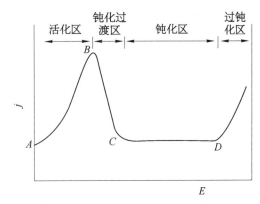

图 7-19 钝化过程的阳极极化曲线

减。这些金属在碱性介质中比在酸性介质中容易被钝化。溶液中阴离子的种类对钝化也有很大影响,一些含氧酸的盐(如硝酸盐、氯酸盐等)能加速钝化,而氯离子则明显地抑制钝化。此外,升高温度和加强搅拌都能抑制钝化作用。

由于钝化后的金属电势升高,表面稳定,不易腐蚀,故若由外加电源通入电流使被保护金属阳极极化,则当其电势增加到一定电势范围(CD 段的钝化区)内时,发生钝化,能达到防腐蚀的目的,称为阳极保护法。CD 段对应的电流称作维钝电流。

§7-10 化 学 电 源

S7-7
电池的发展

化学电源也称电池,是一种将化学能转变成电能的装置。由于其稳定可靠,便于移动和携带,对环境污染较小,在工农业、交通运输、通信、国防及人民生活中得到广泛应用,而且越来越受到重视,是电化学研究一个极为重要的方向。

化学电源大致可分为原电池(一次电池)、蓄电池(二次电池)、燃料电池、太阳能电池等,作为化学电源其重要指标是能量密度和功率密度。

S7-8
比亚迪新能源汽车

理论能量密度是指每小时每千克参与反应的活性物质所能提供的能量,如电流强度 I 每小时提供 1 F 电荷量,以安培小时(A·h)计的电能应为($96\,500/3\,600$)A·h= 26.8 A·h。对铅酸蓄电池,每提供 1 F 电荷量所消耗的活性物质为 $\frac{1}{2}(m_{Pb}+m_{PbO_2})+$ $m_{H_2SO_4}=0.321\,2\,kg\cdot mol^{-1}$,开路电压为 2.0 V,则理论能量密度为 26.8 A·h$\times 2.0$ V/

§7-10 演示文稿
化学电源

$(0.032\,12\,kg\cdot mol^{-1})$≡$167$ W·h·kg^{-1}。 实际上,由于不是所有活性物质均参与放电,硫酸的储量比理论值为高,加上所有极板架、接线柱、外壳等附加质量,实际能量密度仅为 $15\sim40$ W·h·kg^{-1}。

功率密度是指输出功率与电池的质量或体积比。

功率即输出能量的速率,因此功率密度是单位质量(或体积)电池输出能量的速率,一个电池其能量密度高,但其功率密度可能不高,因为放电时的超电势大小不同。

因此,评价一个电池的效率应综合评价其能量密度及功率密度,当然还应该是寿命长(对蓄电池)、制作工艺简单、成本低等。

以下就一些典型的化学电源简要作一介绍。

一、铅酸蓄电池

铅酸蓄电池是以海绵铅作为负极，PbO_2 为正极，硫酸作为电解质。电池表示如下：

$$Pb(s) \mid H_2SO_4(\rho = 1.28\,g \cdot cm^{-3}) \mid PbO_2(s)$$

放电时，

负极反应：$Pb(s) + H_2SO_4(l) \longrightarrow PbSO_4(s) + 2H^+(a) + 2e^-$

正极反应：$PbO_2(s) + H_2SO_4(l) + 2H^+(a) + 2e^- \longrightarrow PbSO_4(s) + 2H_2O(l)$

电池反应：$PbO_2(s) + Pb(s) + 2H_2SO_4(l) \underset{充电}{\overset{放电}{\rightleftharpoons}} 2PbSO_4(s) + 2H_2O(l)$

其电池电动势为 2.05 V～2.1 V。根据能斯特公式：

$$E = 2.04\,V + \frac{RT}{F}\ln(a_{H^+}^2 \, a_{SO_4^{2-}})$$

随着放电的进行，电池内 H_2SO_4 的体积质量降低，当电池内 H_2SO_4 的体积质量降至 $1.05\,g \cdot cm^{-3}$ 时，电池电动势下降到约 1.9 V，应暂停使用。除此之外，尚有 $PbSO_4$ 微晶颗粒长大，以致在充电时不能全部复原，也严重影响电池容量。因此，铅酸蓄电池应经常保持在充足电的状态下，即使不使用时也应定期进行充电。铅酸蓄电池的发展方向主要是在轻量高能化及免维护密封化。

二、锂离子电池

锂离子电池
工作原理

锂离子电池是由锂电池发展而来，锂是自然界里最轻的金属元素，又是金属元素中标准电极电势最负的一种元素（$E^{\ominus} = -3.045\,V$），因此（质量）能量密度最大，受到化学电源科学工作者的极大关注。

正极通常采用层状结构的复合金属氧化物如 $LiCoO_2$，负极采用鳞片状石墨等材料，电解质为锂盐的有机溶液（如碳酸丙烯酯，PC）。

电池表示如下：

锂离子电池
之父

$$Li_{1-m}C_6(s) \mid LiClO_4 - PC \mid Li_{1-n}CoO_2(s)$$

负极反应：$Li_{1-m}C_6(s) \longrightarrow Li_{1-x-m}C_6(s) + xLi^+ + xe^-$

正极反应：$Li_{1-n}CoO_2(s) + xLi^+ + xe^- \longrightarrow Li_{1+x-n}CoO_2(s)$

电池反应：$Li_{1-n}CoO_2(s) + Li_{1-m}C_6(s) \underset{充电}{\overset{放电}{\rightleftharpoons}} Li_{1-x-m}C_6(s) + Li_{1+x-n}CoO_2(s)$

充电时，正极中的锂离子从晶格中脱嵌，经过电解质到达负极表面并嵌入到石墨层间，电子从外电路流入负极，放电时发生相反的过程。该电池的充放电过程实际就是锂离子往复于正负极之间，所以被形象地称为"摇椅式"电池。该电池工作电压高达 3.7 V，且安全、环保，在手机、笔记本电脑等方面显示出广阔的应用前景，并逐步向大功率系统如电动汽车、卫星以及大型储能电池等领域拓展。

三、燃料电池

燃料电池是一种不经过燃烧直接以电化学反应方式将燃料的化学能转变为电能的发电装置。它的发电方式是将燃料（如 H_2，甲醇）和氧化剂分别通入负极和正极，通过电极反应将燃料的化学能直接转换成电能。

以氢作为燃料的氢-氧燃料电池(图7-20)为例,当电解质是酸性介质时,

正极反应:$O_2 + 4H^+ + 4e \longrightarrow 2H_2O$ $E^\ominus = 1.229\,V$

负极反应:$2H_2 \longrightarrow 4H^+ + 4e$ $E^\ominus = 0\,V$

电池反应:$2H_2 + O_2 \longrightarrow 2H_2O$ $E^\ominus = 1.229\,V(25\,℃)$

即该电池的标准电动势为1.229 V。

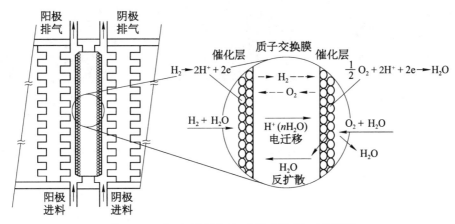

图7-20 氢-氧燃料电池(酸性介质中)工作原理

若使用碱性介质,则反应为

正极反应:$O_2 + 2H_2O + 4e \longrightarrow 4OH^-$ $E^\ominus = 0.401\,V$

负极反应:$2H_2 + 4OH^- \longrightarrow 4H_2O + 4e$ $E^\ominus = -0.828\,V$

电池反应:$2H_2 + O_2 \longrightarrow 2H_2O$ $E^\ominus = 1.229\,V(25\,℃)$

此时该电池的标准电动势为1.229 V。

燃料电池具有能量转换效率高、环境友好等特点,对于更有效地利用地球上的宝贵资源,解决目前世界面临的"能源短缺"和"环境污染"这两大难题具有极其重大的意义,被认为是21世纪最为重要的新能源技术之一。

科学家小传

能斯特,德国卓越的物理学家、物理化学家和化学史家,热力学第三定律创始人。1888年,他得出了电极电势与溶液浓度的关系式,即能斯特方程,该方程是联系化学能和原电池电极电势关系的方程式,沿用至今。

1906年起,能斯特的主要工作在热力学方面,企图从测定比热和反应热来预测化学反应过程的结果。如果反应是吸热的,那么所吸热量将随温度下降而下降,达到绝对零度时吸热量将变为零。能斯特假定在绝对零度时这种减少发生的速度也变为零,从而引出了能斯特热定理,它表明:如果反应于绝对零度时在纯粹的结晶固体之间发生,那么熵就没有变化。此后,经过普朗克(M. Planck)于1911年补充假设"对于每一化学组成为均相的固体或液体来说,它在绝对零度下的熵为零",形成了热力学第三定律。通过形成能斯特热定理,能斯特全面地测定了低温下的比热,对化学的发展作出了具有根本性重要意义

能斯特(W. H. Nernst)　　　迈克尔·法拉第(M. Faraday)　　　德拜(P. J. W. Debye)
(1864—1941)　　　　　　　(1791—1867)　　　　　　　(1884—1966)

的贡献。这个定理有效地解决了计算平衡常数问题和许多工业生产难题。因此,能斯特荣获 1920 年诺贝尔化学奖。

法拉第,英国著名的物理学家、化学家,在化学、电化学、电磁学等领域做出杰出贡献。

从 1818 年起法拉第和 J·斯托达特合作研究合金钢,首创了金相分析方法。1821 年他成功地发明了世界上第一台电动机。1831 年法拉第发现电磁感应定律,并发明了圆盘发电机,这是人类创造出的第一个发电机。为了证实用各种不同办法产生的电在本质上都是一样的,法拉第仔细研究了电解液中的化学现象,于 1834 年总结出法拉第电解定律,这条定律成为联系物理学和化学的桥梁,也是通向发现电子道路的桥梁。1837 年引入了电场和磁场的概念,指出电和磁的周围都有场的存在,这打破了牛顿力学"超距作用"的传统观念。1838 年,他提出了电力线的新概念来解释电、磁现象,这是物理学理论上的一次重大突破。1845 年,他发现了"磁光效应",用实验证实了光和磁的相互作用,为电、磁和光的统一理论奠定了基础。1852 年,他又引进了磁力线的概念,从而为经典电磁学理论的建立奠定了基础。由于法拉第在电磁学方面做出了伟大贡献,被称为"电学之父"和"交流电之父"。

德拜,美籍荷兰物理化学家。因利用偶极矩、X 射线和电子衍射法测定分子结构而荣获 1936 年诺贝尔化学奖。

德拜一生在物理化学领域开展了广泛的研究。1916 年和他的研究生 P. 谢乐创立了 X 射线粉末法(德拜-谢乐法),适用于多晶样品的结构测定,该方法目前仍被广泛使用。1911 年提出了分子的偶极矩公式和物质比热容的立方定律(德拜公式)。1918 年和他的助手 E. 休克尔开始研究强电解质理论,并于 1923 年成功地得出了强电解质溶液的平均活度因子表达式(德拜-休克尔极限公式)。1929 年提出了极性分子理论,确定了分子偶极矩的测定方法,为测定分子结构、确定化学键的类型提供数据。人们把偶极矩的单位定为德拜。1930 年后他致力于光线在溶液中散射的研究,发展了测定高分子化合物分子量的技术。

思　考　题

7.1　在表征电解质溶液的导电能力时,为什么常用电导 G 和电导率 κ?

7.2　为什么在准确说明电解质溶液的导电能力时,要定义摩尔电导率 Λ_m?

7.3　无限稀释时,是否还有强、弱电解质之分?

7.4　用什么办法求弱电解质的 Λ_m^∞?

7.5　离子的迁移速率与哪些因素有关?

7.6　在溶液无限稀时,HCl 中 Cl^- 和 NaCl 中的 Cl^- 电导是否相同? 为什么?

7.7　为什么采用平均离子活度 $a_\pm$ 和平均活度因子 $\gamma_\pm$ 的概念?

7.8　对 1-1 型电解质,如 $HCl \rightarrow H^+ + Cl^-$,由 $a_B = a_+^{\nu_+} \cdot a_-^{\nu_-}$ 得 $a_B = a_+ a_- = (\gamma_+ m_+)(\gamma_- m_-)/$

$(m^\ominus)^2$,因为 $m_{HCl} = m_{H^+} = m_{Cl^-}$,所以,$a_B = a_{HCl} = \gamma_+ \gamma_- \left(\dfrac{m}{m^\ominus}\right)^2 = \gamma_\pm^2 \left(\dfrac{m}{m^\ominus}\right)^2$,对否? 为什么?

7.9　路易斯及仓道尔定义离子强度时,考虑了哪些因素?

7.10　已知电池 Tl,TlCl(s)|NaCl 水溶液|AgCl(s),Ag 的电动势温度系数为 $\left(\dfrac{\partial E}{\partial T}\right)_p = -4.7 \times$

10^{-3} V·K^{-1},$E(298\,K) = 0.779$ V,问:

(1) 温度增加时,电池反应的平衡常数将变大还是变小?

(2) 若负极改用 Tl-Hg(汞齐),则电池反应的平衡常数随温度之增加怎样变化?

7.11　写出下列各电池中两极的电极反应和电池反应:

(1) $Cu|CuSO_4(aq) \parallel AgNO_3(aq)|Ag$

(2) $Pt,H_2(p^\ominus)|HCl(aq)|Cl_2(p^\ominus),Pt$

(3) $Pt,H_2(p^\ominus)|HCl(m=1\,mol \cdot kg^{-1}) \parallel KCl(aq),Hg_2Cl_2(s)|Hg$

(4) $Cd(在 Cd-Hg 合金中)|CdSO_4(饱和溶液)|Hg_2SO_4(s),Hg$

(5) $Hg,Hg_2Cl_2(s)|KCl(a_1) \parallel HCl(a_2)|Hg_2Cl_2(s)|Hg$

(6) $Pb|PbCl_2 熔盐 \parallel AgCl 熔盐|Ag$

(7) $Cd|Cd^{2+} \parallel Sn^{2+},Sn^+|Pt$

(8) $Pb,Pb(OH)_2(s)|NaOH(aq)|HgO(s),Hg$

(9) $Ag,Ag_2O(s)|KOH(aq)|O_2,Pt$

(10) $Ag,AgCl(s)|KCl(aq)|Hg_2Cl_2(s),Hg$

7.12　下列两个浓差电池,其电动势 E 是否相等? 标准电动势 $E^\ominus$ 是否相等? dE/dT 是否相等? 电池反应的标准平衡常数是否相等? 电池反应的吉布斯函数变化是否相等?

(1) $Sn(l)|SnCl_2(l)|Sn-Bi 合金 (x_{sn} = 0.89)$

(2) $Sn(l)|SnCl_2(l)|Sn-Bi 合金 (x_{sn} = 0.50)$

7.13　判断下列各说法是否正确,并解释理由:

(1) 标准氢电极的电极电势为零,所以其电极与溶液间没有电势差。

(2) 在平衡时电极上通过的净电流为零。

(3) 不论使用 KCl 饱和溶液或 NH_4NO_3 溶液作盐桥,液体接界电位并不能完全消除。

(4) 电极反应式写法不同时(例如 $2H^+ + 2e \longrightarrow H_2$ 及 $H^+ + e \longrightarrow 1/2H_2$),电极电势数值不同。

(5) 某电池的电动势随温度升高而减小,则此电池反应的 $\Delta S < 0$,因此这电池反应是不自发的。

7.14　请解释以下事实:

(1) 锌是一个比较活泼的金属,在中性水溶液中不会遭受腐蚀。

(2) 在酸性介质和碱性介质中会遭受析氧腐蚀。

(3) 如锌表面有少量杂质,腐蚀会加速。但在其表面涂上一层薄薄的汞(并不细密)却可在酸性介质中稳定存在。

习　题

7.1　用 10 A 的电流电解 $ZnCl_2$ 水溶液,经 30 min 后,理论上(1) 阴极上析出多少克锌? (2) 阳极上析出多少升氯气(标准状况)?

$$[(1)\ W=6.10\ g;\ (2)\ V_{标}=2.091\ dm^3]$$

7.2　25 ℃时,在一电导池中装入 0.100 mol·dm^{-3} KCl 溶液,测得电阻为 30.10 Ω。在同一电导池中,换为 0.05 mol·dm^{-3} 的 NaOH 溶液后,测得电阻为 33.2 Ω,求(1) NaOH 的电导率;(2) NaOH 的摩尔电导率。

$$[(1)\ \kappa=1.168\ S·m^{-1};\ (2)\ \Lambda_m=2.44×10^{-2}\ S·m^2·mol^{-1}]$$

7.3　已知 K^+ 和 Cl^- 的无限稀释离子电迁移率为 $7.61×10^{-8}$ m^2·V^{-1}·s^{-1} 和 $7.91×10^{-8}$ m^2·V^{-1}·s^{-1},利用表 7-4 和上述数据求:(1) KCl 的无限稀释摩尔电导率;(2) 离子的无限稀释迁移数。

$$[(1)\ 14.99×10^{-3}\ S·m^2·mol^{-1};\ (2)\ t_+^∞=0.49,\ t_-^∞=0.51]$$

7.4　质量摩尔浓度分别为 0.01 和 0.02 mol·kg^{-1} 的 $K_4Fe(CN)_6$ 和 NaOH 两种溶液离子的平均活度因子分别为 0.571 和 0.860。试求其各自离子的平均活度。

$$[0.017\,3;\ 0.017\,2]$$

7.5　计算下列溶液的离子强度:(1) 0.1 mol·kg^{-1} KCl,(2) 0.2 mol·kg^{-1} NaOH,(3) 0.1 mol·kg^{-1} Na_3PO_4,(4) 0.1 mol·kg^{-1} HCl+0.2 mol·kg^{-1} NaOH。

$$[(1)\ I=0.1\ mol·kg^{-1};\ (2)\ I=0.2\ mol·kg^{-1};\ (3)\ I=0.6\ mol·kg^{-1};\ (4)\ I=0.2\ mol·kg^{-1}]$$

7.6　试用德拜-尤格尔极限定律求 25 ℃, 0.50 mol·kg^{-1} 的 $CaCl_2$ 水溶液离子的平均活度因子。

$$[0.056\,6]$$

7.7　在 25 ℃, $Ag(s)+\dfrac{1}{2}Hg_2Cl_2(s)===AgCl(s)+Hg(l)$, $\Delta H^\ominus(298K)=7\,950\ J·mol^{-1}$,又知 Ag、AgCl、$Hg_2Cl_2$ 及 Hg 的标准摩尔熵 $S_m^\ominus(298K)$ 分别为 42.7、96.1、196.0 及 77.4 J·mol^{-1}·K^{-1},求下列电池的标准电动势及其温度系数:

$$Ag,\ AgCl(s)|KCl(aq)|Hg_2Cl_2(s)、Hg(l)$$

$$\left[E^\ominus=0.018\,9\ V,\ \left(\frac{\partial E}{\partial T}\right)_p=3.40×10^{-4}\ V·K^{-1}\right]$$

7.8　查标准电极电势表(表 7-5),计算下列电池的电动势(25 ℃)。

(1) Ag, AgBr(s) | Br$^-$ ($a=0.10$) ‖ Cl$^-$ ($a=0.010$) | AgCl(s), Ag

(2) Pt, $H_2(p^\ominus)$ | HCl($a_±=0.10$) | $Cl_2(p=5066\ Pa)$, Pt

(3) Pt, $H_2(P^\ominus)$ | HCl($a_±=0.10$) | $Hg_2Cl_2(s)$, Hg(l)

(4) K-Hg($a_±=0.010$) | KOH($a_±=0.50$) | HgO(s), Hg

(5) Pb, PbSO$_4$(s) | CdSO$_4$(0.20 mol·kg^{-1}, $\gamma_±=0.11$) ‖ CdSO$_4$(0.020 mol·kg^{-1}, $\gamma_±=0.32$) | PbSO$_4$(s), Pb

(6) Zn | Zn^{2+} ($a=0.01$) ‖ Fe^{2+} ($a=1.0×10^{-3}$), Fe^{3+} ($a=0.10$) | Pt

$$[(1)\ E=0.21\ V;\ (2)\ E=1.44\ V;\ (3)\ E=0.39\ V;\ (4)\ E=2.94\ V;\ (5)\ E=0.015\,9\ V;$$
$$(6)\ E=1.71\ V]$$

7.9　电池 Pb, PbCl$_2$(s)|KCl(aq)|AgCl(s), Ag 在 25 ℃, $p^\ominus$ 下的 $E^\ominus=0.490$ V

(1) 写出电极反应和电池反应。

(2) 求电池反应的 $\Delta_r S_m^\ominus$、$\Delta_r G_m^\ominus$、$\Delta_r H_m^\ominus$,已知 $\left(\dfrac{\partial E}{\partial T}\right)_p=-1.80×10^{-4}$ V·K^{-1}。

$$[(2)\ \Delta G_m^\ominus=-94.56\ kJ·mol^{-1},\ \Delta H_m^\ominus=-105\ kJ·mol^{-1},\ \Delta S_m^\ominus=-34.7\ J·mol^{-1}·K^{-1}]$$

7.10 实验测出具有下列电池反应的可逆电池,其电动势与温度关系式为

$$Cd(s) + Hg_2^{2+} \Longrightarrow Cd^{2+} + 2Hg(l)$$

$$E_t = [0.670\,8 - 1.02 \times 10^{-4}(t/\text{℃} - 25) - 2.4 \times 10^{-6}(t/\text{℃} - 25)^2]\,V$$

求该反应在 45 ℃时的 $\Delta_r H_m$, $\Delta_r G_m$ 及 $\Delta_r S_m$。

$$[\Delta_r H_m = -141.1\,kJ \cdot mol^{-1}, \Delta_r G_m = -128.9\,kJ \cdot mol^{-1}, \Delta_r S_m = -38.2\,J \cdot mol^{-1} \cdot K^{-1}]$$

7.11 电池 Sb, $Sb_2O_3(s)$|未知的含 H^+ 溶液 ‖ 饱和 KCl 溶液|$Hg_2Cl_2(s)$, Hg

(1) 写出电池反应。

(2) 求出未知溶液 pH 值与电池电动势的关系式。

(3) 在 25 ℃,当 pH = 3.98,则 E = 228.0 mV,求当 pH = 5.96 时 E 的值。

$$[E = 0.345\,V]$$

7.12 已知在 25 ℃, $7\,mol \cdot kg^{-1}$ HCl 溶液中之 $\gamma_\pm = 4.66$,在溶液上 HCl(g)平衡分压为 46.4 Pa,又知 $E^\ominus(Pt, Cl_2 | Cl^-) = 1.359\,V$。

(1) 写出 Pt, $H_2(p^\ominus)$ | $HCl(a_\pm = 1)$ | $Cl_2(p^\ominus)$, Pt 电池反应,求反应的 $\Delta_r G_m$。

(2) 计算 25 ℃时下列反应之 $\Delta_r G_m^\ominus$ 及平衡常数 $K^\ominus$, $H_2(g) + Cl_2(g) \Longrightarrow 2HCl(g)$。

(3) 在 25 ℃使 HCl 气体在密闭容器中离解,平衡时总压为 $p^\ominus$,求此时 $1\,cm^3$ HCl 中含 H_2 多少 cm^3。

$$[(1) \Delta_r G_m = -262.2\,kJ \cdot mol^{-1}; (2) K^\ominus = 1.69 \times 10^{33}; (3) 2.43 \times 10^{-17}\,cm^3]$$

7.13 电池 Pt, $Cl_2(g, p^\ominus)$|HCl(aq), $MnCl_2(aq)$|$MnO_2(s)$的两极标准电极电势如下:

$$E^\ominus(MnO_2 | H^+, Mn^{2+}) = 1.23\,V; \quad E^\ominus(Cl_2 | Cl^-) = 1.358\,V$$

(1) 在标准状态下反应 $MnO_2(s) + 4HCl(aq) \Longrightarrow MnCl_2(aq) + Cl_2(g) + 2H_2O$ 能否进行?

(2) 若 $MnCl_2$ 溶液中 Mn^{2+} 浓度为 $1.0\,mol \cdot dm^{-3}$,问要使上列反应正向进行,HCl 溶液浓度至少应为多少? 设活度因子均可当作 1。

$$[(1) \text{不能}; (2) c(HCl) = 4.70\,mol \cdot dm^{-3}]$$

7.14 根据下列在 298 K 和标准压力下的热力学数据,计算 HgO(s)在该温度时的分解压。已知:

(1) 电池 Pt|$H_2(p)$|NaOH(a)|HgO(s)|Hg(l)的标准电池电动势 $E^\ominus = 0.926\,5\,V$。

(2) 反应 $\frac{1}{2}O_2(g) + H_2(g) \Longrightarrow H_2O(l)$ 的 $\Delta_r H_m^\ominus = -285.83\,kJ \cdot mol^{-1}$。

(3) 298 K 时,下表为各物质的标准摩尔熵值

化 合 物	HgO(s)	$O_2(g)$	$H_2O(l)$	Hg(l)	$H_2(g)$
$S_m^\ominus(J \cdot mol^{-1} \cdot K^{-1})$	70.29	205.1	69.91	77.4	130.7

$$[p(O_2) = 3.3 \times 10^{-16}\,Pa]$$

7.15 电池 Zn - Hg|$ZnSO_4(aq)$|$PbSO_4(s)$, Pb - Hg 的 $E^\ominus(298\,K) = 0.408\,5\,V$,当电池中 $ZnSO_4$ 溶液浓度为 $5.0 \times 10^{-4}\,mol \cdot kg^{-1}$ 时,电池电动势 $E(298\,K) = 0.611\,4\,V$,求该 $ZnSO_4$ 溶液的 $\gamma_\pm$,并与德拜-尤格尔极限公式计算值比较。

$$[\gamma_\pm = 0.73, \gamma_\pm = 0.81]$$

7.16 已知 25 ℃, Hg|Hg_2^{2+} 与 Hg|Hg^{2+} 的标准电极电势分别为 0.79 V 及 0.85 V,求下列反应标准平衡常数 $K^\ominus(298\,K)$, $Hg^{2+} + Hg \Longrightarrow Hg_2^{2+}$。

$$[K^\ominus(298\,K) = 107]$$

7.17 利用 Hg, $Hg_2Cl_2(s)$|KCl(饱和溶液) ‖ 待测溶液 X, Q, H_2Q|Pt 电池进行酸碱滴定。若待测溶液 X 为 pH = 1.0 的 HCl,滴定液是 NaOH 溶液,估算滴定未开始前及滴定终了时电池电动势。[注:此

电池的正极为氢醌电极,电极反应为 $Q+2H^{+}+2e \Longrightarrow H_2Q$,式中 Q 代表醌,$H_2Q$ 是氢醌,$E^{\ominus}(298\,K)=$ 0.699 5 V。在稀溶液中 $a(H_2Q) \mid a(Q)=1$。]

$$[E_{始}=0.398\,V, \quad E_{终}=-0.311\,V]$$

7.18 浓差电池 $Zn(l) \mid Zn^{2+}$(熔盐)$\mid Zn-In$(液态合金,$x_{Zn}=0.803$)在 505 ℃ 的电动势 $E=$ 3.10 mV,$\left(\dfrac{\partial E}{\partial T}\right)_p = 9.6 \times 10^{-3}$ mV·K^{-1}。

(1) 在 505 ℃ 下,把 1.0 mol 液态锌溶入大量 $Zn-In$ 液态合金($x_{Zn}=0.803$)的过程 ΔG_m 及 ΔS_m 为多少?

(2) 求 Zn 在 $x_{Zn}=0.803$ 的液态 $Zn-In$ 合金中的活度,以纯液态锌为标准态。

(3) 已知 505 ℃,在 $x_{Zn}=0.803$ 液态合金中,Zn 的偏摩尔焓比同温度下纯 Zn 的摩尔焓大 721.74 J,求上述电池的温度系数 $\left(\dfrac{\partial E}{\partial T}\right)_p$,并与实验值比较。

(4) 已知固态及液态 Zn 的饱和蒸气压与温度的关系为

$$\lg[p(Zn,\ s)/Pa] = 11.225 - \frac{6\,850}{T/K}$$

$$\lg[p(Zn,\ l)/Pa] = 10.233 - \frac{6\,163}{T/K}$$

求 505 ℃ 时 Zn 的熔化吉布斯函数。

$$\left[\begin{array}{l} (1)\ \Delta G_m = -598\,J \cdot mol^{-1},\ \Delta S_m = 1.85\,J \cdot mol^{-1} \cdot K^{-1};\ (2)\ a(Zn)=0.91;\ (3)\ \left(\dfrac{\partial E}{\partial T}\right)_p = \\[2mm] 8.79 \times 10^{-6}\,V \cdot K^{-1};\ (4)\ \Delta G_m = -1.62\,kJ \cdot mol^{-1} \end{array} \right]$$

7.19 25 ℃ 时 $Cu, Cu_2O(s) \mid NaOH(aq, 1.0\,mol \cdot kg^{-1}) \mid HgO(s), Hg(l)$ 电池的电动势 $E=461.7$ mV。

(1) 写出此电池的两极反应及电池总反应,如果电池中的电解质溶液改用 $2\,mol \cdot kg^{-1}$ NaOH,电动势 E 将等于多少?

(2) 已知此电池正极标准电极电势 $E_+^{\ominus}=0.098$ V,求 $E_-^{\ominus}$。

(3) 计算电池反应的 $\Delta_r G_m^{\ominus}(298\,K)$、$\Delta_r H_m^{\ominus}(298\,K)$ 及 $\Delta_r S_m^{\ominus}(298\,K)$。已知:

物　　质	Hg(l)	HgO(s)	Cu(s)	$Cu_2O(s)$	$H_2O(l)$
$S_m^{\ominus}(298\,K)/(J \cdot mol^{-1} \cdot K^{-1})$	77.40	70.29	33.35	93.89	69.94
$\Delta_f H_m^{\ominus}(298\,K)/(J \cdot mol^{-1})$	0	$-90\,709$	0	未知	$-285\,838$

(4) 求 Cu_2O 的 $\Delta_f H_m^{\ominus}(298\,K)$。

(5) 已知在 25 ℃,HgO 分解压力为 7.9×10^{-16} Pa,求 Cu_2O 的分解压力。

[(2) $E_-^{\ominus}=-0.364$ V;(3) $\Delta_r G_m^{\ominus}(298\,K)=-89.10\,kJ \cdot mol^{-1}$, $\Delta_r S_m^{\ominus}(298\,K)=34.3\,J \cdot mol^{-1} \cdot$ K^{-1},$\Delta_r H_m^{\ominus}(298\,K)=-78.88\,kJ \cdot mol^{-1}$;(4) $\Delta_f H_m^{\ominus}(Cu_2O,\ 298\,K)=-169.59\,kJ \cdot mol^{-1}$; (5) $p(O_2)=4.8 \times 10^{-47}$ Pa]

7.20 电池 $Pt, CO-CO_2 \mid ZrO_2(+CaO) \mid$ 空气,Pt 在 700 ℃,$E=0.99$ V,已知:

$$C+O_2 \Longrightarrow CO_2;\quad \Delta_r G_m^{\ominus}(973\,K) = -395\,388\,J \cdot mol^{-1}$$

$$2C+O_2 \Longrightarrow 2CO;\quad \Delta_r G_m^{\ominus}(973\,K) = -395\,806\,J \cdot mol^{-1}$$

(1) 写出电极反应及电池反应。

(2) 求混合气体中 CO_2/CO 的比值。

$$[(2)\ p(CO_2)/p(CO)=1.017]$$

7.21　在 $1\,000\,℃$ 时测出下列两个电池的电动势：

(1) Ni, NiO(s)│ZrO$_2$(+CaO)│PbO(l), Pb(l)　$E_1 = 157.44\,mV$。

(2) Ni, NiO(s)│ZrO$_2$(+CaO)│SiO$_2$-PbO(l), Pb(l)　$E_2 = 151.46\,mV$。

求电池(2)中 a_{PbO}(以 T, $p^\ominus$ 下纯液态 PbO 为标准态)。

$$[a(PbO) = 0.897]$$

7.22　在 $298\,K$ 时，用金属 Ni 为电极电解 NiSO$_4$($1.10\,mol \cdot kg^{-1}$)水溶液。已知 $E^\ominus(Ni^{2+}|Ni) = -0.25\,V$，氢在 Ni(s)上的超电势为 $0.14\,V$。试判断在阴极上哪种物质先发生反应？设溶液为中性，离子平均活度因子为 1。

$$[E(Ni^{2+}|Ni) > E(H^+|H_2)，所以在阴极上首先析出 Ni]$$

7.23　在 $298\,K$ 和标准压力下，用电解沉积法从含 Cd^{2+} 和 Zn^{2+} 的混合溶液(已知 Cd^{2+} 和 Zn^{2+} 的质量摩尔浓度均为 $0.10\,mol \cdot kg^{-1}$，离子平均活度因子均为 1)中分离出一种金属。已知 H$_2$(g)在 Cd 和 Zn 上超电势分别为 $0.48\,V$ 和 $0.70\,V$，设电解液的 pH 保持为 7.0，且知 $E^\ominus(Zn^{2+}|Zn) = -0.763\,V$，$E^\ominus(Cd^{2+}|Cd) = -0.403\,V$。通过计算回答：

(1) 阴极上首先析出何种金属？

(2) 氢气是否有可能析出而影响分离效果？

$$[(1)\ E(Zn^{2+}|Zn) < E(Cd^{2+}|Cd)，故阴极上先析出 Cd(s)；$$
$$(2)\ 氢气不会析出，不会影响分离效果]$$

7.24　在 $25\,℃$ 时，用铜片作阴极、石墨作阳极，对中性 $0.1\,mol \cdot kg^{-1}$ 的 CuCl$_2$ 溶液进行电解。已知标准电极电势 $E^\ominus(Cl_2|Cl^-) = 1.360\,V$，$E^\ominus(O_2|H_2O,\ OH^-) = 0.401\,V$，设各离子活度因子均为 1。在某电流密度下，通过计算确定在阳极上最先析出什么物质？已知氧气在石墨电极上的超电势为 $0.896\,V$，假定氯气在石墨电极上的超电势可忽略不计。

$$[E(Cl_2|Cl^-) < E(O_2|H_2O,\ OH^-)，所以在阳极上首先析出 Cl_2(g)]$$

第八章　界面现象与分散系统

本章教学基本要求

1. 理解表面张力和表面吉布斯函数的概念，了解表面张力与温度的关系。

2. 了解弯曲液面附加压力产生的原因及其与曲率半径的关系，了解拉普拉斯方程。了解开尔文方程及其应用。了解新相生成与亚稳状态。

3. 了解物理吸附和化学吸附的区别与联系。了解吸附曲线的类型，理解朗缪尔吸附理论的基本内容。

4. 了解溶液表面的吸附，了解吉布斯吸附等温式的表示形式及各项的物理意义。了解表面活性剂的结构特征和分类。

5. 掌握润湿的三种形式和接触角，了解润湿的应用。

6. 了解分散系统的分类及胶体分散系统的定义，熟悉溶胶的制备和净化的常用方法。

7. 了解溶胶在光学性质、动力性质、电学性质等方面的特点。理解溶胶的双电层结构的斯特恩模型，掌握胶团结构。了解溶胶的稳定性特点及电解质对其稳定性的影响，掌握电解质聚沉能力的大小规律。

8. 简单了解纳米材料的制备、特性等。

任何两接触相之间都有界面,其中固/气或液/气之间的界面被称为表面。由于习惯的原因,界面与表面两个名词往往是混用的。界(表)面层的性质既与两个相邻体相有关,又有它本身的特殊性,表现出种种界(表)面现象。

前面各章在讨论热力学性质时,并未考虑到多相系统中界面层的特殊物理化学性质,这是因为在通常情况下,系统中物质的表面分子占全部分子的比例很小,可以忽略不计。但当表面分子所占比例很大时,则表面层的特殊性质就必须加以考虑。例如 1 g 水若能作为单个球体存在,表面积约为 $48.5 \, \text{cm}^2$;若将 1 g 水分散成半径为 10^{-7} cm 的小球滴,则可得 2.4×10^{20} 个小球,总表面积增加到 $3.0 \times 10^7 \, \text{cm}^2$,其表面效应就非常显著了。这说明在高度分散的系统中,界面性质对整个系统热力学性质的影响不容忽视。因此我们研究问题时,应注意到在某些情况下一些因素可以忽略,而在另一些情况下则必须考虑,这是处理问题常用的方法。

如上所述,小颗粒的分散系统往往具有很大的表面积,因此由界面特殊性引起的系统特殊性十分突出。人们把粒径在 $1 \sim 1000$ nm 的粒子组成的分散系统称为胶体分散系统,由于其具有极高的分散度和很大的表面积,会产生特有的界面现象,所以经常把胶体分散系统与界面现象一起来研究。

本章核心是从界面层分子与体相分子所处状态的差异出发,应用物理化学基本原理探讨界面层的特性及其种种表现,并讨论具有巨大相界面的分散系统的性质。

主题 8-1 导学
界面物理化学

§8-1 演示文稿
表面吉布斯函数

主题一　界面物理化学

§8-1　表面吉布斯函数

一、表面吉布斯函数与表面张力

物质表面层的性质与体相内部的性质在结构、能量方面之所以有差异,其本质在于相界面上的分子与体相内部分子所处的状态不同。以液体与其蒸气的系统为例,如图 8-1 所示。液体内部分子处于同种液体分子的包围中。从统计平均来说,所受周围分子的作用力是对称的,合力为零;而处于表面层的分子却不同,它下方受液体分子吸引,上方受气体分子作用。由于气相分子密度远小于液相,所以界面层分子对气相分子的吸引力远小于液相内部分子对它的吸引力。因此,界面层分子受到一个垂直于液体表面指向液体内部的引力,称为内压,它力图将表面层分子拉入液体内部,使液体表面收缩成最小。水滴、汞滴一般呈球形就是这个原因。

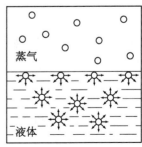

图 8-1　界面层分子与体相分子所处状态不同

　　由于表面层分子存在着这种内压力,因此要把液体分子从液体内部移到表面(即增大表面积),就必须克服指向液体内部的引力而做功,这种在形成新表面时环境对系统所做的功,称为表面功,是热力学中所讲的非体积功的一种。显然,移到表面上的分子数越多,环境所做功 $\delta W'$ 也越大,即 $\delta W'$ 与表面积 A_s[①] 的增加成正比例: $\delta W' = \sigma \mathrm{d} A_s$, σ 为比例系数。

　　由热力学知道,在等温等压可逆条件下 $\Delta G = W'$,即在形成新表面的过程中环境对系统所做的非体积功等于系统吉布斯函数的增加,由于这一增加是系统表面积增加所引起的,故称为表面吉布斯函数,也就是系统表面比内部所多出的能量,用 G^s 表示:

$$\mathrm{d} G^s = \delta W'_s = \sigma \mathrm{d} A_s \tag{8-1}$$

设在等温等压下内部分子移到表面,使系统表面积自 $A_{s,0}$ 增加到 A_s ,表面吉布斯函数自 G_0^s 增至 G^s ,对式(8-1)积分,则

$$\int_{G_0^s}^{G^s} \mathrm{d} G^s = \sigma \int_{A_{s,0}}^{A_s} \mathrm{d} A_s$$

若 $A_{s,0}$ 和 G_0^s 可忽略,得　　　　　　$$G^s = \sigma \cdot A_s \tag{8-2}$$

由此可知表面分子和内部分子的宏观差异是:前者比后者多出一部分表面吉布斯函数,由式(8-2)还看出: $\sigma = G^s / A_s$,其物理意义是单位表面所具有的表面吉布斯函数,又称为比表面吉布斯函数,单位以 $\mathrm{J \cdot m^{-2}}$ 表示。而 $\mathrm{J = N \cdot m}$,因此, σ 的单位又为 $\mathrm{N \cdot m^{-1}}$ 。说明 σ 也可理解为单位长度上作用着的力,称为表面张力。

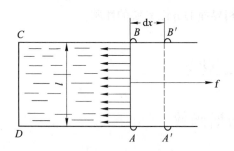

图 8-2　表面吉布斯函数与表面张力关系

　　通过下述实验,可以更清楚地看出比表面吉布斯函数与表面张力的关系。用细铁丝做成如图 8-2 所示的框,其上有一边长为 l 的活动边 AB ,框上布满一层皂膜。如无外力作用, AB 边的皂膜会自动向左收缩。如要制止皂膜的收缩,则需加一外力 f 反抗其作用。如将 AB 缓缓地(可逆地)向右移动距离 $\mathrm{d} x$,则液膜两侧新增加的表面为

$$\mathrm{d} A_s = 2l \cdot \mathrm{d} x \tag{8-3}$$

　　其所做的表面功:

$$\delta W' = f \cdot \mathrm{d} x \tag{8-4}$$

这功使膜内部的分子移到表面,并转变为能量储藏在表面,在等温等压下这表面能就是表面吉布斯函数的增量 $\mathrm{d} G^s$,结合式(8-1)和式(8-3)可得

$$\delta W' = \sigma \mathrm{d} A_s = \sigma \cdot 2l \mathrm{d} x$$

与式(8-4)比较知 $f = \sigma \cdot 2l$,或

---

　　① 为避免与亥姆赫兹函数的符号 A 相混淆,本章用 A_s 表示表面积。

$$\sigma = \frac{f}{2l} \tag{8-5}$$

又从式(8-1)还可得到

$$\sigma = \left(\frac{\partial G^s}{\partial A_s}\right)_{T,p} \tag{8-6}$$

因此 σ 既可理解为等温等压下增加单位面积时吉布斯函数的增量(比表面吉布斯函数),又可理解为沿液体表面作用于单位长度上使表面收缩的力(表面张力)。两者在数值上是相等的,是对同一个事物从不同角度提出的物理量。在考虑界面性质的热力学问题时,称为比表面吉布斯函数较恰当;而在分析各种界面接触时的相互作用以及它们的平衡关系,则用表面张力比较方便。但习惯上,常用表面张力这个名词。

通过下述实验可更清楚地看到表面张力的作用与方向。把一个系有棉线圈的金属环放在肥皂液中浸一下,然后取出,这时金属环上布满肥皂液膜,液膜上的线圈是松弛的,线的两边受大小相等、方向相反的力作用着,如图 8-3(a)所示。如果用针刺破线圈内的液膜。线圈两边的作用力将不再平衡,而被拉成圆形,如图 8-3(b)所示。这现象表明,沿着液膜表面存在着与液面相切使液膜收缩的力,这就是表面张力。图上箭头所指的方向就是线圈上表面张力的方向,它与液面相切并垂直作用于线的每单位长度上。

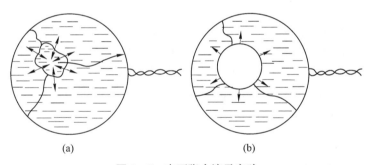

(a)　　　　　　　　　(b)

图 8-3 表面张力演示实验

二、表面热力学

上面已经对表面张力和比表面吉布斯函数作了描述,现进一步从热力学角度来讨论其含义。

对于需要考虑表面功的系统,不但要考虑温度、压力的变化,而且由于面积可改变,必须再增加一个变量 A_s 才能确定系统的吉布斯函数,即

$$G = f(T, p, A_s, n_1, n_2, \cdots, n_k)$$

$$dG = \left(\frac{\partial G}{\partial T}\right)_{p, A_s, n_B} dT + \left(\frac{\partial G}{\partial p}\right)_{T, A_s, n_B} dp + \left(\frac{\partial G}{\partial A_s}\right)_{T, p, n_B} dA_s + \sum_{B=1}^{k} \left(\frac{\partial G}{\partial n_B}\right)_{T, p, A_s, n_C(C \neq B)} dn_B$$

又根据热力学基本方程式 $dG = -SdT + Vdp + \sum_{B=1}^{k} \mu_B dn_B$,在有表面功时,可得

$$dG = -SdT + Vdp + \sigma dA_s + \sum_B \mu_B dn_B \tag{8-7}$$

在等温等压及组成不变的条件下,比较上述两式得

$$\sigma = \left(\frac{\partial G}{\partial A_s}\right)_{T, p, n_B} \tag{8-8}$$

这是比表面吉布斯函数的严格热力学定义,即在等温等压及组成不变的条件下,增加单位表面积时系统吉布斯函数的增量,亦即表面分子和体相分子的宏观差异,是前者比后者多出这部分表面吉布斯函数。物质的表面层特性即由此过剩能量而引起。

需要指出的是,σ 还有其他的热力学定义。从热力学函数的定义式 $A = G - pV$,$H = G + TS$,$U = A + TS$,结合式(8-7)可得以下有表面功时的热力学基本方程:

$$dA = -SdT - pdV + \sigma dA_s + \sum_B \mu_B dn_B \tag{8-9a}$$

$$dH = TdS + Vdp + \sigma dA_s + \sum_B \mu_B dn_B \tag{8-9b}$$

$$dU = TdS - pdV + \sigma dA_s + \sum_B \mu_B dn_B \tag{8-9c}$$

从而可得到

$$\sigma = \left(\frac{\partial A}{\partial A_s}\right)_{T, V, n_B} = \left(\frac{\partial H}{\partial A_s}\right)_{S, p, n_B} = \left(\frac{\partial U}{\partial A_s}\right)_{S, V, n_B} \tag{8-10}$$

这些也是 σ 的严格热力学定义。所以 σ 也可看作是等温等容(或等熵等压;等熵等容)及组成不变的条件下,增加单位表面积时系统亥姆赫兹函数(或焓;热力学能)的增加。

下面从吉布斯函数的变化来分析表面变化过程的方向。

前已述及,在高度分散系统中,表面效应不容忽视,整个系统的总吉布斯函数 G 可视为体相吉布斯函数 G^b 与表面吉布斯函数 G^s 之和。即

$$G = G^b + G^s = G^b + \sigma A_s$$

式中,G^b 为未考虑表面特性的系统吉布斯函数,G^s 则为表面的吉布斯函数。

如果系统的温度、压力和组成不变,G^b 为一常数,则系统的总吉布斯函数变化仅决定于表面吉布斯函数的变化。即

$$dG^s = d(\sigma A_s) = \sigma dA_s + A_s d\sigma \tag{8-11}$$

此式为表面变化的方向提供了一个热力学判断准则,从它可以得出一些重要的结论。由于 σ、A_s 均为正值,可知:

(1)当 σ 一定时,式(8-11)为

$$dG = \sigma dA_s$$

若要 $dG < 0$,则必须 $dA_s < 0$。所以缩小表面积的过程是自发过程。例如,钢液中小气泡合并成大气泡,结晶时固相中的小晶粒合并成大晶粒都是缩小表面积的过程,所以能够自动进行。

(2)当 A_s 一定(即分散度不变)时

$$dG = A_s d\sigma$$

若要 $dG < 0$，则必须 $d\sigma < 0$。 也就是说，表面张力减小的过程是自发过程，所以系统力图通过降低其表面张力以达到降低吉布斯函数，使之趋向稳定。这就是固体和液体物质表面具有吸附作用的原因。

（3）σ 和 A_s 均有可能变化，即系统通过表面张力和表面积减小，使吉布斯函数降低。如本章 §8-6 将讨论的润湿现象就是这种情况。

由上面的讨论可知，在 σ 一定的情况下，表面积缩小的过程会自动进行，而表面积增大，即分散过程却不会自动进行。物质的分散过程在工农业生产和日常生活中都有许多应用，例如，液体的喷雾、固体的粉碎和研磨等都是将物质分散变小、产生新表面的过程。因为在此过程中物质的表面张力没有改变，只是表面积显著增大，所以过程的吉布斯函数变化应为

$$\Delta G = \sigma \cdot \Delta A_s \tag{8-12}$$

说明当分散度增加（表面积增大）时 $\Delta G > 0$，外界必须对系统做功才能进行。利用上式可以计算出分散操作所需消耗的最小功。从热力学还可导出分散过程的熵变和焓变：

$$\Delta S = -\left(\frac{\partial \Delta G}{\partial T}\right)_p = -\Delta A_s \left(\frac{\partial \sigma}{\partial T}\right)_p \tag{8-13}$$

由于 $\left(\frac{\partial \sigma}{\partial T}\right)_p$ 一般为负值（见下节），故分散过程中熵值将增大。这种现象是不难理解的，因为当等数量的分子处于体相时，由于受力较均匀，有序度高，熵较小；当这些分子迁移到表面后，由于分子间力减少，分子排列的有序度下降，因此，熵增加。

$$\Delta H = \Delta G + T\Delta S = -\Delta A_s \left[\sigma - T\left(\frac{\partial \sigma}{\partial T}\right)_p\right] \tag{8-14}$$

分散过程中焓值也将增大。

三、影响表面张力的因素

表面张力或比表面吉布斯函数 σ 是系统的重要热力学性质。它的大小与下列因素有关。

1. 与物质的本性有关

σ 是分子间作用力的结果，因此和分子的键型有关。表 8-1 列出了一些物质的 σ 数据。从表中可以看出金属键物质的 σ 最大，离子键物质的 σ 次之，极性共价键物质的 σ 再次之，非极性共价键液体的 σ 最小。

表 8-1 某些物质的表面张力

金属键物质	$t/℃$	$\sigma/(\times 10^{-3} \text{ N} \cdot \text{m}^{-1})$	离子键物质	$t/℃$	$\sigma/(\times 10^{-3} \text{ N} \cdot \text{m}^{-1})$	共价键物质	$t/℃$	$\sigma/(\times 10^{-3} \text{ N} \cdot \text{m}^{-1})$
Fe	1 560	1 880	NaCl	1 000	98	Cl_2	−30	25.4
Cu	1 130	1 268	KCl	900	90	O_2	−183	13.2
Zn	419.4	768	$CaCl_2$	772	77	N_2	−183	6.6
Mg	700	550	$BaCl_2$	962	96	H_2O	20	72.75

2. 与所接触邻相的性质有关

因为表面层分子与不同物质接触时,所受力不同,所以 σ 也有差异。表 8-2 是常温下水和汞与不同相接触时的数据。

表 8-2　水与汞的表面张力和接触相的关系(20℃)

物　质	接 触 相	$\sigma/(\times 10^{-3}\ N \cdot m^{-1})$	物　质	接 触 相	$\sigma/(\times 10^{-3}\ N \cdot m^{-1})$
水	水蒸气	72.88	汞	汞蒸气	486.5
	正庚烷	50.2		水	415
	四氯化碳	45.0		乙　醇	389
	苯	35.0		正己烷	378
	乙酸乙酯	6.8		正庚烷	378
	正丁醇	1.8		苯	357

3. 与温度有关

物质的表面张力通常随着温度升高而降低,即表面张力的温度系数 $d\sigma/dT$ 为负值,如表 8-3 所示。这是因为温度升高时液体体积膨胀,分子间距增大,削弱了体相分子对表面层分子的作用力;同时温度升高,气相蒸气压变大,密度增大,气相分子对液体表面分子作用增强,这些都使表面张力下降。但少数物质如钢铁、铜合金以及一些硅酸盐和炉渣的表面张力随温度上升而增大。这种现象目前尚无一致的解释,有人认为:对于钢液,由于温度上升时,一方面分子间距离增大,作用力减弱,但另一方面,钢水中所吸附的使 σ 下降的表面活性物质减少,后者作用大于前者,所以表面张力随温度升高而增加。而对于炉渣,则因温度升高时复合离子离解为简单离子,使离子数目增加,而且简单离子半径小、引力大,所以表面张力增大。从事高温热加工的工作者,应特别注意到这些问题。

许多纯液态物质的表面张力与温度的关系接近于线性。1886 年约特弗斯(Eötvös)提出 $\sigma V_m^{2/3} = k(T_c - T)$,式中 V_m 为液体摩尔体积,T_c 为液体的临界温度,k 为常量,对一般非极性或非缔合液体来说,k 为 $2.1 \times 10^{-7}\ J \cdot K^{-1}$,而对具有缔合性的液体,则 k 值小于此数。从此式看来,要到 $T = T_c$ 时 σ 才为 0,而事实是 T 接近临界温度时,气液界面已不明显,σ 就已降为 0,因而 1893 年兰姆赛-希尔茨(Ramsay-Sheilds)将此式修改为

$$\sigma\left(\frac{M}{\rho}\right)^{2/3} = \sigma V_m^{2/3} = k(T_c - T - 6\ K) \tag{8-15}$$

式中,M 为液体的摩尔质量;ρ 为密度。

表 8-3　某些液体的表面张力与温度的关系

液体	$\sigma/$ $(\times 10^{-3}\ N \cdot m^{-1})$	T/K	$d\sigma/dT/$ $(\times 10^{-3}\ N \cdot m^{-1} \cdot K^{-1})$	液体	$\sigma/$ $(\times 10^{-3}\ N \cdot m^{-1})$	T/K	$d\sigma/dT/$ $(\times 10^{-3}\ N \cdot m^{-1} \cdot K^{-1})$
乙　醇	22.75	293	−0.086	Na	202	370	−0.10
水	72.75	293	−0.16	Ag	879	1 373	−0.184
$NaNO_3$	116.8	581	−0.050	Cu	1 300	1 808	−0.31
苯	28.88	293	−0.13	Fe	1 880	1 808	−0.43
正辛烷	21.80	293	−0.10				

4．与溶液的组成有关

溶液中加入溶质后，溶液的表面张力将发生变化。如水中加入了脂肪酸等有机物，使表面张力显著下降；加入无机盐使表面张力增加。对铁水而言，氧、硫、铅、铋等元素均能使其表面张力降低，而镁、铈等元素能使铁水表面张力增加。

5．与压力有关

压力对表面张力的影响原因比较复杂。增加气相的压力，可使气相的密度增加，减小液体表面分子受力不对称的程度；此外可使气体分子更多地溶于液体，改变液相成分。这些因素的综合效应，一般是使表面张力下降。通常每增加 $1\,MPa$ 的压力，表面张力约降低 $1\,mN\cdot m^{-1}$。

四、固体的表面张力

固体也有表面张力，但尚不能直接测定，而且由于固体表面通常是不规则的，不同的部分具有不同的性质和不同的表面张力值。目前所采用的方法是测量劈裂固体所需要的功或测定一个物质稍高于熔点时液态的表面张力，然后用外推法延伸到该物质是固态时的较低温度。由于构成固体的物质粒子间的作用力远大于液体的，故一般固体物质的表面张力要比液态物质具有更大的表面张力，如表8-4所示。

表 8-4 某些固态物质的表面张力

物 质	温度 T/K	$\sigma/(\times 10^{-3}\,N\cdot m^{-1})$	气 氛
铜	1 323	1 670	Cu 蒸气
银	1 023	1 140	
锡	488	685	真空
苯	278.5	52±7	
冰	273.15	120±10	
氧化镁	298	1 000	真空
氧化铝	2 123	905	
云 母	293	4 500	真空
石英(1010 晶面)	77	1 030	

§8-2 弯曲液面的表面现象

一、弯曲液面的附加压力——拉普拉斯方程

由于表面张力的作用，弯曲表面下的液体与在平面下的情况不同，如图 8-4 中分别表示三种不同液面受表面张力作用的不同情况。

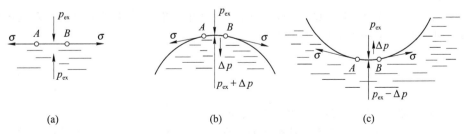

(a)　　　　　　　　　(b)　　　　　　　　　(c)

图 8-4 弯曲液面的附加压力

前已指出,液体表面张力是沿着液面方向作用的。若液面是水平的[图 8-4(a)],则表面张力也是水平的。液面上任一点受各个方向的表面张力互相抵消,合力为零,此时液体内部的压力等于液面所受的外压 p_{ex}。如果液面是弯曲的,则表面张力的合力将指向曲面的曲率中心,对凸面液体[图 8-4(b)]其合力指向液体内部,形成额外压力,这就是附加压力。因此,当曲面保持平衡时,曲面内部的压力将大于外部的压力。对凹面液体[图 8-4(c)]其合力指向空间,因此,当曲面保持平衡时,曲面内部的压力将小于外部的压力。

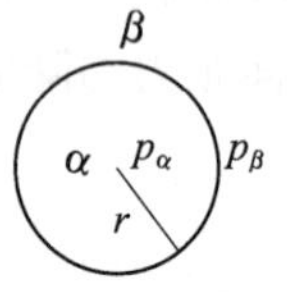

弯曲液面附加压力的大小与液体表面张力及液面曲率半径之间关系可作如下推导:图 8-4(b)的凸面为气相中的液滴,图 8-4(c)的凹面为液相中的气泡,概括起来可以用图 8-5 来代表,即图中 α 相为 β 相所包围。对于上述系统,若总体积不变,且各个相之间没有物质交换时,则应用热力学基本方程式(8-9a)可得

图 8-5 α 相在 β 相中

$$dA = -S_\alpha dT_\alpha - S_\beta dT_\beta - p_\alpha dV_\alpha - p_\beta dV_\beta + \sigma dA_s$$

由于总体积不变,故 $dV_\beta = -dV_\alpha$,又因系统在等温下,则达平衡时应有 $dA = 0$。则上式变为

$$-p_\alpha dV_\alpha + p_\beta dV_\alpha + \sigma dA_s = 0$$

或

$$p_\alpha - p_\beta = \sigma \frac{dA_s}{dV_\alpha} \tag{8-16}$$

设 α 相为球状,曲率半径为 r,则 $A_s = 4\pi r^2$, $dA_s = 8\pi r dr$, $V_\alpha = \frac{4}{3}\pi r^3$, $dV_\alpha = 4\pi r^2 dr$; $dA/dV_\alpha = 2/r$,代入式(8-16)

则

$$p_\alpha - p_\beta = \frac{2\sigma}{r} \tag{8-17}$$

$p_\alpha - p_\beta$ 称为液面的附加压力,以 Δp 表示:

$$\Delta p = \frac{2\sigma}{r} \tag{8-18}$$

此式称为拉普拉斯方程。拉普拉斯方程表明弯曲液面的附加压力与液体表面张力成正比,与曲率半径成反比,曲率半径越小,附加压力越大。

若 α 为液相,β 为气相,即液面为凸面,$p_l > p_g$,附加压力指向液体。

若 α 为气相,β 为液相,即液面为凹面,$p_l < p_g$,附加压力指向气体。

液面为平面:$r = \infty$, $p_l = p_g$。

如果 α 相不是球形曲面,则一般需用两个相互正交的曲率半径 r_1 和 r_2 来描述该曲面,在这种情况下可导出拉普拉斯方程的普遍式(推导从略):

$$\Delta p = \sigma \left(\frac{1}{r_1} + \frac{1}{r_2} \right) \tag{8-19}$$

当 $r_1 = r_2$,亦即球形曲面时,上式还原为式(8-18)。

附加压力的存在与许多表面现象有关。在冶金和浇铸过程中,都经常涉及排除溶解在钢液中的气体问题,这就需要使溶解态气体在钢液内形成稳定的气泡而后逸出。现分析气泡形成的条件如下,当半径为 r 的气泡处在熔池内深度为 h 处(图 8-6)时,则加在气泡壁上的总压力为大气压力、液柱静压力和附加压力之和,即

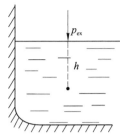

图 8-6 熔池中的气泡

$$p = p_{ex} + \rho g h + \frac{2\sigma}{r}$$

式中,ρ 是钢液的密度,要使溶解于钢液中的气体转变为这种气泡,就要求气体的"析出压力"大于总压力 p。当气泡很小时,最后一项很大,例如 $r = 5 \times 10^{-8}$ m,$\sigma = 1.250$ N・m^{-1},则附加压力为

$$\Delta p = \frac{2\sigma}{r} = \frac{2 \times 1.250 \, \text{N} \cdot \text{m}^{-1}}{5 \times 10^{-8} \, \text{m}} = 5 \times 10^7 \, \text{Pa}$$

Δp 影响如此之大,因此从理论上讲,在熔池中几乎不可能在纯的钢液中产生气泡的。但是实际炼钢过程中,由于粗糙多孔的炉底和炉壁,它们同钢液比较,与气体有较小的表面张力,从而减小了气泡产生的阻力。另一方面由于钢液不能充满炉底、炉壁的孔隙,在这孔隙里还保存了气体,在此处进行化学反应所产生的气体(如 CO)就直接进入孔隙,以此为核心,一开始就形成较大的气泡(设为 1.0×10^{-2} m),可使 Δp 大为改变,即

$$\Delta p = \frac{2\sigma}{r} = \frac{2 \times 1.250 \, \text{N} \cdot \text{m}^{-1}}{1.0 \times 10^{-2} \, \text{m}} = 2.5 \times 10^2 \, \text{Pa}$$

这时附加压力与大气压力相比可忽略不计。因此在炉底产生大量气泡,有利于排气和除去杂质。这种气泡不断从炉底产生的现象被称为炉底沸腾。

二、弯曲液面上的蒸气压——开尔文方程

第五章中按照克劳修斯-克拉佩龙方程算出的蒸气压,只反映平面液体蒸气压的数值,因为在作热力学推导时,并未考虑表面的影响。实验表明微小液滴的饱和蒸气压要高于相应具有平面液体的饱和蒸气压,这不仅与物质的本性、温度及外压有关,还与液滴的大小即曲率半径有关。下面我们来推导表面曲率半径对蒸气压影响的关系式。

一定温度下,若将 1 mol 平面液体分散成半径为 r 的球形小液滴,设外压为 p,小液滴内液体的压力为 $p_{内}$。根据拉普拉斯方程 $\Delta p = p_{内} - p = \frac{2\sigma}{r}$,则吉布斯函数的变化为

$$\Delta G = \mu_r - \mu = V_m(p_{内} - p) = V_m \Delta p = \frac{2\sigma V_m}{r} \tag{8-20}$$

式中,μ_r 为小液滴液体的化学势;μ 为平面液体的化学势;V_m 为液体的摩尔体积。小液滴的化学势与其饱和蒸气压 p_r 间的关系可由下式推导:

$$\mu_r = \mu_r^g = \mu^\ominus + RT \ln \frac{p_r}{p^\ominus}$$

同理,平面液体的化学势与其饱和蒸气压 p_0 之间的关系为

$$\mu = \mu^g = \mu^\ominus + RT \ln \frac{p_0}{p^\ominus}$$

所以

$$\Delta G = \mu_r - \mu = RT\ln\frac{p_r}{p_0} \tag{8-21}$$

比较式(8-20)和(8-21)得

$$\ln\frac{p_r}{p_0} = \frac{2\sigma V_m}{RTr} \tag{8-22a}$$

或

$$\ln\frac{p_r}{p_0} = \frac{2\sigma M}{\rho RTr} \tag{8-22b}$$

此式称为开尔文方程。式中,M 为液体的摩尔质量;ρ 为液体的密度。它说明了液滴半径与蒸气压的关系:液滴半径愈小,蒸气压愈大。但这一结论只有当液滴很小时才显现出来。根据计算,在 293 K 时不同半径水滴的饱和蒸气压列于表8-5。从表中可以看出,随着液滴半径的减小,其对应的饱和蒸气压随之增加。在液滴半径大于 10^{-6} m 时,蒸气压随液滴的改变很小,但当液滴半径达到 10^{-9} m 时,液滴的蒸气压约为平面的 3 倍。说明当液体分散度很大 ($r < 10^{-8}$ m) 时饱和蒸气压的影响必须予以考虑。

表 8-5　293 K 时水的蒸气压与水滴半径的关系

水滴半径 r/m	10^{-5}	10^{-6}	10^{-7}	10^{-8}	10^{-9}
p_r/p_0	1.000 1	1.001	1.011	1.114	2.95

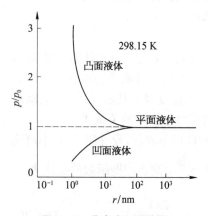

图 8-7　曲率半径对水的蒸气压的影响

对于凹面液体,由于凹面处液体的压力为 $p - \dfrac{2\sigma}{r}$,此时式(8-20)的积分结果为 $\Delta G = \mu_r - \mu = -\dfrac{2\sigma V_m}{r}$,代入式(8-21)后,得

$$\ln\frac{p_r}{p_0} = -\frac{2\sigma M}{\rho RTr} \tag{8-22c}$$

上式也称开尔文方程,由该式可知,凹液面的曲率半径越小,与其成平衡的饱和蒸气压将越小。

在等温下,对一定液体来说,σ、M、ρ 均为常数。由开尔文方程可知,$p_{凸} > p_{平} > p_{凹}$,且曲率半径 r 越小,偏离程度越大,如图 8-7 所示。

三、微小晶体的溶解度

开尔文方程也可应用于晶体物质,微小晶体的饱和蒸气压大于普通晶体的蒸气压,所以微小晶体的熔点低,溶解度大。

由于晶体或难溶物在溶液中饱和蒸气压 p 与浓度 c 成正比。则式(8-22b)为

$$\ln\frac{c}{c_0} = \frac{2\sigma M}{\rho RTr} \tag{8-23}$$

式中,σ 是晶体-液表面张力;M 是微小晶体的摩尔质量;ρ 是微小晶体密度;r 为微小晶体半径。从式(8-23)可看出,微小晶体愈小,其溶解度愈大。

§8-3 新相生成与亚稳状态

由上讨论可知由于表面吉布斯函数的影响,微小液滴(晶粒)具有较大的饱和蒸气压,因此它们容易蒸发、溶解。在凝结、结晶的过程中,生成的新相——微小液滴、微小晶粒的存在是比较困难的,从而出现了各种亚稳状态。

一、微小液滴的蒸气压与过饱和蒸气

纯净蒸气冷凝过程中,往往可以冷却到露点而不凝结,形成过饱和蒸气。这是因为蒸气冷凝成液滴,是从原有的气相中产生一个新相。新相的自发形成有一个从无到有、从小到大的过程。微小液滴的蒸气压大于平面液体的蒸气压。如图8-8所示,曲线 DC 和 $D'C'$ 分别表示平面液体和微小液滴的饱和蒸气压曲线。因此当蒸气冷却到 T_0(A 点)时,该蒸气对平面液体达饱和,但对微小液滴则尚未饱和。此时即使有微小液滴生成,由于微小液滴蒸气压大,也会立即重新蒸发而不存在,这就出现了过饱和蒸气。当温度继续冷却到 T',使蒸气压与液滴饱和蒸气

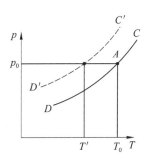

图8-8 蒸气过饱和现象

压相等,则过饱和蒸气开始凝结为液滴并能稳定存在。一般说来,对应于一定条件下的过饱和蒸气,开始凝聚出现的微小液滴(称为新相种子),其半径必须达到或超过某个定值(临界半径),液滴才能稳定存在,并继续长大,小于临界半径的新相种子,即使出现也随即消失。蒸气的过饱和程度愈大,新相种子的临界半径愈小,出现这种新相种子的概率愈大;相反,若过饱和程度不是足够大,新相种子的临界半径就相当大,这种新相种子难以产生,因而难以形成新相,过饱和蒸气就相对地稳定下来。但若蒸气中存在有灰尘或其他微粒,则它们可以作为凝结的核心,使之一开始就能凝聚成较大的液滴,从而大大降低了过饱和程度。向云层喷洒碘化银微粒进行人工降雨就是应用这个原理。

还原法炼锌时,其主要反应是

$$ZnO(s) + C(s) \Longrightarrow Zn(g) + CO(g)$$

产生的锌蒸气从蒸馏罐中排出,然后在冷凝器中凝结成液态锌。实践指出,锌蒸气的过饱和程度可以很大,所以要得到液态锌须把冷凝器的温度控制在正常凝结温度之下,并且其凝结作用往往不是发生在冷凝器的整个空间,而是发生在较冷的器壁上。因为器壁上存在着已经凝结的液态锌,能促进蒸气继续凝结。

二、微小液滴的凝固点与过冷现象

在一定温度下,微小晶体的饱和蒸气压大于普通晶体的饱和蒸气压是液体产生过冷现象的主要原因。如图8-9,$O'C$ 为平面液体的蒸气压曲线,OA 为普通晶体的蒸气压曲线,$O'A'$ 为微小晶体的蒸气压曲线(在 OA 之上)。OA 线与 $O'C$ 线交于 O 点,在 O 点普通晶体的蒸气压等于液体的蒸气压,两相平衡共存,所以此点温度 T 就是普通晶体的凝固点。同理,O' 的温度 T' 即为微小晶体的凝固点。由图可知,微小晶体的凝固点 T' 低于

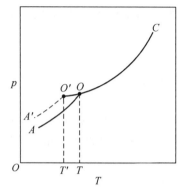

图 8-9　液体的过冷现象

普通晶体的凝固点 T，而且晶体愈小，它的蒸气压愈大，凝固点也愈低。

人们把液体冷却到正常凝固点以下还不结晶的现象称为过冷现象。并把正常凝固温度 T_0 和过冷液体的温度 T 之差称为过冷度，即

$$过冷度 = T_0 - T$$

若在过冷液体中投入晶粒作为新相种子，将会立即析出晶体，系统从亚稳状态转变为稳定状态。另一方面，液体的黏度随温度的降低而增大，会阻碍分子间进行有序的排列，这种有序排列是形成晶核并继续长大所必需的过程。因此，当液体深度过冷时，容易过渡到玻璃体状态。

三、微小晶粒的溶解度与过饱和溶液

溶解度是某种物质在一定温度下，于一定量溶剂中所能溶解的最大数量。如果超过这一数量，溶质就会结晶出来。

如上所述，微小晶粒的溶解度大于普通晶体的溶解度，晶粒愈细，溶解度愈大。因此，对于普通晶体是饱和的溶液，对于微小晶粒可能是不饱和的。要使产生的微晶稳定下来并继续长大，溶液须有足够程度的过饱和。若在过饱和溶液中投入溶质晶种，可促使溶质析出，转变为饱和溶液。

在结晶操作中，如过饱和程度太大，生成的晶体就很细小，不利于过滤和洗涤。为获得大颗粒晶体，可在过饱和程度不太大时投入晶种。从溶液中结晶出来的晶体往往大小不均一，此时溶液对小晶体是不饱和的，对大晶体是过饱和的，采用延长保温时间的方法可使微小晶体不断溶解而消失，大晶体则不断长大，粒子逐渐趋向均一，称为陈化。

四、微小气泡的产生与过热现象

液体加热到沸点以上而不沸腾称为过热现象。因为液体在沸腾时，不仅在液体表面上进行汽化，而且在液体内部要自动地生成微小气泡（图 8-10）。小气泡所需承受的压力除外压外，还有液体的静压力和附加压力，气泡越小，附加压力越大，因此该气泡不能存在，亦即液体不会沸腾，出现了过热现象。弯曲液面的附加压力是造成液体过热的主要原因。

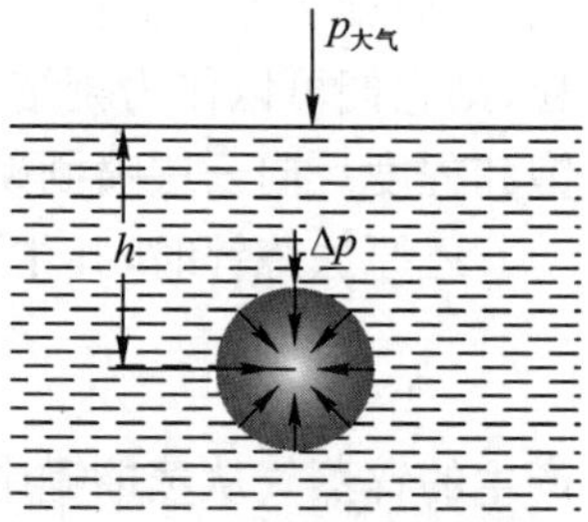

纯净的液体比较容易过热，而不纯的液体则过热不会太多。如在大气中烧水，由于水中溶解有空气，随着温度升高，

图 8-10　液体的过热现象

溶解空气不断析出，可成为新相（气泡）的核心，所以过热现象不严重。因此在实验中加热液体时，常预先加入沸石或玻璃毛细管，可在很大程度上避免液体的过热。这是由于沸石表面多孔，孔内已有曲率半径较大的气泡存在，而玻璃毛细管中则留有空气，它们都可提供新相种子，成为气泡核心，使气泡易于形成并长大。

【例 8-1】　在正常沸点时，如果水中仅含有半径为 5.0×10^{-5} cm 的气泡，问使这样的水沸腾需过热多少度？水在 $100\,℃$ 时的表面张力 $\sigma = 58.9 \times 10^{-3}$ N·m^{-1}，摩尔汽化焓 $\Delta_{vap} H_m = 40\,656$ J·mol^{-1}。

解:令气泡内的压力为 p'，气泡外的压力为 $p_0=101\,325\,\text{Pa}$，根据拉普拉斯方程

$$p'-p_0=\Delta p=\frac{2\sigma}{r}$$

$$p'=p_0+\frac{2\sigma}{r}=101\,325\,\text{Pa}+\frac{2\times58.9\times10^{-3}\,\text{N}\cdot\text{m}^{-1}}{5.0\times10^{-5}\times10^{-2}\,\text{m}}=3.37\times10^5\,\text{Pa}$$

即气泡内压力约为大气压力的 3.3 倍。在外压为 p' 时沸腾的温度 T' 可由克劳修斯-克拉佩龙方程求算：

$$\ln\frac{p_2}{p_1}=\frac{\Delta_{vap}H_m}{R}\left(\frac{1}{T_1}-\frac{1}{T_2}\right)$$

$$\ln\frac{3.37\times10^5\,\text{Pa}}{101\,325\,\text{Pa}}=\frac{40\,656\,\text{J}\cdot\text{mol}^{-1}}{8.314\,5\,\text{J}\cdot\text{K}^{-1}\cdot\text{mol}^{-1}}\left(\frac{1}{373\,\text{K}}-\frac{1}{T'}\right)$$

解得 $T'=411\,\text{K}$。

显然 T' 即为开始沸腾的温度，所以过热的温度为 $\Delta T=411\,\text{K}-373\,\text{K}=38\,\text{K}$
即这样的水约在 138 ℃ 时开始沸腾。

五、亚稳状态

上面讨论了蒸气和溶液的过饱和，液体的过冷和过热等现象。这些现象的共同点是在系统中新相产生是困难的。

从热力学观点看，这是由于最初生成的新相颗粒极其微小，相应的表面吉布斯函数很高，使系统处于不稳定状态，然而实际上它又有可能较长久地存在。这种热力学不稳定而又能长时间存在的状态称为亚稳状态或介安状态。

亚稳状态在日常生活及生产中具有重要的意义。根据具体情况有时需要保持，有时需要加以破坏。例如为了使金属在低温下仍具有高温结构及特殊性能，常用迅速冷却（即淬火）的方法以达到。在钢铁热处理中，高温淬火所得的马氏体组织，即碳在 $\alpha\text{-Fe}$ 中的过饱和溶液，它在常温下是热力学不稳定状态，由于是从高温下迅速冷却，阻止了它向更稳定状态的转化，使亚稳状态得以保留下来，因此又能较长时期存在。与淬火相反的退火过程，则是消去金属过饱和状态的一种手段，使金属重新结晶消除亚稳状态而形成稳定组织。如将白口铁进行石墨化处理（即渗碳体分解为石墨和铁）使成为可锻铸铁，这就是一个特意破坏亚稳状态的例子。这可从图 8-11 看出：在钢液凝固温度下 Fe_3C 是不稳定的，处于亚稳状态，应按图中曲线①自动分解为石墨及 A（奥氏体）[①]，但当迅速冷却时，Fe_3C 来不及分解，结果按图中曲线②变化，仍保持 Fe_3C 形式，这就是白口铁。如将其退火后缓慢冷却，则 $Fe_3C\longrightarrow3Fe+C$（石墨）这就是可锻铸铁。白口铁的机械性能较差，所以将白口铁高温退火以得到可锻铸铁改善机械性能。此外，通过退火还可消除加工所受的应力，使之再

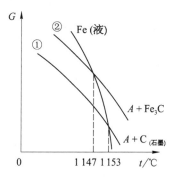

图 8-11 白口铁可锻铸铁 G 与 t 的关系

———————————

① 奥氏体是碳在 γ-铁中的固熔体。

结晶以形成平衡状态的晶粒组织。

§8-4　固体表面的吸附作用

§8-4演示文稿

固体表面的
吸附作用

固体表面和液体表面一样,由于表面层分子和内部分子受力不同,表面层分子存在着不饱和力场,对周围介质(气体或液体)有吸引作用,从而使介质在固体表面上的浓度大于体相中的浓度,这种物质的表面浓度与体相浓度不同的现象称为吸附,如活性炭吸附氯气于其表面。能吸附介质分子的固体(如活性炭)称为吸附剂,被吸附的物质(如氯气)称为吸附质。从热力学的观点看,这是由于固体表面层分子受力不平衡,有过剩的表面吉布斯函数存在。因固体不具有流动性,所以不能像液体那样用尽量减小表面积的方法来降低系统的表面吉布斯函数,但在表面积不变的情况下,固体表面分子的不饱和力场可以吸引气体分子,使气体分子在固体表面上聚集,从而降低了固体的表面吉布斯函数。

一、吸附类型

固体表面上的吸附作用,按其作用力的性质,可分为两类。

第一类吸附一般无选择性,就是说,任何固体对任何气体都有吸附作用,只是在程度上随固体与气体的性质不同而有所区别。一般来说愈易液化的气体愈易被吸附。吸附热的数值与气体的液化热相近。由此可见,这一类吸附与气体的液化相似。吸附可以是单分子层也可以是多分子层。吸附物分子容易从固体表面脱附(解吸)。此外这类吸附的速率大,一般不需要活化能。根据上述一些特点推知,这类吸附是由范德华力,即分子间力引起的,是一种物理过程,所以称为物理吸附。氮在铁催化剂上的吸附(-195℃)是典型的物理吸附。

第二类吸附有选择性,就是说,一种固体吸附剂只对某一种或某几种吸附质有吸附作用,而且吸附热为 $40\sim400\,kJ\cdot mol^{-1}$,近似于化学反应热。这类吸附的速率较小,需要一定的活化能,类似于发生在界面上的化学反应,所以叫做化学吸附。由于化学键力的作用范围不过 $(2\sim3)\times10^{-8}\,cm$。相当于一个分子的厚度,因此当固体表面已经吸附一层气体分子后,就不能再吸附第二层气体分子。所以,化学吸附是单分子层的吸附。化学吸附解吸困难。氧在赤热钨丝上的吸附是典型的化学吸附,生成的表面化合物是 WO。物理吸附与化学吸附的比较见表8-6。

表8-6　物理吸附与化学吸附的比较

吸　附　性　质	物　理　吸　附	化　学　吸　附
吸　附　力	范德华力	化学键力
吸　附　热	较小,近于液化热	较大,近于化学反应热
选　择　性	无选择性	有选择性
稳　定　性	不稳定,易解吸	比较稳定,不易解吸
吸　附　层	单分子层或多分子层	单分子层
吸　附　速　率	较快,一般不需要活化能	较慢,需要活化能

应当指出,对于同一个吸附系统,一般既有物理吸附,又有化学吸附。例如,铂对一氧化碳的吸附,随着温度的改变,吸附性质也发生变化。图8-12表示在 $1.996\times10^5\,Pa$ 下,温度在-200~200℃之间钯对一氧化碳的吸附曲线。温度很低时,化学吸附速率很慢,以

物理吸附为主,吸附量随着温度升高而降低。当温度再升高,化学吸附速率增加,吸附量也变大,故总的吸附量又有了增加。到达 B 点,化学吸附开始建立吸附平衡。因此,B 点以后的高温区域所进行的主要是化学吸附,由于化学吸附也是放热的,所以也是随着温度的升高,吸附量降低。而 AB 之间为过渡区,两种吸附均起作用。

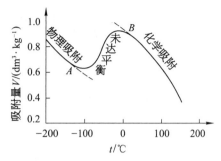

图 8-12 CO 在钯上的吸附等压线

二、吸附热

等压下,增加温度,吸附量总是降低,这意味着吸附必定是放热过程,即吸附焓 ΔH_a 总是负值,这可从热力学公式 $\Delta G = \Delta H - T\Delta S$ 来说明。由于吸附过程是自发过程,所以 ΔG 总是小于零。我们知道气体分子被吸附以后,混乱度必然比气态时要小,因此 ΔS 也小于零。所以 ΔH_a 一定是负值。反之,解吸过程必定是吸热的。

吸附热是研究吸附现象很重要的一项参数,人们经常将吸附热数值的大小作为吸附强度的一种度量。吸附愈强,吸附热也愈大。吸附热与表面状态也有关,实验表明随着固体表面覆盖度(即表面上被吸附分子覆盖的面积与总面积之比)的增大,吸附热逐渐下降。这是因为固体表面不均匀,首先吸附在表面上最活泼的中心,所放出的吸附热较多,随着覆盖度增大,较活泼的中心逐步被占据,吸附只能在较不活泼的区域进行,其吸附活化能较大,故放出吸附热也就较少。因此,从吸附热的研究,可以了解吸附作用力的性质、吸附的类型、表面均匀性及吸附分子间的相互作用。所以吸附热也是选择催化剂需要考虑的因素之一。如吸附热太大,表示吸附太强,吸附分子不容易从表面解吸;如吸附热太小,表示吸附太弱,吸附分子又达不到足够活化的程度,所以一个良好的气固反应催化剂,吸附性能既不宜过强,也不宜过弱。

三、吸附曲线

对固-气吸附作定量考察时,采用在一定温度、压力下吸附达到平衡时,每克吸附剂所吸附的气体在标准状况下所占的体积 V 来表示吸附量的大小。不同的温度、压力有不同的吸附量,在 T、p、V 三个因素中固定其一而反映另外两者关系的曲线,称为吸附曲线。吸附曲线共分三种:

1. 吸附等温线 $V = f(p)$

指定温度下,反映吸附质平衡分压与吸附量之间关系的曲线称为吸附等温线。以吸附量为纵坐标,与吸附量对应的 p/p_0 为横坐标,p_0 为测定温度下的吸附质的饱和蒸气压,通过实验可将等温线归纳为五种类型,见图 8-13。

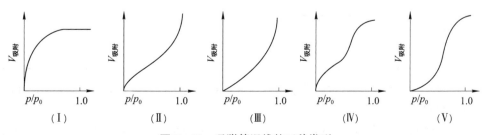

图 8-13 吸附等温线的五种类型

类型（Ⅰ）：又称 L 形吸附等温线，一般是单分子层吸附；当吸附剂为 2 nm 以下的微孔时，虽发生多分子层吸附，其吸附等温线仍可表现为类型（Ⅰ）。如 78 K 时氮在活性炭上的吸附，具有微孔结构的固体（如分子筛）上的物理吸附等。

类型（Ⅱ）（Ⅲ）（Ⅳ）（Ⅴ）均为多分子层吸附等温线。

类型（Ⅱ）：称为 S 形吸附等温线，是常见的物理吸附等温线。如 78 K 时氮在硅胶上或铁催化剂上的吸附等。

类型（Ⅲ）：如 352 K 时溴在硅胶上的吸附等。

类型（Ⅳ）：如 323 K 时苯在氧化铁凝胶上的吸附等。

类型（Ⅴ）：如 373 K 时水蒸气在活性炭上的吸附等。

许多吸附等温线是介于上述五种中的两种或多种之间的类型。

五种类型的吸附等温线，反映了吸附剂的表面性质、结构、孔分布性质以及吸附质和吸附剂的相互作用是不同的。因此由吸附等温线的类型反过来也可以了解一些关于吸附剂表面性质、孔的分布和大小以及吸附质和吸附剂相互作用的有关信息。这就是研究吸附等温线及其类型的意义。

2. 吸附等压线 $V = f(T)$

在指定吸附质平衡分压 p 的情况下，反映吸附温度 T 与吸附量 V 之间关系的曲线称为吸附等压线。如图 8-12 所示。等压线的重要用途之一是判别吸附类型。

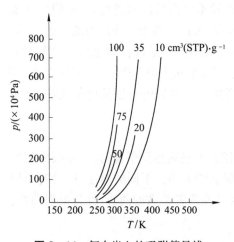

图 8-14　氨在炭上的吸附等量线

3. 吸附等量线 $p = f(T)$

在一定吸附量的条件下，反映吸附温度与吸附质平衡分压关系的曲线称为吸附等量线。等量线的应用之一是利用克劳修斯-克拉佩龙方程来求吸附焓：

$$\left(\frac{\partial \ln p}{\partial T}\right)_V = \frac{-\Delta H_a}{RT^2} \qquad (8-24)$$

式中的负号是因为气态分子吸附到固态表面的过程与气体凝聚为液体相似，即正好是液体蒸发的逆过程。氨在炭上的吸附等量线见图 8-14。

上述三种吸附曲线是相互联系的。从一种曲线可以求出另外一种曲线。实际上常用的是吸附等温线。

【例 8-2】　已知在某活性炭样品上吸附 0.895×10^{-3} dm³ N₂ 时（已换算成标准状况），平衡压力 p 和温度 T 的数据如下：

T/K	194	210	225	248	273
$p/(\times 10^5 \text{ Pa})$	4.66	7.73	11.6	19.8	35.9

试计算上述条件下，N₂ 在活性炭上的摩尔吸附焓 ΔH_a 以及吸附 0.895 cm³(STP)N₂ 时放出的热量。

解：N₂ 的临界温度为 126 K，故可将 N₂ 近似作为理想气体。吸附量一定时，平衡压力

与平衡温度 T 之间的关系可用克-克方程表示。

$$\frac{\mathrm{d}\ln p}{\mathrm{d}T} = \frac{-\Delta H_a}{RT^2} \qquad (1)$$

积分得

$$\ln p = \frac{\Delta H_a}{R} \cdot \frac{1}{T} + C \qquad (2)$$

由所给数据可得

$\frac{1}{T}/(\times 10^{-3}\ \mathrm{K}^{-1})$	5.155	4.762	4.444	4.0323	3.663
$\ln(p/\mathrm{Pa})$	13.052	13.558	13.964	14.499	15.094

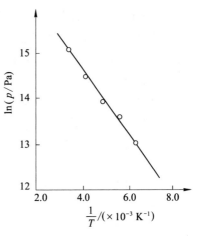

图 8-15　氮在活性炭上的吸附

作 $\ln(p/\mathrm{Pa})$ - $\frac{1}{T}$ 图得一直线,见图 8-15。直线

斜率:

$$\frac{\Delta H_a}{R} = -1.364 \times 10^3\ \mathrm{K} \qquad (3)$$

$$\Delta H_a = -1.364 \times 10^3\ \mathrm{K} \times 8.3145\ \mathrm{J} \cdot \mathrm{mol}^{-1} \cdot \mathrm{K}^{-1}$$

$$= -11.34\ \mathrm{kJ} \cdot \mathrm{mol}^{-1}$$

吸附 $0.895 \times 10^{-3}\ \mathrm{dm}^3(\mathrm{STP})\mathrm{N}_2$ 时所放热为

$$\frac{0.895 \times 10^{-3}\ \mathrm{dm}^3}{22.414\ \mathrm{dm}^3 \cdot \mathrm{mol}^{-1}} \times (-11.34 \times 10^3\ \mathrm{J} \cdot \mathrm{mol}^{-1}) = -0.453\ \mathrm{J}$$

四、吸附等温式与吸附理论

1. 弗伦德利希吸附等温式*

在指定温度下,将吸附量与平衡分压的函数关系 $V = f(p)$ 表达为公式就是吸附等温式。弗伦德利希(Freundlich)公式是常用的一个吸附等温式:

$$q = \frac{V}{m} = kp^{\frac{1}{n}} \qquad (8-25)$$

式中,V 为被吸附气体的物质的量或气体的体积;m 为吸附剂的质量;q 即吸附量,单位是 $\mathrm{mol} \cdot \mathrm{kg}^{-1}$ 或 $\mathrm{cm}^3(\mathrm{STP}) \cdot \mathrm{g}^{-1}$。$p$ 是气体平衡分压,k 和 n 都是经验值。此式也常写成对数形式:

$$\lg \frac{V}{m} = \lg k + \frac{1}{n} \lg\{p\} \qquad (8-26)$$

可见,若将 $\lg(V/m)$ 对 $\lg\{p\}$ 作图应得一直线,从其斜率和截距可求出常量 k 和常数 n。

---

　　* 此部分为选学内容。

弗伦德利希公式形式简单,使用方便,且与许多实际吸附系统的数据相符,因此应用相当广泛。但是弗伦德利希公式只是一个经验公式,其中常量 k 和常数 n 都没有明确的物理意义,而且此式只适用于中压范围,在压力较低或较高时都有偏差。

为了更好地解决生产实际中提出来的问题,就需要从理论上来阐明吸附作用的机理。但吸附的情况是复杂的,很难用一个简单的理论来描述。因此提出了好多种吸附理论,通过对吸附剂和被吸附物质的性质、状态与相互作用的情况作出不同假设,建立吸附模型,再经数学处理,导出吸附等温式。下面介绍两个主要的吸附理论。

2. 朗缪尔吸附理论

1916 年朗缪尔以大量实验为根据,从动力学观点出发,提出单分子层吸附理论,其要点如下:

(1) 固体表面对气体的吸附是单分子层的,即固体表面上每个吸附位只能吸附一个分子,气体分子只有碰撞到固体的空白表面上才能被吸附。

(2) 固体表面是均匀的。即表面上各处的吸附能力相同。

(3) 吸附分子间没有作用力,即吸附或解吸的难易与邻近有、无吸附分子无关。

(4) 吸附平衡是一种动态平衡。一方面,气相中的分子有可能被固体的自由表面所吸附;另一方面,在固体表面上,已被吸附的气体分子因不断的热运动,又有可能脱离固体表面回到气相中去,此过程叫做解吸(或脱附)。两者不断地消长,最后,吸附速率(单位时间内气体被吸附的分子数)与解吸速率(单位时间从固体表面解吸的气体分子数)相等时,吸附达到了平衡。即

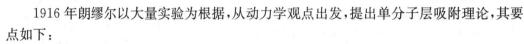

$$吸附剂 + 吸附质 \underset{\text{解吸}\ v_2}{\overset{\text{吸附}\ v_1}{\rightleftharpoons}} 吸附剂 \cdot 吸附质$$

设 θ 代表固体表面覆盖度,即已被吸附的固体表面面积占固体总表面积的分数,则 $(1-\theta)$ 就是固体的自由表面(还没有吸附气体的固体表面)占固体总表面的分数。

显然,θ 愈大,单位表面上(或单位质量的固体)已被吸附的气体分子数愈多,解吸速率愈大,所以解吸速率与 θ 成正比,即

$$解吸速率 = k_1\theta$$

另一方面气体的压力愈大,单位体积内气体的分子数愈多,单位时间内碰撞到固体表面上的气体分子也愈多,吸附速率与气体的压力成正比;但是,吸附是单分子层的,只有还未发生吸附的那一部分固体表面才有吸附的能力,因而吸附速率又正比于 $(1-\theta)$。即

$$吸附速率 = k_2 p(1-\theta)$$

式中,k_1、k_2 是与温度有关的系数。在一定温度下,当吸附达到平衡时,解吸速率等于吸附速率:

$$k_1\theta = k_2 p(1-\theta)$$

$$\theta = \frac{k_2 p}{k_1 + k_2 p} \tag{8-27}$$

令 $b = k_2/k_1$,则

$$\theta = \frac{bp}{1+bp} \tag{8-28}$$

b 是吸附作用的平衡常数，称为吸附系数。如以 V 代表平衡压力为 p 时的气体吸附量；V_∞ 代表饱和吸附量，即压力很大时，表面全部吸附满一层分子时的吸附量，则表面覆盖度为

$$\theta = \frac{V}{V_\infty}$$

将上述关系式代入式(8-28)后，得到

$$V = V_\infty \frac{bp}{1+bp} \tag{8-29}$$

若将式(8-29)改写为如下形式：

$$\frac{p}{V} = \frac{p}{V_\infty} + \frac{1}{V_\infty b} \tag{8-30}$$

则以 p/V 对 p 作图应为直线，从所得的斜率可求得 V_∞。

式(8-28)～式(8-30)均称为朗缪尔等温方程式，它反映出第Ⅰ类吸附等温线的特点。今说明如下：

(1) 当气体压力很小时，$bp \ll 1$，式(8-29)变为 $V = V_\infty bp$，即吸附量 V 与气体平衡分压 p 成正比，这与第Ⅰ类吸附等温线的低压部分相符合。

(2) 当气体压力相当大时，$bp \gg 1$，式(8-29)变为 $V = V_\infty$，即吸附量 V 为一常量，不随吸附质分压而变化，反映了气体分子已经在固体表面覆盖满一层，达到了饱和吸附的情况。这与第Ⅰ类吸附等温线的高压部分相符合。

(3) 当气体在中压范围时，则 $V = V_\infty \dfrac{bp}{1+bp}$，仍保持曲线形式。

【例 8-3】 一定温度下，对 H_2 在 Cu 上的吸附测得下列数据：

$p_{H_2}/(\times 10^3\ Pa)$	5.066	10.133	15.199	20.265	25.331
$(p/V)/(\times 10^6\ Pa \cdot dm^{-3})$	4.256	7.599	11.65	14.895	17.732

表中 V 是不同压力下每克 Cu 上吸附的 H_2 气体积(已换算成 STP 下的体积)。试证明它符合朗缪尔等温式，求吸附满单分子层所需要的 H_2 体积 V_∞。

解：以 p/V 对 p 作图为直线(图 8-16)，求得斜率 $=1/V_\infty = 670\ dm^{-3}$。 故

$$V_\infty = 1.50 \times 10^{-3}\ dm^3 (STP)$$

从所作之图看出其关系确为一直线，说明朗缪尔对吸附的假设和所导出公式确符合一些吸附实验结果。但应指出它的基本假定并不是严格正确的，它只

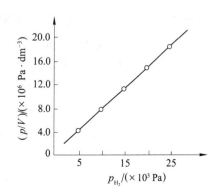

图 8-16 H_2 在 Cu 上的吸附

能符合形成单分子层第 I 类型的吸附情况,而对于多分子层吸附的第 II 至 V 类吸附等温线却不很吻合。虽然如此,但它是首次对气固吸附的机理做了形象地描述,这对以后某些吸附等温式的建立起了奠基的作用。

当吸附剂从混合气体中同时吸附 A、B 两种气体时,则在达到吸附平衡时,对气体 A 应有

$$k_{1,\text{A}}\theta_{\text{A}} = k_{2,\text{A}}(1 - \theta_{\text{A}} - \theta_{\text{B}})p_{\text{A}}$$

或

$$\theta_{\text{A}} = b_{\text{A}}p_{\text{A}}(1 - \theta_{\text{A}} - \theta_{\text{B}})$$

式中,$b_{\text{A}} = k_{2,\text{A}}/k_{1,\text{A}}$。同理

$$\theta_{\text{B}} = b_{\text{B}}p_{\text{B}}(1 - \theta_{\text{A}} - \theta_{\text{B}})$$

由此可推出在混合气体中吸附气体 A 的朗缪尔等温式为

$$\theta_{\text{A}} = \frac{b_{\text{A}}p_{\text{A}}}{1 + b_{\text{A}}p_{\text{A}} + b_{\text{B}}p_{\text{B}}} \tag{8-31}$$

3. BET 理论

1938 年布鲁诺尔(Brunauer)、爱密特(Emmett)和泰勒(Teller)提出了多分子层的气固吸附理论,接受了朗缪尔理论中关于吸附和解吸(凝聚与逃逸)两个相反过程达到平衡的概念,以及固体表面是均匀的,吸附分子的解吸不受四周其他分子的影响等看法。改进之处是认为表面已经吸附了一层分子之后,由于分子间普遍存在的范德华引力,还可以继续发生多分子层的吸附。当然第一层的吸附与以后各层的吸附有本质的不同,前者是气体分子与固体表面直接发生联系,而第二层以后各层则是相同分子之间的相互作用,第一层的吸附热也与以后各层不相同,而第二层以后各层的吸附热都相同,而且接近于气体的凝聚热,并且认为第一层吸附未满前,其他层也可吸附,其吸附模型如图 8-17 所示。在等温下,吸附达到平衡时,气体的吸附量应等于各层吸附量的总和。因而可得吸附量与平衡压力之间存在下列定量关系(证明从略):

图 8-17　多分子层吸附模型

$$V = \frac{V_{\infty}Cp}{(p_0 - p)[1 + (C-1)(p/p_0)]} \tag{8-32}$$

此即 BET 方程。其中,p/p_0 为吸附平衡时,吸附质气体的压力 p 对相同温度时的饱和蒸气压 p_0 的比值,称为相对压力,并以 x 表示,即 $x = p/p_0$。式中,$C = \text{e}^{(Q_1 - Q_L)}/RT$,$Q_1$ 为第一层的吸附热,Q_L 为吸附气体的凝聚热。因此,BET 方程也可写成:

$$\frac{V}{V_{\infty}} = \frac{Cx}{(1-x)(1-x+Cx)} \tag{8-33}$$

BET 方程主要用于测定比表面(即单位质量吸附剂的表面积,或称质量表面)。将式(8-32)写成直线方程:

$$\frac{p}{V(p_0 - p)} = \frac{1}{V_{\infty}C} + \frac{C-1}{V_{\infty}C}\frac{p}{p_0} \tag{8-34}$$

以 $p/[V(p_0-p)]$ 对 $\dfrac{p}{p_0}$ 作图即得一直线,其斜率是 $\dfrac{C-1}{V_\infty C}$,截距是 $\dfrac{1}{V_\infty C}$,由此可以得到

$V_\infty = \dfrac{1}{\text{截距} + \text{斜率}}$,从 V_∞ 值可以算出铺满单分子层时所需的分子个数。若已知每个分子的截面积,就可求出吸附剂的总表面积 A_s 和比表面 σ:

$$A_s = \frac{V_\infty a L}{22.4 \times 10^{-3}\ \text{m}^3 \cdot \text{mol}^{-1}}$$

$$\sigma = \frac{A_s}{m} = \frac{V_\infty a L}{22.4 \times 10^{-3}\ \text{m}^3 \cdot \text{mol}^{-1}} \cdot \frac{1}{m} \tag{8-35}$$

式中,m 是吸附剂的质量;a 是一个吸附质分子的横截面积;L 是阿伏伽德罗常数。现将一些经常应用的气体分子的横截面积列于表 8-7。

表 8-7 各种气体分子(蒸气)截面积 a

蒸 气	温度 $t/^\circ\text{C}$	$a/(\times 10^2\ \text{nm}^2)$	蒸 气	温度 $t/^\circ\text{C}$	$a/(\times 10^2\ \text{nm}^2)$
N_2	-183	17.0	正-C_4H_{10}	0	32.1
	-195.3	16.2	NH_3	-36	12.9
Ar	-183	14.4	H_2O	25	10.8
CO	-183	16.8			

【例 8-4】 当温度在 80 K 下,用硅胶吸附氮并达到吸附平衡时,平衡压力与对应的吸附量如下:

p/Pa	8 886	13 932	20 625	27 731	33 771	37 277
$V(\text{STP})/(\times 10^{-6}\ \text{m}^3 \cdot \text{g}^{-1})$	33.35	36.56	39.80	42.61	44.66	45.92

已知 N_2 在该温度下的饱和蒸汽压 $p_0 = 150\,654\ \text{Pa}$,求此硅胶的比表面。

解:由式(8-35)知,需求 p/p_0 及 $p/[V(p_0-p)]$ 的值:

p/p_0	0.058 98	0.002 48	0.136 9	0.184 1	0.224 2	0.247 4
$p/[V(p_0-p)]/(\text{g} \cdot \text{m}^{-3})$	1 879.5	2 787.2	3 985.4	5 294.4	6 469.5	7 160.0

以 $p/[V(p_0-p)]$ 对 p/p_0 作图 8-18,则得

斜率: $\dfrac{C-1}{V_\infty C} = 2.80 \times 10^4\ \text{g} \cdot \text{m}^{-3}$

截距: $\dfrac{1}{V_\infty C} = 195\ \text{g} \cdot \text{m}^{-3}$

$V_\infty = \dfrac{1}{\text{斜率} + \text{截距}} = \dfrac{1}{(2.80 \times 10^4 + 1.95 \times 10^2)\text{m}^{-3} \cdot \text{g}}$

$= 35.5 \times 10^{-6}\ \text{m}^3 \cdot \text{g}^{-1}$

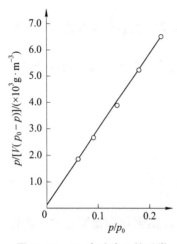

图 8-18　N_2 在硅胶上的吸附

（80 K）

$$\sigma = \frac{V_\infty}{22.4 \times 10^{-3}\ \text{m}^3 \cdot \text{mol}^{-1}} \times L \times a$$

$$= \frac{35.5 \times 10^{-6}\ \text{m}^3 \cdot \text{g}^{-1}}{22.4 \times 10^{-3}\ \text{m}^3 \cdot \text{mol}^{-1}} \times 6.022$$

$$\times 10^{23}\ \text{mol}^{-1} \times 16.2 \times 10^{-20}\ \text{m}^2 = 155\ \text{m}^2 \cdot \text{g}^{-1}$$

用 BET 法测定比表面,必须在低温下进行,最好是在接近液态氮沸腾时的温度(78 K)下进行。这是因为在推导方程时,假定是多层的物理吸附。此方程通常只适用于相对压力(p/p_0)约为 0.05～0.35,超出此范围会产生较大的偏差,相对压力低时,难于建立多层物理吸附平衡,甚至单分子层吸附也尚未建成,这样,表面的不均匀性就显得突出。相对压力过高时,吸附剂孔隙中的多层吸附使孔径变细,易于发生毛细管凝聚现象(见下节),亦使结果产生偏离。由此可见,应用时应严格遵守使用条件。从另一观点来看,BET 方程的建立仍然有待于进一步发展,以适应生产和科学研究的需要。

五、毛细管凝聚现象

易液化的蒸气,可以在多孔性吸附剂表面上发生多层吸附,还可以在吸附剂的毛细孔隙中凝结为液体,此现象称为毛细管凝聚。使用硅胶干燥空气便是利用它的多孔性可自动吸附空气中的水蒸气,并在毛细管内发生凝聚现象。开尔文方程表示了液体的饱和蒸气压与液面曲率半径的关系。当毛细管液面呈凹面时,由式(8-22c)可知,管内呈凹面的液体的饱和蒸气压将小于平面液体的饱和蒸气压,因此对于平面液体尚未达到饱和的蒸气,对毛细管内呈凹面的液体已经达到饱和。当蒸气压逐渐增加时,孔隙将先后被填满,故吸附量将随压力增加而迅速增加。图 8-13 所示 Ⅱ、Ⅲ 类型的吸附等温线在相对压力趋于 1 时,曲线很快向上弯曲,即由于发生了毛细管凝聚。至于 Ⅳ、Ⅴ 类型的吸附等温线,则是因为吸附剂的毛细孔径大小有一定的限度,故在相对压力尚未到达 1 时孔已全充满,等温线开始变平。

六、固体自溶液中吸附 *

以上所讨论的都是固体吸附剂在气相中吸附。固体在溶液中的吸附则要复杂得多,因为溶液中有两个组分——溶剂和溶质,它们都能不同程度地被吸附,而且它们之间还有相互作用,所以固体自溶液中吸附与固体、溶剂、溶质三者的性质、状态和相互作用有关。因此固体自溶液中吸附某一组分的等温线实际上是表观的,称为复合等温线。一般在稀溶液中,固体吸附溶质的吸附等温线能符合弗伦德利希公式和朗缪尔公式的形式,只需将式中的气体压力 p 改为被吸附溶质 B 的浓度 c_B:

$$\frac{x}{m} = k c_B^{\frac{1}{n}} \tag{8-36}$$

---

* 此部分为选学内容。

$$\frac{x}{m} = \frac{bc_B}{1 + bc_B} \qquad (8-37)$$

式中，x 代表被吸附溶质的物质的量。

七、吸附剂与吸附的应用 *

吸附剂的种类很多，活性炭、硅胶、分子筛等是常用的吸附剂。好的吸附剂必须具备很大的比表面和良好的表面活性（吸附量大）。通常在使用吸附剂前，要经过处理以清除表面已吸附的杂质，从而提高其活性，称为活化。最常用的活化方法是加热，尤其是真空加热效果更好。加热可促使被吸附的杂质解吸，使吸附剂露出干净的表面。使用过的吸附剂也可用加热、减压或通入其他气体进行稀释等方法使被吸附气体解吸，这样吸附剂可以反复使用多次。

吸附与工农业生产的关系非常密切，涉及吸附作用的领域十分广泛。例如用硅胶、分子筛作为干燥剂吸附气体中的水分；防毒面具中用活性炭吸附有害气体；用吸附剂处理废水或废气以去除环境污染物，等等。在精制糖、油脂等时也常用吸附剂脱色除臭；某些物质的分离和回收、产品的净化提纯也可利用吸附作用来实现，色谱分离技术就是利用吸附剂对混合物中各个成分的吸附能力不同，而使之分离的方法。

吸附作用在科学研究，特别是固体表面研究中也有广泛应用。例如前面已讨论过BET 气体吸附法测定固体的比表面。从吸附数据还可获得吸附剂表面状态、被吸附分子的形态以及被吸附分子与固体表面的相互作用等种种信息。

此外，涉及吸附的领域和过程还很多，如在金属酸洗时使用的缓蚀剂就是依靠其分子吸附在金属表面，而抑制了金属在酸中的溶解。在润滑作用中，润滑剂在金属表面的吸附膜起了重要作用。还有许多情况下需要使已吸附物质解吸，例如新制造的金属真空设备往往很难抽成真空，这大多是因为金属设备表面上已吸附有很多气体或其他杂质，它们在抽真空过程中不断释放气体所致，因此真空设备内的表面应加工成光滑表面以减少吸附，并要洗净油污，将设备加热以使吸附的气体尽早解吸，这样才能较快地使设备达到真空。在真空涂膜工艺中也需要清除基体表面上吸附的气体和杂质，以保证涂膜附着良好。

§8-5 溶液表面的吸附

S8-4
界面构建

§8-5演示文稿
溶液表面的
吸附

一、溶液的表面张力

溶液的表面张力会因溶质的不同而变化，当水中溶入醇、酸、醛、酮等有机物质时，可使水溶液的表面张力减小，但溶入某些无机盐类时，则反使表面张力略有增加。进一步的研究发现，溶质在溶液中的分布是不均匀的，即溶液表面层的组成和溶液体相内部的组成是不同的，这种组成差异的现象称为溶液表面的吸附。若溶质在表面层的浓度大于体相浓度，称为正吸附；反之则称为负吸附。图 8-19 表明了各类溶质对水溶液表面张力的影响。A、B、C 分别对应于三类溶质。

A 类：$NaCl$、Na_2SO_4、KOH、NH_4Cl、KNO_3 等无机盐，以及蔗糖、甘露醇等多羟基有机物，可使水的表面张力略有增

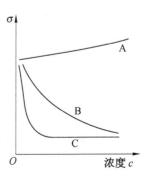

图 8-19 溶质对溶剂表面
张力的影响

加。这类溶质在水溶液中产生负吸附。

B类：醇、酸、醛、酯等绝大部分有机物，可使水的表面张力降低。这类溶质在水溶液中产生正吸附。

C类：肥皂及各种合成洗涤剂，如长链烷基磺酸盐、高碳醇酸盐、α-烯烃磺酸盐、烷基苯酚聚氧乙烯醚等。只要加入少量就能使水的表面张力显著降低，而加到一定组成后表面张力就基本上不再变化。

溶液表面的吸附作用可用表面吉布斯函数自动减小的原理来说明。若溶剂中加入的溶质能降低表面张力，则溶液表面层将吸引更多的溶质分子，形成正吸附。反之若加入溶质后增加了表面张力，则表面层会排斥溶质分子，迫使其进入内部，形成负吸附。

二、吉布斯理论

1. 表面过剩量

为了定量地表示上述现象，吉布斯提出表面过剩的概念：今有一个多组分的液(α)-液(β)或液(α)-气(β)两相平衡系统，实验证明，介于 α、β 两相之间的，并非界限分明的分界面，而是一个通常具有几个分子厚的界面层。如图 8-20(a)，任一组分 i 在两相的本体中都有均匀一致的浓度，设分别以 c_i^α、c_i^β 表示；但在界面层中的浓度则由 c_i^β 沿着垂直界面层方向连续变化到 c_i^α[图 8-20(b)]。

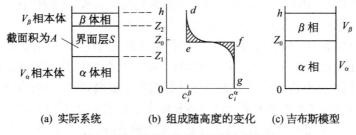

(a) 实际系统　　　(b) 组成随高度的变化　　(c) 吉布斯模型

图 8-20 溶质对溶剂表面张力的影响

吉布斯提出图 8-20(c)所示的模型。设想在界面层中作一个平行于界面层的几何平面，纵坐标为 Z_0，将系统的体积 V 分隔为 V_α 和 V_β 两部分，即 $V=V_\alpha+V_\beta$。设想 V_α 范围内为均匀的 α 相，并假想其中组分 i 的浓度等于它在 α 本体相中的实际浓度 c_i^α；同样设想 V_β 范围内为均匀的 β 相，并假想其中组分 i 的浓度等于它在 β 本体相中的实际浓度 c_i^β。显然，整个系统中组分 i 的物质的量 n_i 与该组分在假想的 α、β 相中的物质的量之和 $(c_i^\alpha V_\alpha + c_i^\beta V_\beta)$ 不一定相等，两者之差定义为组分 i 的表面过剩量 n_i^σ，即

$$n_i^\sigma \overset{\text{def}}{=\!=\!=} n_i - (c_i^\alpha V_\alpha + c_i^\beta V_\beta) = n_i - (n_i^\alpha + n_i^\beta) \tag{8-38}$$

定义

$$\Gamma_i \overset{\text{def}}{=\!=\!=} \frac{n_i^\sigma}{A_S} \tag{8-39}$$

式中，Γ_i 称为 i 的表面超量。注意，这里所谓"表面超量"是指单位面积上物质的表面过剩量(mol·dm^{-2})。

2. 吉布斯方程

应用热力学原理可导出，二组分溶液中组分 2(溶质)在溶液表面(溶液与蒸气或空气

的界面)的表面超量(吸附量)Γ_2 与溶液的表面张力随浓度的变化关系：

$$\Gamma_2 = -\frac{a_2}{RT}\left(\frac{\partial \sigma}{\partial a_2}\right)_T \approx -\frac{c_2}{RT}\left(\frac{\partial \sigma}{\partial c_2}\right)_T \tag{8-40}$$

上式称为吉布斯方程。由式可见，如加入溶质能使表面张力增加，即 $\dfrac{\partial \sigma}{\partial c_2} > 0$，则 $\Gamma_2 < 0$，称为负吸附；反之，如加入溶质，使液体表面张力降低，即 $\dfrac{\partial \sigma}{\partial c_2} < 0$，则 $\Gamma_2 > 0$，称为正吸附。这结论与实验结果一致。由式(8-40)还可以看出，某种溶质的 $\left(-\dfrac{\partial \sigma}{\partial c_2}\right)$ 值越高，则它在表面上的吸附量也越大。所以 $\left(-\dfrac{\partial \sigma}{\partial c_2}\right)$ 的大小可用做溶质表面活性高低的量度。

$(\partial \sigma / \partial c)_T$ 值可用下述方法求得：(1) 在不同浓度 c 下测定表面张力 σ，以 σ 对 c 作图，求出曲线上各指定浓度处的斜率，即为该浓度时的 $(\partial \sigma / \partial c)_T$ 值；(2) 可用 $\sigma = f(c)$ 方程求其微商来得到 $(\partial \sigma / \partial c)_T$ 值。

三、希施柯夫斯基公式 *

前已指出，醇、醛、酸、酯等有机化合物(图 8-19 中 B 类溶质)能降低水的表面张力，产生正吸附。它们在水溶液中的吸附超量 Γ 与浓度 c 的变化曲线如图 8-21 所示。可以看出，在不同浓度范围内 Γ 的变化有不同的规律。

希施柯夫斯基(Шишковский)在大量实验基础上，对这类有机化合物的直链同系物提出下列经验方程式，能较好地说明溶液的表面张力与此类物质在溶液中浓度的关系。

$$\frac{\sigma_0 - \sigma}{\sigma_0} = b\ln\left(1 + \frac{c}{a}\right) \tag{8-41}$$

式中，σ_0 和 σ 分别是纯溶剂(水)和溶液的表面张力，c 是本体溶液的组成，b 是同系物中的共同常数，a 则是同系物中不同化合物的特性常量，将上式对组成 c 求微商可得 $-(\partial \sigma / \partial c) = b\sigma_0 / (a + c)$，代入吉布斯方程式(8-40)，得

$$\Gamma = \frac{b\sigma_0}{RT} \cdot \frac{c}{a + c} \tag{8-42a}$$

等温下 $b\sigma_0 / RT$ 为常量，若以 k 表示，则

$$\Gamma = \frac{kc}{a + c} \tag{8-42b}$$

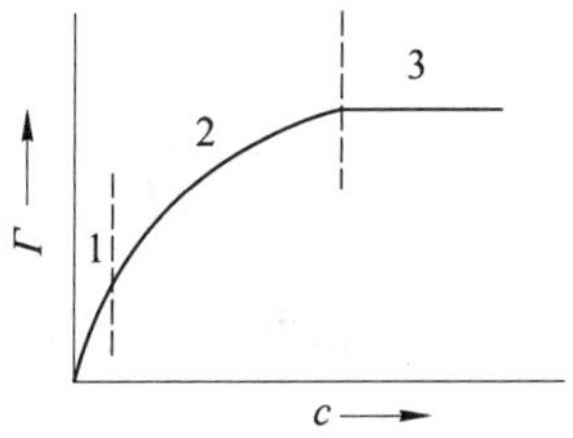

图 8-21　表面活性物质的
$\Gamma\text{-}c$ 曲线

利用式(8-42)可解释此类物质的 $\Gamma\text{-}c$ 曲线(图 8-21)。

(1) 当浓度很稀时：因 $c \ll a$，则式(8-42b)变为 $\Gamma = \dfrac{k}{a}c = k'c$，说明吸附超量与浓度为正比关系。比例常数 $k' = \dfrac{k}{a} = \dfrac{b\sigma_0}{RTa}$，其中包含着同系物共用常数 b 和同系物中各不同

---

　* 此部分为选学内容。

化合物的特性常数 a ,故可推知吸附超量 Γ 随不同系列化合物或同系物中不同化合物而异。

（2）当浓度适中时: Γ 随 c 上升而上升,但不成正比关系,斜率逐渐减小。

（3）当浓度较大时: $c \gg a$,则式(8-42)成为

$$\Gamma = k = \frac{b\sigma_0}{RT} = \Gamma_\infty \qquad (8-43)$$

此式表明当浓度增大至一定值后,吸附量不再随浓度增加而增加,即与 c 无关,达到饱和。此时的吸附超量称为饱和吸附量 Γ_∞ 。饱和吸附量可近似地看作是单位表面上定向排列呈单分子层吸附时溶质的物质的量。根据这一点,可由 Γ_∞ 值计算出每个吸附分子所占的面积即分子横截面积 a

$$a = \frac{1}{\Gamma_\infty L} \qquad (8-44)$$

计算值较用其他方法所求得的值稍大。这是因为表面层中不可能完全被溶质分子占据而没有溶剂分子存在。

【例8-5】 292 K时丁酸水溶液的表面张力与浓度 c 的关系如式(8-41)所示,式中 $a = 5.10 \times 10^{-2} \ \mathrm{mol \cdot dm^{-3}}$, $b = 0.180$ 。求:(1)计算 $c = 0.200 \ \mathrm{mol \cdot dm^{-3}}$ 时的 Γ ;(2)当 $c \gg a$,丁酸成单分子层饱和吸附,试计算 Γ_∞ ;(3)计算丁酸分子截面积。

解:(1)从式(8-42) $\Gamma = \frac{b\sigma_0}{RT} \cdot \frac{c}{a+c}$ 得到在 $c = 0.200 \ \mathrm{mol \cdot dm^{-3}}$ 时:

$$\Gamma = \frac{0.180 \times 72.75 \times 10^{-3} \ \mathrm{N \cdot m^{-1}}}{8.3145 \ \mathrm{N \cdot m \cdot mol^{-1} \cdot K^{-1}} \times 292 \ \mathrm{K}} \times \frac{0.200 \ \mathrm{mol \cdot dm^{-3}}}{5.10 \times 10^{-2} \ \mathrm{mol \cdot dm^{-3}} + 0.200 \ \mathrm{mol \cdot dm^{-3}}}$$

$$= 4.29 \times 10^{-6} \ \mathrm{mol \cdot m^{-2}}$$

（2）当 $c \gg a$ 时,上式中 $(a+c) \approx c$,说明 Γ 与 c 无关,得

$$\Gamma = \Gamma_\infty = \frac{b\sigma_0}{RT} = \frac{0.180 \times 72.75 \times 10^{-3} \ \mathrm{N \cdot m^{-1}}}{8.3145 \ \mathrm{N \cdot m \cdot mol^{-1} \cdot K^{-1}} \times 292 \ \mathrm{K}} = 5.39 \times 10^{-6} \ \mathrm{mol \cdot m^{-2}}$$

（3）液面上丁酸分子截面积:

$$a = \frac{1}{\Gamma_\infty L} = \frac{1}{5.39 \times 10^{-6} \ \mathrm{mol \cdot m^{-2}} \times 6.022 \times 10^{23} \ \mathrm{mol^{-1}}}$$

$$= 30.8 \times 10^{-20} \ \mathrm{m^2} = 0.308 \ \mathrm{nm^2}$$

四、表面活性剂

凡是能够显著地降低溶剂表面张力的物质叫做表面活性剂或表面活性物质(如图8-19中C类溶质)。表面活性剂是对某一特定溶剂而言的。实践表明,向冰晶石($3NaF \cdot AlF_3$)熔体中加入氧化铝和氟化铝时可使冰晶石熔体的表面张力大为降低,它们是冰晶石的表面活性剂。 P_2O_5 、 SiO_2 、 TiO_2 是炼钢炉渣的表面活性剂,它们能显著地降

低炉渣的表面张力。所以,研究表面活性剂时必须明确溶剂是什么。如没有特别声明,本书所指的表面活性剂都是对水而言的。

1. 表面活性剂的结构特征

表面活性剂之所以具有降低水的表面张力的能力,这与它们的物质结构有关。其共同特征是两亲性:一端为亲水性的极性基团(亲水基),如—COO⁻、—OH、—SO₃H 等;另一端为憎水性的非极性基团(亲油基),如有机物的碳氢链,如图 8-22 所示。

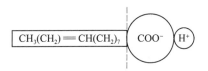

图 8-22 油酸表面活性剂的结构特征

表面活性剂分子加入水中时,憎水基被推出水面,伸向空气,亲水基留在水中,结果表面活性剂分子在界面上定向排列,形成单分子表面膜,如图 8-23(b)所示。

(a) 稀溶液　　　　(b) 开始形成胶束的溶液　　　(c) 大于临界胶束浓度的溶液

图 8-23 表面活性物质的分子在溶液本体及表面层中的分布

分散在水中的表面活性剂分子以其非极性部位自相结合,形成憎水基向里、亲水基朝外的多分子聚集体,称为缔合胶体或胶束,呈近似球状、层状或棒状,如图 8-24 所示。当表面活性剂的量少时,其大部分以单分子表面膜的形式排列于界面层上,这种定向排列,使表面上不饱和的力场得到某种程度上的平衡,从而降低了表面张力。当表面活性剂的浓度超过某一量值后,表面已排满,如再提高浓度,多余的表面活性剂分子只能在体相中形成胶束,不具有降低水的表面张力的作用,因而表现为水的表面张力不再随表面活性剂浓度增大而降低。表面活性剂分子开始形成缔合胶束的最低浓度称作临界胶束浓度,用 CMC 表示。

球状　　　　　　　层状　　　　　　　棒状

图 8-24 各种缔合胶束的构型

S8-5

自组装

2. 表面活性剂的分类

表面活性剂有很多种分类方法,最常用的是按化学结构来分类,大体上可分为离子型和非离子型两大类。当表面活性剂溶于水时,凡能电离生成离子的,叫离子型表面活性剂;凡在水中不能电离的,称为非离子型表面活性剂。离子型的按其在水溶液中具有表面活性作用的离子的电性,还可再分类。具体分类和举例见表 8-8。

表 8 - 8　表面活性剂的分类

类　　型	举　　　　　　例			
阴离子型表面活性剂	RCOONa （羧酸盐）	ROSO$_3$Na （硫酸酯盐）	RSO$_3$Na （磺酸盐）	ROPO$_3$Na$_2$ （磷酸酯盐）
阳离子型表面活性剂	RNH$_2$ · HCl （伯胺盐）	$\overset{CH_3}{\underset{H}{\mid}}$ RNHCl （仲胺盐）	$\overset{CH_3}{\underset{CH_3}{\mid}}$ RNHCl （叔胺盐）	$\overset{CH_3}{\underset{CH_3}{\mid}}$ RN$^+$CH$_3$ · Cl$^-$ （季铵盐）
两性型表面活性剂	RNHCH$_2$CH$_2$COOH （氨基酸型）	$\overset{CH_3}{\underset{CH_3}{\mid}}$ RN$^+$CH$_2$COO$^-$ （甜菜碱型）		
非离子型表面活性剂	RO(CH$_2$CH$_2$O)$_n$H （聚氧乙烯型）	$\overset{CH_2OH}{\mid}$ RCOOCH$_2$CCH$_2$OH $\overset{}{\underset{CH_2OH}{}}$ （多元醇型）		

3. 表面活性剂的应用

表面活性剂在工农业生产各个领域中有广泛的应用,例如乳化、洗涤、浮选、增溶等都离不开表面活性剂。

(1) 乳化作用。乳状液是一种液体(例如油)分散在另一种不相溶液体(水)中所形成的多相系统。在日常生活和生产中经常遇到。要得到稳定的乳状液必须有乳化剂的存在。合成的表面活性剂是使用最多的一类乳化剂。例如机床上用的切削液,即以肥皂为乳化剂,使油与水乳化而成。在此乳状液中,肥皂分子的极性基朝向金属(也是极性的)表面,使切削液比水更易黏附在金属表面;而肥皂的非极性碳氢链则朝向油,使工件与刀具间有较好的润滑作用,由于水的质量热容大,因而同时又起冷却作用,把高速切削产生的热量随液带走,以保持刀具的坚韧。还有许多情况下要求破坏乳状液使两相分离。破乳时常使用能破坏原乳化剂作用的物质,其中很多也是表面活性物质。例如用脂肪酸皂作乳化剂时,加入无机酸与皂作用,产生的游离脂肪酸乳化能力远比皂类为低,因而导致乳状液的破坏。

(2) 洗涤(去污)作用。在洗涤(去污)过程中洗涤剂必不可少,常用的洗涤剂如肥皂和各种合成洗涤剂都是表面活性剂(或含有表面活性剂),图 8-25 为洗涤机理示意图,它说明油质污垢是如何从固体表面上被洗涤剂清除的。图 8-25(a)表明由于水的表面张力大,对污垢润湿性能差,只用水是不能去污的;图 8-25(b)说明加入洗涤剂后,洗涤剂分子以亲油基朝向固体表面或污垢的方式吸

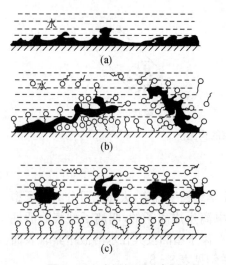

图 8 - 25　去污机理示意图

附,从而降低了污垢在衣物上的附着力,结果在机械力作用下污垢开始从固体表面脱落;图8-25(c)是洗涤剂分子在污垢周围形成吸附膜,使其脱离固体表面而悬浮在水相中,很容易被水冲走,达到洗涤目的。洗涤剂分子同时也在干净的固体表面形成吸附膜而防止污垢重新在固体表面上沉积。

(3) 浮选作用。浮选在采矿工业中有重大意义。浮选作用使矿浆中有用的矿粒与废石分开,黏附在吹入的空气所形成的气泡上浮到表面。在浮选中使用的捕集剂,通过把极性端吸附在矿粒上,而把非极性端朝向水中,而使原来亲水的矿石变为憎水,从而易于黏附到气泡上浮到表面。

许多贵金属在矿脉中的含量很低,冶炼前必须设法提高其品位,通常采用的方法是"泡沫浮选"。其基本原理是:将低品位的原矿磨成一定粒度的粉粒,倾入水池中,加入一些表面活性剂(此处常称为捕集剂和起泡剂),表面活性剂会选择性吸附在有用的矿石粉粒的表面上,使其具有憎水性。表面活性剂的极性基团吸附在亲水性矿物的表面上,而非极性基团则朝向水中,于是矿物就具有憎水的表面。随着表面活性剂浓度的增加,固体表面的憎水性增强,最后达到饱和状态,在固体表面形成很强的憎水性薄膜层。在水池底部通入气泡后,有用的矿石粒子由于其表面的憎水性而吸附在气泡上,上升到液体表面被捕集,其他无用成分如泥沙等则留在水池底部被除去,从而将有用的矿物与无用的矿渣分离开来。利用不同的表面活性剂和其他助剂可以使含有多种金属的矿物分别浮起而被捕集(图8-26)。

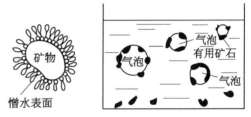

图 8 - 26　泡沫选矿示意图

(4) 增溶作用。部分或者完全不溶解于水相中的物质(通常是有机物),在表面活性剂存在下,溶解度会有极大的增加,这就是表面活性剂的增溶作用。表面活性剂的增溶作用发生在溶液中胶束形成之后,而在此之前,有机物的溶解度不会得到很大增加。

增溶作用可以用于控制反应的温度和速率,使反应不至于过热和过快,以保证产品的质量。工业上合成丁苯橡胶,就是将原料增溶于肥皂形成的胶束中,然后进行聚合反应,这样可以控制反应的速率和聚合的程度。在生物工程中可以选用合适的表面活性剂,利用增溶作用分离和提纯蛋白质。例如,在天然蛋白质的水溶液中,加入少量脂肪酸阴离子可以使蛋白质沉淀,继续加入脂肪酸阴离子又可以使蛋白质溶解,其实是发生了增溶作用。这种现象为生物工程中提纯蛋白质提供了新的思路。增溶作用在人的消化过程中也起了重要作用。例如,人食用脂肪后,需要胆汁帮助消化,胆汁中的胆盐是由胆固醇合成的,进入胆管后形成含有卵磷脂和胆固醇的混合胶束,脂肪在酸性胃液中乳化、消化,并在酶的作用下水解成脂肪酸,脂肪酸在胃液中溶解并增溶于混合胶束中,然后才能被小肠吸收。

除上述各项应用外,表面活性剂在金属的防锈与防腐蚀、石油的钻探与开采、印染工业上的固色与匀染、医疗上的杀菌剂、农业上的杀虫剂、除草剂等方面都有应用。

§8-6　润湿现象

润湿是生产实践和日常生活中经常遇到的现象,很多近代工业技术与之密切相关。例如机械的润滑、矿物浮选、注水采油、施用农药、油漆、印染、焊接等都离不开润湿作用。

一、润湿的三种形式

润湿通常是指固体表面上气体被液体所取代(或固体表面上的液体被另一种液体所取代)的现象。根据润湿程度不同可分为附着润湿、浸渍润湿与铺展润湿三种,如图8-27所示。

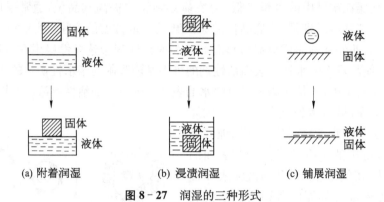

(a) 附着润湿　　　　　(b) 浸渍润湿　　　　　(c) 铺展润湿

图 8-27　润湿的三种形式

1. 附着润湿

这是指固体和液体接触后,变固/气界面和液/气界面为固/液界面,如图8-27(a)。设三种界面的面积变化均为单位值,比表面吉布斯函数分别为 $\sigma_{s\text{-}g}$、$\sigma_{l\text{-}g}$、$\sigma_{s\text{-}l}$,则上述过程的吉布斯函数变化为

$$\Delta G_{(a)} = \sigma_{s\text{-}l} - (\sigma_{l\text{-}g} + \sigma_{s\text{-}g})$$

根据热力学第二定律,在等温等压可逆时 $\Delta G = W'$。所以对上述润湿过程的逆过程可得

$$W_a = \sigma_{s\text{-}g} - \sigma_{s\text{-}l} + \sigma_{l\text{-}g} \tag{8-45}$$

式中,W_a 称为附着功或黏附功,它表示将单位截面积的液/固界面拉开时环境所至少需要做出的功。显然,此值愈大,表示固/液界面结合愈牢,亦即附着润湿愈强(图8-28)。

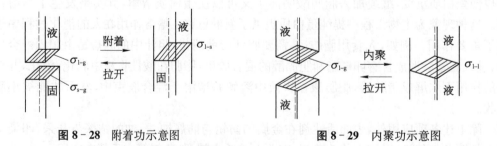

图 8-28　附着功示意图　　　　　　**图 8-29**　内聚功示意图

若图8-28中的固体换成液柱,见图8-29,那么,将单位截面积的液柱断开,产生两个气-液界面时做的功 W_c 为

$$W_c = \sigma_{l\text{-}g} + \sigma_{l\text{-}g} - 0 = 2\sigma_{l\text{-}g} \tag{8-46}$$

式中，W_c 称为内聚功。不难看出，W_c 反映液体自身结合的牢固程度。

2. 浸渍润湿

这是指固体浸入液体中的过程，如将纸、布或其他物质浸入液体。此过程中，固/气界面为固/液界面所代替，而液/气界面没有变化，如图8-27(b)。浸渍面积为单位值时，吉布斯函数变化为

$$\Delta G_{(b)} = -\sigma_{s\text{-}g} + \sigma_{s\text{-}l}$$

令

$$W_i = \sigma_{s\text{-}g} - \sigma_{s\text{-}l} \tag{8-47}$$

式中，W_i 称为浸渍功，它反映液体在固体表面上取代气体的能力。

3. 铺展润湿

液滴在固体表面上完全铺开成为薄膜。由图8-27(c)可以看出，这是以固/液界面及液/气界面代替原来的固/气界面(原来液滴的表面很小)[①]。铺展面积为单位值时，吉布斯函数变化：

$$\Delta G_{(c)} = \sigma_{l\text{-}g} + \sigma_{s\text{-}l} - \sigma_{s\text{-}g}$$

令 $S_{l/s} = -\Delta G_{(c)}$，则

$$S_{l/s} = \sigma_{s\text{-}g} - \sigma_{s\text{-}l} - \sigma_{l\text{-}g} \tag{8-48}$$

式中，$S_{l/s}$ 称为液体在固体上的铺展系数，用以衡量该液体在固体表面上的铺展能力。

应用附着功和内聚功的概念于式(8-48)，可得

$$S_{l/s} = (\sigma_{s\text{-}g} - \sigma_{s\text{-}l} + \sigma_{l\text{-}g}) - 2\sigma_{l\text{-}g} = W_a - W_c \tag{8-49}$$

当 $W_a > W_c$ 时，$S_{l/s} > 0$（即 $\Delta G_{(c)} < 0$）。这表示固/液附着功大于液体内聚功时，液体可自行铺展于固体表面。

上面讨论的是液固接触，对两种不同液体的接触，情况也一样。设 A 及 B 为两种不同的不相混溶的液体，则

$$S_{A/B} = \sigma_{B\text{-}g} - \sigma_{B\text{-}A} - \sigma_{A\text{-}g} \tag{8-50}$$

若 $S_{A/B} > 0$，表示液体 A 可在液体 B 表面铺展。也可用附着功与内聚功的概念来分析；如果 A 在 B 上的附着功大于 A 液体本身的内聚功，则 A 就可在 B 表面铺展。

表8-9是几种液体在水面上的铺展系数。从表中看出：

(1) 具有羟基、羧基(—OH、—COOH)等极性基的有机化合物，与水分子吸引较强，具有较大的铺展系数。所以以水接触后能在水面上自动铺展。

(2) 碳氢化合物及其卤素衍生物，因分子极性减弱，铺展系数较小。

(3) 对于像石蜡这样的非极性物质，与水分子的吸引力很小，铺展系数为负值，因此

---

① 设铺展成 $1\,\text{cm}^2$ 的液膜的液滴面积为 $x\,\text{cm}^2$（当然 $x \ll 1$），则应得到
$$\Delta G_{(c)} = (1-x)\sigma_{l\text{-}g} + \sigma_{s\text{-}l} - \sigma_{s\text{-}g}$$

不能在水面上铺展。

表 8 - 9　20℃时几种物质在水上的铺展系数

物　　质	乙　醇	乙　醚	醋　酸	丙　酮	油　酸	二溴乙烯	液态石蜡
$S/(\times 10^{-3}\,N \cdot m^{-1})$	45.8	45.5	45.2	42.2	24.6	-3.2	-13.4

以上讨论的三种润湿,它们的共同点是,液体将气体从固体表面排挤开,使原有的固/气界面消失,代之以固/液界面。根据热力学,这三种润湿发生的条件应为

$$附着润湿 \qquad -\Delta G_{(a)}=W_a=\sigma_{s\text{-}g}-\sigma_{s\text{-}l}+\sigma_{l\text{-}g}>0 \qquad (8-51a)$$

$$浸渍润湿 \qquad -\Delta G_{(b)}=W_i=\sigma_{s\text{-}g}-\sigma_{s\text{-}l}>0 \qquad (8-51b)$$

$$铺展润湿 \qquad -\Delta G_{(c)}=S_{l/s}=\sigma_{s\text{-}g}-\sigma_{s\text{-}l}-\sigma_{l\text{-}g}>0 \qquad (8-51c)$$

对于同一系统,$W_a>W_i>S_{l/s}$。因此若 $S_{l/s}>0$,则 W_a 和 W_i 亦必大于零。这就是说,能在固体表面上铺展的液体必能附着在该固体表面上,并能浸湿该固体。故可用铺展系数的大小来衡量润湿性。

二、接触角

上面我们从能量角度,用热力学方法从 ΔG 的变化分析了润湿的情况。度量液体对固体表面润湿程度,最直观的方法是用接触角 θ 来表达。

当气-液-固三相接触达平衡时,从三相接触点 O 沿液/气界面作切线与固/液界面的夹角(夹有液体),称为接触角 θ。θ 角的大小,与接触二相的界面张力有关。如图 8 - 30 所示,三相接触点 O 受到三个力的作用:$\sigma_{s\text{-}g}$、$\sigma_{s\text{-}l}$ 和 $\sigma_{l\text{-}g}$ 分别表示固相与气相、固相与液相和液相与气相之间的界面张力。这三个力互相平衡,合力为零。即

$$\sigma_{s\text{-}g}=\sigma_{s\text{-}l}+\sigma_{l\text{-}g}\cos\theta \qquad (8-52a)$$

或

$$\cos\theta=\frac{\sigma_{s\text{-}g}-\sigma_{s\text{-}l}}{\sigma_{l\text{-}g}} \qquad (8-52b)$$

S8-6

接触角的测定方法

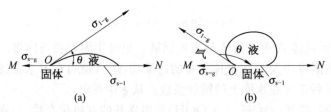

图 8 - 30　润湿(a)与不润湿(b)示意图

此式称为杨氏(Young)方程。从式中看出接触角 θ 与各个界面张力的相对大小有关。将式(8-52)代入式(8-51a)得

$$-\Delta G_{(a)}=W_a=\sigma_{l\text{-}g}(\cos\theta+1) \qquad (8-53)$$

由上式可知,测定 $\sigma_{l\text{-}g}$ 和 θ 值后,即可求得附着功。还可看出,由于附着润湿的条件

是 $W_a > 0$，因此只要接触角 $\theta < 180°$（$\cos\theta > -1$），附着润湿都能发生。

若将式(8-52)代入式(8-51b)

$$W_i = \sigma_{l\text{-}g}\cos\theta \tag{8-54}$$

可见发生浸渍润湿的条件是 $\theta < 90°$（$\cos\theta > 0$）。

若将式(8-52)代入式(8-51c)，则

$$-\Delta G_{(c)} = S_{l/s} = \sigma_{l\text{-}g}(\cos\theta - 1) \tag{8-55}$$

发生铺展润湿的条件是 $\theta = 0°$ 或不存在。

当接触角 $\theta = 0°$ 时，$\Delta G_{(c)} = 0$，这是铺展能够进行的最低要求。而当 $\sigma_{s\text{-}g} > \sigma_{s\text{-}l} + \sigma_{l\text{-}g}$ 时，$\Delta G_{(c)} < 0$，铺展应能进行，但此时却无法由式(8-55)解出对应的接触角。因为式(8-52)表示的是一种平衡态。倘若液滴能自行展开将固体表面盖住，这就表明此液体与固体表面不成平衡，因此不应将式(8-52)引入式(8-51c)。

虽然以上三种润湿的发生各有不同的条件，但通常应用接触角的大小来表示润湿性。习惯上当 $\theta < 90°$ 时称为润湿（如水润湿玻璃），当 $\theta > 90°$ 时称为不润湿（如汞不润湿玻璃）。如图8-30所示。

S8-7

极端润湿性表面

【例8-6】 氧化铝瓷件上需要披银，当烧至 $1\,000\,℃$ 时，液态银能否润湿氧化铝瓷件表面？已知 $1\,000\,℃$ 时，$\sigma(Al_2O_3,\ s) = 1.00 \times 10^{-3}\ N \cdot m^{-1}$；$\sigma(Ag,\ l) = 0.92 \times 10^{-3}\ N \cdot m^{-1}$；$\sigma(Ag,\ l/Al_2O_3,\ s) = 1.77 \times 10^{-3}\ N \cdot m^{-1}$。

根据式(8-52)

$$\cos\theta = \frac{\sigma_{s\text{-}g} - \sigma_{s\text{-}l}}{\sigma_{l\text{-}g}} = \frac{(1.00 \times 10^{-3} - 1.77 \times 10^{-3})\ N \cdot m^{-1}}{0.92 \times 10^{-3}\ N \cdot m^{-1}} = -0.84$$

$$\theta = 147°$$

因 $\sigma_{s\text{-}g} < \sigma_{s\text{-}l}$，$\cos\theta$ 为负值，$\theta > 90°$，所以不润湿。

三、毛细现象

毛细管插在液体中时，管内外液面形成高度差的现象称为毛细现象。图8-31(a)是毛细管内液面升高的示意图（如玻璃毛细管插入水中），这时毛细管内为凹液面，接触角 $\theta < 90°$，说明该液体能够润湿管壁。由于附加压力的作用，凹液面下的液体所受的压力小于平面液体，所以液体将被压入管内使液柱上升，直到上升液柱所产生的静压力与附加压力在数值上相等，才可以达到平衡，即

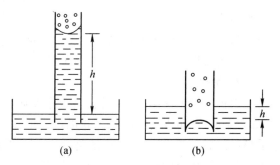

图8-31 毛细管现象
（a）液体在毛细管中上升；(b) 液体在毛细管中下降

$$\Delta p = \frac{2\sigma}{r} = \rho g h \tag{8-56}$$

由图8-32可以看出，接触角 θ 与毛细管的半径 R 及弯曲液面的曲率半径 r 之间的

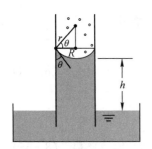

图 8-32 润湿角 θ 与毛细管半径 R 及弯曲液面曲率半径 r 的关系

关系为

$$\cos\theta = \frac{R}{r}$$

将此式代入式(8-56),可得到液体在毛细管中上升(或下降)的高度:

$$h = \frac{2\sigma\cos\theta}{\rho g R} \qquad (8-57)$$

式中,σ 为液体的表面张力;ρ 为液体的密度;g 为重力加速度。由上式可知,在一定温度下,毛细管越细,液体的密度越小,液体对管壁润湿得越好,液体在毛细管中上升得越高。

若毛细管内液面下降[图 8-31(b)],例如玻璃毛细管插入水银中,这时管内为凸液面,液体不能润湿管壁,接触角 $\theta > 90°$。

对于指定规格的毛细管,半径 R 是确定的,所以只要测定管内液面上升或下降的高度 h 和接触角 θ,就可由上式求算液体的表面张力。由此可见,式(8-57)提供了一种测定液体表面张力的方法,称为毛细管法。

毛细现象在日常生活中及生产中经常遇到,如土壤中的水分沿毛细管上升到地表面;植物从根部吸收土壤中的水分和养料;木料、纸、布、陶器制品、毛皮等吸水或其他液体;冶金中的液态金属及熔渣也可借毛细作用浸入耐火砖的孔隙,造成炉壁或炉底的破损。

四、润湿的应用

润湿现象在生产实践中应用较广泛,有的需要润湿,有的不需要润湿。从上面讨论中知道,改变有关界面上的 σ 就可以改变接触角 θ,从而改变系统的润湿情况。掌握这一变化规律对实际生产有一定的指导意义。

1. 模型铸造

浇铸工艺中,熔融金属和模子间的润湿程度直接关系着浇铸的质量。若润湿性不好,铁水不能与模型吻合,则所成铸件在尖角处呈圆形;反之,若润湿性太强(即 θ 角很小),金属又易渗入模型缝隙而形成不光滑的表面。为了调节润湿程度,可在钢液中加入硅,以达到良好的效果;其实质就是改变界面张力,使 θ 角发生变化。

2. 细化晶粒

熔体在模型中结晶时,因表面吉布斯函数作用而难以自发形成晶核,但非自发晶核(如含杂质)却可促进结晶过程的进行。杂质是否可以成为非自发晶核,关键在于杂质与晶核间的界面张力的大小,即能否润湿。若两者的界面张力越小,则 θ 角越小,润湿较好,形成的晶核质点便会在杂质表面上铺开,以杂质为中心进行结晶。此种原理在细化晶粒,改善和提高金属性能方面得到广泛应用。例如 Al 中加 Ti 或 Ta,促生晶核,就可获得晶粒细致的铸件。

3. 熔炼冶金

在熔炼中润湿现象也是应加以考虑的。

(1) 要求钢水与炉渣不润湿,否则彼此不易分离,扒渣时容易造成钢水损失;存在钢中的难熔物颗粒,也会由于润湿而难排除成为杂质混在钢中。

（2）要求炉衬难被钢水润湿，以防炉体受侵蚀；另一方面，由于不润湿，炉衬与钢液之间有空隙，易发生可带走杂质的气泡，对炼钢有利。

在电解铝生产中，熔融电解质（主要是氧化铝和助熔剂冰晶石）与碳阳极接触角 θ 小于 $90°$ 时，说明润湿良好，电解液与碳阳极接触紧密，阳极上产生的小气泡能被排除出去。反之，若两者的接触角 θ 大于 $90°$，润湿性能不好，电解液与碳阳极接触不良，气体就不能被很好排走，从而使电阻增大，电压升高，产生"阳极效应"。一般加入适量的 AlF_3 可降低电解液的表面张力，减小接触角，提高对碳阳极的润湿性能。

又如在生产金属陶瓷时，总是希望金属相连续分布，而陶瓷相为很细的分散相并均匀散布在金属基体中。这就要求金属能很好地润湿陶瓷，如果润湿不好，则烧结时金属就会从陶瓷间隙中离去；为了提高金属对陶瓷的润湿性，常常加入少量物质到金属中去。如纯铜在 $1\,100\,℃$ 时，它在碳化锆上的接触角为 $135°$（不润湿），而当铜中添加少量金属镍（0.25%），这时铜在碳化锆陶瓷上的接触角降为 $54°$（润湿），从而使铜-碳化锆金属陶瓷的物理化学性能大大提高。

4. 焊接金属

要使焊接剂能在被焊接的金属表面上铺展，就要使焊接剂的附着功 W_a 大，常用的焊接剂 $Sn-Pb$ 合金要配合溶剂（如 $ZnCl_2$ 的酸性水溶液）使用。溶剂的作用是除去金属的氧化膜，并在金属表面上覆盖保护，以防止再生成氧化物膜。因此溶剂既要能润湿金属，又要能被熔融的焊接剂从金属表面顶替出来，即焊接剂对金属的铺展系数要大于溶剂对金属的铺展系数。松香脂酸能溶解金属氧化物膜，又有亲金属的极性基团，有利于在金属上铺展，是常用的焊接溶剂。

5. 在农业上的应用

在喷洒液体化肥到植物上时，如果液体化肥对植物茎叶表面的润湿性不好，不能很好地铺展，就很容易滚落地面造成浪费，降低了肥效。若在液体化肥中加入少量表面活性物质，使接触角 θ 变小，从而提高了润湿程度，在喷洒时液体肥料就易于在茎叶表面上展开，因而提高了肥效。对于喷洒农药杀虫也是同样道理。

6. 节约能源

在蒸气加热器中，管壁因蒸气冷凝而形成水膜，将使传热速率显著减慢，因此形成滴状冷凝是人们所感兴趣的问题。要形成滴状冷凝，必须使蒸气在加热管面上不润湿。这样蒸气在管口才能凝成滴状迅速流走，不致形成水膜而妨碍热交换，因而起到节约能源的作用。例如铜质冷凝管在用微量十八烷基二硫化物（$C_{18}H_{37}S·SC_{18}H_{37}$）的 CCl_4 溶液处理后，其管壁变为憎水，水蒸气在其上冷凝时形成微滴，并沿管壁滚下，从而使大部分表面不为液膜所遮盖，显著地提高了热交换率（热交换率可提高 10 倍左右）。

主题二 溶胶

§8-7 分散系统的分类

一种或几种物质分散在另一种物质中所构成的系统叫分散系统。被分散的物质叫分

主题8-2导学
溶胶

§8-7演示文稿

分散系统的分类

散相，起分散作用的物质叫分散介质。

根据分散相粒子的大小，分散系统可分为分子分散系统、胶体分散系统和粗分散系统。

1. 分子分散系统

分散相的粒径小于 $1\,nm(10^{-9}\,m)$，相当于单个分子或离子的大小，分子分散系统为均相系统，分散相与分散介质间不存在相界面，且不会自动分离成两相，为热力学稳定系统。常表现为透明、不发生光散射、扩散快、可透过半透膜等，如氯化钠溶液、空气等。

2. 粗分散系统

分散相的粒径大于 $1\,\mu m(10^{-6}\,m)$ 的分散系统称为粗分散系统。它包括乳状液、泡沫、悬浮液及悬浮体等。粗分散系统在普通显微镜下可以观察到，甚至目测也是浑浊不均匀的，为非均相系统，分散相和分散介质间有明显的相界面，分散相粒子易自动发生聚集而与分散介质分开，为热力学不稳定系统，分散相不能透过滤纸，如牛奶、泥浆等。

3. 胶体分散系统

分散相的粒径在 $1\sim1000\,nm(10^{-9}\sim10^{-6}\,m)$ 的分散系统称为胶体分散系统，即介观系统。1861 年，英国科学家格雷厄姆(Graham)首先提出"胶体"的概念，他比较不同物质在水中的扩散速度时发现有一类物质(如蔗糖、食盐及其他无机盐类)在水中扩散速度快，能透过半透膜，将水蒸发后析出晶体；而另一类物质(如蛋白质、明胶及其他大分子化合物)分散在水中后，扩散速度慢，不能透过半透膜，将水蒸发后得到胶状物。因此，格雷厄姆根据此现象，将物质分成两类，前者称晶体，后者称胶体。后来的研究发现把物质这样分类并不科学，任何典型的晶体物质都可以用降低其溶解度或选用适当分散介质而制成胶体。因此，胶体只是物质以一定分散程度而存在的一种状态，而不是一种特殊类型的物质的固有状态。

按 IUPAC 关于胶体分散系统的定义，认为分散相可以是一种物质也可以是多种物质，可以是由许许多多的原子或分子(通常是 $10^3\sim10^9$ 个)组成的粒子，也可以是一个大分子，只要它们至少有一维空间的尺寸(即线尺寸)在 $1\sim1000\,nm$ 并分散于分散介质中，即构成胶体分散系统。按此定义，胶体分散系统应包括：溶胶、缔合胶束溶液(也叫胶体电解质溶液)、大分子溶液。

溶胶，一般是许许多多原子或分子聚集成的粒子大小的三维空间尺寸均为 $1\sim1000\,nm$，分散于另一相分散介质之中，且分散相与分散介质间存在相的界面的分散系统，其主要特征是高度分散的、多相的、热力学不稳定和不可逆系统，也叫憎液胶体。

大分子溶液，是一维空间尺寸(线尺寸)为 $1\sim1000\,nm$ 的大分子(蛋白质分子、高聚物分子等分散相)，溶于分散介质之中，成为高度分散的、均相的、热力学稳定系统。在性质上它与溶胶又有某些相似之处(如扩散慢、大分子不通过半透膜)，所以把它称为亲液胶体。

缔合胶束溶液，通常是由结构中含有非极性的碳氢化合物部分和较小的极性基团(通常能电离)的电解质分子(如离子型表面活性剂分子)缔合而成，通常称为胶束。胶束的三维空间尺寸也为 $1\sim1000\,nm$，而溶于分散介质之中，形成高度分散的、均相的、热力学稳定系统，也叫缔合胶体。

对于非均相分散系统，按照分散相和分散介质的聚集状态分为八类，见表 8-10。

表 8-10 非均相分散系统的分类(按分散相及分散介质的聚集状态分类)

分散介质	分散相	名称	实例
气	液	气溶胶	云,雾,喷雾
	固		烟,粉尘
液	气	泡沫	肥皂泡沫
	液	乳状液	牛奶,含水原油
	固	液溶胶或悬浮液	金溶胶,油墨,泥浆
固	气	固溶胶	泡沫塑料
	液		珍珠,蛋白石
	固		有色玻璃,某些合金

本章将简要介绍属于胶体分散系统的溶胶及其有关性质。新中国胶体科学的奠基人是著名物理化学家傅鹰,他是表面化学研究的开拓者、创建了我国胶体化学第一个教研室,并在胶体及表面化学领域做出了卓越的贡献。

§8-8 溶胶的制备和净化

§8-8演示文稿

溶胶的制备和净化

一、溶胶的制备方法

制备溶胶必须使分散相粒子的大小控制在胶体分散系统的范围之内,为此可以选择两种途径:由分子分散系统用凝聚法制备成溶胶,由粗分散系统用分散法制备成溶胶。

制备过程可简单表示为

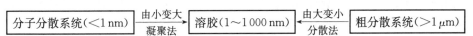

凝聚法是先制成难溶物的分子(或离子)的过饱和溶液,再使之相互结合成胶体粒子而得到溶胶,包括物理凝聚法、化学反应法及更换溶剂法。例如,将松香的乙醇溶液加入水中,由于松香在水中的溶解度低,松香以溶胶颗粒析出,形成松香的水溶胶(更换溶剂法);再如:

$$FeCl_3(稀水溶液)+3H_2O \xrightarrow{煮沸} Fe(OH)_3(溶胶)+3HCl \quad (化学反应法)$$

分散法是用适当方法使大块物质在有稳定剂存在的情况下分散成胶体粒子的大小,包括研磨法、电弧法及超声分散法。

二、溶胶的净化

未经净化的溶胶往往含有很多电解质或其他杂质。少量的电解质对于稳定溶胶是必要的;过量的电解质对溶胶的稳定反而有害。因此,溶胶制得后需经净化处理。

最常用的净化方法是渗析,它利用溶胶粒子不能透过半透膜,而分子或离子能透过膜的性质,将多余的电解质或低分子化合物等杂质从溶胶中除去。常用的半透膜有火棉胶膜、醋酸纤维膜等。渗析法虽然简单,但费时太长,往往需要数十小时甚至数十天。为了加快渗透作用,可加大渗透面积、适当提高温度或加外电场。在外电场的作用下,可加速正、负离子定向运动速度,从而加快渗析速度,这种方法称为电渗析。

净化溶胶的另一种方法是超过滤法。超过滤是用孔径极小而孔数极多的膜片作为滤膜,利用压差使溶胶流经超过滤膜。这时,溶胶粒子与介质分开,杂质透过滤膜而被除掉。

§8-9　溶胶的性质

一、溶胶的光学性质

由于溶胶的光学不均匀性,若令一束会聚的光通过溶胶,则从侧面(即与光束前进方向垂直的方向)可以看到在溶胶中有一个发光的圆锥体,此现象是英国物理学家丁达尔(Tyndall)于1869年首先发现,故称为丁达尔现象(图8-33)。

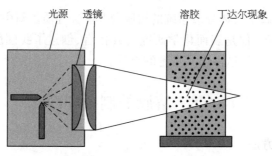

光源　透镜　　　　　　溶胶　丁达尔现象

图8-33　丁达尔现象

当光线射向分散系统时,只有一部分光能够透过,其余部分则被吸收、散射或反射。光的吸收主要取决于系统的化学组成,光的散射和反射则取决于系统的分散程度。可见光的波长为400～760 nm,当分散相粒子直径大于入射光的波长时,主要发生光的反射和折射;当粒子直径小于入射光波长时,主要发生散射。丁达尔现象的实质是溶胶对光的散射作用,它是溶胶的重要性质之一。

散射光的强度可用瑞利(Rayleigh L. W.)公式表示:

$$I = \frac{9\pi v^2 n}{2\lambda_0^4 l^2} \left(\frac{n_2^2 - n_0^2}{n_2^2 + 2n_0^2} \right)^2 (1 + \cos^2\theta) I_0 \tag{8-58}$$

式中,I 为散射光强度;λ_0 为入射光波长;v 为分散相单个粒子的体积;n 为体积粒子数($n = \frac{N}{V}$,N 为体积 V 中的粒子数);l 为观察者与散射中心的距离;n_2、n_0 分别为分散相及分散介质的折射率;θ 为散射角;I_0 为入射光的强度。

由此式可知:

(1)散射光强度与入射光波长的四次方成反比,即波长愈短其散射光愈强。白光中的蓝、紫光波长最短,散射光最强;而红光的波长最长其散射作用最弱。因此,当用白光照射溶胶时,在与入射光垂直的方向上观察呈淡蓝色,而透过光则呈现橙红色。

(2)分散相与分散介质的折射率相差越大,粒子散射光越强。溶胶的分散相与分散介质之间有明显界面,两者折射率相差很大,因而有很强的散射光。而大分子溶液是均相系统,溶质和溶剂的折射率相差不大,散射光也就很弱,因此可根据散射光强弱来区别溶胶与大分子溶液。

（3）散射光强度与粒子的体积平方成正比。小分子溶液的分子体积很小，因而散射光很微弱；粗分散系统的粒径大于可见光波长，不产生散射光，只有反射光；只有溶胶才具有明显的丁达尔现象。故可依此来鉴别分散系统的种类。

（4）散射光强度与体积粒子数成正比。因此可通过测定散射光强度，由已知浓度的溶胶，求另一相同溶胶的浓度。通常使用的浊度计就是根据这个原理设计的。

二、溶胶的动力性质

溶胶粒子可有多种运动形式，在无外力场作用时只有热运动，其微观上表现为布朗运动，宏观上表现为扩散。在有外力场作用时作定向运动，如在重力场或离心力场中的沉降。这些运动性质与粒子的大小及形状有关，因而可通过测定粒子的运动推测其大小和形状。溶胶的动力性质主要指粒子的不规则运动以及由此而产生的扩散及重力场中的沉降与沉降平衡。

1. 布朗运动与扩散

1827年，英国植物学家布朗（Brown）用显微镜观察到悬浮在液面上的花粉粉末不断地作不规则的折线运动，后来又发现许多其他物质如煤、化石、金属等的粉末也都有类似的现象。人们把微粒的这种运动称为布朗运动。

1903年，齐格蒙第（Zsigmondy）发明了超显微镜用于观察比花粉颗粒小得多的溶胶粒子，同样发现溶胶粒子在分散介质中不断地作不规则的"之"字形的连续运动[图8-34(b)]，粒子愈小，布朗运动愈激烈，且运动的激烈程度不随时间而变，但随温度的升高而增加。

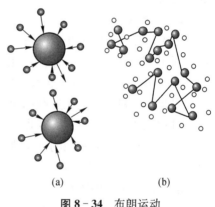

图8-34 布朗运动

溶胶粒子之所以能不断地运动，是因为周围分散介质分子的热运动引起的。介质小分子不断地撞击比它们大得多的粒子，每一瞬间粒子在各个方向受到的撞击力不能相互抵消，合力将使粒子向某一方向移动[图8-34(a)]。合力的方向随时改变，粒子的运动方向也随之变化，所以，布朗运动的本质就是质点的热运动。

用超显微镜还可观察到溶胶粒子的涨落现象，即在较大的体积范围内观察溶胶的粒子分布是均匀的，而在有限的小体积元中观察发现，溶胶粒子的数目时而多，时而少。这种现象是布朗运动的结果。

由于溶胶中体积粒子数梯度的存在引起的粒子从体积粒子数高区域向低区域的定向迁移现象叫扩散。溶胶中分散相粒子的扩散作用是由布朗运动引起的。粒子扩散的定向推动力是体积粒子数梯度，因为系统总是要向着均匀分布的方向变化。溶胶粒子比普通分子大得多，热运动也弱得多，因此扩散慢得多。

2. 沉降与沉降平衡

溶胶中的分散相粒子由于受自身的重力作用而下沉的过程称为沉降。

分散相粒子本身的重力使粒子沉降，而介质的黏度及布朗运动引起的扩散作用阻止粒子下沉,两种作用相当时达到平衡,称之为沉降平衡。

可应用沉降平衡原理,计算系统中体积粒子数的高度分布:

$$\ln \frac{n_2}{n_1} = \frac{M_B g}{RT}\left(1-\frac{\rho_B}{\rho_0}\right)(h_2 - h_1) \tag{8-59}$$

式中,n_1、n_2分别为高度h_1、h_2处的体积粒子数;ρ_B、ρ_0分别为分散相(粒子)及分散介质的体积质量;M_B为粒子的摩尔质量;g为重力加速度。

由式(8-59)可知,粒子的摩尔质量愈大,其平衡体积粒子数随高度的降低愈大。还应该指出,式(8-59)所表示的是沉降已达平衡后的情况,对于粒子不太小的分散系统,通常沉降较快,可以较快地达到平衡。而高度分散的系统中,粒子则沉降缓慢,往往需较长时间才能达到平衡。

有关分散系统中粒子沉降速度的测定以及沉降平衡原理,在生产及科学研究中均有重要应用,如化工过程中的过滤操作、河水泥沙的沉降分析等。

三、溶胶的电学性质

溶胶粒子表面带电是溶胶系统最重要的性质,它不仅直接影响粒子的外层结构,影响溶胶的光学性质、动力性质,而且是保持溶胶稳定性最重要的原因。粒子表面带电的外在表现就是电动现象。

1. 双电层理论

溶胶是热力学的不稳定系统,有自发聚结而下沉的趋势,而有的溶胶却能够长时间稳定地存在,主要原因之一就是由于溶胶粒子带电,溶胶粒子的静电排斥作用减少了它们相互碰撞的频率,使聚结的机会大大降低,增加了相对稳定性。

引起溶胶粒子带电主要有两个方面的原因:

(1)吸附。溶胶粒子从溶液中有选择性地吸附某种离子而带电。实验表明,凡是与溶胶粒子中某一组成相同的离子则优先被吸附。在没有与溶胶粒子组成相同的离子存在时,则胶粒一般先吸附水化能力较弱的阴离子,而使水化能力较强的阳离子留在溶液中,所以通常带负电荷的胶粒居多。

(2)电离。溶胶粒子表面上的分子在溶液中发生电离而使其带电。例如蛋白质分子,当它的羧基或氨基在水中解离成—COO^-或—NH_3^+时,整个大分子就带负电或正电荷。

处在溶液中的带电固体表面,由于静电吸引力的作用,必然要吸引等电荷量的、与固体表面上带有相反电荷的离子(称为反离子)环绕在固体粒子的周围,这样便在固液两相之间形成了双电层。下面简单介绍几个有代表性的双电层模型。

(1)亥姆霍兹模型。1879年,亥姆霍兹首先提出平板双电层模型。他认为正负离子整齐地排列于界面层的两侧,如图8-35,其距离约等于离子半径,在双电层内电势呈直线下降。在电场作用下,带电质点和溶液中的反离子分别向相反的方向运动。这种模型虽然也能解释一些电动现象,但比较简单,其关键问题是忽略了离子的热运动。

(2)古依-查普曼模型。古依(Gouy)和查普曼(Chapman)修正了亥姆霍兹模型,提出了扩散双电层的模型。他们认为靠近质点表面的反离子是呈扩散状态分布在溶液中,而不是整齐排列在一个平面上的。这是因为反离子同时受到两个方向相反的作用:静电吸

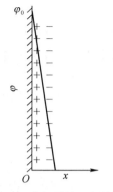

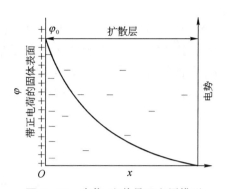

图8-35 亥姆霍兹双电层模型 图8-36 古依-查普曼双电层模型

引力使其趋于靠近固体表面,而热运动又使其趋于均匀分布。这两种相反的作用达到平衡后,反离子呈扩散状态分布于溶液中,形成一个反离子的扩散层,其模型如图8-36所示。在扩散层中离子的分布可用玻尔兹曼分布公式表示。

古依-查普曼的扩散双电层模型正确地反映了反离子在扩散层中分布的情况及相应电势的变化,但他们把离子视为点电荷,没有考虑到反离子的吸附,也没有考虑离子的溶剂化,因而未能反映出在质点表面上固定层(即不流动层)的存在。

(3)斯特恩模型。1924年,斯特恩(Stern)提出了一个双电层理论模型,他将亥姆霍兹模型和古依-查普曼模型结合起来,他认为在靠近表面1~2个分子厚的区域内,反离子由于受到强烈地吸引,会牢固地结合在表面,形成一个紧密的吸附层,称为紧密层或斯特恩层;其余反离子扩散地分布在溶液中,构成双电层的扩散部分,如图8-37所示。在紧密层中,反离子的电性中心所形成的假想面,称为斯特恩面。由于离子的溶剂化作用,紧密层结合了一定数量的溶剂分子,在电场作用下,它和固体质点作为一个整体一起移动,因此滑动面的位置在斯特恩层稍靠外一些。

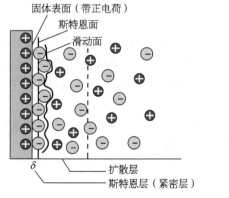

图8-37 斯特恩模型

由固体表面至溶胶本体间的电势差 ϕ_0 叫热力学电势;由斯特恩面至溶胶本体间的电势差 ϕ_δ 叫斯特恩电势;而由滑动面至溶胶本体间的电势差叫 ζ 电势,亦叫动电电势。

2. 溶胶的胶团结构

溶胶中的分散相与分散介质之间存在着界面。因此,按双电层理论,可以设想出溶胶的胶团结构。

以 KI 溶液滴加至 $AgNO_3$ 溶液中形成的 AgI 溶胶为例,其胶团结构可用图 8 - 38 表示。如图所示,包括胶核与紧密层在内的胶粒是带电的,胶粒与分散介质(包括扩散层和溶胶本体)间存在着滑动面,滑动面两侧的胶粒与介质之间做相对运动。扩散层带的电荷与胶粒带的电荷符号相反,整个溶胶为电中性。如图 8 - 38 所示的胶团结构也可表示成图 8 - 39。

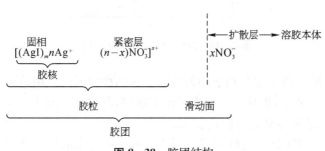

图 8 - 38　胶团结构

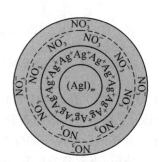

图 8 - 39　AgI 胶团结构示意图
（$AgNO_3$ 为稳定剂）

3. 电动现象

由于胶粒是带电的,因此在电场作用下,或在外加压力、自身重力下流动、沉降时产生电动现象,表现出溶胶的电学性质。

(1) 电泳。电泳是指在外加电场作用下,带电的分散相粒子在分散介质中向相反符号电极移动的现象。外加电势梯度愈大,胶粒带电愈多,胶粒愈小,介质的黏度愈小,则电泳速度愈大。

溶胶的电泳现象证明了胶粒是带电的,实验还证明,若在溶胶中加入电解质,则对电泳会有显著影响。随着溶胶中外加电解质的增加,电泳速度常会降低直至变为零(等电点),甚至改变胶粒的电泳方向,外加电解质还可以改变胶粒带电的符号。

电泳的应用相当广泛,如陶瓷工业中利用电泳使黏土与杂质分离,可得很纯的黏土,这是制造高质量瓷器的主要原料;在电镀工业上,利用电泳镀漆可得到均匀的油漆层(或橡胶层);在生物化学中,利用不同蛋白质分子、氨基酸电泳速度的不同可实现物质的分离;环境保护方面,可用电泳除尘,同时回收有用物质。

通过测量胶粒的电泳速度 v,可以计算 ζ 电势。胶粒的电泳速度正比于 ζ 电势、电场强度 E 和分散介质的介电常数 ε,反比于分散介质的黏度 η,即

$$v = \frac{\zeta \varepsilon E}{k\eta} \quad \text{或} \quad \zeta = \frac{k\eta v}{\varepsilon E} \tag{8-60}$$

式中,k 是与胶粒形状及尺寸有关的常数。对于球形的胶粒,半径较大时,$k=1$;半径较小时,$k=1.5$。表 8 - 11 中列出了几种溶胶在纯水中的 ζ 电势,是通过电泳实验测量得到的。

表 8-11 几种溶胶和矿粉在纯水中的 ζ 电势

溶胶	ζ 电势/mV	矿粉	ζ 电势/mV
As_2S_3	−32	CaF_2	46
Ag	−34	$CaCO_3$	12.2
Au	−32	FeS_2	−14
$Fe(OH)_3$	44	ZnS	−17
Bi	16	PbS	−20
Pb	18	SiO_2	−44

（2）电渗。电渗是指在外加电场作用下，分散介质通过多孔膜或极细的毛细管移动的现象。

和电泳一样，溶胶中外加电解质对电渗速度的影响也很显著，随电解质的增加，电渗速度降低，甚而会改变液体流动的方向。通过测定液体的电渗速度可求算溶胶胶粒与介质之间的总电势。

电渗方法有许多实际应用，如溶胶净化、海水淡化、泥炭和染料的干燥等。

（3）流动电势。在外加压力下，迫使液体流经相对静止的固体表面而产生的电势叫流动电势。

流动电势是电渗的逆现象，它的大小与介质的电导率成反比。碳氢化合物的电导通常比水溶液要小几个数量级，这样在泵送此类液体时，产生的流动电势相当可观，高压下极易产生火花，加上这类液体易燃，因此必须采取相应的防护措施，以消除由于流动电势的存在而造成的危险。例如，在泵送汽油时规定必须接地，而且常加入油溶性电解质，以增加介质的电导，降低或消除流动电势。

（4）沉降电势。由于固体粒子或液滴在分散介质中沉降使流体的表面层与底层之间产生的电势差叫沉降电势。

沉降电势是电泳的逆现象。与流动电势的存在一样，对沉降电势的存在也需引起充分的重视。例如，储油罐中的油中常含有水滴，由于油的电导率很小，水滴的沉降常形成很高的沉降电势，甚至达到危险的程度。常采用加入有机电解质的办法增加介质的电导，从而降低或消除沉降电势。

溶胶的电泳、电渗、流动电势和沉降电势统称电动现象，它们都证明溶胶粒子是带电的。带电粒子在电场中会发生定向运动，或定向运动时产生电场。在四种电动现象中，以电泳和电渗最为重要。通过电动现象的研究，可以进一步了解溶胶粒子的结构以及外加电解质对溶胶稳定性的影响。

§8-10　溶胶的稳定性和聚沉

一、溶胶的稳定性

溶胶是高度分散的、多相的、热力学不稳定系统，胶粒之间有相互聚沉的趋势，即具有聚结不稳定性。但由于胶粒的布朗运动在分散介质中不停地作无序迁移，而能在一段时间内保持溶胶稳定存在，称为溶胶的动力稳定性。一般说来，分散相粒子愈小，分散介质

§8-10演示文稿
溶胶的稳定性
和聚沉

的黏度愈大,分散相与分散介质的密度相差愈小,布朗运动愈强烈,溶胶的动力稳定性就愈强。

20世纪40年代,苏联学者德查金(Darjaguin)、朗道(Landau)和荷兰学者维韦(Verwey)、奥弗比可(Overbeek)分别提出了胶体稳定性的理论,称为DLVO理论,要点如下。

在胶粒之间,存在着两种相反作用力所产生的势能。一是由扩散双电层相互重叠时而产生的斥力势能U_R,$U_R \propto \exp(-\kappa x)$,$\kappa$为德拜参量,$\kappa^{-1}$为胶粒双电层厚度,$x$为两胶粒间的距离。另一是由胶粒间存在的远程范德华力而产生的吸力势能U_A,$U_A \propto \dfrac{1}{x^2}$或$U_A \propto \dfrac{1}{x}$。此两种势能之和$U = U_R + U_A$即系统的总势能,$U$的变化决定着系统的稳定性。当斥力势能大于吸力势能时,溶胶处于相对稳定的状态;当斥力势能小于吸力势能时,胶粒将相互靠拢而发生聚沉。调整斥力势能和吸力势能的相对大小,可以改变胶体系统的稳定性。

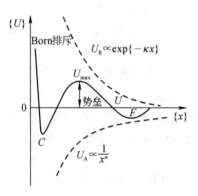

图 8-40　胶粒间斥力势能、吸力势能及总势能曲线图

U_R、U_A、U随胶粒之间的距离x的变化关系如图8-40所示。虚线U_R、U_A分别为斥力势能曲线和吸力势能曲线,实线为总势能曲线。当距离较大时,双电层未重叠,吸力势能起作用,因此总势能为负值。当胶粒靠近到一定距离以致双电层重叠,则斥力势能起主要作用,总势能曲线出现极大值U_{max}。当距离缩短到一定程度后,吸力势能又占优势,总势能又随之下降。当胶粒相距很近时,由于电子云的相互作用而产生Born斥力势能使总势能急剧上升。

图中U_{max}代表溶胶发生聚沉时必须克服的"势垒",若这一势垒不存在或者很小,溶胶粒子的热运动完全可以克服它而发生聚沉。如果势垒足够高,超过$15kT$(k为玻尔兹曼常数),一般溶胶粒子的热运动则无法克服它,而使溶胶处于相对稳定的状态。在总势能曲线上出现两个极小值,极小值(有的溶胶由于胶粒很小不出现此极小值)F,在此处发生粒子的聚集称为聚凝(可逆的),在极小值C处发生粒子间的聚沉(不可逆)。

除胶粒带电和溶胶的动力稳定性是溶胶稳定的因素之外,溶剂化作用也是使溶胶稳定的重要原因。若水为分散介质,构成胶团双电层结构的全部离子都应当是水化的,在分散相粒子的周围形成一个具有一定弹性的水化外壳。当胶粒相互靠近时,水化外壳因受到挤压而变形,但每个胶团都力图恢复其原来的形状而又被弹开,可见,水化外壳的存在势必增加溶胶聚合的机械阻力,而有利于溶胶的稳定。

综上所述,分散相粒子的带电、溶剂化作用及布朗运动是溶胶三个重要的稳定因素,凡是能使上述稳定因素遭到破坏的作用,皆可以使溶胶聚沉。

二、溶胶的聚沉

溶胶中的分散相微粒相互聚结,颗粒变大,进而发生沉淀的现象,称为聚沉。影响聚沉的因素是多方面的,例如电解质的作用、溶胶的相互作用、溶胶的浓度、温度等等。其中,溶胶浓度和温度的增加均将使粒子的互碰更为频繁,因而降低其稳定性。这里只扼要讨论电解质对于溶胶聚沉作用的影响和溶胶的相互作用。

1. 电解质的聚沉作用

电解质对溶胶的聚沉能力,通常用聚沉值来表示。使一定量溶胶在一定时间内完全聚沉所需最小电解质的物质的量浓度,称为电解质对溶胶的聚沉值。电解质的聚沉值越大,其聚沉能力越小。

反离子对溶胶的聚沉起主要作用,聚沉值与反离子价数有关:聚沉值比例 $100 : 1.6 : 0.14 = \frac{1}{1^6} : \frac{1}{2^6} : \frac{1}{3^6}$,即聚沉值与反离子价数的 6 次方成反比,这叫舒尔采(Schulze)-哈迪(Hardy)规则。出现该规律的原因是,电解质的反离子浓度愈高,则进入斯特恩层的反离子愈多,从而降低了扩散层重叠时的斥力;反离子价数愈高,则扩散层的厚度愈薄,降低扩散层重叠时产生的斥力越显著。

S8-8

磨豆腐的化学原理

同价反离子的聚沉值虽然相近,但依离子的大小不同其聚沉能力也略有差异。根据实验结果可知,一价正离子的聚沉能力按以下顺序排列:

$$H^+ > Cs^+ > Rb^+ > NH_4^+ > K^+ > Na^+ > Li^+$$

一价负离子的顺序如下:

$$F^- > Cl^- > Br^- > NO_3^- > I^-$$

同价离子聚沉能力的这一次序称为感胶离子序。它与水合离子半径从小到大的次序大致相同,这可能是水合离子半径越小,越容易靠近溶胶粒子的缘故。

同号离子对聚沉亦有影响,通常同号离子的价数愈高,则该电解质的聚沉能力愈低,这可能与同号离子更难在同电性胶体胶粒表面吸附有关。例如,若胶粒带正电,反离子为 SO_4^{2-},则聚沉能力为 $Na_2SO_4 > MgSO_4$。

2. 溶胶的相互聚沉

将两种电性相反的溶胶混合,能发生相互聚沉的作用。溶胶相互聚沉与电解质促使溶胶聚沉的不同之处在于其要求的浓度条件比较严格。只有其中一种溶胶的总电荷量恰能中和另一种溶胶的总电荷量时才能发生完全聚沉,否则只能发生部分聚沉,甚至不聚沉。

3. 大分子化合物对溶胶稳定性的影响

向溶胶中加入一定量的大分子化合物或非离子表面活性剂往往能使溶胶的稳定性大大提高,但其 ζ 电势却常因这些物质的加入而降低,这是用 DLVO 理论所解释不了的。可见,大分子化合物对溶胶的稳定作用应该是另一种机理。人们普遍认为,大分子化合物在粒子表面的吸附所形成的大分子吸附层阻止了胶粒的聚结。这种因吸附了大分子化合物而导致的稳定作用称为"空间稳定",相应的理论称为"空间稳定理论"。

在溶胶中加入大分子化合物既可使溶胶稳定,也可能使溶胶聚沉。其聚沉作用如下:

(1)搭桥效应——大分子化合物可以同时和许多个分散相的微粒发生吸附,起到"搭桥"的作用,把胶粒拉扯在一起,引起聚沉。

（2）脱水效应——大分子化合物由于亲水，其水化作用较胶粒强，从而加入高聚物会夺去胶粒的水化外壳而使胶粒失去水化外壳的保护作用。

（3）电中和效应——离子型的大分子化合物吸附在带电的胶粒上而中和了胶粒的表面电荷，使粒子间的斥力势能降低，而使溶胶聚沉。

S8-9

凝胶

§8-11 纳 米 材 料*

§8-11 演示文稿

纳米材料

1959 年，著名物理学家、诺贝尔奖获得者理查德·费曼（Richard Feynman）设想要在原子核分子水平上操纵和控制物质。但是，由于科学技术水平的限制，在其后一二十年内，费曼的构想没有引起人们的重视。直到 20 世纪 70 年代，科学家们才开始从不同的角度，提出一些有关纳米科技的构想。1974 年 Taniguchi 最早使用纳米技术（nanotechnology）一词描述精细机械加工。1977 年，艾里克·德雷克斯勒（Eric Drexler）首先提出分子纳米技术的概念，提倡纳米科技研究，并成立了由他领导的纳米科技研究组。20 世纪 80 年代初发明了纳米科技研究的重要仪器——扫描隧道显微镜（STM）、原子力显微镜（AFM）等微观表征和操纵技术，它们对纳米科技的发展起到了积极的促进作用。与此同时，纳米尺度上的多学科交叉展现了巨大的生命力，迅速形成一个有广泛学科内容和潜在应用前景的研究领域。1990 年 7 月，第一届国际纳米科学技术会议在美国巴尔的摩举办，《纳米技术》（*Nanotechnology*）、《纳米结构材料》（*Nanostructured Materials*）与《纳米生物学》（*Nanobiology*）这三种国际性专业期刊也相继问世。一门崭新的科学技术——纳米科技从此得到科技界的广泛关注。

一、纳米材料的分类及其特性

纳米又称为毫微米，1 纳米等于 10^{-9} 米，符号为 nm。纳米材料就是组成相或晶粒在任一维都处在纳米尺度范围（1～100 nm）的材料，它包含原子团簇、纳米微粒、纳米薄膜、纳米管和纳米固体材料等，表现为粒子、晶体或晶界等显微构造能达到纳米尺寸的材料。

一般而言，纳米材料可分为两个层次，即纳米粉体和纳米固体材料。纳米粉体是指颗粒尺寸为 1～100 nm，并具有特异性能的材料，纳米固体是指由纳米粒子构成的，或者在三维空间中至少有一维处于纳米量级的固体材料。

材料特性的改变是由于所组成微粒的尺寸、相组成和界面这三个方面的相互作用来决定的，在一定条件下，这些因素中的一个或多个会起主导作用。纳米材料由于其结构的特殊性出现许多不同于传统材料的独特性能。

1. 表面效应

表面效应是指纳米粒子的表面原子与总原子数之比随着纳米粒子尺寸的减小而大幅度地增加，粒子的表面吉布斯函数及表面张力也随着增加，从而引起纳米粒子性质的变化。随着纳米粒径的减小，表面原子数迅速增加，由于表面原子周围缺少相邻的原子，存在许多悬空键，具有不饱和性质，因而导致这些表面原子具有很高的化学活性，很容易与其他原子结合。

S8-10

刚柔相济的新材料——瓷纲铝

---

* 本节为选学内容。

2. 小尺寸效应

当超细微粒尺寸不断减小,与光波波长、德布罗意波长以及超导态的相干长度或投射深度等特性尺寸相当或更小时,晶体周期性的边界条件将被破坏,引起材料的电、磁、光和热力学等特性都呈现新的小尺寸效应。

在电学性质方面,常态下电阻较小的金属到了纳米级,电阻会增大,电阻温度系数下降甚至出现负数;原是绝缘体的氧化物到了纳米级,电阻却反而下降。

在磁学性质方面,纳米磁性金属的磁化率是普通磁性金属的 20 倍。

在光学性质方面,金属纳米颗粒对光的反射率一般低于 1%,大约几纳米厚即可消光。

在热力学性质方面,当组成相的尺寸足够小时,金属原子簇熔点大大降低。这是由于在所限定的系统中有效压强大大升高所致,称为吉布斯-汤姆逊(Gibbs-Thomson)效应。

3. 量子尺寸效应

原子是由原子核和核外电子构成的,电子在一定的轨道(或能级)上绕核高速运动。单个原子的电子能级是分立的,而当许多原子如 n 个原子聚集到一起形成一个"大分子",也就是大块固体时,按照分子轨道理论,这些原子的原子轨道彼此重叠并组成分子轨道。由于原子数目 n 很大,原子轨道数更大,故组合后相邻分子轨道的能级差非常微小,即这些能级实际上构成一个具有一定上限和下限的能带,能带的下半部分充满了电子,上半部分则空着。大块物质由于含有几乎无限多的原子,其能带基本上是连续的。但是,对于只含有有限个的纳米微粒来说,能带变得不再连续,且能隙随着微粒尺寸减小而增大。当热能、电能、磁能、光电子能量或超导态的凝聚能比平均的能级间距还小时,纳米微粒就会呈现一系列与宏观物体截然不同的反常特性,称之为量子尺寸效应。如导电的金属在制成纳米粒子时就可以变成半导体或绝缘体,磁矩的大小与颗粒中电子是奇数还是偶数有关,比热容亦会发生反常变化,光谱线会产生向短波长方向的移动,催化活性与原子数目有奇妙的联系,多一个原子活性很高,少一个原子活性很低。

4. 宏观量子隧道效应

电子既具有粒子性又具有波动性,它的运动范围可以超过经典力学所限制的范围,这种"超过"是穿过势垒,而不是翻过势垒,这就是量子力学中所说的隧道效应。近年来人们发现一些宏观物理量,如颗粒的磁化强度,量子相干器件中的磁通量等亦显示隧道效应,故称之为宏观量子隧道效应。

量子尺寸效应、宏观量子隧道效应将是未来微电子、光电子器件的基础,当微电子器件进一步微小化时,必须考虑上述量子效应,如制造半导体集成电路时,当电路的尺寸接近电子波长时,电子就会通过隧道效应而溢出器件,使器件无法工作。

二、纳米材料的制备

纳米材料的制备方法可从不同的角度进行分类。按反应物状态可分为干法和湿法;按反应介质可分为固相法、液相法、气相法;按反应类型可分为物理方法和化学方法(其中有些方法综合了物理方法和化学方法),这也是一种常见的分类方法。根据纳米材料的类别,大体可归纳为表 8-12。

表 8－12　纳米材料制备方法分类

纳米材料类别	物 理 方 法	化 学 方 法	综 合 方 法
纳米微粒	机械粉碎法 蒸发凝聚法 离子溅射法 冷冻干燥法	气相化学反应法 化学沉淀法 水热合成法 喷雾热解法 溶胶-凝胶法 微乳液法 醇解法	激光诱导气相反应法 等离子体加溶气相法 γ 射线辐射法 电子辐射法
纳米薄膜	真空蒸发 磁控溅射 离子束溅射 分子束外延	化学气相沉积法 溶胶-凝胶法 电镀法	
纳米固体	惰性气体蒸发原位加压法 高能球磨法 非晶晶化法 溅射法	还原法 电解法 羰基法 催化法 模板合成法	
纳米复合材料	固相法 液相法 浆体法 喷射与喷液沉积法 共晶定向凝固法	嵌入法 直接氧化法 反应合成法 溶胶-凝胶法 聚合物热解法 气相法 液态浸渍法	辐射合成法

三、纳米材料的应用

随着纳米技术的迅速发展,纳米材料已扩展到化工、电子、生物、军事、能源等各个高科技领域,与此同时亦悄然走进寻常百姓家,渗透到日常生活的衣食住行当中。

1. 衣

将不同的纳米材料添加到一些衣料纤维中,会产生具有各种特异功能的衣料,以适应对服装的不同要求。例如,在制袜工艺中,添加进纳米银微粒,制成的袜子可去除脚臭味。在合成纤维树脂中,添加纳米 SiO_2、纳米 ZnO、纳米 SiO_2 复配粉体材料,经抽丝、纺织后可制成杀菌、防霉、除臭和抗紫外线辐射的内衣和各种服装。将能够接收和发射红外线的纳米微粒添加进化学纤维中所制成的衣料,常温下这种远红外纤维可发射远红外线,制成的服装、纺织品,具有防寒、抑菌、除臭等功效,可使人体皮肤温度提高 $2\sim3\,℃$,改善血液循环,增强新陈代谢。将高效抗辐射纳米材料溶于纤维织物中,制作成可防紫外线和电磁波辐射的“纳米服装”,可适用于电脑工作服和孕妇保护服。将含有纳米二氧化钛的特殊材料喷涂在棉、毛、化纤等织物的表面,可以形成超常的疏水、疏油(双疏性)性质,这种织物不沾油、不沾水,如果需要洗涤,在清水中漂洗即可,既节省了大量洗涤剂,又可防止环境污染。

2. 食

纳米材料固化酶可用在食品的加工、酿造业及沼气发酵,可以大大提高生产效率。采用纳米膜技术,可以分离食品中多种营养和功能性物质。动物杂碎骨、珍珠、蚕丝、茶叶等农副产品都可用纳米加工技术粉碎,可生产食品、化妆品、硫黄等物质。利用纳米技术中的光催化技术,可以消除蔬菜和水果中表面的农药及污染,还可以利用光、水和氧气等生产杀菌农药。纳米技术还可将纤维素粉碎成单糖、葡萄糖和纤维二糖等,使地球上丰富的有机物成为人、畜可以利用的营养物质和化工原料。利用纳米技术,只要操纵 DNA 链上少数几种核苷酸甚至改变几个原子的排列,就可以培养出新品种甚至完全新的物种。利用纳米材料可以制成防紫外线、转光和有色农用膜,也能生产可分解地膜等。

3. 住

传统装修材料所涉及涂料、油漆中的有害挥发物对人体有直接伤害。如将一些纳米材料添加其中不仅可以提高其使用光泽度与抗老化性能,而且还对空气有净化作用。利用纳米 TiO_2 光催化氧化技术制成的环境净化涂料,能够降解空气中的 NO_x(氮氧化物)、卤代烃、硫化物、醛类、多环芳烃等污染物。

铝合金门窗容易变形,影响其使用,经过纳米技术表面处理后,可大大提高材料的强度、刚性和使用寿命。

4. 行

目前,交通工具广泛使用的结构材料主要是金属材料、塑料和橡胶这三大类。在橡胶工业制品中,ZnO 的用量是最大的,如在橡胶中加入纳米 ZnO,可使原普通 ZnO 的添加量减少 $30\% \sim 70\%$,而且可以提高橡胶制品的耐磨、抗老化性能,从而提高产品寿命。尤其对于轮胎制品,纳米 ZnO 可取代传统的炭黑作为添加剂,既提高了性能又能改变传统轮胎产品一贯是黑色的情况。纳米碳纤维增强塑料,可用于制造汽车壳体,其重量仅相当于原来的 1/5,而强度却是钢的 7 倍,刚性是钢的 3.4 倍。从而相应可节省行车燃料消耗 20% 以上。氢-氧燃料电池可作汽车发动机的动力,达到零污染。纳米材料可以作为储氢材料,反复循环使用。研究表明许多合金可作为储氢材料,如 $LaNi_5$、$FeTi$ 的纳米颗粒,若包覆 V、Pd 后,其储氢性能将更加提高。

科学家小传

朗缪尔,美国物理化学家。荣获 1932 年诺贝尔化学奖,以表彰他"在表面化学领域的杰出发现和发明"。他是美国第一位受雇于企业界的诺贝尔化学奖获得者。

朗缪尔对化学的最大贡献是开拓了物理化学中的重要分支——表面化学。1913—1942 年,他对物质的表面现象,如蒸发、凝聚、吸附、表面成膜、界面现象进行了大量研究。1916 年发表了一篇重要论文"固体与液体的结构和基本性质",第一次提出了气体分子在固体表面的单分子吸附层理论。

朗缪尔的杰出研究成果大多出自创新的技术开发基础上的理论研究,或者是在理论研究基础上的重大应用。在早期的诺贝尔化学奖获奖名单中,朗缪尔是绝无仅有的以从事工业技术研究为主、但又在物理化学领域中作出杰出贡献的获奖者。

朗缪尔(Langmuir)
(1881—1957)

朗缪尔积极推动科学传播。曾担任 1929 年美国化学会会长、1942 年美国科学促进会会长。1984 年,美国化学会创刊以朗缪尔命名的学术期刊 *Langmuir*,刊登关于表面化学和胶体化学方面的文章。在刊物的序文中这样写道:"很少有人像朗缪尔那样贡献如此多而又经得起历史考验的科学新思想;如果有这样的人,能够提出如此多新颖而具原创性的思想,而且后来被证明是正确的和有基础性意义的,那么这样的人真是为数太少了"。

思　考　题

8.1　存在于两相之间的界面(对实际系统)可以看成一个没有厚度的几何平面,对吗?

8.2　比表面吉布斯函数与表面张力有哪些相同点和不同点?

8.3　为什么金块不具备催化活性,而纳米金催化剂却能在低温即可将一氧化碳氧化呢?

8.4　解释下列现象及其产生的原因:

(1) 自由液滴或气泡(即不受外加力场影响时)通常都呈球形。

(2) 粉尘大的工厂或矿山容易发生爆炸事故。

8.5　稳定存在的肥皂泡内、外气体压力差 $\Delta p =$?

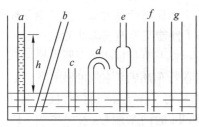

图 8-41　思考题 8.7 图

8.6　给出下列四种曲面附加压力的方向:(1) 液体中的气泡;(2) 蒸气中的液滴;(3) 毛细管中的凹液面;(4) 毛细管中的凸液面。

8.7　如图 8-41 所示,设有内径相同的 a、b、c、d、e、f 管及内径足够大的 g 管一起插入水中,除了 f 管内涂有石蜡外,其余全是洁净的玻璃管,若 a 管内液面升高为 h,试估计其余管内的水面高度。

8.8　如图 8-42 所示,玻璃管两端分别有半径大小不等的肥皂泡,当打开活塞接通两个气泡后,有什么现象发生?

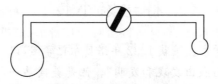

图 8-42　思考题 8.8 图

8.9　试用开尔文方程解释喷雾干燥的原理。

8.10　在一个封闭的钟罩内,有大小不等的两个球形液滴,长时间恒温放置后,会出现什么现象?

8.11　用同一支滴管滴出相同体积的水、NaCl 稀溶液和乙醇溶液,滴数是否相同?

8.12　在装有部分液体的毛细管中,当在一端加热时,润湿性液体向毛细管哪一端移动? 不润湿液体向哪一端移动? 并说明理由。

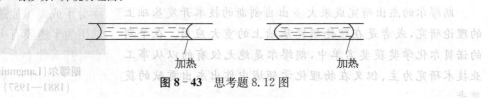

加热　　　　　　　　　加热

图 8-43　思考题 8.12 图

8.13　甲醛作为挥发性有机化合物,被公认为是室内气态污染物的重要来源之一,而室内空气成分复杂,往往是多种污染物与水汽等共存。试问适用于甲醛脱除的材料有哪些? 对于甲醛的脱除,是化学吸附有效,还是物理吸附更有效?

8.14　什么是布朗运动? 为什么粗分散系统和分子分散系统观察不到布朗运动?

8.15　将过量的 H_2S 通入 H_3AsO_3 的稀溶液中,生成 As_2S_3 溶胶。已知 H_2S 能解离成 H^+ 和 HS^-。试写出 As_2S_3 胶团的结构。

8.16　明矾为何能使混浊的水澄清?

习　题

8.1　计算:

(1) 求20℃时球形汞滴的表面吉布斯函数。设此汞滴与其蒸气接触,汞滴半径为 $r = 1.00 \times 10^{-3}$ m,汞与汞蒸气界面上表面张力 $\sigma = 0.4716$ N·m^{-1}。

(2) 若将上述汞滴分散成 $r = 1.00 \times 10^{-9}$ m 的小滴,求此时总表面吉布斯函数,并与(1)比较相差几倍。

$$[(1)\ 5.92 \times 10^{-6}\ \text{J};\ (2)\ 5.92\ \text{J},\ 10^6]$$

8.2　20℃时甲苯表面张力为 28.43×10^{-3} N·m^{-1},密度为 866.9 kg·m^{-3},已知式(8-15)k 为 2.1×10^{-7} J·K^{-1},计算甲苯的临界温度。

$$[603\ \text{K}]$$

8.3　室温下假设树根的毛细管管径为 2.00×10^{-6} m,水渗入与根壁交角为30°。求其产生的附加压力,并求水可输送的高度。(设25℃时,水的 $\sigma = 75.2 \times 10^{-3}$ N·m^{-1}, $\rho = 999.7$ kg·m^{-3})

$$[1.302 \times 10^5\ \text{Pa},\ 13.29\ \text{m}]$$

8.4　20℃时苯的蒸气凝结成雾,其液滴半径为 $1.00\ \mu\text{m}(10^{-6}$ m),试计算其饱和蒸气压比正常值增加的百分率。20℃时苯的表面张力为 28.88×10^{-3} N·m^{-1},苯的密度为 0.879 g·cm^{-3}。

$$[0.2\%]$$

8.5　吸附曲线有哪三种类型,并举出应用。已知氮气在194 K 和 $p = 465$ kPa 下,在活性炭上吸附量为 0.894 dm^3·kg^{-1}(标准状况),在273 K 时需 3.58×10^3 kPa 才可吸附等量的氮气。计算吸附热。

$$[-11.38\ \text{kJ·mol}^{-1}]$$

8.6　1.0×10^{-6} m^3 某种活性炭,其表面积为 1000 m^2,若全部表面积都被覆盖,用 4.5×10^{-5} m^3 此活性炭可吸附多少升的氨气(用标准状况下体积表示)? 设 NH_3 分子的截面积为 9.0×10^{-20} m^2,假定被吸附的氨分子相互紧密接触。

$$[18.6\ \text{dm}^3]$$

8.7　用活性炭吸附 $CHCl_3$ 时,在0℃时的饱和吸附量为 93.8 dm^3·kg^{-1},已知 $CHCl_3$ 的分压力为 13.3 kPa 时的平衡吸附量为 82.5 dm^3·kg^{-1}。

求:(1)朗缪尔公式中的 b 值;(2)$CHCl_3$ 分压为 6.6 kPa 时,平衡吸附量是多少。

$$[(1)\ 5.49 \times 10^{-4}\ \text{Pa}^{-1};\ (2)\ 73.5\ \text{dm}^3 \cdot \text{kg}^{-1}]$$

8.8　19℃时丁酸水溶液的表面张力 $\sigma = \sigma_0 - a' \ln(1 + b'c)$,式中 σ_0 为纯水的表面张力,a'、b' 为常数。求:(1)溶液中丁酸的表面超量 Γ 和浓度 c 的关系式。(2)当已知 $a' = 1.31 \times 10^{-2}$ N·m^{-1}, $b' = 19.62$ dm^3·mol^{-1},计算 $c = 0.150$ mol·dm^{-3} 时的表面超量。(3)若已知在19℃时,纯水表面张力 $\sigma_0 = 72.80 \times 10^{-3}$ N·m^{-1},求 $c = 0.150$ mol·dm^{-3} 的丁酸水溶液的表面张力。

$$\left[(1)\ \Gamma = \frac{c}{RT} \times \frac{a'b'}{1 + b'c};\ (2)\ 4.03 \times 10^{-6}\ \text{mol·m}^{-2};\ (3)\ 0.0548\ \text{N·m}^{-1}\right]$$

8.9　在某温度下,乙醚-水、汞-乙醚、汞-水的表面张力分别为 $0.011\,N \cdot m^{-1}$、$0.379\,N \cdot m^{-1}$、$0.375\,N \cdot m^{-1}$,在乙醚与汞的界面上滴一滴水,试求其接触角。

[68.68°]

8.10　20℃时,水的表面张力为 $0.0728\,N \cdot m^{-1}$,汞的表面张力为 $0.483\,N \cdot m^{-1}$,而汞和水的表面张力为 $0.375\,N \cdot m^{-1}$,试计算判断是汞在水表面上铺展,还是水在汞表面上铺展?

[水在汞表面上能铺展;汞在水表面上不能铺展]

8.11　在三个烧瓶中分别盛有 $0.02\,dm^3$ 的 $Fe(OH)_3$ 溶胶,分别加入 $NaCl$、Na_2SO_4 及 Na_3PO_4 溶液使溶胶发生聚沉,至少需要加入 $1.0\,mol \cdot dm^{-3}$ 的 $NaCl$ $0.021\,dm^3$;$0.005\,mol \cdot dm^{-3}$ 的 Na_2SO_4 $0.125\,dm^3$ 及 $0.0033\,mol \cdot dm^{-3}$ 的 Na_3PO_4 $0.0074\,dm^3$。试计算各电解质的聚沉值、比较它们的聚沉能力,并判断胶粒所带的电荷。

[$0.512\,mol \cdot dm^{-3}$、$4.31 \times 10^{-3}\,mol \cdot dm^{-3}$、$8.91 \times 10^{-4}\,mol \cdot dm^{-3}$,胶粒带正电荷]

附　　录

Ⅰ　基本物理常量

真空中的光速	c	$(2.997\,924\,58\pm0.000\,000\,012)\times10^{8}\,\mathrm{m}\cdot\mathrm{s}^{-1}$
元电荷(一个质子的电荷)	e	$(1.602\,177\,33\pm0.000\,000\,49)\times10^{-19}\,\mathrm{C}$
Planck 常量	h	$(6.626\,075\,5\pm0.000\,004\,0)\times10^{-34}\,\mathrm{J}\cdot\mathrm{s}$
Boltzmann 常量	k	$(1.380\,658\pm0.000\,012)\times10^{-23}\,\mathrm{J}\cdot\mathrm{K}^{-1}$
Avogadro 常数	L	$(6.022\,045\pm0.000\,031)\times10^{23}\,\mathrm{mol}^{-1}$
原子质量单位	$1\mathrm{u}=m(^{12}\mathrm{C})/12$	$(1.660\,540\,2\pm0.000\,100\,10)\times10^{-27}\,\mathrm{kg}$
电子的静止质量	m_{e}	$9.109\,38\times10^{-31}\,\mathrm{kg}$
质子的静止质量	m_{p}	$1.672\,62\times10^{-27}\,\mathrm{kg}$
真空介电常量	ε_0	$8.854\,188\times10^{-12}\,\mathrm{J}^{-1}\cdot\mathrm{C}^{2}\cdot\mathrm{m}^{-1}$
	$4\pi\varepsilon_0$	$1.112\,650\times10^{-12}\,\mathrm{J}^{-1}\cdot\mathrm{C}^{2}\cdot\mathrm{m}^{-1}$
Faraday 常量	F	$(9.648\,530\,9\pm0.000\,002\,9)\times10^{4}\,\mathrm{C}\cdot\mathrm{mol}^{-1}$
摩尔气体常数	R	$8.314\,510\pm0.000\,070\,\mathrm{J}\cdot\mathrm{K}^{-1}\cdot\mathrm{mol}^{-1}$

Ⅱ　希腊字母表

名　称	正　体		斜　体	
	大　写	小　写	大　写	小　写
alpha	A	α	A	α
beta	B	β	B	β
gamma	Γ	γ	Γ	γ
delta	Δ	δ	Δ	δ
epsilon	E	ε	E	ε
zeta	Z	ζ	Z	ζ
eta	H	η	H	η
theta	Θ	ϑ,θ	Θ	ϑ,θ
iota	I	ι	I	ι
kappa	K	κ	K	κ
lambda	Λ	λ	Λ	λ

（续表）

名　称	正　体		斜　体	
	大　写	小　写	大　写	小　写
mu	M	μ	M	μ
nu	N	ν	N	ν
xi	Ξ	ξ	Ξ	ξ
omicron	O	o	O	o
pi	Π	π	Π	π
rho	P	ρ	P	ρ
sigma	Σ	σ	Σ	σ
tau	T	τ	T	τ
upsilon	Υ	υ	Υ	υ
phi	Φ	φ, ϕ	Φ	φ, ϕ
chi	X	χ	X	χ
psi	Ψ	ψ	Ψ	ψ
omega	Ω	ω	Ω	ω

Ⅲ　元素的相对原子质量表

原子序数	名　称	符　号	相对原子质量	原子序数	名　称	符　号	相对原子质量
1	氢	H	1.007 9	25	锰	Mn	54.938 0
2	氦	He	4.002 60	26	铁	Fe	55.847
3	锂	Li	6.941	27	钴	Co	58.933 2
4	铍	Be	9.012 18	28	镍	Ni	58.70
5	硼	B	10.811	29	铜	Cu	63.546
6	碳	C	12.011	30	锌	Zn	65.38
7	氮	N	14.006 7	31	镓	Ga	69.72
8	氧	O	15.999 4	32	锗	Ge	72.59
9	氟	F	18.998 40	33	砷	As	74.921 6
10	氖	Ne	20.179 7	34	硒	Se	78.96
11	钠	Na	22.989 77	35	溴	Br	79.904
12	镁	Mg	24.305 0	36	氪	Kr	83.80
13	铝	Al	26.981 54	37	铷	Rb	85.467 8
14	硅	Si	28.085 5	38	锶	Sr	87.62
15	磷	P	30.973 76	39	钇	Y	88.905 9
16	硫	S	32.066	40	锆	Zr	91.22
17	氯	Cl	35.452 7	41	铌	Nb	92.906 4
18	氩	Ar	39.948	42	钼	Mo	95.94
19	钾	K	39.098 3	43	锝	Tc	[97][99]
20	钙	Ca	40.08	44	钌	Ru	101.07
21	钪	Sc	44.955 9	45	铑	Rh	102.905 5
22	钛	Ti	47.867	46	钯	Pd	106.42
23	钒	V	50.941 5	47	银	Ag	107.868
24	铬	Cr	51.996 1	48	镉	Cd	112.41

注:表中"[　]"内的数据是最稳定同位素的相对原子质量。摘自 David R. L.，CRC Handbook Chem. and Phy.，77th ed.，1996—1997。

（续表）

原子序数	名　称	符　号	相对原子质量	原子序数	名　称	符　号	相对原子质量
49	铟	In	114.82	79	金	Au	196.9665
50	锡	Sn	118.69	80	汞	Hg	200.59
51	锑	Sb	121.75	81	铊	Tl	204.37
52	碲	Te	127.60	82	铅	Pb	207.2
53	碘	I	126.9045	83	铋	Bi	208.9804
54	氙	Xe	131.30	84	钋	Po	[210][209]
55	铯	Cs	132.9054	85	砹	At	[210]
56	钡	Ba	137.33	86	氡	Rn	[222]
57	镧	La	138.9055	87	钫	Fr	[223]
58	铈	Ce	140.12	88	镭	Ra	226.0254
59	镨	Pr	140.9077	89	锕	Ac	227.0278
60	钕	Nd	144.24	90	钍	Th	232.0381
61	钷	Pm	[145]	91	镤	Pa	231.0359
62	钐	Sm	150.4	92	铀	U	238.029
63	铕	Eu	151.96	93	镎	Np	237.0482
64	钆	Gd	157.25	94	钚	Pu	[239][244]
65	铽	Tb	158.9254	95	镅	Am	[243]
66	镝	Dy	162.50	96	锔	Cm	[247]
67	钬	Ho	164.9304	97	锫	Bk	[247]
68	铒	Er	167.26	98	锎	Cf	[251]
69	铥	Tm	168.9342	99	锿	Es	[254]
70	镱	Yb	173.04	100	镄	Fm	[257]
71	镥	Lu	174.967	101	钔	Md	[258]
72	铪	Hf	178.49	102	锘	No	[259]
73	钽	Ta	180.9479	103	铹	Lr	[260]
74	钨	W	183.85	104		Unq	[261]
75	铼	Re	186.207	105		Unp	[262]
76	锇	Os	190.2	106		Unh	[263]
77	铱	Ir	192.22	107			[261]
78	铂	Pt	195.09				

Ⅳ　某些物质的标准摩尔生成焓、标准摩尔熵、标准摩尔生成吉布斯函数及摩尔等压热容

物　质	$\Delta_f H_m^\ominus$ /(kJ·mol^{-1})	$\Delta_f G_m^\ominus$ /(kJ·mol^{-1})	$S_m^\ominus$ /(J·mol^{-1}·K^{-1})	$C_{p,m}^\ominus$(B, 298 K) /(J·mol^{-1}·K^{-1})	$C_{p,m}(B) = a + b\{T\}_K + c'\{T\}_K^{-2}$ /(J·mol^{-1}·K^{-1})			
					a	$10^3 \cdot b$	$10^{-5} \cdot c'$	温度范围 T/K
Ag	0	0	42.69	25.48	21.30	4.27	1.51	273~1234
Ag(l)	0	0	—		30.54	—		—
AgCl	−126.98	−110.00	96.10		62.26	4.18		298~728
Ag₂O	−30.59	−10.84	121.71	65.56	55.48	29.46	—	298~500
Al	0	0	28.33	24.34	20.67	12.38	—	298~933

物　质	$\Delta_f H_m^\ominus$ /(kJ· mol^{-1})	$\Delta_f G_m^\ominus$ /(kJ· mol^{-1})	$S_m^\ominus$ /(J·mol^{-1}· K^{-1})	$C_{p,m}^\ominus$(B, 298 K) /(J·mol^{-1}· K^{-1})	$C_{p,m}(B) = a + b\{T\}_K + c'\{T\}_K^{-2}$ /(J·mol^{-1}·K^{-1})			
					a	$10^3 \cdot b$	$10^{-5} \cdot c'$	温度范围 T/K
Al_4C_3	−129.29	−121.34	104.60	—	100.75	132.21	—	298～600
$AlCl_3$	−695.38	−636.8	167.36	89.1	55.44	117.15	—	273～熔点
AlN	−241.42	−209.62	20.90	—	22.98	32.64	—	298～900
$Al_2O_3(\alpha)$	−1669.79	−1576.41	51.00	79.0	109.29	18.37	−30.41	298～1800
$Al_2O_3(\gamma)$	−1610.17	—	—					
$Al(OH)_3$	−1272.77	—	—					
Ba	0	0	66.94	26.36	23.2	6.28	—	298～643
$BaCO_3$	−1218.8	−1138.89	112.13	85.35	86.9	48.95	−11.97	298～1040
$BaCl_2$	−860.06	−810.86	125.52	75.30	71.13	13.97	—	298～1198
BaF_2	−1200	−1148.5	96	71.21	58.49	42.68	—	
BaO	−558.14	−528.44	70.29	47.23	53.30	4.35	−8.30	298～1270
Bi	0	0	56.9	25.52	22.51	10.88	—	298～544
C(石墨)	0	0	5.69	8.53	17.15	4.27	−8.79	298～1200
C(金刚石)	1.88	2.89	2.43	6.07	9.15	13.22	−6.19	298～1500
CO	−110.54	−137.28	197.90	29.15	27.61	5.02	—	298～2500
CO_2	−393.50	−394.38	213.64	37.13	44.14	9.04	−8.53	298～2500
$CCl_4(g)$	−106.69	−64.02	309.41	83.4	97.65	9.62	−15.06	298～1000
$CCl_4(l)$	−139.33	−68.62	214.43	131.7	133.89	—	—	298～沸点
Ca	0	0	41.6	26.28	21.92	14.64	—	298～713
$CaC_2(\alpha)$	−62.76	−67.78	70.29	62.34	α68.62	α11.88	−8.66	398～720
$CaC_2(\beta)$	—	—	—	—	β64.43	β8.37	—	720～1275
$CaCO_3$	−1206.87	−1128.76	92.88	81.85	104.52	21.92	−25.94	298～1200
$CaCl_2$	−794.96	−750.19	113.80	72.61	71.88	12.72	−25.1	298～1055
$Ca(OH)_2$	−986.6	−896.6	76.1	87.5	105.3	11.95	−18.97	298～600
CaF_2	−1213.36	−1161.89	68.87	67.03	59.83	30.5	1.97	298～1424
CaO	−635.55	−604.17	39.75	42.80	41.84	20.25	−4.52	298～1800
CaS	−482.42	−477.39	56.48	47.40	42.68	15.90	—	273～1000
$CaSiO_3(\alpha)$	−1579.04	−1495.36	87.45	85.27	111.46	15.06	−27.28	298～1450
$CaSiO_3(\beta)$	−1584.06	−1498.71	82.01					
Ca_2SiO_4				128.6	113.6	82.0	—	298～948
$Cd(\alpha)$	0	0	51.46	25.90	22.22	12.3	—	298～594
Cl_2	0	0	222.97	33.84	36.65	1.13	−2.72	298～3000
$Cr(s)$	0	0	23.77	23.35	22.38	9.87	−1.84	298～1823
Cr_3C_2	−87.86	−88.7	85.35					
Cr_4C	−68.62	−70.29	105.86	108.3	122.8	31.0	−21.0	298～1700
$Cu(s)$	0	0	33.3	24.51	22.64	6.28	—	298～1356
$Cu(l)$	—	—	—		31.38	—	—	熔点～
CuO	−155.23	−127.19	43.51	44.78	60.0	25.94	—	290～1250

（续表）

物　　质	$\Delta_f H_m^{\ominus}$ /(kJ · mol^{-1})	$\Delta_f G_m^{\ominus}$ /(kJ · mol^{-1})	$S_m^{\ominus}$ /(J · mol^{-1} · K^{-1})	$C_{p,m}^{\ominus}$(B, 298 K) /(J · mol^{-1} · K^{-1})	$C_{p,m}(B) = a + b\{T\}_K + c'\{T\}_K^{-2}$ /(J · mol^{-1} · K^{-1})			
					a	$10^3 \cdot b$	$10^{-5} \cdot c'$	温度范围 T/K
CuS	−48.53	−48.95	66.53		44.43	11.05	—	273～1 273
Fe(α)	0	0	27.15	25.23	14.10	29.71	1.80	273～1 033
（β)					43.51	—	—	1 033～1 180
（γ)					20.29	12.55	—	1 180～1 673
（δ)					43.10	—	—	1 673～1 808
（l)					41.84	—	—	1 808～3 008
Fe$_3$C(α)	20.92	14.64	107.53	105.9	82.17	83.68	—	273～463
（β)					107.19	12.55	—	463～1 500
Fe$_2$N	−3.77	10.88	101.25		62.38	25.48	—	273～1 000
Fe$_4$N	−10.67	3.72	156.06		112.30	34.14	—	273～1 000
FeO	−266.52	−244.35	53.97	48.12	38.79	20.08	—	298～1 600
Fe$_2$O$_3$	−822.16	−740.99	89.96	103.70	91.55	201.67	—	298～1 000
Fe$_3$O$_4$	−1 117.13	−1 014.2	146.44	143.4	51.80	6.78	−1.59	298～900
FeS(α)	−95.06	−97.57	67.36	54.8	21.71	110.46	—	298～411
FeS(β)	−89.33	—	—	54.4	72.80	—	—	411～598
（γ)					51.04	9.96	—	598～熔点
（l)					71.13	—	—	熔点～1 500
FeS$_2$	−177.90	−166.69	53.14	61.92	74.81	5.52	−12.76	298～1 000
H$_2$	0	0	130.58	28.84	27.70	3.39	—	300～1 500
H$_2$O(g)	−241.84	−228.61	188.74	33.56	30.00	10.71	0.33	298～2 500
H$_2$O(l)	−285.85	−237.19	69.96	75.31	46.86	30.00	—	298
HCl(g)	−92.30	−95.28	186.69	29.1	26.5	4.60	0.962	298～2 000
HCl(aq)	−167.44	−131.17	55.10					
H$_2$S(g)	−20.15	−33.02	205.64	33.93	29.37	15.40	—	298～1 800
H$_2$S(aq)	−39.33	−27.36	122.17					
H$_2$SO$_4$(l)	−811.32	(−686.6)	156.90	137.57				298
H$_2$SO$_4$(aq)	−907.51	−741.99	17.15					
Hg(l)	0	0	77.40	27.82	27.66	—	—	298
Hg(g)	60.83	31.8	174.9	20.79	20.79	—	—	
Hg$_2$Cl$_2$	−264.93	−210.66	195.81	101.67	92.47	30.96	—	273～798
HgCl$_2$	−230.12	−176.56	—	76.6	64.02	43.10	—	273～553
HgO(红)	−90.71	−58.53	71.96	45.73	65.27	117.15	—	273～371
HgO(黄)	−90.21	−58.41	73.22					
Hg$_2$O	91.21	−53.56	—		30.00	10.71	−0.33	
HgS(红)	−58.16	−48.83	77.82					
HgS(黑)	−53.97	−46.23	83.26	50.21	45.61	15.27	—	278～853
K	0	0	63.60	29.96	5.56	81.21	—	298～336

物　质	$\Delta_f H_m^\ominus$ /(kJ· mol^{-1})	$\Delta_f G_m^\ominus$ /(kJ· mol^{-1})	$S_m^\ominus$ /(J·mol^{-1}· K^{-1})	$C_{p,m}^\ominus$(B, 298 K) /(J·mol^{-1}· K^{-1})	$C_{p,m}(B) = a + b\{T\}_K + c'\{T\}_K^{-2}$ /(J·mol^{-1}·K^{-1})			
					a	$10^3 \cdot b$	$10^{-5} \cdot c'$	温度范围 T/K
KCl	-435.89	-408.32	82.68	51.49	41.38	21.76	3.22	298～1 044
KNO$_3$	-492.71	-393.13	132.93	96.27	60.88	118.83	—	273～401
Li	0	0	28.03	23.64	12.76	35.98	—	273～454
LiCl	-408.78		58.16	51.0	41.42	23.40	—	298～883
Mg	0	0	32.51	24.8	22.30	10.25	-0.43	298～923
MgCO$_3$	$-1\,112.94$	$-1\,029.26$	69.69	75.75	77.91	57.74	-17.41	298～750
MgCl$_2$	-641.83	-592.33	89.54	71.03	79.08	5.94	-8.62	298～900
MgF$_2$	$-1\,102.5$	$-1\,049.3$	57.24	61.59	70.84	10.5	-9.20	298～1 536
Mg$_3$N$_2$	-461.24	—	—					
MgO	-601.83	-569.57	26.78	37.41	45.44	5.01		298～1 100
MgS	-347.27	—	—					
MgSiO$_3$	$-1\,497.45$	$-1\,410.84$	67.78	81.84	92.245	32.90	17.88	298～903
Mn(α)	0	0	31.76	26.32	23.84	14.14	-1.55	298～990
Mn$_3$C	-4.184	-4.184	98.74	93.47	105.69	23.43	-17.03	298～1 310
MnCO$_3$	-894.96	-817.55	85.77	81.50	92.01	38.91	-19.62	298～700
MnCl$_2$	-482.42	-441.41	117.15	72.86	75.48	13.22	-5.73	298～923
Mn$_5$N$_2$	-241.84	—	—					
Mn$_3$N$_2$	-338.90							
MnSiO$_3$	$-1\,265.66$	$-1\,185.33$	89.12	86.36	110.54	16.23	-25.77	298～1 500
MnO	-384.93	-363.17	53.14	44.83	46.48	8.12	-3.68	298～2 000
MnO$_2$	-520.91	-466.10	60.25	54.02	69.45	10.21	-16.23	273～773
Mo	0	0	28.58	23.75	22.93	5.44	—	298～1 800
MO$_2$C	17.99	12.13	82.42					
Mo$_2$N	-34.73	—						
N$_2$	0	0	191.5	29.10	27.87	4.27	—	298～2 500
NH$_3$(g)	-46.19	-16.64	192.5	35.65	29.80	25.48	-1.67	298～1 800
NO	90.37	86.69	210.62	29.83	29.58	3.85	-0.59	298～3 000
NO$_2$	33.85	51.84	240.45	37.11	42.93	8.54	-6.74	298～2 000
N$_2$O$_4$(g)	9.67	98.28	304.3	78.99	83.89	39.75	-14.9	298～1 000
Na	0	0	51.04	28.22	20.92	22.43	—	298～371
NaCl	-410.99	-384.05	72.38	50.79	45.94	16.32	—	298～1 073
Na$_2$CO$_3$	$-1\,129$	$-1\,050.6$	136	110.5	58.49	227.61	-13.10	298～500
Na$_2$SiO$_3$	$-1\,518.8$	$-1\,426.74$	113.8	111.8	130.29	40.17	-27.07	298～1 360
Ni(α)	0	0	30.12	21.90	16.99	29.46	—	298～630
O$_2$(g)	0	0	205.02	29.36	34.60	1.09	-7.85	
P(白)	0	0	44.35	23.22	56.99	120.16		273～317
P(红)	-18.41		63.2		16.95	14.89	—	
P$_4$(g)	54.89	24.35	279.91	31.92	81.59	-1.67	—	273～2 000

（续表）

物　质	$\Delta_f H_m^{\ominus}$ /(kJ· mol^{-1})	$\Delta_f G_m^{\ominus}$ /(kJ· mol^{-1})	$S_m^{\ominus}$ /(J·mol^{-1}· K^{-1})	$C_{p,m}^{\ominus}$(B, 298 K) /(J·mol^{-1}· K^{-1})	$C_{p,m}$(B) $= a + b\{T\}_K + c'\{T\}_K^{-2}$ /(J·mol^{-1}·K^{-1})			
					a	$10^3 \cdot b$	$10^{-5} \cdot c'$	温度范围 T/K
Pb(s)	0	0	64.90	26.82	23.60	9.62	—	273～600
(l)					32.43	−3.05	—	600～
PbO(红)	−218.99	−188.99	67.8	41.42	15.31			298～762
PbS	−94.3	−92.7	91.2	53.14	32.64			298～1000
PbS$_2$	−358.99	−314.01	135.98	60.75	41.51			298～768
S(斜方)	0	0	31.88	23.64	14.98	26.11	—	368～392
SO$_2$	−296.9	−300.37	248.53	39.8	47.70	5.80	−8.58	298～1800
Sb	0	0	43.93	25.43	23.05	7.28	—	298～903
Si	0	0	18.70	19.80	23.85	4.27	−4.44	273～1174
SiC	−111.71	−109.2	16.48	26.7	37.4	12.5	−12.84	298～1700
SiO$_2$(α)	−859.39	−805.0	41.48		(α)46.94	34.31	−11.3	298～848
SiO$_2$(β)	—	—	—	44.48	(β)62.29	8.12	—	848～2000
Sn(白)	0	0	51.46	26.36	21.59	18.16	—	273～505
Sn(灰)	2.51	4.6	44.77		18.49	26.36	—	298～505
SnO$_2$	−580.74	−519.65	52.30	52.60	73.89	10.04	−21.6	298～1500
Ti	0	0	30.29	25.0	21.97	10.54	—	298～1155
TiC	−225.94	−221.75	24.27	33.6	49.50	3.35	−14.98	298～1800
TiN	−305.43	−276.56	30.12					
TiO	—	—	34.77	40.0	44.22	15.06	−7.78	298～1264
TiO$_2$	−912.11	−852.7	50.25	56.44	75.19	1.17	18.20	298～1800
V	0	0	29.50		23.30	4.06	—	298～2003
V$_2$O$_3$	−1213.4	−1133.9	98.66	103.9	122.8	19.92	−2.27	298～2240
W	0	0	33.47	24.8	24.02	3.18	—	273～2000
WC	−38.03	—	—					
Zn(s)	0	0	41.63	25.48	22.38	10.0	—	273～693
(l)	—	—	—		31.8	—	—	693～1180
(g)	131.3	94.93	160.9		20.79	—	—	1180～
ZnCl$_2$	−415.89	−369.28	104.6	76.6	62.76	45.4	—	294～熔点
ZnO	−347.98	−318.19	43.93	40.25	48.99	5.10	−9.12	273～1573
ZnS	−202.9	−193.8	57.7	49.02	50.88	5.19	−5.69	298～1200
Zr(α)	0	0	38.41	25.15	28.58	4.69	−3.64	298～1135
(β)	—	—	—		30.42	—	—	
ZrC	−188	−181.8	35.6		51.12	3.38	−12.98	298～3500
ZrO$_2$	−1080.31	−1022.57	50.33	56.04	69.62	7.53	−14.06	298～1478

（续表）

物　质	$\Delta_f H_m^{\ominus}$ /(kJ· mol^{-1})	$\Delta_f G_m^{\ominus}$ /(kJ· mol^{-1})	$S_m^{\ominus}$ /(J· mol^{-1}· K^{-1})	$C_{p,m}^{\ominus}$(B, 298 K) /(J· mol^{-1}· K^{-1})	$C_{p,m}(B) = a + b\{T\}_K + c\{T\}_K^2 + d\{T\}_K^3$ /(J· mol^{-1}· K^{-1})				
					a	$10^3 \cdot b$	$10^6 \cdot c$	$10^9 \cdot d$	温度范围 T/K
CH$_4$	−74.85	−50.794	186.19	35.79	17.45	60.46	1.117	−7.20	298～1500
C$_2$H$_2$ 乙炔	226.75	209.20	200.8	43.93	23.46	85.77	−58.34	15.87	298～1500
C$_2$H$_4$ 乙烯	52.28	68.124	219.4	43.63	4.196	154.59	−81.00	16.82	298～1500
C$_2$H$_6$ 乙烷	−84.67	−32.886	229.5	52.70	4.494	182.26	−74.86	10.8	298～1500
C$_3$H$_8$ 丙烷	−103.9	−23.489	269.9	73.51	−4.80	307.3	−160.18	32.75	298～1500
C$_6$H$_6$ 苯(l)	49.0	124.5	173.2	136.1	59.50	255.02	—	—	281～353
C$_6$H$_6$ 苯(g)	82.93	129.658	269.2	81.67	−33.90	471.87	−298.34	70.84	298～1500
HCHO 甲醛(g)	−115.9	−110.0	218.8	35.34	18.82	58.38	−15.61	—	298～1500
CH$_2$O$_2$ 甲酸(l)	−422.8	−346.0	129.0	99.0	—	—	—	—	298
CH$_2$O$_2$ 甲酸(g)	−376.7	−335.7	251.6	48.7	19.4	112.8	−47.5	—	298～1000
CH$_4$O 甲醇(l)	−238.7	−166.23	126.7	81.6	—	—	—	—	298
CH$_4$O 甲醇(g)	−201.2	−161.88	239.7	43.9	15.28	105.2	−31.04	—	298～1000
C$_2$H$_2$O$_4$ 草酸(s)	−826.8	−697.9	120.1	109	—	—	—	—	298
C$_2$H$_4$O$_2$ 乙酸(l)	−484.9	−392.5	159.8	123.4	—	—	—	—	298
C$_2$H$_4$O$_2$ 乙酸(g)	−436.4	−381.6	282.5	66.5	5.56	243.5	−151.9	36.8	298～1500
C$_2$H$_6$O 乙醇(l)	−277.6	−174.77	160.7	111.4	—	—	—	—	298
C$_2$H$_6$O 乙醇(g)	−235.3	−168.62	282.0	73.6	19.07	212.7	−108.6	21.9	298～1500
C$_7$H$_8$ 甲苯(l)	11.995	114.75	219.58	157.11	−33.88	557.0	−312.4	79.87	298～1500
C$_7$H$_8$ 甲苯(g)	50.00	122.29	319.74	103.8	—	—	—	—	298
C$_{10}$H$_8$ 萘	75.44	167.4	198.36	165.7	—	—	—	—	298
CHCl$_3$ 氯仿(l)	−131.8	−71.5	202.9	116.3	—	—	—	—	298
CHCl$_3$ 氯仿(g)	−100.4	−67	296.48	65.7	81.38	16.0	−18.7①	—	298～1000
CCl$_4$(g)	−106.7	−64.0	309.41	83.4	97.65	9.62	−15.6①	—	298～1000

注：$\Delta_f H_m^{\ominus}$——物质 B 25 ℃的标准摩尔生成焓；$\Delta_f G_m^{\ominus}$——物质 B 25 ℃的标准摩尔生成吉布斯函数；$S_m^{\ominus}$——物质 B 25 ℃的标准摩尔熵；$C_{p,m}^{\ominus}$(B, 298 K)——25 ℃物质 B 的摩尔等压热容；分子后注的 α、β、γ、δ 的意思分别是 α、β、γ、δ 晶型。

① 此数值为 $\{C_{p,m}\}$J· mol^{-1}· K^{-1} = $a + b\{T\}_K + c'\{T\}_K^{-2}$ 中的 $10^5 \cdot c'$。

V　某些有机化合物的标准摩尔燃烧焓（25 ℃）

化　合　物	$\Delta_C H_m^{\ominus}$/(kJ· mol^{-1})	化　合　物	$\Delta_C H_m^{\ominus}$/(kJ· mol^{-1})
CH$_4$(g)甲烷	−890.31	HCHO(g)甲醛	−570.78
C$_2$H$_2$(g)乙炔	−1299.59	CH$_3$COCH$_3$(l)丙酮	−1790.42
C$_2$H$_4$(g)乙烯	−1410.97	C$_2$H$_5$OC$_2$H$_5$(l)乙醚	−2730.9
C$_2$H$_6$(g)乙烷	−1559.84	HCOOH(l)甲酸	−254.64
C$_3$H$_8$(g)丙烷	−2219.07	CH$_3$COOH(l)乙酸	−874.54
C$_4$H$_{10}$(g)正丁烷	−2878.34	C$_6$H$_5$COOH(晶)苯甲酸	−3226.7
C$_4$H$_{10}$(g)异丁烷	−2871.5	C$_7$H$_6$O$_3$(s)水杨酸	−3022.5
C$_6$H$_6$(l)苯	−3267.54	CHCl$_3$(l)氯仿	−373.2
C$_6$H$_{12}$(l)环己烷	−3919.86	CH$_3$Cl(g)氯甲烷	−689.1
C$_7$H$_8$(l)甲苯	−3925.4	CS$_2$(l)二硫化碳	−1076
C$_{10}$H$_8$(s)萘	−5153.9	CO(NH$_2$)$_2$(s)脲素	−634.3
CH$_3$OH(l)甲醇	−726.64	C$_6$H$_5$NO$_2$(l)硝基苯	−3091.2
C$_2$H$_5$OH(l)乙醇	−1366.91	C$_6$H$_5$NH$_2$(l)苯胺	−3396.2
C$_6$H$_5$OH(s)苯酚	−3053.48		

注：化合物中各元素氧化的产物为 C $\longrightarrow$ CO$_2$(g)，H $\longrightarrow$ H$_2$O(l)，N $\longrightarrow$ N$_2$(g)，S $\longrightarrow$ SO$_2$(g)，同时生成 HCl(g)。

Ⅵ 某些物质的相对焓[$H_B(T)-H_B(298\,K)$]

单位:kJ・mol^{-1}

T/K	400	600	800	1 000	1 200	1 400	1 600	1 800	1 900
C	1.050	3.962	7.657	11.84	16.21	20.88	25.70	30.64	33.129
Mn	2.887	8.870	15.54	25.04	32.61	42.761	68.534	77.739	82.341
Mo	2.489	7.636	12.97	18.45	24.22	30.33	36.74	43.430	46.903
O_2	3.025	9.243	15.84	22.7	29.76	36.95	44.284	51.693	55.490
Si	2.389	6.841	11.86	17.11	22.51	27.95	33.43	89.379	91.922
Ti	2.632	8.159	14.04	20.17	30.51	37.07	43.807	50.752	54.266
Fe	2.686	8.552	15.49	24.35	34.92	42.087	48.999	58.216	78.065
Cr	2.490	7.824	13.43	19.41	26.28	33.514	41.51	50.124	54.392
Ni	2.761	9.037	15.44	21.80	28.37	35.355	42.719	67.906	71.756
Cu	—	5.607	—	18.79	—	43.848	—	56.400	—
N_2	—	8.91	—	21.5	—	34.94	—	49.00	—
H_2	—	8.79	—	20.7	—	33.05	—	46.15	—
TiO_2	—	19.80	34.73	48.74	64.43	78.74	94.56	110.2	118.407
V_2O_5	—	35.6	63.60	89.12	118.6	147.3	177	209.4	227.61
Cr_2O_3	—	36	61.92	84.94	112.1	139.8	164.4	190.8	204.39
$H_2O(g)$	—	11.7	18.9	25.5	33.89	42.68	51.84	62.34	67.279
$Fe_{(0.95)}O$	—	15.4	26.8	37.3	48.53	60.75	72.80	117.7	124.47
Fe_2O_3	—	38.5	68.20	99.58	131.4	156.9	186.6	215.5	
Fe_3O_4	—	53.6	99.58	143.1	185.4	225.1	267.8	308.6	
Fe_2SiO_4	—	47.28	84.94	121.3	161.9	199.16	336.8	384.7	407.94
FeS	—	23.0	37.5	48.17	61.30	72.38	119.2	133.7	140.58
MgO	—	12.6	22.2	31.72	42.26	52.59	63.60	73.68	78.87
MnO	—	14.5	26.4	35.27	46.9	57.91	70.29	80.96	84.94
MnS	—	15.4	—	37.0	—	59.12	—	83.56	
TiC	—	12.9	—	32.76	—	53.81	—	75.06	
TiN	—	13.5	—	33.68	—	55.35	—	77.45	
Al_2O_3	—	30.1	56.48	78.16	104.6	128.9	156.06	180.75	194.64
CaO	—	14.2	24.3	34.6	45.82	56.19	67.36	78.58	84.10
$CaCO_3$	—	30.1	53.22	77.11	100.8	128.66	—	—	—
$CaAl_2O_4$	—	43.51	78.66	110.5	146.4	184.1	217.4	256.5	—
Ca_2SiO_4	—	45.15	76.99	116.6	154.2	192.3	231.0	292.0	308.8
CO(g)	—	9.21	14.6	20.5	29.0	35.2	42.43	49.52	52.72
$CO_2(g)$	—	13.4	23.4	33.1	43.1	56.5	68.6	81.2	85.77
NiO	—	16.5	27.61	37.95	50.21	60.46	73.22	84.77	89.96
P_2O_3	—	41.2	109.0	140.3	171.2	201.8		270.0	—
SiO_2	—	18.0	39.4	44.89	59.33	73.26	87.45	102.63	108.78
SO_2	—	13.6	30.96	34.43	59.41	56.78	86.78	79.66	—
TiO	—	14.3	23.85	36.0	60.67	64.56	78.24	94.43	99.16

Ⅶ　吉布斯能函数表

T/K	$-\dfrac{G_B^\ominus(T) - H_B^\ominus(0\,K)}{T}/(J \cdot mol^{-1} \cdot K^{-1})$						$H_B^\ominus(298\,K) - H_B^\ominus(0\,K)$ $/(kJ \cdot mol^{-1})$	$\Delta H_B^\ominus(0\,K)$ $/(kJ \cdot mol^{-1})$
	298	500	800	1 000	1 500	2 000		
$Br_2(g)$	212.760	230.066	246.450	254.400	269.085	279.677	9.723	0
C	2.113	4.606	8.707	11.343	17.230	22.200	0.979	0
$Cl_2(g)$	192.200	208.568	224.254	231.944	246.266	256.663	9.180	0
F_2	173.084	188.707	203.660	211.049	224.949	235.174	8.832	0
H_2	102.182	116.922	130.482	136.963	148.904	157.603	8.447	0
$I_2(g)$	226.677	244.576	261.374	269.469	284.399	295.114	10.117	0
N_2	162.423	177.473	191.276	197.932	210.392	219.567	8.669	0
O_2	175.929	191.058	205.171	212.090	225.111	234.722	8.682	0
S_2	201.832	216.204	230.597	237.814	251.479	261.588	7.816	0
CO	168.469	183.527	197.368	204.079	216.643	225.907	8.673	−113.880
$CO_2(g)$	182.263	199.439	217.158	226.409	244.689	258.759	9.368	−393.229
HF(g)	144.837	159.783	173.418	179.929	191.900	200.619	8.599	−268.571
HBr(g)	169.586	184.606	198.359	204.995	217.371	226.501	8.648	−51.584
HCl(g)	157.812	172.816	186.523	193.108	205.347	214.346	8.640	−92.140
HI(g)	177.448	192.481	206.300	212.999	225.547	234.819	8.657	−4.146
$H_2O(g)$	155.507	172.770	188.845	196.744	211.853	223.392	9.908	−238.906
$H_2S(g)$	172.310	189.778	206.351	214.656	230.819	243.287	9.958	−82.061
$NH_3(g)$	158.975	176.816	194.455	203.648	222.166	237.028	10.042	−39.221
NO	179.816	195.631	210.020	216.970	229.932	239.434	9.180	89.872
$NO_2(g)$	205.878	224.191	242.433	251.827	270.211	284.253	10.226	26.263
$SO_2(g)$	212.710	231.760	250.868	260.672	279.663	293.972	10.548	−358.937
$SO_3(g)$	217.777	240.057	264.065	276.838	302.168	321.595	11.824	−453.947
$CH_4(g)$	152.590	170.527	189.108	199.313	220.944	239.015	10.029	−66.965
$C_2H_2(g)$	167.25	186.259	206.915	218.032	240.755	258.95	10.037	227.141
$C_2H_4(g)$	183.987	203.794	226.316	239.182	266.776	289.809	10.565	59.609
$C_2H_6(g)$	189.410	212.42	239.70	255.68	290.62	—	11.950	−69.316
$CHCl_3(g)$	248.245	275.52	305.43	321.41	353.09	377.52	14.209	−99.411

Ⅷ 常用气体的平均等压比热容 C_p

单位:$kJ \cdot m^{-3} \cdot K^{-1}$

$T(K)$	O_2	N_2	空气	H_2	CO	CO_2	H_2O
273	1.305	1.301	1.297	1.280	1.301	1.607	1.490
373	1.318	1.301	1.301	1.293	1.301	1.711	1.502
473	1.335	1.305	1.310	1.297	1.305	1.803	1.515
573	1.356	1.314	1.318	1.301	1.318	1.879	1.536
673	1.377	1.322	1.331	1.301	1.331	1.941	1.556
773	1.398	1.335	1.343	1.305	1.343	2.008	1.582
873	1.418	1.347	1.356	1.310	1.356	2.059	1.607
973	1.435	1.356	1.372	1.314	1.372	2.105	1.632
1073	1.452	1.372	1.385	1.318	1.389	2.146	1.661
1173	1.464	1.385	1.398	1.322	1.402	2.184	1.686
1273	1.477	1.398	1.410	1.331	1.414	2.218	1.715
1373	1.490	1.410	1.423	1.335	1.427	2.251	1.741
1473	1.502	1.423	1.435	1.343	1.439	2.276	1.766
1573	1.515	1.431	1.444	1.351	1.448	2.301	1.787
1673	1.523	1.444	1.452	1.360	1.456	2.326	1.816
1773	1.531	1.452	1.464	1.368	1.464	2.343	1.837
1873	1.540	1.460	1.473	1.372	1.473	2.364	1.858
1973	1.544	1.469	1.477	1.381	1.481	2.381	1.888

Ⅸ 物理化学数字化教学资源一览表

（续表）

（续表）

主要参考书目

［1］ATKINS P，PAULA J D. Physical Chemistry . 11th ed. New York：Oxford University Press，2018.

［2］傅玉普，王新平. 物理化学简明教程. 2 版. 大连：大连理工大学出版社，2007.

［3］傅玉普，郝策. 多媒体 CAI 物理化学. 5 版. 大连：大连理工大学出版社，2010.

［4］天津大学物理化学教研室. 物理化学. 5 版. 北京：高等教育出版社，2009.

［5］傅献彩，沈文霞，姚天扬，等. 物理化学. 5 版. 北京：高等教育出版社，2005.

［6］韩德刚，高执棣，高盘良. 物理化学. 2 版. 北京：高等教育出版社，2009.

［7］范康年. 物理化学. 2 版. 北京：高等教育出版社，2005.

［8］胡英. 物理化学. 5 版. 北京：高等教育出版社，2007.

［9］印永嘉，奚正楷，张树永. 物理化学简明教程(第四版). 北京：高等教育出版社，2007.

［10］朱志昂. 近代物理化学. 3 版. 北京：科学出版社，2004.

［11］王新平，王旭珍，王新葵. 基础物理化学. 北京：高等教育出版社，2011.

［12］朱文涛. 基础物理化学. 北京：清华大学出版社，2011.

［13］王淑兰. 物理化学. 3 版. 北京：冶金工业出版社，2007.

［14］徐祖耀，李麟. 材料热力学. 3 版. 北京：科学出版社，2005.

［15］武汉大学物理化学教研组. 物理化学. 2 版. 武汉：武汉大学出版社，2009.

［16］沈文霞. 物理化学核心教程. 2 版. 北京：科学出版社，2009.

［17］蔡文娟. 物理化学. 2 版. 北京：冶金工业出版社，1997.

［18］衣宝廉. 燃料电池—原理·技术·应用. 北京：化学工业出版社，2003.

［19］白春礼. 纳米科技现在与未来. 成都：四川教育出版社，2001.

［20］刘道新. 材料的腐蚀与防护. 西安：西北工业大学出版社，2006.

［21］冯霞，高正虹，陈丽. 物理化学解题指南. 2 版. 北京：高等教育出版社，2009.

［22］孙德坤，沈文霞，姚天扬，等. 物理化学学习指导. 北京：高等教育出版社，1998.

［23］王文清，高宏成，沈兴海. 物理化学习题精解. 北京：科学出版社，1999.

［24］李支敏，王怀保，高盘良. 物理化学解题思路和方法. 北京：北京大学出版社，2002.

［25］范崇正，杭瑚，蒋淮渭. 物理化学—概念辨析·解题方法·应用实例. 4 版. 合肥：中国科学技术大学出版社，2010.

［26］朱志昂，阮文娟. 物理化学学习指导. 2 版. 北京：科学出版社，2012.

［27］姜兆华，孙德智，邵光杰. 应用表面化学与技术. 哈尔滨：哈尔滨工业大学出版社，2000.

［28］颜肖慈,罗明道.界面化学.北京:化学工业出版社,2005.

［29］朱瑶,赵振国.界面化学基础.北京:化学工业出版社,1996.

［30］吴越,杨向光.现代催化原理.北京:科学出版社,2005.

［31］张全勤,张继文.纳米技术新进展.北京:国防工业出版社,2005.

［32］刘吉平,郝向阳.纳米科学与技术.北京:科学出版社,2002.

［33］21世纪化学科学的挑战委员会.超越分子前沿.陈尔强,等译.北京:科学出版社,2004.

［34］国家自然科学基金委员会化学科学部.物理化学学科前沿与展望.北京:科学出版社,2011.

［35］沈钟,赵振国,王果庭.胶体与表面化学.3版.北京:化学工业出版社,2004.

［36］冯绪胜,刘洪国,郝京诚,等.胶体化学.北京:化学工业出版社,2005.

［37］郭奕玲,沈慧君.发明之源:物理学与技术.上海:上海科技教育出版社,2000.

［38］陈敏伯.走向严密科学:量子与理论化学.上海:上海科技教育出版社,2001.

［39］袁翰青,应礼文.化学重要史实.北京:人民教育出版社,1989.

［40］张德生.化学史简明教程.合肥:中国科学技术大学出版社,2009.

［41］傅献彩,侯文华.物理化学.6版.北京:高等教育出版社,2022.

［42］杜凤沛,韩杰,范海林.简明物理化学.3版.北京:高等教育出版社,2022.

［43］王旭珍,王新葵,王新平.基础物理化学.3版.北京:高等教育出版社,2021.

［44］沈峰满.iCourse教材:冶金物理化学.北京:高等教育出版社,2017.

［45］天津大学物理化学教研室.物理化学.6版.北京:高等教育出版社,2017.

［46］朱志昂,阮文娟.物理化学.6版.北京:科学出版社,2018.

［47］张丽丹,马丽景,贾建光,等.物理化学简明教程.北京:高等教育出版社,2011.